耕地重金属污染防治
管理理论与实践

（上　册）

郑顺安　黄宏坤/主编

中国环境出版社·北京

图书在版编目（CIP）数据

耕地重金属污染防治管理理论与实践：全 2 册/郑
顺安，黄宏坤主编. —北京：中国环境出版社，2017.7
ISBN 978-7-5111-3166-9

Ⅰ. ①耕… Ⅱ. ①郑… ②黄… Ⅲ. ①耕地－土壤污
染－重金属污染－污染防治－研究 Ⅳ. ①X53

中国版本图书馆 CIP 数据核字（2017）第 088311 号

出 版 人	王新程	
责任编辑	丁莞歆	
责任校对	尹　芳	
封面设计	岳　帅	

出版发行　中国环境出版社
　　　　　（100062　北京市东城区广渠门内大街 16 号）
　　　　　网　　址：http://www.cesp.com.cn
　　　　　电子邮箱：bjgl@cesp.com.cn
　　　　　联系电话：010-67112765（编辑管理部）
　　　　　　　　　　010-67175507（环境科学分社）
　　　　　发行热线：010-67125803，010-67113405（传真）
印　　刷　北京中科印刷有限公司
经　　销　各地新华书店
版　　次　2017 年 7 月第 1 版
印　　次　2017 年 7 月第 1 次印刷
开　　本　787×1092　1/16
印　　张　40.5
字　　数　1000 千字
定　　价　158.00 元（全 2 册）

编 委 会

主　任：王久臣　高尚宾

副主任：闫　成　李　波　曹子祎

委　员：李　想　黄宏坤　郑顺安　邢可霞　徐志宇

编 写 组

主　编：郑顺安　黄宏坤

编著者：（按姓氏笔划排序）

丁永祯　习　斌　王　伟　尹建锋　师荣光　刘　晖　刘钦云

安　毅　李欣欣　李垚奎　李晓华　吴泽嬴　林大松　周　玮

郑向群　郑顺安　居学海　段青红　贾　涛　袁宇志　涂先德

黄宏坤　梁　苗　韩允垒　靳　拓　薛颖昊

审　定：郑顺安　黄宏坤

前　言

　　民以食为天，食以土为本。耕地环境质量是农产品生产和质量安全的基础，事关人民群众"舌尖上的安全"和社会稳定。受工业及乡镇企业"三废"、城市生活与交通、农用化学物质及畜禽粪便、高背景等多种因素的影响，当前我国耕地重金属污染形势不容乐观，对提高农产品质量安全、增加农产品供给及解决我国"三农"问题提出了新的严峻挑战。

　　目前，我国耕地重金属污染治理的总方针是在全面普查的基础上，在占大多数的轻中度污染区域实施农艺措施为主的修复技术，采取源头控制、选用低富集农作物品种、强化灌溉管理、调节土壤性质、添加调理剂等措施，边生产、边治理，逐步实现农产品达标生产；在少数重度污染区开展农艺措施修复治理的同时，建立种植结构调整试点，通过粮食作物调整、粮油作物调整和改种非食用经济作物等方式因地制宜地调整种植结构，实现农产品产地的休养生息，最终实现农产品安全生产和农产品产地环境质量的稳步改善。2012年以来，农业部门通过实施全国农产品产地土壤重金属污染防治工作，开展农产品产地土壤重金属污染普查，摸清底数，同时在典型重金属污染地区探索性地建立重金属污染修复示范点，开展以农艺措施为主体修复技术的示范和推广，在政策、标准、科研等方面也取得了较大进展。针对土壤重金属污染来源复杂、隐蔽滞后性等特点，各地农业部门还将现有治理措施与地方实际情况相结合，出台了一些地方性的条例、对策，探索可持续发展的耕地污染治理支撑政策体系，但同时也存在污染底数不清、治理技术推广受限、长效机制不健全等问题。

　　《土壤污染防治行动计划》的出台，对"十三五"期间我国土壤污染防治工作做出全面战略部署。为深入贯彻落实《土壤污染防治行动计划》的相关要求，及时总结农业部门在耕地污染防治领域的做法和经验，推进耕地污染防治工作，我们编写了《耕地重金属污染防治管理理论与实践》一书。本书描述了当前我国耕地重金属污染现状、成因、特征，总结了近年来农业部门在耕地污染防治方面开展的工作，梳理了存在的问题，并提出了下一步治理对策；还收集、整理了国内外耕地污染治理技术和案例，汇集了相关法律法规和标准文件，希望能为从事耕地污染防治的行业管理和技术人员提供帮助，并为高等院校、科研院所从事相关行业研究的人员提供参考，以期在完善耕地污染防治管理、推动实践应用方面发挥一些作用。

　　本书在广泛征求相关专家、耕地污染防治一线工作人员意见的基础上，经过多次讨论和修订后定稿。由于专业技术水平和时间有限，书中难免存在疏漏与不当之处，有待于今后进一步研究完善，也敬请广大读者和同行批评指正，并提出宝贵建议，以便我们及时修订。

郑顺安　黄宏坤

2017 年 1 月 5 日

目　录

（上　册）

第一章　我国耕地重金属污染现状及成因

一、耕地重金属污染困扰农业发展

当前，我国耕地污染集中表现为重金属污染问题。重金属一般指比重大于 5（或密度大于 4.5 g/cm^3）的金属。在化学元素周期表中，被称为重金属的约 45 种，如金（Au）、银（Ag）、铜（Cu）、铁（Fe）、锌（Zn）等。绝大部分重金属对人体有害。国际公认对人体毒性较高的重金属有镉（Cd）、铅（Pb）、汞（Hg）、砷（As）、铬（Cr）。重金属能使蛋白质变性，影响人体正常生理活动，破坏人体细胞、脏器、皮肤、骨骼、泌尿系统、消化系统、神经系统等，可致癌、致畸、致突变。日本镉污染引起的"痛痛病"（又名"骨痛病"）、汞污染引起的"水俣病"及我国儿童"血铅"等是典型的重金属污染案例。

重金属通过食物、饮水、呼吸等多种途径进入人体。食物是最重要的途径之一。食物中的重金属相当大的一部分来自耕地污染和田间生产的农产品，一部分来自产后储运、加工、烹饪等。农业生产是农产品污染的源头之一。农作物在田间生长，从土壤、灌溉水、大气中吸取养分，同时将污染物带入植物体内，造成食品安全问题。其中，土壤最为重要，土壤一旦遭受污染，农产品安全问题很难消除。

耕地重金属污染常被称作"化学定时炸弹"。与有机污染物不同，土壤中的有机污染物可以靠自然降解慢慢消除，重金属则不能。相反，由于土壤有机质、黏粒等具有吸附、固定重金属的特性，灌溉水、空气以及各种农业投入品中的重金属会在土壤中慢慢累积，以致不断增加。当土壤中的重金属累积达到一定程度时，某些条件的改变（如 pH 值下降），会使大量累积的重金属集中释放，导致农作物大幅度减产、农产品严重超标，甚至"寸草不生"。耕地是农业生产的物质基础。我国农业耕地资源紧缺，肩负着庞大人口对食物需求的重担，耕地重金属污染对提高农产品质量安全、增加农产品供给及解决我国"三农"问题提出了新的严重挑战。

二、我国耕地重金属污染现状

（一）形势不容乐观

目前，耕地重金属污染情况主要有三个方面的数据，分别来自环保、国土和农业部门。

一是环境保护部和国土资源部 2014 年 4 月 17 日公布的《全国土壤污染状况调查公报》[1]。2005 年 4 月至 2013 年 12 月，我国开展了首次全国土壤污染状况调查，调查范围为中华人民共和国境内（不含中国香港特别行政区、中国澳门特别行政区和中国台湾地区）

的陆地国土,调查点位覆盖全部耕地,部分林地、草地、未利用地和建设用地,实际调查面积约 630 万 km^7。调查将土壤污染程度分为五级:污染物含量未超过评价标准的,为无污染;1～2 倍(含)的,为轻微污染;2～3 倍(含)的,为轻度污染;3～5 倍(含)的,为中度污染;5 倍以上的,为重度污染。调查表明,全国土壤总的超标率为 16.1%,其中轻微、轻度、中度和重度污染点位比例分别为 11.2%、2.3%、1.5% 和 1.1%。污染类型以无机型为主,有机型次之,复合型污染比重较小,无机污染物超标点位数占全部超标点位的 82.8%。从污染分布情况看,南方土壤污染重于北方;长江三角洲、珠江三角洲、东北老工业基地等部分区域土壤污染问题较为突出,西南、中南地区土壤重金属超标范围较大;镉、汞、砷、铅四种无机污染物含量分布呈现从西北到东南、从东北到西南方向逐渐升高的态势。耕地土壤点位超标率为 19.4%,其中轻微、轻度、中度和重度污染点位比例分别为 13.7%、2.8%、1.8% 和 1.1%,主要污染物为镉、镍(Ni)、铜、砷、汞、铅、滴滴涕和多环芳烃。

二是国土资源部 2015 年 6 月 25 日公布的《中国耕地地球化学调查报告(2015 年)》[2]。1999—2014 年,中国地质调查局实施了全国土地地球化学调查,调查比例尺为 1∶25 万,每 1 km×1 km 的网格(即 1 500 亩①)布设 1 个采样点位,调查土地总面积 150.7 万 km^2,其中调查耕地 13.86 亿亩。调查表明,无重金属污染耕地 12.72 亿亩,占调查耕地总面积的 91.8%,主要分布在苏浙沪区、东北区、京津冀鲁区、西北区、晋豫区和青藏区;重金属中重度污染或超标的点位比例占 2.5%,覆盖面积 3 488 万亩,轻微—轻度污染或超标的点位比例占 5.7%,覆盖面积 7 899 万亩。污染或超标耕地主要分布在南方的湘鄂皖赣区、闽粤琼区和西南区。

三是农业部门自 2001 年以来先后进行了四次耕地污染高风险重点区域调查,总调查面积 4 382.44 万亩,超标面积为 446.79 万亩,总超标率为 10.2%,以镉污染最为普遍,其次是砷、汞、铅、铬。

综合多部门调查结果判断,目前我国重金属污染耕地面积为 1.8 亿～2.7 亿亩,主要分布在我国南方的湖南、江西、湖北、四川、广西、广东等省区,污染区域主要为工矿企业周边农区、污水灌区、大中城市郊区和南方酸性土水稻种植区等。其他广大农区污染程度较轻,北方中、碱性土壤区问题不大,但一些高投入的设施蔬菜基地问题不容小觑。就污染物种类和污染程度而言,重金属元素中,镉污染最为普遍,其次是砷、汞,再次是铅,其余超标率较低。工矿企业周边农区污染物种类因企业而异,相对的超标污染物种类较少,但超标倍数很高;污水灌区污染物种类因污水来源而异,超标污染物数量、超标倍数等因水污染程度和污灌时间变化较大;大中城市郊区主要受城市垃圾、污水和畜禽粪便污染影响,一般污染物种类相对较多,但超标倍数较低。

(二)总体可防可控可治

根据环境保护部第一次全国土壤污染状况调查的结果,耕地总的点位超标率为 19.4%,其中轻微污染 13.7%、轻度污染 2.8%、中度污染 1.8%,重度污染仅为 1.1%。总体上看,我国耕地重金属污染主要为轻度污染,且各地的重金属污染治理措施对轻度污染区较为有

---

① 1 亩≈666.67 m^2,15 亩=1 hm^2。

效。例如湖南省通过"VIP"综合技术（V 指品种替代、I 指灌溉水清洁化、P 指土壤 pH 值调整），在土壤镉含量 0.5 mg/kg 的条件下可以生产出 83%的合格大米。但对于重金属重度污染区，传统的土壤整治措施已无法满足安全生产的需要，必须进行种植结构调整，实施禁产区划分，开展限制性生产。由于重度污染区所占比例不大，所以需要结构调整的比例有限，面积较小。

（三）农产品质量有保障

土壤-作物系统中的重金属迁移是一个复杂的过程，除受土壤中重金属含量、形态及环境条件的影响外，不同类型农作物吸收重金属元素的生理生化机制各异，因而有不同吸收和富集重金属的特征。即使是同一类型的农作物，不同品种间富集重金属的能力也有显著差异。此外，农田灌溉方式、灌溉时间、施肥方式和田间管理等农艺措施都会影响作物对耕地重金属的吸收。这些因素均决定了土壤重金属含量与农产品质量之间并非简单的直接对应关系，不能简单认为耕地某些指标超过限量值，农产品就一定超标，农产品就不安全。对全国无公害农产品基地县环境质量评价结果表明，南方部分土壤重金属高背景值地区，有的重金属含量超过了《土壤环境质量标准》（GB 15618—1995）的二级标准，但多年来生产的农产品一直是安全的，甚至是出口创汇的主打产品，农产品质量经得起发达国家的严格检验。总体来看，我国粮食主产区和蔬菜种植大县农产品受重金属污染并不明显。

首先，土壤中能够被植物直接吸收的重金属所占比例不高。根据对植物的有效性来划分，土壤中重金属分为有效态重金属和非有效态重金属，两者之和称为重金属总量，造成危害的主要是有效态重金属。从农业部监测的小麦、稻米、玉米、蔬菜等主要农产品看，农产品重金属含量与土壤重金属总量的相关系数一般介于 0.07～0.53，但与土壤有效态重金属含量有更高的相关性，相关系数可达到 0.74～0.97。八大重金属镉、铅、汞、砷、铬、镍、铜、锌中，有效态比例以镉最高，占土壤总量的 5%～15%，其他七种元素为 0.2%～5%，其中铬、镍、锌一般小于 1%。

其次，重金属主要分布在农作物根部，果实（籽粒）等可食部位中分布较少。土壤中的重金属进入农作物一般是通过根—茎—叶、果实的路径迁移，分布规律一般是根＞茎叶＞果实（籽粒），对人体的健康风险较低。

此外，不同的作物类型吸收重金属的个体差异大，如镉容易在水稻和叶菜蔬菜中富集，锌容易在小麦中富集，存在一定安全风险，其余作物如玉米、豆类一般对重金属的吸收水平较低。

对农产品而言，最主要和最严重的污染来源是工业污染，重污染企业用地、工业废弃地仍然是农产品污染的重灾区，这类土地往往污染物数量大、含量高、活性强，对农产品产地环境和农产品质量安全的危害十分严重，需要从根本上阻断来源，防止污染。

三、耕地重金属污染成因

一般认为，造成耕地重金属污染的原因主要有以下几点：

（一）工业"三废"

"三废"指废水、废气、废渣，其中废水的影响最大（表 1-1）。采矿、选矿和冶炼是向土壤环境中释放重金属的主要途径之一。风刮起的尾砂（一些含金属的细微矿石颗粒）经沉降、雨水冲洗和风化淋溶等途径进入土壤。矿山固体垃圾从地下搬运到地表后，由于所处环境的改变，在自然条件下极易发生风化作用（物理、化学和生物作用），使大量有毒有害的重金属元素释放到土壤和水体中，给采矿区及其周围环境带来严重的污染。采矿废石、尾矿在地表氧化、淋滤过程中释放出大量的重金属，垂直向下迁移至深部形成次生矿物，造成重金属大量富集，污染下层土壤。

表 1-1　排放重金属的工业类型

工业	重金属类型																													
	Al	Ag	As	Au	Ba	Be	Bi	Cd	Co	Cr	Cu	Fe	Ga	Hg	In	Mn	Mo	Os	Pb	Pd	Ni	So	Sn	Ta	Ti	Tl	U	V	W	Zn
采矿选矿	○		○			○						○		○	○	○		○							○	○				
冶金电镀		○	○			○	○	○		○	○	○		○					○		○				○		○			
化工	○		○	○						○	○	○		○					○				○	○	○					○
染料	○		○																○						○					
墨水制造																			○											
陶瓷			○																				○							
合金				○					○			○	○			○					○									
涂料				○												○	○													
照相	○															○	○													
玻璃		○		○												○							○	○						
造纸	○									○	○		○						○											
制革	○									○																				
制药	○																								○					
纺织	○	○		○													○	○			○				○			○		
核技术				○	○																									
肥料		○													○				○											○
氯碱制造					○											○												○		
炼油			○					○	○	○									○											○

（二）污水灌溉

污水灌溉一般指使用经过一定处理的生活污水、商业污水和工业废水灌溉农田、森林和草地。我国的污水灌区主要分布在北方水资源严重短缺的海、辽、黄、淮四大流域，约占全国污水灌溉面积的 85%[3]。大量未经处理的污水进入农田，导致农业耕地和作物遭受不同程度的重金属污染，普遍的重金属污染物是镉和汞。根据农业部 20 世纪 90 年代第一次和第二次全国污灌区调查，在约 140 万 hm² 的调查灌区中，遭受重金属污染的土壤面积占污水灌区面积的 64.8%[4]。此外，涉重金属企业生产中产生的气体和粉尘，经自然沉降和降雨进入土壤，也能造成耕地重金属污染。

（三）城市生活和交通

城市生活废物特别是电子垃圾的大量增加以及交通产生的废物等能造成耕地重金属累积。公路交通活动中，含铅汽油和润滑油的燃烧、汽车轮胎的老化和刹车里衬的机械磨损，均会排放一定量的重金属。汽车尾气和轮胎磨损产生的含有重金属成分的粉尘，通过大气可以沉降到达道路附近的土壤中，在公路两侧农田中形成较明显的铅、锌、镉等元素的污染带。

（四）农业投入品

工厂化养殖畜禽中饲料添加剂的应用常常导致畜禽粪中含有较高的重金属铜、砷等，如果作为有机肥施用时可以引起重金属污染（表 1-2）。部分农药的成分中含有汞、砷、铜、锌等重金属元素，长期使用可以引起重金属污染。地膜的生产过程中则由于加入了含有镉、铅的热稳定剂，大量的施用也会引起污染。

表 1-2　近 30 年（1980—2010 年）中国知网有机肥文献重金属含量百分位数值表　　单位：mg/kg

元素	样本组数	分布类型	5%	10%	25%	50%	75%	90%	95%
Cd	45	偏态分布	0.15	0.23	0.42	0.90	2.40	4.33	6.54
Pb	46	偏态分布	0.11	0.40	1.15	12.79	23.48	30.70	37.87
As	39	偏态分布	0.05	1.00	1.59	5.51	11.60	48.30	72.83
Hg	27	偏态分布	0.01	0.02	0.06	0.09	0.32	156.20	437.20
Cu	44	偏态分布	22.36	34.88	46.73	92.50	316.90	666.10	964.40
Zn	43	偏态分布	16.84	21.10	110.50	252.30	458.30	1 338.00	1 486.00
Ni	14	偏态分布	8.10	8.24	12.63	17.61	19.68	21.02	21.10
Cr	31	偏态分布	0.10	0.13	18.20	33.29	49.90	68.76	163.10

需要着重指出的是，化肥（主要是磷肥）的施用对耕地重金属污染的影响非常有限。2011—2012 年爆发的湖南"镉米事件"中，曾有部分专家认为磷肥中伴生的镉是土壤重金属污染的主要原因之一，但根据农业部对全国 30 个主要磷肥生产厂家的调查，磷肥中平均含镉量为 0.61 mg/kg，远低于一般含量 5～50 mg/kg 的常见范围，随磷肥施入土壤的镉量最多为 22 mg/kg，远景为 46 mg/kg，按远景量来计算，施用 1 000 年才能达到土壤负荷量。因此，磷肥施用对耕地重金属污染的影响十分有限。

（五）地质元素高背景

由于矿化和一些特殊的地质作用，自然因素也会导致一些地区土壤母质中重金属呈现高度富集的现象。20 世纪 80 年代进行的中国土壤元素背景值调查结果表明，不同类型母质上发育的土壤，其重金属含量的差异很大，如砷、镉、铬、铜、汞、镍和铅等元素在基性火成岩和石灰岩母质发育的土壤中的平均含量大大高于风沙母质土壤。由于地质成因（主要与超基性火成岩有关）导致的土壤重金属富集现象是我国南方地区土壤中 铬、铜、镍、锌等元素含量在大尺度上发生分异的重要原因，如湖南省洞庭湖区镉含量平均值达到 0.194 mg/kg，是全国平均水平的 2 倍，特别是紫色砂页岩土壤中镉含量最高，一般为 0.403 mg/kg，最高达 4.113 mg/kg，而紫色砂页岩土壤约占湖南省耕地面积的 34%。

（六）土壤酸化

土壤酸化是我国农业重金属问题的特点。我国酸性土壤分布面积大。近 30 年来，随着酸性氮肥施用，酸沉降和长期不使用石灰类物质等使土壤酸化明显。对于大部分重金属来讲，土壤酸度下降时，矿物态重金属可转化成有效态，导致农产品重金属含量增加，对农业造成危害。

据有关资料[5]，我国土壤酸碱度近 30 年平均下降了 0.6 个单位，酸性耕地面积（pH 值＜5.5）从 30 年前的 7%已上升到目前的 18%。如此大规模的土壤 pH 值下降，在自然条件下通常需要几十万年时间。有研究确认[6]，我国 30 年里下降如此之快，主要是酸雨、长期大量施用化肥以及施用石灰、有机肥等传统农业措施缺失造成的。目前我国重金属污染问题的集中爆发，除长期的累积因素外，很重要的原因是土壤酸度下降造成的。

四、土壤重金属污染的特点

土壤环境的多介质、多界面、多组分以及非均一性和复杂多变的特点，决定了土壤环境污染具有区别于大气环境污染和水环境污染的特点。

（一）污染来源复杂

重金属污染物主要有两个来源，即自然污染源和人为污染源。对于耕地重金属污染，往往是自然污染与人为污染相互叠加，成因复杂。根据估算结果[7]，目前各种人为来源中镉的输入导致我国农田耕层土壤（0～20 cm）中镉的年平均增量为 4 μg/kg，如果不采取有效的管控措施，这种幅度的持续增加足以在几十年的时间内使大部分无污染的土壤中镉含量达到超标水平。

（二）隐蔽性与滞后性

人体感官通常能发现水体和大气污染，而对于土壤污染，往往需要通过农作物包括粮食、蔬菜、水果或牧草以及人或动物的健康状况才能反映出来，具有隐蔽性或潜伏性。

（三）积累性和地域性

污染物在大气和水体中一般是随着气流和水流进行长距离迁移，而在土壤环境中很难扩散和稀释，重金属含量不断积累，因而使土壤环境污染具有很强的地域性特点。

（四）不可逆转性

重金属污染物对土壤环境的污染基本是一个不可逆转的过程，主要表现为两个方面：

一是进入土壤环境后，很难通过自然过程从土壤环境中稀释和消失；二是对生物体的危害和对土壤生态系统结构与功能的影响不容易恢复。

（五）后果的严重性

土壤中的重金属通过食物链影响动物和人体的健康。重金属污染对人体和其他生物能够产生致癌、致畸甚至致死的效应，同时由于隐蔽性和不可逆性的特点，一旦等到人们发现，重金属污染危害已经十分严重了。

（六）治理难而周期长

过去一段时间，人们把土壤作为污染物的消纳场所，过高估计了土壤的自净能力，实际上土壤是宝贵的农业生产资料，其环境负载容量是有限的，必须加以保护，防止重金属逐步累积。各种来源的重金属一旦进入土壤，除少部分可通过植物吸收和水循环（或挥发）移出外，其在土壤中的滞留时间极长。有研究表明[8]，温带气候条件下，镉在土壤中的驻留时间为 75～380 年，汞为 500～1 000 年，铅、镍和铜为 1 000～3 000 年。一些土壤遭重金属污染后，往往需要花费很大的代价才能将污染降到可接受的水平，仅仅依靠切断污染源的方法往往很难自我修复，必须采用各种有效的治理技术才能消除现实污染。但是，从目前现有的治理方法来看，仍然存在治理成本较高和周期长的矛盾。

五、耕地重金属污染事件

（一）日本"痛痛病"事件

镉是人体非必需元素，在自然界中常以化合物状态存在，当环境受到镉污染后，镉可在生物体内富集，通过食物链进入人体引起慢性中毒。镉的毒性较大，被镉污染的空气和食物对人体危害严重，日本因镉中毒曾出现"痛痛病"。

"痛痛病"是由于镉的环境污染（水、土壤和作物等），人长期食用"镉米"和饮用含镉的水而引起的慢性镉中毒。因为"痛痛病"的发生和"镉米"密切相关，而造成"镉米"的原因则是土壤污染的结果。镉大米最早出现在日本，因此日本对镉大米的治理方式和经验对国内具有相当的借鉴意义。20 世纪 30 年代，日本的富山县也曾发生过大米镉含量严重超标的状况。富山县神通川上游的神冈矿山为当地铅矿、锌矿的重要生产基地，矿业公司向神通川流域的河道中排放了大量的含镉废水，造成周边地区土壤镉含量超过正常标准40 多倍，一段时间后，该地区的水稻普遍镉含量超标，当地人食用后出现肾脏功能衰竭、骨质软化、骨质松脆等"痛痛病"，最严重时就连咳嗽都能引起骨折。

日本治理镉大米有两种方式，一种是更换土壤，另一种是灌水治理。日本对大米中镉含量的标准要远远宽松于中国，即不能超过 1.0 mg/kg（而国内标准为 0.2 mg/kg，联合国食品准则委员会的规定是每千克大米镉含量不超过 0.4 mg，欧盟规定每千克大米镉含量不能超过 0.2 mg）。日本当初设定 1.0 mg/kg 的标准时，遭到本国民众的极大反对，所以实际可在市面上流通的大米标准被民间"自发地"抬高到了 0.4 mg/kg。一旦发现镉含量为1.0 mg/kg 标准以上的大米，日本就立刻启动国家收购作为工业用途，而如果发现介于 0.4～

1.0 mg/kg，就会马上启动灌水治理。

所谓灌水治理，就是在水稻抽穗期的前三周和后三周中，保证土壤在六周时间内有储存 2～3 cm 的水层。这样做是为了让土壤处于还原状态，镉会和土壤中的硫形成硫化镉（CdS），后者是一个很难溶的物质，不容易被水稻吸收，有助于控制稻米中的镉含量，但是这么操作的前提条件是这个灌溉水必须是干净的。日本灌溉水和工厂排放水现在是两条管道分开的。我国当前的困难就在这里，污水和灌溉水都混在一起，要灌水治理时却发现灌溉水本身也是受污染的，这就很麻烦。

灌水治理法是用于大米镉含量在 0.4～1.0 mg/kg 的标准，而一旦大米的镉含量超过 1.0 mg/kg 时，就需要进行土壤更换，把被污染的上层土壤全部换掉，用新鲜土壤进行覆盖。前提条件就是污染源的确定和切断，如果不进行污染源控制，换土也是没有什么意义的。整个日本为治理镉大米已经更换了 7 000 hm² 左右的土壤，此前日本"污染区"98%的土壤都在此方法下获得"新生"。而与此相伴的当然是昂贵的治理成本，在发生"痛痛病"的富山县神通川流域，当地政府更换了 863 hm² 的土地，耗费了 33 年的时间，花了整整 407 亿日元（图 1-1）。

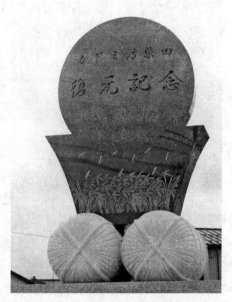

图 1-1　2008 年在富山县建立的"镉污染农田"修复纪念碑

（二）湖南"镉大米"事件

湖南一直享有"鱼米之乡"的美誉，是我国最大的稻米生产省份，但同时也是有名的有色金属之乡，中部地区重要的有色金属和重化工业云集，无论是大气还是水体，湖南都是重金属排放大省，耕地重金属镉污染也尤为突出。

2013 年，流入广东的万吨重金属镉超标大米被媒体曝光，舆论哗然。随后 5 月广州市食品药品监督管理局发布的监测结果显示 18 批次大米及制品中 8 批次镉超标，这 8 批次产品中有 6 批次来自于湖南，一时间湖南大米成为众矢之的。长期摄入超标"镉米"会严重影响人们的肾脏功能、呼吸系统、骨质等，对人体健康损害巨大。受"镉大米"事件影响，湖南稻米生产也遭受打击，攸县、湘潭等多个粮食主产区出现稻米滞销，大米制造商和农民成为直接受害者。根据湖南农业环境监测结果，重金属超标点位主要集中在长沙、湘潭、株洲、郴州、衡阳、嘉禾、益阳等区域，长株潭地区也成为重金属污染防治的重点地区和前沿阵地。

党中央、国务院高度重视耕地重金属污染治理问题。2014 年和 2015 年的中央"一号文件"分别要求启动重金属污染耕地修复试点，并扩大重金属污染耕地修复面积。根据中央精神，2014 年农业部、财政部安排专项资金，启动湖南长株潭地区重金属污染耕地修复及农作物种植结构调整试点工作，作为重金属污染耕地修复治理的试点省份，湖南成为中国整治"毒地"的突破口。

试点工作选择长株潭地区污染最严重的 170 万亩耕地，主要思路是根据稻米镉污染程度的不同，试行分区治理、综合施策，即稻米镉含量在 0.2～0.4 mg/kg 的耕地列为达标生产区，稻米镉含量大于 0.4 mg/kg、土壤含量小于或等于 1 mg/kg 的耕地为管控专产区，稻米镉含量大于 0.4 mg/kg、土壤含量大于 1 mg/kg 的耕地为替代种植区，以农艺措施为主，推行污染耕地修复、污染稻谷管控和农作物种植结构调整，边生产边修复，探索可推广、可复制的污染耕地治理方案和体制机制（图 1-2、图 1-3、图 1-4）。

图 1-2　湖南省长沙县"VIP+*n*"试点

图 1-3　湖南省株洲县"新技术新产品验证示范"基地

图1-4 湖南省湘潭县"稻草移除及安全利用"试点

参考文献

[1] 环境保护部，国土资源部. 全国土壤污染状况调查公报[J]. 国土资源通讯，2014，5：10-11.

[2] 国土资源部中国地质调查局. 中国耕地地球化学调查报告（2015年）[R]. 2015.6.

[3] 刘小楠，尚鹤，姚斌. 我国污水灌溉现状及典型区域分析[J]. 中国农村水利水电，2009，6：7-11.

[4] 辛术贞，李花粉，苏德纯. 我国污灌污水中重金属含量特征及年代变化规律[J]. 农业环境科学学报，2011，30（11）：2271-2278.

[5] 郑敏. 修复土壤 提高农业生产力——访农业部全国农技推广服务中心土壤肥料技术处处长李荣[J]. 中国农资，2012-09-21.

[6] 王文娟，杨知建，徐华勤. 我国土壤酸化研究概述[J]. 安徽农业科学，2015，43（8）：54-56.

[7] Luo L，Ma YB，Zhang SZ，Wei DP，Zhu YG. An inventory of trace element inputs to agricultural soils in China[J]. Journal of Environmental Management，2009，90：2524-2530.

[8] Kabata-Pendias. Trace Elements in Soils and Plants[M]. Boca Raton，FL，USA：CRC Press，2011.

第二章 我国耕地重金属污染防治工作

一、耕地污染防治工作的基础

为做好耕地污染防治工作，从源头保障农产品质量安全，近年来农业部门围绕耕地质量，一手抓地力建设，一手抓污染防治，在法制建设、标准制修订、规划计划、污染调查与评价、污染事故处理、污染防控以及相关技术研究与开发等方面做了大量工作，取得了积极进展。

（一）法规标准

推动《农产品质量安全法》出台，设立了农产品产地环境保护的专章，并配套出台了《农产品产地安全管理办法》，进一步明确农产品产地污染防治和环境保护要求。全国已有20多个省（自治区、直辖市、计划单列市）出台了农业生态环境保护条例，明确了农业部门耕地污染防治的法律职责和要求。同时，制定了《农用污泥中污染物控制标准》《蔬菜产地环境条件》等国家和行业标准、规范120多项，全面加强与规范农产品产地环境安全管理。为加强新常态下土壤污染防治，实现土壤资源永续利用，配合出台了《土壤污染防治行动计划》，编制了《农业部关于贯彻落实〈土壤污染防治行动计划〉的实施意见》，持续推进《土壤污染防治法》的立法工作。

（二）队伍建设

目前，已建立了由农业部农业生态与资源保护总站和农业部环境监测总站牵头，33个省级站、326个市级站、1 794个县级站组成的农业资源环境监测与保护体系，管理和专职技术人员达1.2万余人，建立了常态化的农产品产地环境监测网络。同时，建立了一支200余人组成的来自全国及地方农业环保相关科研院所和高等院校的专家队伍，涉及产地安全检测、污染治理、禁产区划分等多个领域，为农产品产地土壤污染防治提供有力支撑。

（三）污染普查

2012年农业部会同财政部共同实施了农产品产地土壤重金属污染防治普查工作，在全国16.23亿亩耕地上共计布设130.31万个土壤采样点位和15.2万个国控监测点，开展农产品产地土壤重金属污染普查和动态监测，建立农产品产地安全预警机制，做到农产品产地重金属污染早发现、早处置，从源头保障农产品质量安全。在此基础上，进行产地安全等级划分，对未污染产地，加大保护力度，严格控制外源污染；对轻中度污染产地，采取农艺、生物、化学、物理等措施实施治理修复；对严重污染的产地，调整种植结构，划定农产品禁止生产区，实施限制性生产。

（四）治理修复

建立了九个重金属污染治理示范区，针对各个治理示范区的污染特点，积极探索以农艺措施为主体的治理技术的示范和推广，确保示范成效。实施农产品产地禁产区划分试点工作，建成四个农产品产地禁产区划分示范点，开展禁止生产区划分和种植结构调整示范，探索禁产区划分管理、技术方法、种植结构调整方案等，确保示范区农产品质量安全。

（五）湖南试点

2014 年起，农业部会同财政部率先在湖南省长株潭地区启动重金属污染耕地治理修复试点工作，试点面积达到 170 万亩。这是中央财政首次以空前力度支持重金属污染耕地治理试点，旨在探索出一条在全国可借鉴、可复制、可推广、可持续的重金属污染耕地治理修复道路。2015—2016 年继续加大试点工作支持力度，巩固治理成果，总结推广治理经验。该试点工作是对重金属污染耕地治理的一次大规模尝试，对于确定污染耕地治理的方法、程序及技术路线，科学系统指导污染耕地治理工作有重要作用。

二、当前耕地污染防治工作存在的问题

（一）污染底数仍然不清

近年来，农业部、环境保护部、国土资源部先后开展了区域性、全国性、小比例尺土壤重金属污染调查，但就耕地重金属污染而言，总体分布和程度尚不是很清楚，相关的修复治理和种植结构调整工作仍缺少基础支撑。

（二）源头控制仍需加强

长期以来，我国环境保护工作存在着重城市、轻农村，重工业、轻农业的问题，导致城市和工业污染物向农村和农业转移排放，这从源头上加剧了田间地头的重金属污染。

（三）治理技术有待完善

近年来，农业部、科学技术部、环境保护部等对土壤重金属污染防治工作给予大力支持，摸索建立了一些科学、可行的技术模式和修复措施，在局部开展了零星的试点示范，也取得了一些成效，但由于农产品产地的区域性差异较大、影响因子较多等因素，仍难以达到大面积推广应用的要求。

（四）结构调整难度较大

农产品重金属污染不仅与产地土壤、水和大气污染状况直接相关，而且受到农作物种类、品种和农艺措施等的影响。种植结构调整势必会对当地农民传统农业生产习惯、生产活动乃至日常生活产生巨大的冲击。

（五）长效机制仍未建立

改变农艺措施、调整种植结构、划定农产品禁止生产区等均存在增加农民生产成本或

者降低收益的可能性，如何在保障农民利益的前提下确保农产品质量，还缺乏相关的农业生态补偿等长效机制。

三、耕地重金属污染治理对策

（一）完善政策体系

加强法治创新，逐步建立健全最严格的农业面源污染防治、农产品产地保护、耕地占补平衡管理、农业资源损害赔偿、农业环境治理与生态治理等覆盖农产品质量安全的全链条、全过程、全要素的法律法规制度体系，体现"产出来"和"管出来"两手抓的要求。当前，要积极推动《土壤污染防治法》《耕地质量保护条例》制定工作，落实《土壤污染防治行动计划》各项工作任务，像保护大熊猫一样保护耕地，建立健全耕地保护绩效考评及奖惩和责任追究机制，加大对破坏农业环境违法行为的处罚力度。

（二）加强监测规划

加强普查摸底，建立国家级耕地重金属污染等数据库，及时掌握耕地环境状况及动态趋势。建立健全耕地环境动态监测体系，整合、加密监测点，构建覆盖我国农业主产区和主要农作物的耕地环境监测网络，构建常态化监测和长效预警机制。科学规划、分类指导，制定国家及地方耕地重金属污染治理规划，在统筹现有各类规划的基础上，在"十三五"进一步突出和明确耕地重金属污染防治的方向和重点目标任务，做好与《农业突出环境问题治理总体规划（2014—2018 年）》、《全国农业可持续发展规划（2015—2030 年）》和《土壤污染防治行动计划》等的衔接。

（三）遏制污染加剧

20 世纪 90 年代开展的第二次全国污水灌溉普查显示[1]，1995 年我国总污水灌溉面积为 542.76 万亩，总污灌面积占全国总灌溉面积的 7.33%。另外，使用地面水 IV 类、V 类水灌溉的面积为 1 587.71 万亩，占全国总灌溉面积的 21.40%。

参照德国腐熟堆肥中部分重金属限量标准[2]，我国商品有机肥料和有机废弃物中，鸡粪超标率为 21.3%～66.0%，以镉、镍超标为主；猪粪超标率为 10.3%～69.0%，以镉、锌、铜超标为主；牛粪超标率为 2.4%～38.1%，以镉超标为主。

相关研究表明[3]：大气沉降输入土壤系统中汞为 4.48 g/（hm^2·a），高于污水灌溉输入量 1.38 g/（hm^2·a）；铅的输入量 347.19 g/（hm^2·a），与污水灌溉输入量 386.37 g/（hm^2·a）相近。对浙江东部沿海某典型废弃物拆解区重金属元素大气干湿沉降特征研究表明[4]，因大气沉降，土壤重金属中铅、铜、锌等重金属元素的年增加率可达 0.5%以上。此外，20%的汽车尾气排放的铅可散播至 50 km 以外，汽车尾气中 70%的铅沉降于公路两侧的土壤中。

因此，必须着重解决源头污染防控的问题，特别是解决农田灌溉水源、有机肥、化肥、农药、大气沉降等外源重金属污染问题，避免出现"边治理边污染"的现象。应加强涉重金属行业的污染控制，严格控制重金属污染物排放总量，并加大监督检查力度；合理使用农药、化肥，推广测土配方施肥技术，鼓励农民增施有机肥，指导农民科学使用农药，推行农作物病虫害专业化统防统治和绿色防控，推广高效低毒低残留农药和现代植保机械，加强农药包装废物的回收处理；推广减量化和清洁化农业生产模式，加强农业废弃物资源利用，选择部分市、县开展试点，形成一批可复制、可推广的农业面源污染防治技术模式；严格规范兽药、饲料添加剂的生产和使用，防止兽药、饲料添加剂中有害成分通过畜禽养殖废弃物还田对土壤造成污染。

（四）增强耕地承载

一方面，由于长期重化肥、轻有机肥，目前我国耕地中的有机质含量严重下降，全国耕地有机质含量平均值已从 20 世纪 90 年代的 2%～3%降到目前的 1%，明显低于欧美国家 2.5%～4%的水平[5]。相关研究表明[6]，耕地表土层 40%以上的重金属以有机质结合态形式存在。而由于耕地有机质含量的大幅下降，导致土壤中有机质结合态重金属含量严重减少，造成了重金属活性的释放。另一方面，由于长期大量施用化肥，以及南方酸雨普遍，导致耕地酸化严重，土壤 pH 值每下降一个单位值，土壤中重金属活性就会增加 10 倍。因此，应增加耕地有机肥的施用，恢复 20 世纪六七十年代绿肥等还田农业措施，降低化肥使用率，提高耕地有机质含量，同时控制耕地酸化，提高土壤 pH 值，降低重金属活性，增加耕地自身对重金属的承载能力，从耕地自身着手治理修复重金属污染，缓解重金属对农作物的危害。

（五）划定污染红线

从环境保护的角度，无论何种环境要素，环境保护的目标都应该使其不致退化，保持其环境质量不下降。耕地生态功能的恢复需要相当长的时间，技术难度大、成本高，因此防止耕地质量持续退化是农业环境保护应该遵循的基本原则。考虑土壤环境的差异，耕地污染防治应该按其所属地区生态环境、土壤污染要素的背景值和生态功能等确定不同的耕地环境质量标准。基础红线是任何开发和利用都不应导致耕地资源严重流失，不能导致土壤环境质量在现有水平上的严重下降。这项要求应写入未来发布的《土壤污染防治法》中，并在修订后的《农用地土壤环境质量标准》中予以体现。同时，制定相关的技术导则，指导地方政府根据本地情况制定相应的地方耕地环境质量标准及配套的监测规范。

（六）评估治理措施

近年来，已涌现出一大批针对农业土壤污染治理的新技术、新产品及新装备，但这些新技术、新产品及新装备的可应用性、经济性、可推广性、可复制性仍有待进一步验证。因此，迫切需要对这些技术产品及装备进行全面的评估：第一步，要从科学上搞清楚这些技术产品及装备是否具有如宣传、报道所说的高效、环保等效果；如果答案是肯定的，那么第二步就要从可操作性、成本收益等角度探究其落地的可能性和可推广性，加大示范推广力度。可以说，随着技术的进步，在耕地污染治理的赛场上，"选手"会越来越多，但还缺少"游戏规则"和称职的"裁判员"。

（七）完善标准体系

我国现行的土壤环境质量标准已不适应于当前土壤环境管理的需求，亟须制定或修订并尽快出台分区、分类、分等级的土壤环境质量标准体系。建议针对耕地土壤类型的多样性，科学建立不同区域的耕地土壤环境重金属质量标准；根据土壤的性质、耕地的不同种植方式和种植品种的分类建立重金属质量标准；鉴于镉是我国耕地中最主要、涉及面最广的重金属污染元素，在充分对比分析研究国外及地区有关标准的基础上，可优先研究制定适合我国耕地环境的镉质量标准体系。同时，还应建立化肥、农药等土壤潜在重金属污染源的质量标准体系，防止其在农业生产中出现二次污染。

（八）增强金融支持

鼓励企业投资参与污染耕地治理，研究制定扶持有机肥生产、废弃农膜综合利用、农药包装废物回收处理等企业的激励政策；大力推广政府和社会资本合作（PPP）模式在耕地污染防治领域的应用，培育第三方的农业环境治理保护产业，充分发挥市场作用，调动管理部门、科研单位、涉农企业及农业生产者各类主体的积极性，实现农业环境保护的联合协作；建立健全以技术补贴和绿色农业经济核算体系为核心的农业补贴制度和生态补偿制度，对环境友好型、资源节约型的清洁生产技术以及绿色生产资料等的研发和推广应用进行补偿、激励，加强新型职业农民培训，提高农业生产经营主体运用清洁生产技术、保护农业资源环境的积极性、主动性和有效性。

（九）强化队伍建设

农业环境管理和农业技术推广人员是有效落实各项标准和政策的基础。针对日益严重的农业环境问题，应统筹、管理我国农业环境问题，避免因多部门交叉管理而产生的弊端；建议优化县区、乡镇农技推广队伍的专业结构，增加农业生态环境保护等专业结构的设置和人才的培养，扩大农技推广队伍；强化对基层农业环境治理和农业技术推广人员的培训，提高他们在农业环境保护和环境治理上的意识和专业素质。

（十）加强科技创新

针对耕地的利用方式、重金属污染类型及污染程度，加强轻中度污染耕地的钝化稳定、植物净化及联合治理技术。同时，加强耕地重金属污染治理与治理示范点建设，推广实用技术，积累相应经验，并在实践中提升基础理论水平和技术开发能力。

参考文献

[1]　蔡秀萍，周宁. 我国农田污水灌溉现状综述[J]. 水利天地，2009（11）：11-12.

[2]　Brinton W F. Compost Quality Standard & Guidelines[A]. Final Report. Woods End Research Laboratory Inc. Dec. Prepared for New York State Association of Recyclers，2000.

[3]　徐应明. 农田重金属污染控制策略及适宜修复技术[OL]. www.aepi.org.on，2014-05.

[4]　黄春雷，宋金秋，潘卫丰. 浙东沿海某地区大气干湿沉降对土壤重金属元素含量的影响[J]. 地质通报，2011，30（9）：1434-1441.

[5]　陈印军，肖碧林，方琳娜，等. 中国耕地质量状况分析[J]. 中国农业科学，2011，44（17）：3557-3564.

[6]　章明奎，方利平，周翠. 污染土壤中有机质结合态重金属的研究[J]. 生态环境，2005，149（5）：14（5）：650-653.

第三章　耕地重金属污染治理修复技术

一、通用的土壤重金属污染治理修复技术

重金属污染土壤治理是指利用物理、化学和生物的方法将土壤中的重金属清除出土体或将其固定在土壤中降低其迁移性和生物有效性，降低重金属的健康风险和环境风险，包括工程措施、改良措施、生物修复、矿物修复等几大类。

（一）工程措施

工程措施是指利用物理（机械）、物理化学原理治理重污染土壤且工程量比较大的一类方法。该类技术是利用外来重金属多富集在土壤表层的特性，去除受污染的表层土壤以后，将下层土壤耕作活化或用未被污染的活性土壤覆盖的方法[1]。

1．客土、换土、去表土、深耕翻土法

该类方法效果好，不受土壤条件限制，但需大量人力、物力，投资大，存在二次污染的问题。同时，土壤肥力会有所降低，应多施肥料以补充肥力。目前只用于污染严重、面积小的地区。

客土是将污染土壤加入大量的未被污染的土壤，从而降低土壤中重金属的含量，达到减轻危害的目的（图 3-1）。这种方法在日本用于处理重金属污染的土壤取得了成功。换土是将污染的土壤移去，换上未被污染的新土。对换出的土壤应妥善处理，以防止二次污染。去表土是利用重金属污染土壤表层土的特性，去除表层污染土壤后，耕作活化下层土壤或覆盖未被污染的活性土壤的方法。深耕翻土是翻动上下土层，使表土中的重金属含量降低，但只适用于土层深厚且污染较轻的土壤。以上这些方法都是将土壤中的重金属浓度降低到能承受的范围以下，或减少重金属污染物和植物根系的接触，从而达到控制危害的目的[2-4]。

图 3-1　客土法现场施工

2．电动修复法

电动修复是由美国路易斯安那州立大学研究出的一种净化土壤污染的原位修复技术。该技术近年来在一些欧美发达国家发展很快，已经进入商业化阶段。它特别适合于低渗透的黏土和淤泥土，可以控制污染物的流动方向；从经济上看，也是可行的[5]。其原理是在污染土壤中插入电极对，并通以低直流电形成电场梯度，土壤中的污染物质（包括重金属离子和有机污染物）在电场作用下向电极室运输，主要通过电迁移、电渗流或电泳的方式被带到电极两端，系统收集起来进行集中处理，从而达到修复污染土壤的目的，并可回收重金属（图 3-2）。采用的电极最好是石墨，因为金属电极本身容易被腐蚀，引起二次土壤污染。电极的多少、间距及深度，电流的强度一般根据实际需要而定。研究表明，电流能使所有的金属-土壤键断裂，该技术在去除低渗透性土壤中的铅、砷、铬、镉、铜、铀、汞和锌等重金属是非常有效的[2]。

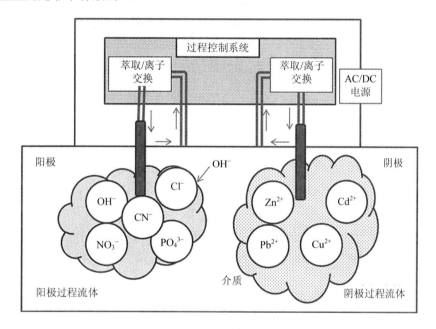

图 3-2 电动修复法示意

电动修复技术具有经济效益高、后处理方便、二次污染少等一系列优点，在修复污染土壤方面有着良好的应用前景。虽然电动修复技术在实验条件下已经取得了很大的发展，但对大规模污染土壤的就地修复技术仍不够完善。

3．土壤淋洗法

土壤淋洗是用淋洗液（清水或含有能提高重金属可溶性试剂的溶液）来淋洗污染土壤，把土壤固相中的重金属转移到土壤液相。具体方法是将挖掘出的地表土经过初期筛选去除表面残渣，分散大块土后与某种提取剂充分混合，经过第二步筛选分离后用水淋洗除去残留的提取剂，处理后"干净"的土壤可归还原位被再利用，富含重金属的废水进一步处理可回收重金属和提取剂（图 3-3）。土壤淋洗技术的关键是寻找一种提取剂，既能提取各种形态的重金属，又不破坏土壤结构，但事实上是很难找到的。用来提取土壤重金属的提取剂有很多，包括有机或无机酸、碱、盐和螯合剂，主要有硝酸、盐酸、磷酸、硫酸、氢氧化钠、草酸、柠檬酸、EDTA（乙二胺四乙酸，一种金属螯合剂）和 DTPA（二乙基三胺五乙酸，一种金属螯合剂）等[4]。

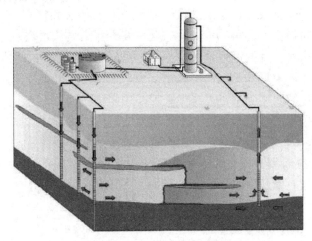

图 3-3　土壤淋洗法示意图

淋洗法对烃、硝酸盐及重金属的重度污染效果较好，适于轻质土壤。日本、美国用此法进行污染土壤的治理取得了良好的效果。但其投资较大，易造成地下水污染及土壤养分流失，使土壤变性[3]。

4．热解吸（热脱附）法

该方法是对污染土壤加热升温（常用的加热方法有蒸气、红外辐射、微波和射频），使土壤中的挥发性污染物（重金属主要是汞、硒）挥发并收集起来进行回收再集中处理（图3-4）。有试验表明，应用热解吸法可使砂性土、黏土、壤土中汞含量分别从 15 000 mg/kg、900 mg/kg、225 mg/kg 降至 0.07 mg/kg、0.12 mg/kg 和 0.15 mg/kg，回收的汞蒸气纯度达 99%。热解吸法对于修复汞污染土壤是一种行之有效的方法，并可以回收汞[6]。此项技术已成功地治理了 2 300 t 被汞污染的土壤，治理后土壤中汞的质量浓度降到了背景值（＜1 mg/L）。美国一家汞回收公司已应用该技术进行现场治理，开始了商业化运作[7]。该法的不足之处在于土壤有机质和结构水遭到破坏，驱赶土壤水分需要消耗大量的能量，并易造成二次污染[8]。

5．玻璃化技术

该技术是把重金属重污染区土壤置于高温高压条件下，使其形成玻璃态物质，重金属固定于其中，达到消除重金属污染的目的（图 3-5）。玻璃化技术相对比较复杂，实地应用中会出现难以达到统一熔化以及地下水渗透等问题。此外，熔化过程需要消耗大量的电能，这使玻璃化技术成本很高，限制了它的应用。不过，如果不考虑它的上述缺点，玻璃化技术对某些特殊废物如放射性废物是非常适用的，因为在通常条件下玻璃非常稳定，一般的试剂难以破坏它的结构[2,3]。总之，该技术工程量大、费用昂贵，但能从根本上消除重金属污染，并且见效快，因此常用于重金属重污染区修复。

总之，用工程措施修复重金属污染土壤，对于污染重、面积小的土壤具有修复效果明显、迅速的优点，是一种治本措施，而且适应性广，但对于污染面积较大的土壤则需要消耗大量的人力与财力，存在二次污染而且容易导致土壤结构的破坏和土壤肥力的下降。

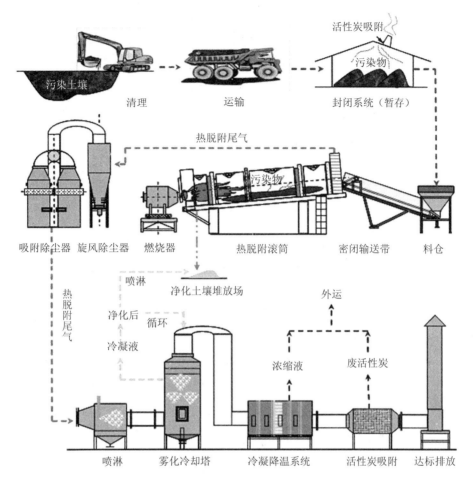

图 3-4　热解吸（热脱附）工艺流程图

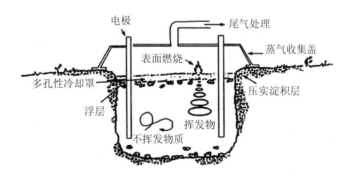

图 3-5　原位玻璃化技术示意图

（二）改良措施

施用改良剂、抑制剂等能有效地降低重金属的水溶性、扩散性和生物有效性，从而降低它们进入植物体、微生物体和水体的能力，减轻它们对生态环境的危害[4]。

1. 固化方法

固化方法就是加入土壤固化剂来改变土壤的理化性质，并通过重金属的吸附或沉淀作用来降低其生物有效性。污染土壤中的毒害重金属被固定后，不仅可以减少其向土壤深层和地下水迁移，而且有可能重建植被。固化方法的关键在于成功地选择一种经济而有效的固化剂[1]。固化剂的种类很多，常用的主要有波特兰水泥、硅酸盐、高炉渣、石灰、磷灰石、窑灰、飘尘、沥青、沸石、磷肥、海绿石、含铁氧化物材料、堆肥和钢渣等。固化技术的处理效果与固化剂的组成、比例、土壤重金属总浓度以及土壤中一些干扰固化的物质的存在有关[9]。固化方法能在原位固化重金属，从而大大降低成本。但固化方法并不是一个永久的措施，因为它不仅需要大量的固化剂，还容易破坏土壤，使土壤不能恢复其原始状态，一般不适宜于进一步的利用，因此，只适用于污染严重但面积较小的污染土壤修复。

2. 添加还原性有机物质

还原性有机物质分解生成有机酸，如胡敏酸、富里酸、氨基酸，或者糖类及含氮、硫杂环化合物等，能通过其活性基团与重金属元素锌、锰、铜、铁等络合或螯合，从而影响重金属的有效性。常见的用于修复重金属污染土壤的有机物质主要有未腐熟稻草、牧草、紫云英、泥炭、富淀粉物质、家畜粪肥及腐殖酸等。重金属污染严重的农田，配合石灰施入猪厩肥能明显降低重金属（铜、铅、锌、镉）对水稻生长发育的危害程度，显著提高产量，增产幅度在 23.7%～41.9%[10]。施用有机肥等可增强土壤胶体对重金属和农药的吸附能力，促进土壤中的镉形成硫化镉沉淀，促进 Cr^{6+} 转化为 Cr^{3+}，降低其毒性[11]。

3. 拮抗作用

土壤环境中重金属之间具有拮抗作用，如重金属砷、锌、铜等元素具有拮抗性，因此可向某一重金属元素轻度污染的土壤中施入少量的对人体没有危害或有益的与该金属有拮抗性的另一重金属元素，减少植物对该重金属的吸收以及土壤中重金属的有效态。已有试验证明，土壤中适宜 $w(Cd)/w(Zn)$ 可以抑制植物对镉的吸收[12]，因此，可以通过向镉污染土壤中加入适量锌，调节 $w(Cd)/w(Zn)$，减少镉在植物体内的富集。研究表明，硅能降低植株对锰的吸收，同时提高植株对锰的耐受力[13]。

改良措施修复效果及费用都适中，如能与农业措施及生物措施配合使用，效果可能会更好。

（三）生物修复

生物修复是利用生物技术治理污染土壤的一种新方法。利用生物削减、净化土壤中的重金属或降低重金属毒性。

1. 植物修复技术

该技术是一种利用自然生长或遗传培育植物修复重金属污染土壤的技术。根据其作用过程和机理，重金属污染土壤的植物修复技术可分为植物固定、植物萃取、植物挥发和植物根系过滤等类型。

（1）植物固定

植物固定是利用耐重金属植物或超积累植物降低土壤中重金属的移动性，从而减少重金属被淋滤到地下水或通过空气扩散进一步污染环境的可能性。植物在植物固定中主要有两种功能：①保护污染土壤不受侵蚀，减少土壤渗漏来防止金属污染物的淋失；②通过金属在根部积累和沉淀或根表吸收来加强土壤中污染物的固定。此外，植物还可以通过改变根际环境（如 pH 值和 Eh 值）来改变污染物的化学形态，从而达到降低或消除金属污染物化学和生物毒性的作用。植物固定并没有清除土壤中的重金属，只是暂时将其固定，使其对环境中的生物不产生毒害作用，并没有彻底解决环境中的重金属污染问题。因此，它适合于土壤质地黏重、有机质含量高的污染土壤的修复。

（2）植物萃取

植物萃取又叫植物提取技术，是植物修复的主要途径。它是利用重金属超积累植物从土壤中吸取一种或几种重金属，并将其转移、储存到植物地上部分，通过收割地上部分物质并集中处理，使土壤中重金属含量降低到可接受水平的一种方法。常用的植物包括各种野生的超积累植物及某些高产的农作物，如芸薹属植物（印度芥菜等）、油菜、杨树、苎麻等。目前主要用于去除污染土壤中的重金属，如铅、镉等（图 3-6～图 3-9）。植物萃取技术的关键是要求所用植物具有生物量大、生长快和抗病虫害能力强的特点，并具备对多种重金属较强的富集能力。

图 3-6　蜈蚣草（As）

图 3-7　龙葵（Cd）

图 3-8　东南景天（Zn）

图 3-9　海洲香薷（Cu）

（3）植物挥发

植物挥发是利用植物的吸收、积累和挥发而减少土壤中一些挥发性污染物（如汞、硒、砷），即植物将污染物吸收到体内后将其转化为气态物质释放到大气中，达到修复重金属污染土壤的目的的过程。Rugh 等[14]研究表明，将来源于细菌中的汞抗性基因转入植物，可以使其具有在通常生物中毒的汞浓度条件下生长的能力，而且还能将土壤中吸取的汞还原成挥发性的单质汞。水稻、花椰菜、卷心菜、胡萝卜和一些水生植物具有较强的吸收、挥发土壤和水中硒的能力，将毒性较强的无机硒转变为基本无毒的二甲基硒。海藻能吸收并挥发砷，其机理之一是把 $(CH_3)_2As_3$ 挥发出体外。植物挥发技术无须收获和处理含污染物的植物体，不失为一种有潜力的植物修复技术，但这种方法将污染物转移到大气中，对人类和生物具有一定的风险[15]。

（4）根系过滤

根际过滤技术，又称植物过滤技术，它是指利用耐重金属植物或超累积植物庞大的根系过滤、吸收、沉淀、富集污水中的重金属元素后，将植物收获进行妥善处理，达到修复水体重金属污染的目的。水生植物、半水生植物和陆生植物均可作为根际过滤植物。植物幼苗根系表面积与体积的比值较大，生长迅速，吸附有毒离子的能力强，其清除重金属的效果较明显。目前常用的植物有各种耐盐的野草，如弗吉尼亚盐角草（*Salicornia virginica*）、牙买加克拉莎草（*Cladiunm jamaicense*）、盐地鼠尾粟（*Sporobolus virginicus*）、印度芥菜、向日葵及各种水生植物（宽叶香蒲等）[15,16]。

2. 微生物修复技术

微生物对重金属污染土壤的生物修复作用主要是通过微生物对重金属的溶解、转化与固定来实现。

（1）微生物对重金属的溶解

微生物对重金属的溶解主要是通过各种代谢活动产生多种低分子量的有机酸直接或间接进行的。最早的报道是真菌可以通过分泌氨基酸、有机酸以及其他代谢产物溶解重金属及含重金属的矿物，而后 Chanmugathas 比较了不同碳源条件下微生物对重金属的溶解，发现土壤微生物能够利用有效的营养和能源，在土壤滤沥过程中通过分泌有机酸络合并溶解土壤中的重金属。在灭菌试验中，未灭菌处理的淋洗液中重金属离子的浓度显著高于灭菌处理。Loser 等曾借助土著微生物的淋滤作用来修复德国萨克森地区河流沉积物的重金属污染，指出处理过程中基质的最适投加量为 2%，最适温度为 30～40℃，去除率最高可达 98%[17]。

（2）微生物对重金属的氧化还原转化

在外界环境中，变价金属砷、镉、钴等可以不同的价态形式存在，而细菌的代谢活动可以通过其氧化还原作用改变它们的价态。Chang 等在污水处理厂发现一种嗜硫酸盐细菌可以还原 Cr^{6+} 为低毒的溶解度较小的 Cr^{3+}，从而降低水体中的重金属毒性。土壤中还分布着多种可以使铬酸盐和重铬酸盐还原的微生物，如产碱菌属（*Alcaligenes*）、芽孢杆菌属、棒杆菌属（*Corynebacterium*）、肠杆菌属、假单胞菌属和微球菌属（*Micrococus*）等，这些菌能将高毒性的 Cr^{6+} 还原为低毒性的 Cr^{3+}。另外一些细菌，如硫-铁杆菌类能氧化砷、铜、钴和铁等，假单胞杆菌（*Pseudomonas*）能使砷、铁、锰等发生氧化，从而降低这些重金属元素的活性[17]。

（3）微生物对重金属的生物固定

生物固定主要有三种作用方式：胞外络合作用、胞外沉淀作用以及胞内积累。细胞壁中的分子结构具有活性，可以将金属螯合在细胞表面。Beveridge 等研究发现，从芽孢杆菌上分离下来的细胞壁可以从溶液中螯合大量的金属元素，当将细胞壁放入含氯化金（$AuCl_3$）的水溶液中时，可在细胞壁上通过聚核作用形成微小晶体。细菌很早就被发现可以在细胞外部沉积铁和锰的氧化物和氢氧化物，并可以调节 Zn^{2+}、Pb^{2+}和其他金属的氧化还原反应，如硫杆菌属（*Thiobacillus*）属革兰氏阴性细菌，可以氧化铁和硫[17]。

3. 微生物—植物的联合修复

这种修复方法利用土壤—微生物—植物的共存关系，充分发挥植物与微生物修复技术各自优势，弥补不足，进而提高土壤中污染物的植物修复效率，最终达到彻底修复重金属污染土壤的目的[18]。

（1）植物与专性菌株的联合修复

高浓度的重金属污染对植物的毒害作用导致较低水平的植物生产量，从而降低植物修复的效率。植物根际细菌能够直接或间接地影响植物生长，一般来说，重金属污染往往导致土壤微生物生物量的减少和种类组成的改变，根际微生物对土壤重金属污染环境存在适应性分化，长期受金属污染的环境可能已存在丰富的耐重金属微生物资源，如铜污染土壤中芦苇根际环境存在耐铜细菌[18]。因此，从重金属污染环境中筛选可供应用的耐重金属根际微生物具有广阔的前景。

（2）植物与菌根真菌的联合修复

菌根是土壤中的真菌菌丝与高等植物营养根系形成的一种联合体。菌根表面延伸的菌丝体可大大增加根系的吸收面积，大部分菌根真菌具有很强的酸溶和酶解能力，可为植物吸收传递营养物质，并能合成植物激素，促进植物生长。菌根真菌的活动还可改善根际微生态环境，增强植物抗病能力，极大地提高植物在逆境（如干旱、有毒物质污染等）条件下的生存能力。植物与菌根真菌生物修复的关键在于筛选有较强降解能力的菌根真菌和适宜的共生植物，使两者能相互匹配形成有效的菌根。其优点是菌根化植物抗逆性强、吸收降解能力强，缺点是针对不同气候、土壤条件要选择不同的植物和菌根真菌，并要进行组合实验以确定最佳降解组合，因而比较费时。菌根真菌与植物之间存在着一定的协同关系，分离培养受到重金属干扰的植物生长环境菌，在实施植物修复中将有广阔的应用前景[19]。

（四）动物修复

蚯蚓作为土壤动物最大的常见类群之一[20]，在陆地生态系统中发挥着重要作用，主要表现为加速土壤结构的形成，促进土肥相融；加速有机物质的分解转化，提高植物营养；改善土壤通透性，提高蓄水、保肥能力等。在重金属污染土壤中，单纯测定土壤中污染物的总浓度来评价土壤的环境质量并不科学，土壤、污染物和生物的相互作用是一个复杂的过程。蚯蚓本身在取食、消化和分解过程中，一方面把土壤中大量分解的有机物质充分混合，使土壤中重金属与有机质、腐殖质和微生物等充分反应，生成重金属活性物质，富集在团聚体中；另一方面在活动和新陈代谢过程中会分泌大量胶黏物质，能够络合、螯合重金属，提高土壤中重金属的活性。此外，蚯蚓通过取食、排泄和挖掘作用会影响微生物的数量，刺激微生物的活动，改变土壤微生物的群落结构[21]，而微生物活动本身可以直接或间接地活化重金属及其他植物养分[22,23]。

（五）矿物修复

黏土矿物在重金属污染土壤中具有超强的自净能力。近年来，从化学修复中逐渐分出来的矿物修复，被誉为继物理修复和化学修复尤其是生物修复方法之后的最新污染治理方法。所谓矿物修复是指向重金属污染的土壤中添加天然矿物或改性矿物，利用矿物的特性改变重金属在土壤中存在的形态，以便固定重金属、降低其移动性和毒性，从而抑制其对地表水、地下水和动植物等的危害，最终达到污染治理和生态修复的目的。而矿物修复又以黏土矿物修复最为引人瞩目。常用于修复土壤重金属污染的黏土矿物有蒙脱石、凹凸棒石、沸石、高岭石、海泡石、蛭石和伊利石等。黏土矿物修复土壤重金属污染有其不同于其他修复的特点，如原位、廉价、易操作、见效快、不易改变土壤结构、不破坏生态，并且增强了土壤自净能力等。此外，我国黏土资源较丰富，所以从资源的角度上分析，不仅可以为治理土壤重金属污染提供丰富的黏土矿物材料，而且也有利于黏土矿物资源的开发与应用。因此，根据我国土壤重金属污染的特点，现阶段黏土矿物修复可视为最可行的方法之一[24]。

（六）联合修复

联合修复在污染场地治理中又被称作多技术联用，是指针对目标污染土壤采用多种治理技术同时使用或串联使用的方法，以达到最优的治理效果。联合治理虽然已经开展了相关研究，但目前国内还没有大规模的应用，且各种技术之间的相互影响作用还需要深入的研究。因其治理效果好，联合修复将会是未来重金属污染治理和复合污染物治理发展的趋势。

二、耕地重金属污染治理修复技术

与一般土壤的重金属污染治理不同，耕地的重金属污染具有一定的特殊性，要求在不改变土壤用途和较小影响农作物产出的前提下进行污染土壤的治理，这对治理技术的选择和效果提出了更高的要求。通常采用的农艺调控措施包括控制土壤水分、改变耕作制度、农药和肥料的合理施用、调整作物种类等以达到治理目的和保障粮食生产安全。

（一）农艺调控措施

1. 控制土壤水分，调节土壤氧化还原电位值
土壤重金属的活性受土壤氧化还原状态的影响较大，一些重金属在不同的氧化还原状态下表现出不同的毒性和迁移性。土壤水分是控制土壤氧化还原状态的一个主要因子，通过控制土壤水分可以起到降低重金属危害的目的。还原状态下土壤中的大部分重金属容易形成硫化物沉淀，从而降低重金属的移动性和生物的有效性。

2. 合理施用化肥、有机肥和农药
施用肥料和农药是农业生产中最基本的农业措施，也是引起土壤重金属污染的一个来源。可以从以下两个方面来降低肥料和农药施用对土壤重金属污染的负荷：一方面，通过改进化肥和农药的生产工艺，最大限度地降低化肥和农药产品本身的重金属含量；另一方面，指导农民合理施用化肥和农药，在土壤肥力调查的基础上通过科学的测土配方施肥和合理的农药施用不仅可以增强土壤肥力、提高作物的防病害能力，还能调控土壤中重金属的环境行为。

3. 改变耕作制度和调整作物种类

改变耕作制度和调整作物种类是降低重金属污染风险的有效措施，在污染土壤中种植对重金属具有抗性且不进入食物链的植物品种可以明显地降低重金属的环境风险和健康风险。在污染严重的地区种植超富集植物，通过连续种植收割将重金属移出污染区，杜绝重金属再次进入污染地区；在轻污染的地区种植重金属耐性植物，减少重金属在植物可食用器官的累积，从而保障农产品的质量安全。

4. 施用钝化剂

对于治理重金属污染的耕地，钝化技术针对的是中、轻度污染农田，其中最为常见的钝化剂是石灰、凹土等。该技术治理时间短、见效快、成本低。施用钝化剂的目的是通过形态转化等途径降低重金属被植物吸收利用的能力和毒性。但施用的钝化剂要和肥料、土壤调理剂一样有质量标准，不能钝化了其中的一种元素，却带来了其他元素的污染。在保证当前治理效果的同时，还要考虑是否有潜在风险。

（二）其他治理修复技术

1. 生物炭固持

近年来，大量研究报道，生物炭材料在重金属污染修复方面的应用逐步得到重视。生物炭表面含有大量的羧基、羰基和酸酐等多种官能基团以及负电荷，比表面积大，施入土壤后，生物炭能吸附一些重金属并将其固定在表面，显著降低一些重金属的生物有效性。通过吸附作用，生物炭有效固定土壤中的镉，减少作物对镉的吸收量，还能改善土壤物理、化学和生物特性，使土壤肥力和作物产量均有一定程度的提高[25]。该技术利用棕榈丝、椰壳等农业废弃物，在 200～500℃的高温下进行厌氧裂解制备生物炭，并通过铁基、疏基（−SH）等改性，增加生物炭吸附总砷的性能，同时配合页面阻隔技术，可以使土壤重金属砷、镉的生物有效性降低 30% 以上，稻米砷、镉含量大幅下降。在中、轻度污染农田上使用该技术可以生产出合格的农产品。

2. 复合微生物制剂固定重金属技术

以自主诱变的高效活性菌 B38 为核心，辅以不同的辅助材料，构成复合微生物制剂固定化技术，修复对象为重金属污染农田，可边生产边修复，降低重金属生物有效性，并改善土壤肥力、提高农作物产量。

修复技术的核心是实验室通过紫外诱导、亚硝酸盐诱导以及细胞质融合技术筛选出耐镉微生物 B38 [以枯草芽孢杆菌（*Bacillus subtillis*）为出发菌株，经紫外诱变后，微生物的 DNA 发生突变、细胞个体增大，耐受重金属能力提高 4～20 倍]，选择工农业废料（诺沃肥和生物炭等）为辅助材料，该复合制剂对阳离子重金属（镉、砷、铅）有非常强的固定作用，对砷和铬等阴离子污染物也具有一定的固定作用。通过该技术修复的农田重金属有效态降低 20%～98%，蔬菜对重金属的富集最多可降低至原来的 1/4。

3. 电气石固定重金属技术

电气石是一种硅酸盐矿物，具有永久的自发静电场的自发极化特征，可以通过静电吸附、表面络合和离子交换作用去除重金属。通过添加 2% 电气石能使小麦内镉、铜、铅、锌、汞含量与对照比最大降低 14%～57%；油菜中重金属含量降低 20%～55%；蔬菜叶绿素含量明显提升，土壤酶活性增加。适用于重金属污染农田。

4. 基于多功能有机-无机复合钝化阻抗剂的作物镉消减技术

利用富含强吸附能力的氧化铁材料+富含巯基的植物材料+镉吸收阻抗剂作为功能有机-无机复合钝化阻抗剂修复镉污染土壤。该技术在我国不同地区的烟叶、水稻等经济作物和农作物生产过程中使用,对轻度镉污染土壤上植物中镉含量的降低起到非常重要的作用。

该项技术的原理在于镉与植物材料中的巯基有着较强的络合化学反应,富含铁、铝、钙等氧化物及氢氧化物的无机材料,通过表面络合、晶格固定等反应吸附、固定镉,锌对镉有拮抗作用。通常富含铁、铝、钙等氧化物及氢化物的无机材料可以用低重金属含量的赤泥代替。该技术可以降低植物中镉含量的 40%,达到农产品安全生产标准,并且持续有效性可以大于四年。

5. 植物间作修复技术

用超富集植物与农作物进行间作,一边利用超富集植物去除土壤中的重金属,一边促进农作物的生长和保障农产品重金属含量达标,获得安全农产品,实现边生产边修复增效的目的。具体的技术模式有蜈蚣草-甘蔗间作、蜈蚣草-桑树间作、蜈蚣草-玉米间作、东南景天-茶藨间作等。该技术具有边生产边修复,原位、成本低、环境友好和无二次污染的特点;适用于轻度、中度重金属污染农田修复。通过该技术,土壤中砷的年修复效率达 4%,镉的年修复效率 10% 左右;农产品检查量不超过 30%;农产品(桑叶、甘蔗、玉米等)重金属合格率达 95% 以上。

总之,已有的重金属污染耕地治理技术中农艺措施和原位钝化技术的应用最为广泛,其次是植物修复技术。此外,因单一修复技术的修复效果有限,多技术联合组装应用已经成为当前耕地重金属污染土壤修复的主流。然而,由于耕地重金属污染问题的严重性和复杂性,污染土壤修复的效果离人们的期望值还有一定距离。因此,今后还需要继续研究组装高效的、低成本的、实用的重金属污染耕地治理技术,尤其要把这些技术在大田生产实践中进行验证和推广。

参考文献

[1] 陈承利,廖敏. 重金属污染土壤修复技术研究进展[J]. 广东微量元素科学,2004,11(10):1-8.

[2] 李永涛,吴启堂. 土壤重金属污染治理措施综述[J]. 热带亚热带土壤科学,1997,6(2):134-139.

[3] 陈志良,仇荣亮,张景书,等. 重金属污染土壤的修复技术[J]. 环境保护,2002,6:17-19.

[4] 邱廷省,王俊峰,罗仙平. 重金属污染土壤治理技术应用现状与展望[J]. 四川有色金属,2003,2:48-52.

[5] 龙新宪,杨肖娥,倪吾钟. 重金属污染土壤修复技术研究的现状与展望[J]. 应用生态学报,2002,13(6):757-762.

[6] 顾继光,周启星,王新. 土壤重金属污染的治理途径及其研究进展[J]. 应用基础与工程科学学报,2003,11(2):143-151.

[7] 夏星辉,陈静生. 土壤重金属污染治理方法研究进展[J]. 环境科学,1997,3:72-76.

[8] 佟洪金,涂仕华,赵秀兰. 土壤重金属污染的治理措施[J]. 西南农业学报,2003,16:33-37.

[9] 黄先飞,秦樊鑫,胡伟继. 重金属污染与化学形态研究进展[J]. 微量元素与健康研究,2008,25:48-51.

[10] 孙吉林，蒋玉根，徐祖详. 农艺措施治理重金属严重污染农田土壤效果初探[J]. 农业环境与发展，2002，1：32-33.

[11] 佟洪金，涂仕华，赵秀兰. 土壤重金属污染的治理措施[J]. 西南农业学报，2003，16：33-37.

[12] 周启星，吴燕玉，熊先哲. 重金属 Cd、Zn 对水稻的复合污染和生态效应[J]. 应用生态学报，1994，5（4）：438-441.

[13] 王宏康，窦争霞，剑淑范. 日本土壤的重金属污染及其对策[J]. 农业环境科学学报，1987，6（6）：33-36.

[14] Rugh C L，Bizily S P，Meagher R B. Phytoreduction of environmental mercury pollution// Phytoremediation of toxic metals：using plants to clean-up the environment[M]. New York，John Wiley and Sons，2000：151-170.

[15] 旷远文，温达志，周国逸. 有机物及重金属植物修复研究进展[J]. 生态学杂志，2004，23（1）：90-96.

[16] 王校常，施卫明，曹志洪. 重金属的植物修复——绿色清洁的污染治理技术[J]. 核农学报，2000，14（5）：315-320.

[17] 张溪，周爱国，甘义群，等. 金属矿山土壤重金属污染生物修复研究进展[J]. 环境科学与技术，2010，33（3）：106-112.

[18] 牛之欣，孙丽娜，孙铁珩. 重金属污染土壤的植物-微生物联合修复研究进展[J]. 生态学杂志，2009，28（11）：2366-2373.

[19] 何小燕，周国英. 植物微生物联合修复重金属污染土壤研究[J]. 湖南林业科技，2004，31（5）：26-27.

[20] 黄初龙，张雪萍. 蚯蚓环境生态作用研究进展[J]. 生态学杂志，2005，24（12）：1466-1470.

[21] 王丹丹，李辉信，胡锋. 蚯蚓活动对锌污染土壤微生物群落结构及酶活性的影响[J]. 生态环境，2006，15（3）：538-542.

[22] 成杰民，俞协治，黄铭洪. 蚯蚓-菌根相互作用对 Cd 污染土壤中速效养分及植物生长的影响[J]. 农业环境科学学报，2006，25（3）：685-689.

[23] 寇永纲，伏小勇，侯培强，等. 蚯蚓对重金属污染土壤中铅的富集研究[J]. 环境科学与管理，2008，33（1）：62-64.

[24] 崔德杰，张玉龙. 土壤重金属污染现状与修复技术研究进展[J]. 土壤通报，2004，35（3）：366-370.

[25] 张伟明. 生物炭的理化性质及其在作物生产上的应用[D]. 沈阳：沈阳农业大学，2012.

第四章　耕地重金属污染治理修复实践

一、国外或其他地区农用地土壤重金属污染治理案例

除我国内地外，公开资料显示日本和我国台湾地区是仅有的个别开展农用地（耕地）土壤污染修复的国家或地区。

（一）日本

镉大米最早出现在日本，因此日本对镉大米的治理方式和经验对我国具有相当的借鉴意义。日本治理镉大米有两种方式，一种是更换土壤，另一种是灌水治理。灌水治理法适用于大米镉含量在 0.4～1.0 mg/kg 的标准。所谓灌水治理，就是在水稻抽穗期的前三周和后周中，保证土壤在六周时间内有储存 2～3 cm 的水层。这样做是为了让土壤处于还原状态，镉会和土壤中的硫形成硫化镉，后者是一个很难溶的物质，不容易被水稻吸收，有助于控制稻米中的镉含量。但是这么操作的前提条件是这个灌溉水必须是干净的。而一旦大米的镉含量超过 1.0 mg/kg 时，就需要进行土壤更换，把被污染的上层土壤全部换掉，用新鲜土壤进行覆盖。整个日本为治理镉大米已经更换了 7 000 hm^2 左右的土壤，此前日本"污染区"98%的土壤都在此方法下获得"新生"。

（二）我国台湾

我国台湾自 1983 年开始开展土壤污染调查和后续治理工作，并于 2002 年发布了"农用地土壤重金属调查与厂址列管计划"，调查的 319 hm^2 农用土壤，有 270 hm^2 受到铜、锌、镍、铬、镉、铅、汞七种重金属污染。

针对农用地重金属污染，我国台湾过去多采用翻耕稀释法，即将干净的里土或深层土壤与表层污染充分混合，以达到稀释目的，但某些区域在修复完成后可能因新的污染源（工业废水持续排放）或污染物自土壤重新释出，再度成为污染土壤，因此管理单位建议农民改种园艺观赏植物（图 4-1）。我国台湾地区也曾实行过小规模的植物修复，不过因其见效较慢，目前主要适用于偏远且不会立即危害地下水的地段。

图 4-1　我国台湾地区重金属污染农田修复

二、国内农用地土壤重金属污染治理案例

（一）湖南重金属污染耕地修复及农作物种植结构调整试点

1. 背景介绍

2012—2015 年接连爆出的"镉大米""有色大米"等事件，造成湖南省湘潭市、株洲洲市等多个粮食主产地区稻米滞销。党中央、国务院高度重视耕地重金属污染治理问题。2014 年和 2015 年的中央"一号文件"分别要求启动重金属污染耕地修复试点，并扩大重金属污染耕地修复面积。根据中央精神，2014 年农业部、财政部安排专项资金，启动湖南长株潭地区重金属污染耕地修复及农作物种植结构调整试点工作，对于探索可推广、可复制的污染耕地治理方案和体制机制，为全国耕地重金属修复和结构调整提供样板和经验有重要作用。

2. 修复模式

2014 年在湖南省 19 个县（市、区）170 万亩的稻米镉超标耕地开展试点示范。2015 年，将 170 万亩附近的插花丘块 43.15 万亩和湘江流域 60.86 万亩耕地纳入试点范围，列为扩面区，试点面积共计 274.01 万亩。2016 年试点面积较 2015 年减少了 1.69 万亩，总计 272.32 万亩，涉及长株潭三市 19 个县（市、区）和湘江流域的六市 7 个县（市、区）。其中可达标生产区 76 万亩，扩面区 104.01 万亩，管控专产区 80 万亩，替代种植区 12.31 万亩。根据试点区稻米镉和土壤镉污染程度，划分了可达标生产区、管控专产区和替代种植区，实行分区治理，综合施策。

可达标生产区：稻米镉含量为 0.2～0.4 mg/kg，面积约为 76 万亩，主要采用改种镉低积累品种（V）、改变灌溉方式（I）和施用生石灰（P）等技术模式（简称"VIP"），以及增施商品有机肥、喷施叶面阻控剂、施用土壤调理剂、种植绿肥或翻耕改土等其他辅助措施（简称"+n"）。

管控专产区，稻米镉含量大于 0.4 mg/kg、土壤镉含量不超过 1.0 mg/kg，面积为 80 万亩，通过"VIP"技术模式治理，同时开展临田检测，对未达标的稻谷转为非食用用途，采取专仓储存、专企收购、专项补贴、专用处置和封闭运行的"四专一封闭"措施，并进行稻草离田移除。

替代种植区，稻米镉含量大于 0.4 mg/kg、土壤镉含量大于 1.0 mg/kg，面积为 14 万亩，实行农作物种植结构调整，改种玉米、高粱等镉低积累、能达标的旱地作物，或者调整为棉花、蚕桑、麻类等非食用经济作物，少部分地区退耕种植苗木花卉等。

3. 修复效果

到 2015 年，区域内早稻和晚稻镉超标率均大幅度降低，降低幅度在五成以上。土壤 pH 值整体上升了约 0.3 个单位，土壤有效态镉含量整体降低了约 0.1 mg/kg。从粮食生产大县攸县稻谷收储环节镉含量数据来看，2013—2015 年全县镉达标稻谷所占比率逐年提升，2015 年比 2013 年提高了近两成。

通过在替代区稳步推进非食用、非口粮作物替代种植，如蚕桑、饲料桑、酒用高粱、玉米等作物，湖南省创建了 20 个 500 亩以上的经济作物种植结构调整示范片。通过实施结构调整，引进和培育了新型生产经营组织，推动适度规模化经营，并配套建设产后环节，打造产业新链条，降低了试点区农产品质量安全风险。同时，落实各项政策补贴措施，确保农民收益不减，取得了较好的经济效益和社会效益，实现结构调整和可持续发展。

试点系统性开展了"VIP"试验示范，为试点大面积技术应用提供可靠的科学支撑；研发了降低轻中度污染稻田稻米镉污染的复混肥、阻控剂、钝化剂、改良剂和稳定剂等产品 10 余个，组装集成了产品的配套技术以及耕作调控技术；建立了 51 个农田灌溉水镉净化试点，构建了人工湿地、生态沟渠、沉淀与吸附等灌溉水降镉技术体系；建立了 6 个稻草移除试点，明确了稻草移除对控降土壤和稻米镉污染的作用；还开展了新产品新技术展示试验，筛选出一批效果好、成本可控的降镉技术及产品。

（二）广西环江流域某地污染农田修复和安全利用工程

1. 背景介绍

环江上游长期以来无序的矿产资源开发、选治活动，已导致矿区和环江下游或沿岸相关区域严重的生态环境问题。据统计，环江两岸共分布大小选矿、冶炼企业 30 多个，这些企业的废水不经处理就直接排入环江。环江河水监测结果表明，环江上游的采矿、冶炼等工、矿业生产活动是造成河水铅、锌、镉等重金属元素污染的主要因素。尾矿、废石的任意堆放易遭受风化侵蚀，在风、雨的自然动力条件下向周围环境扩散；水，特别是暴雨，可能是污染物水系扩散的最主要方式；河水灌溉，特别是洪水期间河水上涨是将污染物携载至沿岸土壤并致其污染的主要因素。2001 年 6 月，特大洪水将上游矿山的铅锌、硫铁等矿的尾矿、矿渣冲至环江下游，淹埋河床及其两岸田地。2004 年年底，对环江沿岸 62 份土壤分进行调查结果表明其锌、铅、铜、砷、镉污染严重，超过当地背景基线值的样本比率分别为 67.7%、69.4%、33.9%、38.7% 和 56.7%，其中砷含量最大值为 251 mg/kg，是我国《土壤环境质量标准》中二级旱地标准的 8.4 倍。

2. 修复模式

2005 开始，该地通过添加化学修复剂对酸性污染土壤进行治理，同时种植蜈蚣草修复重金属污染土壤，并施以不同的肥料提高效率。在受污染的农田土壤上建立超富集植物-桑树间作、超富集植物-甘蔗间作和桑树种植模式。推行边修复边生产的种植模式。

3. 修复效果

土壤pH值由修复前的2～3升高到5～6,重金属含量显著下降,每亩纯收入达1 000～2 000元。修复污染农田100亩,农作物安全种植面积100亩。

(三) 湖南某地污染农田植物修复工程

1. 背景介绍

由于当地土法炼砷盛行以及砷制品公司的违规生产,导致当地土壤、水体砷污染严重,多次引发群众砷中毒事件,并使其中的一个村50 hm^{2}稻田及菜地因严重砷污染而弃耕荒芜。修复区为严重砷污染而弃耕的荒地,污染前种植水稻、大白菜、萝卜、菠菜等农作物,种植模式为单作。污染区土壤砷浓度为40～180 mg/kg,有效态为0.8～10.1 mg/kg。

2. 修复模式

主要采用种植蜈蚣草修复砷污染土壤,并辅以化学添加剂提高蜈蚣草对污染土壤的修复效率。在修复后的土壤上种植玉米、豆角和空心菜、大白菜、芹菜、青菜等不同农作物。对收获作物砷含量检测结果表明仅种植在高砷区的空心菜砷含量超过国家标准,其他蔬菜均部分或全部出现可食部砷浓度从修复前的超标状态下降至修复后的未超标状态的现象。

产业结构调整:由原来种植水稻改为种植萝卜、玉米等砷低积累的农作物,可有效降低污染带来的风险。

3. 修复效果

修复时间:3～5年。修复面积:15亩。土壤砷浓度由40～50 mg/kg下降到30 mg/kg以下,达到《土壤环境质量标准》中二级标准的要求。修复后的农田可以种植普通农作物,产品质量满足食品卫生标准的限量要求。

(四) 云南某地污染土地修复工程

1. 背景介绍

该地区土壤重金属污染严重,其中以砷、铅污染最严重,土壤平均含量分别为1 180 mg/kg和8 780 mg/kg,分别是《土壤环境质量标准》中二级旱地标准的39.3倍和29.3倍。土壤砷水溶态含量为33～68 μg/kg。污染地区的蔬菜食用部位的重金属含量超标严重,其最高含量(以干重计)分别达856 mg/kg及506 mg/kg,超过国家标准17 120倍和1 687倍。

2. 修复模式

2005年开始种植蜈蚣草修复污染土壤,并用不同的肥料开展修复过程的肥效控制试验,同时进行蜈蚣草-甘蔗间作。2008年复垦种植甘蔗。

3. 修复效果

修复一年后,土壤中重金属砷含量下降18%、铅下降14%。种植的甘蔗,其产品各项指标满足国家有关标准。修复面积为100亩。

（五）浙江某地重金属污染土壤植物修复

1. 背景介绍

污染区面积约 14 000 亩，其中农业用地 7 000 余亩。95%左右的土壤铜含量高于 100 mg/kg（《土壤环境质量标准》的二级标准），铜含量大于 400 mg/kg 的重污染区面积约为 10%，最高铜污染达 4 167 mg/kg。土壤锌含量全部超过 250 mg/kg（《土壤环境质量标准》的二级标准），高于 500 mg/kg 的重污染区面积超过 1/2，最高达 10 733 mg/kg。90%的土壤镉超标，镉含量超过 1 mg/kg 的土壤面积在一半以下，最高达 15.1 mg/kg，是《土壤环境质量标准》中二级标准的 50 倍。土壤铅污染相对较轻，8%左右的土壤超过《土壤环境质量标准》，4%的土壤严重污染。

污染物的分布与污染源紧密相关，主要是早期的冶炼厂废水、废气污染以及随后的小高炉粉尘、废水污染。越靠近小高炉，土壤重金属污染越严重，呈明显的弧形，并与主风向一致；距冶炼厂越近，污染越重。修复区域由于受冶炼厂污水和小高炉粉尘污染的双重影响，污染面积大，程度也最重。

2. 修复模式

修复区域占地面积 21.5 亩。2002 年建成试验区，面积 2 亩，2003 年基地扩大为面积 15 亩的海州香薷示范区。另外，各种小区试验占地 5 亩，共种植作物 10 余种。通过两年的试验与示范，形成了铜污染土壤的海州香薷植物修复技术体系。①育苗、移栽。早春天气较冷，海州香薷的育苗采用大棚，另外加泥炭作为基质来培养，海州香薷的发芽率在 95%以上。待海州香薷苗长至 15 cm 高（两个月左右），采取人工移栽，浇水确保成活（成活率在 90%以上）。②微生物、化学调控剂的施用。在盆栽试验的基础上，将筛选的微生物制剂在育苗时接种至土壤，产生菌根化苗，显著地促进了植物的生长，达到了促壮苗的效果。在香薷植物生物量达到最大的前后时期（10 月），分多次施用筛选的化学调控剂。③田间管理。育苗苗床用了 2 cm 厚的泥炭层，起保水保肥的作用；在海州香薷苗期采用卢博士有机液肥进行叶面喷施，共喷施三次。海州香薷的苗期易受病虫侵害，特别是斜纹夜蛾及青虫的危害，7 月采用蛾蚙速杀进行治虫三次，8 月和 9 月也分别用蛾蚙速杀进行治虫一次和两次。对海州香薷进行三次追肥（6 月 5 日、8 月 17 日和 10 月 5 日）。由于 2003 年特别干旱，基地共抽水灌溉七次。④收获与处置。在 10 月下旬海州香薷盛花期前收获并移出修复基地，以免植物叶片凋落而使重金属重新返回土壤，将植物晾晒干后焚烧，灰分填埋。

3. 修复效果

示范区重金属背景有较大的差异，靠近冶炼厂重金属铜锌铅浓度最高，铜浓度在 450～833 mg/kg，锌浓度在 3 000～4 000 mg/kg，铅浓度在 550 mg/kg 以上。基地东南侧重金属含量次之，铜浓度在 350～450 mg/kg，锌浓度在 2 000～3 000 mg/kg，铅浓度在 350 mg/kg 以上。基地西南侧重金属含量最低。

根据试验计划，示范区种植海州香薷 10 亩，香根草 0.5 亩。生长一季，香根草地上部平均生物量为 26 t（干重）/hm^2，地下部 5 t（干重）/hm^2；地上部带走重金属 0.93 kgCu/hm^2、6.93 kgZn/hm^2、1.35 kgPb/hm^2；地下部带走 0.42 kgCu/hm^2、4.20 kgZn/hm^2、0.22 kgPb/hm^2。海州香薷地上部平均生物量 16 t（干重）/hm^2，地上部带走重金属 1.24 kgCu/hm^2、

9.23 kgZn/hm^2、1.87 kgPb/hm^2。海州香薷可收获根平均生物量 2.42 t（干重）/hm^2，可带走重金属 0.15 kgCu/hm^2、0.74 kgZn/hm^2、0.10 kgPb/hm^2。详见表 4-1、表 4-2。

表 4-1　小区试验土壤重金属种植前后的变化　　　　　　单位：mg/kg

重金属	种植前	种植后	去除百分率
Cu	242±29	232±34	4%
Zn	1 822±368	1 707±454	6%
Pb	333±38	356±123	1.5%

表 4-2　不同植株带走的重金属总量　　　　　　单位：g/hm^2

重金属	玉米	香根草	油菜	芥菜	香薷
Cu	102±19	767	159±60	110±20	1 390
Zn	1 260±237	7 748	1 635±507	1 413±262	9 970
Pb	41±8	864	251±86	234±44	1 970

（六）江苏南部某市产地重金属污染区产业结构调整及修复

1. 背景介绍

试验区处于一个 20 世纪 60 年代末发展起来的金属冶炼加工产业区的下风向约 500 m，毗邻 104 国道，工厂排放废气中的粉尘与汽车尾气造成土壤重金属严重污染。土壤为镉、铅等多金属污染，其中镉全量为（6.38 ± 0.24）mg/kg，铅全量为（173.17 ± 8.97）mg/kg。有效态镉的含量为（3.25 ± 0.18）mg/kg，有效态铅的含量为（59.31 ± 7.17）mg/kg。

2. 修复模式

通过大田重金属污染原位钝化修复试验，研究钝化修复材料原位钝化修复重金属污染土壤的适宜用量、施用方法和使用周期及其对钝化效果的影响，建立农田边生产边修复技术体系。选择钙镁磷肥作为重金属污染土壤的原位钝化修复剂，在水稻插秧之前撒施，耙匀后插秧。在水稻插秧前在土壤中添加钙镁磷肥，用量分别为 1 333 kg/hm^2 和 2 000 kg/hm^2 两种标准。

3. 修复效果

施用钝化剂可以显著降低稻米中镉、铅的含量。原污染水稻土收获的大米籽粒中镉含量为 0.50～0.72 mg/kg，施用钙镁磷肥 1.3 t/hm^2 和 2.0 t/hm^2 后大米籽粒中镉含量分别降低到 0.32～0.44 mg/kg 和 0.11～0.23 mg/kg，大米籽粒中镉含量平均降幅为 39%～68%。原污染水稻土收获的大米籽粒中铅的含量为 0.42～0.59 mg/kg，施用两个水平的钙镁磷肥后大米籽粒中铅含量分别降低到 0.22～0.34 mg/kg 和 0.22～0.26 mg/kg，大米籽粒中铅含量降低达 43%～48%。

施用钝化剂可以提高水稻的产量。原污染水稻土的产量为 5.13～6.84 t/hm^2，施用钙镁磷肥后产量分别提高到 5.77～9.44 t/hm^2 和 8.09～9.43 t/hm^2，每公顷平均产量提高了 25%～37%。施用锌肥（喷施 ZnSO$_4$，1.5 kg/hm^2）也可以降低籽粒镉含量达 30%，但不提高产量，籽粒镉也不达标。

（七）广东某产地重金属污染区产业结构调整及修复

1．背景介绍

大宝山矿是一座多成因的大型多金属矿床。自 20 世纪 70 年代以来，大宝山矿及其 21 条周边矿在采矿时采富弃贫且矿种分离不全，采矿废石堆放的风化和淋滤以及选矿、洗矿产生的含有硫、镉、铜、锌、铅等数种严重超标的重金属污水直接排放到横石河水中，已造成该区域生态环境的严重恶化。

试验区域近 40 年来的连续污水灌溉不仅导致土壤肥力破坏、粮食减产、农业投入增加、产出减少，更重要的是污水中的重金属被带入土壤，并通过作物吸收，导致了食物链污染。当地居民长期食用受重金属污染的大米和蔬菜，已经带来了严重的负面健康效应。

对试验区域的水体、土壤、稻米、蔬菜等重金属含量的调查表明：农田灌溉水 pH 值为 3.36，铜、锌、铅、镉等重金属含量分别为 4.71 mg/L、17.57 mg/L、0.96 mg/L 和 0.032 mg/L，分别比《农田灌溉水质标准》（GB 5084—2005）中规定的标准值超标 8.4 倍、7.8 倍、3.8 倍和 2.2 倍。试验区域污水灌溉稻田土中重金属铜、锌、铅和镉的最大浓度分别达 854 mg/kg、1 274 mg/kg、358 mg/kg 和 1.36 mg/kg，超过《土壤环境质量标准》的二级标准倍数分别为 17.1 倍、6.4 倍、1.4 倍和 4.5 倍。土壤中镉、铅、铜、锌的超标率分别达 46%、27%、56%、43%，最大污染深度达 60 cm。稻米、经济作物（甘蔗等）、蔬菜中镉、铅、铜、锌的超标率分别为 51%、17%、21%、25%。

同时，土壤中重金属水提取态和 EDTA 提取态的含量结果表明，由于该污染区域土壤 pH 值呈强酸性，所以土壤中铜、锌和镉的水提取态和 EDTA 提取态所占比例相对较高，表明其生物可利用性高，对环境的潜在危害较大。

2．修复模式

试验区域建立了以土壤重金属污染治理与修复及其人体健康效应为主题的"污染土壤改良与修复工程"野外科学试验台站，重点进行农业重金属污染土壤的环境综合修复技术开发。根据当地土壤污染的特点，在当地重污染区（40 年污灌）和轻污染区（20 年污灌）分别进行大田小区试验，面积约 10 亩。①土壤-根际-作物体系中重金属传递途径分析。研究污灌区根-土界面特征及重金属活性的主要影响因子与调控措施、重金属在土壤-根系-作物体系中的传递途径及其所带来的作物毒害效应。②构建土壤重金属污染的综合控制技术体系。对于作物，利用不同水稻品种对重金属吸收累积的差异，实施低重金属吸收品种的筛选和应用技术；对于土壤本身，利用土壤重金属固定化技术将土壤中的重金属转化为稳定的难溶物质；对于土壤-作物体系，一是采用根系吸收重金属控制技术，以调控根-土界面为重点，开发施用硅和钙结合施肥、水分管理的组合技术，抑制根际重金属向作物体内转移；二是采用籽实重金属迁移控制技术，研究开发植物叶面调理剂，以离子拮抗的形式阻碍重金属离子从根部向地上部的迁移或通过络合/沉淀的形式阻碍重金属离子向可食部位迁移，降低可食部位重金属含量。③建立污灌区粮食安全生产示范基地。利用上述所构建的土壤重金属污染的综合控制技术体系，建立污灌区粮食安全生产示范基地并进行推广应用。

3．修复效果

通过在该重金属污染区域实施上述提出的综合调控修复技术，已经取得了如下成效：

（1）通过两年的品种筛选，初步筛选出了早稻五个品种、晚稻三个品种共八个品种重金属吸收量低于国家卫生标准而且高产的品种；

（2）通过施用土壤添加剂及叶面喷施剂，使污染土壤中重金属铜、锌、镉、铅等有效态含量降低 40%～50%，生产的稻米的重金属镉含量显著下降，最大下降至原来的 1/4，达到国家食品卫生标准，同时使稻谷产量也提高 30% 以上；

（3）初步估算，采用该技术每年每亩产生的直接经济效益在 400 元左右。

（八）广东北部某产地重金属污染区产业结构调整及修复

1. 背景介绍

实验田上游有三座矿山：钼矿，1999 年开始开采；硫铁矿，1986 年开始开采；铅锌矿，2002 年开始开采。由于用被矿区废水污染的河水灌溉，致使土壤受重金属污染，重金属镉、铅、锌和铜的含量分别为 0.80 mg/kg、127.8 mg/kg、199.1 mg/kg 和 86.64 mg/kg，接近或超过《土壤环境质量标准》的二级标准（0.3 mg/kg、250 mg/kg、200 mg/kg 和 50 mg/kg），主要是镉超标。

2. 修复模式

修复利用模式：化学改良剂+低累积玉米（生物）。化学改良剂为废料碳酸钙（用量 0.4 kg/m^2 土壤），或者石灰（0.2 kg/m^2 土壤）；低累积玉米品种为云石 5 号；改良剂与土壤混合均匀，而后播种两季玉米（50 cm×60 cm）。

3. 修复效果

两季的田间实验表明，废料碳酸钙处理的玉米籽粒产量是对照的 2.54 倍。第一季废料碳酸钙处理玉米籽粒镉含量的降低幅度为 45.2%，第二季降幅为 61.9%，含量为 0.08 mg/kg，低于食品卫生标准 0.1 mg/kg。两季玉米籽粒锌和铜含量也都低于食品卫生标准。玉米籽粒铅含量超出了食品卫生标准，但远低于饲料卫生标准，因此生产出的玉米做饲料是安全的。

石灰处理明显提高了玉米籽粒的产量，是对照的 2.14 倍。第一季玉米籽粒镉含量的降低幅度为 49.4%，第二季降幅为 70.4%，含量为 0.054 mg/kg。玉米籽粒锌和铜含量都低于食品卫生标准。第一季石灰处理籽粒铅含量也低于食品卫生标准 0.2 mg/kg。

在这些中度重金属污染的酸性土壤上种植普通水稻、玉米品种超标，不能进入食物链，而利用低累积玉米，同时施用石灰等化学改良剂，增产可达 100%，可生产出合格的玉米饲料甚至食品。

（九）化学加强的套种技术修复重金属污染土壤实例

1. 背景介绍

广东省北部某铅锌矿周边地区的水稻田，上游有铅锌矿，因而长期受矿山废水的影响，呈镉、铅、锌重度复合污染，土壤全镉为 1.55 mg/kg，全铅为 861 mg/kg，全锌平均为 810 mg/kg。DTPA 提取的有效镉、铅、锌含量分别为 0.63 mg/kg、344 mg/kg 和 80.5 mg/kg。

2. 修复模式

修复模式：超累积植物+低累积玉米+混合添加剂。东南景天（镉、锌超累积植物）与云石 5 号玉米（低累积品种）套种。种植密度：玉米 30 cm × 60 cm，东南景天 10 cm × 10 cm。

2007 年 4 月—2008 年 1 月连续种植三次玉米、两次东南景天(7—9 月东南景天无法生长)。在东南景天收获前两周施加混合添加剂,每周一次,共两次,每次混合添加剂的用量为 1.3 mol/m²,溶于 2 L 水,用花洒淋下。

3. 修复效果

(1)土壤重金属的变化情况:土壤镉、铅、锌全量分别降低了 38.5%、12.3%和 6.6%。DTPA 提取的有效镉、铅、锌含量分别下降 48.1%、22.0%和 27.5%。

(2)玉米重金属的变化情况:修复处理田块玉米籽粒镉、铅、锌含量为 0.178 mg/kg、0.253 mg/kg、29.5 mg/kg,接近大米卫生标准,大大低于饲料卫生标准。因此,可以实现边生产边修复。玉米茎叶重金属含量下降幅度更大。

(3)修复成本:主要为混合添加剂费用、东南景天种苗费用、种植管理费用和收获植物的干燥费用,估计每年每亩为 1 500~2 000 元。干燥后的东南景天植物体由金属冶炼厂回收金属,可实现经济合算。

(十)安徽中南部某产地重金属污染区产业结构调整及修复

1. 背景介绍

污染区主要种植作物为"稻—麦""稻—油"主要轮作种植模式。开展双季免耕或连续免耕的耕作制度。在重金属污染土壤修复实验区,基本保持原来的作物轮作制度,利用不同重金属修复剂进行污染土壤原位修复研究。

试验区的污染类型主要为重金属复合污染,主要污染重金属为镉、铅、铜、锌等,污染主要来源是采矿活动产生的重金属废水、废矿渣等污染物,包括该区附近河流上游的某铜矿和中游的某硫铁矿等。

2. 修复模式

重金属污染土壤修复模式包括利用物理-化学方法进行的原位钝化修复、根据生物修复原理的植物修复技术和农艺措施相结合的联合修复技术等,围绕污染农田综合修复关键技术,重点研究污染农田重金属原位钝化技术(不同纳米型重金属原位、高效钝化剂、重金属阻抗剂),利用低(拒)吸收作物与钝化剂相结合的污染农田联合安全、高效修复技术,以及重金属污染农田的化学-生物和农艺措施相结合的综合修复技术研究等。

3. 修复效果

通过对不同纳米型赤泥、微粒径磷矿粉、骨碳粉、羟基磷肥及巯基类修复剂的研究结果进行推测,利用纳米技术制备的不同重金属修复剂可使修复后的中、低度污染土壤中农产品重金属含量降低 40%以上,对中、低污染程度(如二级、三级土壤质量标准中土壤及重金属高风险污染土壤)的修复效果可达到目前我国相应的食品卫生标准。研究结果显示,利用上述技术进行污染区土壤修复后,不仅能提高污染农田农产品的安全性,增加农业经济效益,还能提高我国农产品在国际市场的地位,并推动我国污染土壤修复技术及环境保护产业化的发展。

(十一)浙江中北部某产地重金属污染区产业结构调整及修复

1. 背景介绍

污染前种植的作物主要是水稻和蔬菜。以前主要以三熟制(早稻-晚稻-麦/油菜/绿肥)

为主，蔬菜地一般常年为旱地。现在一般为两熟制（水稻-麦/油菜）。

附近的农田已经受到严重的重金属污染，来源是矿区尾砂，主要堆积在山腰处。按常规标准法取样，采样深度为 0～20 cm。土壤样品风干后，制取过 100 目尼龙筛的土样供实验室测定，重金属含量和土壤基本理化性质见表 4-3。

表 4-3　供试土壤的理化性质和重金属含量

项目	pH 值	有机质/（g/kg）	全铅/（mg/kg）	全锌/（mg/kg）	全镉/（mg/kg）	全铜/（mg/kg）
供试土壤	5.51	21.8	16 362	871	5.81	103
国家二级标准	<6.50	—	250	200	0.30	50.0

2．修复模式

该地区土壤重金属修复技术主要采用的是化学修复技术中的钝化技术。土壤铅污染治理方法有物理、化学和生物修复，且各有优缺点。近年来，根据磷与铅等重金属的相互作用调控环境中重金属的有效性的原理、采用含磷物质（包括水溶性磷化合物、磷肥、磷灰矿粉等）来修复土壤铅污染的研究是国际上该领域的关注热点，但其研究对象是外加重金属土壤即人工污染土壤而不是自然污染土壤，也未涉及磷与重金属相互作用的机理研究。已经有学者发现羟基磷灰石、磷矿粉和磷酸氢钙三种含磷化合物可以通过降低铅污染土壤中铅的有效性从而降低中国芥菜的铅吸收量，但至今没人对农业上常用的三种磷肥（过磷酸钙、钙镁磷肥和磷矿粉）修复铅锌矿污染土壤的效果进行比较，并在此基础上探索各种磷肥的有效使用条件。产业结构调整模式主要是在重污染区域，停止水稻和蔬菜种植，改种经济作物如麻，挖泥烧制砖瓦；在中等污染区域，用含磷物质/磷肥化学修复。

3．修复效果

实验表明，磷矿粉、过磷酸钙和钙镁磷肥三种磷肥都能把土壤中水溶态、交换态、碳酸盐态、铁锰氧化物结合态和有机结合态的铅转化为更稳定的形态。与对照相比，施用磷矿粉、钙镁磷肥和过磷酸钙都显著（$p<0.05$）降低了小白菜的铅含量，分别降低了 16%～35%、47%～58% 和 32%～50%。

（十二）湖南东南部耕地重金属污染区产业结构调整及修复

1．背景介绍

该地主要农作物为水稻和蔬菜。蔬菜作物包括茄子、辣椒、叶类莴苣、蕹菜、菠菜、小白菜、红薯、胡萝卜、莴苣、萝卜等，此外还种植少量的玉米。但受砷含量较高等的影响，部分稻田已废弃，在地势较高的土壤中种植蔬菜。土壤主要为砷污染，同时还伴随有铅、铜等重金属超标，土壤砷含量 19.5～237.2 mg/kg，平均为 63.9 mg/kg，果菜类砷浓度为 0～1.4 mg/kg，平均砷浓度为 0.7 mg/kg；叶菜类砷浓度为 2.8～22.8 mg/kg，平均砷浓度为 9.3 mg/kg；根茎类砷浓度为 1.0～3.3 mg/kg，平均砷浓度为 1.9 mg/kg；葱蒜类砷浓度为 1.9～3.5 mg/kg，平均砷浓度为 2.9 m/kg。

2．修复模式

该修复试验基地主要采取生物、化学和物理途径探讨产业结构调整模式，开展砷高风险农田的调控和治理。2008 年，选择含砷量 60 mg/kg 的农田进行了作物种植结构调整的实例研究，共种植白萝卜、红薯、大白菜、小白菜、空心菜、茄子、苎麻（湘苎 3 号）七种作物，苎麻、萝卜是较适合当地自然条件且相对安全有效的农业生产方式，红薯和茄子的人体健康风险也相对较低。

3. 修复效果

根据该试验基地的试验和示范结果，发现大白菜、小白菜、空心菜的叶类蔬菜砷含量较高，果菜类红薯、茄子、白萝卜中的砷含量较低。参照《食物中污染物限量》（GB 2762—2012），除白萝卜外，其他蔬菜的砷含量均超标，其中以空心菜最严重，其次为大白菜、小白菜，红薯和茄子接近正常，白萝卜含量最低且未超标。按农产品平均市场价格计算，不同种植方式下的经济效益比较，扣除肥料成本后，以白萝卜、红薯、苎麻的经济效益较高，直接经济效益分别达 1 315.6 元/亩、981.1 元/亩、880.2 元/亩、874.0 元/亩。

（十三）辽宁某经济开发区产地重金属污染区产业结构调整及修复

1. 背景介绍

试验区在 1985 年以前为水稻田，污水灌溉。停止污水灌溉后改为旱田，主要作物为玉米。近几年来，除种植玉米外，还种植一些蔬菜，主要有白菜、茄子、辣椒、芹菜等东北地区常见蔬菜。于试验区内采集土壤表层（0～20 cm）样品 30 个，土壤剖面样品 10 个，测定了《土壤环境质量标准》中的八种重金属，即镉、汞、砷、铜、铅、铬、锌、镍。发现只有镉的含量超过《土壤环境质量标准》的二级标准（适用于一般农田等），其他重金属含量均不超标。土壤镉主要分布在表层（0～20 cm），含量范围为 0.68～1.02 mg/kg，平均为 0.8 mg/kg。镉的有效态含量（0.1N HCl 提取）为 0.5～0.8 mg/kg，平均为 0.65 mg/kg。通过调查分析表明，土壤中镉的污染源主要来自污水灌溉。

2. 修复模式

以镉超富集植物龙葵作为修复植物、以镉低积累大白菜品种丰源新 3 号作为产业结构调整蔬菜品种，于 2008 年进行了镉污染土壤植物修复及大白菜安全生产利用试验。

3. 修复效果

于 2008 年春季种植龙葵，采取垄作方式，穴播种，种植密度为 1 万穴/亩，秋季收获，每穴龙葵地上部生物量（干重）为 0.3～0.5 kg。田间没有施用肥料。土壤表层和剖面 30 个采样点土壤测定结果表明，0～20 cm 土壤中镉的去除率平均为 6.5%，20 cm 以下镉的含量变化不明显。

于 2008 年秋季种植了镉低积累大白菜丰源新 3 号，同时以当地主栽品种北京小杂 56 作为对照，于 11 月上旬收获。试验中没有施用肥料和进行灌溉。采样结果表明（30 棵），丰源新 3 号镉含量平均为 0.03 mg/kg（干重），低于《农产品安全质量无公害蔬菜安全要求》（GB 18406.1—2001）的标准，即 0.05 mg/kg（干重）。北京小杂 56 平均镉含量为 0.12 mg/kg（干重），远高于《农产品安全质量无公害蔬菜安全要求》的标准。丰源新 3 号平均单棵重 2.1 kg（鲜重），北京小杂 56 平均单棵重 1.8 kg（鲜重），前者产量明显高于后者。

根据东北地区大白菜种植特点，即上季基本不种植物，等到秋季种植大白菜，以及修复植物龙葵的生育期为 70～80 天的特点，可以采用上季（4 月末）种植龙葵，下季（7 月下旬）种植低积累大白菜的复种方式，对镉污染农田进行边修复边生产。由于种植物的低积累大白菜品种丰源新 3 号产量明显高于当地主栽品种，因此其直接经济效益明显增加。

（十四）南京某重金属污染区产业结构调整及修复

1．背景介绍

农业种植以水稻田和菜园地为主。夏季以水稻、玉米、大豆、红薯等为主要作物，棉花、芝麻等也有小面积种植，冬季作物主要是油菜和小麦。一些重金属污染严重的零星菜地种植青菜、茄子、西红柿、韭菜等常见的大众化蔬菜。

污染区主要以重金属铜污染为主，其次为锌。污染来源主要是矿业开采时的重金属污染废水及粉尘污染。目前该矿已经停止开采作业，但露天堆放的废弃矿石及尾砂库的重金属淋滤问题仍然存在，是重金属污染物继续向周边农田迁移、扩散的主要途径。

根据对该地区较大范围 248 个土壤样品的重金属含量分析测试结果，主要污染物铜元素含量的变化范围为 16.5～3 375 mg/kg 土，平均值为 398 mg/kg。部分 0～20 cm 土层土壤样品重金属的土壤可交换态、碳酸盐结合态、铁锰氧化物结合态、有机物结合态和残渣态铜含量分别占 1.4%、15.1%、31.9%、22.7%和 28.9%。采用毒性特性溶出程序（TCLP）对一些土壤样品进行铜毒性测试，结果表明，土壤重金属总量与可溶出性铜含量呈显著正相关（$R^2=0.94$），说明污染土壤的铜仍存在淋滤和迁移扩散的风险，同时对农作物也会产生毒害。

2．修复模式

针对该地区存在严重的土壤铜污染现象，采取了化学、生物等修复方式进行初步的修复试验：①化学诱导性植物提取方法；②植物-微生物联合修复方法；③替代种植模式。

3．修复效果

（1）诱导性植物提取方法

结果表明：①通过为期近三年的野外植物修复试验，未施加螯合剂处理的土壤 0～20 cm 土层铜含量下降 81～98 mg/kg，EDTA 辅助修复下，0～20 cm 土层土壤铜含量下降 233～312 mg/kg，20～60 cm 土层铜含量也有所降低；②未施加螯合剂处理的 0～20 cm 土层土壤铁锰氧化物结合态、有机物结合态和残渣态铜含量在近三年的时间内没有变化，而可交换态和碳酸盐态结合态铜含量分别下降到三年前的 57%和 84%，施加 EDTA 处理后残渣态铜含量也没有变化，而可交换态、碳酸盐结合态、铁锰氧化物结合态和有机物结合态铜含量分别降低到三年前的 48%、39%、67%和 81%；③施加 EDTA 可以大大缩短土壤的修复时间，但 EDTA 也可能引起重金属淋滤，目前计划开始着手采用生物降解性强、安全性好的 EDDS（乙二胺二琥珀酸，一种金属螯合剂）取代 EDTA 进行田间诱导性修复试验。

（2）替代种植模式

在该地铜矿污染区选择了不同程度的铜污染农田，对几种类型的植物进行了筛选，具体有草坪草和观赏园艺植物（杂交狼尾草、黑麦草、红花酢浆草、苜蓿、菊苣、长春花、硫黄菊、孔雀草和香根草等）、经济作物（棉花）、能源植物（油葵、甜高粱、玉米、大豆、芝麻、红薯等）。根据一季的试验结果，在 300～1 000 mg/kg 的铜污染土壤中，几种经济和能源植物仍然能够生长，但低污染农田植物地上部生物量明显高于重污染农田，其中油葵、甜高粱和玉米的生物量比较高，苜蓿、鸢尾、黑麦草的生物量较低。不同植物铜富集能力有差异，其中孔雀草和黑麦草的地上部铜含量显著高于其他植物，苜蓿和鸢尾等植物地上部铜含量相对比较低。红薯和玉米的可食用部分以及棉花的棉铃铜含量比植株其他部分要低很多，没有超过国家规定的铜限量标准，而植株其他部分的铜含量却比较高，其中棉花和红薯的叶片和茎的铜含量没有显著的差异，而玉米的叶片和茎的铜含量却有显著的差异。棉花吸收铜的能力最弱，而玉米显示出很高的铜吸收能力。

（3）裸露废弃尾矿的植被覆盖

在该地铜矿区选择了一个典型的尾矿堆坡面地形，划分六个小区（长 5 m、宽 1.5 m）。每个小区按 S 法取土样，混合均匀后消煮，原子吸收分光光度计法测土壤含铜量。每小区分别种植四种先锋植物：柳树（剪 60 枝直径 5～8 cm 柳树枝，30℃水培七天使其生根，采用扦插法种植于每小区上下两端）、香根草幼苗（在中间间隔种植）、三叶草和铜草（采用种子直播方式）。30 天后四种植物——柳树、三叶草、香根草、铜草成活率分别为 45.8%、14.4%、51.8%、6.6%，60 天后成活率分别为 48.2%、41.1%、73.0%、17.2%。种植 30 天后试验小区与对照小区的植被覆盖率分别为 46.7%、5%，60 天后分别为 81.7%、10%。试验小区植被覆盖率明显大于对照小区。但在 2007 年年底，该试验区因当地修路而被修路土壤全部覆盖。后期计划重新选择试验点，采用植物稳定（主要是树木）以及微生物（外生菌根菌、钝化细菌）联合修复的方式进行原位修复试验。

（十五）河北某产地重金属污染产业结构调整及修复

1. 背景介绍

污染前种植的主要作物有小麦、玉米、蔬菜等，其中蔬菜主要有辣椒、胡萝卜、茄子、芥菜、丝瓜、番茄、白萝卜、菜花、莴苣、大葱、小白菜、韭菜、芹菜、茴香、香菜、圆白菜、蓬蒿、白菜、油菜等。主要种植模式为无规则分散式种植。

针对该产地蔬菜产区远离工业"三废"污染、污染源主要来自施肥的现状，基于对河北土壤背景含量的调查经验和对城郊蔬菜重金属污染的研究成果，以土壤镉、铅、锌为重点进行了背景含量的调查，结果表明：从被调查的 40 个样本单项指标判定，32.5%的菜地土壤潜在镉污染，2.5%的土壤镉超标；30.00%的菜地土壤潜在铅污染；因为锌是植物必需的营养元素，一般其土壤临界值在 200 mg/kg，其土壤锌含量并不超标。通过深入的调查分析，土壤镉含量潜在的污染源主要来自施用磷酸二铵、生活垃圾；土壤铅潜在超标主要是由于当地菜田靠近公路、汽车尾气沉降污染导致的。

2. 修复模式

根据当地土壤重金属污染的特点，实施了多项无公害蔬菜重金属污染的调控技术。

因地发展菜类。根据蔬菜可食部分重金属的蓄积特点，胡萝卜、茄子、芥菜、丝瓜、番茄、辣椒属低度蓄积型，不易受重金属污染，在发展蔬菜时应作为优先考虑种植的对象；白萝卜、菜花、莴苣、大葱、小白菜、韭菜为中度蓄积型，在重金属较轻污染的地块发展蔬菜时可以考虑种植；芹菜、茴香、香菜、圆白菜、蓬蒿属重度蓄积型，在重金属污染区应避免种植；白菜、油菜可归为极重度蓄积型，在重金属污染区应禁止种植。

定期检测监控。利用蔬菜生产县配备检测的技术条件，根据国家无公害蔬菜产地重金属的限量标准——土壤镉和铅的临界值分别是 0.40 mg/kg（土壤 pH 值＞7.5，pH 值≤7.5 时为 0.3 mg/kg）和 50 mg/kg，同时参照国家食品卫生标准——蔬菜中镉、铅、锌的限量标准分别为 0.05 mg/kg、1.0 mg/kg、20.0 mg/kg，定期对各个蔬菜生产园进行抽样检测评价，针对评价结果确定上述各种重金属蓄积特点蔬菜的发展方案，避免由于长期施肥导致重金属累积污染蔬菜。

生态利用改良。通过定期检测评价超标的蔬菜产地，对长期施肥已造成重金属污染的菜园，充分利用一些植物对土壤重金属污染的抗耐性，辅以物理、化学措施，使受重金属污染的土壤得到安全利用，获取经济效益。例如，在污染的菜园土上改种非食用植物，如繁育玉米良种、绿化苗木和草皮等，使其得到经济利用，结合植物修复手段使被污染菜园得到改良。

3. 修复效果

结合辣椒、甘蓝、洋葱、大葱采收，对示范、推广田蔬菜进行了田间监测，同时对该地传统栽培蔬菜及其土壤背景含量进行了调查。结果表明，示范、推广田蔬菜通过应用无公害蔬菜施肥污染的控制技术和无公害栽培技术规程，未出现超标现象。

当地传统栽培的蔬菜除铅、锌未出现超标外，镉平均超标率为 12.50%。总的来看，因长期施用磷酸二铵等矿质原料磷肥，已开始导致镉面源污染，蔬菜镉超标与其 3.75% 的土壤镉超标、31.25% 的土壤达到污染超标的警戒线有关。虽然 23.75% 的土壤铅达到了污染的警戒线，但已有研究证明植物对铅的吸收主要蓄积在根部，其次为茎、叶，植物一般蓄积铅的浓度顺序是根＞茎＞叶＞果，仅对根菜类蔬菜质量影响较大，因而当地种植的辣椒、甘蓝、洋葱、大葱幸免超标。辣椒、甘蓝、洋葱、大葱镉的超标率分别是 7.27%、11.11%、33.33%、28.57%。从中可以看出，洋葱作为鳞茎类蔬菜镉污染最为严重；辣椒以当地鸡泽辣椒品种生产鲜椒为主，但由于为果菜类蔬菜其镉污染最轻；甘蓝作为茎叶类蔬菜其镉污染较轻；大葱因可食部分主体处于地下部，吸收镉运输距离较短、富集量较大，镉超标较重。因此，从控制镉污染的角度把握两个技术关键，一是根据土壤背景含量调整种植布局；二是控制和调整施肥种类。

该项目示范、推广期间，两年共应用推广辣椒 12.0 万亩、大葱 2.3 万亩、甘蓝 1.0 万亩、洋葱 0.4 万亩，生产的优质无公害辣椒、大葱、甘蓝、洋葱均达到了无公害蔬菜标准，可使进入大中城市超市和出口创汇的产品增加 20% 左右，按每亩最低增收 600 元计算，累计新增总产值 9 420 万元，对无公害蔬菜生产起到了积极的推动作用。

（十六）天津某产地重金属污染区产业结构调整及修复

1. 背景介绍

该产地农业生产用地 26.3 万亩，占全区土地总面积的 45.5%。其中绝大多数是耕地，也包括一些果园、林地和养殖用地，主要种植水稻、玉米等粮食作物以及各类蔬菜，蔬菜与粮食的种植面积基本相当。近年来，棉花种植发展较快。

该产地农业水资源短缺，利用穿越境内的排污河进行污水灌溉已经有 40 多年的历史，因而也成为天津市污染最严重的区域之一。根据 2005 年对天津市基本农田的监测结果，该产地农田土壤存在污染面积大、超标率高、污染元素多等问题。在该产地 90 个监测位点中有 15 个超过《土壤环境质量标准》的二级标准，超标率为 16.7%。土壤中主要超标元素为汞、镉、锌和镍，超标最严重的是镉。对重点污染乡镇的蔬菜样品重金属也进行了系统的监测，数据显示镉、汞、铅分别在蔬菜样品和水稻籽实的样品中有 30% 呈现超标现象。

2. 修复模式

对于污染范围大、污染程度低，又不能停止耕种的农田，采用固定化方法是最佳选择。研究人员开发了一种新型固定化复合制剂：（诱变的）枯草芽孢杆菌+工业发酵废渣"诺沃肥"+腐殖酸。

3. 修复效果

对不同品种的蔬菜种植地进行修复实践，表明"诺沃肥"及复合生物制剂能够明显促进农作物增产（生物量增长 10%～30%），可以节省化肥费用，具有明显的经济效益。更重要的是，"诺沃肥"及复合生物制剂在农田中施用，能够对重金属污染土壤进行修复，蔬菜中镉的富集量明显下降。"诺沃肥"+活性细菌复合制剂可保证微污染农田资源的合理可持续使用，在农田中生产出安全食品，保证市民健康，并且节省废弃物处置费用，具有显著的环境效益和社会效益。初步估计综合效益在 0.2 万元/（亩·a）。

（十七）湖南西南部某产地重金属污染区产业结构调整及修复

1. 背景介绍

污染前为大田作物，小麦-玉米轮作，一年两熟。

土壤重金属污染主要是镉污染（耕层土壤全镉含量 1.2 mg/kg，有效态 0.22 mg/kg）和锌污染（耕层土壤全锌含量 520 mg/kg，有效态 89 mg/kg）。经过长期监测，这些重金属污染主要是前几年大量施用重金属含量过高的有机肥引起的。这在集约化程度高的菜地更为突出。

2. 修复模式

修复方法是采用三种性质不同的改良剂——石灰、有机肥和海泡石，其用量分别为石灰 450 kg/亩、有机肥 3 000 kg/亩（猪粪，经监测其重金属含量很低，通过有机肥带入土壤的镉和锌量仅分别为污染土壤耕层镉和锌含量的 0.5%和 2.5%，其含量不会引起土壤污染重金属含量的显著变化）和海泡石 600 kg/亩；以上改良剂单施或混合施用。种植作物为小油菜，连续种植三季，每季的管理一致。

3. 修复效果

（1）施用改良剂的小油菜生物产量

施入改良剂不同程度地提高了小油菜的生物产量。其中，三种改良剂配施生物产量最大，但与石灰和有机肥配施的没有显著差异，与其他处理差异显著，比单施石灰、有机肥和海泡石分别增产 138.6%、62.3%和 171.1%。改良剂单施有机肥的效果最好，这可能是因为红壤的基础肥力较低，有机肥在提高肥力的同时能降低重金属的毒性，提高生物产量。

（2）施用不同的改良剂对小油菜吸收镉、锌的影响

重金属污染红壤中施用不同的改良剂后小油菜吸收重金属的数量也不同，加入改良剂都能降低小油菜对镉、锌的吸收，三种改良剂单施时，施用石灰的效果最好，其次是有机肥，海泡石的效果最差。三种改良剂单施小油菜对镉的吸收比对照分别降低 58%、40%、24%，对锌的吸收分别降低 72%、33%、8%。改良剂配施的效果比单施效果好，有石灰的比没有石灰的好。三种改良剂同施效果最好，和石灰与有机肥配施没有显著差异。

（3）施用改良剂的土壤 pH 值变化

施用改良剂能显著提高土壤的 pH 值，三种改良剂对提高土壤 pH 值的顺序是石灰＞

有机肥＞海泡石，三种改良剂将 pH 值分别能提高 2.0、1.3 和 1.1，改良剂中施有石灰的 pH 值都升高 2 个单位以上。

（4）不同改良剂植株中重金属含量与食品卫生标准的比较

污染土壤上生长的小油菜中镉的含量为 0.51 mg/kg，都大于食品卫生标准（0.05 mg/kg），但是施入改良剂能不同程度降低小油菜中镉含量，三种改良剂单施时，以施石灰的小油菜体内镉的含量最低，降低到 0.18～0.21 mg/kg。三种改良剂同时施用时，小油菜体内镉的含量最低，为 0.15 mg/kg 左右，其次是有机肥与海泡石配施，改良剂配施比改良剂单施的效果好。

改良剂对小油菜中锌的含量影响比对镉的大。不施用改良剂的小油菜中锌含量为 118～120 mg/kg，都远远大于食品卫生标准（20 mg/kg）；施用了石灰的小油菜中锌的含量低于食品卫生标准，为 8.6～15.8 mg/kg。施用石灰及其与有机肥配施和三种改良剂配施的锌含量低于食品卫生标准，仅为 10 mg/kg 以下。

（5）修复污染土壤所需时间预测

按照目前观测的修复速率，种植小油菜使现在污染状态的土壤修复到二级标准所需的时间也不同。假设每年收获三季，作物都以相同的速率吸收和移走污染土壤中的重金属，则未施改良剂的镉污染土壤的修复时间 600 多年；施用改良剂后，修复时间大大缩短，单施有机肥仅需 15 年；施用石灰所需的修复时间稍长，需约 35 年。

修复锌的目标时间比修复镉所用的时间长。未施用改良剂需要的时间最长，需 1 700 多年。施用改良剂大大缩短了其修复时间，施用石灰的修复时间需要 100～170 年，单施有机肥或海泡石所用的时间比较短，需要 40 多年。因此，石灰与有机肥配施不仅有好的修复效果，而且达到修复目标所用的时间比较短，是一种好的修复方法。

由于作物吸收重金属的数量与土壤中的重金属含量有关，因此小油菜每茬的吸收速率并不相同，土壤重金属含量也不会直线下降。因为每季作物的吸收量不同，而且随时间的延长对重金属的吸收速率会逐渐减慢。因此，本书提出的修复时间不是改良剂修复污染土壤所需时间的绝对值，而是相对值，它只能较好地说明不同改良剂修复重金属污染土壤快慢的趋势。

（十八）浙江某产地重金属污染区产业结构调整及修复

1. 背景介绍

污染前为蔬菜地，种植不同的蔬菜，试验前种植的蔬菜生长状况不良。

该蔬菜地土壤重金属污染主要是锌污染。浙江某地 200 亩生姜种植基地在 2002 年生姜种植季施用某含锌多效有机菌肥 50～150 kg/亩后，当季生姜明显减产，后季花生、大豆、叶菜、花卉等作物基本不能生长，特别是夏秋高温季节，基本无作物能正常生长。

研究人员测定出该标识以氮磷钾为主要养分的多效有机菌肥中锌副成分含量高达 9.1%，按肥料常规用量施用一次及多次后，带入超过常规锌肥用量 50 倍以上的锌。土壤测定结果全锌达 365 mg/kg，土壤有效锌含量 74 mg/kg，而未施该肥料的土壤有效锌为 14.2 mg/kg。花生锌中毒症状非常明显，植株矮小，叶小而黄，茎基部开裂，植株锌含量高达 627 mg/kg，为正常植株 83 mg/kg 的近八倍，超过锌中毒植株临界值。这是一次严重的劣质肥料引起的锌污染土壤事故。

2．修复模式

修复方法是施用不同的肥料：①有机肥，猪粪 4 000 kg/亩（猪粪含水量 60%，以下有机肥同）；②有机肥高量，猪粪 7 000 kg/亩；③石灰加钙镁磷肥，施生石灰 100 kg/亩和钙镁磷肥 150 kg/亩；④钙镁磷肥 150 kg/亩；⑤有机肥 4 000 kg/亩+生石灰 100 kg/亩；⑥对照区不施有机肥及石灰，按作物常规施用肥料。种植作物为生姜、花生和莴苣等。

3．修复效果

（1）经有机肥和石灰大面积修复后的锌污染土壤的生产力效果

施用有机肥和石灰后，大蒜、棒菜、黄芽菜等植株生长基本处于正常，植株中锌含量明显降低。

第一季生姜，施用钙镁磷肥+石灰比对照增产 7.8%，钙镁磷肥增产 3.9%。

第二季花生，锌中毒严重，无产量，但施肥均提高前期成活率。

第三季莴苣，有机肥有明显的增产效果，增产率 54.2%～82.4%，有机肥加石灰增产 62.5%，钙镁磷肥增产 35.9%，石灰+钙镁磷肥增产 52.1%。

（2）施肥降低植株锌含量

测定生姜和莴苣收获期植株地上部及地下部（生姜块茎、莴苣根）锌含量结果，植株地上部、地下部植株锌含量的降低十分明显，尤其是有机肥高量处理植株含锌量降低最多。莴苣植株地上部、地下部锌含量都对土壤处理较为敏感，处理间差异较大。有机肥、钙镁磷肥加石灰等土壤处理降低了锌污染土壤上种植作物锌的吸收，从而降低了对作物生长的限制。

（3）施肥修复锌污染土壤的总体评价

有机肥、钙镁磷肥、石灰施用对恢复中、低度锌污染土壤上冬春、秋冬季蔬菜作物生产能力有较大的作用，作物产量能达到常规水平，但对夏季种植的花生等锌敏感作物的效果还不能达到恢复生产能力的要求，还需进一步研究更好的修复措施。有机肥作为修复锌污染土壤的措施时，由于用量较大，要注意施用腐熟有机肥，以免除大量有机肥发酵对作物产生副作用。有机肥处理锌污染土壤明显增加作物产量、降低作物锌含量，但土壤有效锌含量并没有降低，有机肥降低锌污染土壤锌生物毒害性的机理及土壤有效锌的测定方法还有待于进一步研究。

（十九）白洋淀流域某产地重金属污染区产业结构调整及修复

1．背景介绍

该地主要植物为芦苇、荷花、菱角，另外还有小麦、玉米、蔬菜等作物。根据白洋淀流域的土壤、光热、水、气等自然条件，淀区流域适宜种植的主要粮食作物有小麦、玉米、水稻、高粱、谷子、甘薯、大豆等，主要经济作物有花生、棉花、芝麻、烟草、蔬菜、瓜类、果树等；淀区耕地面积 29 600 hm²。白洋淀面积 366 km²（54.9 万亩），被污染作物主要是淀区流域，特别是白洋淀上游市郊农地土壤种植的粮食作物及污灌区内的小麦、玉米、水稻、蔬菜等。

主要污染物：据 1992—1998 年的监测，白洋淀主要污染物为化学需氧量（COD）、生化需氧量（BOD）、高锰酸钾指数（COD_{Mn}）、总磷（TP）、非离子氨、重金属、磷氨等。据该地所在市环境监测站 2000 年的资料显示，白洋淀水质Ⅳ类水面占 29.7%，Ⅴ类水面占

51.4%，劣Ⅴ类水面占 18.9%；枯水期和丰水期 COD、COD$_{Mn}$ 和 TP 超标率 100%，这说明白洋淀水质富营养化比较严重；丰水区超标率 DO（溶解氧）71%、COD 14%、COD$_{Mn}$ 57%、TP 71%，土壤及作物污染的重金属主要有镉、铅、铬、汞、砷、铜、锌等。

2. 修复模式

修复方式采用了生物修复（植物修复、微生物修复）、化学修复、农艺措施修复和结构调整修复等技术模式。

3. 修复效果

本案例中把握了"两个技术关键"，创新了"两项实用技术"，取得了"两项物化技术"，其应用具有一定效果。

两个技术关键：一是把握了土壤重金属污染的复合效应规律，揭示了潮褐土镉、铅、锌复合污染对蔬菜吸收镉产生镉-锌复合效应为协同效应；二是把握了不同蔬菜中金属蓄积的特点，通过引入植物重金属蓄积系数，运用动态聚类将 19 种蔬菜划分了四种镉、铅、铜、锌蓄积类型——低度、中度、重度和极重度。

两项实用技术：一是蔬菜复合污染预测实用技术，将 96 个土壤和蔬菜样本拟合出叶菜类、瓜果类、根菜类、葱蒜类和白菜类五大类 22 种预测土壤镉、铅、铜、锌污染的 19 种类型，可判断各类蔬菜等重金属土壤的种植所达到污染程度；二是蔬菜复合调控技术，利用蔬菜种植结构将蔬菜划分为四种蓄积型——瓜果类低蓄积型，根菜类中蓄积型，芹菜等叶菜类重蓄积型，大白菜、油菜等极重蓄积型，以调整及控制重金属污染农田蔬菜种植结构。

两项物化技术：一是镉污染原位固化修复技术，即选出 DTPA 和半胱氨酸固化修复剂，其最佳用量分别为土壤镉摩尔浓度的 2 倍和 0.5 倍，其修复效果均达到降低蔬菜镉吸收量的 60%以上；二是铅污染植物修复诱导技术，选出 EDTA 作为潮褐土铅污染植物修复的螯合诱导剂，其最佳用量为土壤铅摩尔浓度的一倍，其诱导效果可提高植物吸收铅含量的 180 倍以上。

（二十）河北中部某产地重金属修复示范

1. 背景介绍

该地的经济支柱产业包括以汽车机电产品为主的装备制造业、以新能源产业为核心的高新技术产业、传统的纺织业、农业商业及新兴的绿色旅游业等。

该地主要的轮作作物类型为小麦-玉米（或大豆、高粱）轮作。其中一个示范片区的耕地面积为 2 000 亩，种植结构以小麦-玉米为主，副业以铅锌冶炼为主；主要污染来源为铜锌冶炼企业产生的"三废"排放，包括废水、废气、固体废物的排放。另一个示范片区具有涉及铅和镉的有色金属冶炼企业共 13 家，修复示范区农田土壤主要污染物为区域周边有色金属冶炼、加工企业排放的重金属元素。所选修复示范区农田土壤镉含量超标三倍，铅含量不超标；玉米籽粒中镉含量不超标，铅含量超标三倍。

2. 修复模式

污染修复采用原位钝化-翻耕稀释联合修复技术。原位钝化采用自制的钝化剂［钝化剂施入方法：按照 2 250～3 000 kg/hm^2 比例，以底肥形式施入耕层（0～20 cm）并充分搅拌均匀］，结合镉、铅排异作物应用技术进行镉、铅污染农田原位钝化，同时进行深翻 40 cm

处理。2013 年采用自制的钝化剂结合深翻（40 cm）修复技术进行镉、铅污染农田原位钝化-深翻稀释联合修复技术。另外，项目组还结合了农田施肥及镉、铅低吸收作物品种的应用技术。

3. 修复效果

原位钝化-深翻稀释联合修复技术使玉米、小麦籽粒中的镉含量最大降低达 31%～38%，籽粒铅含量最大降低达 41%。对常规施肥方法（复合肥-尿素-KCl）、尿素-二铵-KCl、硫铵-二铵-K_2SO_4、腐殖酸复合肥-尿素-二铵及腐殖酸复合肥-硫铵-二铵几种不同施肥措施与作物重金属吸收的影响研究表明，就降低作物镉、铅吸收的效果而言，腐殖酸复合肥-尿素-二铵施肥方式效果最好，腐殖酸复合肥-硫铵-二铵次之，筛选出了硫铵-二铵-K_2SO_4 和腐殖酸复合肥-尿素-二铵两种施肥方式作为当地降低重金属作物吸收的主要施肥修复模式。在进行不同施肥模式降低重金属吸收影响研究的同时，对当地主栽作物玉米品种的镉、铅吸收特性进行了研究，结果筛选出郑单 958、先玉 335、敦煌 1 号作为较为适合当地的重金属污染修复玉米品种。

（二十一）辽宁中部某重金属修复示范

1. 背景介绍

该示范区在 20 世纪 70 年代和 80 年代曾引用城市污水灌溉，因发现污染问题而停止污灌，后改为旱田，并连续种植玉米等旱田作物近 20 年，现基本为农田。

目前，该示范区 10 km 范围内没有污染企业，不受工业废水和城市生活污水影响。近 20 多年来，虽然该地块不再进行污灌，但历史上污灌导致的土壤重金属污染还较为严重。项目区主要的污染物为镉，铅、汞等都没有超标，土壤镉的超标率达到 97% 以上，玉米籽粒的镉超标率也在 70% 以上。

2. 修复模式

修复方案采用以农艺措施为主的复合修复技术，具体包括施用重金属钝化药剂、有机肥、深翻、禁止施用酸性肥料，以及低吸收镉玉米品种的选择等。

3. 修复效果

原位钝化药剂由天然斜发沸石粉、熟石灰、钙镁磷肥、腐殖酸（碱性）等复合而成，每年一亩地的药剂投入成本在 350 元左右。深耕是依据修复区土壤重金属具有表层污染严重、耕层以下基本没有污染的特点，将耕层重金属通过施用药剂和翻耕措施进行钝化，同时确保土壤肥力不降低，每亩土地翻耕费用低于 100 元。另外在 18 个玉米品种中筛选出郑丹 958、铁研 58、富友 99、良玉 99、沈育 21 具有低吸收镉的良好特性。示范结果表明，该复合修复技术能降低土壤有效态镉含量和玉米植株各部位镉含量，玉米籽实内重金属没有超标，而对照处理玉米籽实出现超标现象。另外，对玉米植株不同部位镉含量检测发现，土壤施用钝化材料对玉米不同部位镉含量有降低趋势。

（二十二）广东省北部某重金属修复示范

1. 背景介绍

该示范区所在地矿产资源丰富，系多矿种综合矿区。以褐铁矿、铜钼矿为主，也有铅锌矿。20 世纪 60 年代起，当地群众开采煤矿、铁矿、铅锌矿、钼矿并组织炼铜。受矿区污染的附近村庄由于紧邻矿山，污染尤为突出。据铜溪矿区农民反映，自20世纪80年代以来，当地水稻产量逐年下降，甚至绝收。花生只开花不结果，后改种沙糖橘才取得较好的经济效益。修复示范区主要作物有沙糖橘、蔬菜（叶菜、球茎类）和水稻，其中以种植沙糖橘为主，水稻种植面积不足1/10。灌溉水源为深井水、浅井和河水。主要污染源为两个矿山（铅锌矿、铁矿）和一个煤场。修复示范区水稻、菜地、新垦果园地土壤砷、锌为中、轻度污染，镉、铜为中、重度污染；河水和灌溉水酸化严重，镉、锌重度污染，河水还受砷污染；稻米镉含量超标，稻壳中各重金属富集明显；叶菜类食用部分铅、砷、锌超标，非食用部分铅、锌富集；沙糖橘果肉砷微量超标。

2. 修复模式

采用的修复模式包括果林地化学强化-间套种植物修复技术、重金属化学钝化-植物阻隔修复技术、低积累水稻品种-土壤根际固定和田间水分管理联合修复技术。

3. 修复效果

该示范区土壤均存在重度镉污染（超过土壤质量标准的3～10倍），单靠低镉农作物品种难以解决问题。通过阳桃、蜈蚣草、东南景天等与低积累作物（柑橘）间套种（东南景天和阳桃提取土壤中的镉，蜈蚣草提取土壤中的砷）降低土壤重金属镉、砷、锌等含量，同时低积累作物（柑橘）正常生产，使土壤中有效态镉、铅、砷含量都明显降低。

本项目所采用的重金属钝化剂为环境友好型材料，对人体及农作物无毒副作用。①铁基钝化技术：每亩施用200 kg石灰石粉或活性微生物铁硫复合肥、钢渣、零价铁钝化剂与有机肥，并进行单一及复合处理以对土壤重金属进行稳定。②土壤碱基重金属钝化技术：分别施用白云石、钙镁磷肥、粉煤灰、有机肥，并进行单一及复合钝化处理。

通过选用低积累水稻品种，辅以施加钢渣和有机肥，调控田间水分，可以改善土壤结构和肥力，降低土壤重金属的生物可利用性，降低稻米镉含量，提高稻米产量。课题组筛选了许多类型的土壤改良剂（包括钢渣、有机肥等）进行了重金属污染稻田的实施修复，效果明显，降低了稻米中重金属含量（达到国家粮食标准）。此外，钢渣和有机肥鸡粪量大廉价、易操作、保护土壤结构，更适于农民的田间实施和管理。

（二十三）安徽省中南部某重金属修复示范

1. 背景介绍

该地是我国重要的铜矿开采和冶炼基地，但在采矿与加工的过程中产生的废物却对该地的生态环境造成了很大破坏。示范区位于某村矿区周边农田，该地区主要种植作物为水稻、小麦、油菜，该地区农田中土壤重金属镉达到中度污染，铅、砷属轻度污染，总体不存在复合污染，水稻籽粒中镉的样本超标率达到了90.8%，并且部分籽粒的数值已经超过国家标准10倍，小麦和油菜的超标率也超过50%。污染源来自灌溉河流上游废弃硫铁矿。

2. 修复模式

结合安徽该地特点，提出了施用生物有机肥、石灰、生物炭、生物肥等钝化剂以及抗性作物品种筛选等修复技术。（1）生物有机肥修复技术。在耕种前，每亩一次性施入生物有机肥200 kg，放置3～5天后，再按照当地高产栽培技术施肥，种植作物。（2）修复剂修复技术。①石灰修复技术。在耕种前，先对土壤施加熟石灰，每亩50～100 kg，放置一段时间后再按照当地高产栽培技术施肥，种植农作物。②生物炭修复技术。生物炭空隙结构发达、比表面积大、吸附性强，不仅可以改变土壤的生物、化学性质，还可以将土壤中的重金属离子有效固持，进而降低重金属的有效态含量，减少重金属对微生物的胁迫。施用方法：在水田耕地捞平后，每亩施用 100～200 kg 生物炭，混合均匀，放置一周左右再按照当地高产栽培技术施肥，种植作物。③硅藻土修复技术。在耕种前，先对土壤施加硅藻土，每亩 1 800 kg，混合均匀，放置时间不宜过短，保证让其充分吸收重金属，再按照铜陵当地高产栽培技术施肥，种植作物。④磷灰石修复技术。在耕种前，每亩施用 1 500 kg磷灰石，混合均匀并平整耕地，放置几天后再按照铜陵当地高产栽培技术施肥，种植植物。（3）低积累水稻品种种植。

3. 修复效果

结果表明生物有机肥、石灰、生物炭、生物肥等钝化剂均可以在一定程度上降低水稻籽粒镉、铅的含量，其中生物有机肥+石灰和生物肥+石灰效果较好。修复后农田土壤中镉、铅有效态分别降低了 13.2%、10.6%；农产品镉含量降低了 70.2%，农产品铅含量降低了53.5%。

（二十四）天津市某污灌区农田重金属修复

1. 背景介绍

该地水资源贫乏，因此农业上利用污水灌溉比较普遍，但是在污水灌溉解决农业用水不足的同时，污水中含有的大量有毒重金属元素也随之进入土壤中，污染土壤环境。该区目前污灌面积 4 万多亩，占全区总面积的 40%，污灌历史一般在 25～34 年。污灌作物主要是水稻、旱作粮食及蔬菜。在污灌区上游的菜地，除污灌外，从 20 世纪 60—70 年代施用污泥，施用面积约 1.7 万亩。污染源主要为污水灌溉，污水来源于排污河河水，主要由上游排放的工业废水和生活污水构成，含有多种重金属污染物。另外，由发电厂烟尘和汽车尾气引起的大气沉降对露天栽培的蔬菜也会造成一定污染。

2014 年，在该地某村进行了修复。该村是菜地土壤受到重金属污染最重的一个村，土壤点位超标率 79%，其中镉、汞污染最严重，超标率分别为 72%、44%。

2. 修复模式

利用生物炭、电气石、B38 等单项修复技术及生物炭复合 B38，电气石复合 B38，生物炭复合电气石，生物炭、电气石复合 B38 等多种复合技术进行修复。种植农产品主要有生菜、油菜、莜麦菜、苦苣等叶菜类蔬菜。针对不同的修复技术、不同植物的修复效果不尽相同，而针对不同土壤和不同植物而言，复合技术较单一效果好。

3. 修复效果

复合修复技术，如施加生物炭复合 B38 技术种植日本油菜，可使土壤镉有效态降低44%，土壤铅有效态降低 37.4%；种植苦苣可使植物镉含量降低 78.7%，种植莜麦菜可使植物铅含量降低 80.3%。对于电气石+B38 复合技术，莜麦菜对土壤铅有效态有很好的降低效果，达到 34.2%。对植物中的铅含量，日本油菜和苦苣的降低率分别达到 84.2%和 74.0%。对于生物炭+电气石复合技术，油菜、苦苣和莜麦菜对土壤铅有效态有很好的降低效果，分别为 28.5%、27.8%、31.2%。

（二十五）广西刁江流域某产地重金属修复示范

1. 背景介绍

广西刁江流域矿产资源丰富，境内锡储藏量 14.4 万 t，占全国的 1/3，居全国之首。该区域内主要种植玉米、甘蔗、桑、水稻等。金属矿开采、冶炼过程中排放的废水、废渣和废气是造成该区农田污染的主要原因。刁江流域两岸农田土壤中砷超标 36.1～276.1 倍，锌超标 5.4～32.9 倍，镉超标 16.2～103.0 倍，铅超标 1.9～3.8 倍。

2. 修复模式

在流域某地采用了四种修复模式：① 低镉水稻品种+叶面喷硅；② 低镉水稻品种+叶面硅肥+重金属钝化剂；③低积累玉米品种+叶面硅肥；④ 低积累品种+重金属钝化剂。

3. 修复效果

（1）低积累水稻品种筛选在该地核心区进行了 66 个品种的筛选实验。镉含量低于食品污染物限量标准 0.2 mg/kg 的品种有 8 个，分别为 Y 两优 6 号、谷优 353、特优 86、特优 918、亿优 7 号、玉丝 6 号、裕香一号和裕优 641。单独采用叶面喷硅处理（每亩喷施 200 g 纯纳米二氧化硅）的水稻籽粒镉含量下降了 30%，表明叶面硅虽未能降低土壤镉有效态，但能显著抑制水稻对镉的吸收，并且喷施纳米硅后水稻增产 11.85%。

（2）低镉水稻品种为红香 110；重金属固定剂采用滤泥，施用量为每亩 1.5 t，在犁田前均匀施入，通过犁田充分混合。每亩喷施 200 g 硒掺杂的纳米二氧化硅，分两次喷施，喷施时期分别在拔节期和孕穗期。滤泥可显著降低稻米镉含量，降低率为 22%～69%。

（3）通过筛选玉米品种，确定渝单 25、瑞恒 269 为低积累玉米品种，这两个玉米品种重金属含量均低于粮食卫生标准，并且亩产均超过了 300 kg；硅肥每亩喷施 200 g 纯纳米二氧化硅，于拔节期喷施。

（4）重金属钝化剂采用滤泥，每亩施用量 1.5 t，在犁田前均匀施入，通过犁田充分混合；低积累玉米品种选用渝单 25、瑞恒 269。滤泥处理的玉米籽粒中镉含量为 0.03 mg/kg，降低率达到了 32.8%。

（二十六）福建省西部某城郊区农田重金属污染修复及种植结构调整

1. 背景介绍

试验区农田（约 1 200 亩）长期接受附近特钢厂废水、废气及废渣影响，遭受严重的重金属污染，属于典型的镉铅锌复合污染区。土壤镉含量最高达 11.2 mg/kg，土壤铅含量最高达 1 170 mg/kg，土壤锌含量最高达 705 mg/kg，蔬菜镉含量最高达 0.48 mg/kg，蔬菜铅含量最高可达 5.16 mg/kg，蔬菜锌含量最高可达 64.4 mg/kg。

2. 修复模式

采用钝化修复及作物替代种植等方案对土壤进行修复。在 pH 值为 6.1 的镉铅锌复合污染土壤上分别采用中性化技术（施用石灰或钙镁磷肥）、有机改良技术（施用泥炭或猪粪）等钝化手段进行了前后长达六年的定位修复（2005—2011 年）。

3. 修复效果

监测结果表明，石灰或钙镁磷肥与猪粪、石灰与泥炭的混施可以降低土壤镉铅锌的有效态，降低幅度超过 20%，尤其增强了石灰或钙镁磷肥对土壤镉有效性的抑制效果。有机中性化技术还可以显著提高产量，对花生产量的提高幅度在 70%～140%；对水稻产量的提高幅度在 5%～10%，对蔬菜、甘薯也有不同程度的增产效果。在中-轻度污染的土壤上，采用豆类、瓜果类蔬菜、花菜等替代种植原有的水稻、空心菜、春菜、芥菜、莲藕等农作物，可以保证农产品的质量安全，超标率低于 10%。

第五章 耕地重金属污染防治相关标准

我们搜集整理了与耕地（含农产品产地）重金属相关的标准 22 项。这些标准分为限量类（2 项）、评价类（17 项）和监测类（3 项），既有国家标准，也有行业性标准、地方性标准，还有两个属于部门文件。为便于给读者提供参考，这些标准的基本情况如表 5-1 所示。

表 5-1 与耕地重金属污染防治相关的标准情况汇总

类别	标准号	标准名称	第一起草单位	层次
限量类	GB 15618—1995	土壤环境质量标准	国家环境保护局南京环境科学研究所	国家
	NY/T 391—2013	绿色食品 产地环境质量	中国科学院沈阳应用生态研究所	行业
评价类	NY/T 2149—2012	农产品产地安全质量适宜性评价技术规范	农业部环境保护科研监测所	行业
	NY/T 2150—2012	农产品产地禁止生产区划分技术指南	农业部环境保护科研监测所	行业
	NY/T 1259—2007	基本农田环境质量保护技术规范	农业部环境监测总站	行业
	HJ/T 332—2006	食用农产品产地环境质量评价标准	国家环境保护总局南京环境科学研究所	行业
	HJ/T 333—2006	温室蔬菜产地环境质量评价标准	国家环境保护总局南京环境科学研究所	行业
	环发〔2008〕39 号	全国土壤污染状况评价技术规定	环境保护部	部门文件
	农办科〔2015〕42 号	全国农产品产地土壤重金属安全评估技术规定	农业部	部门文件
	NY/T 2392—2013	花生田镉污染控制技术规程	山东省农业科学院	行业
	NY/T 5335—2006	无公害食品 产地环境质量调查规范	农业部农产品质量安全中心	行业
	NY/T 5295—2015	无公害农产品 产地环境评价准则	农业部环境保护科研监测所	行业
	NY/T 1054—2013	绿色食品产地 环境调查、监测与评价规范	中国科学院沈阳应用生态研究所	行业
	DB13/T 2206—2015	河北省农田土壤重金属污染修复技术规范	河北农业大学	地方
	NY/T 2626—2014	补充耕地质量评定技术规范	全国农业技术推广服务中心	行业
	NY/T 2173—2012	耕地质量预警规范	全国农业技术推广服务中心	行业
	NY/T 2872—2015	耕地质量划分规范	全国农业技术推广服务中心	行业
	NY/T 1637—2008	耕地地力调查与质量评价技术规程	全国农业技术推广服务中心	行业
	NY/T 1120—2006	耕地质量验收技术规范	全国农业技术推广服务中心	行业
监测类	HJ/T 166—2004	土壤环境监测技术规范	中国环境监测总站	行业
	NY/T 395—2012	农田土壤环境质量监测技术规范	农业部环境保护科研监测所	行业
	NY/T 1119—2012	耕地质量监测技术规程	全国农业技术推广服务中心	行业

注：表中的国家环境保护局南京环境科学研究所及国家环境保护总局南京环境科学研究所现为环境保护部南京环境科学研究所。

GB 15618—1995

土壤环境质量标准

Environmental quality standard of soils

1995-07-13 发布   1996-03-01 实施

为贯彻《中华人民共和国环境保护法》，防止土壤污染，保护生态环境，保障农林生产，维护人体健康，制定本标准。

1 主题内容与适用范围

1.1 主题内容

本标准按土壤应用功能、保护目标和土壤主要性质，规定了土壤中污染物的最高允许浓度指标值及相应的监测方法。

1.2 适用范围

本标准适用于农田、蔬菜地、茶园、果园、牧场、林地、自然保护区等地的土壤。

2 术语

2.1 土壤：指地球陆地表面能够生长绿色植物的疏松层。

2.2 土壤阳离子交换量：指带负电荷的土壤胶体，借静电引力而对溶液中的阳离子所吸附的数量，以每千克干土所含全部代换性阳离子的厘摩尔（按一价离子计）数表示。

3 土壤环境质量分类和标准分级

3.1 土壤环境质量分类

根据土壤应用功能和保护目标，划分为三类：

I 类主要适用于国家规定的自然保护区（原有背景重金属含量高的除外）、集中式生活饮用水水源地、茶园、牧场和其他保护地区的土壤，土壤质量基本上保持自然背景水平。

II 类主要适用于一般农田、蔬菜地、茶园、果园、牧场等土壤，土壤质量基本上对植物和环境不造成危害和污染。

III 类主要适用于林地土壤及污染物容量较大的高背景值土壤和矿产附近等地的农田土壤（蔬菜地除外）。土壤质量基本上对植物和环境不造成危害和污染。

3.2 标准分级

一级标准为保护区域自然生态、维持自然背景的土壤环境质量的限制值。

二级标准为保障农业生产、维护人体健康的土壤限制值。

三级标准为保障农林业生产和植物正常生长的土壤临界值。

3.3　各类土壤环境质量执行标准的级别规定如下：

　　Ⅰ类土壤环境质量执行一级标准；

　　Ⅱ类土壤环境质量执行二级标准；

　　Ⅲ类土壤环境质量执行三级标准。

4　标准值

本标准规定的三级标准值，见表 1。

表 1　土壤环境质量标准值　　　　　　　　　　　单位：mg/kg

级别 土壤 pH 值 项目		一级	二级			三级	
		自然背景	＜6.5	6.5～7.5	＞7.5	＞6.5	
镉	≤	0.20	0.30	0.30	0.6	1.0	
汞	≤	0.15	0.30	0.50	1.0	1.5	
砷　水田	≤	15	30	25	20	30	
旱地	≤	15	40	30	25	40	
铜　农田等	≤	35	50	100	100	400	
果园	≤	—	150	200	200	400	
铅	≤	35	250	300	350	500	
铬　水田	≤	90	250	300	350	400	
旱地	≤	90	150	200	250	300	
锌	≤	100	200	250	300	500	
镍	≤	40	40	50	60	200	
六六六	≤	0.05	0.50			1.0	
滴滴涕	≤	0.05	0.50			1.0	

注：①重金属（铬主要是三价）和砷均按元素量计，适用于阳离子交换量＞5 cmol（＋）/kg 的土壤，若≤5 cmol（＋）/kg，其标准值为表内数值的半数。

②六六六为四种异构体总量，滴滴涕为四种衍生物总量。

③水旱轮作地的土壤环境质量标准，砷采用水田值，铬采用旱地值。

5　监测

5.1　采样方法：土壤监测方法参照国家环保局的《环境监测分析方法》《土壤元素的近代分析方法》（中国环境监测总站编）的有关章节进行。国家有关方法标准颁布后，按国家标准执行。

5.2　分析方法按表 2 执行。

表 2　土壤环境质量标准选配分析方法

序号	项目	测定方法	检测范围/（mg/kg）	注释	分析方法来源
1	镉	土样经盐酸-硝酸-高氯酸（或盐酸-硝酸-氢氟酸-高氯酸）消解后， （1）萃取-火焰原子吸收法测定 （2）石墨炉原子吸收分光光度法测定	0.025 以上 0.005 以上	土壤总镉	①、②

序号	项目	测定方法	检测范围/（mg/kg）	注释	分析方法来源
2	汞	土样经硝酸-硫酸-五氧化二钒或硫、硝酸-高锰酸钾消解后，冷原子吸收法测定	0.004 以上	土壤总汞	①、②
3	砷	（1）土样经硫酸-硝酸-高氯酸消解后，二乙基二硫代氨基甲酸银分光光度法测定 （2）土样经硝酸-盐酸-高氯酸消解后，硼氢化钾-硝酸银分光光度法测定	0.5 以上 0.1 以上	土壤总砷	①、② ②
4	铜	土样经盐酸-硝酸-高氯酸（或盐酸-硝酸-氢氟酸-高氯酸）消解后，火焰原子吸收分光光度法测定	1.0 以上	土壤总铜	①、②
5	铅	土样经盐酸-硝酸-氢氟酸-高氯酸消解后 （1）萃取-火焰原子吸收法测定 （2）石墨炉原子吸收分光光度法测定	 0.4 以上 0.06 以上	土壤总铅	②
6	铬	土样经硫酸-硝酸-氢氟酸消解后 （1）高锰酸钾氧化，二苯碳酰二肼光度法测定 （2）加氯化铵液，火焰原子吸收分光光度法测定	 1.0 以上 2.5 以上	土壤总铬	①
7	锌	土样经盐酸-硝酸-高氯酸（或盐酸-硝酸-氢氟酸-高氯酸）消解后，火焰原子吸收分光光度法测定	0.5 以上	土壤总锌	①、②
8	镍	土样经盐酸-硝酸-高氯酸（或盐酸-硝酸-氢氟酸-高氯酸）消解后，火焰原子吸收分光光度法测定	2.5 以上	土壤总镍	②
9	六六六和滴滴涕	丙酮-石油醚提取，浓硫酸净化，用带电子捕获检测器的气相色谱仪测定	0.005 以上		GB/T 14550—1993
10	pH	玻璃电极法（土∶水=1.0∶2.5）	—		②
11	阳离子交换量	乙酸铵法等	—		③

注：分析方法除土壤六六六和滴滴涕有国标外，其他项目待国家方法标准发布后执行，现暂采用下列方法：

① 《环境监测分析方法》，1983，城乡建设环境保护部环境保护局；

② 《土壤元素的近代分析方法》，1992，中国环境监测总站编，中国环境科学出版社；

③ 《土壤理化分析》，1978，中国科学院南京土壤研究所编，上海科技出版社。

6　标准的实施

6.1　本标准由各级人民政府环境保护行政主管部门负责监督实施，各级人民政府的有关行政主管部门依照有关法律和规定实施。

6.2　各级人民政府环境保护行政主管部门根据土壤应用功能和保护目标会同有关部门划分本辖区土壤环境质量类别，报同级人民政府批准。

附加说明：

本标准由国家环境保护局科技标准司提出。

本标准由国家环境保护局南京环境科学研究所负责起草，中国科学院地理研究所、北京农业大学、中国科学院南京土壤研究所等单位参加。

本标准主要起草人夏家淇、蔡道基、夏增禄、王宏康、武玫玲、梁伟等。

本标准由国家环境保护局负责解释。

NY/T 391—2013

绿色食品　产地环境质量

Green food—environmental quality for production area

2013-12-13 发布　　　　　　　　　　　　　　　　　　2014-04-01 实施

前　言

本标准按照 GB/T 1.1—2009 给出的规则起草。

本标准代替 NY/T 391—2000《绿色食品　产地环境技术条件》，与 NY/T 391—2000 相比，除编辑性修改外主要技术变化如下：

——修改了标准中英文名称；

——修改了标准适用范围；

——增加了生态环境要求；

——删除了空气质量中氮氧化物项目，增加了二氧化氮项目；

——增加了农田灌溉水中化学需氧量、石油类项目；

——增加了渔业水质淡水和海水分类，删除了悬浮物项目，增加了活性磷酸盐项目，
　　修订了 pH 项目；

——增加了加工用水水质、食用盐原料水质要求；

——增加了食用菌栽培基质质量要求；

——增加了土壤肥力要求；

——删除了附录 A。

本标准由农业部农产品质量安全监管局提出。

本标准由中国绿色食品发展中心归口。

本标准起草单位：中国科学院沈阳应用生态研究所、中国绿色食品发展中心。

本标准主要起草人：王莹、王颜红、李国琛、李显军、宫凤影、崔杰华、王瑜、张红。

本标准的历次版本发布情况为：

——NY/T 391—2000。

引　言

绿色食品指产自优良生态环境、按照绿色食品标准生产、实行全程质量控制并获得绿色食品标志使用权的安全、优质食用农产品及相关产品。发展绿色食品，要遵循自然规律和生态学原理，在保证农产品安全、生态安全和资源安全的前提下，合理利用农业资源，实现生态平衡、资源利用和可持续发展的长远目标。

产地环境是绿色食品生产的基本条件，NY/T 391—2000 对绿色食品产地环境的空气、水、土壤等制订了明确要求，为绿色食品产地环境的选择和持续利用发挥了重要指导作用。近几年，随着生态环境的变化，环境污染重点有所转移，同时标准应用过程中也遇到一些新问题，因此有必要对 NY/T 391—2000 进行修订。

本次修订坚持遵循自然规律和生态学原理，强调农业经济系统和自然生态系统的有机循环。修订过程中主要依据国内外各类环境标准，结合绿色食品生产实际情况，辅以大量科学实验验证，确定不同产地环境的监测项目及限量值，并重点突出绿色食品生产对土壤肥力的要求和影响。修订后的标准将更加规范绿色食品产地环境选择和保护，满足绿色食品安全优质的要求。

1　范围

本标准规定了绿色食品产地的术语和定义、生态环境要求、空气质量要求、水质要求、土壤质量要求。

本标准适用于绿色食品生产。

2　规范性引用文件

下列文件对于本文件的应用是必不可少的。凡是注日期的引用文件，仅注日期的版本适用于本文件。凡是不注日期的引用文件，其最新版本（包括所有的修改单）适用于本文件。

GB/T 5750.4　生活饮用水标准检验方法　感官性状和物理指标

GB/T 5750.5　生活饮用水标准检验方法　无机非金属指标

GB/T 5750.6　生活饮用水标准检验方法　金属指标

GB/T 5750.12　生活饮用水标准检验方法　微生物指标

GB/T 6920　水质　pH 值的测定　玻璃电极法

GB/T 7467　水质　六价铬的测定　二苯碳酰二肼分光光度法

GB/T 7475　水质　铜、锌、铅、镉的测定　原子吸收分光光度法

GB/T 7484　水质　氟化物的测定　离子选择电极法

GB/T 7485　水质　总砷的测定　二乙基二硫代氨基甲酸银分光光度法

GB/T 7489　水质　溶解氧的测定　碘量法

GB 11914　水质　化学需氧量的测定　重铬酸盐法

GB/T 12763.4　海洋调查规范　第 4 部分：海水化学要素调查

GB/T 15432　环境空气　总悬浮颗粒物的测定　重量法

GB/T 17138　土壤质量　铜、锌的测定　火焰原子吸收分光光度法

GB/T 17141　土壤质量　铅、镉的测定　石墨炉原子吸收分光光度法

GB/T 22105.1　土壤质量　总汞、总砷、总铅的测定　原子荧光法　第 1 部分：土壤中总汞的测定

GB/T 22105.2　土壤质量　总汞、总砷、总铅的测定　原子荧光法　第 2 部分：土壤中总砷的测定

HJ 479　环境空气　氮氧化物（一氧化氮和二氧化氮）的测定　盐酸萘乙二胺分光光度法

HJ 480　环境空气　氟化物的测定　滤膜采样氟离子选择电极法

HJ 482　环境空气　二氧化硫的测定　甲醛吸收—副玫瑰苯胺分光光度法

HJ 491　土壤　总铬的测定　火焰原子吸收分光光度法

HJ 503　水质　挥发酚的测定　4-氨基安替比林分光光度法

HJ 505　水质　五日生化需氧量（BOD$_5$）的测定　稀释与接种法

HJ 597　水质　总汞的测定　冷原子吸收分光光度法

HJ 637　水质　石油类和动植物油类的测定　红外分光光度法

LY/T 1233　森林土壤有效磷的测定

LY/T 1236　森林土壤速效钾的测定

LY/T 1243　森林土壤阳离子交换量的测定

NY/T 53　土壤全氮测定法（半微量开氏法）

NY/T 1121.6　土壤检测　第6部分：土壤有机质的测定

NY/T 1377　土壤 pH 的测定

SL 355　水质　粪大肠菌群的测定—多管发酵法

3　术语和定义

下列术语和定义适用于本文件。

环境空气标准状态　ambient air standard state

指温度为 273 K、压力为 101.325 kPa 时的环境空气状态。

4　生态环境要求

绿色食品生产应选择生态环境良好、无污染的地区，远离工矿区和公路、铁路干线，避开污染源。

应在绿色食品和常规生产区域之间设置有效的缓冲带或物理屏障，以防止绿色食品生产基地受到污染。

建立生物栖息地，保护基因多样性、物种多样性和生态系统多样性，以维持生态平衡。

应保证基地具有可持续生产能力，不对环境或周边其他生物产生污染。

5　空气质量要求

应符合表1要求。

表 1　空气质量要求（标准状态）

项目	指标		检测方法
	日平均 [a]	1 小时 [b]	
总悬浮颗粒物，mg/m³	≤0.30	—	GB/T 15432
二氧化硫，mg/m³	≤0.15	≤0.50	HJ 482
二氧化氮，mg/m³	≤0.08	≤0.20	HJ 479
氟化物，μg/m³	≤7	≤20	HJ 480

注：[a] 日平均指任何一日的平均指标。

　　[b] 1小时指任何一小时的指标。

6　水质要求

6.1　农田灌溉水质要求

农田灌溉用水，包括水培蔬菜和水生植物，应符合表 2 要求。

表 2　农田灌溉水质要求

项目	指标	检测方法
pH	5.5～8.5	GB/T 6920
总汞，mg/L	≤0.001	HJ 597
总镉，mg/L	≤0.005	GB/T 7475
总砷，mg/L	≤0.05	GB/T 7485
总铅，mg/L	≤0.1	GB/T 7475
六价铬，mg/L	≤0.1	GB/T 7467
氟化物，mg/L	≤2.0	GB/T 7484
化学需氧量（COD_{Cr}），mg/L	≤60	GB 11914
石油类，mg/L	≤1.0	HJ 637
粪大肠菌群 [a]，个/L	≤10 000	SL 355

注：[a] 灌溉蔬菜、瓜类和草本水果的地表水需测粪大肠菌群，其他情况不测粪大肠菌群。

6.2　渔业水质要求

渔业用水应符合表 3 要求。

表 3　渔业水质要求

项目	指标		检测方法
	淡水	海水	
色、臭、味	不应有异色、异臭、异味		GB/T 5750.4
pH	6.5～9.0		GB/T 6920
溶解氧，mg/L	>5		GB/T 7489
生化需氧量（BOD_5），mg/L	≤5	≤3	HJ 505
总大肠菌群，MPN/100 mL	≤500（贝类 50）		GB/T 5750.12
总汞，mg/L	≤0.000 5	≤0.000 2	HJ 597
总镉，mg/L	≤0.005		GB/T 7475
总铅，mg/L	≤0.05	≤0.005	GB/T 7475
总铜，mg/L	≤0.01		GB/T 7475
总砷，mg/L	≤0.05	≤0.03	GB/T 7485
六价铬，mg/L	≤0.1	≤0.01	GB/T 7467
挥发酚，mg/L	≤0.005		HJ 503
石油类，mg/L	≤0.05		HJ 637
活性磷酸盐（以 P 计），mg/L	—	≤0.03	GB/T 12763.4

注：水中漂浮物质需要满足水面不应出现油膜或浮沫的要求。

6.3 畜禽养殖用水要求

畜禽养殖用水，包括养蜂用水，应符合表 4 要求。

表 4　畜禽养殖用水要求

项目	指标	检测方法
色度 [a]	≤15，并不应呈现其他异色	GB/T 5750.4
浑浊度 [a]（散射浑浊度单位），NTU	≤3	GB/T 5750.4
臭和味	不应有异臭、异味	GB/T 5750.4
肉眼可见物 [a]	不应含有	GB/T 5750.4
pH	6.5～8.5	GB/T 5750.4
氟化物，mg/L	≤1.0	GB/T 5750.5
氰化物，mg/L	≤0.05	GB/T 5750.5
总砷，mg/L	≤0.05	GB/T 5750.6
总汞，mg/L	≤0.001	GB/T 5750.6
总镉，mg/L	≤0.01	GB/T 5750.6
六价铬，mg/L	≤0.05	GB/T 5750.6
总铅，mg/L	≤0.05	GB/T 5750.6
菌落总数 [a]，CFU/mL	≤100	GB/T 5750.12
总大肠菌群，MPN/100 mL	不得检出	GB/T 5750.12

注：[a] 散养模式免测该指标。

6.4 加工用水要求

加工用水包括食用菌生产用水、食用盐生产用水等，应符合表 5 要求。

表 5　加工用水要求

项目	指标	检测方法
pH	6.5～8.5	GB/T 5750.4
总汞，mg/L	≤0.001	GB/T 5750.6
总砷，mg/L	≤0.01	GB/T 5750.6
总镉，mg/L	≤0.005	GB/T 5750.6
总铅，mg/L	≤0.01	GB/T 5750.6
六价铬，mg/L	≤0.05	GB/T 5750.6
氰化物，mg/L	≤0.05	GB/T 5750.5
氟化物，mg/L	≤1.0	GB/T 5750.5
菌落总数，CFU/mL	≤100	GB/T 5750.12
总大肠菌群，MPN/100 mL	不得检出	GB/T 5750.12

6.5 食用盐原料水质要求

食用盐原料水包括海水、湖盐或井矿盐天然卤水，应符合表 6 要求。

表6　食用盐原料水质要求

项目	指标	检测方法
总汞，mg/L	≤0.001	GB/T 5750.6
总砷，mg/L	≤0.03	GB/T 5750.6
总镉，mg/L	≤0.005	GB/T 5750.6
总铅，mg/L	≤0.01	GB/T 5750.6

7　土壤质量要求

7.1　土壤环境质量要求

按土壤耕作方式的不同分为旱田和水田两大类，每类又根据土壤 pH 的高低分为三种情况，即 pH<6.5、6.5≤pH≤7.5、pH>7.5。应符合表 7 要求。

表7　土壤质量要求

项目	旱田			水田			检测方法
	pH<6.5	6.5≤pH≤7.5	pH>7.5	pH<6.5	6.5≤pH≤7.5	pH>7.5	NY/T 1377
总镉，mg/kg	≤0.30	≤0.30	≤0.40	≤0.30	≤0.30	≤0.40	GB/T 17141
总汞，mg/kg	≤0.25	≤0.30	≤0.35	≤0.30	≤0.40	≤0.40	GB/T 22105.1
总砷，mg/kg	≤25	≤20	≤20	≤20	≤20	≤15	GB/T 22105.2
总铅，mg/kg	≤50	≤50	≤50	≤50	≤50	≤50	GB/T 17141
总铬，mg/kg	≤120	≤120	≤120	≤120	≤120	≤120	HJ 491
总铜，mg/kg	≤50	≤60	≤60	≤50	≤60	≤60	GB/T 17138

注：1. 果园土壤中铜限量值为旱田中铜限量值的 2 倍。
　　2. 水旱轮作的标准值取严不取宽。
　　3. 底泥按照水田标准执行。

7.2　土壤肥力要求

土壤肥力按照表 8 划分。

表8　土壤肥力分级指标

项目	级别	旱地	水田	菜地	园地	牧地	检测方法
有机质，g/kg	I	>15	>25	>30	>20	>20	NY/T 1121.6
	II	10～15	20～25	20～30	15～20	15～20	
	III	<10	<20	<20	<15	<15	
全氮，g/kg	I	>1.0	>1.2	>1.2	>1.0	—	NY/T 53
	II	0.8～1.0	1.0～1.2	1.0～1.2	0.8～1.0	—	
	III	<0.8	<1.0	<1.0	<0.8	—	
有效磷，mg/kg	I	>10	>15	>40	>10	>10	LY/T 1233
	II	5～10	10～15	20～40	5～10	5～10	
	III	<5	<10	<20	<5	<5	
速效钾，mg/kg	I	>120	>100	>150	>100	—	LY/T 1236
	II	80～120	50～100	100～150	50～100	—	
	III	<80	<50	<100	<50	—	
阳离子交换量，cmol（+）/kg	I	>20	>20	>20	>20	—	LY/T 1243
	II	15～20	15～20	15～20	15～20	—	
	III	<15	<15	<15	<15	—	

注：底泥、食用菌栽培基质不做土壤肥力检测。

7.3　食用菌栽培基质质量要求

土培食用菌栽培基质按 7.1 执行，其他栽培基质应符合表 9 要求。

表 9　食用菌栽培基质要求

项目	指标	检测方法
总汞，mg/kg	≤0.1	GB/T 22105.1
总砷，mg/kg	≤0.8	GB/T 22105.2
总镉，mg/kg	≤0.3	GB/T 17141
总铅，mg/kg	≤35	GB/T 17141

NY/T 2149—2012

农产品产地安全质量适宜性评价技术规范

Technology code of suitability assessment for safe quality of agro-product area

2012-06-06 发布   2012-09-01 实施

前 言

本标准按照 GB/T 1.1—2009 给出的规则起草。

本标准由中华人民共和国农业部提出并归口。

本标准起草单位：农业部环境保护科研监测所。

本标准主要起草人：刘凤枝、李玉浸、曹仁林、师荣光、郑向群、姚秀荣、战新华、刘传娟、王玲、王晓男。

1 范围

本标准规定了农产品产地安全质量适宜性评价的方法、程序及农产品产地安全质量等级划分技术等。

本标准适用于种植业农产品产地安全质量适宜性评价；畜禽养殖业、水产养殖业的产地安全质量适宜性评价可参照执行。

2 规范性引用文件

下列文件对于本文件的应用是必不可少的。凡是注日期的引用文件，仅注日期的版本适用于本文件。凡是不注日期的引用文件，其最新版本（包括所有的修改单）适用于本文件。

GB 2762 食品中污染物限量

GB 3095 环境空气质量标准

GB 5084 农田灌溉水质标准

GB 9137 保护农作物的大气污染物最高允许浓度

NY/T 395 农田土壤环境质量监测技术规范

NY/T 396 农用水源环境质量监测技术规范

NY/T 397 农区环境空气质量监测技术规范

NY/T 398 农、畜、水产品污染监测技术规范

《耕地土壤重金属污染评价技术规程》

3　术语和定义

下列术语和定义适用于本文件。

3.1　农产品产地安全质量适宜性评价　suitability assessment for safe quality of agro-product area

指农产品产地环境对农作物生长和农产品安全质量适宜程度的评价，包括农产品产地土壤、农用水和农区环境空气等。

3.2　农产品产地土壤适宜性评价　suitability assessment for soil of agro-product area

指土壤环境质量对农作物生长和农产品安全适合程度的评价，即用拟种植农作物土壤中污染物测定值与同一种类土壤环境质量适宜性评价指标值比较，以反映产地土壤环境质量对种植作物的适宜程度。

3.3　土壤适宜性评价指标值　soil index value suitability assessment

指保证农作物正常生长和农产品质量安全的土壤中污染物有效态含量的最大值（临界值），即用同一种土壤类型、同一作物种类、同一污染物有效态安全临界值作为适宜性评价指标值。

3.4　土壤适宜性指数　index of suitability for soil

用土壤中污染物的实测值与适宜性评价指标值之比，即为适宜性指数。

4　农产品产地监测

4.1　填写农产品产地基本情况表

见表1。

表1　农产品产地基本情况表

	位置	＿＿省（自治区、直辖市）＿＿市县（区）＿＿乡（镇）＿＿村（组）	
产地基本状况	区域范围及边界	北（经度＿＿＿；纬度＿＿＿） 西（经度＿＿＿；纬度＿＿＿） 东（经度＿＿＿；纬度＿＿＿） 南（经度＿＿＿；纬度＿＿＿）	草图
	产地面积（hm²）		土地利用情况
	主要农作物类型及种植模式	农作物一：＿＿＿＿种植面积（hm²），主要种植模式＿＿＿＿ 农作物二：＿＿＿＿种植面积（hm²），主要种植模式＿＿＿＿ 农作物三：＿＿＿＿种植面积（hm²），主要种植模式＿＿＿＿	
	灌溉水源状况		化肥施用状况
	农作物受污染情况		

4.2　农产品产地土壤监测

按 NY/T 395 的规定执行。

4.3　农产品产地灌溉水监测

　　按 NY/T 396 的规定执行。

4.4　农产品产地环境空气监测

　　按 NY/T 397 的规定执行。

4.5　农产品产地农产品监测

　　按 NY/T 398 的规定执行。

5　农产品产地安全质量适宜性评价指标值的确定

5.1　土壤适宜性评价指标值的确定

5.1.1　土壤重金属适宜性评价指标值的确定

按《农田土壤重金属有效态安全临界值制定技术规范》执行。

5.1.2　土壤其他污染物适宜性评价指标值的确定

　　参照《农田土壤重金属有效态安全临界值制定技术规范》执行。

5.2　灌溉水适宜性评价指标值的确定

　　按照 GB 5084 的规定执行。

5.3　环境空气适宜性评价指标值的确定

　　按照 GB 9137 和 GB 3095 的规定执行。

6　农产品产地安全质量适宜性评价

6.1　农产品产地土壤适宜性评价

　　农产品产地土壤中重金属污染物的适宜性评价，按照《耕地土壤重金属污染评价技术规程》3.2.3 进行；其他污染物按照 6.4 的规定执行。

6.2　农产品产地灌溉水适宜性评价

按照 GB 5084 的评价方法执行。

6.3　农产品产地环境空气适宜性评价

　　按照 GB 9137 和 GB 3095 的评价方法执行。

6.4　农产品产地各环境要素中尚无适宜性评价指标值的污染物做适宜性评价

　　参照《耕地土壤重金属污染评价技术规程》3.2.4 的规定执行。

6.5　统计农产品产地适宜性评价结果

　　如表 2 所示。

表 2　农产品产地安全质量适宜性评价结果统计表

污染物	土壤	空气	灌溉水	农产品

7　农产品产地安全质量适宜性判定

7.1　农产品产地各环境要素及其种植的农产品均不超标，为该种农产品生产的适宜区。

7.2　农产品产地环境要素中某项或某几项污染物超标，并导致所生产的农产品超过 GB 2762 规定的污染物限量标准，且超标率＞10%时，为该种农产品的不适宜区，即重点调查区。

7.3　对比分析产地污染与农产品超标情况，如表 3 所示。

表 3　产地污染与农产品超标对比分析表

点位编号	要素	监测结果					评价结果				
		Cd	Pb	F	酚	…	Cd	Pb	F	酚	…
1	土壤										
	灌溉水										
	空气										
	农产品										
2	土壤										
	灌溉水										
	空气										
	农产品										

7.4　填写农产品产地重点调查区登记表，如表 4 所示。

表 4　农产品产地重点调查区登记表

农产品产地重点调查区登记表	位置	＿＿＿省（自治区、直辖市）＿＿＿市县（区）＿＿＿乡（镇）＿＿＿村（组）	
	区域范围及边界	北（经度＿＿＿；纬度＿＿＿） 西（经度＿＿＿；纬度＿＿＿） 东（经度＿＿＿；纬度＿＿＿） 南（经度＿＿＿；纬度＿＿＿）	草图
	区域面积（hm²）	土地利用情况	
	污染特征及主要超标污染物		
	超标农产品种类	农产品超标率	
	不适宜生产的农产品	建议种植的农产品	

8　农产品产地安全质量适宜性等级划分

8.1　Ⅰ级地

农产品产地各环境要素良好，各类农作物评价适宜指数均小于 1，且未出现因污染减产或超标现象的农产品产地。该类产地适宜种植各类农作物。

8.2　II级地

农产品产地环境要素有超标现象，且对生长环境条件敏感的农作物（如叶菜类蔬菜）已经构成威胁，使其适宜指数大于 1，或有明显的减产或超标现象的农产品产地。该类产地适宜种植具有一定抗性的农作物。

8.3　III级地

农产品产地环境要素超标较严重，且对具有一般抗性的农作物（如水稻等粮食作物）生产已构成威胁，使其适宜指数大于 1，或有明显的减产或超标现象的农产品产地。该类产地适宜种植具有较强抗性的农作物（如果树或一些高秆农作物）。

8.4　IV级地

农产品产地环境要素中污染物超标严重，使各类食用农产品适宜指数均大于 1，或有明显的减产或超标现象的农产品产地。该类产地只能种植抗性强的非食用农作物（如棉花、苎麻等）。

8.5　农产品产地安全质量适宜性等级划分结果统计

如表 5 所示。

表 5　农产品产地安全质量等级划分结果统计表

农产品产地等级划分结果统计表	位置	＿＿＿省（自治区、直辖市）＿＿＿市县（区）＿＿＿乡（镇）	
	区域范围及边界	北（经度＿＿；纬度＿＿） 西（经度＿＿；纬度＿＿） 东（经度＿＿；纬度＿＿） 南（经度＿＿；纬度＿＿）	草图
	产地面积（hm^2）	I 级地	
		II 级地	
		III 级地	
		IV 级地	

NY/T 2150—2012

农产品产地禁止生产区划分技术指南

Technology code of dividing for non-producing area of agro-product

2012-06-06 发布 　　　　　　　　　　　　　　　　　　　　2012-09-01 实施

前　言

本标准按照 GB/T 1.1—2009 给出的规则起草。

本标准由中华人民共和国农业部提出并归口。

本标准起草单位：农业部环境保护科研监测所。

本标准主要起草人：李玉浸、刘凤枝、郑向群、师荣光、王跃华、姚秀荣。

1　范围

本标准规定了农产品产地适宜生产区和禁止生产区区域划分的程序及划分技术方法。

本标准适用于种植业农产品产地；畜禽养殖业、渔业产地禁产区划分可参照本标准执行。

本标准不适用于海洋渔业、海洋养殖业禁产区的划分。

2　规范性引用文件

下列文件对于本文件的应用是必不可少的。凡是注日期的引用文件，仅注日期的版本适用于本文件。凡是不注日期的引用文件，其最新版本（包括所有的修改单）适用于本文件。

GB 2762　食品中污染物限量

GB 3095　环境空气质量标准

GB 5084　农田灌溉水质标准

GB 9137　保护农作物的大气污染物最高允许浓度

NY/T 395—2012　农田土壤环境质量监测技术规范

NY/T 396　农用水源环境质量监测技术规范

NY/T 397　农区环境空气质量监测技术规范

NY/T 398　农、畜、水产品污染监测技术规范

《耕地土壤重金属污染评价技术规程》

3　术语和定义

下列术语和定义适用于本文件。

3.1　农产品　agro-product

来源于农业的初级产品，即在农业活动中获得的植物、动物、微生物及其产品。

3.2　农产品产地　agro-product area

植物、动物、微生物及其产品生产的相关区域。

3.3　农产品产地安全　safety of agro-product area

农产品产地的土壤、水体和大气环境质量等符合农产品安全生产要求。

3.4　禁产区　non-producing area

指农产品产地环境要素中某些有毒有害物质不符合产地安全标准，并导致农产品中有毒有害物质不符合农产品质量安全标准的农产品生产区域。

4　农产品产地禁止生产区划分程序

4.1　资料收集整理及现场踏查

4.1.1　资料收集按 NY/T 395—2012 中 4.1 的规定执行。

4.1.2　在资料收集的基础上，重点列出以下 5 类区域：

——农田土壤适宜性评价指数＞1 的区域；

——农田灌溉水超过 GB 5084 的区域；

——农区空气超过 GB 3095 或 GB 9137 的区域；

——农产品中污染物超过 GB 2762 的区域；

——农业环境污染事故频发区。

4.1.3　污染分析

4.1.3.1　区域污染物来源及污染历史分析，按 NY/T 395—2012 中 4.1.4 的规定执行。

4.1.3.2　分析农产品中污染物种类和含量及其与污染源、农田土壤、灌溉水、农区大气中污染物种类和含量之间的关系。

4.1.3.3　分析污染源、土壤、大气、灌溉水及农产品安全质量变化趋势。

4.1.4　现状踏查，验证所收集资料与环境实际情况的一致性。

4.2　农产品产地重点监测划分区确认

农产品产地禁止生产区在以往工作基础上进行，本着经济、节约的原则，以下区域可列为重点监测划分区：

——4.1.2 中的各类区域；

——污水灌区、重点工矿企业周边农区和大中城市郊区；

——污染原因明确，污染源与环境及农产品中污染物种类及含量之间相关关系较为明显的区域。

4.3　农产品产地重点监测划分区环境质量划分监测与评价

4.3.1　农产品产地重点监测区土壤环境质量监测划分按 NY/T 395 的规定执行。

4.3.2　农产品产地重点监测区农灌水质监测划分按 NY/T 396 的规定执行。

4.3.3　农产品产地重点监测区环境空气质量监测划分按 NY/T 397 的规定执行。

4.3.4　农产品产地重点监测区农、畜、水产品污染监测划分按 NY/T 398 的规定执行。

4.3.5　农产品产地重点监测区评价及判定按《农产品产地适宜性评价技术规范》的规定执行。

4.3.6 从事农产品产地禁止生产区监测工作的检测实验室应通过部级以上资质认定。

4.4 农产品产地禁止生产区的划分报告

4.4.1 以监测单元边界为基础划定禁产区边界。

4.4.2 禁产区边界难以确定时，应重新划分监测单元并进行加密监测。

4.4.3 禁产区的划定应通过省级农业行政主管部门组织的专家论证，提交论证会的材料应当包括：

  ——产地安全监测结果和农产品检测结果；

  ——产地安全监测评价报告，包括产地污染原因分析、产地与农产品污染的相关性分析、评价方法与结论，其中结论应包含禁产区地点、面积、禁止生产的农产品种类、主要污染物种类等；

  ——农业生产结构调整及相关处理措施的建议。

4.4.4 禁产区划分报告以提交的专家论证报告为基础，撰写农产品禁止生产区划分报告，并填写表1。

表1　农产品禁止生产区划分报告表

提出划分报告的技术机构单位名称			法人代表	
禁产区位置	地点		联系方式	
			主要污染物种类	
	经度		污染原因	
	纬度		禁止生产的食用农产品种类	
	四至范围			
禁产区面积			禁产区范围图	

4.5 档案建立

  禁止生产区划分相关文件、资料应建立档案，长期保存。

4.6 调整或撤销

  禁止生产区安全状况改善并符合相应标准需要调整或撤销时，仍按本划分指南执行。

NY/T 1259—2007

基本农田环境质量保护技术规范

Technical regulaiton of environmental protection of basic agro-area

2007-04-17 发布 2007-07-01 实施

前　言

本标准的附录 A 为规范性附录。

本标准由中华人民共和国农业部提出并归口。

本标准起草单位：农业部环境监测总站、农业部环境保护科研监测所、江苏省农林厅农业环境监测站、山东省农业环境保护总站。

本标准主要起草人：李玉浸、刘凤枝、周其文、程波、常玉海、万晓红、赵小明、万方浩、姚希来。

1　范围

本标准规定了基本农田环境质量保护规划编制的原则、编制大纲，基本农田环境质量保护的内容，基本农田环境质量影响评价，基本农田环境污染事故调查与分析，基本农田环境质量现状监测与评价以及基本农田环境质量状况及发展趋势报告书编写等。

本标准适用于基本农田环境质量保护。

2　规范性引用文件

下列文件中的条款通过本标准的引用而成为本标准的条款。凡是注日期的引用文件，其随后所有的修改单（不包括勘误的内容）或修订版均不适用于本标准，然而，鼓励根据本标准达成协议的各方研究是否可使用这些文件的最新版本。凡是不注日期的引用文件，其最新版本适用于本标准。

GB 2762　食品中污染物限量标准

GB 3095　环境空气质量标准

GB 4284　农用污泥中污染物控制标准

GB 4285　农药安全使用标准

GB/T 4455　农业用聚乙烯　吹塑薄膜

GB 5084　农田灌溉水质标准

GB 7959　粪便无害化卫生标准

GB 8172　城镇垃圾农用控制标准

GB 8173   农用粉煤灰中污染物控制标准

GB 9137   保护农作物的大气污染物最高允许浓度值

GB 13735   聚乙烯吹塑农用地面覆盖薄膜

GB 15618   土壤环境质量标准

NY/T 395   农田土壤环境质量监测技术规范

NY/T 396   农用水源环境质量监测技术规范

NY/T 397   农区环境空气质量监测技术规范

NY/T 398   农畜水产品污染监测技术规范

HJ/T 2.1   环境影响评价技术导则——总纲

HJ/T 89   环境影响评价技术导则——石油化工建设项目

HJ/T 169   建设项目环境风险评价技术导则

3   术语和定义

下列术语和定义适用于本标准。

3.1   基本农田   basic farmland

根据一定时期人口和国民经济对农产品的需求，以及对建设用地的预测而确定的长期不得占用的和基本农田保护区规划期内不得占用的耕地。

3.2   基本农田环境质量   environmental quality of basic farmland

基本农田环境总体或其某些要素对人群健康、生存和繁衍以及社会经济发展适宜程度的量化表达。

4   基本农田环境质量保护规划编制

4.1   编制原则

a）与当地国民经济社会发展规划相一致原则（以农业资源调查区划为依据，规划年限为十年以上）；

b）与土地利用总体规划相一致原则；

c）农业生产和农业环境保护协调发展原则；

d）前瞻性原则。

4.2   编制大纲

4.2.1   自然及社会经济概况

4.2.1.1   自然概况

自然地理、气候与气象、水文状况、土地资源、植被与生物资源、农业自然灾害发生情况等。

4.2.1.2   社会经济概况

行政区划、人口、国民经济发展情况、农业经济发展情况、农业及环境科技发展水平、人体健康状况、地方病等。

4.2.2   基本农田划定及利用状况

4.2.2.1   基本农田划定情况

基本农田划定范围、面积、地力等级及占补平衡情况等。

4.2.2.2　基本农田利用状况

基本农田农作物种植面积、布局、复种指数、耕作制度、农产品产量及闲置、荒芜情况等。

4.2.3　基本农田保护区环境污染及发展趋势情况

4.2.3.1　污染源情况

　　a）工业污染源种类、数量、分布、污染物排放量及处理情况；

　　b）城市生活污染物排放及处理情况；

　　c）农用化学物质污染情况等。

4.2.3.2　基本农田保护区污染现状

　　a）污水灌溉面积、灌溉时间、灌溉量、污水类型等；

　　b）工业污泥、城镇垃圾等固体废物农用情况；

　　c）大气污染类型、主要污染物种类及排放量等；

　　d）农田土壤、农用水、农区大气及农产品污染状况等；

　　e）基本农田污染损失估算等。

4.2.3.3　基本农田环境污染发展趋势

农田土壤、农用水、农区大气及农产品污染发展趋势预测。

4.2.4　基本农田环境质量保护规划

4.2.4.1　指导思想与目标

　　a）指导思想；

　　b）5 年目标和 10 年目标。

4.2.4.2　规划年限与依据

　　a）规划年限：中期 5 年，长期 10 年；

　　b）规划依据：《基本农田保护条例》、当地国民经济社会发展规划等。

4.2.4.3　基本农田环境质量保护方案

　　a）污染源控制及行动计划；

　　b）基本农田污染整治行动计划。

4.2.4.4　效益分析

环境、经济、社会效益分析。

4.2.4.5　规划实施与管理

　　a）实施安排；

　　b）组织管理。

5　基本农田环境质量保护内容

5.1　基本农田水环境质量保护

5.1.1　用于基本农田灌溉的地表水、地下水应符合 GB 5084 的相关要求。

5.1.2　城市污水再生后用于基本农田灌溉纤维作物、旱地谷物、水田谷物要求达到一级强化处理，露地蔬菜要求达到二级处理。

5.1.3　再生水用于基本农田灌溉，在灌溉前应根据基本农田所在地的气候条件、作物种类、用水需求及土壤质地等进行灌溉试验，确定适宜的灌溉制度。

5.1.4　医药、生物制品、化学试剂、农药、石油炼制、焦化和有机化工等含有重金属或持久性有机污染物的废水经处理达到 GB 5084 的，也不得用于基本农田灌溉。

5.2　基本农田土壤环境质量保护

5.2.1　基本农田土壤环境质量应确保作物生长正常，土壤环境质量应符合 GB 15618 二级标准或地方土壤环境质量相关标准的规定。

5.2.2　不得在基本农田内倾倒、堆积矿业固体废物、工业固体废物、放射性固体废物、城镇生活垃圾、城镇建筑垃圾、医院垃圾以及未经处理的农业固体废弃物。

5.3　基本农田大气环境质量保护

5.3.1　基本农田保护区大气污染物二氧化硫和氟化物应符合 GB 9137 中的规定。

5.3.2　基本农田保护区其他大气污染物应符合 GB 3095 中二级标准的规定。

5.3.3　应采取有效措施，防止二氧化硫和酸雨控制区因酸沉降而造成基本农田的污染。

5.4　农用投入品的合理使用

5.4.1　化肥

5.4.1.1　基本农田保护区提倡合理使用有机肥料。

5.4.1.2　科学制定氮肥、磷肥和钾肥使用比例，合理选择施肥技术和施肥方法，提倡平衡施肥、测土配方施肥等技术，严格控制化肥施用总量。

5.4.1.3　因施肥造成基本农田灌溉用水、土壤污染或影响农作物生长，应停止使用该肥料。

5.4.1.4　使用富含氮的有机或无机（矿质）肥料应避免基本农田区内受纳水体的富营养化。

5.4.1.5　在基本农田使用含微量元素的复合肥、叶面肥料和煅烧磷酸盐（钙镁磷肥、脱氟磷肥）、硫酸钾等化学肥料，其质量应符合本标准附录 A 的规定。

5.4.2　农药

5.4.2.1　基本农田所使用的农药应符合国家农药登记证、生产许可证或生产批准证、执行标准号的要求，农药使用种类、用药量、施用方法、施用次数、安全间隔期等应按照 GB 4285 的规定执行。

5.4.2.2　剧毒、高毒农药不得用于基本农田区卫生害虫的防治，不得用于蔬菜、瓜果、茶叶和中草药材。

5.4.2.3　因施用农药造成基本农田水、土壤污染，或影响农作物生长，农产品质量达不到相关标准时，应停止使用该农药。

5.4.3　农膜

5.4.3.1　基本农田保护区提倡使用可降解的农用地膜。

5.4.3.2　基本农田保护区内使用农用聚乙烯吹塑膜应符合 GB/T 4455 和 GB 13735 规定的要求。

5.4.3.3　废旧地膜应采用人工或机械捡拾方法及时回收。

5.4.4　农用污泥

5.4.4.1　污水处理厂、自来水厂污泥，江、河、湖、库、塘、沟和渠的沉淀底泥，应达到 GB 4284 的要求。

5.4.4.2　基本农田农用污泥施用量和施用方式按 GB 4284 的规定执行。

5.4.5　城镇垃圾圾和人畜粪便

5.4.5.1　城镇生活垃圾及城镇垃圾堆肥工厂的产品施用于基本农田应符合 GB 8172 中的

规定。

5.4.5.2　基本农田城镇垃圾施用量和施用方式按 GB 8172 的规定执行。

5.4.5.3　因施用城镇垃圾导致基本农田土壤、灌溉水污染或影响作物生长、发育和农产品中有害物质超过 GB 2762 的规定，应停止施用。

5.4.5.4　秸秆、残株、杂草、落叶、果实外壳等农田和果园残留物，农产品加工废弃物经厌氧发酵、堆制腐熟或高温速腐等处理后方可施用于基本农田。

5.4.5.5　人畜粪便应进行处理、充分腐熟并杀灭病原菌、虫卵，应符合 GB 7959 的规定。

5.4.6　粉煤灰

5.4.6.1　施用于基本农田，用于改良土壤的粉煤灰应符合 GB 8173 的规定。

5.4.6.2　粉煤灰宜施用于黏质土壤，壤质和缺乏微量元素的土壤应酌情使用，沙质土壤不宜使用。

5.4.6.3　基本农田粉煤灰施用量按 GB 8173 的规定执行。

5.4.6.4　因施用粉煤灰而对基本农田环境造成污染，影响农作物生长或农产品中有害物质超过 GB 2762 时，应停止粉煤灰施用，并采取相应措施加以解决。

6　基本农田环境影响评价

6.1　涉及基本农田的各类开发建设规划及新建、改建、扩建和技术改造项目，对其周围基本农田水、土壤、大气等环境要素可能带来变化或对基本农田环境质量带来不良影响的应进行基本农田环境影响评价。

6.2　基本农田环境影响评价应突出基本农田环境质量现状评价、基本农田环境质量目标及标准、基本农田环境保护措施及技术经济评价等相关内容。

6.3　基本农田环境影响评价中提出的基本农田环境保护措施应包括基本农田环境保护预防措施、保障措施、补偿措施和突发事件赔偿方案等。

6.4　涉及基本农田环境质量保护的规划环境影响评价的内容、要求和技术方法按照 HJ/T 2.1 的规定执行。

6 .5　建设项目的环境影响评价

6.5.1　建设项目对基本农田环境造成不良影响的，在建设项目环境影响报告书中，应设有基本农田环境保护篇章或说明，提出基本农田环境保护方案。

6.5.2　基本农田本身进行的或因特殊情况确需占用基本农田耕地的国家重点建设项目以及在基本农田保护区进行的农业开发项目应编制基本农田环境影响报告书，提出基本农田环境保护措施。

6.5.3　涉及基本农田环境质量保护的建设项目环境影响评价的内容、要求和技术方法按照 HJ/T 2.1、HJ/T 169 和 HJ/T 89 的规定执行。

7　基本农田环境污染事故调查与处理

7.1　因突发性环境污染事故造成基本农田水、土壤、大气等环境要素污染或对基本农田环境生态系统造成不良影响的，应进行污染事故调查、处理。

7.2　基本农田环境污染事故调查内容包括事故发生的原因、时间、地点、污染物种类、污染范围与面积、受害对象、污染损失等。

7.3 事故处理应落实责任人、赔偿办法、赔偿额等。

7.4 基本农田环境污染事故发生后应立即采取有效措施，防止污染蔓延，并通知有关管理部门和受害人等，接受调查处理。

8 基本农田环境质量监测与评价

8.1 基本农田环境质量监测

在城市郊区、工矿企业周边、一般农田区的基本农田保护区内应设立长期定位监测点进行长期监测。监测点位应采用地球定位系统（GPS）明确各点位的经度、纬度和海拔高度。

农田土壤、农区大气、农田灌溉水和农产品监测项目、检测方法和基本农田环境质量现状评价分别按 NY/T 395、NY/T 397、NY/T 396 和 NY/T 398 的规定执行。

农区大气和农田灌溉水每年监测两次，农田土壤和农产品每年监测一次。农田大气和农用水质的监测结果，分别于每年 6 月和 12 月各报一次；农田土壤和农产品的监测结果每年 12 月上报。

8.2 基本农田环境质量评价

基本农田环境质量评价按 NY/T 395 的规定执行。

9 基本农田环境质量状况及发展趋势报告书编写

9.1 总体要求

按当年监测结果结合基本农田保护规划内容编写本年度基本农田环境质量状况及发展趋势报告。

9.2 编写提纲及要求

9.2.1 监测区域及布点、采样及样品分析情况

a）监测区域范围、面积；

b）水、土、气及农产品布点数量；

c）水、土、气及农产品采样时间、频率、数量；

d）样品处理及分析情况：包括处理方法、分析项目、分析方法、获取分析数据等。

9.2.2 监测区域自然社会经济概况

a）自然环境状况：包括自然地理、气候与气象、水文状况、土地资源、植被与生物资源、农业自然灾害发生情况等；

b）社会经济概况：包括行政区划、人口、国民经济发展情况、农业经济发展情况、农业及环境科技发展水平、人体健康状况、地方病等。

9.2.3 基本农田保护区环境污染概况

a）污染源情况：包括工业污染源、城市生活污染物、农用化学物质排放及处理情况；

b）基本农田保护区污染现状：包括污染面积，污染物农用情况，农田土壤、农用水、农区大气及农产品污染状况，基本农田污染损失估算等。

9.2.4 监测结果报告

a）土壤监测评价结果；

b）水体监测评价结果；

c）大气监测评价结果；

d）农产品监测评价结果。

9.2.5 基本农田污染发展趋势分析

a）污染变化趋势；

b）污染原因分析。

9.2.6 对策建议

附录 A

（规范性附录）

使用含微量元素的叶面肥料和煅烧磷酸盐（钙镁磷肥、脱氟磷肥）、硫酸钾等化学肥料质量的技术要求：

A.1　煅烧磷酸盐

营养成分　　　　　　　　　　　　　杂质控制指标

有效磷 $P_2O_5 \geqslant 12\%$　　　　　　　　每含 $1\% P_2O_5$

（碱性柠檬酸铵提取）　　　　　　　$As \leqslant 0.004\%$

　　　　　　　　　　　　　　　　$Cd \leqslant 0.01\%$

　　　　　　　　　　　　　　　　$Pb \leqslant 0.002\%$

A.2　硫酸钾

营养成分　　　　　　　　　　　　　杂质控制指标

$K_2O\ 5\%$　　　　　　　　　　　　每含 $1\% K_2O$

　　　　　　　　　　　　　　　　$As \leqslant 0.004\%$

　　　　　　　　　　　　　　　　$Cl \leqslant 3\%$

　　　　　　　　　　　　　　　　$H_2SO_4 \leqslant 0.5\%$

A.3　腐殖质叶面肥料

营养成分　　　　　　　　　　　　　杂质控制指标

腐殖质 $\geqslant 8.0\%$　　　　　　　　　$Cd \leqslant 0.01\%$

微量元素 $\geqslant 6.0\%$　　　　　　　　$As \leqslant 0.002\%$

（Fe、Mn、Cu、Zn、Mo、B）　　　$Pb \leqslant 0.002\%$

HJ/T 332—2006

食用农产品产地环境质量评价标准

Environmental quality evaluation standards for farmland of edible agriculture products

2006-11-17 发布 　　　　　　　　　　　　　　　　　　　2007-02-01 实施

前　言

为贯彻《中华人民共和国环境保护法》，落实国务院关于保护农产品质量安全的精神，保护生态环境，防治环境污染，保障人体健康，建立和完善食用农产品产地环境质量标准，制定本标准。

本标准作为评价标准，主要依据了《土壤环境质量标准》《农田灌溉水质标准》《保护农作物的大气污染物最高允许浓度》和《环境空气质量标准》等环境质量标准，并针对食用农产品产地环境质量的要求作了适当的修订；同时，补充了监测和评价方法。

本标准为指导性标准。

本标准由国家环境保护总局科技标准司提出。

本标准主要起草单位：国家环境保护总局南京环境科学研究所、中国环境科学研究院。

本标准国家环境保护总局于 2006 年 11 月 17 日批准。

本标准自 2007 年 2 月 1 日起实施。

本标准由国家环境保护总局解释。

1　适用范围

本标准规定了食用农产品产地土壤环境质量、灌溉水质量和环境空气质量的各个项目及其浓度（含量）限值和监测、评价方法。

本标准适用于食用农产品产地，不适用于温室蔬菜生产用地。

2　规范性引用文件

本标准引用了下列文件中的条款。凡是不注日期的引用文件，其有效版本适用于本标准。

HJ/T 166　土壤环境监测技术规范

NY/T 396　农用水源环境质量监测技术规范

NY/T 397　农区环境空气质量监测技术规范

3　术语和定义

食用农产品产地环境质量评价标准　farmland environmental quality evaluation standards for edible agricultural products

符合农作物生长和农产品卫生质量要求的农地土壤、灌溉水和空气等环境质量的评价标准。

4　评价指标限值

对土壤环境、灌溉水和空气环境中的污染物（或有害因素）项目划分为基本控制项目（必测项目）和选择控制项目两类。

4.1　土壤环境质量评价指标限值

食用农产品产地土壤环境质量应符合表 1 的规定。

表 1　土壤环境质量评价指标限值[①]　　　　　　单位：mg/kg

项　目[②]			pH 值		
			<6.5	6.5～7.5[③]	>7.5
土壤环境质量基本控制项目：					
总镉	水作、旱作、果树等	≤	0.30	0.30	0.60
	蔬菜	≤	0.30	0.30	0.40
总汞	水作、旱作、果树等	≤	0.30	0.50	1.0
	蔬菜	≤	0.25	0.30	0.35
总砷	旱作、果树等	≤	40	30	25
	水作、蔬菜	≤	30	25	20
总铅	水作、旱作、果树等	≤	80	80	80
	蔬菜	≤	50	50	50
总铬	旱作、蔬菜、果树等	≤	150	200	250
	水作	≤	250	300	350
总铜	水作、旱作、蔬菜、柑橘等	≤	50	100	100
	果树	≤	150	200	200
六六六[④]		≤	0.10		
滴滴涕[④]		≤	0.10		
土壤环境质量选择控制项目：					
总锌		≤	200	250	300
总镍		≤	40	50	60
稀土总量（氧化稀土）		≤	背景值[⑤]+10	背景值[⑤]+15	背景值[⑤]+20
全盐量		≤	1 000　　　2 000[⑥]		

注：① 对实行水旱轮作、菜粮套种或果粮套种等种植方式的农地，执行其中较低标准值的一项作物的标准值。

　　② 重金属（铬主要是三价）和砷均按元素量计，适用于阳离子交换量>5 cmol/kg 的土壤，若≤5 cmol/kg，其标准值为表内数值的半数。

　　③ 若当地某些类型土壤 pH 值变异在 6.0～7.5 范围，鉴于土壤对重金属的吸附率，在 pH 值 6.0 时接近 pH 值 6.5，pH 值 6.5～7.5 组可考虑在该地扩展为 pH 值 6.0～7.0 范围。

　　④ 六六六为四种异构体（α-六六六、β-六六六、χ-六六六、δ-六六六）总量，滴滴涕为四种衍生物（p,p'-DDE、o,p'-DDT、p,p'-DDD、p,p'-DDT）总量。

　　⑤ 背景值：采用当地土壤母质相同、土壤类型和性质相似的土壤背景值。

　　⑥ 适用于半漠境及漠境区。

4.2　灌溉水质量评价指标限值

食用农产品产地灌溉水质量应符合表 2 的规定。

表 2　灌溉水质量评价指标限值

项　目		作物种类		
		水　作	旱　作	蔬　菜
灌溉水质量基本控制项目：				
pH 值		5.5～8.5		
总汞/（mg/L）	≤	0.001		
总镉/（mg/L）	≤	0.005	0.01	0.005
总砷/（mg/L）	≤	0.05	0.1	0.05
六价铬/（mg/L）	≤	0.1		
总铅/（mg/L）	≤	0.1	0.2	0.1
灌溉水质量选择控制项目：				
三氯乙醛/（mg/L）	≤	1.0	0.5	0.5
五日生化需氧量/（mg/L）	≤	50	80	30^②　10^③
水温/℃	≤	35		
粪大肠菌群数/（个/L）	≤	40 000	40 000	20 000^②　10 000^③
蛔虫卵数/（个/L）	≤	2		2^②　1^③
全盐量/（mg/L）	≤	1 000	2 000^④	
氯化物/（mg/L）	≤	350		
总铜/（mg/L）	≤	0.5	1.0	
总锌/（mg/L）	≤	2.0		
总硒/（mg/L）	≤	0.02		
氟化物/（mg/L）	≤	2.0		
硫化物/（mg/L）	≤	1.0		
氰化物/（mg/L）	≤	0.5		
石油类/（mg/L）	≤	5.0	10.0	1.0
挥发酚/（mg/L）	≤	1.0		
苯/（mg/L）	≤	2.5		
丙烯醛/（mg/L）	≤	0.5		
总硼/（mg/L）	≤	1.0		

注：①对实行菜粮套种种植方式的农地，执行蔬菜的标准值。

②加工、烹调及去皮蔬菜。

③生食类蔬菜、瓜类及草本水果。

④盐碱土地区：具有一定的淡水资源和水利灌排设施，能保证排水和地下水径流条件而能满足冲洗土体中盐分的地区，依据当地试验结果，农田灌溉水质全盐量指标可以适当放宽。

4.3 环境空气质量评价指标限值

食用农产品产地环境空气质量应符合表 3 的规定。

表 3　环境空气质量评价指标限值

项　目		浓　度　限　值[①]	
		日平均[②]	植物生长季平均[③]
环境空气质量基本控制项目[⑤]:			
二氧化硫[⑥]/（mg/m³）	≤	0.15[a] 0.25[b] 0.30[c]	0.05[a] 0.08[b] 0.12[c]
氟化物[⑦]/[μg/（dm²·d）]	≤	5.0[d] 10.0[e] 15.0[f]	1.0[d] 2.0[e] 4.5[f]
铅/（μg/m³）	≤	—	1.5
环境空气质量选择控制项目:			
总悬浮颗粒物/（mg/m³）	≤	0.30	—
二氧化氮/（mg/m³）	≤	0.12	—
苯并[a]芘/（μg/m³）	≤	0.01	—
臭氧/（mg/m³）	≤	1 小时平均[④]: 0.16	

注:① 各项污染物数据统计的有效性按 GB 3095 中的第 7 条规定执行。
② 日平均浓度指任何一日的平均浓度。
③ 植物生长季平均浓度指任何一个植物生长季月平均浓度的算术平均值。月平均浓度指任何一月的日平均浓度的算术平均值。
④ 1 小时平均浓度指任何一小时的平均浓度。
⑤ 均为标准状态指温度为 273.15K、压力为 101.325 kPa 时的状态。
⑥ 二氧化硫: a. 适于敏感作物,例如冬小麦、春小麦、大麦、荞麦、大豆、甜菜、芝麻、菠菜、青菜、白菜、莴苣、黄瓜、南瓜、西葫芦、马铃薯,苹果、梨、葡萄; b. 适于中等敏感作物,例如水稻、玉米、燕麦、高粱、番茄、茄子、胡萝卜、桃、杏、李、柑橘、樱桃; c. 适于抗性作物,例如蚕豆、油菜、向日葵,甘蓝、芋头、草莓。
⑦ 氟化物: d. 适于敏感作物,例如冬小麦、花生,甘蓝、菜豆,苹果、梨、桃、杏、李、葡萄、草莓、樱桃; e. 适于中等敏感作物,例如大麦、水稻、玉米、高粱、大豆,白菜、芥菜、花椰菜,柑橘; f. 适于抗性作物,例如向日葵、棉花、茶、茴香、番茄、茄子、辣椒、马铃薯。

5　监测

5.1　监测采样

土壤、灌溉水和环境空气监测采样分别参照《土壤环境监测技术规范》（HJ/T 166 2004）中的第 4、5、6 条规定,《农用水源环境质量监测技术规范》（NY/T 396—2000）中的第 4 条规定和《农区环境空气质量监测技术规范》（NY/T 397—2000）中的第 4 条规定进行。

5.2　分析测定

各项分析方法按表 4 测定方法进行。

表4　食用农产品产地环境质量评价标准选配分析方法

项目	分析方法	方法来源	等效方法
土壤环境质量监测:			
总镉	石墨炉原子吸收分光光度法	GB/T 17141—1997	②、③、ICP-MS
总汞	冷原子吸收分光光度法	GB/T 17136—1997	①、②、③、④、AFS
总砷	二乙基二硫代氨基甲酸银分光光度法	GB/T 17134—1997	①、②、③、④、HG-AFS
总铅	石墨炉原子吸收分光光度法	GB/T 17141—1997	②、③、ICP-MS
总铬	火焰原子吸收分光光度法	GB/T 17137—1997	②、③、ICP-MS
六六六	气相色谱法	GB/T 14550—2003	
滴滴涕	气相色谱法	GB/T 14550—2003	
总铜	火焰原子吸收分光光度法	GB/T 17138—1997	②、③、ICP-AES、ICP-MS
总锌	火焰原子吸收分光光度法	GB/T 17138—1997	②、③、ICP-AES
总镍	火焰原子吸收分光光度法	GB/T 17139—1997	②、③、ICP-AES、ICP-MS
氧化稀土总量	对马尿酸偶氮氯膦分光光度法	NY/T 30—1986	
全盐量	重量法	①	
pH 值	电位法	GB/T 7859—1987	
阳离子交换量	乙酸铵法、氯化铵-酸铵法	GB/T 7863—1987	
灌溉水质量监测:			
五日生化需氧量	稀释与接种法	GB/T 7488—1987	
化学需氧量	重铬酸盐法	GB/T 11914—1989	
悬浮物	重量法	GB/T 11901—1989	
阴离子表面活性剂	亚甲基蓝分光光度法	GB/T 7494—1987	
pH 值	玻璃电极法	GB/T 6920—1986	
水温	温度计或颠倒温度计测定法	GB/T 13195—1991	
全盐量	重量法	HJ/T 51—1999	
氯化物	硝酸银滴定法	GB/T 11896—1989	
硫化物	亚甲基蓝分光光度法	GB/T 16489—1996	
总汞	冷原子吸收分光光度法	GB/T 7468—1987	①、AFS
镉	原子吸收分光光度法	GB/T 7475—1987	
总砷	二乙基二硫代氨基甲酸银分光光度法	GB/T 7485—1987	①、HG-AFS
	硼氢化钾-硝酸银分光光度法	GB/T 11900—1989	
六价铬	二苯碳酰二肼分光光度法	GB/T 7467—1987	
铅	原子吸收分光光度法	GB/T 7475—1987	
粪大肠菌群数	生活饮用水标准检验法　多管发酵法	GB/T 5750—1985	
蛔虫卵数	沉淀集卵法	①	
铜	原子吸收分光光度法	GB/T 7475—1987	
锌	原子吸收分光光度法	GB/T 7475—1987	
总硒	2,3-二氨基萘荧光光度法	GB/T 11902—1989	
氟化物	离子选择电极法	GB/T 7484—1987	
氰化物	硝酸银滴定法	GB/T 7486—1987	
		GB/T 7487—1987	
石油类	红外分光光度法	GB/T 16488—1996	
挥发酚	蒸馏后 4-氨基安替比林分光光度法	GB/T 7490—1987	

项目	分析方法	方法来源	等效方法
苯	气相色谱法	GB/T 11890—1989	
三氯乙醛	吡唑啉酮分光光度法	HJ/T 50—1999	
丙烯醛	气相色谱法	GB/T 11934—1989	
硼	姜黄素分光光度法	HJ/T 49—1999	
环境空气质量监测：			
总悬浮颗粒物	重量法	GB/T 15432—1995	
二氧化硫	甲醛吸收-副玫瑰苯胺分光光度法	GB/T 15262—1994	
二氧化氮	Saltzman 法	GB/T 15435—1995	
氟化物	石灰滤纸・氟离子选择电极法	GB/T 15433—1995	
铅	火焰原子吸收分光光度法	GB/T 15264—1994	
	石墨炉原子吸收分光光度法	GB/T 17141—1997	
苯并[a]芘	乙酰化滤纸层析——荧光分光光度	GB/T 8971—1988	
	法高效液相色谱法	GB/T 15439—1995	
臭氧	靛蓝二磺酸钠分光光度法	GB/T 15437—1995	
	紫外光度法	GB/T 15438—1995	

注：ICP-AES：等离子体发射光谱法；ICP-MS：等离子体质谱联用法；AFS：原子荧光光谱法；HG-AFS：氢化物发生-原子荧光光谱法。

①：《农业环境监测实用手册》（中国标准出版社，2001 年）；②：《区域地球化学勘查样品分析方法》（地质出版社，2004 年）；③：USEPA 规定方法；④：《土壤元素的近代分析方法》（中国标准出版社，1992 年）。

6　评价

6.1　评价指标分类

评价指标分为严格控制指标和一般控制指标（表 5）。

表 5　农产品产地环境质量评价指标分类

环境要素	严格控制指标	一般控制指标
土壤	镉、汞、砷、铅、铬、铜、六六六、滴滴涕	锌、镍、稀土总量、全盐量
灌溉水	pH 值、总汞、总镉、总砷、六价铬、总铅、三氯乙醛	五日生化需氧量、化学需氧量、悬浮物、阴离子表面活性剂、水温、粪大肠菌群数、蛔虫卵、全盐量、氯化物、总铜、总锌、总硒、氟化物、硫化物、氰化物、石油类、挥发酚、苯、丙烯醛、总硼
环境空气	二氧化硫、氟化物、铅、苯并[a]芘	总悬浮颗粒物、二氧化氮、臭氧

6.2　评价方法

6.2.1　各类参数计算方法

单项质量指数＝单项实测值/单项标准值

单项积累指数＝单项实测值/当地单项背景值上限值

某单项分担率（%）＝（某单项质量指数/各项质量指数之和）×100%

某单项超标倍数＝（单项实测值－单项标准值）/单项标准值

超标面积率（%）＝（超标样本面积之和/监测总面积）×100

$$各环境要素综合质量指数 = \sqrt{\frac{(平均单项质量指数)^2 + (最大单项质量指数)^2}{2}}$$

6.2.2　环境质量评定

食用农产品产地环境质量的评价，严格控制项目依据各单项质量指数进行评定，一般控制项目参与环境要素综合质量指数评定。

食用农产品产地环境质量等级划定见表6。

表6　农产品产地环境质量分级划定

环境质量等级	土壤各单项或综合质量指数	灌溉水各单项或综合质量指数	环境空气各单项或综合质量指数	等级名称
1	≤0.7	≤0.5	≤0.6	清洁
2	0.7～1.0	0.5～1.0	0.6～1.0	尚清洁
3	>1.0	>1.0	>1.0	超标

本标准土壤环境质量指标主要依据已有的全国范围的各项环境质量基准值的最低值资料制定。各地监测结果低于本值，一般无污染问题；高于本值，是否污染应视其对植物、动物、水体、空气和（或）人体健康有无危害而定。

所定的超标等级，灌溉水、环境空气可认为污染，而土壤是否污染，应作进一步调研，若确对其所影响的植物（生长发育、可食部分超标或用作饲料部分超标）、周围环境（地下水、地表水、大气等）和（或）人体健康有危害，方能确定为污染。

6.3　评价结果表征

按各环境要素（土壤、灌溉水和环境空气）分别表征：

（1）质量指数

①各个环境要素的严格控制项目的各个项目单项质量指数（按数值由高至低排列）。

②各个环境要素的一般控制项目的各个项目单项质量指数（按数值由高至低排列）。

③各个环境要素综合质量指数。

（2）超标情况

①超标项目的超标率、超标面积数和超标面积率。

②超标项目的质量指数：最低值、最高值和平均值。

（3）积累指数

若有当地土壤背景值资料，可将背景值上限值作为评价指标计算土壤积累指数。计算内容同上。

7　标准的实施与监督

本标准由县级以上人民政府的行政主管部门及相关部门按职责分工监督实施。

土壤环境质量、灌溉水质量和环境空气质量选择控制项目，由地方主管部门根据当地存在可能的污染物种类选择相应的控制项目，或选择不在本规定的其他污染物项目，以确定评价项目。

HJ/T 333—2006

温室蔬菜产地环境质量评价标准

Environmental quality evaluation standards for farmland of greenhouse vegetables production

2006-11-17 发布　　　　　　　　　　　　　　　　　　2007-02-01 实施

前　言

为贯彻《中华人民共和国环境保护法》，保护生态环境，防治环境污染，保障与促进温室蔬菜安全生产，维护人体健康，制定本标准。

本标准为食用农产品系列产地环境评价标准之一，主要依据了《土壤环境质量标准》《地表水环境质量标准》《保护农作物的大气污染物最高允许浓度》《环境空气质量标准》以及《食用农产品产地环境质量评价标准》等环境质量标准，并针对温室环境的质量要求作了适当修订。同时，补充了监测和评价方法。

本标准为指导性标准。

本标准由国家环境保护总局科技标准司提出。

本标准起草单位：国家环境保护总局南京环境科学研究所。

本标准国家环保总局于 2006 年 11 月 17 日批准。

本标准自 2007 年 2 月 1 日起实施。

本标准由国家环境保护总局解释。

1　适用范围

本标准规定了以土壤为基质种植的温室蔬菜产地温室内土壤环境质量、灌溉水质量和环境空气质量的各个控制项目及其浓度（含量）限值和监测、评价方法。

2　规范性引用文件

本标准引用了下列文件中的条款。凡是不注日期的引用文件，其有效版本适用于本标准。

NY/T 395　农田土壤环境质量监测技术规范

NY/T 396　农用水源环境质量监测技术规范

NY/T 397　农区环境空气质量监测技术规范

3　术语和定义

3.1　温室　greenhouse

温室是以采光覆盖材料作为全部或部分围护结构材料，具有透光、避雨、保温、控温等功能，可在冬季或其他不适宜露地植物生长的季节供栽培植物的建筑，包括玻璃单栋温室、玻璃或塑料板材连栋温室、塑料薄膜日光温室、塑料薄膜大棚等固定设施。

3.2　温室蔬菜产地环境质量指标　environmental quality index for farmland of greenhouse vegetables production

温室蔬菜生长和蔬菜产品卫生质量要求的温室内土壤、灌溉水、空气等环境质量指标。

3.3　温室蔬菜产地环境质量评价标准　environmental quality evaluation standards for farmland of greenhouse vegetables production

对温室蔬菜产地土壤、灌溉水、空气环境质量条件进行评价的指标、依据、方法，以及评定结果的表达。

4　评价指标限值

温室蔬菜产地土壤环境、灌溉水和空气环境中的污染物（或有害因素）项目均划分为基本控制项目和选择控制项目两类。基本控制项目为评价必测项目，选择控制项目由当地根据污染源及可能存在的污染物状况选择确定并予测定。

4.1　温室土壤环境质量评价指标限值

温室蔬菜产地土壤环境质量应符合表1的规定。

表 1　土壤环境质量评价指标限值　　　　　　　　　　　　　　单位：mg/kg

项目[①]		pH[②]		
		<6.5	6.5~7.5	>7.5
土壤环境质量基本控制项目：				
总镉	≤	0.30	0.30	0.40
总汞	≤	0.25	0.30	0.35
总砷	≤	30	25	20
总铅	≤	50	50	50
总铬	≤	150	200	250
六六六[③]	≤	0.10		
滴滴涕[③]	≤	0.10		
全盐量	≤	2 000		
土壤环境质量选择控制项目：				
总铜	≤	50	100	100
总锌	≤	200	250	300
总镍	≤	40	50	60

注：①重金属和砷均按元素量计，适用于阳离子交换量>5 cmol/kg 的土壤，若≤5 cmol/kg，其标准值为表内数值的半数。
　　②若当地某些类型土壤 pH 值变异在 6.0~7.5 范围，鉴于土壤对重金属的吸附率，在 pH 值 6.0 时接近 pH 值 6.5，pH 值 6.5~7.5 组可考虑在该地扩展为 pH 值 6.0~7.5 范围。
　　③六六六为四种异构体（α-六六六、β-六六六、χ-六六六、δ-六六六）总量，滴滴涕为四种衍生物（p,p'-DDE、o,p'-DDT、p,p'-DDD、p,p'-DDT）总量。

4.2 灌溉水质量评价指标限值

温室蔬菜产地灌溉水质量应符合表 2 的规定。

表 2　灌溉水质量评价指标限值　　　　　　　　　　　　单位：mg/L

项目		蔬菜种类	
		加工、烹调及去皮类	生食类
灌溉水质量基本控制项目：			
化学需氧量	≤	100	40
粪大肠菌群数/（个/L）	≤	10 000	2 000
pH 值		5.5～8.5[①]	
总汞	≤	0.001	
总镉	≤	0.005	
总砷	≤	0.05	
总铅	≤	0.1	
六价铬	≤	0.1	
硝酸盐	≤	2.0	
灌溉水质量选择控制项目：			
五日生化需氧量	≤	40	10
悬浮物	≤	30	10
蛔虫卵数/（个/L）	≤	2	1
全盐量	≤	2 000	
氯化物	≤	350	
总铜	≤	1.0	
总锌	≤	2.0	
氰化物	≤	0.2	
氟化物	≤	1.5	
硫化物	≤	1.0	
石油类	≤	1.0	
挥发酚	≤	0.1	
苯	≤	2.5	
三氯乙醛	≤	0.5	
丙烯醛	≤	0.5	

注：①酸性土壤区若灌溉水 pH 值低于 6.0，可将 pH 标准值放宽到 5.5～8.5。

4.3　温室环境空气质量评价指标限值

温室蔬菜产地环境空气质量应符合表 3 的规定。

表 3　环境空气质量评价指标限值

项目①		浓度限值②	
		日均值③	植物生长季平均④
环境空气质量基本控制项目：			
二氧化硫⑤/（mg/m³）	≤	0.15a 0.25b 0.30c	0.05a 0.08b 0.12c
氟化物⑥（标准状态）/[μg/（dm²·d）]	≤	5.0d 10.0e 15.0f	1.0d 2.0e 4.5f
铅（标准状态）/（μg/m³）	≤	—	1.5
二氧化氮（标准状态）/（mg/m³）	≤	0.12	—
环境空气质量选择控制项目：			
总悬浮颗粒物（标准状态）/（mg/m³）	≤	0.30	
苯并[a]芘（标准状态）/（μg/m³）	≤	0.01	—

注：① 标准状态：指温度为 273.15 K、压力为 101.325 kPa 时的状态。

　　② 各污染物数据统计的有效性按 GB 3095 中的第 7 条规定执行。

　　③ 日平均浓度指任何一日的平均浓度。

　　④ 植物生长季平均浓度指任何一个植物生长季的月平均浓度的算术均值，月平均浓度指任何一月的日平均浓度的算术均值。

　　⑤ 二氧化硫：a. 适用于敏感性蔬菜，例如菠菜、青菜、白菜、莴苣、黄瓜、南瓜、西葫芦、马铃薯；b. 适用于中等敏感性蔬菜，例如番茄、茄子、胡萝卜；c. 适用于抗性蔬菜，例如蚕豆、油菜、甘蓝、芋头。

　　⑥ 氟化物：d. 适用于敏感性蔬菜，例如甘蓝、菜豆；e. 适用于中等敏感性蔬菜，例如白菜、芥菜、花椰菜；f. 适用于抗性蔬菜，例如茴香、番茄、茄子、辣椒、马铃薯。

　　⑦ NH₃、Cl₂、C₂H₄等温室特征有害气体因资料欠缺暂不制定。

5　监测

5.1　采样

5.1.1　土壤监测采样

温室蔬菜产地土壤监测点应优先布设在那些受污染源影响较严重或污染物进入土壤并累积到一定程度可能引起土壤环境质量恶化的温室地块内。

采样时间：温室土壤采样时间应在作物生长期内。

采样深度：一年生蔬菜土壤采样深度为 0～20 cm，多年生蔬菜土壤采样深度为 0～40 cm。

温室内土壤监测采样其他规定参照《农田土壤环境质量监测技术规范》（NY/T 395）中的第 4 条规定进行。

5.1.2　灌溉水监测采样

灌溉水监测采样主要参照《农用水源环境质量监测技规范》（NY/T 396）中的第 4 条规定进行。

5.1.3 温室空气监测采样

温室空气监测点的布设应具有较好的代表性,考虑产地所处区域内的污染源可能对产地环境空气造成的影响,重点监测地处可能对产地空气环境造成污染的污染源下风向的温室。

室内采样点的数量根据温室面积大小和现场情况而确定,以期能正确反映室内空气污染物的水平。每个监测区域布局相对集中的连片温室布设不少于 3 个点。

温室大气采样高度约 1.5 m。

温室环境空气监测采样其他规定主要参照《农区环境空气质量监测技术规范》(NY/T 397)中的第 4 条规定进行。

5.2 分析方法

各项分析方法按相应的国标方法进行,实际应用中也可采用其他等效方法,但等效方法必须做比对实验,其检出限、准确度、精密度不低于相应的通用方法要求水平或待测物准确定量的要求。各项分析方法见表 4。

表 4   温室蔬菜产地环境质量评价标准选配分析方法

项目	分析方法	方法来源
土壤环境质量监测:		
总镉	石墨炉原子吸收分光光度法	GB/T 17141
总汞	冷原子吸收分光光度法	GB/T 17136
总砷	二乙基二硫代氨基甲酸银分光光度法	GB/T 17134
总铅	石墨炉原子吸收分光光度法	GB/T 17141
总铬	火焰原子吸收分光光度法	GB/T 17137
六六六	气相色谱法	GB/T 14550
滴滴涕	气相色谱法	GB/T 14550
全盐量	重量法 电导法	①、②、LY/T 1251—1999
总铜	火焰原子吸收分光光度法	GB/T 17138
总锌	火焰原子吸收分光光度法	GB/T 17138
总镍	火焰原子吸收分光光度法	GB/T 17138
灌溉水质量监测:		
化学需氧量	重铬酸盐法	GB/T 11914
五日生化需氧量	稀释与接种法 微生物传感器快速测定法	GB/T 7488 HJ/T 86
悬浮物	重量法	GB/T 11901
粪大肠菌群数	生活饮用水标准检验方法 多管发酵法	GB/T 5750
pH 值	玻璃电极法	GB/T 6920
总汞	冷原子吸收分光光度法	GB/T 7468
总镉	原子吸收分光光度法(螯合萃取法)	GB/T 7475
总砷	二乙基二硫代氨基甲酸银分光光度法	GB/T 7485
总铅	原子吸收分光光度法	GB/T 7475
总铜	原子吸收分光光度法	GB/T 7475

项目	分析方法	方法来源
总锌	原子吸收分光光度法	GB/T 7475
六价铬	二苯碳酰二肼分光光度法	GB/T 7467
氯化物	硝酸银滴定法	GB/T 11896
硝酸盐	酚二磺酸分光光度法 紫外分光光度法 离子色谱法	GB 7480③ HJ/T 84
全盐量	重量法	HJ/T 51
氰化物	异烟酸-吡唑啉酮比色法 吡啶-巴比妥酸比色法	GB/T 7487
氟化物	离子选择电极法	GB/T 7484
硫化物	亚甲基蓝分光光度法	GB/T 16489
石油类	红外分光光度法	GB/T 16488
挥发酚	蒸馏后 4-氨基安替比林分光光度法	GB/T 7490
苯	气相色谱法	GB/T 11890
三氯乙醛	吡唑啉酮分光光度法	HJ/T 50
丙烯醛	气相色谱法	GB/T 11934
蛔虫卵数	沉淀集卵法	④

环境空气质量监测：

二氧化硫	甲醛吸收-副玫瑰苯胺分光光度法 紫外荧光法	GB/T 15262⑤
二氧化氮	Saltzman 法 化学发光法	GB/T 15435⑥
氟化物	石灰滤纸·氟离子选择电极法	GB/T 15433
铅	火焰原子吸收分光光度法	GB/T 15264
总悬浮颗粒物	重量法	GB/T 15432
苯并[a]芘	乙酰化滤纸层析——荧光分光光度法 高效液相色谱法	GB 8971 GB/T 15439

注：①《农业环境监测实用手册》第二章（中国标准出版社，2001 年 9 月）；
②《土壤理化分析》第四章（上海科学技术出版社，1978 年 1 月）；
③《水和废水监测分析方法》（第四版，中国环境科学出版社，2002 年）；
④《农业环境监测实用手册》第三章（中国标准出版社，2001 年 9 月）；
⑤、⑥分别暂用国际标准 ISO/CD 10498、ISO 7996。
以上方法待国家方法标准颁布后，按国家标准执行。

6 评价

根据污染指标的毒理学特性和蔬菜吸收、富集能力将评价指标分为严格控制指标和一般控制指标两类。严格控制指标依据各单项质量指数进行评价，一般控制指标依据环境要素综合质量指数评定。

6.1 评价指标分类

评价指标分类见表 5。

表 5 评价指标分类

环境要素	评价指标	
	严格控制指标	一般控制指标
土壤	镉、汞、砷、铅、铬、六六六、滴滴涕	全盐量、铜、锌、镍
水质	COD、pH 值、镉、汞、砷、铅、六价铬、粪大肠菌群数	悬浮物、蛔虫卵数、氯化物、硝酸盐、氟化物、硫化物、石油类、挥发酚、苯、三氯乙醛、丙烯醛、氰化物
空气	二氧化硫、二氧化氮、氟化物、铅、苯并[a]芘	总悬浮颗粒物

6.2 评价参数及计算方法

单项质量指数＝单项实测值/单项标准值

某单项超标倍数＝（单项实测值－单项标准值）/单项标准值

某单项分担率（%）＝（某单项质量指数/各项质量指数之和）×100%

样本超标率（%）＝（超标样本总数/监测样本总数）×100%

超标面积百分率（%）＝（超标样本面积之和/监测总面积）×100%

$$各环境要素综合质量指数=\sqrt{\frac{(平均单项质量指数)^2+(最大单项质量指数)^2}{2}}$$

6.3 环境质量评定

温室蔬菜产地环境质量等级划定见表 6。

表 6 环境质量等级划定

环境质量等级	土壤各单项或综合质量指数	灌溉水各单项或综合质量指数	环境空气各单项或综合质量指数	等级名称
1	≤0.7	≤0.5	≤0.6	清洁
2	0.7~1.0	0.5~1.0	0.6~1.0	尚清洁
3	>1.0	>1.0	>1.0	超标

各严格控制指标超标一项即视为"不合格"。各环境要素综合质量指数超标，灌溉水、环境空气可认为污染，土壤则应作进一步调研，若确对其所影响的植物（生长发育、可食部分超标或用作饮料部分超标）或周围环境（地下水、地表水、大气等）有危害，方能确定为污染。

6.4 评价结果表征

按各环境要素（土壤、灌溉水和环境空气）分别表征：

（1）质量指数

①各环境要素的严格控制项目的各个项目单项质量指数（按数值由高到低排列）。

②各环境要素的一般控制项目的各个项目单项质量指数（按数值由高到低排列）。

③各环境要素综合质量指数。

（2）超标情况

①超标项目的超标率、超标面积数和超标面积率。

②超标项目的质量指数：最低值、最高值和平均值。

7　标准的实施与监督

本标准由县级以上人民政府行政主管部门按职责分工监督实施。

土壤环境质量、灌溉水质量、环境空气质量中的选择控制项目，由地方主管部门根据当地污染源状况及可能存在的污染物种类选择相应的控制项目，或选择不在本标准规定的其他污染物项目，以确定评价项目。

省、自治区和直辖市人民政府可制定符合当地的标准，并报国务院环境保护行政主管部门备案。

全国土壤污染状况评价技术规定

环发〔2008〕39 号

1　适用范围

本规定适用于全国土壤污染状况调查工作中土壤环境质量状况评价、土壤背景点环境评价和重点区域土壤污染评价。

2　土壤环境质量状况评价

2.1　评价标准值

无机类项目和有机类项目的评价标准值见表 1 和表 2。

表 1　土壤环境质量评价标准值（无机类项目）

序号	评价项目	标准值/（mg/kg）				参考值来源
		耕地、草地、未利用地			林地	
		pH 值＜6.5	pH 值 6.5～7.5	pH 值＞7.5		
1	镉	0.30	0.30	0.60	1.0	
2	汞	0.30	0.50	1.0	1.5	
3	砷 旱地	40	30	25	40	
	水田	30	25	20		
4	铅	80	80	80	100	
5	铬 旱地	150	200	250	400	
	水田	250	300	350		
6	铜	50	100	100	400	
7	锌	200	250	300	500	
8	镍	40	50	60	200	
9	锰*	1 500				澳大利亚保护土壤及地下水调研值
10	钴*	40				加拿大土壤环境质量标准农用地标准值
11	硒*	1.0				加拿大土壤环境质量标准农用地标准值
12	钒*	130				加拿大土壤环境质量标准农用地标准值

注：①注*的项目，表中所列为评价参考值。
　　②重金属和砷均按元素量计，适用于阳离子交换量＞5 cmol（＋）/kg 的土壤；阳离子交换量≤5 cmol（＋）/kg 的土壤，评价标准值为表内数值的半数。
　　③草地、未利用地，评价砷时执行旱地标准。

表2 土壤环境质量评价标准值（有机类项目）

评价项目		标准值/（mg/kg）	参考值来源
有机氯	六六六总量	0.10	
	滴滴涕总量	0.10	
多环芳烃类	苯并[a]芘*	0.10	加拿大土壤环境质量标准农用地标准值
多氯联苯类（总量）*		0.10	《土壤环境质量标准》（修订草案）农业用地标准值
石油烃类（总量）*		500	《土壤环境质量标准》（修订草案）农业用地标准值

注：①注*的项目，表中所列为评价参考值。
②耕地、林地、草地和未利用地均适用于本表所列评价标准。
③六六六总量：α-六六六、β-六六六、γ-六六六、δ-六六六四种异构体的总和。
④滴滴涕总量：p,p'-DDE、o,p'-DDT、p,p'-DDD、p,p'-DDT 四种衍生物总和。
⑤对土壤中多环芳烃类物质进行环境质量评价时，以苯并[a]芘（BaP）为参照，其当量毒性因子（TEFs）为1.0，其余15种多环芳烃类的当量毒性因子见附表。将各PAHs物质以实测浓度与其TEFs相乘得到以BaP为参照物的等效质量浓度BaPeq，再用BaPeq与BaP标准参考值相比较进行评价。

2.2 评价方法与分级

土壤环境质量评价采用单项污染指数法，其计算公式为：

$$P_{ip} = \frac{C_i}{S_{ip}}$$

式中：P_{ip}——土壤中污染物 i 的单项污染指数；

C_i——调查点位土壤中污染物 i 的实测浓度；

S_{ip}——污染物 i 的评价标准值或参考值。

根据 P_{ip} 的大小，可将土壤污染程度划分为五级（详见表3）。

表3 土壤环境质量评价分级

等级	P_{ip} 值大小	污染评价
I	$P_{ip} \leqslant 1$	无污染
II	$1 < P_{ip} \leqslant 2$	轻微污染
III	$2 < P_{ip} \leqslant 3$	轻度污染
IV	$3 < P_{ip} \leqslant 5$	中度污染
V	$P_{ip} > 5$	重度污染

3 土壤背景点环境评价

3.1 评价标准值
同2.1。

3.2 评价方法与分级
同2.2。

3.3 土壤背景点环境变化分析

3.3.1 土壤背景点环境变化分析

在对区域内（一般指省级行政区）土壤背景点调查数据特征进行统计的基础上，分析数据水平、离散程度及其分布特征，用"是否有变化"来定性描述土壤背景点环境变化。若有变化，需用 3.3.2 所列方法定量描述变化程度。

3.3.2 土壤背景点环境元素变化百分率计算方法

$$P_B(\%) = \frac{C_i - S_B}{S_B} \times 100$$

式中：P_B——土壤某元素变化百分率（%）；

C_i——土壤中某元素 i 的实测含量或某单元的统计值；

S_B——某元素 i "七五"背景值调查数据。

4 重点区域土壤污染评价

4.1 评价参考值

4.1.1 属于重污染企业及周边，工业企业遗留或遗弃场地，固体废物集中填埋、堆放、焚烧处理处置等场地及其周边，工业（园）区及周边，油田，采矿区及周边，社会关注的环境热点区域以及其他可能造成土壤污染的场地等土壤的污染评价，其评价参考值见表 4。

4.1.2 属于主要蔬菜基地的土壤污染评价，其评价参考值见表 5。

4.1.3 属于灌溉区、规模化畜禽养殖场周边、大型交通干线两侧等农业区的土壤污染评价，其评价参考值同表 1 和表 2。

4.1.4 地表水评价标准执行《地表水环境质量标准》（GB 3838—2002）。

4.1.5 地下水评价标准执行《地下水质量标准》（GB/T 14848—1993）。

4.1.6 农产品评价标准执行农产品质量国家标准；无国家标准的，执行相关行业标准。

4.2 评价方法与分级

同 2.2。

表 4 重点区域土壤污染评价参考值（除蔬菜地外）

评价项目		参考值/（mg/kg）	参考值来源
无机类	镉	12	荷兰土壤污染物干预值
	汞	10	荷兰土壤污染物干预值
	砷	55	荷兰土壤污染物干预值
	铅	530	荷兰土壤污染物干预值
	铬	380	荷兰土壤污染物干预值
	铜	500	《土壤环境质量标准》（修订草案）农业用地标准值
	锌	720	荷兰土壤污染物干预值
	镍	210	荷兰土壤污染物干预值
	锰	19 000	美国九区工业用地标准值
	硒	100	荷兰土壤污染物干预值
	钒	250	荷兰土壤污染物干预值
	氟化物	2 000	《土壤环境质量标准》（修订草案）工业用地标准值

评价项目		参考值/（mg/kg）	参考值来源
有机氯农药	六六六总量	4.0	《土壤环境质量标准》（修订草案）工业用地标准值
	滴滴涕总量	4.0	《土壤环境质量标准》（修订草案）工业用地标准值
	艾氏剂	0.04	美国土壤筛选导则（筛选值）
	狄氏剂	0.04	美国土壤筛选导则（筛选值）
	异狄氏刑	23	美国土壤筛选导则（筛选值）
	氯丹	0.5	美国土壤筛选导则（筛选值）
	七氯	0.1	美国土壤筛选导则（筛选值）
	毒杀芬	0.6	美国土壤筛选导则（筛选值）
	六氯苯	0.4	美国土壤筛选导则（筛选值）
	灭蚁灵	0.27	美国九区土壤初步修复目标值
多环芳烃类	苯并[a]芘	1.0	《土壤环境质量标准》（修订草案）工业用地标准值
多氯联苯类（总量）		2.6	美国 Florida 州非居住区土壤标准值
石油烃类（总量）		5 000	荷兰土壤污染物干预值
二噁英/呋喃类（总量）（ng I-TEQ/kg）		10.0	《土壤环境质量标准》（修订草案）工业用地标准值
其他农药类	阿特拉津	6	荷兰土壤污染物干预值
	西玛津	14	美国九区工业用地标准值
	敌稗	500	《土壤环境质量标准》（修订草案）工业用地标准值
	2,4-滴	500	《土壤环境质量标准》（修订草案）工业用地标准值
	地亚农（二嗪磷）	50	《土壤环境质量标准》（修订草案）工业用地标准值
	三氯杀螨醇	3.9	美国九区工业用地标准值
	代森锌	1.8	苏联土壤最大允许浓度
	代森锰	3.5	加拿大 Westinghouse Savannah River Site 土壤环境标准
	五氯酚	9	美国九区工业用地标准值
其他挥发性/半挥发性有机物	甲醛	7	苏联土壤最大允许浓度
	丙酮	1 000	美国 Newsland 州非居住区土壤标准值
	丁酮	1 000	《土壤环境质量标准》（修订草案）工业用地标准值
	氯仿	2.0	《土壤环境质量标准》（修订草案）工业用地标准值
	四氯化碳	2.0	《土壤环境质量标准》（修订草案）工业用地标准值
	氯乙烯	0.75	美国九区工业用地标准值
	1,1-二氯乙烷	50	加拿大土壤环境质量标准工业用地标准值
	1,2-二氯乙烷	2.0	《土壤环境质量标准》（修订草案）工业用地标准值
	1.1.1-三氯乙烷	50	加拿大土壤环境质量标准工业用地标准值
	1.1,2-三氯乙烷	5.0	《土壤环境质量标准》（修订草案）工业用地标准值
	三氯乙烯	6.0	《土壤环境质量标准》（修订草案）工业用地标准值
	四氯乙烯	4.3	美国 Florida 州非居住区土壤标准值
	苯	5	《土壤环境质量标准》（修订草案）工业用地标准值
	甲苯	520	美国九区工业用地标准值
	乙苯	250	《土壤环境质量标准》（修订草案）工业用地标准值
	二甲苯	50	《土壤环境质量标准》（修订草案）工业用地标准值
	苯酚	40	《土壤环境质量标准》（修订草案）工业用地标准值
	丙烯酰胺	0.38	美国九区工业用地标准值

注：①六六六总量：α-六六六、β-六六六、γ-六六六、δ-六六六四种异构体的总和。

②滴滴涕总量：p,p'-DDE、o,p'-DDT、p,p'-DDD、p,p'-DDT 四种衍生物总和。

③对土壤中多环芳烃类物质进行环境质量评价时，以苯并[a]芘（BaP）为参照，其当量毒性因子（TEFs）为1.0，其余15种多环芳烃类的当量毒性因子见附表。将各PAHs物质以实测浓度与其TEFs相乘得到以BaP为参照物的等效质量浓度BaPeq，再用BaPeq与BaP标准参考值相比较进行评价。

表 5　重点区域土壤污染评价标准值（蔬菜地）

评价项目		标准值/（mg/kg）			参考值来源
		pH<6.5	pH 6.5~7.5	pH>7.5	
无机类	镉	0.30	0.30	0.40	
	汞	0.25	0.30	0.40	
	砷	30	25	20	
	铅	50	50	50	
	铬	150	200	250	
	铜	50	100	100	
	锌	200	250	300	
	镍	40	50	60	
	锰*	1 500			澳大利亚保护土壤及地下水调研值
	钴*	40			加拿大土壤环境质量标准农用地标准值
	硒*	1.0			加拿大土壤环境质量标准农用地标准值
	钒*	130			加拿大土壤环境质量标准农用地标准值
有机氯	六六六总量	0.10			
	滴滴涕总量	0.10			
多环芳烃类*	苯并[a]芘	0.10			加拿大土壤环境质量标准农用地标准值
多氯联苯类（总量）*		0.10			《土壤环境质量标准》（修订草案）工业用地标准值
石油烃类（总量）*		500			《土壤环境质量标准》（修订草案）工业用地标准值
其他 农药类	阿特拉津*	0.1			《土壤环境质量标准》（修订草案）工业用地标准值
	西玛津*	0.1			《土壤环境质量标准》（修订草案）工业用地标准值
	敌稗*	1.5			苏联土壤最大允许浓度
	草甘膦*	0.5			苏联土壤最大允许浓度
	2.4-滴*	0.1			苏联土壤最大允许浓度
	地亚农（二嗪磷）*	0.2			苏联土壤最大允许浓度
	三氯杀螨醇*	1			苏联土壤最大允许浓度
	代森锌*	1.8			苏联土壤最大允许浓度
	五氯酚*	7.6			加拿大土壤环境质量标准农用地标准值

注：①注*的项目，表中所列为评价参考值。

　　②重金属和砷均按元素量计，适用于阳离子交换量>5 cmol（+）/kg 土壤；阳离子交换量≤5 cmol（+）/kg 土壤，评价标准值为表内数值的半数。

　　③六六六总量：α-六六六、β-六六六、γ-六六六、δ-六六六四种异构体的总和。

　　④滴滴涕总量：p,p'-DDE、o,p'-DDT、p,p'-DDD、p,p'-DDT 四种衍生物总和。

　　⑤对土壤中多环芳烃类物质进行环境质量评价时，以苯并[a]芘（BaP）为参照，其当量毒性因子（TEFs）为 1.0，其余 15 种多环芳烃类的当量毒性因子见附表。将各 PAHs 物质以实测浓度与其 TEFs 相乘得到以 BaP 为参照物的等效质量浓度 BaPeq，再用 BaPeq 与 BaP 标准参考值相比较进行评价。

附表　16 种多环芳烃类物质的当量毒性因子（TEFs）

序号	多环芳烃类	当量毒性因子（TEFs）
1	苯并[a]芘	1
2	萘	0.001
3	二氢苊	0.001
4	苊	0.001
5	芴	0.001
6	菲	0.001
7	蒽	0.01
8	荧蒽	0.001
9	芘	0.001
10	苯并[a]蒽	0.1
11	䓛	0.01
12	苯并[b]荧蒽	0.1
13	苯并[k]荧蒽	0.1
14	茚并[1,2.3-cd]芘	0.1
15	二苯并[a,h]蒽	1
16	苯并[g,h,i]苝	0.01

全国农产品产地土壤重金属安全评估技术规定

农办科〔2015〕42号

1 适用范围

本规定适用于农业部、财政部开展的农产品产地土壤重金属污染防治中农产品产地土壤重金属安全评估、等级划分和区域安全性划定。

2 土壤重金属普查安全评估

2.1 评估依据

综合考虑农产品种类、土壤理化性质等因素，以保障食用农产品质量安全为主要目的的产地土壤重金属安全评估，其参比值按表1执行。

表1　农产品产地土壤安全评估参比值[*]　　　单位：mg/kg，总量

项目	农产品产地土壤		土壤 pH		
			<6.5	6.5～7.5	>7.5
镉	农产品产地土壤	≤	0.3	0.4	0.5
汞	农产品产地土壤	≤	0.3	0.5	0.7
砷	水稻及蔬菜产地土壤	≤	25	20	20
	其他农产品产地土壤	≤	40	30	30
铅	蔬菜产地土壤	≤	40	60	80
	其他农产品产地土壤	≤	100	150	200
铬	蔬菜产地土壤	≤	150	200	250
	其他农产品产地土壤	≤	200	250	300

[*]产地农产品种类两种或两种以上（包括轮作、套种等情况）者，以常年主栽相对更敏感的农产品种类确定其土壤安全评估的参比值。

2.2 评估对象及指标

评估对象为全国"农产品产地土壤重金属污染防治"普查中全部采样点位土壤。

评估指标为土壤中的镉、汞、砷（类金属）、铅和铬五项重金属。

2.3 评估方法

评估方法采用单因子指数法，计算公式如下：

$$P_i = \frac{C_i}{C_{0i}}$$

式中：P_i——土壤中重金属 i 的单因子指数；

　　　C_i——土壤中重金属 i 的实测浓度；

　　　C_{0i}——土壤中重金属 i 的安全评估参比值。

2.4　安全等级划分

2.4.1　划分方法

土壤各个单项重金属的安全等级按其单项指数 P_i 划分（简称单项指数法）；

土壤各个点位的安全等级按其点位单项指数的最大值 $P_{i\max}$ 划分（简称最大单项指数法）；

2.4.2　划分等级

按照保障农产品质量的安全程度，其土壤的安全性水平分为无风险、低风险、中度风险和高风险四级，划分依据按表 2 执行。

表 2　依据土壤重金属的安全划分等级

等级	划分依据		土壤安全水平
	单项指数	点位最大指数	
1	$P_i \leqslant 1$	$P_{i\max} \leqslant 1$	无风险
2	$1 < P_i \leqslant 2$	$1 < P_{i\max} \leqslant 2$	低风险
3	$2 < P_i \leqslant 3$	$2 < P_{i\max} \leqslant 3$	中度风险
4	$P_i > 3$	$P_{i\max} > 3$	高风险

3　土壤农产品协同监测安全评估

3.1　评估依据

土壤农产品协同监测安全评估依据采用土壤安全评估参比值（表 1）和我国现行有效的《食品中污染物限量》（GB 2762）中重金属限量标准（表 3）。

表 3　农产品中重金属限量标准值　　　　　单位：mg/kg

项目	农产品种类	标准限量值
镉	水稻、蔬菜（叶菜类）、大豆	0.2
	小麦、玉米、蔬菜（豆类）、蔬菜（根茎类）	0.1
	蔬菜（茄果类）、水果	0.05
汞	水稻、小麦、玉米	0.02
	蔬菜	0.01
砷	小麦、玉米、蔬菜	0.5
	水稻	0.2（以无机砷计）
铅	茶叶	5.0
	蔬菜（叶菜类）	0.3
	水稻、小麦、玉米、蔬菜（豆类）、蔬菜（根茎类）、大豆	0.2
	蔬菜（茄果类）、水果	0.1
铬	水稻、小麦、玉米、大豆	1.0
	蔬菜	0.5

3.2 评估对象及指标

评估对象为在依据土壤重金属普查的基础上实施了农产品重金属协同监测区域采样点位土壤。

评估指标为土壤及对应点位农产品中的镉、汞、砷（类金属）、铅和铬五项重金属。

3.3 评估方法

评估方法采用土壤单因子指数和农产品单因子指数相结合的方法。

土壤单因子指数计算公式同 2.3。

农产品单因子指数计算公式如下：

$$E_i = \frac{A_i}{S_i}$$

式中：E_i——协同监测的农产品中重金属 i 的单因子指数；

A_i——协同监测的农产品中重金属 i 的实测浓度；

S_i——农产品中重金属 i 的限量标准值。

3.4 安全等级划分

3.4.1 划分方法

土壤农产品协同监测的区域，采用点位单项指数的最大值 $P_{i\max}$ 结合农产品单因子指数 E_i 进行划分（简称单因子指数结合法）。

3.4.2 划分等级

对于实施土壤农产品协同监测的区域，其安全等级划分除采用单因子指数法和最大单因子指数法划分外，增加使用针对点位的单因子指数结合法进行等级划分，其等级划分依据按表 4 执行。采用单因子指数结合法的分级结果应当与相应区域最大单项指数法的分级结果做对比分析，并说明其差异原因。

表 4   依据土壤和农产品重金属的安全划分等级*

等级	划分依据		土壤安全水平	划分依据说明
	土壤指数（$P_{i\max}$）	农产品指数（E_i）		
1	$P_{i\max} \leqslant 1$	$E_i \leqslant 1$	无风险	土壤重金属含量未超过参比值，农产品达标，表明生产环境对农产品安全未构成危害
2	$P_{i\max} \leqslant 1$	$1 < E_i \leqslant 2$	低风险	土壤重金属含量未超过参比值，但农产品重金属含量为限量标准的 1~2 倍，表明生产环境对农产品安全已造成一定的危害
	$1 < P_{i\max} \leqslant 2$	$E_i \leqslant 1$		土壤重金属含量为参比值的 1~2 倍，但农产品达标，提示产地环境具有一定的潜在安全风险
3	$1 < P_{i\max} \leqslant 2$	$1 < E_i \leqslant 2$	中度风险	土壤重金属含量为参比值的 1~2 倍，且农产品重金属含量为限量标准的 1~2 倍，表明生产环境对农产品安全已构成较大的安全威胁
	$2 < P_{i\max} \leqslant 3$	$E_i \leqslant 2$		土壤重金属含量为参比值的 2~3 倍，但农产品未超标或超标在 2 倍以内，提示生产环境对农产品安全的潜在风险很大
4	$P_{i\max} > 3$	任意	高风险	土壤重金属含量为参比值的 3 倍以上，无论当季农产品质量如何，都表明产地具有极高的风险
	任意	$E_i > 2$		无论土壤重金属含量如何，农产品中重金属含量为限量标准的 2 倍以上，表明农产品安全已受到极大的安全威胁

*农产品超标的重金属元素与土壤最大指数（$P_{i\max}$）所对应的重金属元素不一致时，土壤安全水平按降低一个等级处理，即由高风险降为中度风险或由中度风险降为低风险。

4　区域安全性划定

4.1　划定依据

以实测重金属含量为基础，综合考虑点位土壤理化性质及其他自然社会经济情况与土壤重金属含量之间的关系以及行政边界、地物等因素进行划分，必要时应赴现场做实地考察调研后确定。

土壤安全性等级划定依据，按表 2 和表 4 中的划分依据执行。

4.2　划分方法与精度要求

边界划分可借助普通克里格、反距离权重、径向基函数等空间插值方法及相关技术手段进行划分，以最大限度反映区域土壤重金属含量特征以及与相邻区域的最大差异为目标。

相关分析方法可采用一元或多元回归、聚类分析、主成分分析等分析手段进行分析。

划分精度要求全国精确到乡镇、省级精确到村、县级精确到地块。

4.3　划分程序与要点

（1）确定土壤 pH 值和重金属含量值插值的栅格面积：各地根据划分精度要求自行决定。全国尺度栅格面积不得大于最小乡镇国土总面积；省级尺度栅格面积不得大于本省最小行政村国土总面积；市、县级尺度栅格面积不得大于 50 亩。各级尺度上，pH 值及各项重金属含量插值栅格面积必须保证完全一致。

（2）土壤 pH 值和重金属含量插值：分别检验土壤 pH 值和重金属含量值的数据分布形态，符合正态分布的直接插值；不符合正态分布的可经暂行放弃离群值、做数据变换等处理后再插值。

（3）指数计算：按照 2.1 和 2.3 的要求，依据土壤 pH 值和农产品种类计算各个栅格的土壤单因子指数，得到栅格指数分布图。各个栅格的农产品种类应以常年种植的农作物中相对更敏感的种类为准。栅格内无普查点位不清楚农作物种类的，可参考当地种植业区划或依据周围最近点位决定。

（4）土壤安全等级划分：针对栅格指数分布图，按照 2.4.2 中的土壤安全等级划分依据做等值线图，初步划分不同等级的区域边界。

（5）区域边界调整：综合考虑土壤重金属含量与土壤理化性质及其他自然社会经济情况之间的关系，并结合地形地貌、行政边界、土地利用类型以及三类重点区分布等，调整区域边界。

（6）区域显著性差异检验：按照土壤实测数据，将所划区域与其相邻区域做显著性差异检验，差异不显著的做进一步合并调整，直至有显著性差异为止。

（7）区域安全级别审定与确认：检验合并后，可通过现场踏勘调查、与以往监测结果比对、复核采样等形式，对各个区域做出最终确认。

（8）区域特征统计描述：按照区域内土壤点位实测数据（含插值检验时暂行放弃的数据），参照统计相关规定做区域特征统计描述。

5　安全等级特征及管理策略

本规定从保障农产品质量安全角度，根据土壤重金属的含量，参考不同种类农作物对重金属的敏感性,将土壤安全性等级划分为四级,各级安全性主要特征及管理策略见表 5。

表 5　土壤安全各等级主要特征及管理策略

等级	土壤安全水平	主要特征	管理策略
1	无风险	土壤重金属含量较低,土壤及其周边环境污染对农产品质量基本没有影响,农产品中重金属含量符合食品卫生要求	实施重点保护,防止新增污染,维护安全状态
2	低风险	土壤重金属有一定积累,产地周边环境污染较少,农产品中重金属含量总体符合相关限量标准,优化农艺生产措施可确保农产品质量安全	控制污染输入,监视污染动态,优化生产管理
3	中度风险	土壤重金属含量较高,土壤及其周边环境对农产品质量安全已构成明显威胁,并致部分农产品重金属含量超标,需要选择合适的修复方法对土壤进行修复	开展风险评估,实施风险管控,积极进行修复
4	高风险	土壤重金属含量高,并已成为农产品质量安全的主要影响因素,周边环境污染较重,农产品中重金属含量不符合相关限量标准,需要进行综合整治	开展综合整治,调整种植结构,削减污染危害

NY/T 2392—2013

花生田镉污染控制技术规程

Technical regulations for Cd²⁺ pollution control in peanut field

2013-09-10 发布　　　　　　　　　　　　　　　　　　2014-01-01 实施

前　言

本标准按照 GB/T 1.1—2009 给出的规则起草。

本标准由农业部种植业管理司提出并归口。

本标准起草单位：山东省农业科学院。

本标准主要起草人：万书波、单世华、李春娟、闫彩霞、范仲学、张廷婷、陈殿绪、许婷婷、董建军、赵海军、李新国、孟静静、张佳蕾。

1　范围

本标准规定了花生田重金属镉污染控制技术中的要求、施肥、加工、运输及包装。

本标准适用于花生生产中田间重金属镉污染控制。

2　规范性引用文件

下列文件对于本文件的应用是必不可少的。凡是注日期的引用文件，仅注日期的版本适用于本文件。凡是不注日期的引用文件，其最新版本（包括所有的修改单）适用于本文件。

GB 5084　农田灌溉水质标准

GB 9137　保护农作物的大气污染物最高允许浓度

GB 25618　土壤环境质量标准

GB/T 17141　土壤质量　铅、镉的测定　石墨炉原子吸收分光光度法

GB/T 23349　肥料中砷、镉、铅、铬、汞生态指标

NY/T 391　绿色食品　产地环境技术条件

NY/T 420　绿色食品　花生及制品

NY/T 855　花生产地环境技术条件

NY/T 889　土壤速效钾和缓效钾含量的测定

NY/T 1121.6　土壤检测　第 6 部分：土壤有机质的测定

NY/T 1121.7　土壤检测　第 7 部分：酸性土壤有效磷的测定

3　要求

3.1　产地环境

3.1.1　花生产地应符合 NY/T 391 与 NY/T 855 的要求。选择不直接或间接受工业"三废"污染的农业生产区域。

3.1.2　产地应远离公路、车站、机场等交通要道，以免受到空气、土壤、灌溉水的污染。

3.1.3　产地区域上风向、灌溉水源上游应无对产地环境构成威胁的污染源，大气应符合 GB 9137 的要求，灌溉水应符合 GB 5084 的要求。

3.1.4　花生产品镉含量应符合 NY/T 420 的要求。

3.2　土壤条件

3.2.1　花生应种植在有机质丰富、结构良好、养分充足、保水保肥力强、通气性良好的土壤中。

3.2.2　土壤环境应符合 GB 15618 标准中的二类二级标准，水质应符合 GB 5084 的要求。

3.2.3　花生田应符合 NY/T 855 的要求，土地平整，土层厚度 50 cm，耕作层厚度＞20 cm，土壤有机质含量＞0.9%，速效氮＞70 mg/kg，速效磷＞8 mg/kg，速效钾＞67 mg/kg，土壤镉≤0.25 mg/kg。

3.2.4　土壤检测方法按 GB/T 17141、NY/T 889、NY/T 1121.6、NY/T 1121.7 的规定执行。

3.3　土壤改良

选择土层较厚的地块，秋季作物收获后，秋耕或冬翻 20～30 cm，耕后耙地保墒。冬季对黏性土壤每公顷压沙 150～225 m^3 改良。对于镉背景值较高的地块，根据土壤环境条件，采用增施有机肥、钙肥以及种植高富集镉植物、表底土翻换等措施，降低镉污染。

4　施肥

4.1　肥料选用

选用肥料应符合 GB/T 23349 的要求。

4.2　合理施用化肥

实行测土配方施肥，合理施用化肥。避免肥料的过量施用，减轻肥料中镉在土壤中的积累效应，有效控制镉的总量。应减少 KCl 施用，将施用含有 KCl 的肥料改用含有 K_2SO_4 的肥料。磷素化肥用量为每亩 30～50 kg，播种前撒施后翻入耕作层。增施钙肥，降低花生对镉的吸收。

4.3　增施有机肥

提倡施用有机肥，有机肥可使镉在土壤中呈固定状态，减少花生对镉的吸收量。

NY/T 5335—2006

无公害食品　产地环境质量调查规范

2006-01-26 发布　　　　　　　　　　　　　　　　　　2006-04-01 实施

前　言

本标准由中华人民共和国农业部提出并归口。

本标准起草单位：农业部农产品质量安全中心、农业部环境质量监督检验测试中心（天津）。

本标准主要起草人：刘潇威、廖超子、丁保华、周其文、赵静、徐亚平、刘继红。

1　范围

本标准规定了无公害农产品产地环境质量调查的原则、方法、内容、总结与评价、报告编制等技术内容。

本标准适用于无公害农产品产地环境质量现状调查。

2　规范性引用文件

下列文件中的条款通过本标准的引用而成为本标准的条款。凡是注日期的引用文件，其随后所有的修改单（不包括勘误的内容）或修订版均不适用于本标准，然而，鼓励根据本标准达成协议的各方研究是否可使用这些文件的最新版本。凡是不注日期的引用文件，其最新版本适用于本标准。

GB/T 19525.2　畜禽场环境质量评价准则

NY/T 5295　无公害食品　产地环境评价准则

3　调查原则

3.1　原则

根据无公害农产品产地环境条件的要求，从产地自然环境、社会经济及工农业生产对产地环境质量的影响入手，重点调查产地及周边环境质量现状、发展趋势及区域污染控制措施。

3.2　组织实施

无公害农产品产地环境质量现状调查，由无公害农产品认证省级工作机构在现场检查时同时进行。

4　调查方法

采用资料收集、现场调查和召开座谈会等形式相结合的方法。

4.1　资料收集

收集近三年来农业生产部门（包括种、养殖业和农产品初级加工部门）、环境监测部门与被调查区产地环境质量状况相关的监测数据和报告资料。要求资料中出现的数据应是通过计量认证的检测机构出具的数据。当资料收集不能满足需要时应进行现场调查和实地考察。

4.2　现场调查

在申报部门的配合下，由当地无公害农产品认证省级工作机构组织有关人员对产地环境进行实地考察。

4.2.1　种植业

实地调查产地周围 5 km 以内工矿企业污染源分布情况（包括企业名称、产品、生产规模、方位、距离），并在 1∶50 000 比例尺的地图上标明；调查产地周围 3 km 范围内生活垃圾填埋场、工业固体废物和危险废物堆放和填埋场、电厂灰场等情况；调查产地自身农业生产活动对产地环境的影响。

4.2.2　水产养殖业

实地调查近海（滩涂）渔业养殖用水、淡水养殖用水来源和养殖用饲料及药物情况。调查产地周围 1 km 范围内的工矿企业污染源分布情况。

4.2.3　畜禽养殖业

实地调查畜禽饮用水、畜禽养殖业生产用水。调查产地周围 1 km 范围内的工矿企业污染源分布情况、养殖场的分布是否符合动物防疫的要求。

4.3　座谈

要求由产地认证省级工作机构、产地认定检测机构、产地负责人及污染源单位有关人员参加。确证收集的各项资料和现场调查的内容准确无误。

5　调查内容

5.1　自然环境特征

5.1.1　自然地理

包括产地所在地地理位置（经度、纬度）、距公路的距离、产地面积、产地所在区域地形地貌特征。

5.1.2　气候与气象

包括产地所在地主要气候特征，如主导风向、年均气温、年均相对湿度、年均降水量等。

5.1.3　水文状况

包括产地所在地河流、水系、地面、地下水源特征及利用情况。

5.1.4　土壤状况

包括产地所在地土壤成土母质、土壤类型、质地、客土情况、pH、土壤肥力。

5.1.5　植被及自然灾害

包括植被情况、动植物病虫害、自然灾害情况等。

5.2　社会经济环境概况

包括行政区划、主要道路、人口状况，工业布局和农田水利，农、林、牧、渔业发展情况，土地利用状况（农作物种类、布局、面积、产量、耕作制度），农村能源结构情况等。

5.3　土壤环境

5.3.1　种植业

已进行土壤环境背景值调查或近三年来已进行土壤环境质量监测，且背景值或监测结果（提供监测结果单位资质）符合无公害食品环境质量标准的区域可以免调查土壤环境。

土壤环境污染状况调查包括工业污染源种类及分布、污染物种类及排放途径和排放量、农业固体废弃物投入、农用化学品投入情况、自然污染源情况、农灌水污染状况、大气污染状况。

土壤生态环境状况调查包括水土流失现状、土壤侵蚀类型、分布面积、侵蚀模数、沼泽化、潜育化、盐渍化、酸化。

土壤环境背景资料包括区域土壤元素背景值、农业土壤元素背景值。

5.3.2　畜禽养殖业

不进行土壤状况调查。

5.3.3　水产养殖业

调查底泥污染情况。

5.4　水环境

5.4.1　种植业

对于以天然降雨为灌溉水的地区，不需要调查。

灌溉水源调查包括水系分布、水资源丰富程度（地面水源和地下水源）、水质稳定程度、利用措施和变化情况。

灌溉水污染调查包括污染源种类、分布及影响、水源污染情况。

5.4.2　畜禽养殖业

畜禽饮用水，调查水质及污染情况。

畜禽养殖业生产用水，调查畜禽粪便排放情况、水质及污染情况。

5.4.3　水产养殖业

深海渔业养殖用水，不需要调查。

近海（滩涂）渔业养殖用水、淡水养殖用水，调查养殖区域周边环境排放的工业废水、生活污水和有害废弃物、污染物种类及排放途径和排放量，特别是含病原体的污水、废物。

5.5　环境空气

5.5.1　种植业

种植业产地周围 5 km 以内没有工矿企业污染源的区域可不进行以下步骤调查。按 NY/T 5295 的规定执行。

工矿企业大气污染源调查，重点调查收集工矿企业分布、类型，大气污染物种类、排放方式、排放量、排放时间以及废气处理情况。

5.5.2　水产养殖业

按 NY/T 5295 的规定执行，可不进行环境空气调查。

5.5.3　畜禽养殖业

调查畜禽场所在区域的环境空气质量；空气污染的种类、性质以及数量等；畜舍内部的环境空气质量；氨气、硫化氢、恶臭以及可吸入颗粒物等，同时按 GB/T 19525.2 的规定执行。

6　总结与分析

汇总土壤、水、空气污染源分布、影响、现状质量数据，分析资料和现状调查所取得的各种资料、数据，做出免测或检测计划。

7　报告编制

7.1　要求

调查报告应全面、概括地反映环境质量调查的全部工作，文字应简洁、准确，并尽量采用图表。原始数据、全部计算过程等不必在报告中列出，必要时可编入附录。所参考的主要文献应按其发表的时间次序由近至远列出目录。

7.2　调查报告应根据实际情况选择下列全部或部分内容进行编制。

7.2.1　前言

调查任务来源、调查单位、调查人员和调查时间。

7.2.2　基本情况

产地位置（附平面图）、地形、地貌；气象（主导风向、年均气温、年均相对湿度、年均降水量）；水文状况（主要水域、历年灌溉情况）；土壤类型及植被和生物资源；自然灾害情况；农业生产状况及农用化学品使用情况。

7.2.3　环境质量现状分析

土壤环境：污染源分布及影响、现状质量数据、免测理由及补测项目。

水质：污染源分布及影响、现状质量数据、免测理由及补测项目。

环境空气：污染源分布及影响、现状质量数据、免测理由及补测项目。

7.2.4　结论

根据调查所获取的信息，确定免测或检测项目、采样点数，制订检测计划，提出建议和措施。

NY/T 5295—2015

无公害农产品　产地环境评价准则

2015-05-21 发布　　　　　　　　　　　　　　　　　2015-08-01 实施

前　言

本标准按照 GB/T 1.1—2009 给出的规则起草。

本标准代替 NY/T 5295—2004《无公害食品　产地环境评价准则》。与 NY/T 5295—2004 相比，除编辑性修改外，主要技术变化如下：

——修改了标准名称；

——增加了评价原则、环境质量概况调查、指标来源、畜禽养殖区域空气的严格控制指标；

——删除了调查原则、野生产品生产区域的土壤环境布点数量、环境空气的日采样时间要求、畜禽饮用水的严格控制指标、报告编制的对策与建议；

——明确了大田作物、林果类产品等产地土壤环境布点数量要求，淡水养殖用水水质及底质、海水养殖用水水质及底质、畜禽饮用水水质、畜禽产品加工用水水质的结果判定标准，以及畜禽养殖区域环境空气质量的评价依据；

——修改了评价依据。

本标准由中华人民共和国农业部提出并归口。

本标准起草单位：农业部环境保护科研监测所、农业部农业环境质量监督检验测试中心（天津）、农业部农产品质量安全中心。

本标准主要起草人：张铁亮、周其文、刘潇威、徐亚平、廖超子。

本标准的历次版本发布情况为：

——NY/T 5295—2004。

1　范围

本标准规定了无公害农产品产地环境评价的原则、程序、方法和报告编制。

本标准适用于种植业、畜禽养殖业和水产养殖业无公害农产品产地环境质量评价。

2　规范性引用文件

下列文件对于本文件的应用是必不可少的。凡是注日期的引用文件，仅注日期的版本适用于本文件。凡是不注日期的引用文件，其最新版本（包括所有的修改单）适用于本文件。

NY/T 388　畜禽场环境质量标准

NY/T 395　农田土壤环境质量监测技术规范

NY/T 396　农用水源环境质量监测技术规范

NY/T 397　农区环境空气质量监测技术规范

NY 5027　无公害食品　畜禽饮用水水质

NY 5028　无公害食品　畜禽产品加工用水水质

NY 5361　无公害食品　淡水养殖产地环境条件

NY 5362　无公害食品　海水养殖产地环境条件

3　评价原则

依据相关法律、法规与标准，按照科学、客观、公正的原则，通过开展产地现状调查、环境质量监测和结果的综合评价，规范地开展无公害农产品产地环境质量评价工作，科学、正确地评价无公害农产品产地环境质量状况。

4　评价程序

4.1　现状调查

4.1.1　调查内容

4.1.1.1　自然环境特征

包括：自然地理、气候与气象（年均风速、主导风向、年均气温、年均相对湿度、年均降水量等）、水文状况（河流、水系、水文特征，地表、地下水源及利用等）、土壤状况（成土母质、土壤类型、土壤肥力、环境背景值等）、植被及自然灾害等。

4.1.1.2　社会经济环境概况

包括：行政区划、主要道路、工业布局和农田水利，农、林、牧、渔业发展情况等。

4.1.1.3　污染源概况

包括：工矿污染源分布及污染物排放情况，农业副产物（畜禽粪便等）处置与综合利用、农业投入品使用情况，农村生活废物排放情况等，以及污染源对农业环境的影响和危害情况等。

4.1.1.4　环境质量概况

4.1.1.4.1　水环境

种植业：主要调查灌溉水源（水系分布、水资源丰富程度、水质稳定程度、利用措施和变化情况等）和灌溉水水质及污染情况等。对于以天然降雨为灌溉水的地区，不需要调查。

畜禽养殖业：主要调查畜禽饮用水和畜禽产品加工用水的水质及污染情况。

水产养殖业：主要调查近海（滩涂）渔业养殖用水、淡水养殖用水的水质及污染情况。深海渔业养殖用水，不需要调查。

4.1.1.4.2　土壤环境

种植业：主要调查土壤环境污染状况、生态环境状况与环境背景情况等。

畜禽养殖业：不进行土壤环境状况调查。

水产养殖业：调查底泥污染情况。

4.1.1.4.3　环境空气

种植业：主要调查产地环境空气质量情况。

畜禽养殖业：主要调查畜禽场所在区域的环境空气质量，包括空气污染的种类、性质以及数量等，畜舍内部的环境空气质量，氨气、硫化氢、恶臭等。

水产养殖业：不进行环境空气调查。

4.1.1.5　农业生态环境保护措施

主要包括：资源合理利用、清洁生产情况与污染治理措施等。

4.1.2　调查方法

采用资料收集、现场调查等形式相结合的方法。

4.1.2.1　资料收集

收集近三年来农业生产部门（种、养殖业和农产品初级加工部门）、环境监测部门与被调查区产地环境质量状况相关的监测数据和资料。当资料收集不能满足需要时应进行现场调查和实地考察。

4.1.2.2　现场调查

主要调查产地周围污染源分布情况，以及自身农业生产活动对产地环境的影响。

4.2　环境监测

依据现状调查结果，确定免测或监测计划，开展环境监测工作。

4.2.1　布点与采样

4.2.1.1　水环境

4.2.1.1.1　布点数量

根据水资源的分布、特点与水质条件等情况，进行布点采样。

对于以天然降雨为灌溉水的地区，可以不采灌溉水样。

对于同一水源（系），水质相对稳定、均一的，布设 1～3 个采样点；不同水源（系）的，则相应增加布点数量。

对水质要求一般的作物产地，可适当减少采样点数，同一水源（系）布设 1～2 个采样点；对水质要求较高的作物产地，应适当增加采样点数。

食用菌生产用水，每个水源（系）布设 1 个采样点。

深海渔业养殖用水可不设采样点；近海（滩涂）渔业养殖用水布设 1～3 个采样点；淡水养殖用水，水源（系）单一的，布设 1～3 个采样点，水源（系）分散的，应适当增加采样点数。

畜禽饮用水，属圈养且相对集中的，每个水源（系）布设 1 个采样点；反之，应适当增加采样点数。

加工用水，每个水源布设 1 个采样点。

4.2.1.1.2　采样时间与频率

种植业用水，在农作物生长过程中的主要灌期采样 1 次。

水产养殖用水，在生长期采样 1 次。

畜禽饮用水，可根据监测需要采集，在生产期内至少采样 1 次，人畜共饮水源的可以不采。

不同季节，水质变化大的水源（系），则应根据实际情况适当增设采样次数。

4.2.1.1.3　采样方法及其他采样要求，除相应标准中另有规定的外，按 NY/T 396 的规定执行。

4.2.1.2　土壤环境

4.2.1.2.1　布点数量

蔬菜栽培区域，产地面积在 300 hm² 以内，布设 3～5 个采样点；面积在 300 hm² 以上，面积每增加 300 hm²，增加 1～2 个采样点。如果管理措施和水平差异较大，应适当增加采样点数。水生蔬菜栽培，需采集底泥。无土栽培蔬菜，需采集培养基质（液）。

大田作物、林果类产品等产地，面积在 1 000 hm² 以内，布设 3～4 个采样点；面积在 1 000 hm² 以上，面积每增加 500 hm²，增加 1～2 个采样点。如果种植区相对分散，则应适当增加采样点数。

食用菌栽培，每种基质（生产用土）采集 1 个混合样。

水产养殖区：近海（滩涂）养殖区，需采集底泥，底栖贝类适当增加布点数量；深海和网箱养殖区，可不采海底泥。

畜禽养殖区：可以不采土壤样品。

4.2.1.2.2　采样时间

土壤样品一般应安排在作物生长期内或播种前采集。

4.2.1.2.3　采样方法及其他采样要求，按 NY/T 395 的规定执行。

4.2.1.3　环境空气

4.2.1.3.1　点位设置

地势平坦区域，空气监测点设置在沿主导风走向 45°～90°夹角内，各测点间距一般不超过 5 km。山沟地貌区域，空气监测点设置在沿山沟走向 45°～90°夹角内。

监测点应选择在远离林木、城镇建筑物及公路、铁路的开阔地带。

各监测点之间的设置条件应相对一致。

4.2.1.3.2　可不测空气的区域

种植业产地周围 5 km，主导风向的上风向 20 km 以内没有明显工矿企业污染源的区域。

畜禽养殖区域的环境空气质量，以现状调查为主，一般不进行现场监测；当资料缺乏或不足时，确有必要监测的，参照有关规定执行。对环境质量状况良好，没有明显污染源的区域，不进行监测。

水产养殖区。

4.2.1.3.3　布点数量

产地布局相对集中，面积较小，无工矿污染源的区域，布设 1～3 个采样点。

产地布局较为分散，面积较大，无工矿污染源的区域，布设 3～4 个采样点；对有工矿污染源的区域，应适当增加采样点数。

样点的设置数量可根据空气质量稳定性以及污染物的影响程度适当增减。

4.2.1.3.4　采样时间及频率

在采样时间安排上，应选择在空气污染对产品质量影响较大时期进行，一般安排在作物生长期进行。在正常天气条件下采样，每天四次，上下午各两次，连采两天。遇异常天气应当顺延。

4.2.1.3.5　采样方法及其他采样要求，按 NY/T 397 的规定执行。

4.2.2　分析与测试

4.2.2.1　监测项目

按照相应产品的产地环境标准规定执行。

4.2.2.2 分析方法

按照相应产品的产地环境标准规定执行。

4.3 结果评价

汇总、分析现状调查和监测所取得的各种资料、数据，做出结论，编制完成评价报告。

5 评价方法

5.1 评价指标

5.1.1 指标来源

评价指标的选取，来源于相应无公害农产品的产地环境条件。

5.1.2 指标分类

根据污染因子的毒理学特征和生物吸收、富集能力，将无公害农产品产地环境条件标准中的项目分为严格控制指标和一般控制指标两类，表1所列项目为严格控制指标，其他项目为一般控制指标。

其中，淡水养殖用水水质、产地底质的指标与结果判定，按照 NY 5361 的规定执行。

海水养殖用水水质、底质的指标与结果判定，按照 NY 5362 的规定执行。

畜禽饮用水水质的指标与结果判定，按照 NY 5027 的规定执行。

畜禽产品加工用水水质的指标与结果判定，按照 NY 5028 的规定执行。

表 1 严格控制指标

类别		指标
水质		铅（Pb）、镉（Cd）、汞（Hg）、砷（As）、氰化物（CN⁻）、六价铬（Cr^{6+}）
土壤和底泥		铅（Pb）、镉（Cd）、汞（Hg）、砷（As）、铬（Cr）
空气	种植区域	二氧化硫（SO_2）、二氧化氮（NO_2）
	畜禽养殖区域	氨气（NH_3）、硫化氢（H_2S）、恶臭

5.2 评价依据

根据申报农产品种类，选择对应的产地环境条件标准为评价依据。其中，畜禽养殖区域的环境空气质量评价依据，按照 NY/T 388 的规定执行。

对于同一产地生产两种以上无公害农产品的，其产地环境评价结果依据要求较高的产地环境执行。

5.3 评价步骤与结果

评价采用单项污染指数与综合污染指数相结合的方法，分步进行。

5.3.1 严格控制指标评价

严格控制指标的评价采用单项污染指数法，按式（1）计算。

$$P_i = C_i / S_i \tag{1}$$

式中：P_i——环境中污染物 i 的单项污染指数；

C_i——环境中污染物 i 的实测值；

S_i——污染物 i 的评价标准。

$P_i > 1$，严格控制指标有超标，判定为不合格，不再进行一般控制指标评价；

$P_i \leqslant 1$，严格控制指标未超标，继续进行一般控制指标评价。

5.3.2　一般控制指标评价

一般控制指标评价采用单项污染指数法，按式（1）计算。

$P_i \leqslant 1$，一般控制指标未超标，判定为合格，不再进行综合污染指数法评价；

$P_i > 1$，一般控制指标有超标，则需进行综合污染指数法评价。

5.3.3　综合污染指数法评价

在没有严格控制指标超标，而只有一般控制标超标的情况下，采用单项污染指数平均值和单项污染指数最大值相结合的综合污染指数法，土壤（水）综合污染指数按式（2）计算，空气综合污染指数按式（3）计算。

$$P = \sqrt{[(C_i / S_i)_{\max}^2 + (C_i / S_i)_{avr}^2] / 2} \tag{2}$$

式中：P——土壤（水）综合污染指数；

$(C_i / S_i)_{\max}$——单项污染指数最大值；

$(C_i / S_i)_{avr}$——单项污染指数平均值。

$$I = \sqrt{\left(\max \left| \frac{C_1}{S_1}, \frac{C_2}{S_2}, \cdots, \frac{C_k}{S_k} \right| \right) \cdot \frac{1}{n} \cdot \sum_{i=1}^{n} \frac{C_i}{S_i}} \tag{3}$$

式中：I——空气综合污染指数；

C_i / S_i——单项污染指数。

$P(I) \leqslant 1$，判定为合格；

$P(I) > 1$，判定为不合格。

6　报告编制

6.1　评价报告应全面、概括地反映环境质量评价的全部工作，文字应简洁、准确，并尽量采用图表。原始数据、全部计算过程等不必在报告书中列出，必要时可编入附录。所参考的主要文献、资料等应按其发表的时间次序由近至远列出目录。

6.2　评价报告应根据实际情况选择下列全部或部分内容进行编制。

6.2.1　前言

评价任务来源、产品种类、生产规模和生产工艺或方式等。

6.2.2　现状调查

产地位置、区域范围（应附平面图）、自然环境特征、社会经济环境概况、主要污染源及影响、农业生态环境保护措施和产地环境现状初步分析。

6.2.3　环境监测

布点原则与方法、采样方法、监测项目与方法和监测结果。

6.2.4　结果评价

评价所采用的方法及评价依据，评价结论与建议。

6.3　评价报告应同时附采样点位图和监测结果报告。

NY/T 1054—2013

绿色食品 产地环境调查、监测与评价规范

Green food—specification for field environmental investigation，monitoring and assessment

2013-12-13 发布 2014-04-01 实施

前 言

本标准按照 GB/T 1.1—2009 给出的规则起草。

本标准代替 NY/T 1054—2006《绿色食品 产地环境调查、监测与评价导则》，与 NY/T 1054—2006 相比，除编辑性修改外主要技术变化如下：

——修改了标准中英文名称；

——修改了调查方法；

——增加了食用盐原料产区和食用菌栽培基质的调查、监测及评价方法；

——调整了部分环境质量免测条件和采样点布设点数；

——修改了评价原则和方法。

本标准由农业部农产品质量安全监管局提出。

本标准由中国绿色食品发展中心归口。

本标准起草单位：中国科学院沈阳应用生态研究所、中国绿色食品发展中心。

本标准主要起草人：王颜红、崔杰华、李显军、张宪、李国琛、王莹、王瑜、林桂凤。

本标准的历次版本发布情况为：

——NY/T 1054—2006。

引 言

根据农业部《绿色食品标志管理办法》和 NY/T 391《绿色食品 产地环境质量》的要求，特制定本规范。

产地环境质量状况直接影响绿色食品质量，是绿色食品可持续发展的先决条件。绿色食品的安全、优质和营养特性，不仅依赖合格的空气、水质、土壤等产地环境质量要素，也需要合理的农业产业结构和配套的生态环境保护措施。一套科学有效的产地环境调查、监测与评价方法是保证绿色食品生产基地安全条件的基本要求。

制定《规范》，目的在于规范绿色食品产地环境质量调查、监测、评价的原则、内容和方法，科学、正确地评价绿色食品产地环境质量，为绿色食品认证提供科学依据。同时，要通过以清洁生产和生态保护为基础的农业生态结构调节，保证农业生态系统的主要功能趋于良性循环，达到保护资源、增加效益、促进农业可持续发展的目的，最终实现经济效

应和生态安全和谐统一。《规范》制定以立足现实、兼顾长远，以科学性、准确性、可操作性为原则，保证 NY/T 391《绿色食品　产地环境质量》的实施。

1　范围

本标准规定了绿色食品产地环境调查、产地环境质量监测和产地环境质量评价的要求。

本标准适用于绿色食品产地环境。

2　规范性引用文件

下列文件对于本文件的应用是必不可少的。凡是注日期的引用文件，仅注日期的版本适用于本文件。凡是不注日期的引用文件，其最新版本（包括所有的修改单）适用于本文件。

NY/T 391　绿色食品　产地环境质量

NY/T 395　农田土壤环境质量监测技术规范

NY/T 396　农用水源环境质量监测技术规范

NY/T 397　农区环境空气质量监测技术规范

3　产地环境调查

3.1　调查目的和原则

产地环境质量调查的目的是科学、准确地了解产地环境质量现状，为优化监测布点提供科学依据。根据绿色食品产地环境特点，兼顾重要性、典型性、代表性，重点调查产地环境质量现状、发展趋势及区域污染控制措施，兼顾产地自然环境、社会经济及工农业生产对产地环境质量的影响。

3.2　调查方法

省级绿色食品工作机构负责组织对申报绿色食品产品的产地环境进行现状调查，并确定布点采样方案。现状调查应采用现场调查方法，可以采取资料核查、座谈会、问卷调查等多种形式。

3.3　调查内容

3.3.1　自然地理：地理位置、地形地貌。

3.3.2　气候与气象：该区域的主要气候特性，年平均风速和主导风向、年平均气温、极端气温与月平均气温、年平均相对湿度、年平均降水量、降水天数、降水量极值、日照时数。

3.3.3　水文状况：该区域地表水、水系、流域面积、水文特征、地下水资源总量及开发利用情况等。

3.3.4　土地资源：土壤类型、土壤肥力、土壤背景值、土壤利用情况。

3.3.5　植被及生物资源：林木植被覆盖率、植物资源、动物资源、鱼类资源等。

3.3.6　自然灾害：旱、涝、风灾、冰雹、低温、病虫草鼠害等。

3.3.7　社会经济概况：行政区划、人口状况、工业布局、农田水利和农村能源结构情况。

3.3.8　农业生产方式：农业种植结构、生态养殖模式。

3.3.9　工农业污染：包括污染源分布、污染物排放、农业投入品使用情况。

3.3.10　生态环境保护措施：包括废物处理、农业自然资源合理利用；生态农业、循环农业、清洁生产、节能减排等情况。

3.4　产地环境调查报告内容

根据调查、了解、掌握的资料情况，对申报产品及其原料生产基地的环境质量状况进行初步分析，出具调查分析报告，报告包括如下内容：

——产地基本情况、地理位置及分布图；

——产地灌溉用水环境质量分析；

——产地环境空气质量分析；

——产地土壤环境质量分析；

——农业生产方式、工农业污染、生态环境保护措施等；

——综合分析产地环境质量现状，确定优化布点监测方案；

——调查单位及调查时间。

4　产地环境质量监测

4.1　空气监测

4.1.1　布点原则

依据产地环境调查分析结论和产品工艺特点，确定是否进行空气质量监测。进行产地环境空气质量监测的地区，可根据当地生物生长期内的主导风向，重点监测可能对产地环境造成污染的污染源的下风向。

4.1.2　样点数量

样点布设点数应充分考虑产地布局、工矿污染源情况和生产工艺等特点，按表1的规定执行；同时还应根据空气质量稳定性以及污染物对原料生长的影响程度适当增减，有些类型产地可以减免布设点数，具体要求详见表2。

表1　不同产地类型空气点数布设表

产地类型	布设点数/个
布局相对集中，面积较小，无工矿污染源	1～3
布局较为分散，面积较大，无工矿污染源	3～4

表2　减免布设空气点数的区域情况表

产地类型	减免情况
产地周围5 km、主导风向的上风向20 km内无工矿污染源的种植业区	免测
设施种植业区	只测温室大棚外空气
养殖业区	只测养殖原料生产区域的空气
矿泉水等水源地和食用盐原料产区	免测

4.1.3　采样方法

a）空气监测点应选择在远离树木、城市建筑及公路、铁路的开阔地带，若为地势平坦区域，沿主导风向45°～90°夹角内布点；若为山谷地貌区域，应沿山谷走向布点。各监测点之间的设置条件相对一致，间距一般不超过5 km，保证各监测点所获数据具有可比性。

b）采样时间应选择在空气污染对生产质量影响较大的时期进行，采样频率为每天四次，上下午各两次，连采两天。采样时间分别为晨起、午前、午后和黄昏，每次采样量不得低于 10 m³。遇雨雪等降水天气停采，时间顺延。取四次平均值，作为日均值。

c）其他要求按 NY/T 397 的规定执行。

4.1.4　监测项目和分析方法

按 NY/T 391 的规定执行。

4.2　水质监测

4.2.1　布点原则

a）水质监测点的布设要坚持样点的代表性、准确性和科学性的原则。

b）坚持从水污染对产地环境质量的影响和危害出发、突出重点、照顾一般的原则，即优先布点监测代表性强、最有可能对产地环境造成污染的方位、水源（系）或产品生产过程中对其质量有直接影响的水源。

4.2.2　样点数量

对于水资源丰富、水质相对稳定的同一水源（系），样点布设 1～3 个，若不同水源（系）则依次叠加，具体布设点数按表 3 的规定执行。水资源相对贫乏、水质稳定性较差的水源及对水质要求较高的作物产地，则根据实际情况适当增设采样点数；对水质要求较低的粮油作物、禾本植物等，采样点数可适当减少，有些情况可以免测水质，详见表 4。

表 3　不同产地类型水质点数布设表

产地类型		布设点数（以每个水源或水系计）/个
种植业（包括水培蔬菜和水生植物）		1
近海（包括滩涂）渔业		1～3
养殖业	集中养殖	1～3
	分散养殖	1
食用盐原料用水		1～3
加工用水		1～3

表 4　免测水质的产地类型情况表

产地类型	布设点数（以每个水源或水系计）
灌溉水系天然降雨的作物	免测
深海渔业	免测
矿泉水水源	免测

4.2.3　采样方法

a）采样时间和频率：种植业用水在农作物生长过程中灌溉用水的主要灌期采样一次；水产养殖业用水，在其生长期采样一次；畜禽养殖用水，宜与原料产地灌溉用水同步采集饮用水水样一次；加工用水每个水源采集水样一次。

b）其他要求按 NY/T 396 的规定执行。

4.2.4　监测项目和分析方法

按 NY/T 391 的规定执行。

4.3　土壤监测

4.3.1　布点原则

绿色食品产地土壤监测点布设，以能代表整个产地监测区域为原则；不同的功能区采取不同的布点原则；宜选择代表性强、可能造成污染的最不利的方位、地块。

4.3.2　样点数量

4.3.2.1　大田种植区

按照表5的规定执行，种植区相对分散，适当增加采样点数。

表5　大田种植区土壤样点数量布设表

产地面积	布设点数
2 000 hm² 以内	3～5 个
2 000 hm² 以上	每增加 1 000 hm²，增加一个

4.3.2.2　蔬菜露地种植区

按照表6的规定执行。

表6　蔬菜露地种植区土壤样点数量布设表

产地面积	布设点数
200 hm² 以内	3～5 个
200 hm² 以上	每增加 100 hm²，增加一个

注：莲藕、荸荠等水生植物采集底泥。

4.3.2.3　设施种植业区

按照表7的规定执行，栽培品种较多、管理措施和水平差异较大，应适当增加采样点数。

表7　设施种植业区土壤样点数量布设表

产地面积	布设点数
100 hm² 以内	3 个
100～300 hm²	5 个
300 hm² 以上	每增加 100 hm²，增加一个

4.3.2.4　食用菌种植区

根据品种和组成不同，每种基质采集不少于三个。

4.3.2.5　野生产品生产区

按照表8的规定执行。

表8　野生产品生产区土壤样点数量布设表

产地面积	布设点数
2 000 hm² 以内	3 个
2 000～5 000 hm²	5 个
5 000～10 000 hm²	7 个
10 000 hm² 以上	每增加 5 000 hm²，增加一个

4.3.2.6　其他生产区域

按照表 9 的规定执行。

表 9　其他生产区域土壤样点数量布设表

产地类型	布设点数
近海（包括滩涂）渔业	不少于 3 个（底泥）
淡水养殖区	不少于 3 个（底泥）

注：深海和网箱养殖区、食用盐原料产区、矿泉水水源区、加工业区免测。

4.3.3　采样方法

a）在环境因素分布比较均匀的监测区域，采取网格法或梅花法布点；在环境因素分布比较复杂的监测区域，采取随机布点法布点；在可能受污染的监测区域，可采用放射法布点。

b）土壤样品原则上要求安排在作物生长期内采样，采样层次按表 10 的规定执行，对于基地区域内同时种植一年生和多年生作物，采样点数量按照申报品种，分别计算面积进行确定。

c）其他要求按 NY/T 395 的规定执行。

表 10　不同产地类型土壤采样层次表

产地类型	采样层次/cm
一年生作物	0～20
多年生作物	0～40
底泥	0～20

4.3.4　监测项目和分析方法

土壤和食用菌栽培基质的监测项目和分析方法按 NY/T 391 的规定执行。

5　产地环境质量评价

5.1　概述

绿色食品产地环境质量评价的目的，是为保证绿色食品安全和优质，从源头上为生产基地选择优良的生态环境，为绿色食品管理部门的决策提供科学依据，实现农业可持续发展。环境质量现状评价是根据环境（包括污染源）的调查与监测资料，应用具有代表性、简便性和适用性的环境质量指数系统进行综合处理，然后对这一区域的环境质量现状做出定量描述，并提出该区域环境污染综合防治措施。产地环境质量评价包括污染指数评价、土壤肥力等级划分和生态环境质量分析等。

5.2　评价程序

应按图 1 的规定执行。

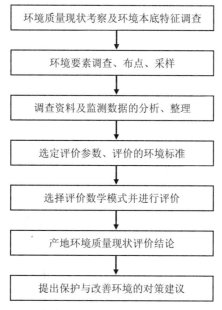

图 1　绿色食品产地环境质量评价工作程序图

5.3　评价标准

按 NY/T 391 的规定执行。

5.4　评价原则和方法

5.4.1　污染指数评价

5.4.1.1　首先进行单项污染指数评价，按照式（1）计算。如果有一项单项污染指数大于 1，视为该产地环境质量不符合要求，不适宜发展绿色食品。对于有检出限的未检出项目，污染物实测值取检出限的一半进行计算，而没有检出限的未检出项目如总大肠菌群，污染物实测值取 0 进行计算。对于 pH 的单项污染指数按式（2）计算。

$$P_i = \frac{C_i}{S_i} \tag{1}$$

式中：P_i——监测项目 i 的污染指数；

　　　C_i——监测项目 i 的实测值；

　　　S_i——监测项目 i 的评价标准值。

$$P_{pH} = \frac{|pH - pH_{sm}|}{(pH_{su} - pH_{sd})/2} \tag{2}$$

其中，$pH_{sm} = \frac{1}{2}(pH_{su} + pH_{sd})$

式中：P_{pH}——pH 的污染指数；

　　　pH_{sm}——pH 的实测值；

　　　pH_{su}——pH 允许幅度的上限值；

　　　pH_{sd}——pH 允许幅度的下限值。

5.4.1.2　单项污染指数均小于或等于 1，则继续进行综合污染指数评价。综合污染指数分别按照式（3）和式（4）计算，并按表 11 的规定进行分级。综合污染指数可作为长期绿色食品生产环境变化趋势的评价指标。

$$P_{综} = \sqrt{\frac{(C_i/S_i)_{max}^2 + (C_i/S_i)_{ave}^2}{2}}$$ （3）

式中：$P_{综}$——水质（或土壤）的综合污染指数；

$(C_i/S_i)_{max}$——水质（或土壤）中污染物中污染指数的最大值；

$(C_i/S_i)_{ave}$——水质（或土壤）污染物中污染指数的平均值。

$$P'_{综} = \sqrt{(C'_i/S'_i)_{max} \times (C'_i/S'_i)_{ave}}$$ （4）

式中：$P'_{综}$——空气的综合污染指数；

$(C'_i/S'_i)_{max}$——空气污染物中污染指数的最大值；

$(C'_i/S'_i)_{ave}$——空气污染物中污染指数的平均值。

表 11　综合污染指数分级标准

土壤综合污染指数	水质综合污染指数	空气综合污染指数	等级
≤0.7	≤0.5	≤0.6	清洁
0.7~1.0	0.5~1.0	0.6~1.0	尚清洁

5.4.2　土壤肥力评价

土壤肥力仅进行分级划定，不作为判定产地环境质量合格的依据，但可作为评价农业活动对环境土壤养分的影响及变化趋势。

5.4.3　生态环境质量分析

根据调查掌握的资料情况，对产地生态环境质量做出描述，包括农业产业结构的合理性、污染源状况与分布、生态环境保护措施及其生态环境效应分析，以此可作为农业生产中环境保护措施的效果评估。

5.5　评价报告内容

评价报告应包括如下内容：

——前言，包括评价任务的来源、区域基本情况和产品概述；

——产地环境状况，包括自然状况、农业生产方式、污染源分布和生态环境保护措施等；

——产地环境质量监测，包括布点原则、分析项目、分析方法和测定结果；

——产地环境评价，包括评价方法、评价标准、评价结果与分析；

——结论；

——附件，包括产地方位图和采样点分布图等。

DB13/T 2206—2015

河北省农田土壤重金属污染修复技术规范

前　言

本标准按照 GB/T 1.1—2009 给出的规则起草。

本标准由河北省环境保护厅提出并归口。

本标准起草单位：河北农业大学、石家庄市环境监测中心。

本标准起草人：谢建治、刘霞、温静、赵东宇、靳伟、刘春敬、韩书宝、宁国辉、王小敏、杨铮铮。

本标准由河北省环境保护厅负责解释。

1　范围

本标准规定了农田土壤重金属污染修复技术的规范性引用文件、术语和定义、土壤重金属污染程度等级划分、土壤重金属污染修复技术要点、基本原则和工作程序、采样与分析方法、标准实施与监督。

本标准适用于河北省内农田土壤重金属污染程度的评价分级和修复技术方案的设计。

2　规范性引用文件

下列文件对于本文件的应用是必不可少的。凡是注日期的引用文件，仅所注日期的版本适用于本文件。凡是不注日期的引用文件，其最新版本（包括所有的修改单）适用于本文件。

GB 15618　土壤环境质量标准

HJ 25.1　场地环境调查技术导则

HJ 25.2　场地环境监测技术导则

HJ 25.3　污染场地风险评估技术导则

HJ 25.4　污染场地土壤修复技术导则

HJ/T 166　土壤环境监测技术规范

3　术语和定义

下列术语和定义适用于本文件。

3.1 农田土壤 soil in farmland

用于种植各种粮食作物、蔬菜、水果、纤维和糖料作物、油料作物及农区林木、花卉、药材、草料等作物的农业用地土壤。

3.2 土壤重金属污染 heavy metal pollution in soil

由于人类活动产生的重金属进入土壤，积累到一定程度，超过土壤本身的自净能力，导致土壤性状和质量变化，构成对人体和生态环境的影响和危害。

3.3 重金属污染区域 contaminated site

已被重金属污染的特定区域的农田。

3.4 土壤修复 soil remediation

利用物理、化学和生物的方法固定、转移、吸收和转化土壤中的污染物，使其危害降低到可接受水平。

3.5 土壤修复技术 soil remediation technology

使遭受污染的土壤恢复正常功能的技术措施。

3.6 修复模式 remediation strategy

对重金属污染区域进行修复的工艺路线与管控制度，又称修复策略。

4 土壤重金属污染程度等级划分

4.1 土壤重金属污染程度评价方法

4.1.1 单因子指数法见式（1）。

$$P_i = C_i/S_i \tag{1}$$

式中：P_i——土壤中污染物的环境质量指数；

C_i——污染物的实测浓度；

S_i——污染物评价标准，$S_i = x + 2s$，其中：x 为某污染物在该地的背景值；s 为标准差。

4.1.2 多因子综合污染指数法见式（2）。

$$P_{\text{综}} = \{(P_i)^2 + [\max(P_i)]^2/2\}^{1/2} \tag{2}$$

式中：$P_{\text{综}}$——土壤污染综合污染指数；

$\max(P_i)$——单因子污染指数的最大值；

P_i——单因子污染指数的平均值。

4.1.3 Hakanson 潜在生态危害指数（RI）法见式（3）。

$$RI = \sum_{i=1}^{n} T_r^i C_{\text{实测}}^i / C_r^i \tag{3}$$

式中：RI——某一点土壤多种重金属综合潜在生态危害指数；

T_r^i——各重金属的毒性响应系数，见表1；

$C_{\text{实测}}^i$——表层土壤重金属元素的实测含量；

C_r^i——该元素的评价标准值（参照 4.1.1 中 S_i）。

表 1　重金属的毒性系数

元素	Ti	Mn	Zn	V	Cr	Cu	Pb	Ni	Co	As	Cd	Hg
毒性系数	1	1	1	2	2	5	5	5	5	10	30	40

4.2　土壤重金属污染评价分级标准

按以上土壤重金属污染程度评价方法进行计算后，进行了如下分级，见表 2。

表 2　土壤重金属污染评价分级标准

评价方法			土壤质量		备注
单因子指数法	多因子综合指数法	潜在生态危害指数法	等级	污染程度	
$P_i \leq 0.7$	$P_综 \leq 0.7$	RI≤100	1 级	清洁	评价方法中选择结果最高者进行污染等级和程度的划分
$0.7 < P_i \leq 1$	$0.7 < P_综 \leq 1$	100<RI≤150	2 级	尚清洁	
$1 < P_i \leq 2$	$1 < P_综 \leq 2$	150<RI≤300	3 级	轻度污染	
$2 < P_i \leq 3$	$2 < P_综 \leq 3$	300<RI≤600	4 级	中度污染	
$P_i > 3$	$P_综 > 3$	RI>600	5 级	重度污染	

5　土壤重金属污染修复技术要点

5.1　物理修复技术

5.1.1　技术要点：深耕翻土应将底土与表土更新或混匀；客土法中使用的非污染土壤性质最好与原污染土壤相一致，以免引起污染土壤中重金属活性的增大；换土法应妥善处理被挖出的污染土壤，按照 HJ 25.4 标准执行，使其不致引起二次污染。

5.1.2　适用对象：深耕翻土适用于轻度污染农田；客土法适用于中度或重度污染农田；换土法适用于重度污染农田。

5.2　物理化学修复技术

5.2.1　技术要点：固化技术要将重金属污染的土壤与固化剂按一定比例混合，经熟化最终形成渗透性很低的固体混合物；电修复技术利用电动力学法在土壤中插入电极，把低强度直流电导入土壤以清除污染物；化学修复技术包括化学提取修复技术和化学改良剂修复技术。修复的土壤要保持土壤理化性质稳定，尤其是 pH。

5.2.2　适用对象：固化技术一般适用于轻、中度污染的农田；电修复技术适用于各种污染程度的农田，特别适合于低渗透的黏土和淤泥土的重金属污染的治理，不适于对砂性土壤重金属污染的治理；化学提取修复技术适用于各种污染程度的渗透系数大的表层污染土壤的修复，化学改良剂修复技术多适用于轻、中度污染的农田。

5.3　生物修复技术

5.3.1　技术要点：微生物修复技术利用微生物能够改变重金属存在的氧化还原状态或与重金属具有很强的亲和性的特性，固定或转化重金属，从而降低土壤中重金属的毒性；植物修复技术利用重金属超累积植物来固定、转移或转化土壤中的重金属；植物-微生物联合修复把植物与微生物结合起来，融合二者优势。修复前先要确定重金属种类，针对特定种类选择相应的植物或微生物。

5.3.2　适用范围：适用于轻度和中度重金属污染的农田。在实际应用中，可选择单一修复技术或多种修复技术联合使用。

表 3　与土壤重金属污染程度相适合的修复技术

等级	污染程度	适合的修复技术
1 级	清洁	等同于未污染区域，主要包括耕地和集中式饮用水水源地，实施优先保护
2 级	尚清洁	预防为主的保护措施，限制污染物进入量，限制引起较大土壤理化性质变异的措施，限制重金属高富集类型作物种植等措施
3 级	轻度污染	物理修复技术采用深耕翻土；物理化学修复技术；生物修复技术
4 级	中度污染	物理修复技术采用客土或换土；物理化学修复技术；生物修复技术
5 级	重度污染	物理修复技术采用换土；物理化学修复技术

6　基本原则和工作程序

6.1　基本原则

综合考虑农田土壤重金属污染区域各项因素，采用科学方法选择修复技术，制订修复方案，使其目标可达，修复工程切实可行，同时要确保污染区域修复工程实施的安全性。

6.2　工作程序

6.2.1　确认重金属污染场地的条件和污染程度

6.2.1.1　资料收集

收集并核实相关资料的完整性和有效性，结合当地农业和国土部门的相关调查和监测结果，确定土壤重金属污染物来源、种类、程度、范围和空间分布特征，判断土壤重金属污染情况及其管理制度、监测能力等。

6.2.1.2　现场踏勘

考察重金属污染区域，包括植物种类、耕作制度、土壤修复工程施工条件，特别是用电、用水、施工道路等情况。

6.2.1.3　土壤重金属污染程度和等级

通过本标准 4.1 和 4.2 中污染程度评价方法确定其污染程度和等级。

6.2.2　确定修复目标和修复模式

6.2.2.1　确认目标污染物

分析前期资料获得的土壤重金属监测值，确认污染区域重金属污染类型，若为复合污染，确认进行修复的重金属的主要种类。

6.2.2.2　提出修复目标值

参照重金属污染农田所在区域土壤中目标污染物的背景值含量和国家有关标准中规定的限值，合理提出土壤目标污染物的修复目标值。

6.2.2.3　确认修复范围和要求

确认前期重金属污染区域环境调查风险评估提出的土壤修复区域，包括修复的面积、四周边界、污染土层厚度、修复区域内的种植耕作情况等。依据土壤目标污染物的修复目标值，分析和评估需要修复的土壤量。

6.2.2.4　选择修复模式

根据土壤重金属污染程度等级、修复目标及要求，选择确定修复总体思路、修复模式。

6.2.3　筛选修复技术

6.2.3.1　修复技术的初筛

根据重金属污染区域的土壤特性、污染特征、修复模式等，综合考察技术特点、目标重金属、修复效果、时间和成本等，初步定性筛选修复技术。

6.2.3.2　修复技术可行性评估

编制污染修复工程可行性研究报告，可行性报告的编写内容包括前言、污染场地概况（农田特征条件、重金属种类、污染程度、污染范围、污染源、建议修复目标值）、筛选和评价修复技术、修复技术实施技术方案、监测与分析方法（布点、采样方法、分析方法）、结论和建议。

必要时需进行实验室小试、现场中试和应用案例分析。

6.2.3.3　确定修复技术

对各备选修复技术进行综合比较，选择确定实用、经济、有效的修复技术，可以是一种修复技术，也可是多种修复技术的联合应用。

6.2.4　制定修复方案

6.2.4.1　制定技术路线

应反映出重金属污染区域的修复方法、修复工艺流程和具体步骤。

6.2.4.2　确定修复技术的工艺参数

包括修复材料投加量或比例、设备处理能力、处理所需时间、处理条件、能耗、处理面积等。

6.2.4.3　估算修复的工程量

涉及土壤处理和处置所需的工程量、现场中试的工程量、修复过程中产生的污染土壤或植物等的无害化处置的工程量，以及方案涉及的其他工程量。

6.2.4.4　修复工程的环境监理计划

包括修复前、修复过程中和修复工程验收中的环境监测，二次污染监控，以及环保措施实行情况和修复目标完成情况。

6.2.4.5　修复工程的环境影响分析及应急安全计划

为保护重金属污染区域修复工程正常运行、周边居民的健康以及二次开发利用土地，必须分析污水灌溉情况、周边工厂和汽车尾气的排放特征等，提出相应的控制措施。对于采取特殊技术的污染区域，如化学淋洗，必须分析修复活动结束后污染区域土壤的维护及其对周边环境的影响。对于环境影响可能较大的修复工程项目，应进行环境影响评价。同时，应制订周密的场地修复工程应急安全计划，包括安全问题识别及相应的预防措施、突发事故的应急措施、配备安全防护设备和安全防护培训等。

7　采样与分析方法

7.1　采样

农田土壤重金属采样频次、布点、采样时间和方法按 HJ/T 166 标准执行。

7.2 分析方法

农田土壤重金属分析方法按 GB 15168 标准执行。

8 标准实施与监督

本标准由县级以上人民政府环境保护行政主管部门负责监督实施。

NY/T 2626—2014

补充耕地质量评定技术规范

Rules for supplementary cultivated land quality assessment

2014-10-17 发布   2015-01-01 实施

前 言

本标准按照 GB/T 1.1—2009 给出的规则起草。

本标准由农业部种植业管理司提出并归口。

本标准起草单位：全国农业技术推广服务中心、山西省土壤肥料工作站、江西省土壤肥料技术推广站、湖北省土壤肥料工作站。

本标准主要起草人：辛景树、马常宝、任意、郑磊、张耦珠、邵华、鲁明星。

1 范围

本规范规定了补充耕地质量评定的资料准备、实地踏勘、样品采集、样品检测、综合评价等环节的技术内容、方法和程序。

2 规范性引用文件

下列文件对于本文件的应用是必不可少的。凡是注日期的引用文件，仅注日期的版本适用于本文件。凡是不注日期的引用文件，其最新版本（包括所有的修改单）适用于本文件。

NY/T 53 土壤全氮的测定

NY/T 889 土壤缓效钾和速效钾的测定

NY/T 890 土壤有效铜、锌、铁、锰的测定

NY/T 1121.1 土壤检测 第 1 部分：土壤样品的采集、处理和贮存

NY/T 1121.2 土壤检测 第 2 部分：土壤 pH 的测定

NY/T 1121.4 土壤检测 第 4 部分：土壤容重的测定

NY/T 1121.5 土壤检测 第 5 部分：石灰性土壤阳离子交换量的测定

NY/T 1121.6 土壤检测 第 6 部分：土壤有机质的测定

NY/T 1121.7 土壤检测 第 7 部分：土壤有效磷的测定

NY/T 1121.8 土壤检测 第 8 部分：土壤有效硼的测定

NY/T 1121.9 土壤检测 第 9 部分：土壤有效钼的测定

NY/T 1121.13 土壤检测 第 13 部分：土壤交换性钙和镁的测定

NY/T 1121.14　土壤检测　第 14 部分：土壤有效硫的测定

NY/T 1121.16　土壤检测　第 16 部分：土壤水溶性盐总量的测定

NY/T 1121.24　土壤检测　第 24 部分：土壤全氮的测定　自动定氮仪法

NY/T 1121.25　土壤检测　第 25 部分：土壤有效磷的测定　连续流动分析仪法

NY/T 1634　耕地地力调查与质量评价技术规程

3　术语和定义

下列术语和定义适用于本文件。

3.1　补充耕地　supplementary cultivated land

土地开发、复垦和整理的新增耕地。

3.2　耕地质量　cultivated land quality

耕地满足作物正常生长和清洁生产的程度，包括耕地地力和环境质量两个方面。

3.3　耕地地力　cultivated land productivity

在当前管理水平下，由土壤本身特性、自然条件和农田基础设施水平等要素综合构成的耕地生产能力。

3.4　农业生产基本条件符合性　conformity of agricultural condition

耕地满足作物正常生长需要达到的最基本条件，包括立地条件、土壤属性、农田基础设施状况和清洁生产程度等。

3.5　补充耕地质量评定　supplementary cultivated land quality assessment

对补充耕地的农业生产基本条件符合性、耕地地力进行综合评价，形成评定报告的行为。

4　资料收集和技术准备

4.1　资料收集

补充耕地建设项目批复文件、规划图，实施前土地利用现状图及照片，当地土壤普查和耕地地力评价成果等相关资料。

4.2　评价单元划定

根据补充耕地建设项目类型及地貌类型、地形部位、土壤类型、农田基础设施等划分评价单元。

5　实地踏勘

5.1　核实内容

补充耕地的地理位置、四至范围和土地利用现状等。

5.2　调查内容

地形部位、土层厚度、耕层厚度、表层土壤质地、田面坡度、地表碎屑物含量和类型、灌排设施、田间道路等，各地可根据当地实际情况，增加相关调查内容。若补充耕地周边有污染源或潜在污染源的，开展相应污染类型调查。填写补充耕地质量评定实地踏勘表（参见附录 A）。

5.3　调查方法

采用实地勘测、农户调查和专家会商等形式。

6　样品采集

6.1　采样密度

每个评价单元至少采集一个土壤样品。若补充耕地周边有污染源或潜在污染源的，要采集用于耕地环境质量指标检测的样品，采样密度根据污染源位置、污染类型和污染程度确定。

6.2　采集方法

按 NY/T 1121.1 土壤样品的采集、处理和储存的方法操作。用于耕地环境质量指标检测的样品，按 NY/T 1634 耕地地力调查与质量评价技术规程规定的方法操作。填写补充耕地质量评价土壤样品采集记录表（参见附录 B）。图示采样点位置。

7　样品检测

7.1　检测项目

土壤有机质、全氮、有效磷、速效钾和 pH。各地根据实际情况增加交换性钙、交换性镁、有效硫、有效铜、有效锌、有效铁、有效锰、有效硼、有效钼、阳离子交换量、土壤水溶性盐总量和土壤容重、土壤质地等；在有污染源或潜在污染源的区域，根据污染类型、污染形态确定检测项目。

7.2　检测方法

7.2.1　土壤 pH 的测定

按 NY/T 1121.2 规定的方法测定。

7.2.2　土壤有机质的测定

按 NY/T 1121.6 规定的方法测定。

7.2.3　土壤全氮的测定

按 NY/T 53 规定的方法测定，也可按 NY/T 1121.24 规定的方法测定。

7.2.4　土壤有效磷的测定

按 NY/T 1121.7 规定的方法测定，也可按 NY/T 1121.25 规定的方法测定。

7.2.5　土壤速效钾的测定

按 NY/T 889 规定的方法测定。

7.2.6　土壤有效态铜、锌、铁、锰的测定

按 NY/T 890 规定的方法测定。

7.2.7　土壤有效硼的测定

按 NY/T 1121.8 规定的方法测定。

7.2.8　土壤有效钼的测定

按 NY/T 1121.9 规定的方法测定。

7.2.9　土壤交换性钙和镁的测定

按 NY/T 1121.13 规定的方法测定。

7.2.10　土壤有效硫的测定

按 NY/T 1121.14 规定的方法测定。

7.2.11　土壤容重的测定

按 NY/T 1121.4 规定的方法测定。

7.2.12　石灰性土壤阳离子交换量的测定

按 NY/T 1121.5 规定的方法测定。

7.2.13　土壤水溶性盐总量的测定

按 NY/T 1121.16 规定的方法测定。

7.2.14　土壤环境质量指标测定

按 NY/T 1634 规定的方法测定。

8　综合评价

包括农业生产基本条件符合性评价和耕地地力评价两个方面。若有污染源或潜在污染源的，增加耕地环境质量评价，按 NY/T 1634 的方法操作。

8.1　农业生产基本条件符合性评价

农业生产基本条件符合性评价必选指标包括土层厚度、地表碎屑物含量和类型、土壤有机质含量、地形坡度等，还应根据实际情况增加评价指标。各省（区、市）根据实际情况确定每项指标的最高或最低限量值作为评价标准。所有评价指标均符合评价标准的视为符合，否则视为不符合。

8.2　耕地地力评价

对符合农业生产条件的补充耕地进行耕地地力评价。

8.2.1　确定耕地地力评价因子

根据当地实际情况，从实地踏勘内容和样品检测项目中选取 9 个以上稳定性、独立性较强的主要指标作为评价因子。评价因子应包括立地条件、土壤属性、农田基础设施指标。

8.2.2　评价单元赋值

根据实地踏勘和样品检测结果，将确定的评价因子数据赋值评价单元。

8.2.3　确定评价因子隶属度

对于定性数据采用德尔菲法直接给出相应的隶属度；对于定量数据采用德尔菲法与隶属函数法相结合的方法确定各评价因子的隶属函数，将评价因子的值代入隶属函数，计算相应的隶属度。

8.2.4　确定评定因子权重

采用德尔菲法与层次分析法相结合的方法确定各评定因子的组合权重，按 NY/T 1634 耕地地力调查与质量评价技术规程规定的方法操作。

8.2.5　计算耕地地力综合指数

采用累加法，按式（1）计算补充耕地地力综合指数。

$$IFI = \sum_{k=1}^{n} F_i \times C_i \tag{1}$$

式中：IFI——耕地地力综合指数；

F_i——第 i 个评价因子的隶属度；

C_i——第 i 个评价因子的组合权重。

8.2.6　划分耕地地力等级

根据耕地地力综合指数值，结合本地耕地地力等级划分标准，确定补充耕地的地力等级。

8.3　形成评定结论

农业生产基本条件符合性评价不符合的，评定结果为不合格；农业生产基本条件符合性评价符合的，再结合耕地地力评价结果，形成评定结论。若进行环境质量评价的，其评价结果作为评定结论的重要依据。

9　报告编写

包括补充耕地基本情况、评价内容与方法、结论与建议、情况说明及其相关附件（参见附录 C）。

9.1　基本情况

补充耕地项目名称、实施单位、区域位置、耕地面积、四至范围等。

9.2　内容与方法

补充耕地质量评定的程序，实地踏勘、样品采集、样品检测、农业生产基本条件符合性评价及耕地地力评价的依据、方法和标准。若开展环境质量评价的，也要注明采用的依据、方法和标准等。

9.3　结论与建议

结论包括农业生产基本条件符合性评价、耕地地力评价等结果。若开展环境质量评价的，还应包括环境评价结果。

建议包括补充耕地质量存在的主要问题、后期培肥改良措施和建议等。

9.4　情况说明

对实地踏勘、样品采集、样品检测、综合评价中出现的异议等情况进行说明。

9.5　附件

实地踏勘调查表、土壤调查与样品采集表、有资质检测机构出具的土壤样品检测报告、补充耕地地理位置图和采样点位图等。

附录 A

（资料性附录）

补充耕地质量评定实地踏勘表（式样）

补充耕地质量评定实地踏勘表（式样）见表 A.1。

表 A.1　补充耕地质量评定实地踏勘表（式样）

野外调查编号		评价单元四至范围	经度：　°　′　″　　　　　　纬度：　°　′　″
			海拔：　　　m　图幅号：　　　图斑号：
评价单元地理位置		市（州）　　县（市、区）　　乡（镇、街办）　　村	
耕地类型		土地权属	评价单元面积，亩
土壤类型			
地形部位		地形坡度/（°）	
地形坡向		田面坡度/（°）	
地表碎屑物含量和类型/%		土壤母质	
土层厚度/cm		耕层厚度/cm	
表层土壤质地		土壤侵蚀	
障碍类型		道路状况	
灌溉水源类型		田间输水方式	
灌溉保证率		排涝（洪）能力	
污染物类型		污染方位	
采样点距污染源距离/km			

调查人：　　　　　　　　　　　　　调查日期：　　　年　　月　　日

A.1　野外调查编号

各地根据实际情况自行规定。

A.2　四至范围

经纬度及海拔高度由 GPS 仪进行测定。经纬度的计量单位可以选择 10 进制，小数点后保留五位小数；也可以选择度分秒（　°　′　″），秒的小数点后保留两位小数。

A.3　地理位置

指项目区评价单元所在市（州）、县（市、区）、乡（镇、办）、村的名称。

A.4　耕地类型

指水田、水浇地和旱地。

A.5　土地权属

按土地的使用权划分为农户、集体。

A.6　评价单元面积

精确到 0.1 亩。

A.7　土壤类型

采用全国第二次土壤普查修正稿的分类命名。

A.8　地形部位

指中小地貌单元，如河流及河谷冲积平原要区分出河床、河漫滩、一级阶地、二级阶地、高阶地等；山麓平原要区分出坡积裙、洪积锥、洪积扇（上、中、下）、扇间洼地、扇缘洼地等；黄土丘陵要区分出塬、梁、峁、坪等；低山丘陵与漫岗要区分为丘（岗）顶部、丘（岗）坡面、丘（岗）坡麓、丘（岗）间洼地等；平原河网圩田要区分为易涝田、渍害田、良水田等；丘陵冲垄稻田按宽冲、窄冲，纵向分冲头、冲中部、冲尾，横向分冲、塝、岗田等；岩溶地貌要区分为石芽地、坡麓、峰丛洼地、溶蚀谷地、岩溶盆地（平原）等。各地应结合当地实际进行具体描述。

A.9　地形坡度

所在地块的整体坡度，有条件的地区可通过测坡仪实地测定。

A.10　地形坡向

按地表坡面所对的方向分为 E（东），S（南），W（西），N（北）、SE（东南），SW（西南），NW（西北），NE（东北）等；坡度<3°时填平地。

A.11　田面坡度

指所在地块地面起伏情况，一般分为平整（<3°）、基本平整（3°～5°）、不平整（>5°）。

A.12　地表碎屑物含量和类型

指 30 cm×30 cm×30 cm 土体内直径大于 10 mm 的固体颗粒占土体重量的比例，类型包括岩石破碎物、矿物碎屑和外加固体物（建筑和工程残留物）。

A.13　土壤母质

按成因类型即母质是否经过重新移动和移运力的差异分为残积物、崩积物、坡积物、冲积物、洪积物、湖积物、海积物、冰水沉积物、冰碛物、风积物等；可以上述分类为基础，结合母质成分进一步细化。

A.14　土层厚度

实际测量确定，单位统一为厘米（cm），取整数位。

A.15　耕层厚度

实际测量确定，单位统一为厘米（cm），取整数位。

A.16　表层土壤质地

分为沙土（松沙土、紧沙土）、沙壤、轻壤、中壤、重壤、黏土（轻黏土、中黏土、重黏土）等。

A.17　土壤侵蚀

按侵蚀类型和侵蚀程度记载。根据土壤侵蚀营力、侵蚀类型可划分为水蚀、风蚀、重力侵蚀、冻融侵蚀、混合侵蚀等。侵蚀程度分为无、轻度、中度、强度、极强度、剧烈六级。

A.18　障碍类型

按对植物生长构成障碍的土层类型来填，如铁盘层、黏盘层、沙砾层、潜育层、卵石层、石灰结核层、白浆层等；障碍深度是指障碍层最上层到地表的垂直距离，障碍厚度是指障碍层的最上层到最下层的垂直距离。

A.19　道路状况

田间作业道路分为好、较好、中等、较差、差等。

A.20　灌溉水源类型

按不同灌溉水源（河流、湖泊、水库、深层地下水、浅层地下水、污水、泉水、旱井等）的利用程度依次填写，有几种填几种。

A.21　田间输水方式

分为渠道和管道两大类，其中渠道又可根据是否采用防渗技术细分为土渠、防渗渠道等。同一评价单元灌溉水源和田面输水方式可能有多种，应全部填写。

A.22　灌溉保证率

指预期灌溉用水量在多年灌溉中能够得到充分满足的年数的出现概率。一般旱涝保收田的灌溉保证率在75%以上。

A.23　排涝（洪）能力

排涝能力是指排涝骨干工程（干、支渠）和田间工程（斗、农渠）按多年一遇的暴雨不致成灾的要求能达到的标准，如抗十年一遇、抗五年至十年一遇、抗五年一遇等；可填强、中、弱等。

排洪能力是指田间工程（多指排洪沟）抵御洪水的能力；可填无、有；如果有可填强、中、弱等。

A.24　污染物类型

根据污染物的属性分为有机物污染（包括有机毒物的各种有机废物、农药等）、无机物污染（包括有害元素的氧化物、酸、碱和盐类等）、生物污染（包括未经处理的粪便、垃圾、城市生活污水、饲养场及屠宰的污物中所携带的一个或多个有害的生物种群、潜伏在土壤中的植物病原体等）、放射性物质污染等。

A.25　污染方位

指污染源在补充耕地的具体方向。

A.26　采样点距污染源距离

指取样地块距污染源的最短距离。

附录 B
（资料性附录）
补充耕地质量评定土壤样品采集记录表（式样）

补充耕地质量评定土壤样品采集记录表见表 B.1。

表 B.1 补充耕地质量评定土壤样品采集记录表（式样）

野外调查编号		采样地点	
采样中心点坐标	经度：		
	纬度：		
土壤样品采集单位		单位地址	
土样采集编号		土壤采集深度	
检测项目			
备注			

采样人： 采样日期： 年 月 日

附录 C

（资料性附录）

补充耕地质量评定报告书（式样）

补充耕地质量评定报告书见表 C.1。

表 C.1 补充耕地质量评定报告书（式样）

1. 基本情况

项目名称			实施单位	
区域位置			耕地面积/亩	
四至范围	经度：		图幅/图斑号	/
	纬度：			

2. 内容与方法

　　补充耕地质量评定的程序，实地踏勘、样品采集、样品检测、农业生产基本条件符合性评价及耕地地力评价的依据、方法和标准。若开展环境质量评价的，也要注明采用的依据、方法和标准等。

3. 结论与建议

　　结论包括农业生产基本条件符合性评价、耕地地力评价等结果。若开展环境质量评价的，还应包括环境评价结果。建议包括补充耕地质量存在的主要问题、后期培肥改良措施和建议等。

（专家组组长签名）：

年　　月　　日

4. 情况说明

　　对实地踏勘、样品采集、样品检测、综合评价中出现的异议等情况说明。

　　附件：实地踏勘调查表、土壤调查与样品采集表、有资质检测机构出具的土壤样品检测报告、补充耕地地理位置图和采样点位图、专家组成员名单等。

NY/T 2173—2012

耕地质量预警规范

Rules for early warning on cultivated land quality

2012-06-06 发布   2012-09-01 实施

前　言

本标准按照 GB/T 1.1—2009 给出的规则起草。

本标准由中华人民共和国农业部种植业管理司提出并归口。

本标准起草单位：全国农业技术推广服务中心、江苏省土壤肥料技术指导站、河南省土壤肥料站、广东省土壤肥料总站、江西省土壤肥料技术推广站、成都土壤肥料测试中心。

本标准主要起草人：辛景树、马常宝、任意、王绪奎、慕兰、汤建东、廖诗传、李昆、杨大成、郑磊、蒋玉根。

1　范围

本标准规定了耕地质量预警涉及的术语和定义及预警原则、体系构建、预警流程与方法、结果发布的要求。

本标准适用于耕地质量预警，也适用于园地质量预警。

2　规范性引用文件

下列文件对于本文件的应用是必不可少的。凡是注日期的引用文件，仅注日期的版本适用于本文件。凡是不注日期的引用文件，其最新版本（包括所有的修改单）适用于本文件。

GB/T 2260　中华人民共和国行政区划代码

GB 15618　土壤环境质量标准

GB/T 17138　土壤质量　铜、锌的测定　火焰原子吸收分光光度法

GB/T 17141　土壤质量　铅、镉的测定　石墨炉原子吸收分光光度法

LY/T 1229　森林土壤水解性氮的测定

LY/T 1233　森林土壤有效磷的测定

NY/T 53　土壤全氮测定法（半微量开氏法）

NY/T 295　中性土壤阳离子交换量和交换性盐基的测定

NY/T 395　农田土壤环境质量监测技术规范

NY/T 889　土壤速效钾和缓效钾含量的测定

NY/T 890　土壤有效态锌、锰、铁、铜含量的测定　二乙三胺五乙酸（DTPA）浸提法

NY/T 1119　耕地质量监测规程

NY/T 1121.1　土壤检测　第1部分：土壤样品的采集、处理和储存

NY/T 1121.3　土壤检测　第3部分：土壤机械组成的测定

NY/T 1121.4　土壤检测　第4部分：土壤容重的测定

NY/T 1121.5　土壤检测　第5部分：石灰性土壤阳离子交换量的测定

NY/T 1121.6　土壤检测　第6部分：土壤有机质的测定

NY/T 1121.7　土壤检测　第7部分：酸性土壤有效磷的测定

NY/T 1121.8　土壤检测　第8部分：土壤有效硼的测定

NY/T 1121.9　土壤检测　第9部分：土壤有效钼的测定

NY/T 1121.10　土壤检测　第10部分：土壤总汞的测定

NY/T 1121.11　土壤检测　第11部分：土壤总砷的测定

NY/T 1121.12　土壤检测　第12部分：土壤总铬的测定

NY/T 1121.13　土壤检测　第13部分：土壤交换性钙和镁的测定

NY/T 1121.14　土壤检测　第14部分：土壤有效硫的测定

NY/T 1121.15　土壤检测　第15部分：土壤有效硅的测定

NY/T 1121.22　土壤检测　第22部分：土壤田间持水量的测定—环刀法

NY/T 1121.23　土壤检测　第23部分：土粒密度的测定

NY/T 1377　土壤中pH值的测定

NY/T 1634　耕地地力调查与质量评价技术规程

3　术语和定义

下列术语和定义适用于本文件。

3.1　耕地　cultivated land
能够种植农作物并经常耕种的土地。

3.2　耕地地力　cultivated land productivity
在当前管理水平下，由土壤本身特性、自然条件和基础设施水平等要素综合构成的耕地生产能力。

3.3　耕地质量　cultivated land quality
指耕地满足作物正常生长和清洁生产的程度，包括耕地地力和耕地环境质量两个方面。本标准所指耕地环境质量，界定在土壤重金属污染等方面。

3.4　耕地质量预警　early warning on cultivated land quality
是在全面准确地把握区域耕地质量状况及变化规律的基础上，对区域耕地质量的现状进行评价，对其未来进行预测，确定超过临界值状态的时空范围和危害程度，并提出防范措施。

4　预警原则

4.1　政府主导与分级负责相结合
各级政府是耕地质量预警的责任主体，各级耕地质量预警中心（区域监测站）受同级

农业行政主管部门委托负责耕地质量预警的具体事务，发布耕地质量预警报告或年度报告。预警数据实行逐级备案制度。

4.2　定点监测与专项调查相结合

耕地质量预警信息主要来源于耕地质量例行监测和专项调查。各级耕地质量预警中心（区域监测站）应对各监测网点耕地质量状况进行全面监测。当发生耕地质量突发事件或出现耕地质量异常变化情况时，应组织专家及时启动专项调查，查找引起耕地质量变化的主要因素，核实耕地质量变化的范围、规模和危害程度。

4.3　部门协作与专家会商相结合

耕地质量预警实行多部门专家会商制度。农业行政主管部门应组织建立耕地质量专家组，专家组由农业、环保、国土、气象等领域的专家组成。专家组负责在会商的基础上确定预警指标及阈值，判定警情，提出保护和提高耕地质量的措施建议。专家会商坚持公正、民主、规范、科学的原则，任何单位或个人不得以任何理由和借口干扰专家组的正常工作。

4.4　常规预警与应急预警相结合

在耕地质量例行监测中，发现耕地地力和环境因子未超过临界值的，发布耕地质量年度监测报告；超过临界值的，应及时发布警情。当出现耕地质量突发事件时，县级农业行政主管部门应组织开展耕地质量专项调查，制定合理适当的应急措施，发布预警报告。对于涉及可能产生大面积耕地质量下降的事件，应及时上报省级农业行政主管部门备案。

5　耕地质量监测预警中心、区域监测站与监测点设置

按分级负责、各有侧重、功能互补、规范高效的原则逐级构建县、市级耕地质量预警区域监测站和省级、国家耕地质量预警中心，耕地质量预警体系图参见附录 A。各级分别按照 NY/T 1119 的规定建立耕地质量监测点，采集所属监测点耕地质量相关信息，建立耕地质量数据库，受同级农业行政主管部门委托发布本级耕地质量预警报告或年度报告。监测预警数据实行逐级备案制度。各级耕地质量预警中心（区域监测站）建设标准参见附录 B。

6　预警流程与方法

6.1　预警流程

各级耕地质量预警中心（区域监测站）根据耕地质量监测、专项调查及有关文献资料，组织专家会商，确定预警指标与阈值。耕地质量出现警情的，经同级农业行政主管部门批准，及时发布耕地质量预警报告，同时报上级农业行政主管部门备案；耕地质量未出现警情的发布耕地质量年度报告。耕地质量预警流程图参见附录 C。

6.2　预警方法

6.2.1　建立指标体系

6.2.1.1　指标选取原则

预警指标选取按区域性、主导性、敏感性、系统性和可操作性原则进行。在指标选取过程中，应针对区域特点，选择影响耕地质量的主导因素。选择的指标应具有动态变化的

特征，对于农业利用方式具有较高敏感性，能全面、系统地反映耕地质量总体或某一方面的质量现状和变化趋势。指标数据应方便获取，易于量化。

6.2.1.2　预警指标体系

预警指标体系是由一系列相互联系的、能敏感反映耕地质量状况的指标有机结合所构成的整体。该体系由耕地地力指标（参见附录 D）和耕地环境质量指标（包括土壤 pH、铅、镉、汞、砷、铬、铜等）两方面构成。

6.2.2　调查方法

通过耕地质量例行监测和专项调查，获取耕地的立地条件、土壤理化性状、障碍因素、田间基础设施、农田污染、农作物产量与地质灾害发生情况等方面的数据信息（调查表参见附录 E）。对于耕地质量突发事件，应根据发生类型和影响区域选取典型地块开展现场调查。

6.2.3　样品采集

土壤样品采集按 NY/T 1121.1 规定的方法执行。

6.2.4　样品检测

土壤样品检测按附录 F 规定的方法执行。

6.2.5　确定预警阈值

6.2.5.1　基本原则

耕地质量预警分为单项指标预警和综合指标预警两种方式。预警阈值应结合实际情况，依据有关标准、专家经验和相关专业知识来确定。

6.2.5.2　单项指标预警阈值确定及指标值计算

对土壤重金属等涉及耕地环境质量的单项指标阈值可按 GB/T 15618 等相关标准执行，也可根据当地实际情况确定预警分级阈值。对耕地立地条件、理化性状、剖面性状、障碍因素、农田基础设施等耕地地力指标，应组织专家根据当地土壤类型、种植制度、产量水平等实际情况来确定预警分级阈值。

单项指标指数按式（1）或式（2）计算。

a）预警阈值为单一值时，

$$P_i = C_i / S_i \tag{1}$$

式中：P_i——单项指标指数；

　　　C_i——指标实测值；

　　　S_i——单项指标阈值。

b）预警阈值为区间值时，

$$P_i = \frac{|C_i - S_i|}{|S_{最高} - S_i|} \tag{2}$$

式中：P_i——单项指标指数；

　　　C_i——指标实测值；

　　　$S_i = \dfrac{S_{最高} + S_{最低}}{2}$，$S_{最高}$、$S_{最低}$ 分别为预警阈值的上限值和下限值。

$P_i<1$ 为单项指标未超警戒，$P_i>1$ 为单项指标超警戒。

6.2.5.3　综合指标预警阈值确定及指标值计算

6.2.5.3.1　耕地环境质量

先计算单项指标指数，再计算土壤综合指标指数。综合指标指数大于 1，则视为土壤综合指标超过警戒。土壤综合污染指数按式（3）计算。

$$P_{土} = \sqrt{\frac{P^2_{平均} + P_{max}^{\ 2}}{2}} \qquad (3)$$

式中：$P_{土}$——土壤综合污染指数；

　　　$P_{平均}$——土壤各单项污染指数（P_i）的平均值；

　　　P_{max}——土壤各单项污染指数中的最大值。

参照 NY/T 395，建立耕地环境质量分级预警标准（表 1）。

表 1　耕地环境质量分级标准

等级划定	综合污染指数	污染等级	污染水平
1	$P_{综}\leq0.7$	安全	清洁
2	$0.7<P_{综}\leq1.0$	警戒线	尚清洁
3	$1<P_{综}\leq2.0$	轻污染	土壤污染物超过背景值，视为轻度污染
4	$2<P_{综}\leq3.0$	中污染	土壤受到中度污染
5	$P_{综}>3.0$	重污染	土壤污染已相当严重

6.2.5.3.2　耕地地力

耕地地力综合指数计算方法宜按 NY/T 1634 的规定执行，由专家根据当地耕地立地条件、理化性状、剖面性状、障碍因素、农田基础设施等因素来确定综合指数下降幅度的阈值，予以预警分级。

6.2.6　组织专家会商

单项及综合预警阈值确定后，应组织当地农业、国土、环保、气象等相关方面的专家，根据耕地质量例行监测、耕地质量专项调查结果，结合当地实际情况，分析本区域内耕地质量现状与变化规律，研判耕地质量超过临界值的时空范围和危险程度，查找导致耕地质量下降的原因，提出有针对性的排警措施与建议，形成耕地质量年度报告或预警报告。

7　预警结果发布

各级耕地质量预警中心（区域监测站）经同级农业行政主管部门授权，发布耕地质量年度报告或预警报告，同时报上级耕地质量预警中心备案。

附录 A

（资料性附录）

耕地质量预警体系图

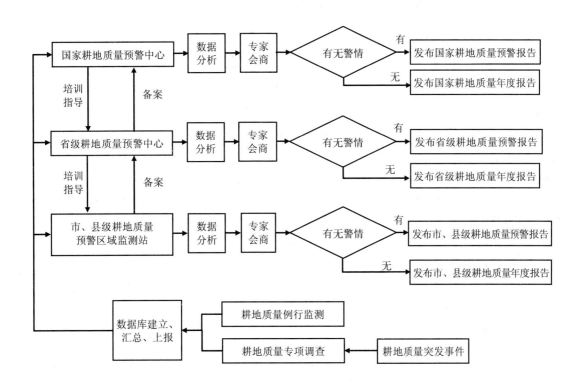

附录 B

（资料性附录）

耕地质量预警中心（区域监测站）建设标准

B.1　国家耕地质量预警中心建设内容见表B.1。

表 B.1　国家耕地质量预警中心建设内容

分类	名称	数量	单位	备注
采样设备	土钻	10	套	
	GPS 定位仪	10	套	
	手持数据处理设备	10	套	
	监测取样车	1	辆	
制样设备	玛瑙球磨机	1	台	处理用于微量元素分析的土壤样品
	土壤粉碎机	1	台	处理土壤样品
	样品盘	200	个	样品晾晒风干
样品检测仪器设备	万分之一电子天平	2	台	称量
	千分之一电子天平	2	台	称量
	百分之一电子天平	3	台	称量
	全自动消解仪	1	台	样品前处理
	微波消解炉	1	台	样品前处理
	烘箱	2	台	样品前处理
	电热恒温干燥箱	2	台	样品前处理
	马弗炉	1	台	样品前处理
	电热恒温培养箱	1	台	样品前处理
	电热恒温水浴锅	1	台	样品前处理
	恒温振荡器	1	台	样品前处理
	电热板	2	台	样品前处理
	可调式电炉	2	台	样品前处理
	四（六）联式可调电炉	2	台	样品前处理
	离心机	2	台	样品前处理
	等离子体发射质谱仪	1	台	痕量重金属、微量元素多元素联合测定
	等离子体发射光谱仪	1	台	重金属，微量元素多元素联合测定
	流动分析仪	1	台	氨态氮、硝态氮、磷、钾等测定
	原子吸收分光光度计（含石墨炉）	1	台	微量元素及铅、镉测定
	原子荧光光谱仪	1	台	砷、硒、汞测定
	气相色谱仪	1	台	土壤、水中有机氯类、苯系物等 POPs 测定
	液相色谱仪	1	台	土壤、水中多环芳烃等 POPs 测定
	气质联用仪	1	台	土壤、水中挥发性卤代烃、苯系物、有机氯等测定

分类	名称	数量	单位	备注
样品检测仪器设备	全自动定氮仪	1	台	全氮测定
	紫外可见光分光光度计	2	台	硝酸盐、有效磷等测定
	火焰光度计	1	台	钾、钠测定
	极谱仪	1	台	钼测定
	电导率仪	1	台	电导率测定
	酸度计	2	台	pH 测定
	数字式离子计	1	台	氟、氯等测定
	自动电位滴定仪	1	台	自动滴定
	快速加液和分液设备	1	套	用于溶液操作，包括分配器、加液枪、枪头等
	超纯水设备	1	套	化验室用纯水制备
	石英器皿	1	套	测硼专用器皿
	铂金坩埚	15	个	样品熔融器皿
	超声波清洗器	2	台	器皿清洗
	冰箱	3	台	保存标准试剂及鲜样
	实验台	120	延米	
	试剂柜	12	个	
	器皿柜	10	个	
	样品柜	15	个	
	气瓶柜	8	个	
数据处理仪器设备	数据服务器	2	台	数据处理
	网络管理服务器	2	台	网络管理
	核心三层交换机	1	台	网络管理
	硬件防火墙	1	台	增强网络安全
	存储阵列服务器	2	套	数据存储
	备份磁盘机与磁盘	1	套	备份磁盘机与磁盘
	文件数据备份服务器	2	台	数据备份
	多媒体显示系统	1	套	数据展示
	UPS	1	套	不间断供电
	服务器机柜	4	组	
	计算机	5	台	
	便携式计算机	2	台	
	扫描仪	1	台	
	绘图仪	1	台	地图输出
	投影仪	1	台	
	打印机	1	台	
	恒温恒湿系统	1	台	控制机房温湿度
	地理信息系统软件	1	套	地理信息数据收集、处理
	操作系统	2	套	服务器用操作系统
	数据库系统	1	套	属性数据收集、处理
	防病毒软件	1	套	
土建	检测用房	1 200	m^2	
	数据处理与会商用房	300	m^2	

B.2　省级耕地质量预警中心建设内容见表B.2。

表 B.2　省级耕地质量预警中心建设内容

分类	名称	数量	单位	备注
采样设备	土钻	8	套	
	GPS 定位仪	8	套	
	手持数据处理设备	8	套	
	监测取样车	1	辆	
制样设备	玛瑙球磨机	1	台	处理用于微量元素分析的土壤样品
	土壤粉碎机	1	台	处理土壤样品
	样品盘	200	个	样品晾晒风干
样品检测仪器设备	万分之一电子天平	2	台	称量
	千分之一电子天平	2	台	称量
	百分之一电子天平	2	台	称量
	全自动消解仪	1	台	样品前处理
	微波消解炉	1	台	样品前处理
	烘箱	2	台	样品前处理
	电热恒温干燥箱	2	台	样品前处理
	马弗炉	1	台	样品前处理
	电热恒温培养箱	1	台	样品前处理
	电热恒温水浴锅	1	台	样品前处理
	恒温振荡器	1	台	样品前处理
	电热板	2	台	样品前处理
	可调式电炉	2	台	样品前处理
	四（六）联式可调电炉	2	台	样品前处理
	离心机	2	台	样品前处理
	等离子体发射光谱仪	1	台	重金属、微量元素多元素联合测定
	流动分析仪	1	台	氨态氮、硝态氮、磷、钾等测定
	原子吸收分光光度计（含石墨炉）	1	台	微量元素及铅、镉测定
	原子荧光光谱仪	1	台	砷、硒、汞测定
	气相色谱仪	1	台	土壤、水中有机氯类、苯系物等 POPs 测定
	液相色谱仪	1	台	土壤、水中多环芳烃等 POPs 测定
	全自动定氮仪	1	台	全氮测定
	紫外可见光分光光度计	2	台	硝酸盐、有效磷等测定
	火焰光度计	1	台	钾、钠测定
	极谱仪	1	台	钼测定
	电导率仪	1	台	电导率测定
	酸度计	2	台	pH 测定

分类	名称	数量	单位	备注
样品检测仪器设备	数字式离子计	1	台	氟、氯等测定
	自动电位滴定仪	1	台	自动滴定
	快速加液和分液设备	1	套	用于溶液操作，包括分配器、加液枪、枪头等
	超纯水设备	1	套	化验室用纯水制备
	石英器具	1	套	测硼专用器皿
	铂金坩埚	10	个	样品熔融器皿
	超声波清洗器	2	台	
	冰箱	3	台	保存标准试剂及鲜样
	实验台	80	延米	
	试剂柜	10	个	
	器皿柜	8	个	
	样品柜	10	个	
	气瓶柜	6	个	
数据处理仪器设备	数据服务器	2	台	数据处理
	网络管理服务器	2	台	网络管理
	核心三层交换机	1	台	网络管理
	硬件防火墙	1	台	增强网络安全
	存储阵列服务器	2	套	数据存储
	备份磁盘机与磁盘	1	套	备份磁盘机与磁盘
	文件数据备份服务器	2	台	数据备份
	多媒体显示系统	1	套	数据展示
	UPS	1	套	不间断供电
	服务器机柜	4	组	
	计算机	4	台	
	便携式计算机	2	台	
	扫描仪	1	台	
	绘图仪	1	台	地图输出
	投影仪	1	台	
	打印机	1	台	
	恒温恒湿系统	1	台	控制机房温湿度
	地理信息系统软件	1	套	地理信息数据收集、处理
	操作系统	2	套	服务器用操作系统
	数据库系统	1	套	属性数据收集、处理
	防病毒软件	1	套	
土建	检测用房	800	m²	
	数据处理与会商用房	200	m²	

B.3　市、县级耕地质量区域监测站建设内容见表B.3。

表 B.3　市、县级耕地质量区域监测站建设内容

分类	名称	数量	单位	备注
采样设备	土钻	5	套	
	GPS 定位仪	5	套	
	手持数据处理设备	5	套	
	监测取样车	1	辆	
制样设备	玛瑙球磨机	1	台	处理用于微量元素分析的土壤样品
	土壤粉碎机	1	台	处理土壤样品
	样品盘	100	个	样品晾晒风干
样品检测仪器设备	万分之一电子天平	2	台	称量
	千分之一电子天平	1	台	称量
	百分之一电子天平	1	台	称量
	微波消解炉	1	台	样品前处理
	烘箱	2	台	样品前处理
	电热恒温干燥箱	2	台	样品前处理
	马弗炉	1	台	样品前处理
	电热恒温水浴锅	1	台	样品前处理
	恒温振荡器	1	台	样品前处理
	电热板	2	台	样品前处理
	可调式电炉	2	台	样品前处理
	四（六）联式可调电炉	2	台	样品前处理
	离心机	2	台	样品前处理
	原子吸收分光光度计（含石墨炉）	1	台	微量元素及铅、镉测定
	原子荧光光谱仪	1	台	砷、硒、汞测定
	全自动定氮仪	1	台	全氮测定
	紫外可见光分光光度计	2	台	硝酸盐、有效磷等测定
	火焰光度计	1	台	钾、钠测定
	极谱仪	1	台	钼测定
	电导率仪	1	台	电导率测定
	酸度计	2	台	pH 测定
	数字式离子计	1	台	氟、氯等测定
	自动电位滴定仪	1	台	土壤有机质、水中 COD_{Cr} 等测定
	超纯水设备	1	套	化验室用纯水制备
	石英器具	1	套	测硼专用器皿
	铂金坩埚	5	个	样品熔融器皿
	超声波清洗器	1	台	

分类	名称	数量	单位	备注
样品检测仪器设备	冰箱	2	台	保存标准试剂及鲜样
	实验台	40	延米	
	试剂柜	8	个	
	器皿柜	5	个	
	样品柜	8	个	
	气瓶柜	3	个	
数据处理设备	计算机	3	台	
	便携式计算机	2	台	
	扫描仪	1	台	
	投影仪	1	台	
	打印机	1	台	
	地理信息系统软件	1	套	地理信息数据收集、处理
	操作系统	2	套	操作系统
	数据库系统	1	套	属性数据收集、处理
	防病毒软件	1	套	
土建	检测用房	400	m^2	
	数据处理与会商用房	100	m^2	

附录 C
（资料性附录）
耕地质量预警流程图

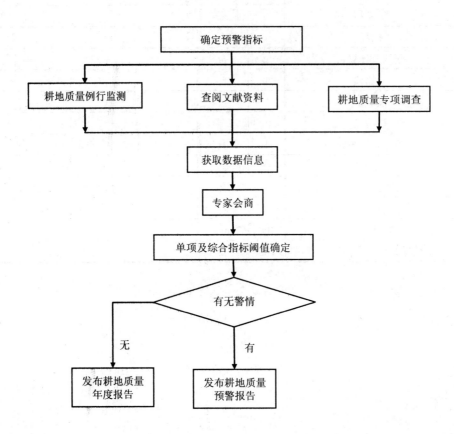

附录 D
（资料性附录）
耕地地力预警指标集

立地条件	土壤侵蚀类型、土壤侵蚀程度、地面破碎程度、地面破碎情况、冬季地下水位、潜水埋深、地表岩石露头状况、地表砾石度、地面平整度、水质类型
剖面性状	剖面构型、质地构型、有效土层厚度、耕层厚度、腐殖层厚度
土壤理化性状	质地、孔隙度、容重、pH、阳离子交换量、有机质、全氮、碱解氮、有效磷、速效钾、缓效钾、有效锌、有效硼、有效钼、有效铜、有效硅、有效锰、有效铁、有效硫、交换性钙、交换性镁、田间持水量
障碍因素	障碍层类型、障碍层出现位置、障碍层厚度、耕层含盐量、1 m 土层含盐量、盐碱类型、地下水矿化度
土壤管理	灌溉保证率、灌溉模数、抗旱能力、排涝能力、排涝模数

附录 E

（资料性附录）

采样点基本情况调查表及填表说明

E.1 采样点基本情况调查表

见表 E.1。

表 E.1 采样点基本情况调查表

监测点编号			采样点地址		省（自治区、直辖市）　县（市、区、旗）　乡（镇）　村组					
采样点编号			采样地块信息		东经 °′″北纬 °′″海拔： m		地块面积（亩）			
土壤类型		土类：	亚类：		土属： 土种：		采样深度		cm	
立地条件	地形部位			质地构型			地面平整度		（°）	
	坡度			耕层厚度	cm		梯田化水平	梯田类型		
	坡向			耕层质地				熟化年限		
	成土母质		剖面性状	障碍层次	类型	土地整理	灌溉水源类型			
	盐碱类型、程度				出现位置	cm	田间输水方式			
	土壤侵蚀	类型			厚度	cm	灌溉保证率		%	
		程度		潜水水质及埋深	m		排涝能力			
污染情况	污染物类型			污染面积（亩）			采样点距污染源距离		km	
	污染源企业名称			污染源企业地址						
	污染物形态			污染物排放量						
	污染范围			污染造成的危害			污染造成的经济损失			

E.2 采样点基本情况调查表填表说明

E.2.1 基本项目

E.2.1.1 监测点编号

由 6 位数字组成，分为两段，第一段两位数字，为省级行政区划代码，使用 GB/T 2260 规定的标准代码；第二段四位数字，为监测点顺序号。

E.2.1.2 采样点地址

采用民政部门认可的正式名称，不能填写简称或俗称。用简体字书写，不要使用繁体字。简化字应按国家颁布的简化字总表的规定书写。市辖区应写明全称。

E.2.1.3 经纬度

经纬度由 GPS 仪进行测定，选择度分秒（ ° ′ ″）表示，秒的小数点后保留两位小数。

E.2.1.4 地块面积

指取样点所在地块的面积，精确到 0.1 亩。

E.2.1.5 土壤类型

土壤分类命名采用全国第二次土壤普查时的修正稿，表格上记载的土壤名称应与土壤图一致。

E.2.1.6 采样深度

按实际情况，取几层填写几层，用"，"相隔，单位统一为厘米。如：0～20 cm，20～40 cm。

E.2.2 立地条件调查项目

E.2.2.1 地形部位

指中小地貌单元，如河流及河谷冲积平原要区分出河床、河漫滩、一级阶地、二级阶地和高阶地等；山麓平原要区分出坡积裙、洪积锥、洪积扇（上、中、下）、扇间洼地和扇缘洼地等；黄土丘陵要区分出塬、梁、峁、坪等；低山丘陵与漫岗要区分为丘（岗）顶部、丘（岗）坡面、丘（岗）坡麓、丘（岗）间洼地等；平原河网圩田要区分为易涝田、渍害田、良水田等；丘陵冲垄稻田按宽冲、窄冲，纵向分冲头、冲中部、冲尾，横向分冲、塝、岗田等；岩溶地貌要区分为石芽地、坡麓、峰丛洼地、溶蚀谷地、岩溶盆地（平原）等。各地应结合当地实际进行筛选，并使描述更加具体。

E.2.2.2 坡度

填样点所在地块的整体坡度，计至小数点后一位。具体数值可以在地形图上进行量算；有条件的也可通过测坡仪实地测定。

E.2.2.3 坡向

按地表坡面所对的方向分为 E（东）、S（南）、W（西）、N（北）、SE（东南）、SW（西南）、NW（西北）、NE（东北）等。坡度<3°时填平地。

E.2.2.4 成土母质

按成因类型即母质是否经过重新移动和移运力的差异分为残积物、崩积物、坡积物、冲积物、洪积物、湖积物、海积物、冰水沉积物、冰炭物、风积物等。可以上述分类为基础，结合母质成分进一步细化。

E.2.2.5 盐碱类型与程度

填土壤含有可溶性盐的类型和轻重程度（轻、中、重、无）。

盐碱类型分为苏打盐化、硫酸盐盐化、氯化物盐化、碱化等。盐碱化程度可依据土样检测结果来判定。在野外调查时，可根据返盐季节地表盐分积累和作物缺苗状况来划分盐化程度，具体标准为：

a）地表盐结皮明显，作物缺苗 50%以上，不死的苗生长也显著受抑制的，为重度；

b）地表盐结皮明显，作物缺苗 30%～50%，为中度；

c）地表盐结皮尚明显，作物缺苗 10%～30%，生长基本正常的，为轻度；

d）局部偶可发现盐结皮或盐霜，作物不缺苗，生长基本正常的，为威胁区（这里将其归入轻度）；

　　e）碱化程度也可按上述作物缺苗程度来划分。

E.2.2.6　土壤侵蚀类型与程度

　　按侵蚀类型和侵蚀程度记载。根据土壤侵蚀营力，侵蚀类型可划分为水蚀、风蚀、重力侵蚀、冻融侵蚀和混合侵蚀等。侵蚀程度分为无明显、轻度、中度、强度、极强度和剧烈六级。

E.2.3　剖面性状调查项目

E.2.3.1　质地构型

　　按1m土体内不同质地土层的排列组合形式来填写。要注意反映特异层次的厚度及出现位置。一般可分为薄层型（红黄壤地区土体厚度＜40 cm，其他地区＜30 cm）、松散型（通体沙型）、紧实型（通体黏型）、夹层型（夹沙砾型、夹黏型、夹料姜型等）、上紧下松型（漏沙型）、上松下紧型（蒙金型）、海绵型（通体壤型）等几大类型。

E.2.3.2　耕层厚度

　　实际测量确定，单位统一为厘米，取整数位。

E.2.3.3　耕层质地

　　采用卡庆斯基分类制，分为沙土（松沙土、紧沙土）、沙壤、轻壤、中壤、重壤、黏土（轻黏土、中黏土、重黏土）等。

E.2.3.4　障碍层次

E.2.3.4.1　类型

　　按对植物生长构成障碍的土层类型来填，如铁盘层、黏盘层、沙砾层、潜育层、卵石层和石灰结核层等。

E.2.3.4.2　出现位置

　　按障碍层最上层到地表的垂直距离来填。

E.2.3.4.3　厚度

　　按障碍层的最上层到最下层的垂直距离来填。

E.2.3.5　潜水水质及埋深

　　潜水是指埋藏在地表以下第一个隔水层以上的地下水。潜水水质按含盐量（g/L）多少填淡水（＜1）、微淡水（1～3）、咸水（3～10）、盐水（10～50）、卤水（＞50）；潜水埋深填常年潜水面与地面的铅垂距离，取整数位，单位为米（m）。潜水水质和埋深之间以空格隔开，如微淡水 15 m。

E.2.4　土地整理调查项目

E.2.4.1　地面平整度

　　按局部（即取样点所在地块范围）地面起伏情况（参考坡度）来确定，一般分为平整（＜3°）、基本平整（3°～5°）、不平整（＞5°）。

E.2.4.2　梯田化水平

　　梯田类型分为条田、水平梯田、坡式梯田、隔坡梯田、坡耕地五种类型。熟化年限在两年之内的填新修梯田，两年以上的按年限填写。

E.2.4.3　灌溉水源类型

　　按不同灌溉水源（河流、湖泊、水库、深层地下水、浅层地下水、污水、泉水、旱井等）的利用程度依次填写，有几种填几种。

E.2.4.4　田间输水方式

分为渠道和管道两大类。其中，渠道又可根据是否采用防渗技术细分为土渠、防渗渠道等。同一块地灌溉水源和田面输水方式可能有多种，应全部填写。

E.2.4.5　灌溉保证率

指预期灌溉用水量在多年灌溉中能够得到充分满足的年数的出现概率。一般旱涝保收田的灌溉保证率在75%以上。

E.2.4.6　排涝能力

指排涝骨干工程（干、支渠）和田间工程（斗、农渠）按多年一遇的暴雨不致成灾的要求能达到的标准，如抗十年一遇、抗五年至十年一遇、抗五年一遇等，也可填强、中、弱等。

E.2.5　土壤污染情况调查项目

E.2.5.1　污染物类型

根据污染物的属性分为有机物污染（包括有机毒物的各种有机废物、农药等）、无机物污染（包括有害元素的氧化物、酸、碱和盐类等）、生物污染（包括未经处理的粪便、垃圾、城市生活污水、饲养场及屠宰的污物中所携带的一个或多个有害的生物种群、潜伏在土壤中的植物病原体等）、放射性物质污染等。

E.2.5.2　污染面积

指土壤取样点所属本污染类型的污染物扩散的面积。

E.2.5.3　采样点距污染源距离

指取样地块距污染源的最短距离。应在距离污染源 0.25 km、0.5 km、1.0 km 处分别选择地块取样。

E.2.5.4　污染源企业名称

填在管理部门注册登记的全称。

E.2.5.5　污染源企业地址

企业厂址所属省、县、街道、门牌号或省、县、乡、村等。

E.2.5.6　污染物形态

指液体、气体、粉尘和固体等。

E.2.5.7　污染物排放量

填污染源每日排放的污染物总量，计至小数点后一位。

通过实地监测，根据污染物排放规律（连续均匀排放、不均匀间歇排放、每日排放时数等），计算出日平均排放量，也可根据生产工艺流程中物料的消耗及实际生产规模从理论上进行估算。

E.2.5.8　污染范围

指污染源的污染物已扩散的地方，以距离（m）、人口数来反映。

E.2.5.9　污染造成的危害

指污染对农作物造成的直接危害和间接危害，包括表现的症状、减产幅度、品质劣化情况等。

E.2.5.10　污染造成的经济损失

指因减产、品质下降等造成的年直接经济损失，有几年按几年计算平均损失。

附录 F

（规范性附录）

土壤样品检测方法

检测项目	检测方法	检测项目	检测方法
机械组成	NY/T 1121.3	容重	NY/T 1121.4
土粒密度	NY/T 1121.23	pH	NY/T 1377
石灰性土壤阳离子交换量	NY/T 1121.5	中性土壤阳离子交换量	NY/T 295
有机质	NY/T 1121.6	全氮	NY/T 53
碱解氮	LY/T 1229	石灰性土壤有效磷	LY/T 1233
酸性土壤有效磷	NY/T 1121.7	速效钾、缓效钾	NY/T 889
有效态铜、锌、铁、锰	NY/T 890	有效硼	NY/T 1121.8
有效钼	NY/T 1121.9	有效硅	NY/T 1121.15
有效硫	NY/T 1121.14	交换性钙和镁	NY/T 1121.13
田间持水量	NY/T 1121.22	总铅、总镉	GB/T 17141
总汞	NY/T 1121.10	总砷	NY/T 1121.11
总铬	NY/T 1121.12	总铜	GB/T 17138

注：1. 土壤质地由土壤机械组成测定结果计算求得。

2. 土壤孔隙度由土壤容重与土粒密度测定结果计算求得。

NY/T 2872—2015

耕地质量划分规范

Specification for cultivated land quality division

2015-12-29 发布 2016-04-01 实施

前 言

本标准按照 GB/T 1.1—2009 给出的规则起草。

本标准由农业部种植业管理司提出并归口。

本标准起草单位：全国农业技术推广服务中心、北京市土壤肥料工作站、中国农业科学院农业资源与农业区划研究所、山东省土壤肥料总站、江苏省耕地质量保护站、山西省土壤肥料工作站、华南农业大学、辽宁省土壤肥料总站、安徽省土壤肥料总站、成都土壤肥料测试中心、重庆市农业技术推广总站、陕西省土壤肥料工作站。

本标准主要起草人：辛景树、任意、赵永志、薛彦东、李涛、王绪奎、张耦珠、徐明岗、李永涛、李金凤、钱晓华、李昆、李伟、徐文华、李旭军、郑磊、胡良兵。

1 范围

本标准规定了耕地质量区域划分、指标确定、耕地质量划分流程等内容。

本标准适用于耕地质量划分，也适用于园地质量划分。

2 规范性引用文件

下列文件对于本文件的应用是必不可少的。凡是注日期的引用文件，仅注日期的版本适用于本文件。凡是不注日期的引用文件，其最新版本（包括所有的修改单）适用于本文件。

GB 15618 土壤环境质量标准

HJ/T 166 土壤环境监测技术规范

NY/T 1634 耕地地力调查与质量评价技术规程

NY/T 309 全国耕地类型区、耕地地力等级划分

3 术语和定义

下列术语和定义适用于本文件。

3.1 耕地 cultivated land

用于农作物种植的土地。

3.2　耕地质量　cultivated land quality

由耕地地力、土壤健康状况和田间基础设施构成的满足农产品持续产出和质量安全的能力。

3.3　耕地地力　cultivated land productivity

在当前管理水平下，由土壤立地条件、自然属性等相关要素构成的耕地生产能力。

3.4　土壤健康状况　soil health-condition

耕地土壤中污染物等对生态系统和人体健康不产生不良或有害效应的程度，用清洁程度表示。

3.5　海拔高度　altitude

地面某个地点由海平面起算的高度。

3.6　地形部位　parts of the terrain

具有特定形态特征和成因的中小地貌单元。

3.7　田面坡度　surface slope

农田坡面与水平面的夹角度数。

3.8　土壤养分状况　soil nutrient status

土壤养分的数量、形态、分解、转化规律以及土壤的保肥、供肥性能。

3.9　土壤酸碱度　soil acidity

土壤溶液的酸碱性强弱程度，以 pH 表示。

3.10　土壤有机质　soil organic matter

土壤中形成的和外加入的所有动植物残体不同阶段的各种分解产物和合成产物的总称，包括高度腐解的腐殖物质、解剖结构尚可辨认的有机残体和各种微生物体。

3.11　土壤障碍因素　soil constraint factor

土体中妨碍农作物正常生长发育、对农产品产量和品质造成不良影响的因素。

3.12　土壤障碍层次　soil constraint layer

在耕层以下出现的阻碍根系伸展或影响水分渗透的层次。

3.13　农田林网化率　farmland shelter rate

农田四周的林带保护面积与农田总面积之比。

3.14　有效土层厚度　effective soil layer thickness

作物能够利用的母质层以上的土体总厚度或障碍层以上的土层厚度。

3.15　耕地土壤生物多样性　biodiversity of cultivated land

在一定时间和一定区域内耕地土壤生物物种、生物群落和功能的多样性及生态平衡状态。

3.16　耕层厚度　arable layer thickness

经耕种熟化而形成的土壤表土层厚度。

3.17　耕层质地　arable layer texture

耕层土壤颗粒的大小及其组合情况。

3.18　土壤盐渍化　soil salinization

土壤底层或地下水的盐分随毛管水上升到地表，水分散失后使盐分积累在表层土壤中，当土壤含盐量过高时形成的盐碱危害。

3.19　灌溉能力　irrigation capability

预期灌溉用水量在多年灌溉中能够得到满足的程度。

3.20　排水能力　drainage capability

为保证农作物正常生长，及时排除农田地表积水，有效控制和降低地下水位的能力。

4　耕地质量划分流程

4.1　耕地质量划分流程图

耕地质量划分流程见图1。

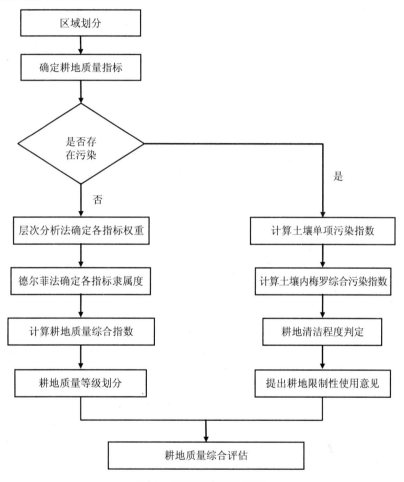

图1　耕地质量划分流程

4.2　区域划分

根据全国综合农业区划，结合不同区域耕地特点，将全国耕地划分为东北区、内蒙古及长城沿线区、黄淮海区、黄土高原区、长江中下游区、西南区、华南区、甘新区、青藏区九大区域。各区涵盖的具体县（市、区、旗）名见附录A。

4.3　耕地质量指标

各区域耕地质量指标由基础性指标和区域补充性指标组成，其中，基础性指标包括地形部位、有效土层厚度、有机质、耕层质地、土壤养分状况、生物多样性、障碍因素、灌溉能力、排水能力、清洁程度十个指标。区域补充性指标包括耕层厚度、田面坡度、农田林网化程度、盐渍化程度、酸碱度、海拔高度等。各区域耕地质量划分指标见附录 B。

4.4　确定各指标权重

按照 NY/T 1634 规定的层次分析法，建立目标层、准则层和指标层层次结构，构造判断矩阵。经层次单排序及其一致性检验，计算并确定所有指标对于耕地质量（目标层）相对重要性的排序权重值。

4.5　计算各指标隶属度

依据 NY/T 1634 规定的方法和附录 B，对定性指标采用德尔菲法，直接给出相应的隶属度；对定量指标采用德尔菲法与隶属函数相结合的方法，确定各指标的隶属函数。将各指标值代入隶属函数计算，即可得到各指标的隶属度。

4.6　计算耕地质量综合指数

采用累加法按照式（1）计算耕地质量综合指数。

$$P = \sum (C_i \times F_i) \tag{1}$$

式中：P——耕地质量综合指数（Integrated Fertility Index）；

　　　C_i——第 i 个评价指标的组合权重；

　　　F_i——第 i 个评价指标的隶属度。

4.7　等级划分

按从大到小的顺序，采用等距法将耕地质量划分为十个耕地质量等级。耕地质量综合指数越大，耕地质量水平越高。一等地耕地质量最高，十等地耕地质量最低。

各区域内耕地质量划分时，依据相应的耕地质量综合指数确定当地耕地质量等级范围，再划分耕地质量等级。

4.8　耕地清洁程度调查与评价

当耕地周边有污染源或存在污染时，应根据区域大小，加密耕地环境质量调查取样点密度，检测土壤污染物含量，进行耕地清洁程度评价。耕地土壤单项污染指数限值按照 GB 15618 的规定执行。按照 HJ/T 166 规定的方法，计算土壤污染单项污染指数和土壤内梅罗污染指数，并按内梅罗指数将耕地清洁程度划分为清洁、尚清洁、轻度污染、中度污染、重度污染。

4.9　耕地质量综合评价

依据耕地质量划分与耕地清洁程度调查评价结果，对耕地质量进行综合评估，查明影响耕地质量的主要障碍因子，提出有针对性的耕地培肥与土壤改良对策措施与建议。对判定为轻度污染、中度污染和重度污染的耕地，应明确耕地土壤主要污染物类型，提出耕地限制性使用意见和种植作物调整建议。

附录 A
（规范性附录）
耕地质量划分区域范围

耕地质量划分区域范围见表 A.1。

表 A.1 耕地质量划分区城范围

一级农业区	二级农业区	县（市、旗、区）
（一） 东北区	兴安岭林区	根河、额尔古纳、牙克石、鄂伦春、莫力达瓦、阿荣旗、扎兰屯、呼玛、爱辉、孙吴、逊克、伊春、嘉荫、铁力
	松嫩—三江平原农业区	嫩江、五大连池、北安、讷河、甘南、龙江、富裕、依安、克山、克东、拜泉、林甸、杜尔伯特、泰来、海伦、绥棱、庆安、绥化、望奎、青冈、明水、安达、兰西、肇东、肇州、肇源、呼兰、巴彦、木兰、通河、方正、延寿、尚志、宾县、阿城、双城、五常、依兰、汤原、桦川、桦南、勃利、七台河、集贤、宝清、富锦、同江、抚远、饶河、绥滨、萝北、虎林、密山、鸡东、扎赉特、白城、镇赉、洮南、通榆、大安、乾安、扶余、前郭、长岭、农安、德惠、九台、榆树、双阳、舒兰、永吉、吉林市郊区、双辽、公主岭、梨树、伊通、辽源、东丰
	长白山地林农区	林口、穆棱、海林、宁安、东安、绥芬河、鸡西、敦化、安图、和龙、延吉、图们、汪清、珲春、辉南、梅河口、柳河、通化、集安、浑江、靖宇、抚松、长白、蛟河、桦甸、磐石
	辽宁平原丘陵农林区	西丰、昌图、开原、铁岭、康平、法库、抚顺、清原、新宾、新民、辽中、本溪、恒仁、辽阳、灯塔、岫岩、东港、凤城、宽甸、瓦房店、普兰店、金州、庄河、长海、盖州、营口、大洼、盘山、台安、海城、阜新、彰武、绥中、兴城、凌海、义县、北镇、黑山
（二） 内蒙古及长城沿线区	内蒙古北部牧农区	陈巴尔虎、鄂温克、新巴尔虎左、新巴尔虎右、海拉尔、满洲里、东乌珠穆沁、西乌珠穆沁、锡林浩特、阿巴嘎、苏尼特左、正蓝、正镶白、镶黄、苏尼特右、二连浩特、四子王、达尔罕茂明安
	内蒙古中南部牧农区	科尔沁右前、突泉、乌兰浩特、科尔沁右中、科尔沁左中、扎鲁特、科尔沁、开鲁、奈曼、阿鲁科尔沁、敖汉、巴林左、巴林右、翁牛特、林西、克什克腾、多伦、太仆寺、察右后、察右中、化德、商都、达拉特、准格尔、东胜、伊金霍洛、围场、丰宁、沽源、康保、张北、尚义、府谷、神木、榆林、横山、靖边、定边、盐池、红寺堡
	长城沿线农牧区	北票、朝阳、凌源、喀左、建昌、集宁、兴和、察右前、丰镇、凉城、卓资、武川、和林格尔、清水河、元宝山、红山、松山、喀喇沁、宁城、土默特左、托克托、固阳、土默特右、隆化、滦平、兴隆、平泉、宽城、青龙、承德、万全、怀安、阳原、蔚县、宣化、涿鹿、怀来、赤城、崇礼、涞源、大同、右玉、左云、平鲁、朔城、山阴、怀仁、应县、浑源、灵丘、阳高、天镇、广灵、繁峙、宁武、神池、偏关、五寨、岢岚、静乐、岚县、方山、娄烦、古交、赛罕、回民、玉泉、新城、九原

一级农业区	二级农业区	县（市、旗、区）
（三） 黄淮海区	燕山太行山山麓平原农业区	门头沟、海淀、丰台、朝阳、房山、大兴、通州、昌平、平谷、怀柔、密云、顺义、延庆、蓟县、抚宁、丰润、玉田、滦县、大厂、三河、香河、涞水、涿州、高碑店、易县、定兴、容城、徐水、顺平、清苑、满城、望都、曲阳、唐县、博野、安国、蠡县、赞皇、高邑、赵县、辛集、晋州、元氏、藁城、鹿泉、正定、灵寿、行唐、新乐、无极、深泽、临城、柏乡、隆尧、内丘、刑台、任县、沙河、南和、宁晋、邯郸、武安、永年、肥乡、成安、磁县、临漳、安阳、淇滨、林州、淇县、汤阴、浚县、辉县、卫辉、新乡、修武、获嘉、武陟、博爱、温县、沁阳、孟州、栾城、定州
	冀鲁豫低洼平原农业区	静海、宁河、武清、宝坻、乐亭、滦南、丰南、安次、固安、永清、霸州、文安、大城、雄县、安新、高阳、广阳、曹妃甸、任丘、河间、沧县、青县、黄骅、海兴、盐山、孟村、南皮、东光、泊头、吴桥、献县、肃宁、安平、饶阳、深州、武强、阜城、景县、武邑、桃城区、冀州、枣强、故城、新河、巨鹿、平乡、广宗、南宫、威县、清河、临西、鸡泽、曲周、馆陶、广平、大名、魏县、邱县、莘县、阳谷、东昌府、冠县、临清、茌平、东阿、高唐、夏津、武城、平原、禹城、齐河、济阳、陵县、临邑、商河、宁津、乐陵、庆云、惠民、阳信、滨城、无棣、沾化、利津、垦利、广饶、博兴、高青、寿光、内黄、南乐、清丰、范县、台前、濮阳、滑县、长垣、原阳、延津、封丘
	黄淮平原农业区	梁园、睢阳、民权、睢县、宁陵、柘城、虞城、夏邑、永城、荥阳、兰考、杞县、祥符、通许、尉氏、中牟、新郑、扶沟、太康、西华、商水、淮阳、鹿邑、郸城、沈丘、项城、西平、遂平、上蔡、平舆、汝南、新蔡、正阳、许昌、长葛、鄢陵、临颍、郾城、舞阳、襄城、叶县、禹州、郏县、宝丰、息县、淮滨、嘉祥、金乡、鱼台、微山、梁山、郓城、鄄城、巨野、东明、牡丹、定陶、成武、曹县、单县、临泉、界首、太和、阜阳、阜南、颍上、亳州、涡阳、利辛、蒙城、凤台、砀山、萧县、濉溪、宿州、灵璧、固镇、泗县、五河、怀远、蚌埠、丰县、沛县、铜山、邳州、睢宁、新沂、东海、赣榆、清浦、淮阴、涟水、灌云、灌南、沭阳、泗阳、宿迁、泗洪、响水、滨海
	山东丘陵农林区	荣成、文登、牟平、乳山、海阳、福山、栖霞、蓬莱、龙口、招远、莱州、莱阳、莱西、即墨、昌邑、寒亭、昌乐、平度、高密、胶州、黄岛、诸城、五莲、安丘、青州、临朐、历城、崂山、邹平、桓台、沂源、沂水、蒙阴、平邑、费县、沂南、兰陵、郯城、临沭、莒南、莒县、长青、平阴、肥城、宁阳、新泰、章丘、淄川、博山、临淄、周村、薛城、峄城、台儿庄、山亭、市中、东营、河口、潍城、寒亭、坊子、岱岳、环翠、东港、莱城、钢城、河东、罗庄、兰山、德城、张店、东平、兖州、曲阜、泗水、邹城、滕州、汶上
（四） 黄土高原区	晋东豫西丘陵山地农林牧区	五台、盂县、寿阳、昔阳、和顺、左权、平定、榆社、沁源、沁县、武乡、襄垣、黎城、潞城、屯留、长治、长子、平顺、壶关、高平、陵川、阳城、沁水、泽州、安泽、垣曲、平陆、芮城、阜平、平山、井陉、涉县、济源、巩义、登封、新密、鲁山、偃师、孟津、伊川、汝州、汝阳、新安、渑池、宜阳、陕州、灵宝、洛宁、栾川、卢氏

一级农业区	二级农业区	县（市、旗、区）
（四） 黄土高原区	汾渭谷地农业区	代县、原平、定襄、忻府、阳曲、清徐、晋源、小店、杏花岭、迎泽、尖草坪、万柏林、榆次、太谷、祁县、平遥、介休、灵石、交城、文水、汾阳、孝义、霍州、洪洞、尧都、古县、浮山、翼城、襄汾、曲沃、侯马、新绛、稷山、河津、绛县、闻喜、万荣、夏县、盐湖、临猗、永济、韩城、澄城、白水、蒲城、大荔、耀州、渭南、临潼、蓝田、华州、华阴、潼关、长安、三原、泾阳、高陵、淳化、旬邑、彬县、长武、永寿、乾县、礼泉、兴平、武功、周至、户县、陈仓、麟游、陇县、千阳、凤翔、岐山、扶风、眉县、合阳、富平、临渭、渭城、秦都、金台、印台
	晋陕甘黄土丘陵沟壑牧林农区	河曲、保德、兴县、临县、离石、柳林、中阳、石楼、交口、汾西、隰县、永和、大宁、蒲县、吉县、乡宁、佳县、吴堡、米脂、绥德、子洲、清涧、延川、子长、安塞、吴起、宝塔、延长、甘泉、富县、宜川、黄龙、洛川、黄陵、宜君、西峰、庆城、环县、华池、合水、正宁、宁县、镇原、灵台、泾川、崆峒、崇信、华亭、原州、海原、西吉、泾源、隆德、同心、彭阳、志丹
	陇中青东丘陵农牧区	静宁、庄浪、张家川、清水、秦安、秦州、麦积、天水、甘谷、武山、漳县、靖远、平川、白银、会宁、安定、通渭、陇西、渭源、临洮、榆中、皋兰、永登、临夏、和政、东乡、广河、康乐、永靖、积石山、民和、乐都、互助、化隆、循化、湟中、湟源、大通、尖扎、同仁、贵德、西宁市郊区、贵德
（五） 长江中下游区	长江下游平原丘陵农畜水产区	崇明、宝山、浦东、奉贤、松江、金山、嘉定、青浦、吴县、吴江、江阴、张家港、常熟、太仓、昆山、丹徒、武进、扬中、金坛、宜兴、溧阳、高淳、溧水、句容、启东、海门、如东、南通、如皋、海安、东台、大丰、建湖、射阳、阜宁、邗江、江都、靖江、泰兴、仪征、高邮、宝应、兴化、盱眙、洪泽、金湖、淮安、江宁、浦口、六合、嘉善、南湖、秀洲、海盐、海宁、桐乡、吴兴、南浔、德清、上城、下城、江干、拱墅、西湖、滨江、萧山、余杭、越城、柯桥、上虞、慈溪、余姚、海曙、江东、江北、北仑、镇海、鄞州、定海、岱山、普陀、平湖、嵊泗、当涂、芜湖、繁昌、南陵、铜陵、庐江、无为、肥东、巢湖、含山、和县、枞阳、桐城、怀宁、望江、宿松、滁州、全椒、定远、凤阳、明光、来安、天长、长丰、霍邱、寿县、肥西、安庆、合肥、马鞍山
	鄂豫皖平原山地农林区	襄州、襄城、樊城、枣阳、老河口、曾都、随县、广水、大悟、红安、麻城、罗田、英山、平桥、浉河、罗山、光山、新县、固始、商城、潢川、内乡、镇平、邓州、新野、南召、方城、社旗、唐河、六安、金寨、霍山、舒城、岳西、潜山、太湖、宛城区、卧龙、确山、泌阳、桐柏、淅川
	长江中游平原农业水产区	九江、彭泽、湖口、都昌、星子、德安、永修、瑞昌、鄱阳、乐平、万年、余干、余江、东乡、进贤、临川、南昌、丰城、清浦、高安、新余、安义、江夏、蔡甸、东西湖、汉南、黄陂、新洲、黄州、团风、浠水、蕲春、武穴、黄梅、安陆、云梦、应城、孝南、孝昌、汉川、黄陂、嘉鱼、鄂城、华容、梁子湖、掇刀、东宝、屈家岭、沙洋、钟祥、京山、宜城、天门、仙桃、潜江、洪湖、监利、石首、公安、松滋、沙市、江陵、当阳、枝江、临湘、岳阳、汨罗、湘阴、华容、南县、沅江、益阳、安乡、澧县、临澧、常德、汉寿、桃源、津市

一级农业区	二级农业区	县（市、旗、区）
（五） 长江中 下游区	江南丘陵山地 农林区	东至、贵池、泾县、青阳、宣城、郎溪、广德、石台、黄山、宁国、旌德、绩溪、歙县、休宁、黟县、祁门、安吉、诸暨、临安、富阳、桐庐、建德、淳安、浦江、兰溪、金东、婺城、衢江、柯城、龙游、磐安、长兴、江山、常山、开化、义乌、东阳、永康、武义、婺源、德兴、玉山、广丰、上饶、铅山、横峰、弋阳、贵溪、金溪、资溪、南城、黎川、南丰、宜黄、崇仁、乐安、广昌、石城、宁都、兴国、瑞金、会昌、安远、于都、信丰、赣县、南康、新干、峡江、永丰、吉水、吉安、安福、莲花、永新、宁冈、泰和、万安、遂川、铜鼓、靖安、奉新、宜丰、上高、分宜、万载、宜春、修水、武宁、黄石市郊区、阳新、大冶、咸安、赤壁、崇阳、通山、通城、平江、浏阳、醴陵、攸县、茶陵、湘潭、湘乡、株洲、桃江、安化、宁乡、新化、冷水江、涟源、双峰、邵东、新邵、邵阳、隆回、洞口、武冈、新宁、衡山、衡东、衡阳、祁东、祁阳、常宁、衡南、东安、永州、安仁、耒阳、永兴、长沙、望城、韶山
	浙闽丘陵山地 林农区	嵊州、新昌、奉化、宁海、象山、天台、三门、临海、仙居、椒江、黄岩、路桥、温岭、玉环、永嘉、乐清、洞头、瑞安、平阳、文成、泰顺、缙云、丽水、莲都、青田、云和、遂昌、龙泉、庆元、浦城、松溪、政和、崇安、建阳、建瓯、光泽、邵武、顺昌、福鼎、柘荣、寿宁、福安、周宁、屏南、古田、霞浦、罗源、闽侯、闽清、永泰、建宁、泰宁、将乐、宁化、明溪、沙县、清流、永定、龙溪、大田、德化、永春、漳平、长汀、连城、永定、上杭、武平、龙湖、鹿城、瓯海、苍南、景宁
	南岭丘陵山地 林农区	大余、全南、龙南、定南、寻乌、上犹、崇义、桂东、资兴、汝城、郴州、桂阳、嘉禾、临武、宜章、新田、宁远、道县、蓝山、江华、江永、双牌、炎陵、平远、蕉岭、梅县、兴宁、大埔、龙川、和平、连平、翁源、始兴、南雄、仁化、乐昌、乳源、连州、连南、连山、阳山、曲江、怀集、广宁、封开、富川、钟山、八步、昭平、蒙山、资源、全州、兴安、灌阳、灵川、龙胜、临桂、永福、阳朔、荔浦、平乐、恭城、金秀、象州、武宣、忻城、柳江、柳城、鹿寨、融水、融安、三江、罗城、宜山、上林
（六） 西南区	秦岭大巴山 林农区	西峡、淅川、洛南、商州、汉滨、汉台、丹凤、商南、山阳、柞水、镇安、宁陕、石泉、汉阴、紫阳、旬阳、白河、平利、岚皋、镇坪、佛坪、洋县、西乡、镇巴、城固、南郑、勉县、宁强、略阳、留坝、太白、凤县、两当、徽县、西和、礼县、岷县、宕昌、武都、文县、成县、康县、舟曲、北川、平武、青川、旺苍、南江、通江、万源、白沙、城口、巫溪、十堰市郊区、郧阳、郧西、竹溪、竹山、房县、丹江口、谷城、保康、南漳、神农架
	四川盆地农林 区	巴州、平昌、宣汉、开江、大竹、渠县、邻水、通川、梁平、忠县、万州、开县、垫江、丰都、涪陵、南川、巴南、綦江、江北、长寿、合川、铜梁、璧山、大足、荣昌、永川、江津、潼南、苍溪、阆中、仪陇、南部、营山、蓬安、岳池、广安、武胜、西充、安州、绵竹、德阳、中江、绵阳、江油、剑阁、梓潼、盐亭、三台、射洪、蓬溪、遂宁、什邡、广汉、彭州、新都、都江堰、郫县、温江、崇州、新津、大邑、邛崃、蒲江、彭山、眉山、青神、仁寿、井研、犍为、沐川、峨眉、夹江、洪雅、丹棱、宝兴、芦山、名山、天全、荥经、隆昌、乐至、安岳、简阳、资中、威远、富顺、泸县、合江、纳溪、江安、南溪、宜宾县、高县、长宁、双流、金堂、荣县、渝北、北碚、沙坪坝、九龙坡、大渡口

一级农业区	二级农业区	县（市、旗、区）
（六）西南区	渝鄂湘黔边境山地林农牧区	云阳、奉节、巫山、武隆、彭水、黔江、酉阳、秀山、石柱、远安、兴山、秭归、宜都、长阳、五峰、巴东、建始、利川、宣恩、鹤峰、咸丰、来凤、石门、慈利、龙山、桑植、张家界、永顺、保靖、古丈、花垣、吉首、泸溪、凤凰、沅陵、辰溪、溆浦、麻阳、芷江、新晃、洪江、会同、靖州、通道、绥宁、城步、沿河、德江、思南、印江、石阡、江口、松桃、万山、玉屏、道真、务川、正安、岑巩、镇远、施秉、三穗、台江、剑河、雷山、丹寨、天柱、锦屏、黎平、榕江、从江、凯里、三都、怀化
	黔桂高原山地林农牧区	绥阳、桐梓、习水、赤水、仁怀、遵义、湘潭、凤冈、余庆、瓮安、福泉、贵定、龙里、都匀、独山、平塘、惠水、长顺、罗甸、荔波、黄平、麻江、开阳、息烽、修文、清镇、平坝、普定、镇宁、关岭、紫云、金沙、黔西、大方、织金、纳雍、六枝、盘县、水城、晴隆、普安、兴仁、贞丰、兴义、安龙、册亨、望谟、古蔺、叙永、兴文、珙县、筠连、环江、南丹、天峨、凤山、东兰、巴马、都安、马山、乐业、凌云、田林、隆林、西林
	川滇高原山地农林牧区	米易、盐边、泸定、汉源、石棉、屏山、甘洛、越西、喜德、美姑、昭觉、雷波、金阳、布拖、普格、峨边、马边、金口河、冕宁、西昌、德昌、宁南、会东、会理、盐源、赫章、威宁、沲江、盐津、永善、大关、彝良、威信、镇雄、鲁甸、巧家、东川、会泽、宣威、沾益、富源、马龙、寻甸、嵩明、宜良、石林、陆良、师宗、罗平、富民、安宁、晋宁、呈贡、易门、峨山、江川、通海、华宁、澄江、弥勒、泸西、丘北、文山、砚山、永仁、大姚、姚安、南华、牟定、楚雄、双柏、禄丰、武定、禄劝、元谋、景东、鹤庆、剑川、洱源、云龙、永平、漾濞、大理、巍山、宾川、祥云、弥渡、南涧、保山、腾冲、宁蒗、永胜、华坪、泸水、兰坪、西山、五华、盘龙、官渡、禄劝、古城、玉龙、昭阳、麒麟、红塔
（七）华南区	闽南粤中农林水产区	长乐、平潭、福清、仙游、安溪、南安、惠安、晋江、同安、华安、长泰、龙海、南靖、平和、漳浦、云霄、东山、诏安、饶平、南澳、潮安、澄海、潮阳、丰顺、五华、普宁、惠来、揭西、陆丰、海丰、丰顺、五华、紫金、惠东、惠阳、博罗、番禺、花都、增城、从化、龙门、新丰、南海、三水、顺德、斗门、新会、鹤山、开平、台山、恩平、四会、高要、德庆、新兴、罗定、郁南、英德、佛冈
	粤西桂南农林区	阳春、信宜、高州、电白、化州、廉江、吴川、苍梧、藤县、岑溪、桂平、贵港、玉州、北流、容县、陆川、博白、平南、宾阳、横县、邕宁、武鸣、隆安、天等、大新、扶绥、龙州、宁明、凭祥、灵山、浦北、合浦、防城、上思、平果、田东、田阳、德保、靖西、那坡
	滇南农林区	广南、富宁、西畴、麻栗坡、马关、石屏、建水、开远、蒙自、个旧、屏边、河口、金平、元阳、红河、绿春、元江、新平、镇沅、景谷、墨江、江城、澜沧、西盟、孟连、景洪、勐海、勐腊、凤庆、云县、双江、耿马、沧源、永德、镇康、昌宁、施甸、龙陵、盈江、梁河、芒市、陇川、瑞丽、思茅、临翔、隆阳
	琼雷及南海诸岛农林区	遂溪、雷州、徐闻、琼山、文昌、定安、澄迈、临高、琼海、屯昌、儋州、万宁、琼中、保亭、陵水、白沙、昌江、东方、乐东、崖州

一级农业区	二级农业区	县（市、旗、区）
（八） 甘新区	蒙宁甘农牧区	乌达、海勃湾、五原、临河、杭锦后、磴口、乌拉特前、乌拉特中、乌拉特后、阿拉善左、阿拉善右、额济纳、杭锦、乌审、鄂托克、永宁、贺兰、平罗、灵武、青铜峡、中宁、沙坡头、凉州、古浪、景泰、民勤、永昌、金州、甘州、山丹、民乐、高台、临泽、嘉峪关、肃州、玉门、金塔、瓜州、敦煌、肃北、阿克塞、惠农、大武口、利通、兴庆、金凤、西夏
	北疆农牧林区	阿勒泰、布尔津、吉木乃、哈巴河、福海、富蕴、清河、塔城、额敏、裕民、托里、和布克赛尔、乌苏、沙湾、伊宁、霍城、察布查尔、尼勒克、巩留、新源、特克斯、昭苏、奎屯、精河、博乐、温泉、木垒、奇台、吉木萨尔、阜康、来泉、昌吉、呼图壁、玛纳斯、乌鲁木齐市郊区、克拉玛依、石河子、巴里坤、伊吾
	南疆农牧林区	哈密、鄯善、哈密吐鲁番、托克逊、和静、和硕、焉耆、博湖、库尔勒、尉犁、轮台、且末、若羌、库车、沙雅、拜城、新和、温宿、阿克苏、阿瓦提、乌什、柯坪、喀什、疏附、疏勒、伽师、岳普湖、巴楚、麦盖提、莎车、英吉沙、泽普、叶城、塔什库尔干、阿合奇、阿图什、乌恰、阿克陶、皮山、墨玉、和田、洛浦、策勒、于田、民丰
（九） 青藏区	藏南农牧区	吉隆、聂拉木、昂仁、定日、谢通门、拉孜、萨迦、定结、岗巴、白朗、江孜、南木林、仁布、康马、亚东、尼木、堆龙德庆、曲水、林周、达孜、墨竹工卡、浪卡子、贡嘎、扎囊、洛扎、乃东、琼结、桑日、曲松、措美、隆子、错那
	川藏林农牧区	加查、郎县、工布江达、米林、墨脱、索县、边坝、洛隆、丁青、类乌齐、江达、密波、察隅、八宿、左贡、察雅、芒康、贡觉、贡山、福永、维西、香格里拉、德钦、木里、白玉、巴塘、理塘、得荣、乡城、稻城、新龙、炉霍、道孚、丹巴、雅江、康定、九龙、金川、小金、马尔康、理县、汶川、黑水、茂县、松潘、九寨沟
	青甘农牧区	合作、夏河、临潭、卓尼、迭部、碌曲、天祝、肃南、泽库、共和、贵南、兴海、同德、祁连、刚察、海晏、门源、天峻、乌兰、都兰、格尔木、河南、德令哈
	青藏高寒地区	仲巴、萨嘎、普兰、扎达、噶尔、日土、革吉、改则、措勤、那曲、嘉黎、比如、聂荣、安多、班戈、申扎、巴青、双湖、当雄、玉树、称多、杂多、治多、曲麻莱、玛多、玛沁、甘德、达日、班玛、久治、石渠、德格、色达、甘孜、壤塘、阿坝、若尔盖、红原、玛曲

附录 B

（规范性附录）

区域耕地质量划分指标

B.1　东北区耕地质量划分指标见表B.1。

表 B.1　东北区耕地质量划分指标

指标	等　级									
	一等	二等	三等	四等	五等	六等	七等	八等	九等	十等
地形部位	岗平地、宽谷漫岗地、河流二级阶地		岗平地、河谷阶地、漫岗缓坡地、台地			河漫滩、低阶地、漫岗缓坡地、岗坡地、山地下部		岗间洼地、河漫滩、低阶地、岗顶岗坡地			
有效土层厚度/cm	≥100			80～100		60～80		＜60		
有机质/（g/kg）	≥20				15～25		10～20	＜10		
耕层质地	中壤、重壤		沙壤、轻壤、中壤、重壤			沙壤、轻壤、黏土			沙土、黏土	
土壤养分状况	最佳水平			潜在缺乏				养分贫瘠		
生物多样性	丰富			一般				不丰富		
障碍因素	无障碍因素			较少或较轻，有轻度盐碱		较多或较重，或有钙积层、白浆层等障碍层次，犁底层浅薄		多或重，重度盐碱，或有沙砾层、沙漏层、潜育层等障碍层次			
灌溉能力	充分满足			满足			基本满足		不满足	
排水能力	充分满足			满足			基本满足		不满足	
清洁程度	清洁、尚清洁									
耕层厚度/cm	≥25		20～25			15～25		＜15		
农田林网化程度	高			中			低			

注：1. 土壤养分状况根据耕地土壤类型、种植作物、土壤养分状况等情况综合评价后填写，生物多样性、农田林网化程度根据实际调查情况填写。

　　2. 对判定为轻度污染、中度污染和重度污染的耕地，应提出耕地限制性使用意见，采取有关措施进行耕地环境质量修复。

B.2 内蒙古及长城沿线区耕地质量划分指标见表B.2。

表 B.2 内蒙古及长城沿线区耕地质量划分指标

指标	等级									
	一等	二等	三等	四等	五等	六等	七等	八等	九等	十等
地形部位	河流冲积平原的河漫滩，低阶地山前倾斜平原的中、下部				河流冲积平原的中阶地、河谷阶地、山前倾斜平原上部			河流冲积平原边缘地带、山前倾斜平原前缘、低山丘陵坡地		
有效土层厚度/cm	≥60				30～60			<30		
有机质/（g/kg）	≥12				8～15			<8		
耕层质地	中壤、轻壤				沙壤、轻壤、中壤、重壤			沙土、黏土		
土壤养分状况	最佳水平				潜在缺乏			养分贫瘠		
生物多样性	丰富、一般				一般、不丰富			不丰富		
障碍因素	无障碍因素，或有轻度盐碱、轻度沙化				轻度、中度盐碱、轻度沙化			沙化，中度、重度盐碱		
灌溉能力	充分满足、满足				满足、基本满足			基本满足、不满足		
排水能力	充分满足、满足				满足、基本满足			基本满足、不满足		
清洁程度	清洁、尚清洁									
农田林网化程度	高、中				中			低		
田面坡度/（°）	≤3				2～10			10～15		

注：1. 土壤养分状况根据耕地土壤类型、种植作物、土壤养分状况等情况综合评价后填写，生物多样性、农田林网化程度根据实际调查情况填写。
2. 对判定为轻度污染、中度污染和重度污染的耕地，应提出耕地限制性使用意见，采取有关措施进行耕地环境质量修复。

B.3 黄淮海区耕地质量划分指标见表B.3。

表 B.3 黄淮海区耕地质量划分指标

指标	等级									
	一等	二等	三等	四等	五等	六等	七等	八等	九等	十等
地形部位	交接洼地、微斜平原、山前平原、缓平坡地、冲洪积扇			交接洼地、微斜平地、缓平坡地、平原高阶、丘陵中部、河滩高地			滨海低平地、河滩高地、坡地上部、丘陵上部			
有效土层厚度/cm	≥100			60～100			<60			
有机质/（g/kg）	≥15			10～20			<12			
耕层质地	中壤、重壤、轻壤			沙土、沙壤、重壤、黏土			沙壤、黏土			
土壤养分状况	最佳水平			潜在缺乏			养分贫瘠			
生物多样性	丰富			一般			不丰富			
障碍因素	无			存在砂姜层、夹沙层、夹砾石层、黏化层、白浆层或黏盘层等			存在夹沙层、夹砾石层、黏化层或黏盘层等			
灌溉能力	充分满足			满足、基本满足			不满足			
排水能力	充分满足			满足、基本满足			不满足			
清洁程度	清洁、尚清洁									
耕层厚度/cm	≥20			15～20			<18			
盐渍化程度	无、轻度			轻度			中度、重度			

注：1. 土壤养分状况根据耕地土壤类型、种植作物、土壤养分状况等情况综合评价后填写，生物多样性根据实际调查情况填写。
2. 对判定为轻度污染、中度污染和重度污染的耕地，应提出耕地限制性使用意见，采取有关措施进行耕地环境质量修复。

B.4　黄土高原区耕地质量划分指标见表B.4。

表 B.4　黄土高原区耕地质量划分指标

指标	等级									
	一等	二等	三等	四等	五等	六等	七等	八等	九等	十等
地形部位	河流一、二级阶地			河谷阶地、塬地、洪积扇中下部、涧地			河漫滩、梁面平地、缓坡地		梁、峁、坡地	
有效土层厚度/cm	≥100						60～100		<60	
有机质/（g/kg）	≥15			8～15					<10	
耕层质地	中壤、轻壤			沙壤、轻壤、中壤				沙土、重壤、黏土		
土壤养分状况	最佳水平			潜在缺乏				养分贫瘠		
生物多样性	丰富、一般			一般、不丰富				不丰富		
障碍因素	无障碍因素			轻度、中度侵蚀				中度、重度侵蚀		
灌溉能力	充分满足			满足、基本满足			基本满足		不满足	
排水能力	充分满足、满足			满足、基本满足			基本满足、不满足		不满足	
清洁程度	清洁、尚清洁									
田面坡度/（°）	≤3			2～10			10～15		15～25	

注：1. 土壤养分状况根据耕地土壤类型、种植作物、土壤养分状况等情况综合评价后填写，生物多样性根据实际调查情况填写。

2. 对判定为轻度污染、中度污染和重度污染的耕地，应提出耕地限制性使用意见，采取有关措施进行耕地环境质量修复。

B.5　长江中下游区耕地质量划分指标见表B.5。

表 B.5　长江中下游区耕地质量划分指标

指标	等级									
	一等	二等	三等	四等	五等	六等	七等	八等	九等	十等
地形部位	宽谷盆地，平坝，低塝田，下冲垄田，河湖冲、沉积平原，冲积海积平原，滨海平原，河流中下游平缓阶地		山间盆地，山间畈田，缓塝田、缓丘坡田，冲垄下部、下部田，平原湖（圩）田，河湖冲、沉积平原，冲积海积平原，滨海平原，河流上游宽谷阶地，低丘坡田		河湖冲，沉积平原低洼地，滨海平原洼地，新垦滩涂，河谷低阶地，丘陵低谷地，盆谷阶地，江河高阶地，缓岗地，丘陵中部、下部，冲垄上部田			封闭洼地、山间谷地、丘陵谷地、新垦滩涂、河谷阶地、高丘山地、山垄上冲田、丘陵上部			
有效土层厚度/cm	≥100				60～100			<60		
有机质/（g/kg）	≥24		18～40			10～30		<10		
耕层质地	中壤、重壤、轻壤		沙壤、轻壤、中壤、重壤、黏土			沙土、重壤、黏土				
土壤养分状况	最佳水平		潜在缺乏				养分贫瘠			
生物多样性	丰富		一般				不丰富			
障碍因素	100 cm 内无障碍因素或障碍层出现		50～100 cm 内出现障碍层（潜育层、网纹层、白土层、黏化层、盐积层、焦砾层、沙砾层等），或有其他障碍因素			50cm 内出现障碍层（潜育层、白土层、网纹层、盐积层、黏化层、焦砾层、砂破层、腐泥层、泥炭层等），或有其他障碍因素				
灌溉能力	充分满足		满足			基本满足		不满足		
排水能力	充分满足		满足			基本满足		不满足		
清洁程度	清洁、尚清洁									
酸碱度	6.0～8.0		5.5～8.5			4.5～6.5、8.5～9.0		>9.0 或<4.5		

注：1. 土壤养分状况根据耕地土壤类型、种植作物、土壤养分状况等情况综合评价后填写，生物多样性根据实际调查情况填写。

2. 对判定为轻度污染、中度污染和重度污染三个等级的耕地，应提出耕地限制性使用意见，采取有关措施进行耕地环境质量修复。

B.6　西南区耕地质量划分指标见表 B.6。

表 B.6　西南区耕地质量划分指标

指标	等　级									
	一等	二等	三等	四等	五等	六等	七等	八等	九等	十等
地形部位	宽谷盆地、平原阶地、河流阶地、丘陵坝区、台地、丘陵下部			河流阶地，丘陵坝区，台地，丘陵中、下部，山地中、下部			丘陵上部，山地上、中、下部			
有效土层厚度/cm	≥80			50～80			30～50		<30	
有机质/（g/kg）	≥25			20～30		15～20		10～15		<10
耕层质地	中壤、重壤		沙壤、轻壤、重壤、黏土				沙土、沙壤、黏土			
土壤养分状况	最佳水平			潜在缺乏			养分贫瘠			
生物多样性	丰富			一般			不丰富			
障碍因素	无障碍层次			50～100 cm 出现沙漏、黏盘、潜育层等障碍层			50 cm 以内出现沙漏、黏盘、潜育层等障碍层，或砾石含量大于10%			
灌溉能力	充分满足、满足			满足、基本满足			基本满足、不满足			
排水能力	充分满足、满足			满足、基本满足			基本满足、不满足			
清洁程度	清洁、尚清洁									
酸碱度	6.0～7.5			4.5～6.5，7.5～8.5				<4.5 或>8.5		
海拔高度/m	≤1 600			800～2 000			>2 000			

注：1. 土壤养分状况根据耕地土壤类型、种植作物、土壤养分状况等情况综合评价后填写，生物多样性根据实际调查情况填写。
　　2. 对判定为轻度污染、中度污染和重度污染的耕地，应提出耕地限制性使用意见，采取有关措施进行耕地环境质量修复。

B.7　华南区耕地质量划分指标见表B.7。

表 B.7　华南区耕地质量划分指标

指标	等　级									
	一等	二等	三等	四等	五等	六等	七等	八等	九等	十等
地形部位	河口三角洲平原、峰林平原、河流冲积平原、宽谷冲积平原、宽谷阶地、平坝、丘陵缓坡		宽谷冲积平原、峰林平原、河流冲积平原、宽谷的中上部、低丘坡麓、丘间并地、河坝地、滨海砂地、宽谷阶地、平坝、丘陵缓坡			低丘坡麓、丘间洼地、河流冲积坝地、滨海地区、峰林谷地、沟谷地、山地坡下部		滨海地区、封闭洼地丘陵低谷地、山间峡谷、峰林谷地、沟谷地、山地坡中部		
有效土层厚度/cm	≥100			60～100			<60			
有机质/（g/kg）	≥25			20～30			10～20		<10	
耕层质地	中壤、重壤			沙壤、轻壤、中壤、重壤		沙土、沙壤、重壤、黏土				
土壤养分状况	最佳水平			潜在缺乏			养分贫瘠			
生物多样性	丰富			一般			不丰富			
障碍因素	无障碍层次			侵蚀、沙化、酸化、瘠薄			盐渍化、酸化、渍潜			
灌溉能力	充分满足、满足			满足、基本满足			基本满足、不满足			
排水能力	充分满足、满足			满足、基本满足			基本满足、不满足			
清洁程度	清洁、尚清洁									
酸碱度	5.5～7.5		5.0～7.0			4.5～5.5，6.5～7.5		>7.5 或<4.5		

注：1. 土壤养分状况根据耕地土壤类型、种植作物、土壤养分状况等情况综合评价后填写，生物多样性、农田林网化程度根据实际调查情况填写。
　　2. 对判定为轻度污染、中度污染和重度污染的耕地，应提出耕地限制性使用意见，采取有关措施进行耕地环境质量修复。

B.8 甘新区耕地质量划分指标见表B.8。

表 B.8 甘新区耕地质量划分指标

指标	等 级									
	一等	二等	三等	四等	五等	六等	七等	八等	九等	十等
地形部位	大河三角洲的上部，河流冲积平原的河漫滩，低阶地，山前平原的中、下部			泛滥河流的河间洼地，山前平原中部、上部，下切河流冲积平原的中阶地，大河三角洲中部					大河三角洲下游、河流冲积平原的边缘地带，山前平原上部	
有效土层厚度/cm	≥100			60～100					<60	
有机质/（g/kg）	≥18			10～20					<15	
耕层质地	中壤、轻壤			沙壤、轻壤、重壤					沙土、重壤、黏土	
土壤养分状况	最佳水平			潜在缺乏					养分贫瘠	
生物多样性	丰富、一般			一般、不丰富					不丰富	
障碍因素	无			部分土体中含夹沙层、夹砾石层，部分沙化					含夹沙层、夹砾石层障碍层，沙化	
灌溉能力	充分满足、满足					满足、基本满足			基本满足、不满足	
排水能力	充分满足、满足					满足、基本满足			基本满足、不满足	
清洁程度	清洁、尚清洁									
农田林网化程度	高			中					低	
盐渍化程度	无、轻度			轻度、中度					中度、重度	

注：1. 土壤养分状况根据耕地土壤类型、种植作物、土壤养分状况等情况综合评价后填写，生物多样性、农田林网化程度根据实际调查情况填写。

2. 对判定为轻度污染、中度污染和重度污染的耕地，应提出耕地限制性使用意见，采取有关措施进行耕地环境质量修复。

B.9 青藏区耕地质量划分指标见表B.9。

表 B.9 青藏区耕地质量划分指标

指标	等 级									
	一等	二等	三等	四等	五等	六等	七等	八等	九等	十等
地形部位	河流低谷地、洪积扇前缘、台地			河流宽谷阶地、坡地、湖盆阶地、洪积扇中后部、坡积裙、起伏侵蚀高台地						
有效土层厚度/cm	≥50			>30					<30	
有机质/（g/kg）	20～40			10～30					<10	
耕层质地	中壤、轻壤			沙壤、轻壤、重壤					沙土、重壤、黏土	
土壤养分状况	最佳水平			潜在缺乏					养分贫瘠	
生物多样性	丰富			一般					不丰富	
障碍因素	无			50 cm 以下出现沙漏、黏盘、潜育层等障碍层				50 cm 以内出现沙漏、黏盘、潜育层障碍层；临界地下水位≤30 cm，砾石含量≥20%，盐化		
灌溉能力	充分满足		满足			基本满足			不满足	
排水能力	充分满足		满足			基本满足			不满足	
清洁程度	清洁、尚清洁									
海拔高度/m	<1 500，内陆灌（漠）淤土 2 800～3 000		1 500～2 500，内陆灌（漠）淤土 3 000～3 200		2 000～3 000		2 500～3 800		>3 800	

注：1. 土壤养分状况根据耕地土壤类型、种植作物、土壤养分状况等情况综合评价后填写，生物多样性根据实际调查情况填写。

2. 对判定为轻度污染、中度污染和重度污染的耕地，应提出耕地限制性使用意见，采取有关措施进行耕地环境质量修复。

NY/T 1634—2008

耕地地力调查与质量评价技术规程

Rules for soil quality survey and assessment

2008-05-16 发布　　　　　　　　　　　　　　　　2008-07-01 实施

前　言

本标准的附录 A、附录 B、附录 C 和附录 D 为规范性附录，附录 E、附录 F、附录 G 和附录 H 为资料性附录。

本标准由中华人民共和国农业部种植业管理司提出并归口。

本标准起草单位：全国农业技术推广服务中心、山东省土壤肥料总站、江苏省扬州市土壤肥料站、上海市农业技术推广服务中心、湖南省土壤肥料工作站。

本标准主要起草人：彭世琪、田有国、辛景树、李涛、任意、张炳宁、朱恩、张月平、孟晓民、黄铁平、汤建东。

1　范围

本标准规定了耕地地力与耕地环境质量调查与评价的方法、程序与内容。

本标准适用于耕地地力与耕地环境质量的调查与评价，也适用于园地地力与园地环境质量的调查与评价。

2　规范性引用文件

下列文件中的条款通过本标准的引用而成为本标准的条款。凡是注日期的引用文件，其随后所有的修改单（不包括勘误的内容）或修订版均不适用于本标准，然而，鼓励根据本标准达成协议的各方研究是否可使用这些文件的最新版本。凡是不注日期的引用文件，其最新版本适用于本标准。

GB 12999　水质采样样品的保存和管理技术规定

GB/T 2260　中华人民共和国行政区划代码

GB/T 6920　水质　pH 的测定　玻璃电极法

GB/T 7467　水质　六价铬的测定　二苯碳酰二肼分光光度法

GB/T 7468　水质　总汞的测定　冷原子吸收分光光度法

GB/T 7475　水质　铜、锌、铅、镉的测定　原子吸收分光光度法

GB/T 7484　水质　氟化物的测定　离子选择电极法

GB/T 7485　水质　总砷的测定　二乙基二硫代氨基甲酸银分光光度法

GB/T 10114　县级以下行政区划代码编制规则

GB/T 11914　水质　化学需氧量的测定　重铬酸盐法

GB/T 14550　土壤中六六六和滴滴涕测定的气相色谱法

GB/T 17138　土壤质量　铜、锌的测定　火焰原子吸收分光光度法

GB/T 17141　土壤质量　铅、镉的测定　石墨炉原子吸收分光光度法

GB/T 18407.1　农产品安全质量　无公害蔬菜产地环境要求

NY 5010　无公害食品　蔬菜产地环境条件

NY/T 53　土壤全氮测定法

NY/T 148　石灰性土壤有效磷测定方法

NY/T 309　全国耕地类型区、耕地地力等级划分

NY/T 310　全国中低产田类型划分与改良技术规范

NY/T 391　绿色食品　产地环境技术条件

NY/T 395　农田土壤环境质量监测技术规范

NY/T 889　土壤速效钾和缓效钾含量的测定

NY/T 890　土壤有效态锌、锰、铁、铜含量的测定　二乙三胺五乙酸（DTPA）浸提法

NY/T 1121.4　土壤检测　第4部分：土壤容重的测定

NY/T 1121.6　土壤检测　第6部分：土壤有机质的测定

NY/T 1121.7　土壤检测　第7部分：酸性土壤有效磷的测定

NY/T 1121.8　土壤检测　第8部分：土壤有效硼的测定

NY/T 1121.9　土壤检测　第9部分：土壤有效钼的测定

NY/T 1121.10　土壤检测　第10部分：土壤总汞的测定

NY/T 1121.11　土壤检测　第11部分：土壤总砷的测定

NY/T 1121.12　土壤检测　第12部分：土壤总铬的测定

NY/T 1121.13　土壤检测　第13部分：土壤交换性钙和镁的测定

NY/T 1121.14　土壤检测　第14部分：土壤有效硫的测定

NY/T 1121.15　土壤检测　第15部分：土壤有效硅的测定

NY/T 1377　土壤中pH的测定

LY/T 1229—1999　森林土壤水解性氮的测定

3　术语和定义

下列术语和定义适用于本标准。

3.1　耕地　cultivated land

用于种植粮食作物、蔬菜和其他经济作物的土地。其中，蔬菜地是指专用蔬菜地、季节性蔬菜地，包括日光温室、塑料大棚、露天菜地三种类型，露天菜地包括拱棚、常年种植的露天菜地以及连续两年以上粮菜间作套种的土地。

3.2　耕地地力　cultivated land productivity

在当前管理水平下，由土壤本身特性、自然条件和基础设施水平等要素综合构成的耕地生产能力。

3.3　耕地质量　cultivated land quality

耕地满足作物生长和清洁生产的程度，包括耕地地力和耕地环境质量两个方面。本标准所指耕地环境质量，界定在土壤重金属污染、农药残留与灌溉水质量等方面。

4　工作准备

4.1　资料准备

4.1.1　图件资料

地形图（采用中国人民解放军总参谋部测绘局测绘的地形图）、土壤普查成果图、基本农田保护区规划图、土地利用现状图、行政区划图、农田水利分区图、主要污染源点位图及其他相关图件。

4.1.2　数据及文本资料

土壤普查成果资料、基本农田保护区划定统计资料；调查区域近三年种植面积、粮食单产、总产统计资料等；历年土壤肥力、植株检测资料；水土保持、生态环境建设、水利区划资料；土壤典型剖面照片、土壤肥力监测点景观照片、当地典型景观照片；历年肥料、农药、除草剂等农用化学品销售及使用情况；主要污染源调查资料，污染源地点、污染类型、方式、排污量等。

4.2　技术准备

4.2.1　确定耕地地力评价因子

根据耕地地力评价因子总集（参见附录 E），选取耕地地力评价因子。选取的因子应对耕地地力有较大的影响，在评价区域内的变异较大，具有相对长期的稳定性，因子之间独立性较强。各地可根据当地情况适当增加评价因子。

4.2.2　建立地理信息系统（GIS）支持下的耕地资源数据库标准

见附录 A。

4.2.3　确定评价单元

用土地利用现状图、土壤图叠加形成的图斑作为评价单元。

4.2.4　确定调查采样点

4.2.4.1　布点原则

布点应考虑地形地貌、土壤类型与分布、肥力高低、作物种类和管理水平等，同时要兼顾空间分布的均匀性。蔬菜地还要考虑设施类型、蔬菜种类、种植年限等。

耕地地力调查布点应与耕地环境质量调查布点相结合。

4.2.4.2　确定调查采样点位置数量

布点前应进行路线勘察调查，根据地形地貌、土壤类型、作物种类等因素，应用评价单元图进行综合分析，根据调查精度确定调查与采样点数量及位置。同时，将统一编号的采样点标绘在评价单元图上，形成调查点位图。在县域调查时，原则上要求大田每 1 000亩[*]、蔬菜地每 500～1 000 亩布设一个样点。调查点与采样点的位置必须一一对应。

对于耕地地力调查土样，在土壤类型及地形条件复杂的区域，在优势农作物或经济作物种植区适当加大取样点密度。对于环境质量调查土样，在工矿企业及城镇周边等土壤易

---

[*] 亩为非法定计量单位，1 亩=667 m^2。

受污染的区域，应适当加大耕地环境质量调查取样点密度。对于环境质量调查水样，蔬菜、水果等直接食用的农产品生产区要加大采样密度。

5　野外调查内容

5.1　采样点基本情况

对采样点的立地条件、土壤剖面性状、农田设施、灌溉水源等情况进行调查，对土地利用现状进行补充调查，见附录 B。

5.2　采样点农业生产情况

向采样点所属农户调查耕作管理、施肥水平、产量水平、种植制度、灌溉等情况，见附录 C。采样点农业生产情况调查表编码应与采样点基本情况调查表一致。

5.3　采样点污染源基本情况

调查污染类型、污染形态、排放量等情况，见附录 B。

6　样品采集

6.1　混合土壤样品的采集

6.1.1　采样工具

用不锈钢土钻或用铁锹与木铲或竹铲配合。

6.1.2　分样点布点方法

在已确定的田块中，以 GPS 仪定位点为中心，向四周辐射确定多个分样点，每个混合土壤样取 15 个以上分样点，每个分样点的采土部位、深度、数量要求一致。采集蔬菜地土壤混合样品时，一个混合土壤样应在同一具有代表性的蔬菜地或设施类型里采集。采样时应避开沟渠、林带、田埂、路旁、微地形高低不平地段。根据采样地块的形状和大小，确定适当的分样点布点方法，长方形地块采用"S"法，近似正方形地块采用"X"法或棋盘形布点法。

6.1.3　采样方法

采集的各样点土壤要用手掰碎，挑出根系、秸秆、石块、虫体等杂物，充分混匀后，四分法留取 1.5 kg 装入样品袋。用铅笔填写两张标签，土袋内外各具。标签主要内容为：野外编号（要与调查表编号相一致）、采样深度、采样地点、采样时间、采样人等。

6.1.4　采样深度

大田采集耕层土样，采样按 0～20 cm 采集，蔬菜地除采集耕层土样外，三分之一样点要采集亚耕层土样，采样深度为耕层 0～20 cm、亚耕层 20～40 cm。

6.2　土壤物理性质测定样品的采集

测定土壤容重等物理性状，需用原状土样，其样品可直接用环刀在各土层中采取。采取土壤结构性的样品，需注意土壤湿度，不宜过干或过湿，应在不黏铲、经接触不变形时分层采取。在取样过程中需保持土块不受挤压、不变形，尽量保持土壤的原状，如有受挤压变形的部分要弃去。每个样点采集三个环刀样。

6.3　水样的采集

6.3.1　采样时间

取样时间选在灌溉高峰期，用 500 mL 聚乙烯瓶采集。

6.3.2　采样位置

渠灌水（包括地表水和地下水）在调查区的渠首取样；井灌水以抽水取样；排水自排水出口或受纳水体取样。

6.3.3　采样方法

水样采集要求瞬时采样。采集前用此水洗涤样瓶和塞盖 2～3 次，每个样点采四瓶水样，每瓶装九成满，其中三瓶分别加硫酸、硝酸、氢氧化钠固定剂。四瓶水样用同一个样品号，分别在标签上注明："水样编号-无""水样编号-硫""水样编号-硝""水样编号-碱"。采集的水样当天送到检测单位处理。灌溉水样固定剂和测定时间参照 GB 12999 执行，具体见附录 D。

7　分析测试

7.1　测试内容

7.1.1　耕地地力样品

7.1.1.1　物理性状

土壤容重（选择 10%～20%的取样点进行分析）。

7.1.1.2　化学性状

7.1.1.2.1　大田样品

pH、有机质、全氮、碱解氮、有效磷、缓效钾、速效钾和有效态（铜、锌、铁、锰、硼、钼、硅、硫）。

7.1.1.2.2　蔬菜地样品

pH、有机质、全氮、碱解氮、有效磷、缓效钾、速效钾，有效态（铜、锌、铁、锰、硼、钼、硅、硫）、交换性钙和镁。

7.1.2　耕地环境质量样品

7.1.2.1　土壤样品

pH、铅、镉、汞、砷、铬、铜、六六六、DDT。

7.1.2.2　水样样品

pH、化学需氧量（COD）、汞、铅、镉、砷、六价铬、氟化物。

7.2　测试方法

7.2.1　耕地地力样品测试方法

7.2.1.1　土壤容重的测定

按 NY/T 1121.4 规定的方法测定。

7.2.1.2　土壤 pH 的测定

按 NY/T 1377 规定的方法测定。

7.2.1.3　土壤有机质的测定

按 NY/T 1121.6 规定的方法测定。

7.2.1.4　土壤全氮的测定

按 NY/T 53 规定的方法测定。

7.2.1.5　土壤碱解氮的测定

按 LY/T 1229 规定的方法测定。

7.2.1.6　土壤有效磷的测定

　　石灰性土壤按 NY/T 148 规定的方法测定，酸性土壤按 NY/T 1121.7 规定的方法测定。

7.2.1.7　土壤缓效钾和速效钾的测定

　　按 NY/T 889 规定的方法测定。

7.2.1.8　土壤有效态铜、锌、铁、锰的测定

　　按 NY/T 890 规定的方法测定。

7.2.1.9　土壤有效硼的测定

　　按 NY/T 1121.8 规定的方法测定。

7.2.1.10　土壤有效钼的测定

　　按 NY/T 1121.9 规定的方法测定。

7.2.1.11　土壤有效硅的测定

　　按 NY/T 1121.15 规定的方法测定。

7.2.1.12　土壤交换性钙和镁的测定

　　按 NY/T 1121.13 规定的方法测定。

7.2.1.13　土壤有效硫的测定

　　按 NY/T 1121.14 规定的方法测定。

7.2.2　耕地环境质量样品测试方法

7.2.2.1　土壤 pH 的测定

　　按 NY/T 1377 规定的方法测定。

7.2.2.2　土壤铅、镉的测定

　　按 GB/T 17141 规定的方法测定。

7.2.2.3　土壤总汞的测定

　　按 NY/T 1121.10 规定的方法测定。

7.2.2.4　土壤总砷的测定

　　按 NY/T 1121.11 规定的方法测定。

7.2.2.5　土壤总铬的测定

　　按 NY/T 1121.12 规定的方法测定。

7.2.2.6　土壤总铜的测定

　　按 GB/T 17138 规定的方法测定。

7.2.2.7　土壤六六六、DDT 的测定

　　按 GB/T 14550 规定的方法测定。

7.2.2.8　水质 pH 的测定

　　按 GB/T 6920 规定的方法测定。

7.2.2.9　水质化学需氧量的测定

　　按 GB/T 11914 规定的方法测定。

7.2.2.10　水质总汞的测定

　　按 GB/T 7468 规定的方法测定。

7.2.2.11　水质铅、镉的测定

　　按 GB/T 7475 规定的方法测定。

7.2.2.12   水质总砷的测定

按 GB/T 7485 规定的方法测定。

7.2.2.13   水质六价铬的测定

按 GB/T 7467 规定的方法测定。

7.2 2.14   水质氟化物的测定

按 GB/T 7484 规定的方法测定。

8   数据库建立

将调查、分析数据进行录入、审核、建库，质量控制见附录 A。

9   耕地地力评价

9.1   评价单元赋值

根据各评价因子的空间分布图或属性数据库，将各评价因子数据赋值给评价单元。

9.1.1   点位分布图赋值

对点位分布图（如养分点位分布图），采用插值的方法将其转换为栅格图，与评价单元图叠加，通过加权统计给评价单元赋值。

9.1.2   矢量分布图赋值

对矢量分布图（如土壤质地分布图），将其直接与评价单元图叠加，通过加权统计、属性提取，给评价单元赋值。

9.1.3   线形图赋值

对线形图（如等高线图），使用数字高程模型，形成栅格图，再与评价单元图叠加，通过加权统计给评价单元赋值。

9.2   确定各评价因子权重

采用德尔菲法（参见附录 F）与层次分析法（参见附录 G）相结合的方法确定各评价因子权重。

9.3   确定各评价因子隶属度

对定性数据采用德尔菲法（参见附录 F）直接给出相应的隶属度；对定量数据采用德尔菲法与隶属函数法结合的方法确定各评价因子的隶属函数，将各评价因子的值代入隶属函数，计算相应的隶属度（参见附录 H）。

9.4   计算耕地地力综合指数

采用式（1）累加法计算每个评价单元的综合地力指数。

$$IFI = \sum (F_i \times C_i) \tag{1}$$

式中：IFI——耕地地力综合指数（Integrated Fertility Index）；

F_i——第 i 个评价因子的隶属度；

C_i——第 i 个评价因子的组合权重。

9.5   划分地力级别

将耕地地力综合指数按从大到小的顺序等距分为 5～10 等份，耕地地力综合指数越大，耕地地力水平越高。

9.6　评价图件编绘

　　按附录 A 的要求，编绘生成耕地地力等级分布图及其他相关专题图件。

9.7　归入全国耕地地力等级体系

　　依据 NY/T 309，归纳整理各级耕地地力要素主要指标，形成与粮食生产能力相对应的地力等级，并将各级耕地地力归入全国耕地地力等级体系。

9.8　划分中低产田类型

　　依据 NY/T 310，分析评价单元耕地土壤主导障碍因素，划分并确定中低产田类型、面积和主要分布区域。

10　耕地环境质量评价

10.1　确定评价单元

　　将各耕地环境质量评价采样点作为评价单元，对各采样点耕地环境质量单独进行评价，计算土（水）单项污染指数。对耕地环境质量土壤采样点附近同时采集灌溉水样的，还应将土壤采样点和相应的水样采样点作为一个评价单元，再计算其土、水综合污染指数，对该评价单元的耕地环境质量进行综合评价。

10.2　评价指标

10.2.1　农田土坡单项指标

　　见表 1。

表 1　农田土壤单项指标限值　　　　　　　　　单位：mg/kg

级别	利用方式	pH 范围		铜	铅	镉	铬	砷	汞	六六六	DDT
符合绿色食品产地环境条件（1级）	旱地	pH<6.5	≤	50	50	0.30	120	25	0.25	0.1	0.1
		pH6.5～7.5	≤	60	50	0.30	120	20	0.30	0.1	0.1
		PH>7.5	≤	60	50	0.40	120	20	0.35	0.1	0.1
	水田	pH<6.5	≤	50	50	0.30	120	20	0.30	0.1	0.1
		pH6.5～7.5	≤	60	50	0.30	120	20	0.40	0.1	0.1
		pH>7.5	≤	60	50	0.40	120	15	0.40	0.1	0.1
符合无公害食品产地环境条件（2级）	不分	pH<6.5	≤	50	100	0.30	150	40	0.30	0.5	0.5
		pH6.5～7.5	≤	100	150	0.30	200	30	0.50	0.5	0.5
		pH>7.5	≤	100	150	0.60	250	25	1.0	0.5	0.5
不合格（3级）	不分	pH<6.5	>	50	150	0.30	150	40	0.30	0.5	0.5
		pH6.5～7.5	>	100	150	0.30	200	30	0.50	0.5	0.5
		pH>7.5	>	100	150	0.60	250	25	1, 0	0.5	0.5

注：其中镉、汞、砷、铬、六六六和 DDT 为严控指标，铜和铅为一般控制指标。

10.2.2　农田灌溉水单项指标

　　见表 2。

表 2　农田灌溉水单项指标限值　　　　　　　　　单位：mg/L

级别	pH	化学需氧量	汞	镉	砷	铅	六价铬	氟化物
符合绿色食品和无公害食品产地环境条件（1级）	5.5≤pH≤8.5	≤150	≤0.001	≤0.005	≤0.05	≤0.1	≤0.1	≤2.0
不合格（2级）	pH<5.5 或>8.5	>150	>0.001	>0.005	>0.05	>0.1	>0.1	>2.0

注：其中镉、汞、砷、铅和六价铬为严控指标，pH、化学需氧量和氟化物为一般控制指标。

10.3　污染指数计算

10.3.1　土（水）单项污染指数计算

适用于土壤或灌溉水中某一特定污染物，其污染指数计算方法如式（2）所示：

单项污染指数（除水质 pH 污染指数外）

$$P_i = C_i / S_i \tag{2}$$

式中：P_i——单项污染指数；

C_i——污染物实测值；

S_i——污染物指标限值。

单项污染指数（水质 pH 污染指数）计算方法如式（3）所示：

$$P_i = |C_i - S_i| / |S_{最高} - S_i| \tag{3}$$

式中：P_i——水质 pH 污染指数；

C_i——pH 实测值。

$S_i = (S_{最高} + S_{最低})/2$，$S_{最高}$、$S_{最低}$ 分别为 pH 的上限值和下限值（分别为 8.5 和 5.5）。

当 P_i<1 为单项污染物未超标，P_i>1 为单项污染物超标。

10.3.2　土（水）综合污染指数计算

适用于评价某个环境评价样点土壤或灌溉水的综合污染程度，土壤或灌溉水综合污染指数用式（4）计算。

对严控指标，当单项污染物超标时，应降级后再计算综合污染指数。当严控指标未超标时，直接计算综合污染指数。应先计算单项污染指数，再计算土壤或水的综合污染指数。综合污染指数大于 1，则视为不符合该级别的标准。

$$P_{土(水)} = \sqrt{\frac{P_{平均}^{~2} + P_{max}^{~2}}{2}} \tag{4}$$

式中：$P_{土(水)}$——土壤或灌溉水综合污染指数；

$P_{平均}$——土壤或灌溉水各单项污染指数（P_i）的平均值；

P_{max}——土壤或灌溉水各单项污染指数中最大值。

10.3.3　耕地环境质量综合污染指数计算

适用于污染区域内耕地环境质量作为一个整体与外区域耕地质量比较，或一个区域内耕地环境质量在不同历史时段的比较。其评价方法如式（5）所示：

$$P_{综} = W_{土} \cdot P_{土} + W_{水} \cdot P_{水} \qquad (5)$$

式中：$P_{综}$——耕地环境质量综合污染指数；

$W_{土}$，$W_{水}$——土和水这两个环境要素在耕地环境质量评价中所占的权重，分别为 0.65

和 0.35，各地也可根据实际情况采用德尔菲法（见附录 F）确定；

$P_{土}$，$P_{水}$——土壤和灌溉水的综合污染指数。

10.4　耕地环境质量级别划分

耕地环境质量分级标准见表 3。

表 3　耕地环境质量分级标准

等级划定	综合污染指数	污染等级	污染水平
1	$P_{综} \leqslant 0.7$	安全	清洁
2	$0.7 < P_{综} \leqslant 1.0$	警戒线	尚清洁
3	$1.0 < P_{综} \leqslant 2.0$	轻污染	土壤污染物超过背景值，视为轻度污染
4	$2.0 < P_{综} \leqslant 3.0$	中污染	土壤受到中度污染
5	$P_{综} > 3.0$	重污染	土壤污染已相当严重

11　结果验证

绘制耕地地力等级分布图，将评价结果与当地实际情况进行对比分析，并选择典型农户实地调查，验证评价结果与当地实际情况的吻合程度。

附录 A

（规范性附录）

耕地资源数据库的内容、标准与质量控制

A.1　数据库的内容

A.1.1　空间数据库的内容

包括地形图、土壤图、基本农田保护区规划图、土地利用现状图、农田水利分区图、主要污染源点位图、耕地地力与耕地环境质量调查点位图等数字化图层。

A.1.2　属性数据库的内容

包括各个图层自动生成的属性数据和调查收集的属性数据及土壤检测的有关数据。

A.2　数据库的标准

A.2.1　空间数据库的标准

图形的数字化采用图件扫描矢量化或手扶数字化仪。矢量图形采用 ESRI 的 shapeFiles 格式，栅格图形采用 ESRI Gird 的格式。对各数字化图层要求投影方式为高斯-克吕格投影，6 度分带；坐标系为西安 80 坐标系；高程系统采用 1956 年黄海高程基准；野外调查 GPS 定位数据，初始数据采用经纬度并在调查表格中记载，装入 GIS 系统与图件匹配时，再投影转换为上述直角坐标系坐标。

A.2.2　属性数据库的标准

在建立关系数据库平台的地区或单位，数据存放在关系数据库（SQL）中；在没有建立关系数据库平台的地区或单位，数据存放在 ACCESS 中。

A.3　数据质量控制

A.3.1　空间数据的质量控制

A.3.1.1　输入图件质量控制

扫描影像应能够区分图内各要素，若有线条不清晰现象，需重新扫描。扫描影像数据经过角度纠正，纠正后的图幅下方两个内图廓点的连线与水平线的角度误差不超过 0.2°。

公里网格线交叉点为图形纠正控制点，每幅图应选取不少于 20 个控制点，纠正后控制点的点位绝对误差不超过 0.2 mm（图面值）。

矢量化要求图内各要素的采集无错漏现象，图层分类和命名符合统一的规范，各要素的采集与扫描数据相吻合，线划（点位）整体或部分偏移的距离不超过 0.3 mm（图面值）。

所有数据层具有严格的拓扑结构。面状图形数据中没有碎片多边形。图形数据及对应的属性数据输入正确。

A.3.1.2　输出图件质量控制

图件必须覆盖整个辖区，不得丢漏。图内要素必有项目包括评价单元图斑、各评价要素图斑和调查点位数据、线状地物、注记。图外要素必有项目包括图名、图例、坐标系及高程系说明、比例尺、制图单位全称、制图时间等。

A.3.2　属性数据的质量控制

属性数据应由专人录入，可采用两次录入的方式互相验证，确保数据准确无误。耕地面积数应统一校正到等于当地政府公布的耕地面积。

附录 B

（规范性附录）

采样点基本情况调查表及填表说明

表 B.1　采样点基本情况调查表

统一编号			家庭住址		省（市、自治区）　县（市、区、旗）　乡（镇）村　组						户主姓名	
野外编号			采样地块		名称：东经（°　′　″）北纬（°　′　″）						样点类型	
					海拔　　　m　　面积：　　　亩							
土壤类型	土类：		亚类：		土属：		土种：		采样深度（cm）			
立地条件	地形部位				质地构型				地面平整度			（°）
	坡度			（°）	耕层厚度			cm	土梯田化水平	梯田类型		
	坡向				耕层质地					熟化年限		
	成土母质			剖面性状	障碍层次	类型			地整理	灌溉水源类型		
	盐碱类型					出现位置		cm		田间输水方式		
	土壤侵蚀	类型				厚度		cm		灌溉保证率		%
		程度			潜水水质及埋深			m		排涝能力		
污染情况	污染物类型				污染面积			亩	采样点距污染源距离			km
	污染源企业名称				污染源企业地址							
	污染物形态				污染物排放量							
	污染范围				污染造成的危害			污染造成的经济损失				

调查人：　　　　　　调查日期：　　　年　　月　　日

B.1　基本项目

B.1.1　统一编号

由 14 位数字组成，分为四段，第一段六位数字，表示县及县以上的行政区划；第二段三位数字，表示乡、镇或街道办事处；第三段三位数字，表示居民委员会或村民委员会；第四段两位数字，表示采样顺序号：

第一段使用 GB/T 2260 所规定的标准代码，并根据行政区划变动情况采用该标准的最新版本。

第二段按照 GB 10114 和国家统计局发布的其他相关规定编写，其中第一位为类别标识，以"0"表示街道办事处，"1"表示镇，"2、3"表示乡，"4、5"表示政企合一的单位（如农、林、牧场等）；第二位、第三位数字为该单位在该类别中的顺序号。具体编码方法如下：

1）街道的代码，应在本县（市、区）范围内，从 001 至 099 由小到大顺序编写；

2）镇的代码，应在本县（市、区）范围内，从 100 至 199 由小到大顺序编写，县政府所在地的镇（城关镇）编码一律用"100"，其余的镇从 101 开始顺序编写；

3）乡的代码，应在本县（市、区）范围内，从 200 至 399 顺序编写；

4）对于政企合一单位，如坐落在乡、镇地域内在行政管理上相对独立的农场、林场和牧场等，可以作为所在县的一个区划单位，分配相当于乡（镇、街道）一级的代码，这些单位的地址代码在 400～599 范围内取值。

第三段为村民委员会和居民委员会的地址代码，用三位顺序码表示，具体编码方法如下：

1）居民委员会的地址代码从 001～199 由小到大顺序编写；

2）村民委员会的地址代码从 200～399 由小到大顺序编写。

第二段、第三段代码应以当地统计局编制上报的行政区划代码库为准，并采用当地行政区域变动后经过调整的最新代码。

第四段代码以在所属居民委员会或村民委员会范围内的采样顺序，从 01 至 99 由小到大顺序编写。

B.1.2　野外编号

编号方法由各地根据实际情况自行规定。野外编号主要标注于外业工作底图或各类样品的标签上，并与采样点的调查表格相对应。编制时应本着便于记忆的原则，采用邮政编码+取样顺序号、调查队分组号+取样顺序号、取样日期（月、日）+ 顺序号等方法，并注意所编号码在本地区的唯一性。

B.1.3　家庭住址

填采样地块所属农户的住址。

采用民政部门认可的正式名称，不能填写简称或俗称。用简体字书写，不要使用繁体字。简化字应按国家颁布的简化字总表的规定书写。市辖区应写明全称。

B.1.4　采样地块

B.1.4.1　名称

指当地群众对样点所在地块的通俗称呼或所在地块的方位。

B.1.4.2　经纬度及海拔高度

由 GPS 仪进行测定。

经纬度的计量单位可以选择十进制度，小数点后保留五位小数；也可以选择度分秒（°′″），秒的小数点后保留两位小数。

B.1.4.3　面积

指调查农户取样点所在地块的面积，精确到 0.1 亩。

B.1.5　样点类型

指大田、蔬菜地、土壤环境（面源污染、点源污染）、园地等，对两种（含两种）以上类型，在名称之间以","相隔。如：大田，面源污染。

B.1.6　土壤类型

土壤分类命名采用全国第二次土壤普查时的修正稿，表格上记载的土壤名称及其代码应与土壤图一致。

B.1.7　采样深度

按实际情况，取几层填写几层，用"，"相隔，单位统一为厘米。如：0～20 cm，20～40 cm。

B.2　立地条件调查项目

B.2.1　地形部位

指中小地貌单元，如河流及河谷冲积平原要区分出河床、河漫滩、一级阶地、二级阶地、高阶地等；山麓平原要区分出坡积裙、洪积锥、洪积扇（上、中、下）、扇间洼地、扇缘洼地等；黄土丘陵要区分出塬、梁、峁、坪等；低山丘陵与漫岗要区分为丘（岗）顶部、丘（岗）坡面、丘（岗）坡麓、丘（岗）间洼地等；平原河网圩田要区分为易涝田、渍害田、良水田等；丘陵冲垄稻田按宽冲、窄冲，纵向分冲头、冲中部、冲尾，横向分冲、塝、岗田等；岩溶地貌要区分为石芽地、坡麓、峰丛洼地、溶蚀谷地、岩溶盆地（平原）等。各地应结合当地实际进行筛选，并使描述更加具体。

B.2.2　坡度

填样点所在地块的整体坡度，计至小数点后一位。具体数值可以在地形图上进行量算；有条件的也可通过测坡仪实地测定。

B.2.3　坡向

按地表坡面所对的方向分为 E（东）、S（南）、W（西）、N（北）、SE（东南）、SW（西南）、NW（西北）、NE（东北）等。坡度<3°时填平地。

B.2.4　成土母质

按成因类型即母质是否经过重新移动和移运力的差异分为残积物、崩积物、坡积物、冲积物、洪积物、湖积物、海积物、冰水沉积物、冰碛物、风积物等。可以上述分类为基础，结合母质成分进一步细化。

B.2.5　盐碱类型

填土壤含有可溶性盐的类型和轻重程度（轻、中、重、无）。

盐碱类型分为苏打盐化、硫酸盐盐化、氯化物盐化、碱化等。盐碱化程度可依据土样检测结果来判定。在野外调查时可根据返盐季节地表盐分积累和作物缺苗状况来划分盐化程度，具体标准为：①地表盐结皮明显、作物缺苗50%以上、不死的苗生长也显著受抑制的为重度；②地表盐结皮明显、作物缺苗30%～50%的为中度；③地表盐结皮尚明显、作物缺苗10%～30%、生长基本正常的为轻度；④局部偶可发现盐结皮或盐霜、作物不缺苗、生长基本正常的为威胁区（这里将其归入轻度）。碱化程度也可按上述作物缺苗程度来划分。

B.2.6　土壤侵蚀

按侵蚀类型和侵蚀程度记载。根据土壤侵蚀营力，侵蚀类型可划分为水蚀、风蚀、重力侵蚀、冻融侵蚀、混合侵蚀等。侵蚀程度分为无明显、轻度、中度、强度、极强度、剧烈六级。

B.3 剖面性状调查项目

B.3.1 质地构型

按1 m土体内不同质地土层的排列组合形式来填写。要注意反映特异层次的厚度及出现位置。一般可分为薄层型（红黄壤地区土体厚度<40 cm，其他地区<30 cm）、松散型（通体砂型）、紧实型（通体黏型）、夹层型（夹沙砾型、夹黏型、夹料姜型等）、上紧下松型（漏砂型）、上松下紧型（蒙金型）、海绵型（通体壤型）等几大类型。

B.3.2 耕层厚度

实际测量确定，单位统一为厘米，取整数位。

B.3.3 耕层质地

采用卡庆斯基分类制，分为砂土（松砂土、紧砂土）、沙壤、轻壤、中壤、重壤、黏土（轻黏土、中黏土、重黏土）等。

B.3.4 障碍层次

B.3.4.1 类型

按对植物生长构成障碍的土层类型来填，如铁盘层、黏盘层、沙砾层、潜育层、卵石层、石灰结核层等。

B.3.4.2 出现位置

按障碍层最上层到地表的垂直距离来填。

B.3.4.3 厚度

按障碍层的最上层到最下层的垂直距离来填。

B.3.5 潜水水质及埋深

潜水是指埋藏在地表以下第一个隔水层以上的地下水。潜水水质按含盐量（g/L）多少，填淡水（<1）、微淡水（1~3）、咸水（3~10）、盐水（10~50）、卤水（>50）；潜水埋深填常年潜水面与地面的铅垂距离，取整数位，单位为米（m）。潜水水质和埋深之间以空格隔开，如微淡水 15 m。

B.4 土地整理调查项目

B.4.1 地面平整度

按局部（即取样点所在地块范围）地面起伏情况（参考坡度）来确定，一般分为平整（<3°）、基本平整（3°~5°）、不平整（>5°）。

B.4.2 梯田化水平

梯田类型分为条田、水平梯田、坡式梯田、隔坡梯田、坡耕地五种类型，熟化年限在两年之内的填新修梯田，两年以上的按年限填写。

B.4.3 灌溉水源类型

按不同灌溉水源（河流、湖泊、水库、深层地下水、浅层地下水、污水、泉水、旱井等）的利用程度依次填写，有几种填几种。

B.4.4 田间输水方式

分为渠道和管道两大类，其中渠道又可根据是否采用防渗技术细分为土渠、防渗渠道等。同一块地灌溉水源和田面输水方式可能有多种，应全部填写。

B.4.5　灌溉保证率

指预期灌溉用水量在多年灌溉中能够得到充分满足的年数的出现概率。一般旱涝保收田的灌溉保证率在75%以上。

B.4.6　排涝能力

指排涝骨干工程（干、支渠）和田间工程（斗、农渠）按多年一遇的暴雨不致成灾的要求能达到的标准，如抗十年一遇、抗五年至十年一遇、抗五年一遇等，也可填强、中、弱等。

B.5　土坡污染情况调查项目

B.5.1　污染物类型

根据污染物的属性分为有机物污染（包括有机毒物的各种有机废物、农药等）、无机物污染（包括有害元素的氧化物、酸、碱和盐类等）、生物污染（包括未经处理的粪便、垃圾、城市生活污水、饲养场及屠宰的污物中所携带的一个或多个有害的生物种群、潜伏在土壤中的植物病原体等）、放射性物质污染等。

B.5.2　污染面积

指土壤取样点所属本污染类型的污染物扩散的面积。

B.5.3　采样点距污染源距离

指取样地块距污染源的最短距离。应在距离污染源0.25 km、0.5 km、1.0 km处分别选择地块取样。

B.5.4　污染源企业名称

填在管理部门注册登记的全称。

B.5.5　污染源企业地址

企业厂址所属省、县、街道、门牌号或省、县、乡、村等。

B.5.6　污染物形态

指液体、气体、粉尘、固体等。

B.5.7　污染物排放量

填污染源每日排放的污染物总量，计至小数点后一位。

通过实地监测，根据污染物排放规律（连续均匀排放、不均匀间歇排放、每日排放时数等），计算出日平均排放量，也可根据生产工艺流程中物料的消耗及实际生产规模从理论上进行估算。

B.5.8　污染范围

指污染源的污染物已扩散的地方，以距离（m）、人口数来反映。

B.5.9　污染造成的危害

指污染对农作物造成的直接危害及间接危害，包括表现的症状、减产幅度、品质劣化情况等。

B.5.10　污染造成的经济损失

指因减产、品质下降等造成的年直接经济损失，有几年按几年计算平均损失。

附录 C
（规范性附录）
采样点农业生产情况调查表及填表说明

表 C.1　采样点农业生产情况调查表

统一编号		家庭住址		省（市、自治区）　　　　县（市、区、旗） 乡（镇）　　村　　组											户主姓名	
野外编号		家庭人口		耕地面积（亩）　　　　采样地块面积（亩）											样点类型	

土壤管理	种植制度	肥料投入情况	品种		有机肥			氮肥			磷肥		钾肥		复合（混）肥		其他
					畜粪	人粪	禽粪	碳铵	尿素	硝铵	普钙	重钙	氯化钾	硫酸钾	一铵	二铵	
	设施类型																
	耕翻方式		含量(%)	N													
	耕翻次数			P$_2$O$_3$													
	耕翻深度 cm			K$_2$O													
	秸秆还田 种类 方法 数量 kg/亩		用量（kg/亩）														
			价格（元/亩）														

灌溉方式		年灌溉次数		年灌水量（m³）		年灌溉费用（元/亩）		年肥料费用（元/亩）	

农药投入情况	农药名称		种子投入情况	作物名称		机械投入情况	作物名称		产销情况	作物名称	
	用量（kg/亩）			品种			耕翻（元/亩）			面积（亩）	
	全年次数			来源			播种（元/亩）			产量（kg/亩）	
				用量（kg/亩）			收获（元/亩）			销量（kg/亩）	
	价格（元/亩）			价格（元/亩）			其他（元/亩）			价格（元/kg）	
	费用合计 元/亩			费用合计 元/亩			费用合计 元/亩			收入（元/亩）	

农膜费用	元/亩	人工投入	个折合 元	其他费用	元/亩	投入合计	元/亩	收入合计	元/亩

调查人：　　　　　　　　　　调查日期：　　年　　月　　日

C.1　基本项目

C.1.1　统一编号

同 B.1.1，且同一调查点，采样点基本情况调查表和采样点农业生产情况调查表中的统一编号应对应一致。

C.1.2　野外编号

同 B.1.2，且同一调查点，采样点基本情况调查表和采样点农业生产情况调查表中的野外编号应对应一致。

C.1.3　家庭住址

同 B.1.3。

C.1.4　家庭人口

以调查农户户籍登记为准。

C.1.5　耕地面积

填调查年度农户种植的所有耕地（包括承包地）面积总数，计至小数点后一位，如 5.8 亩。

C.1.6　采样地块面积

指调查农户取样点所在地块的面积，精确到 0.1 亩。

C.1.7　样点类型

同 B.1.5。

C.2　土壤管理情况

C.2.1　种植制度

填种植作物和熟制，分为一年一熟、两年三熟、一年两熟、两年五熟、一年三熟、一年四熟等，如：小麦—玉米，一年两熟。

C.2.2　设施类型

包括日光温室、塑料大棚、露天菜地三种类型。

C.2.3　耕翻方式

采样地块上一年度内耕翻深度最深的一种方式，如翻耕、深松耕、旋耕、耙地、耱地、中耕等。采用免耕方式时还应注明实施年限，如免耕三年。

C.2.4　耕翻次数

采样地块上一年度内被耕翻的次数。

C.2.5　耕翻深度

采样地块上一年度内耕翻的最大深度，取整数位。

C.2.6　秸秆还田

种类填麦草、稻草、玉米秆、棉秆等；方法填翻压还田、覆盖还田、堆沤还田、过腹还田等；数量填上一年度内每亩耕地的总还田量。还田数量可依据还田方法不同按农产品产量和经济系数来推算。

C.3　灌溉情况

C.3.1　灌溉方式

分为漫（畦）灌、沟灌、间歇灌（波涌灌）、膜上灌、坐水种、喷灌、微灌等。有几种写几种。

C.3.2　灌溉次数

上一年度内灌溉的总次数。

C.3.3　年灌水量

上一年度内每亩灌溉的总水量，取整数位。

C.3.4　灌溉费用

上一年度内平均每亩用于灌溉的总投入，计算到小数点后一位。

C.4　肥料投入情况

填采样地块上一年度内投入的肥料品种及其养分含量、平均每亩施用量及相应价格、各种肥料投资的总和，计至小数点后一位。表中没有涉及的肥料品种，可根据实际情况予以添加。有机肥种类比较多，可填得更为具体一些，如：畜粪尿（猪、马、羊、牛等）、人粪尿、禽粪（鸡、鸭、鸽、鹅、海鸟等）、厩肥、堆肥、沤肥、沼气肥、秸秆肥、蚕肥、饼肥（豆饼、菜籽饼、花生饼、棉籽饼、茶籽饼等）、绿肥、海肥、城镇生活垃圾、泥杂肥、腐殖酸类等。属工厂化生产的商品有机肥要予以注明。有机、无机复合肥中的有机质部分在此处反映，并予以注明。微肥、叶面肥、微生物肥等填在其他一栏。

C.5　农药投入情况

采样地块上一年度内使用的主要农药品种及其每亩用量、次数、时间、价格等。费用合计填每亩地所有农药投资的总和。用量取整数位，费用计至小数点后一位。

C.6　种子投入情况

采样地块上一年度内种植的主要作物及品种名称。已通过国家正式审定（认定）的，要填写正式名称。来源按种子取得的途径，填自家留种、邻家留种（换种）、经营部门（单位或个人）等。费用合计填每亩地一年内所有种子投资的总和。用量、费用均计至小数点后一位。

C.7　机械投入情况

采样地块上一年度内所种植主要作物的机械作业投入情况。各项费用均计至小数点后一位。

C.8　农膜费用

采样地块上一年度内用于购买农膜的费用，换算成每亩费用，计至小数点后一位。

C.9　人工投入

采样地块上一年度内投入人工的数量及其价格，换算成每亩费用，计至小数点后一位。

C.10   其他投入

采样地块全年除上述已列举支出外的所有其他投资总和，换算成每亩费用，计至小数点后一位。

C.11   投入合计

表中所列举的灌溉、肥料、农药、种子、机械、农膜、人工和其他支出的总和，计至小数点后一位。

C.12   产销情况

采样地块上一年度内所种植的各种农作物的面积、每亩产量、市场价格、销售量和销售收入等，计至小数点后一位。

C.13   收入合计

采样地块全年种植业销售收入的总和，换算成每亩费用，计算到小数点后一位。

附录 D

（规范性附录）

灌溉水采样固定剂和测定时间要求

表 D.1　灌溉水采样固定剂和测定时间要求

采样瓶	固定剂	测定项目	测定时间要求
第一瓶	无	pH，氟化物	pH，1 天内测定 氟化物，7 天内测定
第二瓶	浓 H_2SO_4，pH<2	化学需氧量，砷	化学需氧量，6 天内测定 砷，1 月内测定
第三瓶	浓 HNO_3，pH<2	汞、镉、铅等重金属	汞，15 天内测定 其他，1 月内测定
第四瓶	40% NaOH，pH 8~9	六价铬	1 天内测定

附录 E
（资料性附录）
耕地地力评价因子总集

表 E.1　耕地地力评价因子总集

气象	≥0℃积温 ≥10℃积温 年降水量 全年日照时数 光能辐射总量 无霜期 干燥度	土壤理化性状	质地 孔隙度 容重 pH CEC 有机质 全氮 有效磷 速效钾 缓效钾 有效锌 有效硼 有效钼 有效铜 有效硅 有效锰 有效铁 有效硫 交换性钙 交换性镁 田间持水量
立地条件	经度 纬度 海拔 地貌类型 地形部位 坡度 坡向 成土母质 土壤侵蚀类型 土壤侵蚀程度 林地覆盖率 地面破碎情况 冬季地下水位 潜水埋深 地表岩石露头状况 地表砾石度 田面坡度 水质类型		
		障碍因素	障碍层类型 障碍层出现位置 障碍层厚度 耕层含盐量 一米土层含盐量 盐化类型 地下水矿化度
剖面性状	剖面构型 质地构型 有效土层厚度 耕层厚度 腐殖层厚度	土壤管理	灌溉保证率 灌溉模数 抗旱能力 排涝能力 排涝模数 轮作制度 梯田类型 梯田熟化年限

注：省级和县级的耕地地力评价因子从该表中选取。

附录 F

（资料性附录）

德 尔 菲 法

F.1　基本原理

该方法的核心是充分发挥一组专家对问题的各自独立看法，然后归纳、反馈，逐步收缩、集中，最终产生评价与判断。例如，给出一组地下水位的深度，评价不同深度对作物生长影响的程度通常由专家给出。

F.2　德尔菲法的基本步骤

德尔菲法的基本步骤如图 F.1 所示。

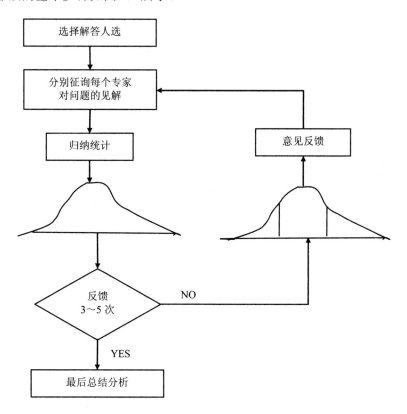

图 F.1　德尔菲法的基本步骤

F.2.1　确定提问的提纲

列出的调查提纲应当用词准确、层次分明，集中于要判断和评价的问题。为了使专家易于回答问题，通常还在提出调查提纲的同时提供有关背景材料。

F.2.2　选择专家

为了得到较好的评价结果，通常需要选择对问题了解较多的专家 10～50 人，少数重大问题可选择 100 人以上。

F.2.3　调查结果的归纳、反馈和总结

收集到专家对问题的判断后，应作归纳。定量判断的归纳结果通常符合正态分布。这时可在仔细听取了持极端意见专家的理由后，去掉两端各 25%的意见，寻找出意见最集中的范围，然后把归纳结果反馈给专家，让他们再次提出自己的评价和判断。这样反复 3～5 次后，专家的意见会逐步趋近一致。这时就可做出最后的分析报告。

F.3　统计参数

统计分析时常用到算术平均数和变异系数。设专家 i 对第 j 项调查的评定为 C_{ij}，则第 j 项评价的算术平均值为 $m_j = \sum C_{ij} / n$，式中 n 为专家总数；第 j 项评价的变异系数为 $V = S_j / m_j$，其中 S_j 为 C_{ij} 的标准差，m_j 为均值。

附录 G

（资料性附录）

层次分析法确定耕地地力评价因子的权重

G.1　层次分析法基本原理

基本原理是根据问题的性质和要达到的总目标，将问题分解为不同的组成因子，按照因子间的相互关联影响以及隶属关系将因子按不同层次聚合，形成一个多层次的分析结构模型，并最终把系统分析归结为最低层（供决策的方案、措施等）相对于最高层（总目标）的相对重要性权值的确定或相对优劣次序的排序问题。

在排序计算中，每一层次的因素相对上一层次某一因素的单排序问题又可简化为一系列成对因素的判断比较。通过判断矩阵，在计算出某一层次相对于上一层次各个因素的单排序权值后，用上一层次因素本身的权值加权综合，即可计算出某层因素相对于上一层整个层次的相对重要性权值，即层次总排序权值。在一般的决策问题中，决策者不可能给出精确的比较判断，这种判断的不一致性可以由判断矩阵的特征根的变化反映出来。以判断矩阵最大特征根以外的其余特征根的负平均值作为一致性指标，用以检查和保持决策者判断思维过程的一致性。

G.2　层次分析法的基本步骤

G.2.1　建立层次结构模型

在深入分析所面临的问题之后，将问题中所包含的因素划分为不同层次，如目标层、准则层、指标层、方案层、措施层等，用框图形式说明层次的递阶结构与因素的从属关系。当某个层次包含的因素较多时（如超过 9 个），可将该层次进一步划分为若干子层次。

示例：从全国耕地地力评价因子总集中，选取 14 个评价因子作为某县的耕地地力评价因子，并根据各因子间的关系构造了层次结构（图 G.1）。

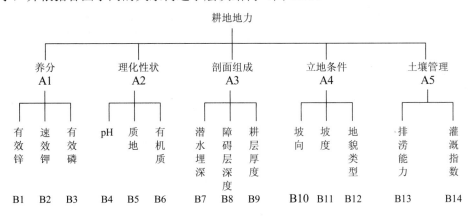

图 G.1　耕地地力评价因子层次结构图

G.2.2　构造判断矩阵

层次分析法的基础是人们对于每一层次中各因素相对重要性给出的判断。这些判断通过引入合适的标度用数值表示出来，写成判断矩阵。判断矩阵表示针对上一层次某因素，本层次与之有关因子之间相对重要性的比较。假定 A 层因素中 a_k 与下一层次中 $B_1, B_2, \cdots, B_n$ 有联系，构造的判断矩阵一般取如下形式：

表 G.1　判断矩阵形式

a_k	B_1	B_2	$\cdots$	B_n
B_1	b_{11}	b_{12}	$\cdots$	b_{1n}
B_2	b_{21}	b_{22}	$\cdots$	b_{2n}
$\vdots$	$\vdots$	$\vdots$	$\vdots$	$\vdots$
B_n	b_{n1}	b_{n2}	$\cdots$	b_{nn}

判断矩阵元素的值反映了人们对各因素相对重要性（或优劣、偏好、强度等）的认识，一般采用 1~9 及其倒数的标度方法。当相互比较因素的重要性能够用具有实际意义的比值说明时，判断矩阵相应元素的值则可以取这个比值。判断矩阵的元素标度采用德尔菲法。

表 G.2　判断矩阵标度及其含义

标度	含　义
1	表示两个因素相比，具有同样重要性
3	表示两个因素相比，一个因素比另一个因素稍微重要
5	表示两个因素相比，一个因素比另一个因素明显重要
7	表示两个因素相比，一个因素比另一个因素强烈重要
9	表示两个因素相比，一个因素比另一个因素极端重要
2，4，6，8	上述两相邻判断的中值
倒数	因素 i 与 j 比较得判断 b_{ij}，则因素 j 与 i 比较的判断 $b_{ji}=1/b_{ij}$

G.2.3　层次单排序及其一致性检验

建立比较矩阵后，就可以求出各个因素的权值。采取的方法是用和积法计算出各矩阵的最大特征根 $\lambda_{\max}$ 及其对应的特征向量 W，并用 CR=CI/RI 进行 致性检验。计算方法如下：

1）按式（6）将比较矩阵每一列正规化（以矩阵 B 为例）

$$\hat{b}_{ij} = \frac{b_{ij}}{\sum_{i=1}^{n} b_{ij}} \tag{6}$$

2）按式（7）每一列经正规化后的比较矩阵按行相加

$$\overline{W}_i = \sum_{j=1}^{n} \hat{b}_{ij}, j = 1, 2, \cdots, n \qquad (7)$$

3）按式（8）对向量

$$\overline{W} = [\overline{W}_1, \overline{W}_2, \cdots, \overline{W}_n] \qquad (8)$$

按式（9）正规化

$$W_i = \frac{\overline{W}_i}{\sum_{i=1}^{n} \overline{W}_i}, i = 1, 2, \cdots, n \qquad (9)$$

所得到的 $W = [W_1, W_2, \cdots, W_n]^{\mathrm{T}}$ 即为所求特征向量，也就是各个因素的权重值。

4）按式（10）计算比较矩阵最大特征根 $\lambda_{\max}$

$$\lambda_{\max} = \sum_{i=1}^{n} \frac{(BW)_i}{nW_i}, i = 1, 2, \cdots, n \qquad (10)$$

式中，$(BW)_i$ 为向量 BW 的第 i 个元素。

一致性检验：首先按式（11）计算一致性指标 CI

$$\mathrm{CI} = \frac{\lambda_{\max} - n}{n - 1} \qquad (11)$$

式中，n 为比较矩阵的阶，也即是因素的个数。

然后根据表 G.3 查找出随机一致性指标 RI，由式（12）计算一致性比率 CR，

$$\mathrm{CR} = \frac{\mathrm{CI}}{\mathrm{RI}} \qquad (12)$$

表 G.3 随机一致性指标 RI 的值

n	1	2	3	4	5	6	7	8	9	10	11
RI	0	0	0.58	0.90	1.12	1.24	1.32	1.41	1.45	1.49	1.51

当 CR<0.1 就认为比较矩阵的不一致程度在容许范围内；否则必须重新调整矩阵。

G.2.4 层次总排序

计算同一层次所有因素对于最高层（总目标）相对重要性的排序权值，称为层次总排序。这一过程是从最高层次到最低层次逐层进行的。若上一层次 A 包含 m 个因素 A_1、A_2、$\cdots$、A_m，其层次总排序权值分别为 a_1、a_2、$\cdots$、a_m，下一层次 B 包含 n 个因素 B_1、B_2、$\cdots$、B_n，它们对于因素 A_j 的层次单排序权值分别为 b_{1j}、b_{2j}、$\cdots$、b_{nj}，（当 B_k 与 A_j 无联系时，$b_{kj}=0$），此时 B 层次总排序权值由下表给出。

表 G.4　*B* 层次总排序的权值计算

层次 *A*　　层次 *B*	A_1	A_2	···	A_m	*B* 层次总排序权值
	a_1	a_2	···	a_m	
B_1	b_{11}	b_{12}	···	b_{1m}	$\displaystyle\sum_{i=1}^{m} a_1 b_{1i}$
B_2	b_{21}	b_{22}	···	b_{2m}	$\displaystyle\sum_{j=1}^{m} a_j b_{2j}$
⋮	⋮	⋮	⋮	⋮	⋮
B_n	b_{n1}	b_{n2}	···	b_{nm}	$\displaystyle\sum_{j=1}^{m} a_j b_{nj}$

G.2.5　层次总排序的一致性检验

这一步骤也是从高到低逐层进行的。如果 *B* 层次某些因素对于 A_j 单排序的一致性指标为 CI_j，相应的平均随机一致性指标为 CR_j，则 *B* 层次总排序随机一致性比率用式（13）计算。

$$CR = \frac{\displaystyle\sum_{j=1}^{m} a_j CI_j}{\displaystyle\sum_{i=1}^{m} a_j RI_j} \tag{13}$$

类似地，当 CR<0.1 时，认为层次总排序结果具有满意的一致性，否则需要重新调整判断矩阵的元素取值。

附录 H

（资料性附录）

模糊评价法确定耕地地力评价因子的隶属度

H.1　基本原理

模糊子集、隶属函数与隶属度是模糊数学的三个重要概念。一个模糊性概念就是一个模糊子集，模糊子集 A 的取值自 $0 \to 1$ 中间的任一数值（包括两端的 0 与 1）。隶属度是元素 χ 符合这个模糊性概念的程度。完全符合时隶属度为 1，完全不符合时为 0，部分符合即取 0 与 1 之间一个中间值。隶属函数 $\mu_A(x)$ 是表示元素 x_i 与隶属度 μ_i 之间的解析函数。根据隶属函数，对于每个 x_i，都可以算出其对应的隶属度 μ_i。

示例：小麦对赤霉病的抗性，可以用式（14）建立以下隶属函数。

$$\mu_A(x) = 1 - \frac{1}{5}kl \tag{14}$$

式中，k 为赤霉病普遍率（%）；l 为严重度（0～5 级）。当 k 与 l 都为 0 时，$\mu=1$，表示抗性最强；当 k=100%，l=5 时、μ=0，表示完全无抗性（图 H.1）。

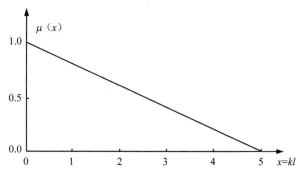

图 H.1　小麦对赤霉病抗性的隶属函数

应用模糊子集、隶属函数与隶属度的概念可以将农业系统中大量模糊性的定性概念转化为定量的表示。对不同类型的模糊子集，可以建立不同类型的隶属函数关系。

H.2　隶属度函数类型

根据模糊数学的理论，将选定的评价指标与耕地地力之间的关系分为戒上型函数、戒下型函数、峰型函数、直线型函数以及概念型五种类型的隶属函数。

H.2.1　戒上型函数模型

适合这种函数模型的评价因子，其数值越大，相应的耕地地力水平越高，但到了某一临界值后，其对耕地地力的正贡献效果也趋于恒定（如有效土层厚度、有机质含量等）。

$$y_i = \begin{cases} 0, & u_i \leqslant u_t \\ 1/\left[1 + a_i(u_i - c_i)^2\right], & u_t < u_i < c_i, (i = 1, 2, \cdots, m) \\ 1, & c_i \leqslant u_i \end{cases} \tag{15}$$

式中，y_i 为第 i 个因子的隶属度；u_i 为样品实测值；c_i 为标准指标；a_i 为系数；u_t 为指标下限值。

H.2.2　戒下型函数模型

适合这种函数模型的评价因子，其数值越大，相应的耕地地力水平越低，但到了某一临界值后，其对耕地地力的负贡献效果也趋于恒定（如土壤容重等）。

$$y_i = \begin{cases} 0, & u_t \leqslant u_i \\ 1/\left[1 + a_i(u_i - c_i)^2\right], & c_i < u_i < u_t, (i = 1, 2, \cdots, m) \\ 1, & u_i \leqslant c_i \end{cases} \tag{16}$$

式中，u_i 为指标上限值。

H.2.3　峰型函数模型

适合这种函数模型的评价因子，其数值离一特定的范围距离越近，相应的耕地地力水平越高（如土壤 pH 等）。

$$y_i = \begin{cases} 0, & u_i > u_{t1} \text{或} u_i < u_{t2} \\ 1/\left[1 + a_i(u_i - c_i)^2\right], & u_{t1} \leqslant u_i \leqslant u_{t2} \\ 1, & u_i = c_i \end{cases} \tag{17}$$

式中，u_{t1}、u_{t2} 分别为指标上、下限值。

H.2.4　直线型函数模型

适合这种函数模型的评价因子，其数值的大小与耕地地力水平呈直线关系（如坡度、灌溉指数）。

$$y_i = a_i u_i + b \tag{18}$$

式中，a_i 为系数，b 为截距。

H.2.5　概念型指标

这类指标其性状是定性的、非数值性的，与耕地地力之间是一种非线性的关系，如地貌类型、土壤剖面构型、质地等。这类因子不需要建立隶属函数模型。

H.3　隶属度的计算

对于前四种类型，可以用德尔菲法对一组实测值评估出相应的一组隶属度，并根据这两组数据拟合隶属函数；也可以根据唯一差异原则，用田间试验的方法获得测试值与耕地地力的一组数据，用这组数据直接拟合隶属函数，求得隶属函数中各参数值。再将各评价因子的实测值代入隶属函数计算，即可得到各评价因子的隶属度。鉴于质地对耕地某些指标的影响，有机质、阳离子代换量、速效钾、有效磷等指标应按不同质地类型分别拟合隶属函数。

对于概念型评价因子，可采用德尔菲法直接给出隶属度。

NY/T 1120—2006

耕地质量验收技术规范

Technical specification for acceptance examination on cultivated land quality

2006-07-10 发布　　　　　　　　　　　　　　　　　　　2016-10-01 实施

前　言

本标准的附录均为规范性附录。

本标准由中华人民共和国农业部提出并归口。

本标准起草单位：全国农业技术推广服务中心、湖南省土壤肥料工作站、江西省土壤肥料技术推广站、湖北省土壤肥料工作站、安徽省土壤肥料总站、山西省土壤肥料工作站、江西省土壤肥料技术指导站。

本标准主要起草人：辛景树、田有国、任意、谢卫国、周志成、黄铁平、邵华、鲁明星、张一凡、王晋民、王绪奎、袁捷、李传林。

1　范围

本标准适用于土地整理、中低产田改造、补划耕地、新开垦耕地、高标准粮田建设、非农建设占用耕地、商品粮基地建设等耕地质量的验收与评价。

2　规范性引用文件

下列文件中的条款通过本标准的引用而成为本标准的条款。凡是注日期的引用文件，其随后所有的修改单（不包括勘误的内容）或修订版均不适用于本标准，然而，鼓励根据本标准达成协议的各方研究是否可使用这些文件的最新版本。凡是不注日期的引用文件，其最新版本适用于本标准。

GB 10114　县以下行政区划代码编制规则

GB/T 11893　水质　总磷的测定

GB/T 11896　水质　氯化物的测定

GB/T 11914　水质　化学需氧量的测定

GB 12999　水质采样　样品的保存和管理技术规定

GB/T 14550　六六六和滴滴涕的测定

GB/T 15618　土壤环境质量标准

GB/T 17134　土壤质量　总砷的测定

GB/T 17136　土壤质量　总汞的测定

GB/T 17137　土壤质量　总铬的测定

GB/T 17138　土壤质量　铜、锌的测定

GB/T 17139　土壤质量　镍的测定

GB/T 17141　土壤质量　铅、镉的测定

GB/T 2260　中华人民共和国行政区划代码

GB 5084　农田灌溉水质标准

GB/T 6920　水质　pH 的测定

GB/T 7467　水质　六价铬的测定

GB/T 7468　水质　总汞的测定

GB/T 7475　水质　铜、锌、铅、镉的测定

GB/T 7484　水质　氟化物的测定

GB/T 7486　水质　氰化物的测定

LY/T 1244　森林土壤交换性盐基总量的测定

NY/T 149　石灰性土壤有效磷测定方法

NY/T 295　中性土壤阳离子交换量和交换性盐基的测定

NY/T 309　全国耕地类型区、耕地地力等级划分

NY/T 53　土壤全氮测定法

HJ/T 60　水质　硫化物的测定

NY/T 889　土壤缓效钾和速效钾的测定

NY/T 890　土壤有效态锌、锰、铁、铜含量的测定

NY/T 1121.1　土壤样品的采集、处理和贮存

NY/T 1121.2　土壤 pH 的测定

NY/T 1121.4　土壤容重的测定

NY/T 1121.5　石灰性土壤阳离子交换量的测定

NY/T 1121.6　土壤有机质的测定

NY/T 1121.7　酸性土壤有效磷的测定

NY/T 1121.8　土壤有效硼的测定

NY/T 1121.9　土壤有效钼的测定

NY/T 1121.13　土壤交换性钙和镁的测定

NY/T 1121.14　土壤有效硫的测定

NY/T 1121.15　土壤检测　第 15 部分：土壤有效硅的测定

NY/T 1121.16　土壤水溶性盐总量的测定

NY/T 1121.17　土壤检测　第 17 部分：土壤氯离子含量的测定

NY/T 1121.18　土壤检测　第 18 部分：土壤硫酸根离子含量的测定

3　术语和定义

下列术语和定义适用于本标准。

3.1　耕地质量　cultivated land quality

是指耕地满足作物正常生长和清洁生产的程度，包括耕地基础地力、田间基础设施和

土壤环境质量三个方面。

3.2　土地整理　land exploiture

是结合农田基本建设而进行的宜农土地后备资源开发、耕地和农村居民点整理、工矿废弃地和灾毁耕地复垦等补充耕地活动。

3.3　中低产田改造　reconstruction for low productivity land

针对中低产田障碍因素，采取工程、农艺、生物等措施，改善土壤理化性状、田间基础设施和环境条件的活动。

3.4　补划耕地　protected cultivated lands regulated from unprotected ones

依法调整土地利用总体规划，将非基本农田耕地调整为基本农田。

3.5　新开垦耕地　newly reclaimed cultivated land

为实现耕地总量动态平衡而补充的耕地，以及非农建设占用耕地项目为实现耕地占补平衡而补充的耕地。

3.6　非农建设占用耕地　occupied cultivated land for non-agricultual use

是指在耕地上实施永久性的非农建设而长期占用的耕地。

3.7　混合土壤样品　blended soil sample

在一个采样单元内，按照一定的布点和采样方法，由采集的 15～20 个样点土壤组合而成的混合样品。

3.8　四至范围　bound of land

指耕地的面积大小以及东、南、西、北四个方向的边界。

3.9　评价单元　evaluation unit

进行耕地质量评价的最小单元。

4　现场勘察

4.1　核实土地四至范围

准确核实被验收地块的四至图斑（用 GPS 仪定位地块四至坐标，采用北京 54 坐标系）及相关部门测量的精确面积。

4.2　核实土地权属

准确核实土地权属及使用权性质（国有、集体、个人承包）。

4.3　调查土地利用现状

调查所验收地块的种植制度、前茬作物、产量。

4.4　勘察采样点基本情况

对采样点的立地条件、土壤剖面性状、土地整理、土壤污染等情况进行现场勘察，根据实地情况填写采样点基本情况勘察表（见附录 A）。

5　样品采集

5.1　确定评价单元

采样前要进行现场勘查和有关资料的收集，要根据土壤类型、地形、验收地块大小、项目性质等因素，在地块上划分评价单元，确定评价单元大小及采样密度。

5.2　采样方法

5.2.1　混合土壤样品的采集

在评价单元范围内，以 GPS 仪定位点为中心，向四周辐射确定多个分样点，每个混合土壤样品取 15～20 个小样点，每个小样点的采土部位、深度、数量要求一致；采样工具用木铲或竹铲、不锈钢土钻等，采样时要避开沟渠、林带、田埂、路旁等；要根据采样地块的形状和大小确定适当的采样方法，长方形地块采用"S"法，近正方形田块则采用"X"法或棋盘形采样法；大田采样按旱田 0～20 cm、水田 0～15 cm 采集，蔬菜地采样深度为耕层 0～25 cm。在进行蔬菜地土壤样品采集时，同一样点应在同一典型的蔬菜地或日光温室、塑料大棚里采集。具体采样方法按 NY/T 1121.1 规定的方法进行。

5.2.2　水样的采集

在进行耕地环境质量评价时，必要时需采集水样（包括地表水和地下水）。灌溉水在调查区的灌渠入水口取样；井灌水以抽水取样；排水自排水出口或受纳水体取样。水样采集要求瞬时采样。用 500 mL 聚乙烯瓶采集。采集前用此水洗涤样瓶和塞盖 2～3 次，每个样点采四瓶水样，每瓶装九成满，其中 A 号瓶不加固定剂，B、C、D 号瓶分别加硫酸、硝酸、氢氧化钠固定剂。四瓶水样用同一个样品号，分别在标签上注明："水样编号-无""水样编号-硫""水样编号-硝""水样编号-碱"。注意固定剂的安全使用。采集的水样当天送到实验室处理。灌溉水样固定剂和测定时间见表 1。

表 1　灌溉水采样固定剂和测定时间要求

采样瓶号	固定剂	测定项目	时间要求
A	无	pH、氟化物	pH，一天内测定 氟化物，七天内测定
B	浓 H_2SO_4，pH<2	化学需氧量、砷	化学需氧量，六天内测定 砷，一月内测定
C	浓 HNO_3，pH<2	汞、镉、铅等重金属	一月内测定
D	40%NaOH，pH8～9	六价铬	一天内测定

6　样品检测

6.1　检测项目

6.1.1　耕地地力评价检测项目

必测项目：pH、有机质、全氮、有效磷、速效钾、阳离子交换量、容重等；

选测项目：碱解氮、缓效钾、交换性钙、交换性镁、有效硫、有效硅、有效铜、有效锌、有效铁、有效锰、有效钼、有效硼等；盐碱地应增加全盐量、氯离子、硫酸根离子或盐基成分的测定。

6.1.2　耕地环境质量评价土壤样品检测项目

必测项目：铅、镉、铬、砷、汞等。

选测项目：可根据所在地主要污染源种类增加对镍、铜、锌、六六六、DDT 等项目的测定。

6.1.3　耕地环境质量评价灌溉水样品检测项目

根据灌溉水性质决定。纯净的井水、河流水、江水、湖水、水库水等一般情况下无须进行灌溉水质量检测。疑是污染水、再生水则应进行水样的检测。

必测项目：pH、化学需氧量、汞、铜、锌、铅、镉、砷、六价铬、氟化物等。

选测项目：根据排放水主要污染类型确定其分析项目，可增加对氯化物、硫化物、氰化物和总磷等项目的测定。

6.2　检测方法

6.2.1　耕地地力评价土壤样品测定方法

6.2.1.1　土壤 pH 测定

按 NY/T 1121.2 规定的方法测定。

6.2.1.2　土壤有机质的测定

按 NY/T 1121.6 规定的方法测定。

6.2.1.3　土壤全氮的测定

按 NY/T 53 规定的方法测定。

6.2.1.4　土壤有效磷的测定

石灰性土壤按 NY/T 149 规定的方法测定，酸性土壤按 NY/T 1121.7 规定的方法测定。

6.2.1.5　土壤缓效钾和速效钾的测定

按 NY/T 889—2004 规定的方法测定。

6.2.1.6　土壤阳离子交换量的测定

中性土壤和酸性土壤按 NY/T 295 规定的方法测定，石灰性土壤按 NY/T 1121.5 规定的方法测定。

6.2.1.7　土壤交换性钙和镁的测定

按 NY/T 1121.13 规定的方法测定。

6.2.1.8　土壤有效硫的测定

按 NY/T 1121.14 规定的方法测定。

6.2.1.9　土壤有效硅的测定

按 NY/T 1121.15 规定的方法测定。

6.2.1.10　土壤有效铜、锌、铁、锰的测定

按 NY/T 890 规定的方法测定。

6.2.1.11　土壤有效钼的测定

按 NY/T 1121.9 规定的方法测定。

6.2.1.12　土壤有效硼的测定

按 NY/T 1121.8 规定的方法测定。

6.2.1.13　土壤容重的测定

按 NY/T 1121.4 规定的方法测定。

6.2.1.14　土壤水溶性盐总量的测定

按 NY/T 1121.16 规定的方法测定。

6.2.1.15　土壤中氯化物含量的测定

按 NY/T 1121.17 规定的方法测定。

6.2.1.16　土壤中硫酸盐含量的测定

按 NY/T 1121.18 规定的方法测定。

6.2.1.17　土壤交换性盐基的测定

按 LY/T 1244 规定的方法测定。

6.2.2　耕地环境质量土壤样品测定方法

6.2.2.1　土壤铅、镉的测定

按 GB/T 17141 规定的方法测定。

6.2.2.2　土壤总铬的测定

按 GB/T 17137 规定的方法测定。

6.2.2.3　土壤总砷的测定

按 GB/T 17134 规定的方法测定。

6.2.2.4　土壤总汞的测定

按 GB/T 17136 规定的方法测定。

6.2.2.5　土壤六六六、DDT 的测定

按 GB/T 14550 规定的方法测定。

6.2.2.6　土壤总镍的测定

按 GB/T 17139 规定的方法测定。

6.2.2.7　土壤总铜、总锌的测定

按 GB/T 17138 规定的方法测定。

6.2.3　灌溉水水质测定方法

6.2.3.1　水质 pH 的测定

按 GB/T 6920 规定的方法测定。

6.2.3.2　水质化学需氧量的测定

按 GB/T 11914 规定的方法测定。

6.2.3.3　水质总汞的测定

按 GB/T 7468 规定的方法测定。

6.2.3.4　水质铜、锌、铅、镉的测定

按 GB/T 7475 规定的方法测定。

6.2.3.5　水质六价铬的测定

按 GB/T 7467 规定的方法测定。

6.2.3.6　水质氟化物的测定

按 GB/T 7484 规定的方法测定。

6.2.3.7　水质氯化物的测定

按 GB/T 11896 规定的方法测定。

6.2.3.8　水质硫化物的测定

按 HJ/T 60 规定的方法测定.

6.2.3.9　水质氰化物的测定

按 GB/T 7486 规定的方法测定。

6.2.3.10　水质总磷的测定

按 GB/T 11893 规定的方法测定。

6.2.3.11　水质总砷的测定

按 GB/T 7485 规定的方法测定。

7　耕地质量评价

在进行耕地质量验收时，对工矿业、生活及农业面源可能造成污染的重点区域，首先进行耕地环境质量评价。对耕地环境质量评价不合格的耕地，不予通过验收；对耕地环境质量评价合格的耕地，再进行耕地地力评价。对非污染区域可不进行耕地环境质量评价。

7.1　耕地环境质量评价

7.1.1　建立评价标准

7.1.1.1　土壤单项指标评价标准

建立土壤单项指标评价标准，其中 pH 为条件指标（表 2）。

表 2　土壤环境质量标准（GB 15618）　　　　　　　　　单位：mg/kg

项目			pH＜6.5	6.5≤pH≤7.5	pH＞7.5
镉		≤	0.30	0.30	0.60
汞		≤	0.30	0.50	1.00
砷	水田	≤	30	25	20
	旱田	≤	40	30	25
铜	农田	≤	50	100	100
	果园	≤	150	200	200
铅		≤	250	300	350
铬	水田	≤	250	300	350
	旱田	≤	150	200	250
锌	旱田	≤	200	250	300
镍	旱田	≤	40	50	60
六六六		≤		0.5	
滴滴涕		≤		0.5	

7.1.1.2　灌溉水单项指标评价标准

建立灌溉水单项指标评价标准（表 3）。

表 3　灌溉水单项指标评价标准　　　　　　　　　单位：mg/L

pH 范围	化学需氧量 ≤	汞 ≤	镉 ≤	砷 ≤	铅 ≤	六价铬 ≤
5.5～8.5	150	0.001	0.005	0.1	0.1	0.1
总磷≤	氯化物 ≤	硫化物 ≤	氰化物 ≤	铜 ≤	锌 ≤	氟化物 ≤
10	250	1.0	0.5	1.0	2.0	2.0

7.1.2　计算污染指数

7.1.2.1　土（水）单项污染指数计算

土壤和水质单因子污染评价采用分指数法，即土壤和水质单项污染物的实测值与评价标准相比，比值为分指数，表示该污染物的污染程度：

$$P_i = C_i/S_i \tag{1}$$

式中：P_i——单项污染指数；

   C_i——污染物实测值；

   S_i——污染物评价指标。

当 $P_i < 1$ 为单项污染物未超标；$P_i > 1$ 为单项污染物超标。

若某指标其标准为一幅度时，如水质 pH 指标的容许幅度为 5.5～8.5，P_i 值用式（2）计算：

$$P_i = \left|C_i - S_i\right| / \left|S_{最高} - S_i\right| \tag{2}$$

式中：$S_i = (S_{最高} + S_{最低}) / 2$，$S_{最高}$、$S_{最低}$ 分别为评价标准中的上限值和下限值（如 pH 评价标准的上限值和下限值分别为 8.5 和 5.5）。

当 $P_i < 1$ 为单项污染物未超标；$P_i > 1$ 为单项污染物超标。

7.1.2.2 综合污染指数计算

适用于评价研究区域内土壤或灌溉水的综合污染程度，其评价方法如下：首先将土壤、灌溉水各项污染物分为两类：一类为严控指标（表 4），另一类为一般控制指标。

表 4 土壤和水环境质量评价严控指标

环境要素	严控指标
土壤	镉、汞、砷、铬
灌溉水	镉、汞、砷、铅、六价铬

对严控指标，当单项污染物超标即视为该土壤或水质量不合格。当严控指标未超标时，计算综合污染指数。在单项指数评价基础上分别计算土壤或水的综合污染指数，综合污染指数大于 1，则视为该土壤或水质量不合格；综合污染指数小于 1，则视为该土壤或水质量合格。

$$P_{土（水）} = \left(\frac{P_{平均}^2 + P_{max}^2}{2}\right)^{\frac{1}{2}} \tag{3}$$

式中：$P_{土（水）}$——土壤或灌溉水综合污染指数；

   $P_{平均}$——土壤或灌溉水各单项污染指数（P_i）的平均值；

   P_{max}——土壤或灌溉水各单项污染指数中最大值。

7.2 耕地地力评价

依据 NY/T 309，建立省级耕地类型区及耕地地力等级划分标准，归纳整理各评价单元的耕地地力要素指标，确定耕地地力等级。

8 耕地质量验收技术报告格式

按附录 B 规定的格式填写。

附　录　A
（规范性附录）
采样点基本情况勘察表及填表说明

表 A.1　采样点基本情况勘察表

统一编号		四至范围	北至东经 ° ′ ″ 北纬 ° ′ ″	东至东经 ° ′ ″ 北纬 ° ′ ″		土地权属		种植制度	
野外编号			南至东经 ° ′ ″ 北纬 ° ′ ″	西至东经 ° ′ ″ 北纬 ° ′ ″		项目性质			
土壤类型	土类：	亚类：	土属：	土种：		前茬作物名称及产量	名称： 产量： kg/hm²		
立地条件	地形部位		质地构型			地面平整度			
	坡度（比降）		土体厚度		cm	梯田化水平	梯田类型		
	坡向		耕层厚度		cm		熟化年限		
	成土母质	剖面性状	耕层质地			土地整理	灌溉水源类型		
	盐碱类型		障碍层次	类型			田间输水方式		
				出现位置	cm		灌溉保证率	%	
				厚度	cm		排涝能力		
	土壤侵蚀		潜水水质及埋深						
污染情况	污染物类型		污染		面积	采样点距污染源距离		km	
	污染源企业名称			污染源企业地址					
	污染物形态			污染物排放量					
	污染范围		污染造成的危害			污染造成的经济损失			

勘察人：　　　　　　　　勘察日期：　　年　　月　　日

A.1　基本情况

A.1.1　统一编号

统一编号由 14 位数字组成，分为四段，第一段为六位数字，表示县及县以上的行政区划；第二段为三位数字，表示乡、镇或街道办事处；第三阶段为三位数字，表示居民委员会或村民委员会；第四段为两位数字，表示采样顺序号：

$$\underbrace{\times\times\times\times\times\times}_{第一段}\quad\underbrace{\times\times\times}_{第二段}\quad\underbrace{\times\times\times}_{第三段}\quad\underbrace{\times\times}_{第四段}$$

第一段代码使用《中华人民共和国行政区划代码》（GB/T 2260）所规定的标准代码。由于全国行政区划时有变动，相对应的代码也在更新，因此应留意国家统计局发布的最新公告。

第二段代码按照《县以下行政区划代码编制规则》（GB 10114）编写，其中第一位为类别标识，以"0"表示街道办事处，"1"表示镇，"2、3"表示乡，"4、5"表示政企合一的单位（如农、林、牧场等）；第二位、第三位数字为该单位在该类别中的顺序号。具体编码方法如下：

1）街道的代码，应在本县（市、区）范围内，从 001 至 099 由小到大顺序编写；

2）镇的代码，应在本县（市、区）范围内，从 100 至 199 由小到大顺序编写，县政府所在地的镇（城关镇）编码一律用"100"，其余的镇从 101 开始顺序编写；

3）乡的代码，应在本县（市、区）范围内，从 200 至 399 顺序编写；

4）对于政企合一单位，如坐落在乡、镇地域内在行政管理上相对独立的农产、林场和牧场等，可以作为所在县的一个区划单位，分配相当于乡（镇、街道）一级的代码，这些单位的地址代码在 400～599 范围内取值。

第三段代码即村民委员会和居民委员会的地址代码用三位顺序码表示，具体编码方法如下：

1）居民委员会的地址代码从 001～199 由小到大顺序编写；

2）村民委员会的地址代码从 200～399 由小到大顺序编写。

第二段、第三段代码应以当地统计局编制上报的行政区划代码库为准，要采用当地行政区域变动后经过调整的最新代码。

第四段代码以在所属居民委员会或村民委员会范围内的采样顺序，从 01 至 99 由小到大顺序编写。

A.1.2 野外编号

编号方法由各地根据实际情况自行规定。野外编号主要标注于外业工作底图或各类样品的标签上，并与采样点的调查表格相对应。编制时应本着便于记忆的原则，可采用邮政编码+取样顺序号、取样日期（月、日）+顺序号等方法。无论采用哪一种编号方法，都应注意号码在本地的唯一性。

A.1.3 四至范围

用 GPS 仪进行测定采样地块的四至坐标。以（ °′″）表示，秒的小数点后保留两位数字，并注明坐标系的类型。

A.1.4 土地权属

填写国有、集体或个人承包。

A.1.5 项目性质

填写项目的性质，包括土地整理、中低产田改造、补充耕地、高标准良田建设、非农建设占用耕地、商品粮基地建设等。

A.1.6 土壤类型

土壤分类命名采用全国第二次土壤普查时的修正稿，表格上记载的土壤名称及其代码应与土壤图一致。

A.1.7 前茬作物名称及产量

调查所验收地块的前茬作物及产量，新开垦的耕地可不填此栏。

A.1.8 种植制度

调查所验收地块的熟制，如一年一熟、一年两熟、一年三熟等，新开垦的耕地可不填此栏。

A.2　立地条件

A.2.1　地形部位

指中小地貌单元，如河流及河谷冲积平原要区分出河床、河漫滩、一级阶地、二级阶地、高阶地等；山麓平原要区分出坡积裙、洪积锥、洪积扇（上、中、下）、扇间洼地、扇缘洼地等；黄土丘陵要区分出塬、梁、峁、坪等；低山丘陵与漫岗要区分为丘（岗）顶部、丘（岗）坡麓、丘（岗）间洼地等；平原河网圩田要区分为易涝田、渍害田、良水田等；丘陵冲垄稻田按宽冲、窄冲，纵向分冲头、冲中部、冲尾，横向分冲、塝、岗田等；岩溶地貌要区分为石芽地、坡麓、峰丛洼地、溶蚀谷地、岩溶盆地（平原）等。

地形部位作为概念性评价因子之一，在地力评价中占有重要地位。各地应结合当地实际进行筛选，并使描述更加具体。

A.2.2　坡度

填样点所在地块的整体坡度，计至小数点后一位。具体数值可以在地形图上进行量算；有条件的也可以通过测坡仪实地测定。

A.2.3　坡向

按地表坡面所对的方向，分为 E（东）、S（南）、W（西）、N（北）、SE（东南）、SW（西南）、NW（西北）、NE（东北）等。坡度<3°时填平地。

A.2.4　成土母质

按成因类型即母质是否经过重新移动和移运力的差异分为残积物、崩积物、坡积物、冲积物、洪积物、湖积物、海积物、冰水沉积物、冰碛物、风积物等。

要求以上述分类为基础，结合母质成分进一步细化。

A.2.5　盐碱类型

填土壤含有可溶性盐的类型和轻重程度（轻、中、重）。

盐碱类型分为苏打盐化、硫酸盐盐化、氯化物盐化、碱化等。盐碱程度分为重度、中度、轻度等。盐土、碱土不能生长作物，属非耕地，不在本次调查之列。盐碱化程度可依据土样检测结果来判定。野外调查时常根据返盐季节地表盐分积累和作物缺苗状况来划分盐化程度，具体标准为：①地表盐结皮明显、作物缺苗 50%以上、不死的苗生长也显著收抑制的为重度；②地表盐结皮明显、作物缺苗 30%～50%的为中度；③地表盐结皮尚明显、作物缺苗 10%～30%、生长基本正常为轻度；④局部偶可发现盐结皮或盐霜、作物不缺苗、生长基本正常的为威胁区。碱化程度也按上述作物缺苗程度来划分。

A.2.6　土壤侵蚀

按侵蚀类型和侵蚀程度记载。根据土壤侵蚀营力，侵蚀类型可划分为水蚀、风蚀、重力侵蚀、冻融侵蚀、混合侵蚀等。侵蚀程度分为无明显、轻度、中度、强度、极强度、剧烈六级。

A.3　剖面性状

A.3.1　质地构型

按 1 m 土体内不同质地土层的排列组合形式来填写。要注意反映特异层次的厚度及出现位置。一般可分为薄层型（红黄壤地区土体厚度<40 cm，其他地区<30 cm）、松散型

（通体砂型）、紧实型（通体黏型）、夹层型（夹沙砾型、夹黏型、夹料姜型等）、上紧下松型（漏沙型）、上松下紧型（蒙金型）、海绵型（通体壤型）等几大类型。填写时应依据土种志，结合田间实地观察情况来进行。

A.3.2　土壤厚度

实际测量确定，单位统一为厘米（cm），取整数位。

A.3.3　耕层厚度

实际测量确定，单位统一为厘米（cm），取整数位。

A.3.4　耕层质地

采用卡庆斯基基本分类制，分为砂土（松砂土、紧砂土）、沙壤、轻壤、中壤、重壤、黏土（轻黏土、中黏土、重黏土）等。

A.3.5　障碍层次

A.3.5.1　类型

按对植物生长构成障碍的土层种类来填，如铁盘层、黏盘层、沙砾层、卵石层、石灰结核层、钙积层、潜育层等。

A.3.5.2　出现位置

按障碍层最上层到地表的垂直距离来填。

A.3.5.3　厚度

按障碍层的最上层到最下层的垂直距离来填。

A.3.6　潜水水质及埋深

潜水是指埋藏在地表以下第一个隔水层以上的地下水。潜水水质按含盐量（g/L）多少，填淡水（<1）、微淡水（1~3）、咸水（3~10）、盐水（10~50）、卤水（>50）；潜水埋深填常年潜水面与地面的铅垂距离，取整数位，单位为米（m）。潜水水质和埋深之间以空格隔开，如微淡水　15 m。

A.4　土地整理

A.4.1　地面平整度

是反映农田基本建设水平的一个方面，按局部（即取样点所在地块范围）地面起伏情况（参考坡度）来确定，一般分为平整（<3°）、基本平整（3°~5°）、不平整（>5°）。

A.4.2　梯田化水平

以梯田类型（条田、水平梯田、坡式梯田、隔坡梯田、坡耕地等）和熟化年限综合反映。

示例：山西省运城市梯田化水平分为地面平坦、园田化水平高，地面基本平坦、园田化水平较高，高水平梯田，缓坡梯田、熟化程度五年以上，新修梯田，坡耕地六种类型。

A.4.3　灌溉水源类型

按不同灌溉水源（河流、湖泊、水库、深层地下水、浅层地下水、污水、泉水、旱井等）的利用程度依次填写，有几种填几种。

A.4.4　田间输水方式

根据过水是否封闭分为渠道和管道两大类，其中渠道又可根据是否采用防渗技术细分为土渠、防渗渠等。同一块地灌溉水源和田面输水方式可能有多种，应全部填写。

A.4.5 灌溉保证率

灌溉保证率是指预期灌溉用水量在多年灌溉中能够得到充分满足的年数的出现概率。一般旱涝保收田的灌溉保证率在 75% 以上。

A.4.6 排涝能力

排涝骨干工程（干、支渠）和田间工程（斗、农渠）按多年一遇的暴雨不致成灾的要求能达到的标准填，如抗十年一遇、抗五年至十年一遇、抗五年一遇等，也可填强、中、弱等。

A.5 土壤污染情况

A.5.1 污染物类型

根据污染物的属性分为有机污染物（包括含有机毒物的各种有机废弃物、农药等）、无机物污染（含有有害元素的氧化物、酸、碱和盐类等）、生物污染（未经处理的粪便、垃圾、城市生活污水、饲养场及屠宰的污物中所携带的一个或多个有害的生物种群、潜伏在土壤中的植物病原体等）、放射性物质污染等。

A.5.2 污染面积

指土壤取样点所属污染类型的污染物扩散的面积。

A.5.3 采样点距污染源距离

指取样地块距污染源的最短距离。

A.5.4 污染源企业名称

填在管理部门注册登记的全称。

A.5.5 污染源企业地址

企业厂址所属省、县、街道、门牌号或省、县、乡、村等。

A.5.6 污染物形态

指液体、气体、粉尘、固体等。

A.5.7 污染物排放量

填污染源每日排放的污染物总量，计至小数点后一位。

通过实地监测，弄清其排放规律（连续均匀排放、不均匀间歇排放、每日排放时数等），从而计算出日均排放量，也可根据生产工艺流程中物料的消耗及实际生产规模从理论上进行估算。

A.5.8 污染范围

指污染源的污染物可能扩散的地方，以距离（m）、人口数来反映。

A.5.9 污染造成的危害

指污染源的污染物造成的直接危害或间接危害，包括表现的症状、减产幅度、品质劣化情况等。

A.5.10 污染造成的经济损失

指因减产、品质下降等造成的年直接经济损失。

土壤污染往往是持久的，甚至是不可逆的，在较短时间内对其长远的经济损失评估存在一定难度，因此这里只计算近三年来的平均损失，有几年就按几年平均。

附录 B

（规范性附录）

耕地质量验收技术报告格式

No.　　　　　　　　　　　　　　　　　　　　　　　　　　　　　第 1 页共　页

申请单位基本情况				
申请验收单位				
法人代表		单位地址		
联系电话		电子邮箱		
传真电话		邮　编		
验收耕地基本情况				
项目名称				
项目立项批号				
地点（到村组）				
土地权属				
海拔		耕地面积		
图幅号		图斑号		
四至范围	北至	东经　　°　′　″ 北纬　　°　′　″	东至	东经　　°　′　″ 北纬　　°　′　″
	南至	东经　　°　′　″ 北纬　　°　′　″	西至	东经　　°　′　″ 北纬　　°　′　″
利用现状或利用历史				
验收依据				
受理时间				

No.　　　　　　　　　　　　　　　　　　　　　　　　　　　　　第 2 页共　页

耕地质量评价				
耕地类型区				
耕地基础地力评价		评价因素		地力等级
耕地环境质量评价	耕地土壤环境质量评价	评价因素	污染指数	判定
	农田灌溉水质评价	评价因素	污染指数	判定
	耕地环境质量综合评价			
验收结论		专家组组长： 　　年　月　日		
材料附件	1.野外实地勘测调查表 2.有关参数的检测报告 3.其他材料			
备注				

HJ/T 166—2004

土壤环境监测技术规范

The technical specification for soil environmental monitoring

2004-12-09 发布   2004-12-09 实施

前　言

根据《中华人民共和国环境保护法》第十一条"国务院环境保护行政主管部门建立监测制度、制定监测规范"的要求，制定本技术规范。

《土壤环境监测技术规范》主要由布点、样品采集、样品处理、样品测定、环境质量评价、质量保证及附录等部分构成。

在每个部分规范了土壤监测的步骤和技术要求，附录均为资料性附录。

本规范由国家环境保护总局科技标准司提出。

本规范由中国环境监测总站、南京市环境监测中心站起草。

本规范由中国环境监测总站负责解释。

本规范为首次发布。

1　范围

本规范规定了土壤环境监测的布点采样、样品制备、分析方法、结果表征、资料统计和质量评价等技术内容。

本规范适用于全国区域土壤背景、农田土壤环境、建设项目土壤环境评价、土壤污染事故等类型的监测。

2　引用标准

下列标准所包含的条文，通过本规范中引用而构成本规范的条文。本规范出版时，所示版本均为有效。所有标准都会被修订，使用本标准的各方应探讨使用下列标准最新版本的可能性。

    GB 6266　土壤中氧化稀土总量的测定　对马尿酸偶氮氯膦分光光度法

    GB 7859　森林土壤 pH 测定

    GB 8170　数值修约规则

    GB 10111　利用随机数骰子进行随机抽样的办法

    GB 13198　六种特定多环芳烃测定　高效液相色谱法

    GB 15618　土壤环境质量标准

GB/T 1.1　　标准化工作导则　第一部分：标准的结构和编写规则

GB/T 14550　土壤质量　六六六和滴滴涕的测定　气相色谱法

GB/T 17134　土壤质量　总砷的测定　二乙基二硫代氨基甲酸银分光光度法

GB/T 17135　土壤质量　总砷的测定　硼氢化钾-硝酸银分光光度法

GB/T 17136　土壤质量　总汞的测定　冷原子吸收分光光度法

GB/T 17137　土壤质量　总铬的测定　火焰原子吸收分光光度法

GB/T 17138　土壤质量　铜、锌的测定　火焰原子吸收分光光度法

GB/T 17140　土壤质量　铅、镉的测定　KI-MIBK 萃取火焰原子吸收分光光度法

GB/T 17141　土壤质量　铅、镉的测定　石墨炉原子吸收分光光度法

JJF1059　测量不确定度评定和表示

NY/T 395　农田土壤环境质量监测技术规范

GHZB XX　土壤环境质量调查采样方法导则（报批稿）

GHZB XX　土壤环境质量调查制样方法（报批稿）

3　术语和定义

本规范采用下列术语和定义。

3.1　土壤　soil

连续覆被于地球陆地表面具有肥力的疏松物质，是随着气候、生物、母质、地形和时间因素变化而变化的历史自然体。

3.2　土壤环境　soil environment

地球环境由岩石圈、水圈、土壤圈、生物圈和大气圈构成，土壤位于该系统的中心，既是各圈层相互作用的产物，又是各圈层物质循环与能量交换的枢纽。受自然和人为作用，内在或外显的土壤状况称为土壤环境。

3.3　土壤背景　soil background

区域内很少受人类活动影响和不受或未明显受现代工业污染与破坏的情况下，土壤原来固有的化学组成和元素含量水平。但实际上目前已经很难找到不受人类活动和污染影响的土壤，只能去找影响尽可能少的土壤。不同自然条件下发育的不同土类或同一种土类发育于不同的母质母岩区，其土壤环境背景值也有明显差异；就是同一地点采集的样品，分析结果也不可能完全相同，因此土壤环境背景值是统计性的。

3.4　农田土壤　soil in farmland

用于种植各种粮食作物、蔬菜、水果、纤维和糖料作物、油料作物及农区森林、花卉、药材、草料等作物的农业用地土壤。

3.5　监测单元　monitoring unit

按地形—成土母质—土壤类型—环境影响划分的监测区域范围。

3.6　土壤采样点　soil sampling point

监测单元内实施监测采样的地点。

3.7　土壤剖面　soil profile

按土壤特征，将表土竖直向下的土壤平面划分成的不同层面的取样区域，在各层中部位多点取样，等量混匀，或根据研究的目的采取不同层的土壤样品。

3.8　土壤混合样　soil mixture sample

在农田耕作层采集若干点的等量耕作层土壤并经混合均匀后的土壤样品,组成混合样的分点数要在5～20个。

3.9　监测类型　monitoring type

根据土壤监测目的,土壤环境监测有四种主要类型:区域土壤环境背景监测、农田土壤环境质量监测、建设项目土壤环境评价监测和土壤污染事故监测。

4　采样准备

4.1　组织准备

由具有野外调查经验且掌握土壤采样技术规程的专业技术人员组成采样组,采样前组织学习有关技术文件,了解监测技术规范。

4.2　资料收集

收集包括监测区域的交通图、土壤图、地质图、大比例尺地形图等资料,供制作采样工作图和标注采样点位用。

收集包括监测区域土类、成土母质等土壤信息资料。

收集工程建设或生产过程对土壤造成影响的环境研究资料。

收集造成土壤污染事故的主要污染物的毒性、稳定性以及如何消除等资料。

收集土壤历史资料和相应的法律(法规)。

收集监测区域工农业生产及排污、污灌、化肥农药施用情况资料。

收集监测区域气候资料(温度、降水量和蒸发量)、水文资料。

收集监测区域遥感与土壤利用及其演变过程方面的资料等。

4.3　现场调查

现场勘察,将调查得到的信息进行整理和利用,丰富采样工作图的内容。

4.4　采样器具准备

4.4.1　工具类:铁锹、铁铲、圆状取土钻、螺旋取土钻、竹片以及适合特殊采样要求的工具等。

4.4.2　器材类:GPS、罗盘、照相机、胶卷、卷尺、铝盒、样品袋、样品箱等。

4.4.3　文具类:样品标签、采样记录表、铅笔、资料夹等。

4.4.4　安全防护用品:工作服、工作鞋、安全帽、药品箱等。

4.4.5　采样用车辆

4.5　监测项目与频次

监测项目分常规项目、特定项目和选测项目;监测频次与其相应。

常规项目:原则上为《土壤环境质量标准》(GB 15618)中所要求控制的污染物。

特定项目:《土壤环境质量标准》(GB 15618)中未要求控制的污染物,但根据当地环境污染状况,确认在土壤中积累较多、对环境危害较大、影响范围广、毒性较强的污染物,或者污染事故对土壤环境造成严重不良影响的物质,具体项目由各地自行确定。

选测项目:一般包括新纳入的在土壤中积累较少的污染物、由于环境污染导致土壤性状发生改变的土壤性状指标以及生态环境指标等,由各地自行选择测定。

土壤监测项目与监测频次见表4-1。监测频次原则上按表4-1执行,常规项目可按当地实际适当降低监测频次，但不可低于五年一次，选测项目可按当地实际适当提高监测频次。

表 4-1　土壤监测项目与监测频次

项目类别		监测项目	监测频次
常规项目	基本项目	pH、阳离子交换量	每三年一次，农田在夏收或秋收后采样
	重点项目	镉、铬、汞、砷、铅、铜、锌、镍、六六六、滴滴涕	
特定项目（污染事故）		特征项目	及时采样，根据污染物变化趋势决定监测频次
选测项目	影响产量项目	全盐量、硼、氟、氮、磷、钾等	每三年监测一次，农田在夏收或秋收后采样
	污水灌溉项目	氰化物、六价铬、挥发酚、烷基汞、苯并[a]芘、有机质、硫化物、石油类等	
	POPs与高毒类农药	苯、挥发性卤代烃、有机磷农药、PCB、PAH 等	
	其他项目	结合态铝（酸雨区）、硒、钒、氧化稀土总量、钼、铁、锰、镁、钙、钠、铝、硅、放射性比活度等	

5　布点与样品数容量

5.1　"随机"和"等量"原则

样品是由总体中随机采集的一些个体所组成，个体之间存在变异，因此样品与总体之间既存在同质的"亲缘"关系，样品可作为总体的代表，但同时也存在着一定程度的异质性，差异越小，样品的代表性越好；反之亦然。为了达到采集的监测样品具有好的代表性，必须避免一切主观因素，使组成总体的个体有同样的机会被选入样品，即组成样品的个体应当是随机地取自总体。另外，在一组需要相互之间进行比较的样品应当有同样的个体组成，否则样本大的个体所组成的样品，其代表性会大于样本少的个体组成的样品。所以"随机"和"等量"是决定样品具有同等代表性的重要条件。

5.2　布点方法

5.2.1　简单随机

将监测单元分成网格，每个网格编上号码，决定采样点样品数后，随机抽取规定的样品数的样品，其样本号码对应的网格号即为采样点。随机数的获得可以利用掷骰子、抽签、查随机数表的方法。关于随机数骰子的使用方法可见 GB 10111《利用随机数骰子进行随机抽样的办法》。简单随机布点是一种完全不带主观限制条件的布点方法。

5.2.2　分块随机

根据收集的资料，如果监测区域内的土壤有明显的几种类型，则可将区域分成几块，每块内污染物较均匀，块间的差异较明显。将每块作为一个监测单元，在每个监测单元内再随机布点。在正确分块的前提下，分块布点的代表性比简单随机布点好，如果分块不正确，分块布点的效果可能会适得其反。

5.2.3 系统随机

将监测区域分成面积相等的几部分（网格划分），每网格内布设一采样点，这种布点称为系统随机布点。如果区域内土壤污染物含量变化较大，系统随机布点比简单随机布点所采样品的代表性要好。

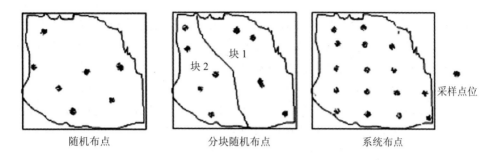

块2 块1 采样点位

| 随机布点 | 分块随机布点 | 系统布点 |

图 5-1 布点方式示意图

5.3 基础样品数量

5.3.1 由均方差和绝对偏差计算样品数

用下列公式可计算所需的样品数：

$$N=t^2 s^2/D^2$$

式中：N——样品数；

t——选定置信水平（土壤环境监测一般选定为 95%）一定自由度下的 t 值（附录 A）；

s^2——均方差，可从先前的其他研究或者从极差 $R[s^2=(R/4)^2]$ 估计；

D——可接受的绝对偏差。

示例：

某地土壤多氯联苯（PCB）的浓度范围 $0\sim13$ mg/kg，若 95%置信度时平均值与真值的绝对偏差为 1.5 mg/kg，s 为 3.25 mg/kg，初选自由度为 10，则

$$N =(2.23)^2(3.25)^2/(1.5)^2 =23$$

因为 23 比初选的 10 大得多，重新选择自由度查 t 值计算得：

$$N =(2.069)^2(3.25)^2/(1.5)^2 =20$$

20 个土壤样品数较大，原因是其土壤 PCB 含量分布不均匀（$0\sim13$ mg/kg），要降低采样的样品数，就得牺牲监测结果的置信度（如从 95%降低到 90%），或放宽监测结果的置信距（如从 1.5 mg/kg 增加到 2.0 mg/kg）。

5.3.2 由变异系数和相对偏差计算样品数

$$N=t^2 s^2/D^2 \text{ 可变为：}$$
$$N=t^2 C_V^2/m^2$$

式中：N——样品数；

t——选定置信水平（土壤环境监测一般选定为 95%）一定自由度下的 t 值（附录 A）；

C_V——变异系数（%），可从先前的其他研究资料中估计；

m——可接受的相对偏差（%），土壤环境监测一般限定为 20%～30%。

没有历史资料的地区、土壤变异程度不太大的地区，一般 C_V 可用 10%～30%粗略估计，有效磷和有效钾变异系数 C_V 可取 50%。

5.4　布点数量

土壤监测的布点数量要满足样本容量的基本要求，即上述由均方差和绝对偏差、变异系数和相对偏差计算样品数是样品数的下限数值，实际工作中土壤布点数量还要根据调查目的、调查精度和调查区域环境状况等因素确定。

一般要求每个监测单元最少设三个点。

区域土壤环境调查按调查的精度不同可从 2.5 km、5 km、10 km、20 km、40 km 中选择网距网格布点，区域内的网格结点数即为土壤采样点数量。

农田采集混合样的样点数量见"6.2.2.2　混合样采集"。

建设项目采样点数量见"6.3　建设项目土壤环境评价监测采样"。

城市土壤采样点数量见"6.4　城市土壤采样"。

土壤污染事故采样点数量见"6.5　污染事故监测土壤采样"。

6　样品采集

样品采集一般按三个阶段进行：

前期采样：根据背景资料与现场考察结果，采集一定数量的样品分析测定，用于初步验证污染物空间分异性和判断土壤污染程度，为制定监测方案（选择布点方式和确定监测项目及样品数量）提供依据，前期采样可与现场调查同时进行。

正式采样：按照监测方案，实施现场采样。

补充采样：正式采样测试后，发现布设的样点没有满足总体设计需要，则要进行增设采样点补充采样。

面积较小的土壤污染调查和突发性土壤污染事故调查可直接采样。

6.1　区域环境背景土壤采样

6.1.1　采样单元

采样单元的划分，全国土壤环境背景值监测一般以土类为主，省、自治区、直辖市级的土壤环境背景值监测以土类和成土母质母岩类型为主，省级以下或条件许可或特别工作需要的土壤环境背景值监测可划分到亚类或土属。

6.1.2　样品数量

各采样单元中的样品数量应符合"5.3　基础样品数量"要求。

6.1.3　网格布点

网格间距 L 按下式计算：

$$L=(A/N)^{1/2}$$

式中：L——网格间距；

A——采样单元面积；

N——采样点数（同"5.3　样品数量"）。

A 和 *L* 的量纲要相匹配，如 *A* 的单位是 km², 则 *L* 的单位就为 km。根据实际情况可适当减小网格间距，适当调整网格的起始经纬度，避开过多网格落在道路或河流上，使样品更具代表性。

6.1.4　野外选点

首先采样点的自然景观应符合土壤环境背景值研究的要求。采样点选在被采土壤类型特征明显的地方，地形相对平坦、稳定、植被良好的地点；坡脚、洼地等具有从属景观特征的地点不设采样点；城镇、住宅、道路、沟渠、粪坑、坟墓附近等处人为干扰大，失去土壤的代表性，不宜设采样点，采样点离铁路、公路至少 300 m 以上；采样点以剖面发育完整、层次较清楚、无浸入体为准，不在水土流失严重或表土被破坏处设采样点；选择不施或少施化肥、农药的地块作为采样点，以使样品点尽可能少受人为活动的影响；不在多种土类、多种母质母岩交错分布、面积较小的边缘地区布设采样点。

6.1.5　采样

采样点可采表层样或土壤剖面。一般监测采集表层土，采样深度 0～20 cm，特殊要求的监测（土壤背景、环评、污染事故等）必要时选择部分采样点采集剖面样品。剖面的规格一般为长 1.5 m、宽 0.8 m、深 1.2 m。挖掘土壤剖面要使观察面向阳，表土和底土分两侧放置。

一般每个剖面采集 A、B、C 三层土样。地下水位较高时，剖面挖至地下水出露时为止；山地丘陵土层较薄时，剖面挖至风化层。

对 B 层发育不完整（不发育）的山地土壤，只采 A、C 两层；

干旱地区剖面发育不完善的土壤，在表层 5～20 cm、心土层 50 cm、底土层 100 cm 左右采样。

水稻土按照 A 耕作层、P 犁底层、C 母质层（或 G 潜育层、W 潴育层）分层采样（图6-1），对 P 层太薄的剖面，只采 A、C 两层（或 A、G 层或 A、W 层）。

耕作层（A 层）

犁底层（P 层）

潴育层（W 层）

潜育层（G 层）

母质层（C 层）

图 6-1　水稻土剖面示意图

对 A 层特别深厚、沉积层不甚发育、一米内见不到母质的土类剖面，按 A 层 5～20 cm、

A/B 层 60～90 cm、B 层 100～200 cm 采集土壤。草甸土和潮土一般在 A 层 5～20 cm、C_1 层（或 B 层）50 cm、C_2 层 100～120 cm 处采样。

采样次序自下而上，先采剖面的底层样品，再采中层样品，最后采上层样品。测量重金属的样品尽量用竹片或竹刀去除与金属采样器接触的部分土壤，再用其取样。

剖面每层样品采集 1 kg 左右装入样品袋，样品袋一般由棉布缝制而成，如潮湿样品可内衬塑料袋（供无机化合物测定）或将样品置于玻璃瓶内（供有机化合物测定）。采样的同时，由专人填写样品标签、采样记录；标签一式两份，一份放入袋中，另一份系在袋口，标签上标注采样时间、地点、样品编号、监测项目、采样深度和经纬度。采样结束，需逐项检查采样记录、样袋标签和土壤样品，如有缺项和错误及时补齐更正。将底土和表土按原层回填到采样坑中方可离开现场，并在采样示意图上标出采样地点，避免下次在相同处采集剖面样。

标签和采样记录格式见表 6-1、表 6-2 和图 6-2。

表 6-1　土壤样品标签样式

土壤样品标签
样品编号：
采样地点：
东经　　　　　　　　　　北纬
采样层次：
特征描述：
采样深度：
监测项目：
采样日期：
采样人员：

表 6-2　土壤现场记录表

采样地点		东经		北纬	
样品编号		采样日期			
样品类别		采样人员			
采样层次		采样深度（cm）			
样品描述	土壤颜色		植物根系		
	土壤质地		沙砾含量		
	土壤程度		其他异物		
采样点示意图		自下而上植被描述			

注：1. 土壤颜色可采用门塞尔比色卡比色，也可按土壤颜色三角表进行描述。颜色描述可采用双名法，主色在后、副色在前，如黄棕、灰棕等。颜色深浅还可以冠以暗、淡等形容词，如浅棕、暗灰等。

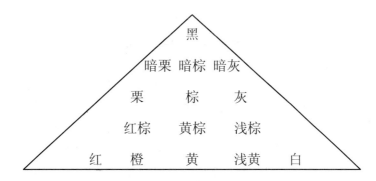

图 6-2 土壤颜色三角表

2. 土壤质地分为砂土、壤土（沙壤土、轻壤土、中壤土、重壤土）和黏土，野外估测方法为取小块土壤加水潮润，然后揉搓，搓成细条并弯成直径为 2.5～3 cm 的土环，据土环表现的性状确定质地。

砂土：不能搓成条；

沙壤土：只能搓成短条；

轻壤土：能搓直径为 3 mm 直径的条，但易断裂；

中壤土：能搓成完整的细条，弯曲时容易断裂；

重壤土：能搓成完整的细条，弯曲成圆圈时容易断裂；

黏土：能搓成完整的细条，能弯曲成圆圈。

3. 土壤湿度的野外估测，一般可分为五级：

干：土块放在手中，无潮润感觉；

潮：土块放在手中，有潮润感觉；

湿：手捏土块，在土团上塑有手印；

重潮：手捏土块时，在手指上留有湿印；

极潮：手捏土块时，有水流出。

4. 植物根系含量的估计可分为五级：

无根系：在该土层中无任何根系；

少量：在该土层每 50 cm² 内少于 5 根；

中量：在该土层每 50 cm² 内有 5～15 根；

多量：该土层每 50 cm² 内多于 15 根；

根密集：在该土层中根系密集交织。

5. 石砾含量以石砾量占该土层的体积百分数估计。

6.2 农田土壤采样

6.2.1 监测单元

土壤环境监测单元按土壤主要接纳污染物途径可划分为：

（1）大气污染型土壤监测单元；

（2）灌溉水污染监测单元；

（3）固体废物堆污染型土壤监测单元；

（4）农用固体废物污染型土壤监测单元；

（5）农用化学物质污染型土壤监测单元；

（6）综合污染型土壤监测单元（污染物主要来自上述两种以上途径）。

监测单元划分要参考土壤类型、农作物种类、耕作制度、商品生产基地、保护区类型、行政区划等要素的差异，同一单元的差别应尽可能地缩小。

6.2.2　布点

根据调查目的、调查精度和调查区域环境状况等因素确定监测单元。部门专项农业产品生产土壤环境监测布点按其专项监测要求进行。

大气污染型土壤监测单元和固体废物堆污染型土壤监测单元以污染源为中心放射状布点，在主导风向和地表水的径流方向适当增加采样点（离污染源的距离远于其他点）；灌溉水污染监测单元、农用固体废物污染型土壤监测单元和农用化学物质污染型土壤监测单元采用均匀布点；灌溉水污染监测单元采用按水流方向带状布点，采样点自纳污口起由密渐疏；综合污染型土壤监测单元布点采用综合放射状、均匀、带状布点法。

6.2.3　样品采集

6.2.3.1　剖面样

特定的调查研究监测需了解污染物在土壤中垂直分布时采集土壤剖面样，采样方法同6.1.5。

6.2.3.2　混合样

一般农田土壤环境监测采集耕作层土样，种植一般农作物采 0～20 cm，种植果林类农作物采 0～60 cm。为了保证样品的代表性，减低监测费用，采取采集混合样的方案。每个土壤单元设 3～7 个采样区，单个采样区可以是自然分割的一个田块，也可以由多个田块所构成，其范围以 200 m×200 m 左右为宜。每个采样区的样品为农田土壤混合样。混合样的采集主要有四种方法：

（1）对角线法：适用于污灌农田土壤，对角线分五等份，以等分点为采样分点；

（2）梅花点法：适用于面积较小、地势平坦、土壤组成和受污染程度相对比较均匀的地块，设分点五个左右；

（3）棋盘式法：适宜中等面积、地势平坦、土壤不够均匀的地块，设分点 10 个左右；受污泥、垃圾等固体废物污染的土壤，分点应在 20 个以上；

（4）蛇形法：适宜于面积较大、土壤不够均匀且地势不平坦的地块，设分点 15 个左右，多用于农业污染型土壤。各分点混匀后用四分法取 1 kg 土样装入样品袋，多余部分弃去。样品标签和采样记录等要求同 6.1.5。

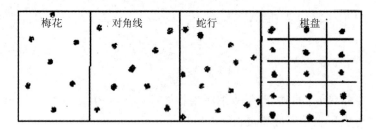

图 6-2　混合土壤采样点布设示意图

6.3　建设项目土壤环境评价监测采样

每 100 hm² 占地不少于五个且总数不少于五个采样点，其中小型建设项目设一个柱状样采样点，大中型建设项目不少于三个柱状样采样点，特大型建设项目或对土壤环境影响敏感的建设项目不少于五个柱状样采样点。

6.3.1　非机械干扰土

如果建设工程或生产没有翻动土层，表层土受污染的可能性最大，但不排除对中下层土壤的影响。生产或者将要生产导致的污染物，以工艺烟雾（尘）、污水、固体废物等形式污染周围土壤环境，采样点以污染源为中心放射状布设为主，在主导风向和地表水的径流方向适当增加采样点（离污染源的距离远于其他点）；以水污染型为主的土壤按水流方向带状布点，采样点自纳污口起由密渐疏；综合污染型土壤监测布点采用综合放射状、均匀、带状布点法。此类监测不采混合样，混合样虽然能降低监测费用，但损失了污染物空间分布的信息，不利于掌握工程及生产对土壤影响的状况。

表层土样采集深度 0～20 cm；每个柱状样取样深度都为 100 cm，分取三个土样：表层样（0～20 cm），中层样（20～60 cm），深层样（60～100 cm）。

6.3.2　机械干扰土

由于建设工程或生产中土层受到翻动影响，污染物在土壤纵向分布不同于非机械干扰土。采样点布设同 6.3.1。各点取 1 kg 装入样品袋，样品标签和采样记录等要求同 6.1.5。采样总深度由实际情况而定，一般同剖面样的采样深度，确定采样深度有三种方法可供参考。

6.3.2.1　随机深度采样

本方法适合土壤污染物水平方向变化不大的土壤监测单元，采样深度由下列公式计算：

$$深度=剖面土壤总深×RN$$

式中 RN=0～1 之间的随机数。RN 由随机数骰子法产生，GB 10111 推荐的随机数骰子是由均匀材料制成的正 20 面体，在 20 个面上，0～9 各数字都出现两次，使用时根据需产生的随机数的位数选取相应的骰子数，并规定好每种颜色的骰子各代表的位数。对于本规范用一个骰子，其出现的数字除以 10 即为 RN，当骰子出现的数为 0 时规定此时的 RN 为 1。

示例：

土壤剖面深度（H）1.2 m，用一个骰子决定随机数。

若第一次掷骰子得随机数（n_1）6，则：

$$RN_1=（n_1）/10=0.6$$

$$采样深度（H_1）= H×RN_1=1.2×0.6=0.72（m）$$

即第一个点的采样深度离地面 0.72 m。

若第二次掷骰子得随机数（n_2）3，则：

$$RN_2=（n_2）/10=0.3$$

$$采样深度（H_2）= H×RN_2=1.2×0.3=0.36（m）$$

即第二个点的采样深度离地面 0.36 m。

若第三次掷骰子得随机数（n_3）8，同理可得第三个点的采样深度离地面 0.96 m。

若第四次掷骰子得随机数（n_4）0，则：

$$RN_4=1（规定当随机数为 0 时 RN 取 1）$$

$$采样深度（H_4）= H×RN_4=1.2×1=1.2（m）$$

即第四个点的采样深度离地面 1.2 m。

依次类推，直至决定所有点采样深度为止。

6.3.2.2 分层随机深度采样

本采样方法适合绝大多数的土壤采样，土壤纵向（深度）分成三层，每层采一样品，每层的采样深度由下列公式计算：

$$深度=每层土壤深×RN$$

式中 RN=0～1 之间的随机数，取值方法同 6.3.2.1 中的 RN 取值。

6.3.2.3 规定深度采样

本采样适合预采样（为初步了解土壤污染随深度的变化，制定土壤采样方案）和挥发性有机物的监测采样，表层多采，中下层等间距采样。

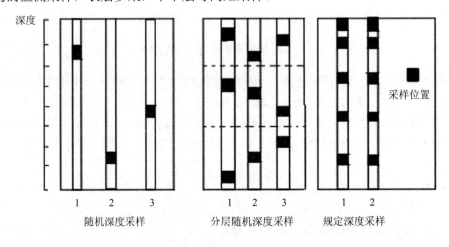

图 6-3 机械干扰土采样方式示意图

6.4 城市土壤采样

城市土壤是城市生态的重要组成部分，虽然城市土壤不用于农业生产，但其环境质量对城市生态系统影响极大。城区内大部分土壤被道路和建筑物覆盖，只有小部分土壤栽植草木，本规范中城市土壤主要是指后者，由于其复杂性分两层采样，上层（0～30 cm）可能是回填土或受人为影响大的部分，另一层（30～60 cm）为人为影响相对较小部分。两层分别取样监测。城市土壤监测点以网距 2 000 m 的网格布设为主、功能区布点为辅，每个网格设一个采样点。对于专项研究和调查的采样点可适当加密。

6.5 污染事故监测土壤采样

污染事故不可预料，接到举报后立即组织采样。现场调查和观察，取证土壤被污染时间，根据污染物及其对土壤的影响确定监测项目，尤其是污染事故的特征污染物是监测的重点。据污染物的颜色、印渍和气味以及结合考虑地势、风向等因素初步界定污染事故对土壤的污染范围。

如果是固体污染物抛撒污染型，等打扫后采集表层 5 cm 土样，采样点数不少于三个。

如果是液体倾翻污染型，污染物向低洼处流动的同时向深度方向渗透并向两侧横向方向扩散，每个点分层采样，事故发生点样品点较密、采样深度较深，离事故发生点相对远处样品点较疏、采样深度较浅。采样点不少于五个。

如果是爆炸污染型，以放射性同心圆方式布点，采样点不少于五个，爆炸中心采分层样，周围采表层土（0～20 cm）。

事故土壤监测要设定 2～3 个背景对照点，各点（层）取 1 kg 土样装入样品袋，有腐蚀性或要测定挥发性化合物，改用广口瓶装样。含易分解有机物的待测定样品，采集后置于低温（冰箱）中，直至运送、移交到分析室。

7 样品流转

7.1 装运前核对

在采样现场样品必须逐件与样品登记表、样品标签和采样记录进行核对，核对无误后分类装箱。

7.2 运输中防损

运输过程中严防样品的损失、混淆和沾污。对光敏感的样品应有避光外包装。

7.3 样品交接

由专人将土壤样品送到实验室，送样者和接样者双方同时清点核实样品，并在样品交接单上签字确认，样品交接单由双方各存一份备查。

8 样品制备

8.1 制样工作室要求

分设风干室和磨样室。风干室朝南（严防阳光直射土样），通风良好，整洁，无尘，无易挥发性化学物质。

8.2 制样工具及容器

风干用白色搪瓷盘及木盘。

粗粉碎用木槌、木滚、木棒、有机玻璃棒、有机玻璃板、硬质木板、无色聚乙烯薄膜。

磨样用玛瑙研磨机（球磨机）或玛瑙研钵、白色瓷研钵。

过筛用尼龙筛，规格为 2～100 目。

装样用具塞磨口玻璃瓶、具塞无色聚乙烯塑料瓶或特制牛皮纸袋，规格视量而定。

8.3 制样程序

制样者与样品管理员同时核实清点，交接样品，在样品交接单上双方签字确认。

8.3.1 风干

在风干室将土样放置于风干盘中，摊成 2～3 cm 的薄层，适时地压碎、翻动，拣出碎石、沙砾、植物残体。

8.3.2 样品粗磨

在磨样室将风干的样品倒在有机玻璃板上，用木槌敲打，用木滚、木棒、有机玻璃棒再次压碎,拣出杂质,混匀,并用四分法取压碎样,过孔径 0.25 mm(20 目)尼龙筛。过筛后的样品全部置无色聚乙烯薄膜上,并充分搅拌混匀,再采用四分法取其两份,一份交样品库存放,另一份作样品的细磨用。粗磨样可直接用于土壤 pH、阳离子交换量、元素有效态含量等项目的分析。

8.3.3　细磨样品

用于细磨的样品再用四分法分成两份,一份研磨到全部过孔径 0.25 mm(60 目)筛,用于农药或土壤有机质、土壤全氮量等项目分析;另一份研磨到全部过孔径 0.15 mm(100 目)筛,用于土壤元素全量分析。制样过程见图 8-1。

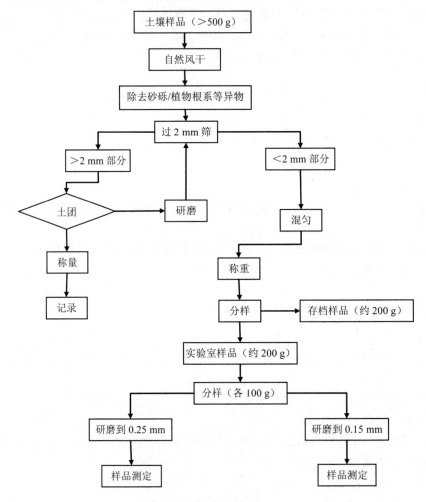

图 8-1　常规监测制样过程

8.3.4　样品分装

研磨混匀后的样品分别装于样品袋或样品瓶,填写土壤标签一式两份,瓶内或袋内一份,瓶外或袋外贴一份。

8.3.5　注意事项

制样过程中采样时的土壤标签与土壤始终放在一起,严禁混错,样品名称和编码始终不变。

制样工具每处理一份样后擦抹（洗）干净，严防交叉污染。

分析挥发性、半挥发性有机物或可萃取有机物无须上述制样，用新鲜样按特定的方法进行样品前处理。

9 样品保存

按样品名称、编号和粒径分类保存。

9.1 新鲜样品的保存

对于易分解或易挥发等不稳定组分的样品要采取低温保存的运输方法，并尽快送到实验室分析测试。测试项目需要新鲜样品的土样，采集后用可密封的聚乙烯或玻璃容器在 4℃以下避光保存，样品要充满容器。避免用含有待测组分或对测试有干扰的材料制成的容器盛装保存样品，测定有机污染物用的土壤样品要选用玻璃容器保存。具体保存条件见表 9-1。

表 9-1 新鲜样品的保存条件和保存时间

测试项目	容器材质	温度/℃	可保存时间/d	备注
金属（汞和六价铬除外）	聚乙烯、玻璃	<4	180	
汞	玻璃	<4	28	
砷	聚乙烯、玻璃	<4	180	
六价铬	聚乙烯、玻璃	<4	1	
氰化物	聚乙烯、玻璃	<4	2	
挥发性有机物	玻璃（棕色）	<4	7	采样瓶装满装实并密封
半挥发性有机物	玻璃（棕色）	<4	10	采样瓶装满装实并密封
难挥发性有机物	玻璃（棕色）	<4	14	

9.2 预留样品

预留样品在样品库造册保存。

9.3 分析取用后的剩余样品

分析取用后的剩余样品，待测定全部完成、数据报出后也移交样品库保存。

9.4 保存时间

分析取用后的剩余样品一般保留半年，预留样品一般保留两年。特殊、珍稀、仲裁、有争议样品一般要永久保存。

新鲜土样保存时间见"9.5 新鲜样品的保存"。

9.5 样品库要求

保持干燥、通风、无阳光直射、无污染；要定期清理样品，防止霉变、鼠害及标签脱落。样品入库、领用和清理均需记录。

10 土壤分析测定

10.1 测定项目

分常规项目、特定项目和选测项目，见"4.5 监测项目与监测频次"。

10.2　样品处理

土壤与污染物种类繁多，不同的污染物在不同土壤中的样品处理方法及测定方法各异。同时，要根据不同的监测要求和监测目的选定不同的样品处理方法。

仲裁监测必须选定《土壤环境质量标准》中选配的分析方法中规定的样品处理法，其他类型的监测优先使用国家土壤测定标准。《土壤环境质量标准》中没有的项目或国家土壤测定方法标准暂缺的项目，则可使用等效测定方法中的样品处理方法。样品处理方法见"10.3　分析方法"，按选用的分析方法中的规定进行样品处理。

由于土壤组成的复杂性和土壤物理化学性状（pH、Eh 等）的差异，造成重金属及其他污染物在土壤环境中形态的复杂和多样性。金属不同形态的生理活性和毒性均有差异，其中以有效态和交换态的活性、毒性最大，残留态的活性、毒性最小，而其他结合态的活性、毒性居中。部分形态分析的样品处理方法见附录 D。

一般区域背景值调查和《土壤环境质量标准》中重金属测定的是土壤中的重金属全量（除特殊说明，如六价铬），其测定土壤中金属全量的方法见相应的分析方法，其等效方法也可参见附录 D。测定土壤中有机物的样品处理方法见相应分析方法，原则性的处理方法参见附录 D。

10.3　分析方法

10.3.1　第一方法：标准方法（即仲裁方法），按土壤环境质量标准中选配的分析方法（表 10-1）。

表 10-1　土壤常规监测项目及分析方法

监测项目	监测仪器	监测方法	方法来源
镉	原子吸收光谱仪	石墨炉原子吸收分光光度法	GB/T 17141—1997
	原子吸收光谱仪	KI-MIBK 萃取原子吸收分光光度法	GB/T 17140—1997
汞	测汞仪	冷原子吸收法	GB/T 17136—1997
砷	分光光度计	二乙基二硫代氨基甲酸银分光光度法	GB/T 17134—1997
	分光光度计	硼氢化钾-硝酸银分光光度法	GB/T 17135—1997
铜	原子吸收光谱仪	火焰原子吸收分光光度法	GB/T 17138—1997
铅	原子吸收光谱仪	石墨炉原子吸收分光光度法	GB/T 17141—1997
	原子吸收光谱仪	KI-MIBK 萃取原子吸收分光光度法	GB/T 17140—1997
铬	原子吸收光谱仪	火焰原子吸收分光光度法	GB/T 17137—1997
锌	原子吸收光谱仪	火焰原子吸收分光光度法	GB/T 17138—1997
镍	原子吸收光谱仪	火焰原子吸收分光光度法	GB/T 17139—1997
六六六和滴滴涕	气相色谱仪	电子捕获气相色谱法	GB/T 14550—1993
六种多环芳烃	液相色谱仪	高效液相色谱法	GB 13198—1991
稀土总量	分光光度计	对马尿酸偶氮氯膦分光光度法	GB 6262
pH	pH 计	森林土壤 pH 测定	GB 7859—1987
阳离子交换量	滴定仪	乙酸铵法	①

注：①《土壤理化分析》，1978，中国科学院南京土壤研究所编，上海科技出版社。

10.3.2　第二方法：由权威部门规定或推荐的方法。

10.3.3　第三方法：根据各地实情，自选等效方法，但应作标准样品验证或比对实验，其检出限、准确度、精密度不低于相应的通用方法要求水平或待测物准确定量的要求。

土壤监测项目与分析第一方法、第二方法和第三方法汇总见表 10-2。

表 10-2　土壤监测项目与分析方法

监测项目	推荐方法	等效方法
砷	COL	HG-AAS、HG-AFS、XRF
镉	GF-AAS	POL、ICP-MS
钴	AAS	GF-AAS、ICP-AES、ICP-MS
铬	AAS	GF-AAS、ICP-AES、XRF、ICP-MS
铜	AAS	GF-AAS、ICP-AES、XRF、ICP-MS
氟	ISE	
汞	HG-AAS	HG-AFS
锰	AAS	ICP-AES、INAA、ICP-MS
镍	AAS	GF-AAS、XRF、ICP-AES、ICP-MS
铅	GF-AAS	ICP-MS、XRF
硒	HG-AAS	HG-AFS、DAN 荧光、GC
钒	COL	ICP-AES、XRF、INAA、ICP-MS
锌	AAS	ICP-AES、XRF、INAA、ICP-MS
硫	COL	ICP-AES、ICP-MS
pH	ISE	
有机质	VOL	
PCBs、PAHs	LC、GC	
阳离子交换量	VOL	
VOC	GC、GC-MS	
除草剂和杀虫剂	GC、GC-MS、LC	
POPs	GC、GC-MS、LC、LC-MS	

注：ICP-AES：等离子发射光谱；XRF：X-荧光光谱分析；AAS：火焰原子吸收；GF-AAS：石墨炉原子吸收；HG-AAS：氢化物发生原子吸收法；HG-AFS：氢化物发生原子荧光法；POL：催化极谱法；ISE：选择性离子电极；VOL：滴定法；POT：电位法；INAA：中子活化分析法；GC：气相色谱法；LC：液相色谱法；GC-MS：气相色谱-质谱联用法；COL：分光比色法；LC-MS：液相色谱-质谱联用法；ICP-MS：等离子体质谱联用法。

11　分析记录与监测报告

11.1　分析记录

分析记录一般要设计成记录本格式，页码、内容齐全，用碳素墨水笔填写翔实，字迹要清楚，需要更正时，应在错误数据（文字）上画一横线，在其上方写上正确内容，并在所画横线上加盖修改者名章或者签字以示负责。

分析记录也可以设计成活页，随分析报告流转和保存，便于复核审查。

分析记录也可以是电子版本式的输出物（打印件）或存有其信息的磁盘、光盘等。

记录测量数据，要采用法定计量单位，只保留一位可疑数字，有效数字的位数应根据计量器具的精度及分析仪器的示值确定，不得随意增添或删除。

11.2　数据运算

有效数字的计算修约规则按 GB 8170 执行。采样、运输、储存、分析失误造成的离群数据应剔除。

11.3　结果表示

平行样的测定结果用平均数表示，一组测定数据用 Dixon 法、Grubbs 法检验剔除离群值后以平均值报出；低于分析方法检出限的测定结果以"未检出"报出，参加统计时按二分之一最低检出限计算。

土壤样品测定一般保留三位有效数字，含量较低的镉和汞保留两位有效数字，并注明检出限数值。分析结果的精密度数据，一般只取一位有效数字，当测定数据很多时，可取两位有效数字。表示分析结果的有效数字的位数不可超过方法检出限的最低位数。

11.4　监测报告

包括报告名称，实验室名称，报告编号，报告每页和总页数标识，采样地点名称，采样时间、分析时间，检测方法，监测依据，评价标准，监测数据，单项评价，总体结论，监测仪器编号，检出限（未检出时需列出），采样点示意图，采样（委托）者，分析者，报告编制、复核、审核和签发者及时间等内容。

12　土壤环境质量评价

土壤环境质量评价涉及评价因子、评价标准和评价模式。评价因子数量与项目类型取决于监测的目的和现实的经济、技术条件。评价标准常采用国家土壤环境质量标准、区域土壤背景值或部门（专业）土壤质量标准。评价模式常用污染指数法或者与其有关的评价方法。

12.1　污染指数、超标率（倍数）评价

土壤环境质量评价一般以单项污染指数为主，指数小污染轻，指数大污染则重。当区域内土壤环境质量作为一个整体与外区域进行比较或与历史资料进行比较时除用单项污染指数外，还常用综合污染指数。土壤由于地区背景差异较大，用土壤污染累积指数更能反映土壤的人为污染程度。土壤污染物分担率可评价确定土壤的主要污染项目，污染物分担率由大到小排序，污染物主次也同此序。除此之外，土壤污染超标倍数、样本超标率等统计量也能反映土壤的环境状况。污染指数和超标率等计算公式如下：

土壤单项污染指数=土壤污染物实测值/土壤污染物质量标准

土壤污染累积指数=土壤污染物实测值/污染物背景值

土壤污染物分担率（%）=（土壤某项污染指数/各项污染指数之和）×100%

土壤污染超标倍数=（土壤某污染物实测值－某污染物质量标准）/某污染物质量标准

土壤污染样本超标率（%）=（土壤样本超标总数/监测样本总数）×100%

12.2　内梅罗污染指数评价

$$内梅罗污染指数（P_N）=[（PI^2_{均}+PI^2_{最大}）/2]^{1/2}$$

式中 $PI_{均}$ 和 $PI_{最大}$ 分别是平均单项污染指数和最大单项污染指数。

内梅罗指数反映了各污染物对土壤的作用，同时突出了高浓度污染物对土壤环境质量的影响，可按内梅罗污染指数划定污染等级。内梅罗指数土壤污染评价标准见表 12-1。

表 12-1　土壤内梅罗污染指数评价标准

等级	内梅罗污染指数	污染等级
I	$P_N \leqslant 0.7$	清洁（安全）
II	$0.7 < P_N \leqslant 1.0$	尚清洁（警戒线）
III	$1.0 < P_N \leqslant 2.0$	轻度污染
IV	$2.0 < P_N \leqslant 3.0$	中度污染
V	$3.0 < P_N$	重污染

12.3　背景值及标准偏差评价

用区域土壤环境背景值（x）95%置信度的范围（$x \pm 2\,s$）来评价：

若土壤某元素监测值 $x_I < x - 2\,s$，则该元素缺乏或属于低背景土壤。

若土壤某元素监测值在 $x \pm 2\,s$，则该元素含量正常。

若土壤某元素监测值 $x_I > x + 2\,s$，则土壤已受该元素污染，或属于高背景土壤。

12.4　综合污染指数法

综合污染指数（CPI）包含了土壤元素背景值、土壤元素标准（附录 B）尺度因素和价态效应综合影响。其表达式：

$$CPI = X(1 + RPE) + Y \times DDMB/(Z \times DDSB)$$

式中，CPI 为综合污染指数，X、Y 分别为测量值超过标准值和背景值的数目，RPE 为相对污染当量，DDMB 为元素测定浓度偏离背景值的程度，DDSB 为土壤标准偏离背景值的程度，Z 为用作标准元素的数目。主要有下列计算过程：

（1）计算相对污染当量（RPE）

$$RPE = [\sum_{i=1}^{N} (C_i / C_{is})^{1/n}] / N$$

式中，N 为测定元素的数目，C_i 为测定元素 i 的浓度，C_{is} 为测定元素 i 的土壤标准值，N 为测定元素 i 的氧化数。对于变价元素，应考虑价态与毒性的关系，在不同价态共存并同时用于评价时，应在计算中注意高低毒性价态的相互转换，以体现由价态不同所构成的风险差异性。

（2）计算元素测定浓度偏离背景值的程度（DDMB）

$$DDMB = \left(\sum_{i=1}^{N} C_i / C_{iB} \right)^{1/n} / N$$

式中，C_{iB} 为元素 i 的背景值，其余符号同上。

（3）计算土壤标准偏离背景值的程度（DDSB）

$$DDSB = [\sum_{i=1}^{Z} C_{is} / C_{iB}]^{1/n} / Z$$

式中，Z 为用于评价元素的个数，其余符号的意义同上。

（4）综合污染指数计算（CPI）

（5）评价

用 CPI 评价土壤环境质量指标体系见表 12-2。

表 12-2　综合污染指数（CPI）评价表

X	Y	CPI	评价
0	0	0	背景状态
0	≥1	0<CPI<1	未污染状态，数值大小表示偏离背景值相对程度
≥1	≥1	≥1	污染状态，数值越大表示污染程度相对越严重

（6）污染表征

$$_N T_{CPI}^X (a, b, c \cdots)$$

式中，X 为超过土壤标准的元素数目，a、b、c 等为超标污染元素的名称，N 为测定元素的数目，CPI 为综合污染指数。

13　质量保证和质量控制

质量保证和质量控制的目的是保证所产生的土壤环境质量监测资料具有代表性、准确性、精密性、可比性和完整性。质量控制涉及监测的全部过程。

13.1　采样、制样质量控制

布点方法及样品数量见"5　布点与样品容量"。

样品采集及注意事项见"6　样品采集"。

样品流转见"7　样品流转"。

样品制备见"8　样品制备"。

样品保存见"9　样品保存"。

13.2　实验室质量控制

13.2.1　精密度控制

13.2.1.1　测定率

每批样品每个项目分析时均须做 20%平行样；当五个样品以下时，平行样不少于一个。

13.2.1.2　测定方式

由分析者自行编入的明码平行样，或由质控员在采样现场或实验室编入的密码平行样。

13.2.1.3　合格要求

平行双样测定结果的误差在允许误差范围之内者为合格。允许误差范围见表 13-1。对未列出允许误差的方法，当样品的均匀性和稳定性较好时，参考表 13-2 的规定。当平行双样测定合格率低于 95%时，除对当批样品重新测定外再增加样品数 10%～20%的平行样，直至平行双样测定合格率大于 95%。

表 13-1　土壤监测平行双样测定值的精密度和准确度允许误差

监测项目	样品含量范围/（mg/kg）	精密度		准确度			适用的分析方法
		室内相对标准偏差/%	室间相对标准偏差/%	加标回收率/%	室内相对误差/%	室间相对误差/%	
镉	<0.1	±35	±40	75～110	±35	±40	原子吸收光谱法
	0.1～0.4	±30	±35	85～110	±30	±35	
	>0.4	±25	±30	90～105	±25	±30	
汞	<0.1	±35	±40	75～110	±35	±40	冷原子吸收法 原子荧光法
	0.1～0.4	±30	±35	85～110	±30	±35	
	>0.4	±25	±30	90～105	±25	±30	
砷	<10	±20	±30	85～105	±20	±30	原子荧光法 分光光度法
	10～20	±15	±25	90～105	±15	±25	
	>20	±15	±20	90～105	±15	±20	
铜	<20	±20	±30	85～105	±20	±30	原子吸收光谱法
	20～30	±15	±25	90～105	±15	±25	
	>30	±15	±20	90～105	±15	±20	
铅	<20	±30	±35	80～110	±30	±35	原子吸收光谱法
	20～40	±25	±30	85～110	±25	±30	
	>40	±20	±25	90～105	±20	±25	
铬	<50	±25	±30	85～110	±25	±30	原子吸收光谱法
	50～90	±20	±30	85～110	±20	±30	
	>90	±15	±25	90～105	±15	±25	
锌	<50	±25	±30	85～110	±25	±30	原子吸收光谱法
	50～90	±20	±30	85～110	±20	±30	
	>90	±15	±25	90～105	±15	±25	
镍	<20	±30	±35	80～110	±30	±35	原子吸收光谱法
	20～40	±25	±30	85～110	±25	±30	
	>40	±20	±25	90～105	±20	±25	

13.2.2　准确度控制

13.2.2.1　使用标准物质或质控样品

例行分析中，每批要带测质控平行双样，在测定的精密度合格的前提下，质控样测定值必须落在质控样保证值（在 95% 的置信水平）范围之内，否则本批结果无效，需重新分析测定。

13.2.2.2　加标回收率的测定

当选测的项目无标准物质或质控样品时，可用加标回收实验来检查测定准确度。

加标率：在一批试样中，随机抽取 10%～20% 试样进行加标回收测定。样品数不足 10 个时，适当增加加标比率。每批同类型试样中，加标试样不应少于一个。

加标量：加标量视被测组分含量而定，含量高的加入被测组分含量的 0.5～1.0 倍，含量低的加 2～3 倍，但加标后被测组分的总量不得超出方法的测定上限。加标浓度宜高，体积应小，不应超过原试样体积的 1%，否则需进行体积校正。

合格要求：加标回收率应在加标回收率允许范围之内。加标回收率允许范围见表 13-2。

当加标回收合格率小于 70%时，对不合格者重新进行回收率的测定，并另增加 10%~20% 的试样作加标回收率测定，直至总合格率大于或等于 70%以上。

13.2.3　质量控制图

必测项目应作准确度质控图，用质控样的保证值 X 与标准偏差 S，在 95%的置信水平，以 X 作为中心线、$X\pm 2S$ 作为上下警告线、$X\pm 3S$ 作为上下控制线的基本数据，绘制准确度质控图，用于分析质量的自控。

每批所带质控样的测定值落在中心附近、上下警告线之内，则表示分析正常，此批样品测定结果可靠；如果测定值落在上下控制线之外，表示分析失控，测定结果不可信，检查原因，纠正后重新测定；如果测定值落在上下警告线和上下控制线之间，虽分析结果可接受，但有失控倾向，应予以注意。

13.2.4　土壤标准样品

土壤标准样品是直接用土壤样品或模拟土壤样品制得的一种固体物质。土壤标准样品具有良好的均匀性、稳定性和长期的可保存性。土壤标准物质可用于分析方法的验证和标准化，校正并标定分析测定仪器，评价测定方法的准确度和测试人员的技术水平，进行质量保证工作，实现各实验室内及实验室间、行业之间、国家之间数据的可比性和一致性。

我国已经拥有多种类的土壤标准样品，如 ESS 系列和 GSS 系列等。使用土壤标准样品时，选择合适的标样，使标样的背景结构、组分、含量水平应尽可能与待测样品一致或近似。如果与标样在化学性质和基本组成方面差异很大，由于基体干扰，用土壤标样作为标定或校正仪器的标准有可能产生一定的系统误差。

13.2.5　监测过程中受到干扰时的处理

监测过程中受到干扰时，按有关处理制度执行。一般要求如下：

停水、停电、停气等，凡影响到检测质量时，全部样品重新测定；

仪器发生故障时，可用相同等级并能满足检测要求的备用仪器重新测定。无备用仪器时，将仪器修复，重新检定合格后重测。

13.3　实验室间质量控制

参加实验室间比对和能力验证活动，确保实验室监测能力和水平，保证出具数据的可靠性和有效性。

13.4　土壤环境监测误差源剖析

土壤环境监测的误差由采样误差、制样误差和分析误差三部分组成。

13.4.1　采样误差（SE）

13.4.1.1　基础误差（FE）

由于土壤组成的不均匀性造成土壤监测的基础误差，该误差不能消除，但可迪过研磨成小颗粒和混合均匀而减小。

13.4.1.2　分组和分割误差（GE）

分组和分割误差来自土壤分布不均匀性，它与土壤组成、分组（监测单元）因素和分割（减少样品量）因素有关。

13.4.1.3　短距不均匀波动误差（CE1）

此误差产生在采样时，由组成和分布不均匀复合而成，其误差呈随机和不连续性。

13.4.1.4　长距不均匀波动误差（CE2）

此误差有区域趋势（倾向），呈连续和非随机特性。

13.4.1.5　其间不均匀波动误差（CE3）

此误差呈循环和非随机性质，其绝大部分的影响来自季节性降水。

13.4.1.6　连续选择误差（CE）

连续选择误差由短距不均匀波动误差、长距不均匀波动误差和循环误差组成。

$$CE＝CE1+CE2+CE3$$

或
$$CE＝（FE+GE）+CE2+CE3$$

13.4.1.7　增加分界误差（DE）

来自不正确地规定样品体积的边界形状。分界基于土壤沉积或影响土壤质量的污染物的维数：零维为影响土壤的污染物样品全部取样分析（分界误差为零）；一维分界定义为表层样品或减少体积后的表层样品；二维分界定义为上下分层，上下层间有显著差别；三维定义为纵向和横向均有差别。土壤环境采样以一维和二维采集方式为主，即采集土壤的表层样和柱状（剖面）样。三维采集在方法学上是一个难题，划分监测单元使三维问题转化成二维问题。增加分界误差是理念上的。

13.4.1.8　增加抽样误差（EE）

由于理念上的增加分界误差的存在，同时实际采样时不能正确地抽样，便产生了增加抽样误差，该误差不是理念上的而是实际的。

13.4.2　制样误差（PE）

来自研磨、筛分和贮存等制样过程中的误差，如样品间的交叉污染、待测组分的挥发损失、组分价态的变化、储存样品容器对待测组分的吸附等。

13.4.3　分析误差（AE）

此误差来自样品的再处理和实验室的测定误差。在规范管理的实验室内该误差主要是随机误差。

13.4.4　总误差（TE）

综上所述，土壤监测误差可分为采样误差（SE）、制样误差（PE）和分析误差（AE）三类，通常情况下 $SE＞PE＞AE$，总误差（TE）可表达为：

$$TE=SE+PE+AE$$

或
$$TE=(CE+DE+EE)+PE+AE$$

即
$$TE=[(FE+GE+EC2+EC3)+DE+EE]+PE+AE$$

13.5　测定不确定度

一般土壤监测对测定不确定度不作要求，但如有必要仍需计算。土壤测定不确定度来源于称样、样品消化（或其他方式前处理）、样品稀释定容、稀释标准及由标准与测定仪器响应的拟合直线。对各个不确定度分量的计算合成得出被测土壤样品中测定组分的标准不确定度和扩展不确定度。测定不确定度的具体过程和方法见国家计量技术规范《测量不确定度评定和表示》（JJF 1059）。

表 13-2　土壤监测平行双样最大允许相对偏差

含量范围/（mg/kg）	最大允许相对偏差/%
＞100	±5
10~100	±10
1.0~10	±20
0.1~1.0	±25
＜0.1	±30

附录 A
（资料性附录）

t 分布表

df	置信度（%）：1−α/双尾							
	20	40	60	80	90	95	98	99
	置信度（%）：1−α/单尾							
	60	70	80	90	95	97.5	99	99.5
1	0.325	0.727	1.376	3.078	6.314	12.706	31.821	63.657
2	0.289	0.617	1.061	1.886	2.920	4.303	6.965	9.925
3	0.277	0.584	0.978	1.638	2.353	3.182	4.541	5.641
4	0.271	0.569	0.941	1.533	2.132	2.776	3.747	4.064
5	0.267	0.559	0.920	1.476	2.015	2.571	3.365	4.032
6	0.265	0.553	0.906	1.440	1.943	2.447	3.143	3.707
7	0.263	0.549	0.896	1.415	1.895	2.365	2.998	3.499
8	0.262	0.546	0.889	1.397	1.860	2.306	2.896	3.355
9	0.261	0.543	0.883	1.383	1.833	2.262	2.821	3.250
10	0.260	0.542	0.879	1.372	1.812	2.228	2.764	3.169
11	0.260	0.540	0.876	1.363	1.796	2.201	2.718	3.106
12	0.259	0.539	0.873	1.356	1.782	2.179	2.681	3.055
13	0.258	0.538	0.870	1.350	1.771	2.160	2.650	3.012
14	0.258	0.537	0.868	1.345	1.761	2.145	2.624	2.977
15	0.258	0.536	0.866	1.341	1.753	2.131	2.602	2.947
16	0.258	0.535	0.865	1.337	1.746	2.120	2.583	2.921
17	0.257	0.534	0.863	1.333	1.740	2.110	2.567	2.898
18	0.257	0.534	0.862	1.330	1.734	2.101	2.552	2.878
19	0.257	0.533	0.861	1.328	1.729	2.093	2.539	2.861
20	0.257	0.533	0.860	1.325	1.725	2.386	2.528	2.845
21	0.257	0.532	0.859	1.323	1.721	2.080	2.518	2.831
22	0.256	0.532	0.858	1.321	1.717	2.074	2.508	2.819
23	0.256	0.532	0.858	1.319	1.714	2.069	2.500	2.807
24	0.256	0.531	0.857	1.318	1.711	2.064	2.492	2.797
25	0.256	0.531	0.856	1.316	1.708	2.060	2.485	2.787
26	0.256	0.531	0.856	1.315	1.706	2.056	2.479	2.779
27	0.256	0.531	0.855	1.314	1.703	2.052	2.473	2.771
28	0.256	0.530	0.855	1.313	1.701	2.045	2.467	2.763
29	0.256	0.530	0.854	1.311	1.699	2.042	2.462	2.756
30	0.256	0.530	0.854	1.310	1.697	2.021	2.457	2.750
40	0.255	0.529	0.851	1.303	1.684	2.000	2.423	2.704
60	0.254	0.527	0.848	1.296	1.671	1.980	2.390	2.660
120	0.254	0.526	0.845	1.289	1.658	1.960	2.358	2.617
∞	0.253	0.524	0.842	1.282	1.645		2.326	2.576

附 录 B
（资料性附录）
中国土壤分类

中国土壤分类采用六级分类制，即土纲、土类、亚类、土属、土种和变种。前三级为高级分类单元，以土类为主；后三级为基层分类单元，以土种为主。土类是指在一定的生物气候条件、水文条件或耕作制度下形成的土壤类型。将成土过程有共性的土壤类型归成的类称为土纲。全国 40 多个土类归纳为 10 个土纲。

中国土壤分类表

土纲	土类	亚类
铁铝土	砖红壤	砖红壤、暗色砖红壤、黄色砖红壤
	赤红壤	赤红壤、暗色赤红壤、黄色赤红壤、赤红壤性土
	红壤	红壤、暗红壤、黄红壤、褐红壤、红壤性土
	黄壤	黄壤、表潜黄壤、灰化黄壤、黄壤性土
淋溶土	黄棕壤	黄棕壤、黏盘黄棕壤
	棕壤	棕壤、白浆化棕、潮棕壤、棕壤性土
	暗棕壤	暗棕壤、草甸暗棕壤、潜育暗棕壤、白浆化暗棕壤
	灰黑土	淡灰黑土、暗灰黑土
	漂灰土	漂灰土、腐殖质淀积漂灰土、棕色针叶林土、棕色暗针叶林土
半淋溶土	燥红土	
	褐土	褐土、淋溶褐土、石灰性褐土、潮褐土、褐土性土
	土娄土	
	灰褐土	淋溶灰色土、石灰性灰褐土
钙层土	黑垆土	黑垆土、黏化黑垆土、轻质黑垆土、黑麻垆土
	黑钙土	黑钙土、淋溶黑钙土、草甸黑钙土、石灰性黑钙土
	栗钙土	栗钙土、暗栗钙土、淡栗钙土、草甸栗钙土
	棕钙土	棕钙土、淡棕钙土、草甸棕钙土、松沙质原始棕钙土
	灰钙土	灰钙土、草甸灰钙土、灌溉灰钙土
石膏盐层土	灰漠土	灰漠土、龟裂灰漠土、盐化灰漠土、碱化灰漠土
	灰棕漠土	灰棕漠土、石膏灰棕漠土、碱化灰棕漠土
	棕漠土	棕漠土、石膏棕漠土、石膏盐棕漠土、龟裂棕漠土

土纲	土类	亚类
半水成土	黑土	黑土、草甸黑土、白浆化黑土、表潜黑土
	白浆土	白浆土、草甸白浆土、潜育白浆土
	潮土	黄潮土、盐化潮土、碱化潮土、褐土化潮土、湿潮土、灰潮土
	砂姜黑土	砂姜黑土、盐化砂姜黑土、碱化砂姜黑土
	灌淤土	
	绿洲土	绿洲灰土、绿洲白土、绿洲潮土
	草甸土	草甸土、暗草甸土、灰草甸土、林灌草甸土、盐化草甸土、碱化草甸土
水成土	沼泽土	草甸沼泽土、腐殖质沼泽土、泥炭腐殖质沼泽土、泥炭沼泽土、泥炭土
	水稻土	淹育性（氧化型）水稻土、潴育性（氧化还原型）水稻土、潜育性（还原型）水稻土、漂洗型水稻土、沼泽型水稻土、盐渍型水稻土
盐碱土	盐土	草甸盐土、滨海盐土、沼泽盐土、洪积盐土、残积盐土、碱化盐土
	碱土	草甸碱土、草原碱土、龟裂碱土
岩成土	紫色土	
	石灰土	黑色石灰土、棕色石灰土、黄色石灰土、红色石灰土
	磷质石灰土	磷质石灰土、硬盘磷质石灰土、潜育磷质石灰土、盐渍磷质石灰土
	黄绵土	
	风沙土	
	火山灰土	
高山土	山地草甸土	
	亚高山草甸土	亚高山草甸土、亚高山灌丛草甸土
	高山草甸土	
	亚高山草原土	亚高山草原土、亚高山草甸草原土
	高山草原土	高山草原土、高山草甸草原土
	亚高山漠土	
	高山漠土	
	高山寒冻土	

附录 C
（资料性附录）
中国土壤水平分布

　　中国土壤的水平地带性分布，在东部湿润、半湿润区域表现为自南向北随气温带而变化的规律，热带为砖红壤，南亚热带为赤红壤，中亚热带为红壤和黄壤，北亚热带为黄棕壤，暖温带为棕壤和褐土，温带为暗棕壤，寒温带为漂灰土，其分布与纬度变化基本一致。中国北部干旱、半干旱区域自东而西干燥度逐渐增加，土壤依次为暗棕壤、黑土、灰色森林土（灰黑土）、黑钙土、栗钙土、棕钙土、灰漠土、灰棕漠土，其分布与经度变化基本一致。

Ⅰ　富铝土区域

Ⅰ₁　砖红壤带

$Ⅰ_{1(1)}$　南海诸岛磷质石灰土区

$Ⅰ_{1(2)}$　琼南砖红壤、水稻土区

$Ⅰ_{1(3)}$　琼北、雷州半岛砖红壤、水稻土区

$Ⅰ_{1(4)}$　河口、西双版纳砖红壤、水稻土区

Ⅰ₂　赤红壤带

$Ⅰ_{2(1)}$　我国台湾中、北部山地丘陵赤红壤、水稻土区

$Ⅰ_{2(2)}$　华南低山丘陵赤红壤、水稻土区

$Ⅰ_{2(3)}$　珠江三角洲水稻土、赤红壤区

$Ⅰ_{2(4)}$　文山、德保石灰土、赤红壤区

$Ⅰ_{2(5)}$　横断山脉南段赤红壤、燥红壤区

Ⅰ₃　红壤、黄壤带

$Ⅰ_{3(1)}$　江南山地红壤、黄壤、水稻土区

$Ⅰ_{3(2)}$　桂中、黔南石灰区、红壤区

$Ⅰ_{3(3)}$　云南高原红壤、水稻土区

$Ⅰ_{3(4)}$　江南丘陵红壤、水稻土区

$Ⅰ_{3(5)}$　鄱阳湖平原水稻土区

$Ⅰ_{3(6)}$　洞庭湖平原水稻土区

$Ⅰ_{3(7)}$　四川盆地周围山地、贵州高原黄壤、石灰土、水稻土区

$Ⅰ_{3(8)}$　四川盆地紫色土、水稻土区

$Ⅰ_{3(9)}$　成都平原水稻土区

$Ⅰ_{3(10)}$　察隅、墨脱红壤、黄壤区

Ⅰ₄　黄棕壤带

$Ⅰ_{4(1)}$　长江下游平原水稻土区

$Ⅰ_{4(2)}$　江淮丘陵黄棕壤、水稻土区

I$_{4(3)}$　　大别山、大洪山黄棕壤、水稻土区

I$_{4(5)}$　　江汉平原水稻土、灰潮土区

I$_{4(5)}$　　壤阳谷地黄棕壤、水稻土区

I$_{4(6)}$　　汉中、安康盆地黄棕壤区

II　硅铝土区域

II$_1$　棕壤、褐土、黑垆土

II$_{1(1)}$　　辽东、山东半岛棕壤褐土区

II$_{1(2)}$　　黄淮海平原潮土、盐碱土、砂姜黑土区

II$_{1(3)}$　　辽河下游平原潮土区

II$_{1(4)}$　　秦岭、伏牛山、南阳盆地黄棕壤、黄褐土区

II$_{1(5)}$　　华北山地褐土、粗骨褐土山地棕壤土

II$_{1(6)}$　　汾、渭谷地潮土、楼土、褐土区

II$_{1(7)}$　　黄土高原黄绵土、褐垆土区

II$_2$　暗棕壤、黑土、黑钙土带

II$_{2(1)}$　　长白山暗棕壤、暗色草甸土、白浆土区

II$_{2(2)}$　　兴安岭暗棕壤、黑土区

II$_{2(3)}$　　三江平原暗色草甸土、白浆土、沼泽土区

II$_{2(4)}$　　松辽平原东部黑土、白浆土区

II$_{2(5)}$　　辽河下游平原灌淤土、风沙土区

II$_{2(6)}$　　松辽平原西部黑钙土、暗色草甸土区

II$_{2(7)}$　　大兴安岭西部黑钙土、暗栗钙土区

II$_3$　漂灰土带

II$_{3(1)}$　　大兴安岭北端漂灰土区

III　干旱土区域

III$_1$　栗钙土、棕钙土、灰钙土带

III$_{1(1)}$　　内蒙古高原栗钙土、盐碱土、风沙土区

III$_{1(2)}$　　阴山、贺兰山棕钙土、栗钙土、灰钙土区

III$_{1(3)}$　　河套、银川平原灌淤土、盐碱土区

III$_{1(4)}$　　鄂尔多斯高原风沙土、栗钙土、棕钙土区

III$_{1(5)}$　　内蒙古高原西部灰钙土、黄绵土区

III$_{1(6)}$　　青海高原东部灰钙土、栗钙土区

III$_2$　灰棕漠土带

III$_{2(1)}$　　阿拉善高原灰棕漠土、风沙土区

III$_{2(2)}$　　准噶尔盆地风沙土、灰漠土、灰棕漠土区

III$_{2(3)}$　　北疆山前伊宁盆地灰钙土、灰漠土、绿洲土、盐土区

III$_{2(4)}$　　阿尔泰山灰黑土、亚高山草甸土区

III$_{2(5)}$　　天山灰褐土、亚高山草甸土、棕钙土区

III$_3$　棕漠土带

III$_{3(1)}$　　河西走廊灰棕漠、绿洲土区

$III_{3(2)}$ 祁连山及柴达木盆地高山草甸土、棕漠土、盐土区

$III_{3(3)}$ 塔里木盆地、罗布泊棕漠土、风沙土区

$III_{3(4)}$ 塔里木盆地边缘绿洲土、棕钙土、盐土区

IV 高山土区域

IV_1 亚高山草甸带

$IV_{1(1)}$ 松潘、马尔康高原高山草甸土、沼泽土区

$IV_{1(2)}$ 甘孜、昌都高原亚高山草甸土、亚高山灌丛草甸土区

IV_2 亚高山草原带

$IV_{2(1)}$ 雅鲁藏布河谷山地灌丛草原土、亚高山草甸土区

$IV_{2(2)}$ 中喜马拉雅山北侧亚高山草原土区

$IV_{2(3)}$ 中喜马拉雅山北侧山地灌丛草原土、亚高山草甸土区

IV_3 高山草甸土带

IV_4 高山草原土带

IV_5 高山漠土带

附录 D
（资料性附录）
土壤样品预处理方法

D.1　全分解方法

D.1.1　普通酸分解法

准确称取 0.5 g（准确到 0.1 mg，以下都与此相同）风干土样于聚四氟乙烯坩埚中，用几滴水润湿后，加入 10 mL HCl（ρ =1.19 g/mL），于电热板上低温加热，蒸发至约剩 5 mL 时加入 15 mL HNO$_3$（ρ =1.42 g/mL），继续加热蒸至近黏稠状，加入 10 ml HF（ρ =1.15 g/mL）并继续加热，为了达到良好的除硅效果应经常摇动坩埚。最后加入 5 mL HClO$_4$（ρ =1.67 g/mL），并加热至白烟冒尽。对于含有机质较多的土样应在加入 HClO$_4$ 之后加盖消解，土壤分解物应呈白色或淡黄色（含铁较高的土壤），倾斜坩埚时呈不流动的黏稠状。用稀酸溶液冲洗内壁及坩埚盖，温热溶解残渣，冷却后定容至 100 mL 或 50 mL，最终体积依待测成分的含量而定。

D.1.2　高压密闭分解法

称取 0.5 g 风干土样于内套聚四氟乙烯坩埚中，加入少许水润湿试样，再加入 HNO$_3$（ρ =1.42 g/mL）、HClO$_4$（ρ =1.67 g/mL）各 5 mL，摇匀后将坩埚放入不锈钢套筒中拧紧。放在 180℃的烘箱中分解 2 h。取出，冷却至室温后，取出坩埚，用水冲洗坩埚盖的内壁，加入 3 mL HF（ρ =1.15 g/mL），置于电热板上，在 100～120℃加热除硅，待坩埚内剩下 2～3 mL 溶液时，调高温度至 150℃，蒸至冒浓白烟后再缓缓蒸至近干，按 1.1 同样操作定容后进行测定。

D.1.3　微波炉加热分解法

微波炉加热分解法是以被分解的土样及酸的混合液作为发热体，从内部进行加热使试样受到分解的方法。目前报道的微波加热分解试样的方法，有常压敞口分解和仅用厚壁聚四氟乙烯容器的密闭式分解法，也有密闭加压分解法。这种方法以聚四氟乙烯密闭容器作内筒，以能透过微波的材料如高强度聚合物树脂或聚丙烯树脂作外筒，在该密封系统内分解试样能达到良好的分解效果。微波加热分解也可分为开放系统和密闭系统两种。开放系统可分解多量试样，且可直接和流动系统相组合实现自动化，但由于要排出酸蒸气，所以分解时使用酸量较大，易受外环境污染，挥发性元素易造成损失，费时间且难以分解多数试样。密闭系统的优点较多，酸蒸气不会逸出，仅用少量酸即可，在分解少量试样时十分有效，不受外部环境的污染。在分解试样时不用观察及特殊操作，由于压力高所以分解试样很快，不会受外筒金属的污染（因为用树脂做外筒）。可同时分解大批量试样。其缺点是需要专门的分解器具，不能分解量大的试样，如果疏忽会有发生爆炸的危险。在进行土样的微波分解时，无论使用开放系统或密闭系统，一般使用 HNO$_3$-HCl-HF-HClO$_4$、HNO$_3$-HF-HClO$_4$、HNO$_3$-HCl-HF-H$_2$O$_2$、HNO$_3$-HF-H$_2$O$_2$ 等体系。当不使用 HF 时（限于测定常量元素且称样量小于 0.1 g），可将分解试样的溶液适当稀释后直接测定。若使用 HF 或 $HClO_4$ 对待测微量元素有干扰时，可将试样分解液蒸至近干，酸化后稀释定容。

D.1.4 碱融法

D.1.4.1 碳酸钠熔融法（适合测定氟、钼、钨）

称取 0.500 0～1.000 0 g 风干土样放入预先用少量碳酸钠或氢氧化钠垫底的高铝坩埚中（以充满坩埚底部为宜，以防止熔融物黏底），分次加入 1.5～3.0 g 碳酸钠，并用圆头玻璃棒小心搅拌，使其与土样充分混匀，再放入 0.5～1 g 碳酸钠，使其平铺在混合物表面，盖好坩埚盖。移入马弗炉中，于 900～920℃熔融 0.5 h。自然冷却至 500℃左右时，可稍打开炉门（不可开缝过大，否则高铝坩埚骤然冷却会开裂）以加速冷却，冷却至 60～80℃用水冲洗坩埚底部，然后放入 250 mL 烧杯中，加入 100 mL 水，在电热板上加热浸提熔融物，用水及 HCl（1+1）将坩埚及坩埚盖洗净取出，并小心用 HCl（1+1）中和、酸化（注意盖好表面皿，以免大量 CO_2 冒泡引起试样的溅失），待大量盐类溶解后，用中速滤纸过滤，用水及 5% HCl 洗净滤纸及其中的不溶物，定容待测。

D.1.4.2 碳酸锂-硼酸、石墨粉坩埚熔样法（适合铝、硅、钛、钙、镁、钾、钠等元素分析）

土壤矿质全量分析中土壤样品分解常用酸溶剂，酸溶试剂一般用氢氟酸加氧化性酸分解样品，其优点是酸度小，适用于仪器分析测定，但对某些难熔矿物分解不完全，特别对铝、钛的测定结果会偏低，且不能测定硅（已被除去）。

碳酸锂-硼酸在石墨粉坩埚内熔样，再用超声波提取熔块，分析土壤中的常量元素，速度快，准确度高。

在 30 mL 瓷坩埚内充满石墨粉，置于 900℃高温电炉中灼烧半小时，取出冷却，用乳钵棒压一空穴。准确称取经 105℃烘干的土样 0.200 0 g 于定量滤纸上，与 1.5 g Li_2CO_3-H_3BO_3（Li_2CO_3：H_3BO_3=1：2）混合试剂均匀搅拌，捏成小团，放入瓷坩埚内石墨粉洞穴中，然后将坩埚放入已升温到 950℃的马弗炉中，20 min 后取出，趁热将熔块投入盛有 100 mL 4%硝酸溶液的 250 mL 烧杯中，立即于 250 W 功率清洗槽内超声（或用磁力搅拌），直到熔块完全熔解；将溶液转移到 200 mL 容量瓶中，并用 4%硝酸定容。吸取 20 mL 上述样品液移入 25 mL 容量瓶中，并根据仪器的测量要求决定是否需要添加基体元素及添加浓度，最后用 4%硝酸定容，用光谱仪进行多元素同时测定。

D.2 酸溶浸法

D.2.1 HCl-HNO_3溶浸法

准确称取 2.000 g 风干土样，加入 15 mL 的 HCl（1+1）和 5 mL HNO_3（ρ=1.42 g/mL），振荡 30 min，过滤定容至 100 mL，用 ICP 法测定 P、Ca、Mg、K、Na、Fe、Al、Ti、Cu、Zn、Cd、Ni、Cr、Pb、Co、Mn、Mo、Ba、Sr 等。

或采用下述溶浸方法：准确称取 2.000 g 风干土样于干烧杯中，加少量水润湿，加入 15 mL HCl（1+1）和 5 mL HNO_3（ρ=1.42 g/mL）。盖上表面皿于电热板上加热，待蒸发至约剩 5 mL，冷却，用水冲洗烧杯和表面皿，用中速滤纸过滤并定容至 100 mL，用原子吸收法或 ICP 法测定。

D.2.2 HNO_3-H_2SO_4-$HClO_4$溶浸法

方法特点是 H_2SO_4、$HClO_4$ 沸点较高，能使大部分元素溶出，且加热过程中液面比较平静，没有迸溅的危险。但 Pb 等易与 SO_4^{2-} 形成难溶性盐类的元素，测定结果偏低。操作步骤：准确称取 2.500 0 g 风干土样于烧杯中，用少许水润湿，加入 HNO_3-H_2SO_4-$HClO_4$ 混合酸（5+1+20）12.5 mL，置于电热板上加热，当开始冒白烟后缓缓加热，并经常摇动烧杯，蒸发至近干。冷却，加入 5 mL HNO_3（ρ =1.42 g/mL）和 10 mL 水，加热溶解可溶性盐类，用中速滤纸过滤，定容至 100 mL，待测。

D.2.3　HNO_3 溶浸法

准确称取 2.000 0 g 风干土样于烧杯中，加少量水润湿，加入 20 mL HNO_3（ρ =1.42 g/mL）。盖上表面皿，置于电热板或沙浴上加热，若发生迸溅，可采用每加热 20 min 关闭电源 20 min 的间歇加热法。待蒸发至约剩 5 mL，冷却，用水冲洗烧杯壁和表面皿，经中速滤纸过滤，将滤液定容至 100 mL，待测。

D.2.4　Cd、Cu、As 等的 0.1 mol/L HCl 溶浸法

土壤中 Cd、Cu、As 的提取方法，其中 Cd、Cu 操作条件：准确称取 10.000 0 g 风干土样于 100 mL 广口瓶中，加入 0.1 mol/L HCl 50.0 mL，在水平振荡器上振荡。振荡条件是温度 30℃、振幅 5～10 cm、振荡频次 100～200 次/min，振荡 1 h。静置后，用倾斜法分离出上层清液，用干滤纸过滤，滤液经过适当稀释后用原子吸收法测定。

As 的操作条件：准确称取 10.000 0 g 风干土样于 100 mL 广口瓶中，加入 0.1 mol/L HCl 50.0 mL，在水平振荡器上振荡。振荡条件是温度 30℃、振幅 10 cm、振荡频次 100 次/min，振荡 30 min。用干滤纸过滤，取滤液进行测定。

除用 0.1 mol/L HCl 溶浸 Cd、Cu、As 以外，还可溶浸 Ni、Zn、Fe、Mn、Co 等重金属元素。0.1 mol/L HCl 溶浸法是目前使用最多的酸溶浸方法，此外也有使用 CO_2 饱和的水、0.5 mol/L KCl-HAc（pH=3）、0.1 mol/L $MgSO_4$-H_2SO_4 等酸性溶浸方法。

D.3　形态分析样品的处理方法

D.3.1　有效态的溶浸法
D.3.1.1　DTPA 浸提

DTPA（二乙三胺五乙酸）浸提液可测定有效态 Cu、Zn、Fe 等。浸提液的配制：其成分为 0.005 mol/L DTPA-0.01 mol/L $CaCl_2$-0.1 mol/L TEA（三乙醇胺）。称取 1.967 g DTPA 溶于 14.92 g TEA 和少量水中；再将 1.47 g $CaCl_2·2H_2O$ 溶于水，一并转入 1 000 mL 容量瓶中，加水至约 950 mL，用 6 mol/L HCl 调节 pH 至 7.30（每升浸提液约需加 6 mol/L HCl 8.5 mL），最后用水定容。储存于塑料瓶中，几个月内不会变质。浸提手续：称取 25.00 g 风干过 20 目筛的土样放入 150 mL 硬质玻璃三角瓶中，加入 50.0 mL DTPA 浸提剂，在 25℃ 用水平振荡机振荡提取 2 h，干滤纸过滤，滤液用于分析。DTPA 浸提剂适用于石灰性土壤和中性土壤。

D.3.1.2　0.1 mol/L HCl 浸提

称取 10.00 g 风干过 20 目筛的土样放入 150 mL 硬质玻璃三角瓶中，加入 50.0 mL 1 mol/L HCl 浸提液，用水平振荡器振荡 1.5 h，干滤纸过滤，滤液用于分析。酸性土壤适合用 0.1 mol/L HCl 浸提。

D.3.1.3　水浸提

土壤中有效硼常用沸水浸提，操作步骤：准确称取 10.00 g 风干过 20 目筛的土样于

250 mL 或 300 mL 石英锥形瓶中，加入 20.0 mL 无硼水。连接回流冷却器后煮沸 5 min，立即停止加热并用冷却水冷却。冷却后加入 4 滴 0.5 mol/L $CaCl_2$ 溶液，移入离心管中，离心分离出清液备测。

关于有效态金属元素的浸提方法较多，例如，有效态 Mn 用 1 mol/L 乙酸铵-对苯二酚溶液浸提；有效态 Mo 用草酸-草酸铵（24.9 g 草酸铵与 12.6 g 草酸溶解于 1 000 mL 水中）溶液浸提，固液比为 1∶10；硅用 pH4.0 的乙酸-乙酸钠缓冲溶液、0.02 mol/L H_2SO_4、0.025% 或 1%的柠檬酸溶液浸提；酸性土壤中有效硫用 H_3PO_4-HAc 溶液浸提，中性或石灰性土壤中有效硫用 0.5 mol/L $NaHCO_3$ 溶液（pH8.5）浸提；用 1 mol/L NH_4Ac 浸提土壤中有效钙、镁、钾、钠以及用 0.03 mol/L NH_4F-0.025 mol/L HCl 或 0.5 mol/L $NaHCO_3$ 浸提土壤中有效态磷等。

D.3.2 碳酸盐结合态、铁-锰氧化结合态等形态的提取

D.3.2.1 可交换态

浸提方法是在 1 g 试样中加入 8 mL $MgCl_2$ 溶液（1 mol/L $MgCl_2$，pH7.0）或者乙酸钠溶液（1 mol/L NaAc，pH8.2），室温下振荡 1 h。

D.3.2.2 碳酸盐结合态

经 3.2.1 处理后的残余物在室温下用 8 mL 1 mol/L NaAc 浸提，在浸提前用乙酸把 pH 调至 5.0，连续振荡，直到估计所有提取的物质全部被浸出为止（一般用 8 h 左右）。

D.3.2.3 铁锰氧化物结合态

浸提过程是在经 3.2.2 处理后的残余物中，加入 20 mL 0.3 mol/L $Na_2S_2O_3$-0.175 mol/L 柠檬酸钠-0.025 mol/L 柠檬酸混合液，或者用 0.04 mol/L $NH_2OH \cdot HCl$ 在 20%（V/V）乙酸中浸提。浸提温度为 96℃±3℃，时间可自行估计，到完全浸提为止，一般在 4 h 以内。

D.3.2.4 有机结合态

在经 3.2.3 处理后的残余物中，加入 3 mL 0.02 mol/L HNO_3、5 mL 30% H_2O_2，然后用 HNO_3 调至 pH=2，将混合物加热至 85℃±2℃，保温 2 h，并在加热中间振荡几次。再加入 3 mL 30% H_2O_2，用 HNO_3 调至 pH=2，再将混合物在 85℃±2℃ 加热 3 h，并间断地振荡。冷却后，加入 5 mL 3.2 mol/L 乙酸铵 20%（V/V）HNO_3 溶液，稀释至 20 mL，振荡 30 min。

D.3.2.5 残余态

经 3.2.1~3.2.4 四部分提取之后，残余物中将包括原生及次生的矿物，它们除了主要组成元素之外，也会在其晶格内夹杂、包藏一些痕量元素，在天然条件下这些元素不会在短期内溶出。残余态主要用 HF-$HClO_4$ 分解，主要处理过程参见土壤全分解方法之普通酸分解法（1.1）。

上述各形态的浸提都在 50 L 聚乙烯离心试管中进行，以减少固态物质的损失。在互相衔接的操作之间，用 10 000 r/min（12 000 g 重力加速度）离心处理 30 min，用注射器吸出清液，分析痕量元素。残留物用 8 mL 去离子水洗涤，再离心 30 min，弃去洗涤液，洗涤水要尽量少用，以防止损失可溶性物质，特别是有机物的损失。离心效果对分离影响较大，要切实注意。

D.4　有机污染物的提取方法

D.4.1　常用有机溶剂

D.4.1.1　有机溶剂的选择原则

根据相似相溶的原理，尽量选择与待测物极性相近的有机溶剂作为提取剂。提取剂必须与样品能很好地分离，且不影响待测物的纯化与测定；不能与样品发生作用，毒性低、价格便宜；此外，还要求提取剂沸点范围在 45～80℃ 为好。

还要考虑溶剂对样品的渗透力，以便将土样中待测物充分提取出来。当单一溶剂不能成为理想的提取剂时，常用两种或两种以上不同极性的溶剂以不同的比例配成混合提取剂。

D.4.1.2　常用有机溶剂的极性

常用有机溶剂的极性由强到弱的顺序为（水）、乙腈、甲醇、乙酸、乙醇、异丙醇、丙酮、二氧六环、正丁醇、正戊醇、乙酸乙酯、乙醚、硝基甲烷、二氯甲烷、苯、甲苯、二甲苯、四氯化碳、二硫化碳、环己烷、正己烷（石油醚）和正庚烷。

D.4.1.3　溶剂的纯化

纯化溶剂多用重蒸馏法。纯化后的溶剂是否符合要求，最常用的检查方法是将纯化后的溶剂浓缩 100 倍，再用与待测物检测相同的方法进行检测，无干扰即可。

D.4.2　有机污染物的提取

D.4.2.1　振荡提取

准确称取一定量的土样（新鲜土样加 1～2 倍量的无水 Na_2SO_4 或 $MgSO_4·H_2O$ 搅匀，放置 15～30 min，固化后研成细末），转入标准口三角瓶中加入约两倍体积的提取剂振荡 30 min，静置分层或抽滤、离心分出提取液，样品再分别用一倍体积提取液提取两次，分出提取液，合并，待净化。

D.4.2.2　超声波提取

准确称取一定量的土样（或取 30.0 g 新鲜土样加 30～60 g 无水 Na_2SO_4 混匀）置于 400 mL 烧杯中，加入 60～100 mL 提取剂，超声振荡 3～5 min，真空过滤或离心分出提取液，固体物再用提取剂提取两次，分出提取液，合并，待净化。

D.4.2.3　索氏提取

本法适用于从土壤中提取非挥发及半挥发有机污染物。

准确称取一定量土样或取新鲜土样 20.0 g 加入等量无水 Na_2SO_4 研磨均匀，转入滤纸筒中，再将滤纸筒置于索氏提取器中。在有 1～2 粒干净沸石的 150 mL 圆底烧瓶中加 100 mL 提取剂，连接索氏提取器，加热回流 16～24 h 即可。

D.4.2.4　浸泡回流法

用于一些与土壤作用不大且不易挥发的有机物的提取。

D.4.2.5　其他方法

近年来，吹扫蒸馏法（用于提取易挥发性有机物）、超临界提取法（SFE）都发展很快。尤其是 SFE 法由于其快速、高效、安全（不需要任何有机溶剂），因而是具有很好发展前途的提取法。

D.4.3　提取液的净化

使待测组分与干扰物分离的过程为净化。当用有机溶剂提取样品时，一些干扰杂质可能与待测物一起被提取出，这些杂质若不除掉将会影响检测结果，甚至使定性、定量无法进行，严重时还可使气相色谱的柱效减低、检测器沾污，因而提取液必须经过净化处理。净化的原则是尽量完全除去干扰物，而使待测物尽量少损失。常用的净化方法如下：

D.4.3.1　液-液分配法

液-液分配的基本原理是在一组互不相溶的溶剂中，使溶解的某一溶质成分以一定的比例分配（溶解）在溶剂的两相中。通常把溶质在两相溶剂中的分配比称为分配系数。在同一组溶剂对中，不同的物质有不同的分配系数；在不同的溶剂对中，同一物质也有着不同的分配系数。利用物质和溶剂对之间存在的分配关系，选用适当的溶剂通过反复多次分配，便可使不同的物质分离，从而达到净化的目的，这就是液-液分配净化法。采用此法进行净化时一般可得较好的回收率，不过分配的次数需多次方可完成。

液-液分配过程中若出现乳化现象，可采用如下方法进行破乳：①加入饱和硫酸钠水溶液，以其盐析作用而破乳；②加入硫酸（1+1），加入量从 10 mL 逐步增加，直到消除乳化层，此法只适于对酸稳定的化合物；③离心机离心分离。

液-液分配中常用的溶剂对有：乙腈-正己烷；N, N-二甲基甲酰胺（DMF）-正乙烷；二甲亚砜-正己烷等。通常情况下正己烷可用廉价的石油醚（60～90℃）代替。

D.4.3.2　化学处理法

用化学处理法净化能有效地去除脂肪、色素等杂质。常用的化学处理法有酸处理法和碱处理法。

D.4.3.2.1　酸处理法

用浓硫酸或硫酸（1+1）：发烟硫酸直接与提取液（酸与提取液体积比 1∶10）在分液漏斗中振荡进行磺化，以除掉脂肪、色素等杂质。其净化原理是脂肪、色素中含有碳-碳双键，如脂肪中不饱和脂肪酸和叶绿素中含一双键的叶绿醇等，这些双键与浓硫酸作用时产生加成反应，所得的磺化产物溶于硫酸，这样便使杂质与待测物分离。

这种方法常用于强酸条件下稳定的有机物如有机氯农药的净化，而对于易分解的有机磷、氨基甲酸酯农药则不可使用。

D.4.3.2.2　碱处理法

一些耐碱的有机物如农药艾氏剂、狄氏剂、异狄氏剂可采用氢氧化钾-助滤剂柱代替皂化法。提取液经浓缩后通过柱净化，用石油醚洗脱，有很好的回收率。

D.4.3.3　吸附柱层析法

主要有氧化铝柱、弗罗里硅土柱、活性炭柱等。

NY/T 395—2012

农田土壤环境质量监测技术规范

Technical rules for montitroing of environmental quality of farmland soil

2012-06-06 发布　　　　　　　　　　　　　　　　　2012-09-01 实施

前　言

本标准按照 GB/T 1.1—2009 给出的规则起草。

本标准由中华人民共和国农业部提出并归口。

本标准起草（修订）单位：农业部环境保护科研监测所。

本标准主要起草（修订）人：刘凤枝、李玉浸、刘素云、徐亚平、蔡彦明、刘岩、战新华、刘传娟、王玲、王晓男。

本标准所代替标准的历次版本发布情况为：

——NY/T 395—2000。

1　范围

本标准规定了农田土壤环境监测的布点采样、分析方法、质控措施、数理统计、结果评价、成果表达与资料整编等技术内容。

本标准适用于农田土壤环境质量监测。

2　规范性引用文件

下列文件对于本文件的应用是必不可少的。凡是注日期的引用文件，仅注日期的版本适用于本文件。凡是不注日期的引用文件，其最新版本（包括所有的修改单）适用于本文件。

GB 6260　　土壤中氧化稀土总量的测定　对马尿酸偶氮氯膦分光光度法

GB 8170　　数值修约规则

GB 9836　　土壤全钾测定法

GB 12298　　土壤有效硼的测定

GB 13198　　六种多环芳烃测定　高效液相色谱法

GB/T 14550　　土壤质量　六六六和滴滴涕的测定　气相色谱法

GB/T 14552　　水、土中有机磷农药测定的气相色谱法

GB/T 15555.11　　固体废物氟化物的测定　离子选择电极法

GB/T 17134　　土壤质量　总砷的测定　二乙基二硫代氨基甲酸银分光光度法

GB/T 17135　　土壤质量　总砷的测定　硼氢化钾-硝酸银分光光度法

GB/T 17136   土壤质量   总汞的测定   冷原子吸收分光光度法

GB/T 17137   土壤质量   总铬的测定   火焰原子吸收分光光度法

GB/T 17138   土壤质量   铜、锌的测定   火焰原子吸收分光光度法

GB/T 17139   土壤质量   镍的测定   火焰原子吸收分光光度法

GB/T 17140   土壤质量   铅、镉的测定   KI-MIBK 萃取火焰原子吸收分光光度法

GB/T 17141   土壤质量   铅、镉的测定   石墨炉原子吸收分光光度法

GB/T 22104   土壤质量   氟化物的测定   离子选择电极法

GB/T 22105   土壤质量   总汞、总砷、总铅的测定   原子荧光光谱法

GB/T 23739   土壤质量   有效态铅和镉的测定   原子吸收法

NY/T 52   土壤水分测定法（原 GB 7172—1987）

NY/T 53   土壤全氮测定法（半微量开氏法）（原 GB 7173—1987）

NY/T 85   土壤有机质测定法（原 GB 9834—1988）

NY/T 88   土壤全磷测定法（原 GB 9837—1988）

NY/T 148   石灰性土壤有效磷测定方法（原 GB 12297—1990）

NY/T 296   土壤全量钙、镁、钠的测定

NY/T 889   土壤速效钾和缓效钾含量的测定

NY/T 890   土壤有效锌、锰、铁、铜含量的测定   二乙三胺五乙酸（DTPA）浸提法

NY/T 1104   土壤中全硒的测定

NY/T 1121.2   土壤检测   第 2 部分：土壤 pH 的测定

NY/T 1121.3   土壤检测   第 3 部分：土壤机械组成的测定

NY/T 1121.4   土壤检测   第 4 部分：土壤容重的测定

NY/T 1121.5   土壤检测   第 5 部分：石灰性土壤阳离子交换量的测定

NY/T 1121.6   土壤检测   第 6 部分：土壤有机质的测定

NY/T 1121.7   土壤检测   第 7 部分：酸性土壤有效磷的测定

NY/T 1121.9   土壤检测   第 9 部分：土壤有效钼的测定

NY/T 1121.10   土壤检测   第 10 部分：土壤总汞的测定

NY/T 1121.12   土壤检测   第 12 部分：土壤总铬的测定

NY/T 1121.13   土壤检测   第 13 部分：土壤交换性钙和镁的测定

NY/T 1121.14   土壤检测   第 14 部分：土壤有效硫的测定

NY/T 1121.16   土壤检测   第 16 部分：土壤水溶性盐总量的测定

NY/T 1121.17   土壤检测   第 17 部分：土壤氯离子含量的测定

NY/T 1121.18   土壤检测   第 18 部分：土壤硫酸根离子含量的测定

NY/T 1121.21   土壤检测   第 21 部分：土壤最大吸湿量的测定

NY/T 1377   土壤 pH 的测定

NY/T 1616   土壤中 9 种磺酰脲类除草剂残留量的测定   液相色谱-质谱法

HJ 491   土壤   总铬的测定   火焰原子吸收分光光度法

HJ 605   土壤和沉积物   挥发性有机物的测定   吹扫捕集/气相色谱-质谱法

HJ 613   干物质和水分的测定   重量法

HJ 615   有机碳的测定   重铬酸钾氧化-分光广度法

3　术语和定义

下列术语和定义适用于本文件。

3.1　农田土壤　farmland soil

用于种植各种粮食作物、蔬菜、水果、纤维和糖料作物、油料作物、花卉、药材、草料等作物的农业用地土壤。

3.2　区域土壤背景点　regional soil background site

在调查区域内或附近，相对未受污染，而母质、土壤类型及农作历史与调查区域土壤相似的土壤样点。

3.3　农田土壤监测点　soil monitoring site of farmland

人类活动产生的污染物进入土壤并累积到一定程度引起或怀疑引起土壤环境质量恶化的土壤样点。

3.4　农田土壤剖面样品　profile sample of farmland soil

按土壤发生学的主要特征把整个剖面划分成不同的层次，在各层中部位多点取样，等量混匀后的 A、B、C 层或 A、C 等层的土壤样品。

3.5　农田土壤混合样　mixture sample of farmland soil

在耕作层采样点的周围采集若干点的耕层土壤、经均匀混合后的土壤样品，组成混合样的分点数要在 5～20 个。

4　农田土壤环境质量监测采样技术

4.1　采样前现场调查与资料收集

4.1.1　区域自然环境特征

水文、气象、地形地貌、植被、自然灾害等。

4.1.2　农业生产土地利用状况

农作物种类、布局、面积、产量、耕作制度等。

4.1.3　区域土壤地力状况

成土母质、土壤类型、层次特点、质地、pH、阳离子交换量、盐基饱和度、土壤肥力等。

4.1.4　土壤环境污染状况

工业污染源种类及分布、主要污染物种类及排放途径、排放量、农灌水污染状况、大气污染状况、农业固体废物投入、农业化学物质使用情况、土壤污染状况、农产品污染状况等。

4.1.5　土壤生态环境状况

水土流失现状、土壤侵蚀类型、分布面积、侵蚀模数、沼泽化、潜育化、盐渍化、酸化等。

4.1.6　土壤环境背景资料

区域土壤元素背景值、农业土壤元素背景值、农产品中污染元素背景值。

4.1.7　其他相关资料和图件

土地利用总体规划、农业资源调查规划、行政区划图、土壤类型图、土壤环境质量图、交通图、地质图、水系图等。

4.2　监测单元的划分

农田土壤监测单元按土壤接纳污染物的途径划分为基本单元，结合参考土壤类型、农作物种类、耕作制度、商品生产基地、保护区类别、行政区划等要素，由当地农业环境监测部门根据实际情况进行划定。同一单元的差别应尽可能缩小。

4.2.1　大气污染型土壤监测单元

土壤中的污染物主要来源于大气污染沉降物。

4.2.2　灌溉水污染型土壤监测单元

土壤中的污染物主要来源于农灌用水。

4.2.3　固体废弃堆污染型土壤监测单元

土壤中的污染物主要来源于集中堆放的固体废物。

4.2.4　农用固体废物污染型土壤监测单元

土壤中的污染物主要来源于农用固体废物。

4.2.5　农用化学物质污染型土壤监测单元

土壤中的污染物主要来源于农药、化肥、农膜、生长素等农用化学物质。

4.2.6　综合污染型土壤监测单元

土壤中的污染物主要来源于上述两种或两种以上途径。

4.3　监测点的布设

4.3.1　布点原则与方法

4.3.1.1　区域土壤背景点布点原则与方法

a）以获取区域土壤背景值为目的的布点，坚持"哪里不污染在哪里布点的原则"。实际工作中，一般在调查区域内或附近，找寻没有受到人为污染或相对未受污染，而成土母质、土壤类型及农作历史等一致的区域布点。

b）布点方法在满足上述条件的前提下，尽量将监测点位布设在成土母质或土壤类型所代表区域的中部位置。

4.3.1.2　农田土壤环境质量监测布点原则与方法

a）农田土壤环境质量监测主要指土壤环境质量现状监测，如禁产区划分监测、污染事故调查监测、无公害农产品基地监测等。布点原则应坚持"哪里有污染就在哪里布点"，即将监测点位布设在已经证实受到污染的或怀疑受到了污染的地方。

b）布点方法根据污染类型特征确定。

1）大气污染型土壤监测点：以大气污染源为中心，采用放射状布点法。布点密度由中心起由密渐稀，在同一密度圈内均匀布点。此外，在大气污染源主导风下风方向应适当延长监测距离和增加布点数量。

2）灌溉水污染型土壤监测点：在纳污灌溉水体两侧，按水流方向采用带状布点法。布点密度自灌溉水体纳污口起由密渐稀，各引灌段相对均匀。

3）固体废物堆污染型土壤监测点：地表固体废物堆可结合地表径流和当地常年主导风向，采用放射布点法和带状布点法；地下填埋废物堆根据填埋位置可采用多种形式的布点法。

4）农用固体废物污染型土壤监测点：在施用种类、施用量、施用时间等基本一致的情况下采用均匀布点法。

5）农用化学物质污染型土壤监测点：采用均匀布点法。

6）综合污染型土壤监测点：以主要污染物排放途径为主，综合采用放射布点法、带状布点法及均匀布点法。

c）农田土壤环境质量监测对照点的布设原则与方法：在污染事故调查等监测中需要布设对照点以考察监测区域的污染程度，应选择与监测区域土壤类型、耕作制度等相同而且相对未受污染的区域采集对照点，或者在监测区域内采集不同深度的剖面样品作为对照点。

4.3.1.3　农田土壤长期定点定位监测布点原则与方法

a）农田土壤长期定点定位监测一般为国家或地方制定中长期政策所进行的监测。布点应当在农业环境区划的基础上进行，以客观、真实反映各级区划单元环境质量整体状况变化和污染特征为原则。

b）布点方法在反映污染特征的前提下，在各级区划单元（如污水灌区、工矿企业周边区、大中城市郊区、一般农区等）内部可采用均匀布点法。

c）国家和省级长期定点定位监测点的设置、变更、撤销应当通过专家论证，并建立档案。

4.3.2　布点数量

4.3.2.1　基本原则

土壤监测的布点数量要根据调查目的、调查精度和调查区域环境状况等因素确定。一般原则：

a）以最少点数达到目的为最好；

b）精度越高，布点数越多，反之越少；

c）区域环境条件越复杂，布点越多，反之越少；

d）污染越严重，布点越多，反之越少；

e）无论何种情况，每个监测单元最少应设三个点。

4.3.2.2　点代表面积

根据不同的调查目的，每个点的代表面积可按以下情况掌握，如有特殊情况可做适当的调整：

a）农田土壤背景值调查：每个点代表面积 $200 \sim 1\,000\ \mathrm{hm}^2$。

b）农产品产地污染普查：污染区每个点代表面积 $10 \sim 300\ \mathrm{hm}^2$，一般农区每个点代表面积 $200 \sim 1\,000\ \mathrm{hm}^2$。

c）农产品产地安全质量划分：污染区每个点代表面积 $5 \sim 100\ \mathrm{hm}^2$，一般农区每个点代表面积 $150 \sim 800\ \mathrm{hm}^2$。

d）禁产区确认：每个点代表面积 $10 \sim 100\ \mathrm{hm}^2$。

e）污染事故调查监测：每个点代表面积 $1 \sim 50\ \mathrm{hm}^2$。

4.3.2.3　布点数量

a）农田土壤背景值调查、农产品产地污染普查、农产品产地安全质量划分以及污染事故调查监测等，根据上述布点原则、点代表面积以及监测单元的具体情况，确定布点数量。如情况复杂需要提高监测精度，可适当增加布点数量。

b）农田土壤长期定点定位监测：根据监测区域类型不同，确定监测点的数量。工矿企业周边农产品生产区监测，每个区 5～12 个点；污水灌溉区农产品生产区监测，每个区 10～12 个点；大中城市郊区农产品生产区，每个区 10～15 个点；重要农产品生产区，每个区 5～15 个点。

4.4　样品采集

4.4.1　采样准备

4.4.1.1　采样物质准备

包括采样工具、器材、文具及安全防护用品等。

a）工具类：铁铲、铁镐、土铲、土钻、土刀、木片及竹片等。

b）器材类：GPS 定位仪、罗盘、高度计、卷尺、标尺、容重圈、铝盒、样品袋、标本盒、照相机以及其他特殊仪器和化学试剂。

c）文具类：样品标签、记录表格、文具夹、记号笔等小型用品。

d）安全防护用品：工作服、雨衣、防滑登山鞋、安全帽、常用药品等。

e）运输工具：越野车、样品箱、保温设备等。

4.4.1.2　组织准备

组织具有一定野外调查经验、熟悉土壤采样技术规程、工作负责的专业人员组成采样组。采样前组织学习有关业务技术工作方案。

4.4.1.3　技术准备

a）样点位置图（或工作图）。

b）样点分布一览表，内容包括编号、位置、土类和母质母岩等。

c）各种图件：交通图、地质图、土壤图、大比例的地形图（标有居民点、村庄等）。

4.4.1.4　现场踏勘，野外定点，确定采样地块

a）样点位置图上确定的样点受现场情况干扰时，要作适当的修正。

b）采样点应距离铁路或主要公路 300 m 以上。

c）不能在住宅、路旁、沟渠、粪堆、废物堆及坟堆附近设采样点。

d）不能在坡地、洼地等具有从属景观特征的地方设采样点。

e）采样点应设在土壤自然状态良好，地面平坦，各种因素都相对稳定，并具有代表性的面积在 1～2 hm^2 的地块。

f）采样点一经选定，应用 GPS 定位并作标记，建立样点档案供长期监控用。

4.4.2　采集阶段

4.4.2.1　土壤污染监测、土壤污染事故调查及土壤污染纠纷的法律仲裁的土壤采样一般要按以下三个阶段进行：

a）前期采样。对于潜在污染和存在污染的土壤，可根据背景资料和现场考察结果，在正式采样前采集一定数量的样品进行分析测试，用于初步验证污染物扩散方式和判断土壤污染程度，并为选择布点方法和确定测试项目等提供依据。前期采样可与现场调查同时进行。

b）正式采样。在正式采样前，应首先制订采样计划。采样计划应包括布点方法、样品类型、样点数量、采样工具、质量保证措施、样品保存及测试项目等内容。按照采样计划实施现场采样。

c）补充采样。正式采样测试后，发现布设的样点未满足调查的需要，则要进行补充采样。例如，在污染物高浓度的区域适当增加点位。

4.4.2.2 土壤环境质量现状调查、面积较小的土壤污染调查和时间紧急的污染事故调查可采取一次采样方式。

4.4.3 样品采集

4.4.3.1 农田土壤剖面样品采集

a）土壤剖面点位不得选在土类和母质交错分布的边缘地带或土壤剖面受破坏的地方。

b）土壤剖面规格为宽 1 m、深 1～2 m，视土壤情况而定。久耕地取样至 1 m，新垦地取样至 2 m，果林地取样至 1.5～2 m；盐碱地地下水位较高，取样至地下水位层；山地土层薄，取样至母岩风化层（见图 1）。

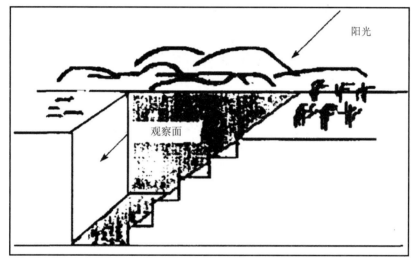

图 1 土壤规格剖面示意图

c）用剖面刀将观察面修整好，自上至下削去 5 cm 厚、10 cm 宽呈新鲜剖面。准确划分土层，分层按梅花法，自下而上逐层采集中部位置土壤。分层土壤混合均匀各取 1 kg 样，分层装袋记卡。

d）采样注意事项：挖掘土壤剖面要使观察面向阳，表土与底土分放土坑两侧，取样后按原层回填。

4.4.3.2 农田土壤混合样品采集

4.4.3.2.1 混合样采集方法

a）每个土壤单元至少由三个采样点组成，每个采样点的样品为农田土壤混合样。

b）对角线法：适用于污水灌溉的农田土壤，由田块进水口向出水口引一对角线，至少五等分，以等分点为采样分点。土壤差异性大可再等分，增加分点数。

c）梅花点法：适用于面积较小、地势平坦、土壤物质和受污染程度均匀的地块，设分点五个左右。

d）棋盘式法：适宜中等面积、地势平坦、土壤不够均匀的地块，设分点 10 个左右；但受污泥、垃圾等固体废物污染的土壤，分点应在 20 个以上。

e）蛇形法：适宜面积较大、土壤不够均匀且地势不平坦的地块，设分点 15 个左右，多用于农业污染型土壤。

4.4.3.2.2　必要时，土壤与农产品同步采集。

4.4.4　采样深度及采样量

种植一般农作物，每个分点处采 0～20 crn 耕作层土壤；种植果林类农作物，每个分点处采 0～60 cm 耕作层土壤。了解污染物在土壤中的垂直分布时，按土壤发生层次采土壤剖面样。各分点混匀后取 1 kg，多余部分用四分法弃去。

4.4.5　采样时间及频率

4.4.5.1　一般土壤样品在农作物成熟或收获后与农作物同步采集。

4.4.5.2　污染事故监测时，应在收到事故报告后立即组织采样。

4.4.5.3　科研性监测时，可在不同生育期采样或视研究目的而定。

4.4.5.4　采样频率根据工作需要确定。

4.4.6　采样现场记录

4.4.6.1　采样同时，专人填写土壤标签、采样记录、样品登记表，并汇总存档。土壤标签见图 2；采样记录、样品登记表见附录 A 中表 A.1、表 A.2。

```
                        土壤样品标签

        样品编号_____　业务代号_____

        样品名称_____

        土壤类型_____

        监测项目_____

        采样地点_____

        采样深度_____

        采样人_____　采样时间_____
```

图 2　土壤样品标签

4.4.6.2　填写人员根据明显地物点的距离和方位，将采样点标记在野外实际使用地形图上，并与记录卡和标签的编号统一。

4.4.7　采样注意事项

4.4.7.1　测定重金属的样品，尽量用竹铲、竹片直接采取样品；或用铁铲、土钻挖掘后，用竹片刮去与金属采样器接触的部分，再用竹片采取样品。

4.4.7.2　所采土样装入塑料袋内，外套布袋。填写土壤标签一式两份，一份放入袋内，一份扎在袋口或用不干胶标签直接贴在塑料袋上。

4.4.7.3　采样结束应在现场逐项逐个检查。如采样记录表、样品登记表、样袋标签、土壤样品、采样点位图标记等有缺项、漏项和错误处，应及时补齐和修正后方可撤离现场。

4.5　样品编号

4.5.1　农田土壤样品编号是由类别代号、顺序号组成。

4.5.1.1　类别代号：用环境要素关键字中文拼音的大写字母表示，即"T"表示土壤。

4.5.1.2 顺序号用阿拉伯数字表示不同地点采集的样品，样品编号从 T001 号开始，一个顺序号为一个采集点的样品。

4.5.2 对照点和背景点样，在编号后加"CK"。

4.5.3 样品登记的编号、样品运转的编号均与采集样品的编号一致，以防混淆。

4.6 样品运输

4.6.1 样品装运前必须逐件与样品登记表、样品标签和采样记录进行核对，核对无误后分类装箱。

4.6.2 样品在运输中严防样品的损失、混淆或沾污，并派专人押运，按时送至实验室。接收者与送样者双方在样品登记表上签字，样品记录由双方各存一份备查。

4.7 样品制备

4.7.1 制样工作场地

应设风干室、磨样室。房间向阳（严防阳光直射土样），通风、整洁、无扬尘、无易挥发化学物质。

4.7.2 制样工具与容器

4.7.2.1 晾干用白色搪瓷盘及木盘。

4.7.2.2 磨样用玛瑙研磨机、玛瑙研钵、白色瓷研钵、木滚、木棒、木槌、有机玻璃棒、有机玻璃板、硬质木板、无色聚乙烯薄膜等。

4.7.2.3 过筛用尼龙筛，规格为 20～100 目。

4.7.2.4 分装用具塞磨口玻璃瓶、具塞无色聚乙烯塑料瓶，无色聚乙烯塑料袋或特制牛皮纸袋，规格视量而定。

4.7.3 制样程序

4.7.3.1 土样接交：采样组填写送样单一式三份，交样品管理人员、加工人员各一份，采样组自存一份。三方人员核对无误签字后开始磨样。

4.7.3.2 湿样晾干：在晾干室将湿样放置晾样盘，摊成 2 cm 厚的薄层，并间断地压碎、翻拌，拣出碎石、沙砾及植物残体等杂质。

4.7.3.3 样品粗磨：在磨样室将风干样倒在有机玻璃板上，用槌、滚、棒再次压碎，拣出杂质并用四分法分取压碎样，全部过 20 目尼龙筛。过筛后的样品全部置于无色聚乙烯薄膜上，充分混合直至均匀。经粗磨后的样品用四分法分成两份，一份交样品库存放，另一份作样品的细磨用。粗磨样可直接用于土壤 pH、土壤阳离子交换量、土壤速测养分含量、元素有效性含量分析。

4.7.3.4 样品细磨：用于细磨的样品用四分法进行第二次缩分成两份，一份留备用，一份研磨至全部过 60 目或 100 目尼龙筛，过 60 目（孔径 0.25 mm）土样，用于农药或土壤有机质、土壤全氮量等分析；过 100 目（孔径 0.149 mm）土样，用于土壤元素全量分析。

4.7.3.5 样品分装：经研磨混匀后的样品分装于样品袋或样品瓶。填写土壤标签一式两份（土壤标签格式见图 2），瓶内或袋内放一份，外贴一份。

4.7.4 制样注意事项

4.7.4.1 制样中，采样时的土壤标签与土壤样始终放在一起，严禁混错。

4.7.4.2 每个样品经风干、磨碎、分装后送到实验室的整个过程中，使用的工具与盛样容器的编码始终一致。

4.7.4.3 制样所用工具每处理一份样品后擦洗一次，严防交叉污染。

4.7.4.4 分析挥发性、半挥发有机污染物（酚、氰等）或可萃取有机物无须制样，新鲜样测定，同时测定水分。

4.8 样品保存

4.8.1 风干土样按不同编号、不同粒径分类存放于样品库，保存半年至一年，或分析任务全部结束检查无误后，如无须保留可弃去。

4.8.2 新鲜土样用于挥发性、半挥发有机污染物（酚、氰等）或可萃取有机物分析，新鲜土样选用玻璃瓶置于冰箱，小于4℃保存半个月。

4.8.3 土壤样品库经常保持干燥、通风，无阳光直射、无污染；要定期检查样品，防止霉变、鼠害及土壤标签脱落等。

4.8.4 农田土壤定点监测的样品应长期保存。

5 农田土壤环境质量监测项目及分析方法

5.1 监测项目确定的原则

5.1.1 根据当地环境污染状况（如农区大气、农灌水、农业投入品等），选择在土壤中累积较多、影响范围广、毒性较强且难降解的污染物。

5.1.2 根据农作物对污染物的敏感程度，优先选择对农作物产量、安全质量影响较大的污染物，如重金属、农药、除草剂等。

5.2 分析方法选择的原则

5.2.1 优先选择国家标准、行业标准的分析方法。

5.2.2 其次选择由权威部门规定或推荐的分析方法。

5.2.3 根据各地实际情况自选等效分析方法，但应做比对实验，其检出限、准确度、精密度不低于相应的通用方法要求水平或待测物准确定量的要求。

5.3 农田土壤监测分析方法

根据不同的监测目的、监测能力选择监测项目。表1列出了常见的监测项目及监测方法，监测方法优先选择国家标准、行业标准或其他等同推荐方法。

表 1 农田土壤监测项目及分析方法

序号	监测项目	监测方法	方法来源
1	总铜	火焰原子吸收分光光度法	GB/T 17138
2	有效态铜	二乙三胺五乙酸（DTPA）浸提法	NY/T 890
3	总锌	火焰原子吸收分光光度法	GB/T 17138
4	有效态锌	二乙三胺五乙酸（DTPA）浸提法	NY/T 890
5	总铅	KI-MIBK 萃取火焰原子吸收分光光度法	GB/T 17140
		石墨炉原子吸收分光光度法	GB/T 17141
6	总铬	土壤总铬的测定	NY/T 1121.12
		土壤 总铬的测定 火焰原子吸收分光光度法	HJ 491
7	总镍	火焰原子吸收分光光度法	GB/T 17139
8	总镉	KI-MIBK 萃取火焰原子吸收分光光度法	GB/T 17140
		石墨炉原子吸收分光光度法	GB/T 17141

序号	监测项目	监测方法	方法来源
9	总汞	冷原子吸收分光光度法	GB/T 22105
		原子荧光法	NY/T 1121.10
10	总砷	二乙基二硫代氨基甲酸银分光光度法	GB/T 17134
		硼氢化钾-硝酸银分光光度法	GB/T 17135
		土壤质量　总汞、总砷、总铅的测定　原子荧光法	GB/T 22105
11	pH	土壤 pH 的测定	NY/T 1377
12	水分	土壤水分测定法	NY/T 52
		土壤　干物质和水分的测定　重量法	HJ 613
13	阳离子交换量	石灰性土壤阳离子交换量的测定	NY/T 1121.5
14	水溶性盐	土壤水溶性盐总量的测定	NY/T 1121.16
15	容重	土壤容重的测定	NY/T 1121.4
16	机械组成	土壤机械组成的测定	NY/T 1121.3
17	氯化物	土壤氯离子含量的测定	NY/T 1121.17
18	总氮	土壤全氮测定法（半微量凯氏法）	NY/T 53
19	总磷	土壤全磷测定法	NY/T 88
20	有效磷	石灰性土壤有效磷测定方法	NY/T 148
21	有机质	土壤有机质的测定	NY/T 1121.6
22	氟化物	土壤质量　氟化物的测定　离子选择电极法	GB/T 22104
23	硫酸根离子	土壤硫酸根离子含量的测定	NY/T 1121.18
24	有效态铁	土壤　有效态锌、锰、铁、铜含量的测定 二乙三胺五乙酸（DTPA）浸提法	NY/T 890
25	有效态锰	土壤　有效态锌、锰、铁、铜含量的测定 二乙三胺五乙酸（DTPA）浸提法	NY/T 890
26	有机碳	土壤　有机碳的测定　重铬酸钾氧化-分光光度法	HJ 615
27	挥发性有机物	土壤和沉积物　挥发性有机物的测定　吹扫补集/气相色谱-质谱法	HJ 605
28	最大吸湿量	土壤最大吸湿量的测定	NY/T 1121.21
29	硒	土壤中全硒的测定	NY/T 1104
30	全钾	土壤全钾测定法	GB 9836
31	速效钾	土壤速效钾和缓效钾含量的测定	NY/T 889
32	钙	土壤全量钙、镁、钠的测定	NY/T 296
33	镁	土壤全量钙、镁、钠的测定	NY/T 296
34	钠	土壤全量钙、镁、钠的测定	NY/T 296
35	交换性钙	土壤交换性钙和镁的测定	NY/T 1121.13
36	交换性镁	土壤交换性钙和镁的测定	NY/T 1121.13
37	有效态铁	二乙三胺五乙酸（DTPA）浸提法	NY/T 890
38	有效态锰	二乙三胺五乙酸（DTPA）浸提法	NY/T 890
39	有效钼	土壤有效钼的测定	NY/T 1121.9
40	有效硼	土壤有效硼的测定	GB 12298
41	硫酸盐	土壤硫酸根离子含量的测定	NY/T 1121.18
42	有效硫	土壤有效硫的测定	NY/T 1121.14
43	六六六	气相色谱法	GB/T 14550
44	滴滴涕	气相色谱法	GB/T 14550

序号	监测项目	监测方法	方法来源
45	六种多环芳烃	高效液相色谱法	GB 13198
46	稀土总量	分光光度法	GB 6260
47	有效态铅	土壤质量　有效态铅和镉的测定	GB/T 23739
48	有效态镉	土壤质量　有效态铅和镉的测定	GB/T 23739
49	磺酰脲类除草剂	液相色谱-质谱法	NY/T 1616
50	有机磷农药	气相色谱法	GB/T 14552

5.4　实验记录

a）标准溶液配制表，见表 A.4。

b）标准溶液标定原始登记表，见表 A.5。

c）标准溶液（稀释）原始记录表，见表 A.6。

d）原子荧光分析原始记录表，见表 A.7。

e）原子吸收火焰法实验原始记录表，见表 A.8。

f）原子吸收石墨炉法实验原始记录表，见表 A.9。

g）重量分析原始记录表，见表 A.10。

h）容量分析原始记录表，见表 A.11。

i）离子计分析原始记录表，见表 A.12。

j）pH 原始记录表，见表 A.13。

k）分光光度法测定原始记录表，见表 A.14。

l）ICP/MS 实验原始记录表，见表 A.15。

m）气相色谱测定有机磷农药残留原始记录表，见表 A.16-1～表 A.16-4。

n）液相色谱-荧光法测定氨基甲酸酯类农药残留原始记录表，见表 A.17-1～表 A.17-4。

o）气相色谱-质谱联用法测定农药残留原始记录表，见表 A.18-1～表 A.18-3。

p）气相色谱测定有机氯及拟除虫菊酯类农药残留原始记录表，见表 A.19-1～表 A.19-4。

6　农田土壤环境质量监测实验室分析质量控制与质量保证

6.1　实验室内部质量控制

6.1.1　分析质量控制基础实验

6.1.1.1　全程序空白值测定

全程序空白值是指用某一方法测定某物质时，除样品中不含该测定物质外，整个分析过程的全部因素引起的测定信号值或相应浓度值。全程序空白响应值计算见式（1）：

$$x_i = \overline{x}_i + k_s \tag{1}$$

式中：x_i —— 全程序空白响应值；

$\overline{x}_i$ —— 测定 n 次空白溶液的平均值（$n \geq 20$）；

s —— 标准偏差，计算公式见式（2）；

k —— 根据一定置信度确定的系数，一般为 3。

$$s = \sqrt{\frac{\sum\limits_{i=1}^{n} (x_i - \overline{x})^2}{m(n-1)}} \qquad (2)$$

式中：n —— 每天测定平行样个数；

　　　m —— 测定天数。

6.1.1.2　检出限

检出限是指对某一特定的分析方法，在给定的置信水平内可以从样品中检测待测物质的最小浓度或最小量。一般将三倍空白值的标准偏差（测定次数 $n \geqslant 20$）相对应的质量或浓度称为检出限。

a）吸收法和荧光法（包括分子吸收法、原子吸收法、荧光法等）检出限计算公式见式（3）：

$$L = \frac{x_l - \overline{x}_i}{b} = \frac{k_s}{b} \qquad (3)$$

式中：L——检出限；

　　　b——标准曲线的斜率。

b）色谱法（包括 GC、HPLC）：气相色谱法以最小检出量或最小检出浓度表示。最小检出量系指检测器恰能产生一般为三倍噪声的响应信号时所需进入色谱柱的物质最小量；最小检出浓系指最小检出量与进样量（体积）之比。检出限计算公式见式（4）：

$$L = \frac{s_b}{b} \qquad (4)$$

式中：s_b——仪器噪声的三倍，即仪器能辨认的最小的物质信号。

c）离子选择电极法：以校准曲线的直线部分外延的延长线与通过空白电位平行于浓度轴的直线相交时，其交点所对应的浓度值。

测得的空白值计算出的 L 值不应大于分析方法规定的检出限。如大于方法规定值时，必须找出原因降低空白值，重新测定计算直至合格。

6.1.2　校准曲线的绘制、检查与使用

6.1.2.1　校准曲线的绘制

按分析方法的步骤，设置六个以上标准系列浓度点，各浓度点的测量信号值减去零浓度点的测量信号值，经回归方程计算后绘制校正曲线。校准曲线的相关系数接近或达到0.999（根据测定成分浓度、使用的方法等确定）。

6.1.2.2　校准曲线的检查

当校准曲线的相关系数 $r < 0.990$，应对校准曲线各点测定值进行检验或重新测定；当 r 接近或达到 0.999 时即符合要求。

6.1.2.3　校准曲线的使用

校准曲线不合格，不能使用；使用时，不得随意超出标准系列浓度范围，不得长期使用。

6.1.3　精密度控制

6.1.3.1　测定率

凡可以进行平行双样分析的项目，每批样品每个项目分析时均需做 10%～15%平行样

品。五个样品以下，应增加到50%以上。

6.1.3.2　测定方式

由分析者自行编入的明码平行样或由质控员在采样现场或实验室编入的密码平行样，二者等效，不必重复。

6.1.3.3　合格要求

平行双样测定结果的误差在允许误差范围之内者为合格。允许误差范围见表2。对未列出容允误差的方法，当样品的均匀和稳定性较好时，参考表3的规定。当平行双样测定全部不合格者，重新进行平行双样的测定；平行双样测定合格率＜95%时，除对不合格者重新测定外，再增加10%～20%的测定率，如此累进，直至总合格率≥95%。

表2　土壤监测平行双样测定值的精密度和准确度允许误差

监测项目	样品含量范围/（mg/kg）	精密度		准确度			适用的分析方法
		室内相对标准偏差/%	室间相对标准偏差/%	加标回收率/%	室内相对误差/%	室间相对误差/%	
镉	＜0.1	±30	±40	75～110	±30	±40	石墨炉原子吸收光谱法、电感耦合等离子体质谱法（ICP-MS）
	0.1～0.4	±20	±30	85～110	±20	±30	
	＞0.4	±10	±20	90～105	±10	±20	
汞	＜0.1	±20	±30	75～110	±20	±30	冷原子吸收法、氢化物发生-原子荧光光谱法、ICP-MS法
	0.1～0.4	±15	±20	85～110	±15	±20	
	＞0.4	±10	±15	90～105	±10	±15	
砷	＜10	±15	±20	85～105	±15	±20	氢化物发生-原子荧光光谱法、分光光度法、ICP-MS法
	10～20	±10	±15	90～105	±10	±15	
	20～100	±5	±10	90～105	±5	±10	
	＞100	±5	±10				
铜	＜20	±10	±15	85～105	±10	±15	火焰原子吸收光谱法、ICP-MS法、电感耦合等离子体原子发射光谱法（ICP-AES）
	20～30	±10	±15	90～105	±10	±15	
	＞30	±10	±15	90～105	±10	±15	
铅	＜20	±20	±30	80～110	±20	±30	原子吸收光谱法（火焰或石墨炉法）、ICP-MS法、ICP-AES法
	20～40	±10	±20	85～110	±10	±20	
	＞40	±5	±15	90～105	±5	±15	
铬	＜50	±15	±20	85～110	±15	±20	原子吸收光谱法
	50～90	±10	±15	85～110	±10	±15	
	＞90	±5	±10	90～105	±5	±10	
锌	＜50	±10	±15	85～110	±10	±15	火焰原子吸收光谱法、ICP-MS法、ICP-AES法
	50～90	±10	±15	85～110	±10	±15	
	＞90	±5	±10	90～105	±5	±10	
镍	＜20	±15	±20	80～110	±15	±20	火焰原子吸收光谱法、ICP-MS法、ICP-AES法
	20～40	±10	±15	85～110	±10	±15	
	＞40	±5	±10	90～105	±5	±10	

表 3 土壤监测平行双样最大允许相对偏差

元素含量范围/（mg/kg）	最大允许相对偏差/%	元素含量范围/（mg/kg）	最大允许相对偏差/%
＞100	±5	0.1～1.0	±25
10～100	±10	＜0.1	±30
1.0～10	±20		

6.1.4 准确度控制

6.1.4.1 使用标准物质和质控样品

例行分析中，每批要带测质控平行双样，在测定的精密度合格的前提下，质控样测定值必须落在质控样保证值（在 95%的置信水平）范围之内，否则本批结果无效，需重新分析测定。

6.1.4.2 加标回收率的测定

当选测的项目无标准物质或质控样品时，可用加标回收实验来检查测定准确度。

a）加标率：在一批试样中，随机抽取 10%～20%试样进行加标回收测定。样品数不足 10 个时，适当增加加标比率。每批同类型试样中，加标试样至少一个。

b）加标量：加标量视被测组分含量而定，含量高的加入被测组分含量的 0.5～1.0 倍，含量低的加 2～3 倍，但加标后被测组分的总量不得超出方法的测定上限。加标浓度宜高，体积应小，不应超过原试样体积的 1%。

c）合格要求：加标回收率应在加标回收率允许范围之内。加标回收率允许范围见表 2。当加标回收合格率小于 70%时，对不合格者重新进行回收率的测定，并另增加 10%～20%的试样作加标回收率测定，直至总合格率大于或等于 70%。

6.1.5 质量控制图

a）必测项目应作准确度质控图，用质控样的保证值 z 与标准偏差 s 在 95%的置信水平，以 X 作为中心线、$X\pm 2\,s$ 作为上下警告线、$X\pm 3\,s$ 作为上下控制线的基本数据，绘制准确度质控图，用于分析质量的自控。

b）每批所带质控样的测定值落在中心附近、上下警告线之内，则表示分析正常，此批样品测定结果可靠；如果测定值落在上下控制线之外，表示分析失控，测定结果不可信，检查原因，纠正后重新测定；如果测定值落在上下警告线和上下控制线之间，虽分析结果可接受，但有失控倾向，应予以注意；如果测定值落在中心附近、上下警告线之内，但落在中心线一侧，表示有系统误差，应予以检查原因，进行调整。

6.1.6 监测数据异常时的质量控制

a）首先检查实验室检测质量，对实验的准确度、精密度等按照 6.1 进行检查。证实实验室工作质量可靠后，进行前一步的工作检查。若有疑问，则需重新检测。

b）检查样品制备工作质量，对样品的整个制备过程进行详细检查，看是否会发生污染。证实工作的可靠后，可再进行前一步的检查。若有疑问，则需重新进行样品制备。

c）查看该采样点以前的监测记录，若与该样点以前的数据相吻合，则可确认此次检测结果的可靠性，否则需重新采样监测。

d）用 GPS 定位仪及现场标记，按照原方法再次进行采样。检测结果与前次测定结果进行对比，若结果吻合，则证实超标点位的测试结果可靠。

6.2 实验室间的质量控制

在多个试验室参加协作项目监测时，为确保实验室检测能力和水平，保证出具数据的可靠性和可比性，应对实验室间进行比对和能力验证，具体可采用以下六步质量控制法：

a）技术培训：包括采样方法、分析方法、数据处理方法和报告格式。

b）现场考核：包括仪器性能指标考核、人员操作考核、盲样考核、报告格式及内容考核。

c）加标质控：全部样品加平行密码质控样，跟踪质控。

d）中期抽查：实验中期对数据进行抽检，发现不符合要求的及时进行纠正。

e）抽检互检：对实验样品进行抽检与互检，以保证检测结果的可信性、可比性。

f）最终审核：对全部数据进行汇总、审核，确保工作质量。

7 农田土壤环境质量监测数理统计

7.1 实验室分析结果数据处理

7.1.1 几个基本统计量

7.1.1.1 平均值（算术）计算公式见式（5）：

$$\bar{x} = \frac{\sum\limits_{i=1}^{n} x_i}{n} \tag{5}$$

式中：$\bar{x}$——n 次重复测定结果的算术平均值；

n——重复测定次数；

x_i——n 次测定中第 i 个测定值。

7.1.1.2 中位值计算公式见式（6）、式（7）：

$$中位值 = \frac{第\frac{n}{2}个数的值 + 第\left(\frac{n}{2}+1\right)个数的值}{2}（n为偶数时） \tag{6}$$

$$中位值 = 第\frac{n+1}{2}个数的值（n为奇数时） \tag{7}$$

7.1.1.3 范围偏差（R）也称极差，计算公式见式（8）：

$$R = x_{\max} - x_{\min} \tag{8}$$

式中：$x_{\max}$——最大数值；

$x_{\min}$——最小数值。

7.1.1.4 平均偏差（$\bar{d}$）计算公式见式（9）：

$$\bar{d} = \frac{\sum\limits_{i=1}^{n}|x_i - \bar{x}|}{n} \tag{9}$$

$$\bar{d} = \frac{1}{n}\sum\limits_{i=1}^{n}|x_i - \bar{x}|$$

式中：x_i——某一测量值；

$\bar{x}$——多次测量值的均值。

7.1.1.5 相对平均偏差 $\bar{\bar{d}}$（%）计算公式见式（10）：

$$\bar{\bar{d}} = \frac{\bar{d}}{\bar{x}} \times 100 \tag{10}$$

式中：$\bar{\bar{d}}$——相对平均偏差；

$\bar{d}$——平均偏差。

7.1.1.6 标准偏差

a）实验室内平行性精密度，此时标准偏差 s 计算公式见式（11）：

$$s = \sqrt{\frac{\sum_{i=1}^{n}(x_i - \bar{x})^2}{n-1}} \tag{11}$$

式中：x——标准偏差；

x_i——第 i 个样品的测定值；

$\bar{x}$——n 个样品测定结果的平均值。

b）实验室内的重复性精密度或多次测量的精密度，此时标准偏差 s_r 计算公式见式（12）：

$$s_r = \sqrt{\frac{\sum_{j=1}^{m}\sum_{i=1}^{n}(x_{ij}-\bar{x})^2}{m(n-1)}} \quad 或 \quad s_r = \sqrt{\frac{\sum_{j=1}^{m}s_j^2}{m}} \tag{12}$$

式中：s_r——实验室内重复性标准偏差（重复性精密度）；

m——重复测量次数；

x_{ij}——第 j 次重复测第 i 个样品的测量值。

c）各实验室平均值的标准偏差，用 $s_{\bar{x}j}$ 表示，计算公式见式（13）：

$$s_{\bar{x}j} = \sqrt{\frac{\sum_{j=1}^{p}(\bar{x}_j - \bar{x})^2}{p-1}} \tag{12}$$

式中：$s_{\bar{x}j}$——实验室间平均值的标准偏差；

$\bar{x}_j$——第 j 个实验室的平均值；

$\bar{x}$——所有实验室测量结果的总平均值；

p——实验室个数。

d）实验室间的重现性精密度，标准偏差用 s_r 表示，计算公式见式（14）：

$$s_r = \sqrt{s_{\bar{x}j}^2 + s_r^2 \cdot \frac{n-1}{n}} \tag{14}$$

式中：s_r——实验室间重复性精密度；

$s_{\bar{x}j}^2$——实验室间平均值标准偏差的平方；

s_r^2——实验室内重复性标准偏差的平方。

根据监测对精密度的要求选择相应的计算公式。

7.1.1.7 相对标准偏差（RSD）计算公式见式（15）：

$$RSD = \frac{s}{\bar{x}} \times 100 \tag{15}$$

式中：s——标准偏差；

$\bar{x}$——测定平均值。

7.1.1.8 误差计算公式见式（16）：

$$\varepsilon = \bar{x} - \mu \tag{16}$$

式中：ε——绝对误差；

μ——真值。

7.1.1.9 相对误差（RE）计算公式见式（17）：

$$RE = \frac{\bar{x} - \mu}{\mu} \times 100 \tag{17}$$

7.1.1.10 方差（s^2）计算公式见式（18）：

$$s^2 = \frac{\sum_{i=1}^{n}(x_i - \bar{x})^2}{n-1} \tag{18}$$

7.1.2 有效数字的计算修约规则

按 GB 8170 的规定执行。

7.1.3 可疑数据的取舍

由非标准布点采样或由运输、储存、分析的失误所造成的离群数据和可疑数据无须检验就应剔除。在确认没有失误的情况下，应用 Grubbs、Dixon 法检验剔除。

7.2 监测结果的表示

a）平行样的测定结果用平均值表示。

b）一组测定数据用 Grubbs、Dixon 法检验剔除离群值后以平均值报出。

c）低于分析方法检出限的测定值按"未检出"报出，但应注明检出限。参加统计时，按二分之一检出限计算；但在计算检出限时，按未检出统计。

7.3 监测数据录入的位数

a）表示分析结果的有效数字一般保留三位，但不能超过方法检出限的有效数字位数。

b）表示分析结果精密度的数据，只取一位有效数字。当测定次数很多时，最多只取两位有效数字。

7.4 监测结果统计

样品测定完后，要进行登记统计。农田土壤环境质量监测结果报表见表 A.20，农田土壤环境质量监测结果统计表见表 A.21。

8　农田土壤环境质量监测结果评价

首先根据不同的监测目的，选择适当的评价依据及评价方法对监测点位进行评价；在此基础上对整个监测区域土壤环境质量状况做出评价，包括计算出不同环境质量土壤的面积（或产量）、不同污染物的分担率等，并最终得出监测区域土壤环境质量划分等级，以便合理利用。

8.1　评价依据

8.1.1　累积性评价

以当地同一种类土壤背景值或对照点测定值为累积性评价指标值。

8.1.2　适宜性评价

以同一种土壤类型、同一作物种类、同一污染物有效态安全临界值作为适宜性评价指标值。对目前尚无临界值的污染物，可通过土壤中的污染物对其上种植的农产品产量和安全质量构成的威胁程度做出判定。

8.2　评价方法

8.2.1　累积性评价

比较单一污染物累积程度，用单项累积指数法；比较多种污染物综合累积程度，用综合累积指数法。具体按照《耕地土壤重金属污染评价技术规程》3.1 执行。

累积指数等级划分见《耕地土壤重金属污染评价技术规程》3.1.5 表 1 和表 2。

8.2.2　适宜性评价

根据种植农作物对土壤中污染物的适宜性评价指数以及土壤中污染物对农产品产量和安全质量构成的威胁程度做出适宜性判定。具体按照《耕地土壤重金属污染评价技术规程》3.2 中表 3 执行。

8.3　评价方法的选择

8.3.1　区域背景监测

用累积性评价方法。

8.3.2　土壤污染普查监测

以累积性评价方法为主，在污染严重、累积指数较高的区域仍需做适宜性评价。

8.3.3　产地安全质量划分

用适宜性评价方法。

8.3.4　土壤污染事故调查

根据具体要求进行。一般首先用累积性评价，在污染严重、怀疑可能对农产品质量和安全质量造成危害的区域仍需用适宜性评价。

8.3.5　农田土壤定点监测

用累积性评价方法。

8.4　各类参数计算方法

8.4.1　土壤中污染物单项积累指数

见《耕地土壤重金属污染评价技术规程》3.1 式（1）。

8.4.2　土壤中污染物综合积累指数

见《耕地土壤重金属污染评价技术规程》3.1 式（2）。

8.4.3　土壤中污染物适宜性评价指数

见《耕地土壤重金属污染评价技术规程》3.2 式（3）。

8.4.4　农产品超标率

见《耕地土壤重金属污染评价技术规程》3.2 式（4）。

8.4.5　土壤样本超标率

土壤中污染物适宜性评价指数大于 1 的样本数除以土壤总样本数。

8.4.6　土壤面积超标率

土壤中污染物适宜性评价指标大于 1 的样本代表面积除以土壤监测总面积。

8.4.7　土壤积累性污染分担率

土壤某项积累性污染指数除以土壤中各项累积性污染指数之和。

8.4.8　土壤适宜性污染分担率

土壤某项污染物适宜性评价数除以土壤中各项污染物适宜性评价指数之和。

8.4.9　土壤（不同）累积程度污染区域计算

分别用土壤监测点位不同累积性评价结果（包括单项累积指数和综合累积指数）乘以监测点代表面积（或产量），计算不同积累程度的区域面积（或产量）。

8.4.10　土壤（不同）安全质量区域计算

用土壤环境质量适宜性等级划分结果乘以监测点代表面积（或产量），计算出不同土壤环境质量等级的面积（或产量）。

8.5　农田土壤环境质量适宜性等级划分

按照《耕地土壤重金属污染评价技术规程》3.3 表 4 和《农产品产地适宜性评价技术规范》8 执行。

9　资料整编

9.1　监测的目的和意义及监测背景。

9.2　资料的收集及监测区域的描述包括监测区的自然环境（地形地貌、气候、土壤、地质、水文等）、自然资源条件（光热资源、水资源、生物资源等）、基础设施条件、土地利用方式、土地利用总体规划、污染源分布及污染物排放情况、人文社会条件等。

9.3　布点采样方式的选择及解释。

9.4　样品保存运输。

9.5　监测项目及分析测试方法。

9.6　监测结果统计及评价。

9.7　结果分析及环境质量评价。

9.8　产地安全质量评价图及评表。

a）图件的分类：可分为点位分布图、点位环境质量评价图、监测区单元素环境质量评价图及多元素综合环境质量评价图及环境质量趋势分析图等。具体图件名称及图件数量可视监测任务及监测点位多少而定。

b）图件必须注明编制方法及评价标准。

c）图件基础要素包括居民地、河流及水库、等高线、公路及铁路、区域内污染源、监测区界线、国界、省界及县界、比例尺、指北针等。各种要素在图上标注的详细程度视图件比例尺大小而定。一般的基础图件比例尺越大，则标注的要素越详细。省级的土壤环境质量调查基础底图比例尺应不小于 1∶25 万，县级土壤环境质量调查基础底图比例尺应不小于 1∶5 万。

d）如监测位点较少或监测区面积较小，可只制作点位环境质量评价图。

10　建立数据库

将各监测区域的取样点位、监测任务来源、相关污染源、污染历史、代表面积、监测数据、评价结果等导入数据库存档。

附录 A
（规范性附录）
各种记录表格

表 A.1　土壤及农副产品采样记录单

采样日期：　　年　　月　　日　　天气　　　　　　　　　　　　共　　页第　　页

项目名称				受检单位		
采样地点		经度			纬度	
土壤采样	土样编号			农副产品采样		
	采土深度		样品名称			
	土壤类型		样品编号			
	成土母质		采样部位			
	地形地貌		主要农产品种类、播种面积、产量、所处生长期、生长情况等			
	地下水位					
	地力水平					
	耕作制度					
灌溉水源、方式、灌水时间、用水量等			废水、废气、废渣污染历史及现状			
施用化肥、农药及其他化学品情况			农用固体废物污染			
现场采样记录			采样点位示意图			

校对人＿＿＿＿＿＿　　　　　　　记录人＿＿＿＿＿＿　　　　　　　采样人＿＿＿＿＿＿

表 A.2　土壤（固体废弃物）样品登记表

共　　页 第　　页

样品编号	样品名称	采样深度	土壤类型	采样地点	采样时间	待测项目	备注

收样人_____　　　　送样人_____　　　　采样人_____
收样时间_____　　　　送样时间_____　　　　采样时间_____

表 A.3　农副产品样品登记表

共　　页第　　页

样品编号	样品名称	采样部位	采样地点	采样时间	待测项目	备注

收样人＿＿＿＿＿＿＿　　　　送样人＿＿＿＿＿＿＿　　　　采样人＿＿＿＿＿＿＿

收样时间＿＿＿＿＿　　　　送样时间＿＿＿＿＿　　　　采样时间＿＿＿＿＿

表 A.4 标准溶液配制记录表

标准溶液名称： 标准溶液编号： 第 页

标准样品/ 储备液编号	标准样品/ 储备液名称	标准样品/ 储备液浓度 mg/L	用量 mL	定容体积 mL	最终浓度 mg/L
配制溶液 温度，℃			溶剂等级		
			湿度，%		
配制人			校核人		
配制时间			有效期		
备注					

表 A.5　标准溶液标定原始记录表

第　　页

被标液名称		基准物（液）名称		天平编号		方法依据				
浓度，mol/L		浓度 C_s，mol/L		滴定管编号		标定日期			室温，℃	
重复号	1	2	3	4	空白 V_0	1	2	3	4	空白 V_0
基准物质量 m，g/ 标准液取用量 V_s，mL										
被标液消耗量 V，mL										
被标液浓度，mol/L										
平均值，mol/L										
相对极差，%（≤0.2%）										
两人结果相对极差，%										
计算公式						最终确定浓度，mol/L				
备注										

审核人＿＿＿＿＿＿＿　　　　　复标人＿＿＿＿＿＿＿　　　　　标定人＿＿＿＿＿＿＿

表 A.6　标准溶液配制（稀释）原始记录表

配制日期：　　年　月　日　　　　　　　　　　　　　　　　　　第　页 共　页

标准溶液或基准物质名称		浓（纯）度（　）		等级	
分子式		生产或研制单位		生产日期	
分子量		批（编）号		有效期	
简要配制操作过程				配制方法依据	
计算公式				温度	
				湿度	

原始标准或基准物质		折合目标元素	加入溶剂种类	定容体积 mL	新配标液浓度（　）	备注
名称	取用量（　）	折纯量（　）				

室主任＿＿＿＿＿＿＿　　　　　　校核人＿＿＿＿＿＿＿　　　　　　配制人＿＿＿＿＿＿＿

表 A.7 原子荧光分析原始记录表

分析日期：　　　年　月　日　　　　　　　　　　　　　　　　　　　　共　页　第　页

样品名称		分析项目		方法依据	
仪器名称及编号					
测样地点		室温，℃		湿度，%	
还原剂		负高压，V		灯电流，mA	
屏蔽气流量，mL/min		载气流量，mL/min		加热温度，℃	

标准曲线	浓度 C，μg/L				
	荧光强度，I				
回归方程				相关系数	
计算公式				备注	
前处理及定容分取简要过程					
分析质量控制审核	校准曲线 合格 □ 不合格 □		准确度 合格 □ 不合格 □		精密度 合格 □ 不合格 □

样品编号	分析编号	取样量 mL	定容体积 mL	分取倍数	扣除空白荧光值	样品含量 mg/L	平均值 mg/L	相对标准差 %
备注								

室主任：　　　　　　　　　　校核者：　　　　　　　　　　分析者：
　　年　月　日　　　　　　　　　年　月　日　　　　　　　　年　月　日

表 A.8　原子吸收火焰法实验原始记录

分析日期：　　年　月　日　　　　　　　　　　　　　　　　　　　　　　　共 页 第 页

样品名称		分析项目		方法依据	
仪器名称		原子吸收分光光度计 SpectrAA 220FS YG-004/电子天平 AE240 YZ-001			
仪器条件	波长，nm		环境条件	检测地点	207 室
	狭缝，nm				
	灯电流，mA			室温，℃	
	火焰类型	空气/乙炔		湿度，%	

前处理步骤简述

标准曲线信息	浓度 C，mg/L						
	吸光度 A，Abs						
	回归方程			相关系数			
	计算公式	$\omega=C\times V/m$		备注			

样品编号	分析编号	取样量 m（　）	定容体积 V，mL	稀释倍数 D	吸光度 Abs	测定浓度 $C_0\times D$ mg/L	扣除空白浓度 C mg/L	样品含量 ω（　）	平均值（　）	相对偏差 %

备注

室主任：　　　　　　　　　　校核者：　　　　　　　　　　　　分析者：
　　年　月　日　　　　　　　　　年　月　日　　　　　　　　　年　月　日

表 A.9　原子吸收石墨炉实验原始记录表

分析日期：　　年　月　日　　　　　　　　　　　　　　　　　　　　共　页 第　页

样品名称			分析项目			方法依据	
仪器名称		原子吸收分光光度计 SpectrAA 220Z　YG-005/电子天平 AE240　YZ-001					
仪器条件	波长，nm			环境条件	检测地点		207 室
	狭缝，nm						
	灰化温度，℃						
	原子化温度，℃			室温，℃			
	灯电流，mA			湿度，%			

前处理步骤简述

标准曲线信息	浓度 C，μg/L	
	吸光度 A，Abs	
	回归方程		相关系数	
	计算公式	$\omega = C \times V / m$	备注	

样品编号	分析编号	取样量 m（　）	定容体积 V，mL	稀释倍数 D	吸光度 Abs	测定浓度 $C_0 \times D$ μg/L	扣除空白浓度 C μg/L	样品含量 ω（　）	平均值（　）	相对偏差 %

备注

室主任：　　　　　　　　　　　　校核者：　　　　　　　　　　　　分析者：

　　年　月　日　　　　　　　　　　年　月　日　　　　　　　　　　年　月　日

表 A.10　重量分析原始记录表

分析日期：　　年　月　日　　　　　　　　　　　　　　　　共　页　第　页

样品名称		分析项目	
测试地点		温度、湿度	
计算公式		方法依据	

样品编号	分析编号	取样量（　）	重量（　）		样品重（　）	样品含量（　）	平均值（　）	备注
			载体	载体+样品				

室主任：　　　　　　　　　校核人：　　　　　　　　　检测人：

　　年　月　日　　　　　　　　年　月　日　　　　　　　　年　月　日

表 A.11　容量分析原始记录表

分析日期：　　　年　月　日　　　　　　　　　　　　　　　　　　　　共　页　第　页

样品名称			分析项目	
测试地点			温、湿度	
标准溶液名称及浓度				
计算公式			方法依据	

样品编号	分析编号	取样量（　）	标液用量（　）			扣除空白	样品含量（　）	平均值	备注
			初读数	终读数	消耗量				
分析质量控制审核		校准曲线 合格□ 不合格□		准确度 合格□ 不合格□		精密度 合格□ 不合格□	审核意见		

室主任：　　　　　　　　　　　校核人：　　　　　　　　　　　检测人：
　　　年　月　日　　　　　　　　　年　月　日　　　　　　　　　年　月　日

表 A.12　离子（酸度）计分析原始记录表

分析日期：　　年　月　日　　　　　　　　　　　　　　　　　　　共　页　第　页

样品名称		分析项目		方法依据	
缓冲液		仪器名称		仪器编号	
测试地点		电极型号		温、湿度	
标准 曲线				回归方程	
				相关系数	
计算公式				备　注	

样品 编号	分析 编号	取样量 （　）	定容体积 （　）	测定值 （　）	测定浓度 （　）	扣除空白 （　）	样品含量 （　）	平均值 （　）	备　注
分析质量 控制审核		校准曲线 合格□ 不合格□		准确度 合格□ 不合格□		精密度 合格□ 不合格□	审核意见		

室主任：　　　　　　　　　　　校核人：　　　　　　　　　　　检测人：
　　年　月　日　　　　　　　　　　年　月　日　　　　　　　　　　年　月　日

表 A.13　pH 原始记录表

分析日期：　　年　月　日　　　　　　　　　　　　　　　　　　共　页　第　页

样品名称		方法依据	
仪器名称		仪器编号	
电极型号		温、湿度	
标准缓冲溶液		斜率	
测试地点		备注	

样品编号	取样量（　）	加水体积（　）	pH		平均值	备注
			1 次	2 次		

室主任：　　　　　　　　　　校核人：　　　　　　　　　　　　检测人：

　　年　月　日　　　　　　　　　年　月　日　　　　　　　　　年　月　日

表 A.14 分光光度法测定原始记录表

分析日期： 年 月 日 共 页 第 页

样品名称		分析项目		方法依据	
仪器名称		仪器编号		温、湿度	
参比液		比色皿	cm	测定波长	nm
标准				回归方程	
曲线				相关系数	
计算公式				分析地点	

样品 编号	分析 编号	取样量 （ ）	定容体积 （ ）	吸光度 （ ）	扣除空白 （ ）	测定浓度 （ ）	样品含量 （ ）	平均值 （ ）	备注
分析质量 控制审核	标准曲线 合格□ 不合格□		准确度 合格□ 不合格□		精密度 合格□ 不合格□		审核意见		

室主任： 校核人： 检测人：

年 月 日 年 月 日 年 月 日

表 A.15 ICP-MS 实验原始记录表

分析日期： 年 月 日 共 页 第 页

样品名称				方法依据	
仪器名称	ICP-MS 7500 i			仪器编号	YS-008
温、湿度				测试地点	206 室
仪器条件信息	发射功率		W	采样深度	mm
	载气流量		L/min	进样泵速	0.1 r/s
分析项目元素				元素对应内标	
标准曲线信息	浓度 X, μg/L				
	信号值 Y（Ratio）				
	回归方程			相关系数	
样品前处理方法概述					

样品编号	分析编号	取样质量 g	定容体积 mL	稀释倍数	测定浓度 （ ）	样品含量 （ ）	平均值 （ ）	相对偏差 %

室主任： 校核人： 检测人：

 年 月 日 年 月 日 年 月 日

表 A.16-1　气相色谱法测定有机磷类农药残留原始记录表

仪器条件 共　页　第　页

样品名称					检测日期		
检测地点		室温，℃			湿度，%		
仪器名称编号							
色谱柱					检测依据		
检测器		柱室温度		升温速率 ℃/min	达到温度 ℃	保持时间 min	
进样口温度							
检测器温度			初始温度				
定量方式			1				
载气 N$_2$			2				
mL/min			3				
燃气 H$_2$ mL/min		助燃气 Air mL/min			提取液体积 V_1 mL		
进样方式		分流比			分取体积 V_2 mL		
定容体积 V_3 mL		样品进样体积 V_4 μL			标样进样体积 V_5 μL		
前处理步骤 概述							
计算公式	$$\omega = \frac{C \times V_1 \times V_3 \times V_5 \times A}{m \times V_2 \times V_4 \times A_s}$$						
检测项目							
检测结果							
备　注							

室主任：　　　　　　　　　　校核人：　　　　　　　　　　检测人：

　　年　　月　　日　　　　　　　年　　月　　日　　　　　　　年　　月　　日

表 A.16-2　气相色谱法测定有机磷类农药残留原始记录表

标准样品　　　　　　　　　　　　　　　　　　　　　　　　　　　共　　页　第　　页

标准溶液原始记录							
标样谱图			号	标样谱图			号
组分	质量浓度 C mg/L	保留时间 RT min	峰面积 A_s	组分	质量浓度 C mg/L	保留时间 RT min	峰面积 A_s
备注							

室主任：　　　　　　　　　　校核人：　　　　　　　　　　检测人：

　　年　月　日　　　　　　　　　年　月　日　　　　　　　　　年　月　日

表 A. 16-3　气相色谱法测定有机磷类农药残留原始记录表

检测样品　　　　　　　　　　　　　　　　　　　　　　　　　　共　页　第　页

样品名称			
样品编号			
称样量 m, g			
计算使用标样谱图编号			
保留时间，min			
样品峰面积 A			
测定含量 ω，mg/kg			
平均值，mg/kg			
相对相差，%			
保留时间，min			
样品峰面积 A			
测定含量 ω，mg/kg			
平均值，mg/kg			
相对相差，%			
保留时间，min			
样品峰面积 A			
测定含量 ω，mg/kg			
平均值，mg/kg			
相对相差，%			
保留时间，min			
样品峰面积 A			
测定含量 ω，mg/kg			
平均值，mg/kg			
相对相差，%			
保留时间，min			
样品峰面积 A			
测定含量 ω，mg/kg			
平均值，mg/kg			
相对相差，%			
备注	环境条件、仪器条件、前处理步骤概述和计算公式见标准样品表。计算公式中 A_s 为上述两个计算使用标样峰面积的平均值		

室主任：　　　　　　　　　　　　校核人：　　　　　　　　　　　　检测人：

　　年　月　日　　　　　　　　　　年　月　日　　　　　　　　　　年　月　日

表 A. 16-4　气相色谱法测定有机磷类农药残留原始记录表

质控样品　　　　　　　　　　　　　　　　　　　　　　　　　　　共　　页　第　　页

基质名称或基质样品编号			称样量 m, g		
质控样品编号					
计算使用标样谱图编号					
组分					
添加标样浓度 C_T, mg/L					
添加体积 V_6, mL					
质控添加浓度, mg/kg					
样品空白峰面积 A_{OK}					
保留时间, min					
峰面积 A_{ZK}					
测定含量 ω, mg/kg					
回收率 R, %					
平均值, %					
相对相差, %					
组分					
添加标样浓度 C_T, mg/L					
添加体积 V_6, mL					
质控添加浓度, mg/kg					
样品空白峰面积 A_{OK}					
保留时间, min					
峰面积 A_{ZK}					
测定含量 ω, mg/kg					
回收率 R, %					
平均值, %					
相对相差, %					
组分					
添加标样浓度 C_T, mg/L					
添加体积 V_6, mL					
质控添加浓度, mg/kg					
样品空白峰面积 A_{OK}					
保留时间, min					
峰面积 A_{ZK}					
测定含量 ω, mg/kg					
回收率 R, %					
平均值, %					
相对相差, %					

备注：环境条件、仪器条件、前处理步骤概述见标准样品表。计算公式如下：

$$R = \frac{C \times V_1 \times V_3 \times V_5 \times (A_{ZK} - A_{OK})}{C_T \times m \times V_2 \times V_4 \times V_6 \times A_s} \times 100$$

$$相对误差 = \frac{|\omega_1 - \omega_2|}{(\omega_1 + \omega_2)/2} \times 100$$

允许相对误差：≤15%

室主任：　　　　　　　　　校核人：　　　　　　　　　检测人：

　　年　　月　　日　　　　　　年　　月　　日　　　　　　年　　月　　日

表 A.17-1 液相色谱-荧光法测定氨基甲酸酯类农药残留原始记录表

仪器条件 共 页 第 页

样品名称						检测日期	
检测地点		室温，℃				湿度，%	
仪器名称编号						检测依据	
色谱柱						检测器	
检测波长，nm						柱室温度	℃
反应室温度	℃	流动相及流速	时间 min	流动相		流速 mL/min	
定量方式				水，%	甲醇，%		
NaOH 溶液流速 mL/min							
OPA 试剂流速 mL/min							
提取液体积 V_1 mL							
分取体积 V_2 mL							
定容体积 V_3 mL		样品进样体积 V_4，μL			标样进样体积 V_5，μL		
前处理步骤概述							
计算公式	$\omega = \dfrac{C \times V_1 \times V_3 \times V_5 \times A}{m \times V_2 \times V_4 \times A_s}$						
检测项目							
检测结果							
备注							

室主任： 校核人： 检测人：

　年　月　日 　年　月　日 　年　月　日

表 A.17-2　液相色谱-荧光法测定氨基甲酸酯类农药残留原始记录表

检测样品　　　　　　　　　　　　　　　　　　　　　　　　　　　共　页　第　页

样品名称			
样品编号			
称样量 m, g			
计算使用标样谱图编号			
保留时间，min			
样品峰面积 A			
测定含量 ω, mg/kg			
平均值，mg/kg			
相对相差，%			
保留时间，min			
样品峰面积 A			
测定含量 ω, mg/kg			
平均值，mg/kg			
相对相差，%			
保留时间，min			
样品峰面积 A			
测定含量 ω, mg/kg			
平均值，mg/kg			
相对相差，%			
保留时间，min			
样品峰面积 A			
测定含量 ω, mg/kg			
平均值，mg/kg			
相对相差，%			
保留时间，min			
样品峰面积 A			
测定含量 ω, mg/kg			
平均值，mg/kg			
相对相差，%			
备注	环境条件、仪器条件、前处理步骤概述和计算公式见标准样品表。计算公式中 A_s 为上述两个计算使用标样峰面积的平均值		

室主任：　　　　　　　　　　　校核人：　　　　　　　　　　　检测人：

　　年　月　日　　　　　　　　　　年　月　日　　　　　　　　　　年　月　日

表 A.17-3 液相色谱-荧光法测定氨基甲酸酯类农药残留原始记录表

标准样品

标准溶液原始记录

标样谱图		号			标样谱图		号		
组分	质量浓度 C mg/L	保留时间 RT min	峰面积 A_s		组分	质量浓度 C mg/L	保留时间 RT min	峰面积 A_s	
备注									

室主任： 校核人： 检测人：

　　年　月　日 　　　年　月　日 　　　年　月　日

表 A.17-4 液相色谱-荧光法测定氨基甲酸酯类农药残留原始记录表

质控样品 共 页第 页

基质名称或基质样品编号			称样量 m, g		
质控样品编号					
计算使用标样谱图编号					
组分					
添加标样浓度 C_T, mg/L					
添加体积 V_6, mL					
质控添加浓度, mg/kg					
样品空白峰面积 A_{OK}					
保留时间, min					
峰面积 A_{ZK}					
测定含量 ω, mg/kg					
回收率 R, %					
平均值, %					
相对相差, %					
组分					
添加标样浓度 C_T, mg/L					
添加体积 V_6, mL					
质控添加浓度, mg/kg					
样品空白峰面积 A_{OK}					
保留时间, min					
峰面积 A_{ZK}					
测定含量 ω, mg/kg					
回收率 R, %					
平均值, %					
相对相差, %					
组分					
添加标样浓度 C_T, mg/L					
添加体积 V_6, mL					
质控添加浓度, mg/kg					
样品空白峰面积 A_{OK}					
保留时间, min					
峰面积 A_{ZK}					
测定含量 ω, mg/kg					
回收率 R, %					
平均值, %					
相对相差, %					
备注					

室主任： 校核人： 检测人：

  年 月 日 年 月 日 年 月 日

表 A.18-1　气相色谱-质谱联用法测定农药残留原始记录表

仪器条件　　　　　　　　　　　　　　　　　　　　　　　　共　页　第　页

样品名称							检测日期		
检测地点			室温，℃				湿度，%		
仪器名称编号							检测依据		
色谱柱							检测器		
进样口温度						升温速率 ℃/min	达到温度 ℃	保持时间 min	
离子源温度									
分析器温度					初始温度				
传输区温度			柱室温度		1				
检测模式					2				
载气 He mL/min					3				
					4				
进样方式			分流比			提取液体积 V_1 mL			
分取体积 V_2 mL			定容体积 V_3 mL			样品进样体积 V_4 μL			
前处理步骤 概述									
检测项目									
检测结果									

标准溶液原始记录　　　　　标样谱图　　　　　号

组分	质量浓度 C mg/L	保留时间 RT min	定量离子	峰面积	定性离子	最低检出限 mg/kg

标准溶液原始记录　　　　　标样谱图　　　　　号

组分	质量浓度 C mg/L	保留时间 RT min	定量离子	峰面积	定性离子	最低检出限 mg/kg

室主任：　　　　　　　　　校核人：　　　　　　　　　检测人：

　年　月　日　　　　　　　　年　月　日　　　　　　　　年　月　日

表 A.18-2　气相色谱-质谱联用法测定农药残留原始记录表

检测样品　　　　　　　　　　　　　　　　　　　　　　　　　　　　共　　页　第　　页

样品名称				
样品编号				
称样量 m, g				
计算使用标样谱图编号				
	保留时间, min			
	样品峰面积 A			
	测定含量 ω, mg/kg			
	平均值, mg/kg			
	相对相差, %			
	保留时间, min			
	样品峰面积 A			
	测定含量 ω, mg/kg			
	平均值, mg/kg			
	相对相差, %			
	保留时间, min			
	样品峰面积 A			
	测定含量 ω, mg/kg			
	平均值, mg/kg			
	相对相差, %			
	保留时间, min			
	样品峰面积 A			
	测定含量 ω, mg/kg			
	平均值, mg/kg			
	相对相差, %			
	保留时间, min			
	样品峰面积 A			
	测定含量 ω, mg/kg			
	平均值, mg/kg			
	相对相差, %			
备注	环境条件、仪器条件、前处理步骤概述和计算公式见标准样品表。计算公式中 A_s 为上述两个计算使用标样峰面积的平均值			

室主任：　　　　　　　　　　　　校核人：　　　　　　　　　　　　检测人：

　　年　月　日　　　　　　　　　　年　月　日　　　　　　　　　　年　月　日

表 A.18-3　气相色谱-质谱联用法测定农药残留原始记录表

质控样品　　　　　　　　　　　　　　　　　　　　　　　　　　　共　页　第　页

基质名称或基质样品编号			称样量 m, g		
质控样品编号					
计算使用标样谱图编号					
组分					
添加标样浓度 C_T, mg/L					
添加体积 V_6, mL					
质控添加浓度, mg/kg					
样品空白峰面积 A_{OK}					
保留时间, min					
峰面积 A_{ZK}					
测定含量 ω, mg/kg					
回收率 R, %					
平均值, %					
相对相差, %					
组分					
添加标样浓度 C_T, mg/L					
添加体积 V_6, mL					
质控添加浓度, mg/kg					
样品空白峰面积 A_{OK}					
保留时间, min					
峰面积 A_{ZK}					
测定含量 ω, mg/kg					
回收率 R, %					
平均值, %					
相对相差, %					

备注：环境条件、仪器条件、前处理步骤概述见标准样品表。计算公式如下：

$$R = \frac{C \times V_1 \times V_3 \times V_5 \times (A_{ZK} - A_{OK})}{C_T \times m \times V_2 \times V_4 \times V_6 \times A_s} \times 100$$

$$相对误差 = \frac{|\omega_1 - \omega_2|}{(\omega_1 + \omega_2)/2} \times 100$$

允许相对误差：≤15%

室主任：　　　　　　　　　　　校核人：　　　　　　　　　　　检测人：

　　年　　月　　日　　　　　　　　年　　月　　日　　　　　　　　年　　月　　日

表 A.19-1 气相色谱法测定有机氯及拟除虫菊酯类农药残留原始记录表

仪器条件   共　页　第　页

标样名称				检测日期	
检测地点		室温，℃		湿度，%	
仪器名称编号					
色谱柱				检测依据	
检测器		柱室温度		升温速率 ℃/min	达到温度 ℃	保持时间 min
进样口温度						
检测器温度			初始温度			
定量方式			1			
载气 N$_2$ mL/min			2			
			3			
燃气 H$_2$ mL/min		助燃气 Air mL/min		提取液体积 V_1 mL	
进样方式		分流比，R		分取体积 V_2 mL	
定容体积 V_3 mL		样品进样体积 V_4 μL		标样进样体积 V_5 μL	
前处理步骤 概述					
计算公式	$$\omega = \frac{C \times V_1 \times V_3 \times V_5 \times A}{m \times V_2 \times V_4 \times A_s}$$				
检测项目					
检测结果					
备注					

室主任：　　　　　　　　　　校核人：　　　　　　　　　　检测人：

　年　月　日　　　　　　　　　年　月　日　　　　　　　　　年　月　日

表 A.19-2　气相色谱法测定有机氯及拟除虫菊酯类农药残留原始记录表

标准样品　　　　　　　　　　　　　　　　　　　　　　　　　　　　　　　　共　页第　页

标准溶液原始记录

标样谱图			号	标样谱图			号
组分	质量浓度 C mg/L	保留时间 RT min	峰面积 A_s	组分	质量浓度 C mg/L	保留时间 RT min	峰面积 A_s
备注							

室主任：　　　　　　　　　　校核人：　　　　　　　　　　检测人：
　　年　月　日　　　　　　　　　年　月　日　　　　　　　　　年　月　日

表 A.19-3 气相色谱法测定有机氯及拟除虫菊酯类农药残留原始记录表

检测样品 共 页 第 页

样品名称				
样品编号				
称样量 m, g				
计算使用标样谱图编号				
	保留时间，min			
	样品峰面积 A			
	测定含量 ω, mg/kg			
	平均值，mg/kg			
	相对相差，%			
	保留时间，min			
	样品峰面积 A			
	测定含量 ω, mg/kg			
	平均值，mg/kg			
	相对相差，%			
	保留时间，min			
	样品峰面积 A			
	测定含量 ω, mg/kg			
	平均值，mg/kg			
	相对相差，%			
	保留时间，min			
	样品峰面积 A			
	测定含量 ω, mg/kg			
	平均值，mg/kg			
	相对相差，%			
	保留时间，min			
	样品峰面积 A			
	测定含量 ω, mg/kg			
	平均值，mg/kg			
	相对相差，%			
备注	环境条件、仪器条件、前处理步骤概述和计算公式见标准样品表。计算公式中 A_s 为上述两个计算使用标样峰面积的平均值			

室主任： 校核人： 检测人：

　年　月　日 　　　年　月　日 　　　年　月　日

表 A.19-4 气相色谱法测定有机氯及拟除虫菊酯类农药残留原始记录表

质控样品 共 页 第 页

基质名称或基质样品编号			称样量 m，g		
质控样品编号					
计算使用标样谱图编号					
组分					
添加标样浓度 C_T，mg/L					
添加体积 V_6，mL					
质控添加浓度，mg/kg					
样品空白峰面积 A_{OK}					
保留时间，min					
峰面积 A_{ZK}					
测定含量 ω，mg/kg					
回收率 R，%					
平均值，%					
相对相差，%					
组分					
添加标样浓度 C_T，mg/L					
添加体积 V_6，mL					
质控添加浓度，mg/kg					
样品空白峰面积 A_{OK}					
保留时间，min					
峰面积 A_{ZK}					
测定含量 ω，mg/kg					
回收率 R，%					
平均值，%					
相对相差，%					
组分					
添加标样浓度 C_T，mg/L					
添加体积 V_6，mL					
质控添加浓度，mg/kg					
样品空白峰面积 A_{OK}					
保留时间，min					
峰面积 A_{ZK}					
测定含量 ω，mg/kg					
回收率 R，%					
平均值，%					
相对相差，%					

备注：环境条件、仪器条件、前处理步骤概述见标准样品表。计算公式如下：

$$R = \frac{C \times V_1 \times V_3 \times V_5 \times (A_{ZK} - A_{OK})}{C_T \times m \times V_2 \times V_4 \times V_6 \times A_s} \times 100$$

$$相对误差 = \frac{|\omega_1 - \omega_2|}{(\omega_1 + \omega_2)/2} \times 100$$

允许相对误差：≤15%

室主任： 校核人： 检测人：

年 月 日 年 月 日 年 月 日

表 A.20　农田土壤环境质量监测结果报表

单位：mg/kg

序号	采样地点	采样时间年月日	土壤类型	采样深度cm	pH	铜	锌	铅	镉	镍	汞	砷	铬	六六六	滴滴涕	氢化物	硫化物	…

表 A.21　农田土壤环境质量监测结果统计表

单位：mg/kg

地区	全区耕地面积hm²	全区监测耕地面积hm²	污染物	样本容量	测定范围	平均值	超标率%

NY/T 1119—2012

耕地质量监测技术规程

Technical code for cultivated land quality monitoring

2012-06-06 发布　　　　　　　　　　　　　　　　　　　　　　2012-09-01 实施

前　言

本标准按照 GB/T 1.1—2009 给出的规则起草。

本标准由中华人民共和国农业部种植业管理司提出并归口。

本标准代替 NY/T 1119—2006，与 NY/T 1119—2006 相比，主要差异如下：

——涉及土壤监测的概念改为耕地质量监测；

——增加了耕地、耕地质量、耕地地力、耕地环境质量等概念；

——将土壤 pH 由五年监测内容调整为年度监测内容，在年度监测内容中增加了耕层厚度指标，并要求在无肥区也要采样检测；

——在五年监测内容中增加了土壤全磷、全钾、交换性钙和镁、有效硫、有效硅，并规定五年监测的时间为每个"五年计划"的第一年度；

——增加了"监测涉及的土壤样品应在有土壤肥料检测资质的检测机构检测"的规定；

——增加了监测报告的编写要求。

本标准起草单位：全国农业技术推广服务中心、江苏省土壤肥料技术指导站、河南省土壤肥料站、辽宁省土壤肥料总站、河北省土壤肥料总站、广东省土壤肥料总站、成都土壤肥料测试中心。

本标准主要起草人：辛景树、任意、马常宝、王绪奎、慕兰、李昆、徐志强、汤建东、李思训、吕英华、王晋民、郑磊。

本标准所代替标准的历次版本发布情况为：

——NY/T 1119—2006。

1　范围

本标准规定了耕地质量监测涉及的术语和定义、监测点设置、监测内容、样品采集、处理和储存、样品测定、监测报告编写的技术要求。

本标准适用于耕地质量监测，也适用于园地、牧草地的质量监测。

2　规范性引用文件

下列文件对于本文件的应用是必不可少的。凡是注日期的引用文件，仅注日期的版本适用于本文件。凡是不注日期的引用文件，其最新版本（包括所有的修改单）适用于本文件。

GB/T 17138　土壤质量　铜、锌的测定　火焰原子吸收分光光度法

GB/T 17139　土壤质量　镍的测定　火焰原子吸收分光光度法

GB/T 17141　土壤质量　铅、镉的测定　石墨炉原子吸收分光光度法

GB/T 17296　中国土壤分类与代码

LY/T 1233　森林土壤有效磷的测定

NY/T 52　土壤水分测定法

NY/T 53　土壤全氮测定法

NY/T 86　土壤碳酸盐测定法

NY/T 87　土壤全钾测定法

NY/T 88　土壤全磷测定法

NY/T 295　中性土壤阳离子交换量和交换性盐基的测定

NY/T 395　农田土壤环境质量监测技术规范

NY/T 889　土壤速效钾和缓效钾含量的测定

NY/T 890　土壤有效态锌、锰、铁、铜含量的测定

NY/T 1121.1　土壤检测　第 1 部分：土壤样品的采集、处理和贮存

NY/T 1121.2　土壤检测　第 2 部分：土壤 pH 的测定

NY/T 1121.3　土壤检测　第 3 部分：土壤机械组成的测定

NY/T 1121.4　土壤检测　第 4 部分：土壤容重的测定

NY/T 1121.5　土壤检测　第 5 部分：石灰性土壤阳离子交换量的测定

NY/T 1121.6　土壤检测　第 6 部分：土壤有机质的测定

NY/T 1121.7　土壤检测　第 7 部分：酸性土壤有效磷的测定

NY/T 1121.8　土壤检测　第 8 部分：土壤有效硼的测定

NY/T 1121.9　土壤检测　第 9 部分：土壤有效钼的测定

NY/T 1121.10　土壤检测　第 10 部分：土壤总汞的测定

NY/T 1121.11　土壤检测　第 11 部分：土壤总砷的测定

NY/T 1121.12　土壤检测　第 12 部分：土壤总铬的测定

3　术语和定义

下列术语和定义适用于本文件。

3.1　耕地　cultivated land

能够种植农作物并经常耕种的土地。

3.2　耕地质量　cultivated land quality

耕地满足作物生长和清洁生产的程度，包括耕地地力和耕地环境质量两方面。

3.3　耕地地力　cultivated land productivity

在当前管理水平下，由土壤本身特性、自然条件和基础设施水平等要素综合构成的耕地生产能力。

3.4　耕地环境质量　cultivated land environment quality

耕地土壤中有害物质对人或其他生物产生不良或有害影响的程度。本标准所指耕地环境质量，界定在土壤重金属污染、农药残留与灌溉水质量等方面。

3.5　耕地质量监测　cultivated land monitoring

通过定点调查、观测记载和采样测试等方式，对耕地的理化性状、生产能力和环境质量进行动态评估的一系列工作。

3.6　监测点　cultivated land monitoring site

为进行耕地质量长期定位监测而设置的观测、试验、取样的地块。

4　监测点设置

4.1　设置原则

监测点设立时，应综合考虑土壤类型、耕作制度、地力水平、耕地环境状况、管理水平等因素。同时，应参考有关规划，将监测点设在基本农田保护区内有代表性的地块上，以保持监测点的稳定性、监测数据的连续性。

4.2　监测小区设置

监测点设不施肥处理和常规施肥处理两个小区。

4.2.1　不施肥处理

旱地小区面积 66.7 m^2 以上，水田小区面积 33.3～66.7 m^2；旱地用设置保护行、垒区间小埂等方法隔离，水田用水泥板或其他材料作隔板，防止肥、水横向渗透，隔板高 0.6～0.8 m、厚 0.15 m、埋深 0.3～0.5 m、露出地面 0.3 m。菜地、果园、茶园等可不设置不施肥处理。

4.2.2　常规施肥处理

面积不小于 333.3 m^2 时或直接采用相邻大田的定点观测。以当地主要种植制度、种植方式为主，耕作、栽培等管理方式、施肥水平、作物产量能代表当地一般水平。

5　监测内容

主要监测耕地土壤理化性状、环境质量、作物种类、作物产量、施肥量等有关参数。

5.1　建点时的监测内容

建立监测点时，应调查监测点的立地条件和农业生产概况，建立监测点档案信息。同时，按 NY/T 1121.1 规定的方法挖取土壤剖面，监测各发生层次理化性状。

5.1.1　监测点的立地条件和农业生产概况

主要包括监测点的常年降水量、有效积温、无霜期、地形部位、地块坡度、潜水埋深、排灌条件、种植制度、常年施肥量、作物产量、成土母质和土壤类型等。具体项目和填写说明见附录 A。

5.1.2　监测点土壤剖面的理化性状

监测发生层次深度、颜色、结构、紧实度、容重、新生体、机械组成、化学性状（包括有机质、全氮、全磷、全钾、pH、碳酸钙、阳离子交换量），并拍摄监测点剖面照片。具体项目和填写说明见附录 B。

5.2 年度监测内容

监测田间作业情况、作物产量、施肥量,并在每年最后一季作物收获后、下一季施肥前采集各处理区耕层土壤样品,送有土壤肥料检测资质的机构检测。监测具体项目按附录 C、附录 D 和附录 E 的规定执行。

5.2.1 田间作业情况

记载年度内每季作物的名称、品种(注明是常规品种或杂交品种)、播期、播种方式、收获期、耕作情况、灌排、病虫害防治、自然灾害出现的时间和强度、对作物产量的影响以及其他对监测地块有影响的自然、人为因素。具体项目见附录 C。

5.2.2 作物产量

对不施肥处理和常规施肥处理区的每季作物分别进行果实产量(风干基)和茎叶产量(风干基)的测定。

果实产量测定可以去边行后实打实收,也可以随机抽样测产。随机抽样测产时,全田块取五个以上面积 $1\sim2\ m^2$(细秆作物)或 $5\sim10\ m^2$(粗秆作物)的样方实脱测产。蔬菜不测产,棉花分籽棉和秸秆测产,并把籽棉折成皮棉。

茎叶产量根据小样本测产数据的果实茎叶重量比换算得出。

具体项目见附录 D.2。

5.2.3 施肥情况

监测有机肥和化肥的施肥时期、肥料品种、施肥次数和施用实物量,并记载所施肥料的养分含量,具体项目见附录 D.1。同时,要统计每一季作物施肥折纯量,填入产量与施肥量汇总表,见附录 D.2。

5.2.4 土壤理化性状

监测耕层厚度、耕层土壤 pH 值及有机质、全氮、有效磷、速效钾、缓效钾含量。

具体项目见附录 E。

5.3 五年监测内容

在年度监测内容的基础上,在每个"五年计划"的第一年度增加检测土壤容重、全磷、全钾、中微量元素(交换性钙、镁,有效硫、硅、铁、锰、铜、锌、硼、钼)、重金属元素(镉、汞、铅、铬、砷、镍、铜、锌)。

具体项目见附录 E。

6 土壤样品的采集、处理和储存

按 NY/T 1121.1 规定的方法进行。

7 样品测定

7.1 土壤 pH 的测定

按 NY/T 1121.2 规定的方法测定。

7.2 土壤机械组成的测定

按 NY/T 1121.3 规定的方法测定。

7.3 土壤容重的测定

按 NY/T 1121.4 规定的方法测定。

7.4　土壤水分的测定

按 NY/T 52 规定的方法测定。

7.5　土壤碳酸钙的测定

按 NY/T 86 规定的方法测定。

7.6　土壤阳离子交换量的测定

中性土壤和微酸性土壤按 NY/T 295 规定的方法测定；石灰性土壤按 NY/T 1121.5 规定的方法测定。

7.7　土壤有机质的测定

按 NY/T 1121.6 规定的方法测定。

7.8　土壤全氮的测定

按 NY/T 53 规定的方法测定。

7.9　土壤全磷的测定

按 NY/T 88 规定的方法测定。

7.10　土壤有效磷的测定

石灰性土壤按 LY/T 1233 规定的方法测定；酸性土壤按 NY/T 1121.7 规定的方法测定。

7.11　土壤全钾的测定

按 NY/T 87 规定的方法测定。

7.12　土壤缓效钾和速效钾的测定

按 NY/T 889 规定的方法测定。

7.13　土壤交换性钙和镁的测定

按 NY/T 1121.13 规定的方法测定。

7.14　土壤有效硫的测定

按 NY/T 1121.14 规定的方法测定。

7.15　土壤有效硅的测定

按 NY/T 1121.15 规定的方法测定。

7.16　土壤有效铜、锌、铁、锰的测定

按 NY/T 890 规定的方法测定。

7.17　土壤有效硼的测定

按 NY/T 1121.8 规定的方法测定。

7.18　土壤有效钼的测定

按 NY/T 1121.9 规定的方法测定。

7.19　土壤总汞的测定

按 NY/T 1121.10 规定的方法测定。

7.20　土壤总砷的测定

按 NY/T 1121.11 规定的方法测定。

7.21　土壤总铬的测定

按 NY/T 1121.12 规定的方法测定。

7.22　土壤质量　铅、镉的测定

按 GB/T 17141 规定的方法测定。

7.23　土壤质量　镍的测定

按 GB/T 17139 规定的方法测定。

7.24　土壤质量　铜、锌的测定

按 GB/T 17138 规定的方法测定。

8　监测报告

监测报告应包括监测点基本情况，耕地质量主要性状的现状及变化趋势，农田肥料投入、结构现状及变化趋势，作物产量现状及变化趋势，耕地质量变化原因分析，提高耕地质量的对策和建议等内容。

附录 A

（规范性附录）
监测点基本情况记载表及填表说明

A.1 监测点基本情况记载表见表 A.1。

表 A.1 监测点基本情况记载表

监测点代码： 建点年度（时间）：

基本情况	省（区、市）名			地（市、州、盟）名			
	县（旗、市、区）名			乡（镇）名			
	村名			农户（地块）名			
	县代码			经度，（ ° ′ ″）			
	纬度，（ ° ′ ″）			常年降水量，mm			
	常年有效积温，℃			常年无霜期，d			
	地形部位			地块坡度，（°）			
	海拔高度，m			潜水埋深，m			
	障碍因素			耕地地力水平			
	灌溉能力			排水能力			
	地域分区			熟制分区			
	典型种植制度			产量水平，kg/亩			
	常年施肥量（折纯，kg/亩）	化肥	N		P_2O_5		K_2O	
		有机肥	N		P_2O_5		K_2O	
	田块面积，亩			代表面积，亩			
	土壤代码			成土母质			
	土类			亚类			
	土属			土种			
	景观照片拍摄时间：			剖面照片拍摄时间：			

监测单位：
注：本表建点时填写，详情参见填表说明。

A.2 监测点基本情况记载表填表说明
A.2.1 经纬度坐标
由 GPS 仪（精确到秒的小数点后两位）读取，并转换为北京 54 坐标系后填写。
A.2.2 地形部位
监测田块所处的能影响土壤理化特性的最末一级的地貌单元，如河流冲积平原要区分出河床、河漫滩、阶地等；山麓平原要区分出坡积裙、洪积锥、洪积扇、扇间洼地、扇缘洼地等；黄土丘陵要区分出塬、梁、峁、坪等；丘陵要区分高丘、中丘、低丘、缓丘、漫岗等。在此基础上再进一步细分，如洪积扇上部、中部、下部；黄土丘陵的峁，再冠以峁顶、峁边；南方冲垄稻田则有大冲、小冲、冲头、冲口等。在拍摄景观照片时，应突出这些地貌特征，从照片上判别出监测地块所在的小地貌单元的部位。

A.2.3 障碍因素

指限制产量的主要障碍因素，包括干旱缺水、潜育（水稻土）、渍涝（旱地）、盐碱、瘠薄、风沙、侵蚀、土壤障碍层等。没有明显障碍因素时填无。

A.2.4 潜水埋深

指冬季地下水位的埋深。只有草甸土、潮土、砂姜黑土、水稻土、盐化（碱化）土填写地下水位。

A.2.5 耕地地力水平

指在本省范围内，在当前管理水平下，由土壤本身特性、自然条件和基础设施水平等要素综合构成的耕地生产能力，填高、中或低。

A.2.6 产量水平

注明主要作物名称，并把常年产量用括号标在每种作物的后面。

A.2.7 施肥

填写化肥和有机肥常年平均施用量（折纯量）。

A.2.8 灌溉能力

填写满足、基本满足、无。

A.2.9 排水能力

填写强、中、弱。

A.2.10 土壤代码

按 GB/T 17296 的要求填写。

A.2.11 土壤名称

按全国第二次土壤普查的分类系统命名填写。

A.2.12 代表面积

指该监测点土壤的生产力水平和特性在本省耕地中的代表面积。

A.2.13 成土母质

首先分清是残积物、坡积物、洪积物或冲积物。残积物与母岩有直接关系，可以填写为××岩残积物母质。坡积物、洪积物、冲积物与母岩的关系比较远，判断不清的不要与母岩挂钩，将其性状（厚度、粗细等）描写清楚。对于发育年久的冲积物母质并有一定发育的，如第四纪红土等，不要填写冲积物、洪积物，直接填写其名。

A.2.14 地域分区

填华北、东北、华东、华南、西南或西北。

A.2.15 熟制分区

按熟制情况填写，包括一年一熟、一年两熟、一年三熟、两年三熟等。

A.2.16 典型种植制度

大田按表 A.2 填写，其他按实际情况填写。

表 A.2　典型种植制度

分区	典型种植制度
东北	玉、麦、稻、豆—玉
华北	玉、麦、稻、棉、麦—玉
西北	玉、麦、棉、麦—玉
西南	稻、稻—稻、麦—稻、油—稻、麦（油）— 稻、麦—玉—薯
华南	稻、稻—稻、麦—稻、油—稻、麦（油）— 稻、油（肥、麦）— 稻—稻
华东	稻、稻—稻、麦—稻、油—稻、麦（油）— 稻、油（肥、麦）— 稻—稻

附录 B

（规范性附录）
监测点土壤剖面记载与测试结果表及填表说明

B.1 监测点土壤剖面性状记载与测试结果表见表 B.1。

表 B.1 监测点土壤剖面性状记载表

监测点代码：

项　目		发 生 层 次				
层次代号						
层次名称						
层次深度						
剖面描述	颜色					
	结构					
	紧实度					
	容重，g/cm^3					
	新生体					
	植物根系					
机械组成	$D>2$ mm，%					
	2 mm$\geq D>0.02$ mm，%					
	0.02 mm$\geq D>0.002$ mm，%					
	$D<0.002$ mm，%					
	质地命名					
化学性状	有机质，g/kg					
	全氮，g/kg					
	全磷，g/kg					
	全钾，g/kg					
	pH					
	碳酸钙，g/kg					
	阳离子交换量，cmol/kg					

取样时间：　　　　　　　　　　检测时间：

监测单位：　　　　　　　　　　检测单位：

注：1. 本表建点时填写，详情参见填表说明。
　　2. 机械组成中 D 代表土壤颗粒有效直径。

B.2 监测点土壤剖面性状记载与测试结果表填表说明

B.2.1 层次代号及名称

　　由于监测点均在耕作土壤上，发生层次中一定要把耕层划分出来。耕作层指农业耕作（农机具作业）、施肥、灌溉影响及作物根系分布的集中层段，是人类耕作与熟化自然土壤的部分。其颜色、结构、紧实度等都会有明显的特征和界限。

水稻土发生层次分为耕作层（Aa）、犁底层（Ap）、渗育层（P），潜育层（W）、脱潜层（Gw）、潜育层（G）、漂洗层（E）、腐泥层（M）等；旱地发生层次分为旱耕层（A_{11}）、亚耕层（A_{12}）、心土层（C_1）、底土层（C_2）等。

B.2.2　剖面描述

B.2.2.1　颜色：指土壤在自然状态下的颜色，如土壤由两个或两个以上色调组合而成，在描述时先确定主要颜色和次要颜色，主要颜色放在后，次要颜色放在前。

B.2.2.2　结构：取一大块土，用手轻捏碎，观察其碎块形状及大小。一般有三种类型：横轴与纵轴大致相等，分为块状、团块核状及粒状等结构；横轴大于纵轴者，分为片状和板状结构；横轴小于纵轴者，分为柱状和棱柱状结构。

B.2.2.3　紧实度：土壤在自然状态下的坚实程度，分为松散、疏松、稍坚实和极紧四级。

B.2.2.4　质地（机械组成）：即土壤的沙黏程度，采用国际制土壤质地分级标准。

B.2.2.5　新生体：指土壤形成过程中产生的物质，它不但反映土壤形成过程的特点，而且对土壤的生产性能有很大影响，在观察时对其种类、形状及数量要详细记载。常见的新生体有铁锰结核、铁锰胶膜、二氧化硅粉末、锈纹、锈斑、假菌丝和砂姜等。

B.2.2.6　植物根系：主要看土壤各层根系分布的多少，分为少、中、多和很多四级。

B.2.3　质地分类

按表 B.2 填写。

表 B.2　国际制土壤质地分类表

质地分类			颗粒组成，%		
类别	名称	代号	沙粒 2 mm≥D>0.02 mm	粉（沙）粒 0.02 mm≥D>0.002 mm	黏粒 D<0.002 mm
沙土类	沙土及壤质沙土	LS	85～100	0～15	0～15
壤土类	沙质壤土	SL	55～85	0～45	0～15
	壤土	L	40～55	30～45	0～15
	粉（沙）质壤土	IL	0～55	45～100	0～15
黏壤土类	沙质黏壤土	SCL	55～85	0～30	15～25
	黏壤土	CL	30～55	20～45	15～25
	粉（沙）质黏壤土	ICL	0～40	45～85	15～25
黏土类	沙质黏土	SC	55～75	0～20	25～45
	壤质黏土	LC	10～55	0～45	25～45
	粉（沙）质黏土	IC	0～30	45～75	25～45
	黏土	C	0～55	0～55	45～65
	重黏土	HC	0～35	0～35	65～100

注：D 代表土壤颗粒有效直径。

附录 C
（规范性附录）
监测点田间生产情况表及填表说明

C.1 监测点田间生产情况记载表见表 C.1。

表 C.1 监测点田间生产情况记载表

监测点代码：   监测年度：

项目		第一季	第二季	第三季
作物名称				
品种				
播种期				
收获期				
播种方式				
耕作情况				
灌排水及降水	降水量，mm			
	灌溉设施			
	灌溉方式			
	灌水量，m^3			
	排水方式			
	排水效果			
自然灾害	种类			
	发生时间			
	危害程度			
病虫害发生	种类			
	发生时间			
	危害程度			
	防治方法			
	防治效果			

监测单位：   监测人员：

C.2 监测点田间生产情况记载表填表说明

C.2.1 监测年度的划分

对于一年两熟、一年三熟或两年三熟制地区，年度划分以冬作前一年的播种整地的时间为始到当年最后一季作物收获为止。对于一年一熟制地区，只种一季冬作（冬小麦）实行夏季休闲或只种一季春作（玉米、谷子、高粱、棉花、中稻）实行冬季休闲的，年度划分以前季作物收获后开始，到该季作物收获为止。

C.2.2 播种期和收获期

填写年月日（××××-××-××）。

C.2.3　播种方式

　　机播或机插、人工播种或人工移栽。

C.2.4　耕作情况

　　耕、耙、中耕及除草等。

C.2.5　灌溉设施

　　井灌、渠灌及集雨设施，没有的填无。

C.2.6　灌溉方式

　　地面灌溉分漫灌、沟灌、畦灌；管道灌溉分喷灌、滴灌、小白龙等，没有灌溉能力的填无。

C.2.7　排水方式

　　分排水沟、暗管排水和强排。

C.2.8　排水效果

　　好、一般和差。

C.2.9　自然灾害种类

　　风、雨、雹、旱、涝、霜、冻和冷等。

附录 D
（规范性附录）
产量与施肥情况记载表

表 D.1　施肥明细情况记载表

监测点代码：　　　　　　　　　　　　　　　　　监测年度：

季别	施肥日期	有机肥					化肥				
		品种	养分含量，%			实物量 kg/亩	品种	养分含量，%			实物量 kg/亩
			N	P_2O_5	K_2O			N	P_2O_5	K_2O	
第一季											
第二季											
第三季											

填表日期：　　　　　　　　　　　填表人员：

表 D.2　产量与施肥量汇总表

监测点代码：　　　　　　　　　　　监测年度：

项目			第一季	第二季	第三季
作物名称					
作物品种					
生育期，d					
大田期		起始日期			
		结束日期			
作物产量 kg/亩	无肥区	果实			
		茎叶			
	常规区	果实			
		茎叶			

项目			第一季	第二季	第三季	总计
施肥折纯量 kg/亩	有机肥	N				
		P_2O_5				
		K_2O				
	化肥	N				
		P_2O_5				
		K_2O				

填表日期：　　　　　　　　　　　填表人员：

附录 E

（规范性附录）

监测点土壤理化性状记载表

检测时间： 　　年　　月　　日至　　　年　　月　　日

监测点代码：			监测年度：		
采样地点：			采样时间：		

<table>
<tr><td colspan="7">每年度最后一季作物收获后，下季作物施肥前，采土测定并记载</td></tr>
<tr><td>处理</td><td>耕层厚度
cm</td><td>pH</td><td>有机质
g/kg</td><td>全氮
g/kg</td><td>有效磷
mg/kg</td><td>速效钾
mg/kg</td><td>缓效钾
mg/kg</td></tr>
<tr><td>无肥区</td><td></td><td></td><td></td><td></td><td></td><td></td><td></td></tr>
<tr><td>常规区</td><td></td><td></td><td></td><td></td><td></td><td></td><td></td></tr>
</table>

<table>
<tr><td colspan="7">于每个"五年计划"的第一年度测定并记载</td></tr>
<tr><td rowspan="2">处理</td><td colspan="2">耕层物理性状</td><td colspan="4">中量元素</td></tr>
<tr><td>质地（国际制）</td><td>容重
g/cm³</td><td>交换性钙
cmol/kg</td><td>交换性镁
cmol/kg</td><td>有效硫
mg/kg</td><td>有效硅
mg/kg</td></tr>
<tr><td>无肥区</td><td></td><td></td><td></td><td></td><td></td><td></td></tr>
<tr><td>常规区</td><td></td><td></td><td></td><td></td><td></td><td></td></tr>
</table>

<table>
<tr><td rowspan="2">处理</td><td colspan="2">全量元素，
g/kg</td><td colspan="6">有效性微量元素，mg/kg</td><td colspan="7">土壤环境质量，mg/kg</td></tr>
<tr><td>全磷</td><td>全钾</td><td>铁</td><td>锰</td><td>铜</td><td>锌</td><td>硼</td><td>钼</td><td>铬</td><td>镉</td><td>铅</td><td>砷</td><td>汞</td><td>镍</td><td>铜</td><td>锌</td></tr>
<tr><td>无肥区</td><td></td><td></td><td></td><td></td><td></td><td></td><td></td><td></td><td></td><td></td><td></td><td></td><td></td><td></td><td></td><td></td></tr>
<tr><td>常规区</td><td></td><td></td><td></td><td></td><td></td><td></td><td></td><td></td><td></td><td></td><td></td><td></td><td></td><td></td><td></td><td></td></tr>
</table>

检验单位：（公章）

批准人：　　　　　　　审核人：　　　　　　　编制人：

日期：　　　　　　　　日期：　　　　　　　　日期：

第六章 耕地土壤重金属污染防治政策法规

一、法律（全国人大及其常务委员会）

中华人民共和国土地管理法

（1986年6月25日第六届全国人民代表大会常务委员会第十六次会议通过 根据1988年12月29日第七届全国人民代表大会常务委员会第五次会议《关于修改〈中华人民共和国土地管理法〉的决定》第一次修正 1998年8月29日第九届全国人民代表大会常务委员会第四次会议修订 根据2004年8月28日第十届全国人民代表大会常务委员会第十一次会议《关于修改〈中华人民共和国土地管理法〉的决定》第二次修正 自2004年8月28日起施行）

第一章 总 则

第一条 为了加强土地管理，维护土地的社会主义公有制，保护、开发土地资源，合理利用土地，切实保护耕地，促进社会经济的可持续发展，根据宪法，制定本法。

第二条 中华人民共和国实行土地的社会主义公有制，即全民所有制和劳动群众集体所有制。

全民所有，即国家所有土地的所有权由国务院代表国家行使。

任何单位和个人不得侵占、买卖或者以其他形式非法转让土地。土地使用权可以依法转让。

国家为了公共利益的需要，可以依法对土地实行征收或者征用并给予补偿。

国家依法实行国有土地有偿使用制度。但是，国家在法律规定的范围内划拨国有土地使用权的除外。

第三条 十分珍惜、合理利用土地和切实保护耕地是我国的基本国策。各级人民政府应当采取措施，全面规划，严格管理，保护、开发土地资源，制止非法占用土地的行为。

第四条 国家实行土地用途管制制度。

国家编制土地利用总体规划，规定土地用途，将土地分为农用地、建设用地和未利用地。严格限制农用地转为建设用地，控制建设用地总量，对耕地实行特殊保护。

前款所称农用地是指直接用于农业生产的土地，包括耕地、林地、草地、农田水利用地、养殖水面等；建设用地是指建造建筑物、构筑物的土地，包括城乡住宅和公共设施用地、工矿用地、交通水利设施用地、旅游用地、军事设施用地等；未利用地是指农用地和建设用地以外的土地。

使用土地的单位和个人必须严格按照土地利用总体规划确定的用途使用土地。

第五条　国务院土地行政主管部门统一负责全国土地的管理和监督工作。

县级以上地方人民政府土地行政主管部门的设置及其职责，由省、自治区、直辖市人民政府根据国务院有关规定确定。

第六条　任何单位和个人都有遵守土地管理法律、法规的义务，并有权对违反土地管理法律、法规的行为提出检举和控告。

第七条　在保护和开发土地资源、合理利用土地以及进行有关的科学研究等方面成绩显著的单位和个人，由人民政府给予奖励。

第二章　土地的所有权和使用权

第八条　城市市区的土地属于国家所有。

农村和城市郊区的土地，除由法律规定属于国家所有的以外，属于农民集体所有；宅基地和自留地、自留山，属于农民集体所有。

第九条　国有土地和农民集体所有的土地，可以依法确定给单位或者个人使用。使用土地的单位和个人，有保护、管理和合理利用土地的义务。

第十条　农民集体所有的土地依法属于村农民集体所有的，由村集体经济组织或者村民委员会经营、管理；已经分别属于村内两个以上农村集体经济组织的农民集体所有的，由村内各该农村集体经济组织或者村民小组经营、管理；已经属于乡（镇）农民集体所有的，由乡（镇）农村集体经济组织经营、管理。

第十一条　农民集体所有的土地，由县级人民政府登记造册，核发证书，确认所有权。

农民集体所有的土地依法用于非农业建设的，由县级人民政府登记造册，核发证书，确认建设用地使用权。

单位和个人依法使用的国有土地，由县级以上人民政府登记造册，核发证书，确认使用权；其中，中央国家机关使用的国有土地的具体登记发证机关，由国务院确定。

确认林地、草原的所有权或者使用权，确认水面、滩涂的养殖使用权，分别依照《中华人民共和国森林法》《中华人民共和国草原法》和《中华人民共和国渔业法》的有关规定办理。

第十二条　依法改变土地权属和用途的，应当办理土地变更登记手续。

第十三条　依法登记的土地的所有权和使用权受法律保护，任何单位和个人不得侵犯。

第十四条　农民集体所有的土地由本集体经济组织的成员承包经营，从事种植业、林业、畜牧业、渔业生产。土地承包经营期限为三十年。发包方和承包方应当订立承包合同，约定双方的权利和义务。承包经营土地的农民有保护和按照承包合同约定的用途合理利用土地的义务。农民的土地承包经营权受法律保护。

在土地承包经营期限内，对个别承包经营者之间承包的土地进行适当调整的，必须经村民会议三分之二以上成员或者三分之二以上村民代表的同意，并报乡（镇）人民政府和县级人民政府农业行政主管部门批准。

第十五条　国有土地可以由单位或者个人承包经营，从事种植业、林业、畜牧业、渔业生产。农民集体所有的土地，可以由本集体经济组织以外的单位或者个人承包经营，从事种植业、林业、畜牧业、渔业生产。发包方和承包方应当订立承包合同，约定双方的权利和义务。土地承包经营的期限由承包合同约定。承包经营土地的单位和个人，有保护和按照承包合同约定的用途合理利用土地的义务。

农民集体所有的土地由本集体经济组织以外的单位或者个人承包经营的，必须经村民会议三分之二以上成员或者三分之二以上村民代表的同意，并报乡（镇）人民政府批准。

第十六条　土地所有权和使用权争议，由当事人协商解决；协商不成的，由人民政府处理。

单位之间的争议，由县级以上人民政府处理；个人之间、个人与单位之间的争议，由乡级人民政府或者县级以上人民政府处理。

当事人对有关人民政府的处理决定不服的，可以自接到处理决定通知之日起三十日内，向人民法院起诉。

在土地所有权和使用权争议解决前，任何一方不得改变土地利用现状。

第三章　土地利用总体规划

第十七条　各级人民政府应当依据国民经济和社会发展规划、国土整治和资源环境保护的要求、土地供给能力以及各项建设对土地的需求，组织编制土地利用总体规划。

土地利用总体规划的规划期限由国务院规定。

第十八条　下级土地利用总体规划应当依据上一级土地利用总体规划编制。

地方各级人民政府编制的土地利用总体规划中的建设用地总量不得超过上一级土地利用总体规划确定的控制指标，耕地保有量不得低于上一级土地利用总体规划确定的控制指标。

省、自治区、直辖市人民政府编制的土地利用总体规划，应当确保本行政区域内耕地总量不减少。

第十九条　土地利用总体规划按照下列原则编制：

（一）严格保护基本农田，控制非农业建设占用农用地；

（二）提高土地利用率；

（三）统筹安排各类、各区域用地；

（四）保护和改善生态环境，保障土地的可持续利用；

（五）占用耕地与开发复垦耕地相平衡。

第二十条　县级土地利用总体规划应当划分土地利用区，明确土地用途。

乡（镇）土地利用总体规划应当划分土地利用区，根据土地使用条件，确定每一块土地的用途，并予以公告。

第二十一条　土地利用总体规划实行分级审批。

省、自治区、直辖市的土地利用总体规划，报国务院批准。

省、自治区人民政府所在地的市、人口在一百万以上的城市以及国务院指定的城市的土地利用总体规划，经省、自治区人民政府审查同意后，报国务院批准。

本条第二款、第三款规定以外的土地利用总体规划，逐级上报省、自治区、直辖市人民政府批准；其中，乡（镇）土地利用总体规划可以由省级人民政府授权的设区的市、自治州人民政府批准。

土地利用总体规划一经批准，必须严格执行。

第二十二条 城市建设用地规模应当符合国家规定的标准，充分利用现有建设用地，不占或者尽量少占农用地。

城市总体规划、村庄和集镇规划，应当与土地利用总体规划相衔接，城市总体规划、村庄和集镇规划中建设用地规模不得超过土地利用总体规划确定的城市和村庄、集镇建设用地规模。

在城市规划区内、村庄和集镇规划区内，城市和村庄、集镇建设用地应当符合城市规划、村庄和集镇规划。

第二十三条 江河、湖泊综合治理和开发利用规划，应当与土地利用总体规划相衔接。在江河、湖泊、水库的管理和保护范围以及蓄洪滞洪区内，土地利用应当符合江河、湖泊综合治理和开发利用规划，符合河道、湖泊行洪、蓄洪和输水的要求。

第二十四条 各级人民政府应当加强土地利用计划管理，实行建设用地总量控制。

土地利用年度计划，根据国民经济和社会发展计划、国家产业政策、土地利用总体规划以及建设用地和土地利用的实际状况编制。土地利用年度计划的编制审批程序与土地利用总体规划的编制审批程序相同，一经审批下达，必须严格执行。

第二十五条 省、自治区、直辖市人民政府应当将土地利用年度计划的执行情况列为国民经济和社会发展计划执行情况的内容，向同级人民代表大会报告。

第二十六条 经批准的土地利用总体规划的修改，须经原批准机关批准；未经批准，不得改变土地利用总体规划确定的土地用途。

经国务院批准的大型能源、交通、水利等基础设施建设用地，需要改变土地利用总体规划的，根据国务院的批准文件修改土地利用总体规划。

经省、自治区、直辖市人民政府批准的能源、交通、水利等基础设施建设用地，需要改变土地利用总体规划的，属于省级人民政府土地利用总体规划批准权限内的，根据省级人民政府的批准文件修改土地利用总体规划。

第二十七条 国家建立土地调查制度。

县级以上人民政府土地行政主管部门会同同级有关部门进行土地调查。土地所有者或者使用者应当配合调查，并提供有关资料。

第二十八条 县级以上人民政府土地行政主管部门会同同级有关部门根据土地调查成果、规划土地用途和国家制定的统一标准，评定土地等级。

第二十九条 国家建立土地统计制度。

县级以上人民政府土地行政主管部门和同级统计部门共同制定统计调查方案，依法进行土地统计，定期发布土地统计资料。土地所有者或者使用者应当提供有关资料，不得虚报、瞒报、拒报、迟报。

土地行政主管部门和统计部门共同发布的土地面积统计资料是各级人民政府编制土地利用总体规划的依据。

第三十条 国家建立全国土地管理信息系统，对土地利用状况进行动态监测。

第四章　耕地保护

第三十一条　国家保护耕地，严格控制耕地转为非耕地。

国家实行占用耕地补偿制度。非农业建设经批准占用耕地的，按照"占多少，垦多少"的原则，由占用耕地的单位负责开垦与所占用耕地的数量和质量相当的耕地；没有条件开垦或者开垦的耕地不符合要求的，应当按照省、自治区、直辖市的规定缴纳耕地开垦费，专款用于开垦新的耕地。

省、自治区、直辖市人民政府应当制定开垦耕地计划，监督占用耕地的单位按照计划开垦耕地或者按照计划组织开垦耕地，并进行验收。

第三十二条　县级以上地方人民政府可以要求占用耕地的单位将所占用耕地耕作层的土壤用于新开垦耕地、劣质地或者其他耕地的土壤改良。

第三十三条　省、自治区、直辖市人民政府应当严格执行土地利用总体规划和土地利用年度计划，采取措施，确保本行政区域内耕地总量不减少；耕地总量减少的，由国务院责令在规定期限内组织开垦与所减少耕地的数量与质量相当的耕地，并由国务院土地行政主管部门会同农业行政主管部门验收。个别省、直辖市确因土地后备资源匮乏，新增建设用地后，新开垦耕地的数量不足以补偿所占用耕地的数量的，必须报经国务院批准减免本行政区域内开垦耕地的数量，进行易地开垦。

第三十四条　国家实行基本农田保护制度。下列耕地应当根据土地利用总体规划划入基本农田保护区，严格管理：

（一）经国务院有关主管部门或者县级以上地方人民政府批准确定的粮、棉、油生产基地内的耕地；

（二）有良好的水利与水土保持设施的耕地，正在实施改造计划以及可以改造的中、低产田；

（三）蔬菜生产基地；

（四）农业科研、教学试验田；

（五）国务院规定应当划入基本农田保护区的其他耕地。

各省、自治区、直辖市划定的基本农田应当占本行政区域内耕地的百分之八十以上。

基本农田保护区以乡（镇）为单位进行划区定界，由县级人民政府土地行政主管部门会同同级农业行政主管部门组织实施。

第三十五条　各级人民政府应当采取措施，维护排灌工程设施，改良土壤，提高地力，防止土地荒漠化、盐渍化、水土流失和污染土地。

第三十六条　非农业建设必须节约使用土地，可以利用荒地的，不得占用耕地；可以利用劣地的，不得占用好地。

禁止占用耕地建窑、建坟或者擅自在耕地上建房、挖砂、采石、采矿、取土等。

禁止占用基本农田发展林果业和挖塘养鱼。

第三十七条　禁止任何单位和个人闲置、荒芜耕地。已经办理审批手续的非农业建设占用耕地，一年内不用而又可以耕种并收获的，应当由原耕种该幅耕地的集体或者个人恢复耕种，也可以由用地单位组织耕种；一年以上未动工建设的，应当按照省、自治区、直辖市的规定缴纳闲置费；连续两年未使用的，经原批准机关批准，由县级以上人民政府无偿收回用地单位的土地使用权；该幅土地原为农民集体所有的，应当交由原农村集体经济组织恢复耕种。

在城市规划区范围内，以出让方式取得土地使用权进行房地产开发的闲置土地，依照《中华人民共和国城市房地产管理法》的有关规定办理。

承包经营耕地的单位或者个人连续两年弃耕抛荒的，原发包单位应当终止承包合同，收回发包的耕地。

第三十八条　国家鼓励单位和个人按照土地利用总体规划，在保护和改善生态环境、防止水土流失和土地荒漠化的前提下，开发未利用的土地；适宜开发为农用地的，应当优先开发成农用地。

国家依法保护开发者的合法权益。

第三十九条　开垦未利用的土地，必须经过科学论证和评估，在土地利用总体规划划定的可开垦的区域内，经依法批准后进行。禁止毁坏森林、草原开垦耕地，禁止围湖造田和侵占江河滩地。

根据土地利用总体规划，对破坏生态环境开垦、围垦的土地，有计划有步骤地退耕还林、还牧、还湖。

第四十条　开发未确定使用权的国有荒山、荒地、荒滩从事种植业、林业、畜牧业、渔业生产的，经县级以上人民政府依法批准，可以确定给开发单位或者个人长期使用。

第四十一条　国家鼓励土地整理。县、乡（镇）人民政府应当组织农村集体经济组织，按照土地利用总体规划，对田、水、路、林、村综合整治，提高耕地质量，增加有效耕地面积，改善农业生产条件和生态环境。

地方各级人民政府应当采取措施，改造中、低产田，整治闲散地和废弃地。

第四十二条　因挖损、塌陷、压占等造成土地破坏，用地单位和个人应当按照国家有关规定负责复垦；没有条件复垦或者复垦不符合要求的，应当缴纳土地复垦费，专项用于土地复垦。复垦的土地应当优先用于农业。

第五章　建设用地

第四十三条　任何单位和个人进行建设，需要使用土地的，必须依法申请使用国有土地；但是，兴办乡镇企业和村民建设住宅经依法批准使用本集体经济组织农民集体所有的土地的，或者乡（镇）村公共设施和公益事业建设经依法批准使用农民集体所有的土地的除外。

前款所称依法申请使用的国有土地包括国家所有的土地和国家征收的原属于农民集体所有的土地。

第四十四条　建设占用土地，涉及农用地转为建设用地的，应当办理农用地转用审批手续。

省、自治区、直辖市人民政府批准的道路、管线工程和大型基础设施建设项目、国务院批准的建设项目占用土地，涉及农用地转为建设用地的，由国务院批准。

在土地利用总体规划确定的城市和村庄、集镇建设用地规模范围内，为实施该规划而将农用地转为建设用地的，按土地利用年度计划分批次由原批准土地利用总体规划的机关批准。在已批准的农用地转用范围内，具体建设项目用地可以由市、县人民政府批准。

　　本条第二款、第三款规定以外的建设项目占用土地，涉及农用地转为建设用地的，由省、自治区、直辖市人民政府批准。

　　第四十五条　征收下列土地的，由国务院批准：

　　（一）基本农田；

　　（二）基本农田以外的耕地超过三十五公顷的；

　　（三）其他土地超过七十公顷的。

　　征收前款规定以外的土地的，由省、自治区、直辖市人民政府批准，并报国务院备案。

　　征收农用地的，应当依照本法第四十四条的规定先行办理农用地转用审批。其中，经国务院批准农用地转用的，同时办理征地审批手续，不再另行办理征地审批；经省、自治区、直辖市人民政府在征地批准权限内批准农用地转用的，同时办理征地审批手续，不再另行办理征地审批，超过征地批准权限的，应当依照本条第一款的规定另行办理征地审批。

　　第四十六条　国家征收土地的，依照法定程序批准后，由县级以上地方人民政府予以公告并组织实施。

　　被征收土地的所有权人、使用权人应当在公告规定期限内，持土地权属证书到当地人民政府土地行政主管部门办理征地补偿登记。

　　第四十七条　征收土地的，按照被征收土地的原用途给予补偿。

　　征收耕地的补偿费用包括土地补偿费、安置补助费以及地上附着物和青苗的补偿费。征收耕地的土地补偿费，为该耕地被征收前三年平均年产值的六至十倍。征收耕地的安置补助费，按照需要安置的农业人口数计算。需要安置的农业人口数，按照被征收的耕地数量除以征地前被征收单位平均每人占有耕地的数量计算。每一个需要安置的农业人口的安置补助费标准，为该耕地被征收前三年平均年产值的四至六倍。但是，每公顷被征收耕地的安置补助费，最高不得超过被征收前三年平均年产值的十五倍。

　　征收其他土地的土地补偿费和安置补助费标准，由省、自治区、直辖市参照征收耕地的土地补偿费和安置补助费的标准规定。

　　被征收土地上的附着物和青苗的补偿标准，由省、自治区、直辖市规定。

　　征收城市郊区的菜地，用地单位应当按照国家有关规定缴纳新菜地开发建设基金。

　　依照本条第二款的规定支付土地补偿费和安置补助费，尚不能使需要安置的农民保持原有生活水平的，经省、自治区、直辖市人民政府批准，可以增加安置补助费。但是，土地补偿费和安置补助费的总和不得超过土地被征收前三年平均年产值的三十倍。

　　国务院根据社会、经济发展水平，在特殊情况下，可以提高征收耕地的土地补偿费和安置补助费的标准。

　　第四十八条　征地补偿安置方案确定后，有关地方人民政府应当公告，并听取被征地的农村集体经济组织和农民的意见。

　　第四十九条　被征地的农村集体经济组织应当将征收土地的补偿费用的收支状况向本集体经济组织的成员公布，接受监督。

　　禁止侵占、挪用被征收土地单位的征地补偿费用和其他有关费用。

　　第五十条　地方各级人民政府应当支持被征地的农村集体经济组织和农民从事开发经营，兴办企业。

　　第五十一条　大中型水利、水电工程建设征收土地的补偿费标准和移民安置办法，由国务院另行规定。

第五十二条   建设项目可行性研究论证时,土地行政主管部门可以根据土地利用总体规划、土地利用年度计划和建设用地标准,对建设用地有关事项进行审查,并提出意见。

第五十三条   经批准的建设项目需要使用国有建设用地的,建设单位应当持法律、行政法规规定的有关文件,向有批准权的县级以上人民政府土地行政主管部门提出建设用地申请,经土地行政主管部门审查,报本级人民政府批准。

第五十四条   建设单位使用国有土地,应当以出让等有偿使用方式取得;但是,下列建设用地,经县级以上人民政府依法批准,可以以划拨方式取得:

(一)国家机关用地和军事用地;

(二)城市基础设施用地和公益事业用地;

(三)国家重点扶持的能源、交通、水利等基础设施用地;

(四)法律、行政法规规定的其他用地。

第五十五条   以出让等有偿使用方式取得国有土地使用权的建设单位,按照国务院规定的标准和办法,缴纳土地使用权出让金等土地有偿使用费和其他费用后,方可使用土地。

自本法施行之日起,新增建设用地的土地有偿使用费,百分之三十上缴中央财政,百分之七十留给有关地方人民政府,都专项用于耕地开发。

第五十六条   建设单位使用国有土地的,应当按照土地使用权出让等有偿使用合同的约定或者土地使用权划拨批准文件的规定使用土地;确需改变该幅土地建设用途的,应当经有关人民政府土地行政主管部门同意,报原批准用地的人民政府批准。其中,在城市规划区内改变土地用途的,在报批前,应当先经有关城市规划行政主管部门同意。

第五十七条   建设项目施工和地质勘查需要临时使用国有土地或者农民集体所有的土地的,由县级以上人民政府土地行政主管部门批准。其中,在城市规划区内的临时用地,在报批前,应当先经有关城市规划行政主管部门同意。土地使用者应当根据土地权属,与有关土地行政主管部门或者农村集体经济组织、村民委员会签订临时使用土地合同,并按照合同的约定支付临时使用土地补偿费。

临时使用土地的使用者应当按照临时使用土地合同约定的用途使用土地,并不得修建永久性建筑物。

临时使用土地期限一般不超过两年。

第五十八条   有下列情形之一的,由有关人民政府土地行政主管部门报经原批准用地的人民政府或者有批准权的人民政府批准,可以收回国有土地使用权:

(一)为公共利益需要使用土地的;

(二)为实施城市规划进行旧城区改建,需要调整使用土地的;

(三)土地出让等有偿使用合同约定的使用期限届满,土地使用者未申请续期或者申请续期未获批准的;

(四)因单位撤销、迁移等原因,停止使用原划拨的国有土地的;

(五)公路、铁路、机场、矿场等经核准报废的。

依照前款第(一)项、第(二)项的规定收回国有土地使用权的,对土地使用权人应当给予适当补偿。

第五十九条   乡镇企业、乡(镇)村公共设施、公益事业、农村村民住宅等乡(镇)

村建设，应当按照村庄和集镇规划，合理布局，综合开发，配套建设；建设用地，应当符合乡（镇）土地利用总体规划和土地利用年度计划，并依照本法第四十四条、第六十条、第六十一条、第六十二条的规定办理审批手续。

第六十条 农村集体经济组织使用乡（镇）土地利用总体规划确定的建设用地兴办企业或者与其他单位、个人以土地使用权入股、联营等形式共同举办企业的，应当持有关批准文件，向县级以上地方人民政府土地行政主管部门提出申请，按照省、自治区、直辖市规定的批准权限，由县级以上地方人民政府批准；其中，涉及占用农用地的，依照本法第四十四条的规定办理审批手续。

按照前款规定兴办企业的建设用地，必须严格控制。省、自治区、直辖市可以按照乡镇企业的不同行业和经营规模，分别规定用地标准。

第六十一条 乡（镇）村公共设施、公益事业建设，需要使用土地的，经乡（镇）人民政府审核，向县级以上地方人民政府土地行政主管部门提出申请，按照省、自治区、直辖市规定的批准权限，由县级以上地方人民政府批准；其中，涉及占用农用地的，依照本法第四十四条的规定办理审批手续。

第六十二条 农村村民一户只能拥有一处宅基地，其宅基地的面积不得超过省、自治区、直辖市规定的标准。

农村村民建住宅，应当符合乡（镇）土地利用总体规划，并尽量使用原有的宅基地和村内空闲地。

农村村民住宅用地，经乡（镇）人民政府审核，由县级人民政府批准；其中，涉及占用农用地的，依照本法第四十四条的规定办理审批手续。

农村村民出卖、出租住房后，再申请宅基地的，不予批准。

第六十三条 农民集体所有的土地的使用权不得出让、转让或者出租用于非农业建设；但是，符合土地利用总体规划并依法取得建设用地的企业，因破产、兼并等情形致使土地使用权依法发生转移的除外。

第六十四条 在土地利用总体规划制定前已建的不符合土地利用总体规划确定的用途的建筑物、构筑物，不得重建、扩建。

第六十五条 有下列情形之一的，农村集体经济组织报经原批准用地的人民政府批准，可以收回土地使用权：

（一）为乡（镇）村公共设施和公益事业建设，需要使用土地的；

（二）不按照批准的用途使用土地的；

（三）因撤销、迁移等原因而停止使用土地的。

依照前款第（一）项规定收回农民集体所有的土地的，对土地使用权人应当给予适当补偿。

第六章 监督检查

第六十六条 县级以上人民政府土地行政主管部门对违反土地管理法律、法规的行为进行监督检查。

土地管理监督检查人员应当熟悉土地管理法律、法规，忠于职守、秉公执法。

第六十七条 县级以上人民政府土地行政主管部门履行监督检查职责时，有权采取下列措施：

（一）要求被检查的单位或者个人提供有关土地权利的文件和资料，进行查阅或者予以复制；

（二）要求被检查的单位或者个人就有关土地权利的问题做出说明；

（三）进入被检查单位或者个人非法占用的土地现场进行勘测；

（四）责令非法占用土地的单位或者个人停止违反土地管理法律、法规的行为。

第六十八条　土地管理监督检查人员履行职责，需要进入现场进行勘测、要求有关单位或者个人提供文件、资料和做出说明的，应当出示土地管理监督检查证件。

第六十九条　有关单位和个人对县级以上人民政府土地行政主管部门就土地违法行为进行的监督检查应当支持与配合，并提供工作方便，不得拒绝与阻碍土地管理监督检查人员依法执行职务。

第七十条　县级以上人民政府土地行政主管部门在监督检查工作中发现国家工作人员的违法行为，依法应当给予行政处分的，应当依法予以处理；自己无权处理的，应当向同级或者上级人民政府的行政监察机关提出行政处分建议书，有关行政监察机关应当依法予以处理。

第七十一条　县级以上人民政府土地行政主管部门在监督检查工作中发现土地违法行为构成犯罪的，应当将案件移送有关机关，依法追究刑事责任；尚不构成犯罪的，应当依法给予行政处罚。

第七十二条　依照本法规定应当给予行政处罚，而有关土地行政主管部门不给予行政处罚的，上级人民政府土地行政主管部门有权责令有关土地行政主管部门做出行政处罚决定或者直接给予行政处罚，并给予有关土地行政主管部门的负责人行政处分。

第七章　法律责任

第七十三条　买卖或者以其他形式非法转让土地的，由县级以上人民政府土地行政主管部门没收违法所得；对违反土地利用总体规划擅自将农用地改为建设用地的，限期拆除在非法转让的土地上新建的建筑物和其他设施，恢复土地原状，对符合土地利用总体规划的，没收在非法转让的土地上新建的建筑物和其他设施，可以并处罚款；对直接负责的主管人员和其他直接责任人员，依法给予行政处分，构成犯罪的，依法追究刑事责任。

第七十四条　违反本法规定，占用耕地建窑、建坟或者擅自在耕地上建房、挖砂、采石、采矿、取土等，破坏种植条件的，或者因开发土地造成土地荒漠化、盐渍化的，由县级以上人民政府土地行政主管部门责令限期改正或者治理，可以并处罚款；构成犯罪的，依法追究刑事责任。

第七十五条　违反本法规定，拒不履行土地复垦义务的，由县级以上人民政府土地行政主管部门责令限期改正；逾期不改正的，责令缴纳复垦费，专项用于土地复垦，可以处以罚款。

第七十六条　未经批准或者采取欺骗手段骗取批准，非法占用土地的，由县级以上人民政府土地行政主管部门责令退还非法占用的土地，对违反土地利用总体规划擅自将农用地改为建设用地的，限期拆除在非法占用的土地上新建的建筑物和其他设施，恢复土地原状，对符合土地利用总体规划的，没收在非法占用的土地上新建的建筑物和其他设施，可以并处罚款；对非法占用土地单位的直接负责的主管人员和其他直接责任人员，依法给予行政处分，构成犯罪的，依法追究刑事责任。

超过批准的数量占用土地，多占的土地以非法占用土地论处。

第七十七条　农村村民未经批准或者采取欺骗手段骗取批准，非法占用土地建住宅的，由县级以上人民政府土地行政主管部门责令退还非法占用的土地，限期拆除在非法占用的土地上新建的房屋。

超过省、自治区、直辖市规定的标准，多占的土地以非法占用土地论处。

第七十八条　无权批准征收、使用土地的单位或者个人非法批准占用土地的，超越批准权限非法批准占用土地的，不按照土地利用总体规划确定的用途批准用地的，或者违反法律规定的程序批准占用、征收土地的，其批准文件无效，对非法批准征收、使用土地的直接负责的主管人员和其他直接责任人员，依法给予行政处分，构成犯罪的，依法追究刑事责任。非法批准、使用的土地应当收回，有关当事人拒不归还的，以非法占用土地论处。

非法批准征收、使用土地，对当事人造成损失的，依法应当承担赔偿责任。

第七十九条　侵占、挪用被征收土地单位的征地补偿费用和其他有关费用，构成犯罪的，依法追究刑事责任；尚不构成犯罪的，依法给予行政处分。

第八十条　依法收回国有土地使用权当事人拒不交出土地的，临时使用土地期满拒不归还的，或者不按照批准的用途使用国有土地的，由县级以上人民政府土地行政主管部门责令交还土地，处以罚款。

第八十一条　擅自将农民集体所有的土地的使用权出让、转让或者出租用于非农业建设的，由县级以上人民政府土地行政主管部门责令限期改正，没收违法所得，并处罚款。

第八十二条　不依照本法规定办理土地变更登记的，由县级以上人民政府土地行政主管部门责令其限期办理。

第八十三条　依照本法规定，责令限期拆除在非法占用的土地上新建的建筑物和其他设施的，建设单位或者个人必须立即停止施工，自行拆除；对继续施工的，做出处罚决定的机关有权制止。建设单位或者个人对责令限期拆除的行政处罚决定不服的，可以在接到责令限期拆除决定之日起十五日内，向人民法院起诉；期满不起诉又不自行拆除的，由做出处罚决定的机关依法申请人民法院强制执行，费用由违法者承担。

第八十四条　土地行政主管部门的工作人员玩忽职守、滥用职权、徇私舞弊，构成犯罪的，依法追究刑事责任；尚不构成犯罪的，依法给予行政处分。

第八章　附　则

第八十五条　中外合资经营企业、中外合作经营企业、外资企业使用土地的，适用本法；法律另有规定的，从其规定。

第八十六条　本法自 1999 年 1 月 1 日起施行。

中华人民共和国农产品质量安全法

（2006年4月29日第十届全国人民代表大会常务委员会第二十一次会议通过　自2006年11月1日起施行）

第一章　总　则

第一条　为保障农产品质量安全，维护公众健康，促进农业和农村经济发展，制定本法。

第二条　本法所称农产品，是指来源于农业的初级产品，即在农业活动中获得的植物、动物、微生物及其产品。

本法所称农产品质量安全，是指农产品质量符合保障人的健康、安全的要求。

第三条　县级以上人民政府农业行政主管部门负责农产品质量安全的监督管理工作；县级以上人民政府有关部门按照职责分工，负责农产品质量安全的有关工作。

第四条　县级以上人民政府应当将农产品质量安全管理工作纳入本级国民经济和社会发展规划，并安排农产品质量安全经费，用于开展农产品质量安全工作。

第五条　县级以上地方人民政府统一领导、协调本行政区域内的农产品质量安全工作，并采取措施，建立健全农产品质量安全服务体系，提高农产品质量安全水平。

第六条　国务院农业行政主管部门应当设立由有关方面专家组成的农产品质量安全风险评估专家委员会，对可能影响农产品质量安全的潜在危害进行风险分析和评估。

国务院农业行政主管部门应当根据农产品质量安全风险评估结果采取相应的管理措施，并将农产品质量安全风险评估结果及时通报国务院有关部门。

第七条　国务院农业行政主管部门和省、自治区、直辖市人民政府农业行政主管部门应当按照职责权限，发布有关农产品质量安全状况信息。

第八条　国家引导、推广农产品标准化生产，鼓励和支持生产优质农产品，禁止生产、销售不符合国家规定的农产品质量安全标准的农产品。

第九条　国家支持农产品质量安全科学技术研究，推行科学的质量安全管理方法，推广先进安全的生产技术。

第十条　各级人民政府及有关部门应当加强农产品质量安全知识的宣传，提高公众的农产品质量安全意识，引导农产品生产者、销售者加强质量安全管理，保障农产品消费安全。

第二章　农产品质量安全标准

第十一条　国家建立健全农产品质量安全标准体系。农产品质量安全标准是强制性的技术规范。

农产品质量安全标准的制定和发布，依照有关法律、行政法规的规定执行。

第十二条　制定农产品质量安全标准应当充分考虑农产品质量安全风险评估结果，并听取农产品生产者、销售者和消费者的意见，保障消费安全。

第十三条　农产品质量安全标准应当根据科学技术发展水平以及农产品质量安全的需要，及时修订。

第十四条　农产品质量安全标准由农业行政主管部门商有关部门组织实施。

第三章　农产品产地

第十五条　县级以上地方人民政府农业行政主管部门按照保障农产品质量安全的要求，根据农产品品种特性和生产区域大气、土壤、水体中有毒有害物质状况等因素，认为不适宜特定农产品生产的，提出禁止生产的区域，报本级人民政府批准后公布。具体办法由国务院农业行政主管部门商国务院环境保护行政主管部门制定。

农产品禁止生产区域的调整，依照前款规定的程序办理。

第十六条　县级以上人民政府应当采取措施，加强农产品基地建设，改善农产品的生产条件。

县级以上人民政府农业行政主管部门应当采取措施，推进保障农产品质量安全的标准化生产综合示范区、示范农场、养殖小区和无规定动植物疫病区的建设。

第十七条　禁止在有毒有害物质超过规定标准的区域生产、捕捞、采集食用农产品和建立农产品生产基地。

第十八条　禁止违反法律、法规的规定向农产品产地排放或者倾倒废水、废气、固体废物或者其他有毒有害物质。

农业生产用水和用作肥料的固体废物，应当符合国家规定的标准。

第十九条　农产品生产者应当合理使用化肥、农药、兽药、农用薄膜等化工产品，防止对农产品产地造成污染。

第四章　农产品生产

第二十条　国务院农业行政主管部门和省、自治区、直辖市人民政府农业行政主管部门应当制定保障农产品质量安全的生产技术要求和操作规程。县级以上人民政府农业行政主管部门应当加强对农产品生产的指导。

第二十一条　对可能影响农产品质量安全的农药、兽药、饲料和饲料添加剂、肥料、兽医器械，依照有关法律、行政法规的规定实行许可制度。

国务院农业行政主管部门和省、自治区、直辖市人民政府农业行政主管部门应当定期对可能危及农产品质量安全的农药、兽药、饲料和饲料添加剂、肥料等农业投入品进行监督抽查，并公布抽查结果。

第二十二条　县级以上人民政府农业行政主管部门应当加强对农业投入品使用的管理和指导，建立健全农业投入品的安全使用制度。

第二十三条　农业科研教育机构和农业技术推广机构应当加强对农产品生产者质量安全知识和技能的培训。

第二十四条　农产品生产企业和农民专业合作经济组织应当建立农产品生产记录，如实记载下列事项：

（一）使用农业投入品的名称、来源、用法、用量和使用、停用的日期；

（二）动物疫病、植物病虫草害的发生和防治情况；

（三）收获、屠宰或者捕捞的日期。

农产品生产记录应当保存两年。禁止伪造农产品生产记录。

国家鼓励其他农产品生产者建立农产品生产记录。

第二十五条　农产品生产者应当按照法律、行政法规和国务院农业行政主管部门的规定，合理使用农业投入品，严格执行农业投入品使用安全间隔期或者休药期的规定，防止危及农产品质量安全。

禁止在农产品生产过程中使用国家明令禁止使用的农业投入品。

第二十六条　农产品生产企业和农民专业合作经济组织，应当自行或者委托检测机构对农产品质量安全状况进行检测；经检测不符合农产品质量安全标准的农产品，不得销售。

第二十七条　农民专业合作经济组织和农产品行业协会对其成员应当及时提供生产技术服务，建立农产品质量安全管理制度，健全农产品质量安全控制体系，加强自律管理。

第五章　农产品包装和标识

第二十八条　农产品生产企业、农民专业合作经济组织以及从事农产品收购的单位或者个人销售的农产品，按照规定应当包装或者附加标识的，须经包装或者附加标识后方可销售。包装物或者标识上应当按照规定标明产品的品名、产地、生产者、生产日期、保质期、产品质量等级等内容；使用添加剂的，还应当按照规定标明添加剂的名称。具体办法由国务院农业行政主管部门制定。

第二十九条　农产品在包装、保鲜、储存、运输中所使用的保鲜剂、防腐剂、添加剂等材料，应当符合国家有关强制性的技术规范。

第三十条　属于农业转基因生物的农产品，应当按照农业转基因生物安全管理的有关规定进行标识。

第三十一条　依法需要实施检疫的动植物及其产品，应当附具检疫合格标志、检疫合格证明。

第三十二条　销售的农产品必须符合农产品质量安全标准，生产者可以申请使用无公害农产品标志。农产品质量符合国家规定的有关优质农产品标准的，生产者可以申请使用相应的农产品质量标志。

禁止冒用前款规定的农产品质量标志。

第六章　监督检查

第三十三条　有下列情形之一的农产品，不得销售：

（一）含有国家禁止使用的农药、兽药或者其他化学物质的；

（二）农药、兽药等化学物质残留或者含有的重金属等有毒有害物质不符合农产品质量安全标准的；

（三）含有的致病性寄生虫、微生物或者生物毒素不符合农产品质量安全标准的；

（四）使用的保鲜剂、防腐剂、添加剂等材料不符合国家有关强制性的技术规范的；

（五）其他不符合农产品质量安全标准的。

第三十四条　国家建立农产品质量安全监测制度。县级以上人民政府农业行政主管部门应当按照保障农产品质量安全的要求，制定并组织实施农产品质量安全监测计划，对生产中或者市场上销售的农产品进行监督抽查。监督抽查结果由国务院农业行政主管部门或者省、自治区、直辖市人民政府农业行政主管部门按照权限予以公布。

监督抽查检测应当委托符合本法第三十五条规定条件的农产品质量安全检测机构进行，不得向被抽查人收取费用，抽取的样品不得超过国务院农业行政主管部门规定的数量。上级农业行政主管部门监督抽查的农产品，下级农业行政主管部门不得另行重复抽查。

第三十五条　农产品质量安全检测应当充分利用现有的符合条件的检测机构。

从事农产品质量安全检测的机构，必须具备相应的检测条件和能力，由省级以上人民政府农业行政主管部门或者其授权的部门考核合格。具体办法由国务院农业行政主管部门制定。

农产品质量安全检测机构应当依法经计量认证合格。

第三十六条　农产品生产者、销售者对监督抽查检测结果有异议的，可以自收到检测结果之日起五日内，向组织实施农产品质量安全监督抽查的农业行政主管部门或者其上级农业行政主管部门申请复检。

采用国务院农业行政主管部门会同有关部门认定的快速检测方法进行农产品质量安全监督抽查检测，被抽查人对检测结果有异议的，可以自收到检测结果时起四小时内申请复检。复检不得采用快速检测方法。

因检测结果错误给当事人造成损害的，依法承担赔偿责任。

第三十七条　农产品批发市场应当设立或者委托农产品质量安全检测机构，对进场销售的农产品质量安全状况进行抽查检测；发现不符合农产品质量安全标准的，应当要求销售者立即停止销售，并向农业行政主管部门报告。

农产品销售企业对其销售的农产品，应当建立健全进货检查验收制度；经查验不符合农产品质量安全标准的，不得销售。

第三十八条　国家鼓励单位和个人对农产品质量安全进行社会监督。任何单位和个人都有权对违反本法的行为进行检举、揭发和控告。有关部门收到相关的检举、揭发和控告后，应当及时处理。

第三十九条　县级以上人民政府农业行政主管部门在农产品质量安全监督检查中，可以对生产、销售的农产品进行现场检查，调查了解农产品质量安全的有关情况，查阅、复制与农产品质量安全有关的记录和其他资料；对经检测不符合农产品质量安全标准的农产品，有权查封、扣押。

第四十条　发生农产品质量安全事故时，有关单位和个人应当采取控制措施，及时向所在地乡级人民政府和县级人民政府农业行政主管部门报告；收到报告的机关应当及时处理并报上一级人民政府和有关部门。发生重大农产品质量安全事故时，农业行政主管部门应当及时通报同级食品药品监督管理部门。

第四十一条　县级以上人民政府农业行政主管部门在农产品质量安全监督管理中发现有本法第三十三条所列情形之一的农产品，应当按照农产品质量安全责任追究制度的要求，查明责任人，依法予以处理或者提出处理建议。

第四十二条　进口的农产品必须按照国家规定的农产品质量安全标准进行检验；尚未制定有关农产品质量安全标准的，应当依法及时制定，未制定之前，可以参照国家有关部门指定的国外有关标准进行检验。

第七章　法律责任

第四十三条　农产品质量安全监督管理人员不依法履行监督职责，或者滥用职权的，依法给予行政处分。

第四十四条　农产品质量安全检测机构伪造检测结果的，责令改正，没收违法所得，并处五万元以上十万元以下罚款，对直接负责的主管人员和其他直接责任人员处一万元以上五万元以下罚款；情节严重的，撤销其检测资格；造成损害的，依法承担赔偿责任。

农产品质量安全检测机构出具检测结果不实，造成损害的，依法承担赔偿责任；造成重大损害的，并撤销其检测资格。

第四十五条　违反法律、法规规定，向农产品产地排放或者倾倒废水、废气、固体废物或者其他有毒有害物质的，依照有关环境保护法律、法规的规定处罚；造成损害的，依法承担赔偿责任。

第四十六条　使用农业投入品违反法律、行政法规和国务院农业行政主管部门的规定的，依照有关法律、行政法规的规定处罚。

第四十七条　农产品生产企业、农民专业合作经济组织未建立或者未按照规定保存农产品生产记录的，或者伪造农产品生产记录的，责令限期改正；逾期不改正的，可以处两千元以下罚款。

第四十八条　违反本法第二十八条规定，销售的农产品未按照规定进行包装、标识的，责令限期改正；逾期不改正的，可以处两千元以下罚款。

第四十九条　有本法第三十三条第四项规定情形，使用的保鲜剂、防腐剂、添加剂等材料不符合国家有关强制性的技术规范的，责令停止销售，对被污染的农产品进行无害化处理，对不能进行无害化处理的予以监督销毁；没收违法所得，并处两千元以上两万元以下罚款。

第五十条　农产品生产企业、农民专业合作经济组织销售的农产品有本法第三十三条第一项至第三项或者第五项所列情形之一的，责令停止销售，追回已经销售的农产品，对违法销售的农产品进行无害化处理或者予以监督销毁；没收违法所得，并处两千元以上两万元以下罚款。

农产品销售企业销售的农产品有前款所列情形的，依照前款规定处理、处罚。

农产品批发市场中销售的农产品有第一款所列情形的，对违法销售的农产品依照第一款规定处理，对农产品销售者依照第一款规定处罚。

农产品批发市场违反本法第三十七条第一款规定的，责令改正，处两千元以上两万元以下罚款。

第五十一条　违反本法第三十二条规定，冒用农产品质量标志的，责令改正，没收违法所得，并处两千元以上两万元以下罚款。

第五十二条　本法第四十四条、第四十七条至第四十九条、第五十条第一款和第四款、第五十一条规定的处理、处罚，由县级以上人民政府农业行政主管部门决定；第五十条第二款、第三款规定的处理、处罚，由工商行政管理部门决定。

法律对行政处罚及处罚机关有其他规定的，从其规定。但是，对同一违法行为不得重复处罚。

第五十三条　违反本法规定，构成犯罪的，依法追究刑事责任。

第五十四条　生产、销售本法第三十三条所列农产品，给消费者造成损害的，依法承担赔偿责任。

农产品批发市场中销售的农产品有前款规定情形的，消费者可以向农产品批发市场要求赔偿；属于生产者、销售者责任的，农产品批发市场有权追偿。消费者也可以直接向农产品生产者、销售者要求赔偿。

第八章　附　则

第五十五条　生猪屠宰的管理按照国家有关规定执行。

第五十六条　本法自 2006 年 11 月 1 日起施行。

中华人民共和国清洁生产促进法

（2002 年 6 月 29 日第九届全国人民代表大会常务委员会第二十八次会次通过　根据 2012 年 2 月 29 日第十一届全国人民代表大会常务委员会第二十五次会议《关于修改〈中华人民共和国清洁生产促进法〉的决定》修正　自 2012 年 7 月 1 日起施行）

第一章　总　则

第一条　为了促进清洁生产，提高资源利用效率，减少和避免污染物的产生，保护和改善环境，保障人体健康，促进经济与社会可持续发展，制定本法。

第二条　本法所称清洁生产，是指不断采取改进设计、使用清洁的能源和原料、采用先进的工艺技术与设备、改善管理、综合利用等措施，从源头削减污染，提高资源利用效率，减少或者避免生产、服务和产品使用过程中污染物的产生和排放，以减轻或者消除对人类健康和环境的危害。

第三条　在中华人民共和国领域内，从事生产和服务活动的单位以及从事相关管理活动的部门依照本法规定，组织、实施清洁生产。

第四条　国家鼓励和促进清洁生产。国务院和县级以上地方人民政府，应当将清洁生产促进工作纳入国民经济和社会发展规划、年度计划以及环境保护、资源利用、产业发展、区域开发等规划。

第五条　国务院清洁生产综合协调部门负责组织、协调全国的清洁生产促进工作。国务院环境保护、工业、科学技术、财政部门和其他有关部门，按照各自的职责，负责有关的清洁生产促进工作。

县级以上地方人民政府负责领导本行政区域内的清洁生产促进工作。县级以上地方人民政府确定的清洁生产综合协调部门负责组织、协调本行政区域内的清洁生产促进工作。县级以上地方人民政府其他有关部门，按照各自的职责，负责有关的清洁生产促进工作。

第六条　国家鼓励开展有关清洁生产的科学研究、技术开发和国际合作，组织宣传、普及清洁生产知识，推广清洁生产技术。

国家鼓励社会团体和公众参与清洁生产的宣传、教育、推广、实施及监督。

第二章　清洁生产的推行

第七条　国务院应当制定有利于实施清洁生产的财政税收政策。

国务院及其有关部门和省、自治区、直辖市人民政府，应当制定有利于实施清洁生产的产业政策、技术开发和推广政策。

第八条　国务院清洁生产综合协调部门会同国务院环境保护、工业、科学技术部门和其他有关部门，根据国民经济和社会发展规划及国家节约资源、降低能源消耗、减少重点污染物排放的要求，编制国家清洁生产推行规划，报经国务院批准后及时公布。

国家清洁生产推行规划应当包括：推行清洁生产的目标、主要任务和保障措施，按照资源能源消耗、污染物排放水平确定开展清洁生产的重点领域、重点行业和重点工程。

国务院有关行业主管部门根据国家清洁生产推行规划确定本行业清洁生产的重点项目，制定行业专项清洁生产推行规划并组织实施。

县级以上地方人民政府根据国家清洁生产推行规划、有关行业专项清洁生产推行规划，按照本地区节约资源、降低能源消耗、减少重点污染物排放的要求，确定本地区清洁生产的重点项目，制定推行清洁生产的实施规划并组织落实。

第九条　中央预算应当加强对清洁生产促进工作的资金投入，包括中央财政清洁生产专项资金和中央预算安排的其他清洁生产资金，用于支持国家清洁生产推行规划确定的重点领域、重点行业、重点工程实施清洁生产及其技术推广工作，以及生态脆弱地区实施清洁生产的项目。中央预算用于支持清洁生产促进工作的资金使用的具体办法，由国务院财政部门、清洁生产综合协调部门会同国务院有关部门制定。

县级以上地方人民政府应当统筹地方财政安排的清洁生产促进工作的资金，引导社会资金，支持清洁生产重点项目。

第十条　国务院和省、自治区、直辖市人民政府的有关部门，应当组织和支持建立促进清洁生产信息系统和技术咨询服务体系，向社会提供有关清洁生产的方法和技术、可再生利用的废物供求以及清洁生产政策等方面的信息和服务。

第十一条　国务院清洁生产综合协调部门会同国务院环境保护、工业、科学技术、建设、农业等有关部门定期发布清洁生产技术、工艺、设备和产品导向目录。

国务院清洁生产综合协调部门、环境保护部门和省、自治区、直辖市人民政府负责清洁生产综合协调的部门、环境保护部门会同同级有关部门，组织编制重点行业或者地区的清洁生产指南，指导实施清洁生产。

第十二条　国家对浪费资源和严重污染环境的落后生产技术、工艺、设备和产品实行限期淘汰制度。国务院有关部门按照职责分工，制定并发布限期淘汰的生产技术、工艺、设备以及产品的名录。

第十三条　国务院有关部门可以根据需要批准设立节能、节水、废物再生利用等环境与资源保护方面的产品标志，并按照国家规定制定相应标准。

第十四条　县级以上人民政府科学技术部门和其他有关部门，应当指导和支持清洁生产技术和有利于环境与资源保护的产品的研究、开发以及清洁生产技术的示范和推广工作。

第十五条　国务院教育部门，应当将清洁生产技术和管理课程纳入有关高等教育、职业教育和技术培训体系。

县级以上人民政府有关部门组织开展清洁生产的宣传和培训，提高国家工作人员、企业经营管理者和公众的清洁生产意识，培养清洁生产管理和技术人员。

新闻出版、广播影视、文化等单位和有关社会团体，应当发挥各自优势做好清洁生产宣传工作。

第十六条　各级人民政府应当优先采购节能、节水、废物再生利用等有利于环境与资源保护的产品。

各级人民政府应当通过宣传、教育等措施，鼓励公众购买和使用节能、节水、废物再生利用等有利于环境与资源保护的产品。

第十七条　省、自治区、直辖市人民政府负责清洁生产综合协调的部门、环境保护部门，根据促进清洁生产工作的需要，在本地区主要媒体上公布未达到能源消耗控制指标、重点污染物排放控制指标的企业的名单，为公众监督企业实施清洁生产提供依据。

列入前款规定名单的企业，应当按照国务院清洁生产综合协调部门、环境保护部门的规定公布能源消耗或者重点污染物产生、排放情况，接受公众监督。

第三章　清洁生产的实施

第十八条　新建、改建和扩建项目应当进行环境影响评价，对原料使用、资源消耗、资源综合利用以及污染物产生与处置等进行分析论证，优先采用资源利用率高以及污染物产生量少的清洁生产技术、工艺和设备。

第十九条　企业在进行技术改造过程中，应当采取以下清洁生产措施：

（一）采用无毒、无害或者低毒、低害的原料，替代毒性大、危害严重的原料；

（二）采用资源利用率高、污染物产生量少的工艺和设备，替代资源利用率低、污染物产生量多的工艺和设备；

（三）对生产过程中产生的废物、废水和余热等进行综合利用或者循环使用；

（四）采用能够达到国家或者地方规定的污染物排放标准和污染物排放总量控制指标的污染防治技术。

第二十条　产品和包装物的设计，应当考虑其在生命周期中对人类健康和环境的影响，优先选择无毒、无害、易于降解或者便于回收利用的方案。

企业对产品的包装应当合理，包装的材质、结构和成本应当与内装产品的质量、规格和成本相适应，减少包装性废物的产生，不得进行过度包装。

第二十一条　生产大型机电设备、机动运输工具以及国务院工业部门指定的其他产品的企业，应当按照国务院标准化部门或者其授权机构制定的技术规范，在产品的主体构件上注明材料成分的标准牌号。

第二十二条　农业生产者应当科学地使用化肥、农药、农用薄膜和饲料添加剂，改进种植和养殖技术，实现农产品的优质、无害和农业生产废物的资源化，防止农业环境污染。

禁止将有毒、有害废物用作肥料或者用于造田。

第二十三条　餐饮、娱乐、宾馆等服务性企业，应当采用节能、节水和其他有利于环境保护的技术和设备，减少使用或者不使用浪费资源、污染环境的消费品。

第二十四条　建筑工程应当采用节能、节水等有利于环境与资源保护的建筑设计方案、建筑和装修材料、建筑构配件及设备。

建筑和装修材料必须符合国家标准。禁止生产、销售和使用有毒、有害物质超过国家标准的建筑和装修材料。

第二十五条　矿产资源的勘查、开采，应当采用有利于合理利用资源、保护环境和防止污染的勘查、开采方法和工艺技术，提高资源利用水平。

第二十六条　企业应当在经济技术可行的条件下对生产和服务过程中产生的废物、余热等自行回收利用或者转让给有条件的其他企业和个人利用。

第二十七条　企业应当对生产和服务过程中的资源消耗以及废物的产生情况进行监测，并根据需要对生产和服务实施清洁生产审核。

有下列情形之一的企业，应当实施强制性清洁生产审核：

（一）污染物排放超过国家或者地方规定的排放标准，或者虽未超过国家或者地方规定的排放标准，但超过重点污染物排放总量控制指标的；

（二）超过单位产品能源消耗限额标准构成高耗能的；

（三）使用有毒、有害原料进行生产或者在生产中排放有毒、有害物质的。

污染物排放超过国家或者地方规定的排放标准的企业，应当按照环境保护相关法律的规定治理。

实施强制性清洁生产审核的企业，应当将审核结果向所在地县级以上地方人民政府负责清洁生产综合协调的部门、环境保护部门报告，并在本地区主要媒体上公布，接受公众监督，但涉及商业秘密的除外。

县级以上地方人民政府有关部门应当对企业实施强制性清洁生产审核的情况进行监督，必要时可以组织对企业实施清洁生产的效果进行评估验收，所需费用纳入同级政府预算。承担评估验收工作的部门或者单位不得向被评估验收企业收取费用。

实施清洁生产审核的具体办法，由国务院清洁生产综合协调部门、环境保护部门会同国务院有关部门制定。

第二十八条 本法第二十七条第二款规定以外的企业，可以自愿与清洁生产综合协调部门和环境保护部门签订进一步节约资源、削减污染物排放量的协议。该清洁生产综合协调部门和环境保护部门应当在本地区主要媒体上公布该企业的名称以及节约资源、防治污染的成果。

第二十九条 企业可以根据自愿原则，按照国家有关环境管理体系等认证的规定，委托经国务院认证认可监督管理部门认可的认证机构进行认证，提高清洁生产水平。

第四章 鼓励措施

第三十条 国家建立清洁生产表彰奖励制度。对在清洁生产工作中做出显著成绩的单位和个人，由人民政府给予表彰和奖励。

第三十一条 对从事清洁生产研究、示范和培训，实施国家清洁生产重点技术改造项目和本法第二十八条规定的自愿节约资源、削减污染物排放量协议中载明的技术改造项目，由县级以上人民政府给予资金支持。

第三十二条 在依照国家规定设立的中小企业发展基金中，应当根据需要安排适当数额用于支持中小企业实施清洁生产。

第三十三条 依法利用废物和从废物中回收原料生产产品的，按照国家规定享受税收优惠。

第三十四条 企业用于清洁生产审核和培训的费用，可以列入企业经营成本。

第五章 法律责任

第三十五条 清洁生产综合协调部门或者其他有关部门未依照本法规定履行职责的，对直接负责的主管人员和其他直接责任人员依法给予处分。

第三十六条 违反本法第十七条第二款规定，未按照规定公布能源消耗或者重点污染物产生、排放情况的，由县级以上地方人民政府负责清洁生产综合协调的部门、环境保护部门按照职责分工责令公布，可以处十万元以下的罚款。

第三十七条　违反本法第二十一条规定，未标注产品材料的成分或者不如实标注的，由县级以上地方人民政府质量技术监督部门责令限期改正；拒不改正的，处以五万元以下的罚款。

第三十八条　违反本法第二十四条第二款规定，生产、销售有毒、有害物质超过国家标准的建筑和装修材料的，依照产品质量法和有关民事、刑事法律的规定，追究行政、民事、刑事法律责任。

第三十九条　违反本法第二十七条第二款、第四款规定，不实施强制性清洁生产审核或者在清洁生产审核中弄虚作假的，或者实施强制性清洁生产审核的企业不报告或者不如实报告审核结果的，由县级以上地方人民政府负责清洁生产综合协调的部门、环境保护部门按照职责分工责令限期改正；拒不改正的，处以五万元以上五十万元以下的罚款。

违反本法第二十七条第五款规定，承担评估验收工作的部门或者单位及其工作人员向被评估验收企业收取费用的，不如实评估验收或者在评估验收中弄虚作假的，或者利用职务上的便利谋取利益的，对直接负责的主管人员和其他直接责任人员依法给予处分；构成犯罪的，依法追究刑事责任。

第六章　附　则

第四十条　本法自 2003 年 1 月 1 日起实施。

中华人民共和国农业法

（1993 年 7 月 2 日第八届全国人民代表大会常务委员会第二次会议通过　2002 年 12 月 28 日第九届全国人民代表大会常务委员会第三十一次会议修订　根据 2009 年 8 月 27 日第十一届全国人民代表大会常务委员会第十次会议《关于修改部分法律的决定》第一次修正　根据 2012 年 12 月 28 日第十一届全国人民代表大会常务委员会第三十次会议《关于修改〈中华人民共和国农业法〉的决定》第二次修正　自 2013 年 1 月 1 日起施行）

第一章　总　则

第一条　为了巩固和加强农业在国民经济中的基础地位，深化农村改革，发展农业生产力，推进农业现代化，维护农民和农业生产经营组织的合法权益，增加农民收入，提高农民科学文化素质，促进农业和农村经济的持续、稳定、健康发展，实现全面建成小康社会的目标，制定本法。

第二条　本法所称农业，是指种植业、林业、畜牧业和渔业等产业，包括与其直接相关的产前、产中、产后服务。

本法所称农业生产经营组织，是指农村集体经济组织、农民专业合作经济组织、农业企业和其他从事农业生产经营的组织。

第三条　国家把农业放在发展国民经济的首位。

农业和农村经济发展的基本目标：建立适应发展社会主义市场经济要求的农村经济体制，不断解放和发展农村生产力，提高农业的整体素质和效益，确保农产品供应和质量，满足国民经济发展和人口增长、生活改善的需求，提高农民的收入和生活水平，促进农村富余劳动力向非农产业和城镇转移，缩小城乡差别和区域差别，建设富裕、民主、文明的社会主义新农村，逐步实现农业和农村现代化。

第四条　国家采取措施，保障农业更好地发挥在提供食物、工业原料和其他农产品，维护和改善生态环境，促进农村经济社会发展等多方面的作用。

第五条　国家坚持和完善以公有制为主体、多种所有制经济共同发展的基本经济制度，振兴农村经济。

国家长期稳定农村以家庭承包经营为基础、统分结合的双层经营体制，发展社会化服务体系，壮大集体经济实力，引导农民走共同富裕的道路。

国家在农村坚持和完善以按劳分配为主体、多种分配方式并存的分配制度。

第六条　国家坚持科教兴农和农业可持续发展的方针。

国家采取措施加强农业和农村基础设施建设，调整、优化农业和农村经济结构，推进农业产业化经营，发展农业科技、教育事业，保护农业生态环境，促进农业机械化和信息化，提高农业综合生产能力。

第七条　国家保护农民和农业生产经营组织的财产及其他合法权益不受侵犯。

各级人民政府及其有关部门应当采取措施增加农民收入，切实减轻农民负担。

第八条　全社会应当高度重视农业，支持农业发展。

国家对发展农业和农村经济有显著成绩的单位和个人，给予奖励。

第九条　各级人民政府对农业和农村经济发展工作统一负责，组织各有关部门和全社会做好发展农业和为发展农业服务的各项工作。

国务院农业行政主管部门主管全国农业和农村经济发展工作，国务院林业行政主管部门和其他有关部门在各自的职责范围内，负责有关的农业和农村经济发展工作。

县级以上地方人民政府各农业行政主管部门负责本行政区域内的种植业、畜牧业、渔业等农业和农村经济发展工作，林业行政主管部门负责本行政区域内的林业工作。县级以上地方人民政府其他有关部门在各自的职责范围内，负责本行政区域内有关的为农业生产经营服务的工作。

第二章　农业生产经营体制

第十条　国家实行农村土地承包经营制度，依法保障农村土地承包关系的长期稳定，保护农民对承包土地的使用权。

农村土地承包经营的方式、期限、发包方和承包方的权利义务、土地承包经营权的保护和流转等，适用《中华人民共和国土地管理法》和《中华人民共和国农村土地承包法》。

农村集体经济组织应当在家庭承包经营的基础上，依法管理集体资产，为其成员提供生产、技术、信息等服务，组织合理开发、利用集体资源，壮大经济实力。

第十一条　国家鼓励农民在家庭承包经营的基础上自愿组成各类专业合作经济组织。

农民专业合作经济组织应当坚持为成员服务的宗旨，按照加入自愿、退出自由、民主管理、盈余返还的原则，依法在其章程规定的范围内开展农业生产经营和服务活动。

农民专业合作经济组织可以有多种形式，依法成立、依法登记。任何组织和个人不得侵犯农民专业合作经济组织的财产和经营自主权。

第十二条　农民和农业生产经营组织可以自愿按照民主管理、按劳分配和按股分红相结合的原则，以资金、技术、实物等入股，依法兴办各类企业。

第十三条　国家采取措施发展多种形式的农业产业化经营，鼓励和支持农民和农业生产经营组织发展生产、加工、销售一体化经营。

国家引导和支持从事农产品生产、加工、流通服务的企业、科研单位和其他组织，通过与农民或者农民专业合作经济组织订立合同或者建立各类企业等形式，形成收益共享、风险共担的利益共同体，推进农业产业化经营，带动农业发展。

第十四条　农民和农业生产经营组织可以按照法律、行政法规成立各种农产品行业协会，为成员提供生产、营销、信息、技术、培训等服务，发挥协调和自律作用，提出农产品贸易救济措施的申请，维护成员和行业的利益。

第三章　农业生产

第十五条　县级以上人民政府根据国民经济和社会发展的中长期规划、农业和农村经济发展的基本目标和农业资源区划，制定农业发展规划。

省级以上人民政府农业行政主管部门根据农业发展规划，采取措施发挥区域优势，促进形成合理的农业生产区域布局，指导和协调农业和农村经济结构调整。

第十六条　国家引导和支持农民和农业生产经营组织结合本地实际按照市场需求，调整和优化农业生产结构，协调发展种植业、林业、畜牧业和渔业，发展优质、高产、高效益的农业，提高农产品国际竞争力。

种植业以优化品种、提高质量、增加效益为中心，调整作物结构、品种结构和品质结构。

加强林业生态建设，实施天然林保护、退耕还林和防沙治沙工程，加强防护林体系建设，加速营造速生丰产林、工业原料林和薪炭林。

加强草原保护和建设，加快发展畜牧业，推广圈养和舍饲，改良畜禽品种，积极发展饲料工业和畜禽产品加工业。

渔业生产应当保护和合理利用渔业资源，调整捕捞结构，积极发展水产养殖业、远洋渔业和水产品加工业。

县级以上人民政府应当制定政策，安排资金，引导和支持农业结构调整。

第十七条　各级人民政府应当采取措施，加强农业综合开发和农田水利、农业生态环境保护、乡村道路、农村能源和电网、农产品仓储和流通、渔港、草原围栏、动植物原种良种基地等农业和农村基础设施建设，改善农业生产条件，保护和提高农业综合生产能力。

第十八条　国家扶持动植物品种的选育、生产、更新和良种的推广使用，鼓励品种选育和生产、经营相结合，实施种子工程和畜禽良种工程。国务院和省、自治区、直辖市人民政府设立专项资金，用于扶持动植物良种的选育和推广工作。

第十九条　各级人民政府和农业生产经营组织应当加强农田水利设施建设，建立健全农田水利设施的管理制度，节约用水，发展节水型农业，严格依法控制非农业建设占用灌溉水源，禁止任何组织和个人非法占用或者毁损农田水利设施。

国家对缺水地区发展节水型农业给予重点扶持。

第二十条　国家鼓励和支持农民和农业生产经营组织使用先进、适用的农业机械，加强农业机械安全管理，提高农业机械化水平。

国家对农民和农业生产经营组织购买先进农业机械给予扶持。

第二十一条　各级人民政府应当支持为农业服务的气象事业的发展，提高对气象灾害的监测和预报水平。

第二十二条　国家采取措施提高农产品的质量，建立健全农产品质量标准体系和质量检验检测监督体系，按照有关技术规范、操作规程和质量卫生安全标准，组织农产品的生产经营，保障农产品质量安全。

第二十三条　国家支持依法建立健全优质农产品认证和标志制度。

国家鼓励和扶持发展优质农产品生产。县级以上地方人民政府应当结合本地情况，按照国家有关规定采取措施，发展优质农产品生产。

符合国家规定标准的优质农产品可以依照法律或者行政法规的规定申请使用有关的标志。符合规定产地及生产规范要求的农产品可以依照有关法律或者行政法规的规定申请使用农产品地理标志。

第二十四条　国家实行动植物防疫、检疫制度，健全动植物防疫、检疫体系，加强对动物疫病和植物病、虫、杂草、鼠害的监测、预警、防治，建立重大动物疫情和植物病虫害的快速扑灭机制，建设动物无规定疫病区，实施植物保护工程。

第二十五条　农药、兽药、饲料和饲料添加剂、肥料、种子、农业机械等可能危害人畜安全的农业生产资料的生产经营，依照相关法律、行政法规的规定实行登记或者许可制度。

各级人民政府应当建立健全农业生产资料的安全使用制度，农民和农业生产经营组织不得使用国家明令淘汰和禁止使用的农药、兽药、饲料添加剂等农业生产资料和其他禁止使用的产品。

农业生产资料的生产者、销售者应当对其生产、销售的产品的质量负责，禁止以次充好、以假充真、以不合格的产品冒充合格的产品；禁止生产和销售国家明令淘汰的农药、兽药、饲料添加剂、农业机械等农业生产资料。

第四章　农产品流通与加工

第二十六条　农产品的购销实行市场调节。国家对关系国计民生的重要农产品的购销活动实行必要的宏观调控，建立中央和地方分级储备调节制度，完善仓储运输体系，做到保证供应，稳定市场。

第二十七条　国家逐步建立统一、开放、竞争、有序的农产品市场体系，制定农产品批发市场发展规划。对农村集体经济组织和农民专业合作经济组织建立农产品批发市场和农产品集贸市场，国家给予扶持。

县级以上人民政府工商行政管理部门和其他有关部门按照各自的职责，依法管理农产品批发市场，规范交易秩序，防止地方保护与不正当竞争。

第二十八条　国家鼓励和支持发展多种形式的农产品流通活动。支持农民和农民专业合作经济组织按照国家有关规定从事农产品收购、批发、储藏、运输、零售和中介活动。鼓励供销合作社和其他从事农产品购销的农业生产经营组织提供市场信息，开拓农产品流通渠道，为农产品销售服务。

县级以上人民政府应当采取措施，督促有关部门保障农产品运输畅通，降低农产品流通成本。有关行政管理部门应当简化手续，方便鲜活农产品的运输，除法律、行政法规另有规定外，不得扣押鲜活农产品的运输工具。

第二十九条　国家支持发展农产品加工业和食品工业，增加农产品的附加值。县级以上人民政府应当制定农产品加工业和食品工业发展规划，引导农产品加工企业形成合理的区域布局和规模结构，扶持农民专业合作经济组织和乡镇企业从事农产品加工和综合开发利用。

国家建立健全农产品加工制品质量标准，完善检测手段，加强农产品加工过程中的质量安全管理和监督，保障食品安全。

第三十条　国家鼓励发展农产品进出口贸易。

国家采取加强国际市场研究、提供信息和营销服务等措施，促进农产品出口。

为维护农产品产销秩序和公平贸易，建立农产品进口预警制度，当某些进口农产品已经或者可能对国内相关农产品的生产造成重大的不利影响时，国家可以采取必要的措施。

第五章　粮食安全

第三十一条　国家采取措施保护和提高粮食综合生产能力，稳步提高粮食生产水平，保障粮食安全。

国家建立耕地保护制度，对基本农田依法实行特殊保护。

第三十二条　国家在政策、资金、技术等方面对粮食主产区给予重点扶持，建设稳定的商品粮生产基地，改善粮食收储及加工设施，提高粮食主产区的粮食生产、加工水平和经济效益。

国家支持粮食主产区与主销区建立稳定的购销合作关系。

第三十三条　在粮食的市场价格过低时，国务院可以决定对部分粮食品种实行保护价制度。保护价应当根据有利于保护农民利益、稳定粮食生产的原则确定。

农民按保护价制度出售粮食，国家委托的收购单位不得拒收。

县级以上人民政府应当组织财政、金融等部门以及国家委托的收购单位及时筹足粮食收购资金，任何部门、单位或者个人不得截留或者挪用。

第三十四条　国家建立粮食安全预警制度，采取措施保障粮食供给。国务院应当制定粮食安全保障目标与粮食储备数量指标，并根据需要组织有关主管部门进行耕地、粮食库存情况的核查。

国家对粮食实行中央和地方分级储备调节制度，建设仓储运输体系。承担国家粮食储备任务的企业应当按照国家规定保证储备粮的数量和质量。

第三十五条　国家建立粮食风险基金，用于支持粮食储备、稳定粮食市场和保护农民利益。

第三十六条　国家提倡珍惜和节约粮食，并采取措施改善人民的食物营养结构。

第六章　农业投入与支持保护

第三十七条　国家建立和完善农业支持保护体系，采取财政投入、税收优惠、金融支持等措施，从资金投入、科研与技术推广、教育培训、农业生产资料供应、市场信息、质量标准、检验检疫、社会化服务以及灾害救助等方面扶持农民和农业生产经营组织发展农业生产，提高农民的收入水平。

在不与我国缔结或加入的有关国际条约相抵触的情况下，国家对农民实施收入支持政策，具体办法由国务院制定。

第三十八条　国家逐步提高农业投入的总体水平。中央和县级以上地方财政每年对农业总投入的增长幅度应当高于其财政经常性收入的增长幅度。

各级人民政府在财政预算内安排的各项用于农业的资金应当主要用于加强农业基础设施建设；支持农业结构调整，促进农业产业化经营；保护粮食综合生产能力，保障国家粮食安全；健全动植物检疫、防疫体系，加强动物疫病和植物病、虫、杂草、鼠害防治；建立健全农产品质量标准和检验检测监督体系、农产品市场及信息服务体系；支持农业科研教育、农业技术推广和农民培训；加强农业生态环境保护建设；扶持贫困地区发展；保障农民收入水平等。

县级以上各级财政用于种植业、林业、畜牧业、渔业、农田水利的农业基本建设投入应当统筹安排，协调增长。

国家为加快西部开发，增加对西部地区农业发展和生态环境保护的投入。

第三十九条　县级以上人民政府每年财政预算内安排的各项用于农业的资金应当及时足额拨付。各级人民政府应当加强对国家各项农业资金分配、使用过程的监督管理，保证资金安全，提高资金的使用效率。

任何单位和个人不得截留、挪用用于农业的财政资金和信贷资金。审计机关应当依法加强对用于农业的财政和信贷等资金的审计监督。

第四十条 国家运用税收、价格、信贷等手段，鼓励和引导农民和农业生产经营组织增加农业生产经营性投入和小型农田水利等基本建设投入。

国家鼓励和支持农民和农业生产经营组织在自愿的基础上依法采取多种形式，筹集农业资金。

第四十一条 国家鼓励社会资金投向农业，鼓励企业事业单位、社会团体和个人捐资设立各种农业建设和农业科技、教育基金。

国家采取措施，促进农业扩大利用外资。

第四十二条 各级人民政府应当鼓励和支持企业事业单位及其他各类经济组织开展农业信息服务。

县级以上人民政府农业行政主管部门及其他有关部门应当建立农业信息搜集、整理和发布制度，及时向农民和农业生产经营组织提供市场信息等服务。

第四十三条 国家鼓励和扶持农用工业的发展。

国家采取税收、信贷等手段鼓励和扶持农业生产资料的生产和贸易，为农业生产稳定增长提供物质保障。

国家采取宏观调控措施，使化肥、农药、农用薄膜、农业机械和农用柴油等主要农业生产资料和农产品之间保持合理的比价。

第四十四条 国家鼓励供销合作社、农村集体经济组织、农民专业合作经济组织、其他组织和个人发展多种形式的农业生产产前、产中、产后的社会化服务事业。县级以上人民政府及其各有关部门应当采取措施对农业社会化服务事业给予支持。

对跨地区从事农业社会化服务的，农业、工商管理、交通运输、公安等有关部门应当采取措施给予支持。

第四十五条 国家建立健全农村金融体系，加强农村信用制度建设，加强农村金融监管。

有关金融机构应当采取措施增加信贷投入，改善农村金融服务，对农民和农业生产经营组织的农业生产经营活动提供信贷支持。

农村信用合作社应当坚持为农业、农民和农村经济发展服务的宗旨，优先为当地农民的生产经营活动提供信贷服务。

国家通过贴息等措施，鼓励金融机构向农民和农业生产经营组织的农业生产经营活动提供贷款。

第四十六条 国家建立和完善农业保险制度。

国家逐步建立和完善政策性农业保险制度。鼓励和扶持农民和农业生产经营组织建立为农业生产经营活动服务的互助合作保险组织，鼓励商业性保险公司开展农业保险业务。

农业保险实行自愿原则。任何组织和个人不得强制农民和农业生产经营组织参加农业保险。

第四十七条 各级人民政府应当采取措施，提高农业防御自然灾害的能力，做好防灾、抗灾和救灾工作，帮助灾民恢复生产，组织生产自救，开展社会互助互济；对没有基本生活保障的灾民给予救济和扶持。

第七章　农业科技与农业教育

第四十八条　国务院和省级人民政府应当制定农业科技、农业教育发展规划，发展农业科技、教育事业。

县级以上人民政府应当按照国家有关规定逐步增加农业科技经费和农业教育经费。

国家鼓励、吸引企业等社会力量增加农业科技投入，鼓励农民、农业生产经营组织、企业事业单位等依法举办农业科技、教育事业。

第四十九条　国家保护植物新品种、农产品地理标志等知识产权，鼓励和引导农业科研、教育单位加强农业科学技术的基础研究和应用研究，传播和普及农业科学技术知识，加速科技成果转化与产业化，促进农业科学技术进步。

国务院有关部门应当组织农业重大关键技术的科技攻关。国家采取措施促进国际农业科技、教育合作与交流，鼓励引进国外先进技术。

第五十条　国家扶持农业技术推广事业，建立政府扶持和市场引导相结合、有偿与无偿服务相结合、国家农业技术推广机构和社会力量相结合的农业技术推广体系，促使先进的农业技术尽快应用于农业生产。

第五十一条　国家设立的农业技术推广机构应当以农业技术试验示范基地为依托，承担公共所需的关键性技术的推广和示范等公益性职责，为农民和农业生产经营组织提供无偿农业技术服务。

县级以上人民政府应当根据农业生产发展需要，稳定和加强农业技术推广队伍，保障农业技术推广机构的工作经费。

各级人民政府应当采取措施，按照国家规定保障和改善从事农业技术推广工作的专业科技人员的工作条件、工资待遇和生活条件，鼓励他们为农业服务。

第五十二条　农业科研单位、有关学校、农民专业合作社、涉农企业、群众性科技组织及有关科技人员，根据农民和农业生产经营组织的需要，可以提供无偿服务，也可以通过技术转让、技术服务、技术承包、技术咨询和技术入股等形式，提供有偿服务，取得合法收益。农业科研单位、有关学校、农民专业合作社、涉农企业、群众性科技组织及有关科技人员应当提高服务水平，保证服务质量。

对农业科研单位、有关学校、农业技术推广机构举办的为农业服务的企业，国家在税收、信贷等方面给予优惠。

国家鼓励和支持农民、供销合作社、其他企业事业单位等参与农业技术推广工作。

第五十三条　国家建立农业专业技术人员继续教育制度。县级以上人民政府农业行政主管部门会同教育、人事等有关部门制订农业专业技术人员继续教育计划，并组织实施。

第五十四条　国家在农村依法实施义务教育，并保障义务教育经费。国家在农村举办的普通中小学校教职工工资由县级人民政府按照国家规定统一发放，校舍等教学设施的建设和维护经费由县级人民政府按照国家规定统一安排。

第五十五条　国家发展农业职业教育。国务院有关部门按照国家职业资格证书制度的统一规定，开展农业行业的职业分类、职业技能鉴定工作，管理农业行业的职业资格证书。

第五十六条　国家采取措施鼓励农民采用先进的农业技术，支持农民举办各种科技组织，开展农业实用技术培训、农民绿色证书培训和其他就业培训，提高农民的文化技术素质。

第八章　农业资源与农业环境保护

第五十七条　发展农业和农村经济必须合理利用和保护土地、水、森林、草原、野生动植物等自然资源，合理开发和利用水能、沼气、太阳能、风能等可再生能源和清洁能源，发展生态农业，保护和改善生态环境。

县级以上人民政府应当制定农业资源区划或者农业资源合理利用和保护的区划，建立农业资源监测制度。

第五十八条　农民和农业生产经营组织应当保养耕地，合理使用化肥、农药、农用薄膜，增加使用有机肥料，采用先进技术，保护和提高地力，防止农用地的污染、破坏和地力衰退。

县级以上人民政府农业行政主管部门应当采取措施，支持农民和农业生产经营组织加强耕地质量建设，并对耕地质量进行定期监测。

第五十九条　各级人民政府应当采取措施，加强小流域综合治理，预防和治理水土流失。从事可能引起水土流失的生产建设活动的单位和个人，必须采取预防措施，并负责治理因生产建设活动造成的水土流失。

各级人民政府应当采取措施，预防土地沙化，治理沙化土地。国务院和沙化土地所在地区的县级以上地方人民政府应当按照法律规定制定防沙治沙规划，并组织实施。

第六十条　国家实行全民义务植树制度。各级人民政府应当采取措施，组织群众植树造林，保护林地和林木，预防森林火灾，防治森林病虫害，制止滥伐、盗伐林木，提高森林覆盖率。

国家在天然林保护区域实行禁伐或者限伐制度，加强造林护林。

第六十一条　有关地方人民政府，应当加强草原的保护、建设和管理，指导、组织农（牧）民和农（牧）业生产经营组织建设人工草场、饲草饲料基地和改良天然草原，实行以草定畜，控制载畜量，推行划区轮牧、休牧和禁牧制度，保护草原植被，防止草原退化沙化和盐渍化。

第六十二条　禁止毁林毁草开垦、烧山开垦以及开垦国家禁止开垦的陡坡地，已经开垦的应当逐步退耕还林、还草。

禁止围湖造田以及围垦国家禁止围垦的湿地。已经围垦的，应当逐步退耕还湖、还湿地。

对在国务院批准规划范围内实施退耕的农民，应当按照国家规定予以补助。

第六十三条　各级人民政府应当采取措施，依法执行捕捞限额和禁渔、休渔制度，增殖渔业资源，保护渔业水域生态环境。

国家引导、支持从事捕捞业的农（渔）民和农（渔）业生产经营组织从事水产养殖业或者其他职业，对根据当地人民政府统一规划转产转业的农（渔）民，应当按照国家规定予以补助。

第六十四条　国家建立与农业生产有关的生物物种资源保护制度，保护生物多样性，对稀有、濒危、珍贵生物资源及其原生地实行重点保护。从境外引进生物物种资源应当依法进行登记或者审批，并采取相应安全控制措施。

农业转基因生物的研究、试验、生产、加工、经营及其他应用，必须依照国家规定严格实行各项安全控制措施。

第六十五条　各级农业行政主管部门应当引导农民和农业生产经营组织采取生物措施或者使用高效低毒低残留农药、兽药，防治动植物病、虫、杂草、鼠害。

农产品采收后的秸秆及其他剩余物质应当综合利用，妥善处理，防止造成环境污染和生态破坏。

从事畜禽等动物规模养殖的单位和个人应当对粪便、废水及其他废物进行无害化处理或者综合利用，从事水产养殖的单位和个人应当合理投饵、施肥、使用药物，防止造成环境污染和生态破坏。

第六十六条　县级以上人民政府应当采取措施，督促有关单位进行治理，防治废水、废气和固体废物对农业生态环境的污染。排放废水、废气和固体废物造成农业生态环境污染事故的，由环境保护行政主管部门或者农业行政主管部门依法调查处理；给农民和农业生产经营组织造成损失的，有关责任者应当依法赔偿。

第九章　农民权益保护

第六十七条　任何机关或者单位向农民或者农业生产经营组织收取行政、事业性费用必须依据法律、法规的规定。收费的项目、范围和标准应当公布。没有法律、法规依据的收费，农民和农业生产经营组织有权拒绝。

任何机关或者单位对农民或者农业生产经营组织进行罚款处罚必须依据法律、法规、规章的规定。没有法律、法规、规章依据的罚款，农民和农业生产经营组织有权拒绝。

任何机关或者单位不得以任何方式向农民或者农业生产经营组织进行摊派。除法律、法规另有规定外，任何机关或者单位以任何方式要求农民或者农业生产经营组织提供人力、财力、物力的，属于摊派。农民和农业生产经营组织有权拒绝任何方式的摊派。

第六十八条　各级人民政府及其有关部门和所属单位不得以任何方式向农民或者农业生产经营组织集资。

没有法律、法规依据或者未经国务院批准，任何机关或者单位不得在农村进行任何形式的达标、升级、验收活动。

第六十九条　农民和农业生产经营组织依照法律、行政法规的规定承担纳税义务。税务机关及代扣、代收税款的单位应当依法征税，不得违法摊派税款及以其他违法方法征税。

第七十条　农村义务教育除按国务院规定收取的费用外，不得向农民和学生收取其他费用。禁止任何机关或者单位通过农村中小学校向农民收费。

第七十一条　国家依法征收农民集体所有的土地，应当保护农民和农村集体经济组织的合法权益，依法给予农民和农村集体经济组织征地补偿，任何单位和个人不得截留、挪用征地补偿费用。

第七十二条　各级人民政府、农村集体经济组织或者村民委员会在农业和农村经济结构调整、农业产业化经营和土地承包经营权流转等过程中，不得侵犯农民的土地承包经营权，不得干涉农民自主安排的生产经营项目，不得强迫农民购买指定的生产资料或者按指定的渠道销售农产品。

第七十三条 农村集体经济组织或者村民委员会为发展生产或者兴办公益事业，需要向其成员（村民）筹资筹劳的，应当经成员（村民）会议或者成员（村民）代表会议过半数通过后，方可进行。

农村集体经济组织或者村民委员会依照前款规定筹资筹劳的，不得超过省级以上人民政府规定的上限控制标准，禁止强行以资代劳。

农村集体经济组织和村民委员会对涉及农民利益的重要事项，应当向农民公开，并定期公布财务账目，接受农民的监督。

第七十四条 任何单位和个人向农民或者农业生产经营组织提供生产、技术、信息、文化、保险等有偿服务，必须坚持自愿原则，不得强迫农民和农业生产经营组织接受服务。

第七十五条 农产品收购单位在收购农产品时，不得压级压价，不得在支付的价款中扣缴任何费用。法律、行政法规规定代扣、代收税款的，依照法律、行政法规的规定办理。

农产品收购单位与农产品销售者因农产品的质量等级发生争议的，可以委托具有法定资质的农产品质量检验机构检验。

第七十六条 农业生产资料使用者因生产资料质量问题遭受损失的，出售该生产资料的经营者应当予以赔偿，赔偿额包括购货价款、有关费用和可得利益损失。

第七十七条 农民或者农业生产经营组织为维护自身的合法权益，有向各级人民政府及其有关部门反映情况和提出合法要求的权利，人民政府及其有关部门对农民或者农业生产经营组织提出的合理要求，应当按照国家规定及时给予答复。

第七十八条 违反法律规定、侵犯农民权益的，农民或者农业生产经营组织可以依法申请行政复议或者向人民法院提起诉讼，有关人民政府及其有关部门或者人民法院应当依法受理。

人民法院和司法行政主管机关应当依照有关规定为农民提供法律援助。

第十章 农村经济发展

第七十九条 国家坚持城乡协调发展的方针，扶持农村第二、第三产业发展，调整和优化农村经济结构，增加农民收入，促进农村经济全面发展，逐步缩小城乡差别。

第八十条 各级人民政府应当采取措施，发展乡镇企业，支持农业的发展，转移富余的农业劳动力。

国家完善乡镇企业发展的支持措施，引导乡镇企业优化结构、更新技术、提高素质。

第八十一条 县级以上地方人民政府应当根据当地的经济发展水平、区位优势和资源条件，按照合理布局、科学规划、节约用地的原则，有重点地推进农村小城镇建设。

地方各级人民政府应当注重运用市场机制，完善相应政策，吸引农民和社会资金投资小城镇开发建设，发展第二、第三产业，引导乡镇企业相对集中发展。

第八十二条 国家采取措施引导农村富余劳动力在城乡、地区间合理有序流动。地方各级人民政府依法保护进入城镇就业的农村劳动力的合法权益，不得设置不合理限制，已经设置的应当取消。

第八十三条 国家逐步完善农村社会救济制度，保障农村五保户、贫困残疾农民、贫困老年农民和其他丧失劳动能力的农民的基本生活。

第八十四条 国家鼓励、支持农民巩固和发展农村合作医疗和其他医疗保障形式，提高农民健康水平。

第八十五条　国家扶持贫困地区改善经济发展条件，帮助进行经济开发。省级人民政府根据国家关于扶持贫困地区的总体目标和要求，制定扶贫开发规划，并组织实施。

各级人民政府应当坚持开发式扶贫方针，组织贫困地区的农民和农业生产经营组织合理使用扶贫资金，依靠自身力量改变贫穷落后面貌，引导贫困地区的农民调整经济结构、开发当地资源。扶贫开发应当坚持与资源保护、生态建设相结合，促进贫困地区经济、社会的协调发展和全面进步。

第八十六条　中央和省级财政应当把扶贫开发投入列入年度财政预算，并逐年增加，加大对贫困地区的财政转移支付和建设资金投入。

国家鼓励和扶持金融机构、其他企业事业单位和个人投入资金支持贫困地区开发建设。

禁止任何单位和个人截留、挪用扶贫资金。审计机关应当加强扶贫资金的审计监督。

第十一章　执法监督

第八十七条　县级以上人民政府应当采取措施逐步完善适应社会主义市场经济发展要求的农业行政管理体制。

县级以上人民政府农业行政主管部门和有关行政主管部门应当加强规划、指导、管理、协调、监督、服务职责，依法行政，公正执法。

县级以上地方人民政府农业行政主管部门应当在其职责范围内健全行政执法队伍，实行综合执法，提高执法效率和水平。

第八十八条　县级以上人民政府农业行政主管部门及其执法人员履行执法监督检查职责时，有权采取下列措施：

（一）要求被检查单位或者个人说明情况，提供有关文件、证照、资料；

（二）责令被检查单位或者个人停止违反本法的行为，履行法定义务。

农业行政执法人员在履行监督检查职责时，应当向被检查单位或者个人出示行政执法证件，遵守执法程序。有关单位或者个人应当配合农业行政执法人员依法执行职务，不得拒绝和阻碍。

第八十九条　农业行政主管部门与农业生产、经营单位必须在机构、人员、财务上彻底分离。农业行政主管部门及其工作人员不得参与和从事农业生产经营活动。

第十二章　法律责任

第九十条　违反本法规定，侵害农民和农业生产经营组织的土地承包经营权等财产权或者其他合法权益的，应当停止侵害，恢复原状；造成损失、损害的，依法承担赔偿责任。

国家工作人员利用职务便利或者以其他名义侵害农民和农业生产经营组织的合法权益的，应当赔偿损失，并由其所在单位或者上级主管机关给予行政处分。

第九十一条　违反本法第十九条、第二十五条、第六十二条、第七十一条规定的，依照相关法律或者行政法规的规定予以处罚。

第九十二条　有下列行为之一的，由上级主管机关责令限期归还被截留、挪用的资金，没收非法所得，并由上级主管机关或者所在单位给予直接负责的主管人员和其他直接责任人员行政处分；构成犯罪的，依法追究刑事责任：

（一）违反本法第三十三条第三款规定，截留、挪用粮食收购资金的；

（二）违反本法第三十九条第二款规定，截留、挪用用于农业的财政资金和信贷资金的；

（三）违反本法第八十六条第三款规定，截留、挪用扶贫资金的。

第九十三条　违反本法第六十七条规定，向农民或者农业生产经营组织违法收费、罚款、摊派的，上级主管机关应当予以制止，并予公告；已经收取钱款或者已经使用人力、物力的，由上级主管机关责令限期归还已经收取的钱款或者折价偿还已经使用的人力、物力，并由上级主管机关或者所在单位给予直接负责的主管人员和其他直接责任人员行政处分；情节严重、构成犯罪的，依法追究刑事责任。

第九十四条　有下列行为之一的，由上级主管机关责令停止违法行为，并给予直接负责的主管人员和其他直接责任人员行政处分，责令退还违法收取的集资款、税款或者费用：

（一）违反本法第六十八条规定，非法在农村进行集资、达标、升级、验收活动的；

（二）违反本法第六十九条规定，以违法方法向农民征税的；

（三）违反本法第七十条规定，通过农村中小学校向农民超额、超项目收费的。

第九十五条　违反本法第七十三条第二款规定，强迫农民以资代劳的，由乡（镇）人民政府责令改正，并退还违法收取的资金。

第九十六条　违反本法第七十四条规定，强迫农民和农业生产经营组织接受有偿服务的，由有关人民政府责令改正，并返还其违法收取的费用；情节严重的，给予直接负责的主管人员和其他直接责任人员行政处分；造成农民和农业生产经营组织损失的，依法承担赔偿责任。

第九十七条　县级以上人民政府农业行政主管部门的工作人员违反本法规定参与和从事农业生产经营活动的，依法给予行政处分；构成犯罪的，依法追究刑事责任。

第十三章　附　则

第九十八条　本法有关农民的规定，适用于国有农场、牧场、林场、渔场等企业事业单位实行承包经营的职工。

第九十九条　本法自 2003 年 3 月 1 日起施行。

中华人民共和国环境保护法

（1989 年 12 月 26 日第七届全国人民代表大会常务委员会第十一次会议通过 2014 年 4 月 24 日第十二届全国人民代表大会常务委员会第八次会议修订 自 2015 年 1 月 1 日起施行）

第一章 总 则

第一条 为保护和改善环境，防治污染和其他公害，保障公众健康，推进生态文明建设，促进经济社会可持续发展，制定本法。

第二条 本法所称环境，是指影响人类生存和发展的各种天然的和经过人工改造的自然因素的总体，包括大气、水、海洋、土地、矿藏、森林、草原、湿地、野生生物、自然遗迹、人文遗迹、自然保护区、风景名胜区、城市和乡村等。

第三条 本法适用于中华人民共和国领域和中华人民共和国管辖的其他海域。

第四条 保护环境是国家的基本国策。

国家采取有利于节约和循环利用资源、保护和改善环境、促进人与自然和谐的经济、技术政策和措施，使经济社会发展与环境保护相协调。

第五条 环境保护坚持保护优先、预防为主、综合治理、公众参与、损害担责的原则。

第六条 一切单位和个人都有保护环境的义务。

地方各级人民政府应当对本行政区域的环境质量负责。

企业事业单位和其他生产经营者应当防止、减少环境污染和生态破坏，对所造成的损害依法承担责任。

公民应当增强环境保护意识，采取低碳、节俭的生活方式，自觉履行环境保护义务。

第七条 国家支持环境保护科学技术研究、开发和应用，鼓励环境保护产业发展，促进环境保护信息化建设，提高环境保护科学技术水平。

第八条 各级人民政府应当加大保护和改善环境、防治污染和其他公害的财政投入，提高财政资金的使用效益。

第九条 各级人民政府应当加强环境保护宣传和普及工作，鼓励基层群众性自治组织、社会组织、环境保护志愿者开展环境保护法律法规和环境保护知识的宣传，营造保护环境的良好风气。

教育行政部门、学校应当将环境保护知识纳入学校教育内容，培养学生的环境保护意识。

新闻媒体应当开展环境保护法律法规和环境保护知识的宣传，对环境违法行为进行舆论监督。

第十条 国务院环境保护主管部门，对全国环境保护工作实施统一监督管理；县级以上地方人民政府环境保护主管部门，对本行政区域环境保护工作实施统一监督管理。

县级以上人民政府有关部门和军队环境保护部门，依照有关法律的规定对资源保护和污染防治等环境保护工作实施监督管理。

第十一条　对保护和改善环境有显著成绩的单位和个人，由人民政府给予奖励。

第十二条　每年6月5日为环境日。

第二章　监督管理

第十三条　县级以上人民政府应当将环境保护工作纳入国民经济和社会发展规划。

国务院环境保护主管部门会同有关部门，根据国民经济和社会发展规划编制国家环境保护规划，报国务院批准并公布实施。

县级以上地方人民政府环境保护主管部门会同有关部门，根据国家环境保护规划的要求，编制本行政区域的环境保护规划，报同级人民政府批准并公布实施。

环境保护规划的内容应当包括生态保护和污染防治的目标、任务、保障措施等，并与主体功能区规划、土地利用总体规划和城乡规划等相衔接。

第十四条　国务院有关部门和省、自治区、直辖市人民政府组织制定经济、技术政策，应当充分考虑对环境的影响，听取有关方面和专家的意见。

第十五条　国务院环境保护主管部门制定国家环境质量标准。

省、自治区、直辖市人民政府对国家环境质量标准中未作规定的项目，可以制定地方环境质量标准；对国家环境质量标准中已作规定的项目，可以制定严于国家环境质量标准的地方环境质量标准。地方环境质量标准应当报国务院环境保护主管部门备案。

国家鼓励开展环境基准研究。

第十六条　国务院环境保护主管部门根据国家环境质量标准和国家经济、技术条件，制定国家污染物排放标准。

省、自治区、直辖市人民政府对国家污染物排放标准中未作规定的项目，可以制定地方污染物排放标准；对国家污染物排放标准中已作规定的项目，可以制定严于国家污染物排放标准的地方污染物排放标准。地方污染物排放标准应当报国务院环境保护主管部门备案。

第十七条　国家建立、健全环境监测制度。国务院环境保护主管部门制定监测规范，会同有关部门组织监测网络，统一规划国家环境质量监测站（点）的设置，建立监测数据共享机制，加强对环境监测的管理。

有关行业、专业等各类环境质量监测站（点）的设置应当符合法律法规规定和监测规范的要求。

监测机构应当使用符合国家标准的监测设备，遵守监测规范。监测机构及其负责人对监测数据的真实性和准确性负责。

第十八条　省级以上人民政府应当组织有关部门或者委托专业机构，对环境状况进行调查、评价，建立环境资源承载能力监测预警机制。

第十九条　编制有关开发利用规划、建设对环境有影响的项目，应当依法进行环境影响评价。

未依法进行环境影响评价的开发利用规划，不得组织实施；未依法进行环境影响评价的建设项目，不得开工建设。

第二十条　国家建立跨行政区域的重点区域、流域环境污染和生态破坏联合防治协调机制，实行统一规划、统一标准、统一监测、统一的防治措施。

前款规定以外的跨行政区域的环境污染和生态破坏的防治，由上级人民政府协调解决，或者由有关地方人民政府协商解决。

第二十一条　国家采取财政、税收、价格、政府采购等方面的政策和措施，鼓励和支持环境保护技术装备、资源综合利用和环境服务等环境保护产业的发展。

第二十二条　企业事业单位和其他生产经营者，在污染物排放符合法定要求的基础上，进一步减少污染物排放的，人民政府应当依法采取财政、税收、价格、政府采购等方面的政策和措施予以鼓励和支持。

第二十三条　企业事业单位和其他生产经营者，为改善环境，依照有关规定转产、搬迁、关闭的，人民政府应当予以支持。

第二十四条　县级以上人民政府环境保护主管部门及其委托的环境监察机构和其他负有环境保护监督管理职责的部门，有权对排放污染物的企业事业单位和其他生产经营者进行现场检查。被检查者应当如实反映情况，提供必要的资料。实施现场检查的部门、机构及其工作人员应当为被检查者保守商业秘密。

第二十五条　企业事业单位和其他生产经营者违反法律法规规定排放污染物、造成或者可能造成严重污染的，县级以上人民政府环境保护主管部门和其他负有环境保护监督管理职责的部门，可以查封、扣押造成污染物排放的设施、设备。

第二十六条　国家实行环境保护目标责任制和考核评价制度。县级以上人民政府应当将环境保护目标完成情况纳入对本级人民政府负有环境保护监督管理职责的部门及其负责人和下级人民政府及其负责人的考核内容，作为对其考核评价的重要依据。考核结果应当向社会公开。

第二十七条　县级以上人民政府应当每年向本级人民代表大会或者人民代表大会常务委员会报告环境状况和环境保护目标完成情况，对发生的重大环境事件应当及时向本级人民代表大会常务委员会报告，依法接受监督。

第三章　保护和改善环境

第二十八条　地方各级人民政府应当根据环境保护目标和治理任务，采取有效措施，改善环境质量。

未达到国家环境质量标准的重点区域、流域的有关地方人民政府，应当制定限期达标规划，并采取措施按期达标。

第二十九条　国家在重点生态功能区、生态环境敏感区和脆弱区等区域划定生态保护红线，实行严格保护。

各级人民政府对具有代表性的各种类型的自然生态系统区域，珍稀、濒危的野生动植物自然分布区域，重要的水源涵养区域，具有重大科学文化价值的地质构造、著名溶洞和化石分布区、冰川、火山、温泉等自然遗迹，以及人文遗迹、古树名木，应当采取措施予以保护，严禁破坏。

第三十条　开发利用自然资源，应当合理开发，保护生物多样性，保障生态安全，依法制定有关生态保护和恢复治理方案并予以实施。

引进外来物种以及研究、开发和利用生物技术，应当采取措施，防止对生物多样性的破坏。

第三十一条　国家建立、健全生态保护补偿制度。

国家加大对生态保护地区的财政转移支付力度。有关地方人民政府应当落实生态保护补偿资金，确保其用于生态保护补偿。

国家指导受益地区和生态保护地区人民政府通过协商或者按照市场规则进行生态保护补偿。

第三十二条　国家加强对大气、水、土壤等的保护，建立和完善相应的调查、监测、评估和修复制度。

第三十三条　各级人民政府应当加强对农业环境的保护，促进农业环境保护新技术的使用，加强对农业污染源的监测预警，统筹有关部门采取措施，防治土壤污染和土地沙化、盐渍化、贫瘠化、石漠化、地面沉降以及防治植被破坏、水土流失、水体富营养化、水源枯竭、种源灭绝等生态失调现象，推广植物病虫害的综合防治。

县级、乡级人民政府应当提高农村环境保护公共服务水平，推动农村环境综合整治。

第三十四条　国务院和沿海地方各级人民政府应当加强对海洋环境的保护。向海洋排放污染物、倾倒废弃物，进行海岸工程和海洋工程建设，应当符合法律法规规定和有关标准，防止和减少对海洋环境的污染损害。

第三十五条　城乡建设应当结合当地自然环境的特点，保护植被、水域和自然景观，加强城市园林、绿地和风景名胜区的建设与管理。

第三十六条　国家鼓励和引导公民、法人和其他组织使用有利于保护环境的产品和再生产品，减少废物的产生。

国家机关和使用财政资金的其他组织应当优先采购和使用节能、节水、节材等有利于保护环境的产品、设备和设施。

第三十七条　地方各级人民政府应当采取措施，组织对生活废物的分类处置、回收利用。

第三十八条　公民应当遵守环境保护法律法规，配合实施环境保护措施，按照规定对生活废弃物进行分类放置，减少日常生活对环境造成的损害。

第三十九条　国家建立、健全环境与健康监测、调查和风险评估制度；鼓励和组织开展环境质量对公众健康影响的研究，采取措施预防和控制与环境污染有关的疾病。

第四章　防治污染和其他公害

第四十条　国家促进清洁生产和资源循环利用。

国务院有关部门和地方各级人民政府应当采取措施，推广清洁能源的生产和使用。

企业应当优先使用清洁能源，采用资源利用率高、污染物排放量少的工艺、设备以及废弃物综合利用技术和污染物无害化处理技术，减少污染物的产生。

第四十一条　建设项目中防治污染的设施，应当与主体工程同时设计、同时施工、同时投产使用。防治污染的设施应当符合经批准的环境影响评价文件的要求，不得擅自拆除或者闲置。

第四十二条　排放污染物的企业事业单位和其他生产经营者，应当采取措施，防止在生产建设或者其他活动中产生的废气、废水、废渣、医疗废物、粉尘、恶臭气体、放射性物质以及噪声、振动、光辐射、电磁辐射等对环境的污染和危害。

排放污染物的企业事业单位，应当建立环境保护责任制度，明确单位负责人和相关人员的责任。

重点排污单位应当按照国家有关规定和监测规范安装使用监测设备，保证监测设备正常运行，保存原始监测记录。

严禁通过暗管、渗井、渗坑、灌注或者篡改、伪造监测数据，或者不正常运行防治污染设施等逃避监管的方式违法排放污染物。

第四十三条　排放污染物的企业事业单位和其他生产经营者，应当按照国家有关规定缴纳排污费。排污费应当全部专项用于环境污染防治，任何单位和个人不得截留、挤占或者挪作他用。

依照法律规定征收环境保护税的，不再征收排污费。

第四十四条　国家实行重点污染物排放总量控制制度。重点污染物排放总量控制指标由国务院下达，省、自治区、直辖市人民政府分解落实。企业事业单位在执行国家和地方污染物排放标准的同时，应当遵守分解落实到本单位的重点污染物排放总量控制指标。

对超过国家重点污染物排放总量控制指标或者未完成国家确定的环境质量目标的地区，省级以上人民政府环境保护主管部门应当暂停审批其新增重点污染物排放总量的建设项目环境影响评价文件。

第四十五条　国家依照法律规定实行排污许可管理制度。

实行排污许可管理的企业事业单位和其他生产经营者应当按照排污许可证的要求排放污染物；未取得排污许可证的，不得排放污染物。

第四十六条　国家对严重污染环境的工艺、设备和产品实行淘汰制度。任何单位和个人不得生产、销售或者转移、使用严重污染环境的工艺、设备和产品。

禁止引进不符合我国环境保护规定的技术、设备、材料和产品。

第四十七条　各级人民政府及其有关部门和企业事业单位，应当依照《中华人民共和国突发事件应对法》的规定，做好突发环境事件的风险控制、应急准备、应急处置和事后恢复等工作。

县级以上人民政府应当建立环境污染公共监测预警机制，组织制定预警方案；环境受到污染，可能影响公众健康和环境安全时，依法及时公布预警信息，启动应急措施。

企业事业单位应当按照国家有关规定制定突发环境事件应急预案，报环境保护主管部门和有关部门备案。在发生或者可能发生突发环境事件时，企业事业单位应当立即采取措施处理，及时通报可能受到危害的单位和居民，并向环境保护主管部门和有关部门报告。

突发环境事件应急处置工作结束后，有关人民政府应当立即组织评估事件造成的环境影响和损失，并及时将评估结果向社会公布。

第四十八条　生产、储存、运输、销售、使用、处置化学物品和含有放射性物质的物品，应当遵守国家有关规定，防止污染环境。

第四十九条　各级人民政府及其农业等有关部门和机构应当指导农业生产经营者科学种植和养殖，科学合理施用农药、化肥等农业投入品，科学处置农用薄膜、农作物秸秆等农业废弃物，防止农业面源污染。

禁止将不符合农用标准和环境保护标准的固体废物、废水施入农田。施用农药、化肥等农业投入品及进行灌溉，应当采取措施，防止重金属和其他有毒有害物质污染环境。

畜禽养殖场、养殖小区、定点屠宰企业等的选址、建设和管理应当符合有关法律法规规定。从事畜禽养殖和屠宰的单位和个人应当采取措施，对畜禽粪便、尸体和污水等废弃物进行科学处置，防止污染环境。

县级人民政府负责组织农村生活废物的处置工作。

第五十条 各级人民政府应当在财政预算中安排资金，支持农村饮用水水源地保护、生活污水和其他废物处理、畜禽养殖和屠宰污染防治、土壤污染防治和农村工矿污染治理等环境保护工作。

第五十一条 各级人民政府应当统筹城乡建设污水处理设施及配套管网，固体废物的收集、运输和处置等环境卫生设施，危险废物集中处置设施、场所以及其他环境保护公共设施，并保障其正常运行。

第五十二条 国家鼓励投保环境污染责任保险。

第五章 信息公开和公众参与

第五十三条 公民、法人和其他组织依法享有获取环境信息、参与和监督环境保护的权利。

各级人民政府环境保护主管部门和其他负有环境保护监督管理职责的部门，应当依法公开环境信息、完善公众参与程序，为公民、法人和其他组织参与和监督环境保护提供便利。

第五十四条 国务院环境保护主管部门统一发布国家环境质量、重点污染源监测信息及其他重大环境信息。省级以上人民政府环境保护主管部门定期发布环境状况公报。

县级以上人民政府环境保护主管部门和其他负有环境保护监督管理职责的部门，应当依法公开环境质量、环境监测、突发环境事件以及环境行政许可、行政处罚、排污费的征收和使用情况等信息。

县级以上地方人民政府环境保护主管部门和其他负有环境保护监督管理职责的部门，应当将企业事业单位和其他生产经营者的环境违法信息记入社会诚信档案，及时向社会公布违法者名单。

第五十五条 重点排污单位应当如实向社会公开其主要污染物的名称、排放方式、排放浓度和总量、超标排放情况，以及防治污染设施的建设和运行情况，接受社会监督。

第五十六条 对依法应当编制环境影响报告书的建设项目，建设单位应当在编制时向可能受影响的公众说明情况，充分征求意见。

负责审批建设项目环境影响评价文件的部门在收到建设项目环境影响报告书后，除涉及国家秘密和商业秘密的事项外，应当全文公开；发现建设项目未充分征求公众意见的，应当责成建设单位征求公众意见。

第五十七条 公民、法人和其他组织发现任何单位和个人有污染环境和破坏生态行为的，有权向环境保护主管部门或者其他负有环境保护监督管理职责的部门举报。

公民、法人和其他组织发现地方各级人民政府、县级以上人民政府环境保护主管部门和其他负有环境保护监督管理职责的部门不依法履行职责的，有权向其上级机关或者监察机关举报。

接受举报的机关应当对举报人的相关信息予以保密，保护举报人的合法权益。

第五十八条　对污染环境、破坏生态，损害社会公共利益的行为，符合下列条件的社会组织可以向人民法院提起诉讼：

（一）依法在设区的市级以上人民政府民政部门登记；

（二）专门从事环境保护公益活动连续五年以上且无违法记录。

符合前款规定的社会组织向人民法院提起诉讼，人民法院应当依法受理。

提起诉讼的社会组织不得通过诉讼牟取经济利益。

第六章　法律责任

第五十九条　企业事业单位和其他生产经营者违法排放污染物，受到罚款处罚，被责令改正，拒不改正的，依法做出处罚决定的行政机关可以自责令改正之日的次日起，按照原处罚数额按日连续处罚。

前款规定的罚款处罚，依照有关法律法规按照防治污染设施的运行成本、违法行为造成的直接损失或者违法所得等因素确定的规定执行。

地方性法规可以根据环境保护的实际需要，增加第一款规定的按日连续处罚的违法行为的种类。

第六十条　企业事业单位和其他生产经营者超过污染物排放标准或者超过重点污染物排放总量控制指标排放污染物的，县级以上人民政府环境保护主管部门可以责令其采取限制生产、停产整治等措施；情节严重的，报经有批准权的人民政府批准，责令停业、关闭。

第六十一条　建设单位未依法提交建设项目环境影响评价文件或者环境影响评价文件未经批准、擅自开工建设的，由负有环境保护监督管理职责的部门责令停止建设，处以罚款，并可以责令恢复原状。

第六十二条　违反本法规定，重点排污单位不公开或者不如实公开环境信息的，由县级以上地方人民政府环境保护主管部门责令公开，处以罚款，并予以公告。

第六十三条　企业事业单位和其他生产经营者有下列行为之一、尚不构成犯罪的，除依照有关法律法规规定予以处罚外，由县级以上人民政府环境保护主管部门或者其他有关部门将案件移送公安机关，对其直接负责的主管人员和其他直接责任人员，处十日以上十五日以下拘留；情节较轻的，处五日以上十日以下拘留：

（一）建设项目未依法进行环境影响评价，被责令停止建设，拒不执行的；

（二）违反法律规定，未取得排污许可证排放污染物，被责令停止排污，拒不执行的；

（三）通过暗管、渗井、渗坑、灌注或者篡改、伪造监测数据，或者不正常运行防治污染设施等逃避监管的方式违法排放污染物的；

（四）生产、使用国家明令禁止生产、使用的农药，被责令改正，拒不改正的。

第六十四条　因污染环境和破坏生态造成损害的，应当依照《中华人民共和国侵权责任法》的有关规定承担侵权责任。

第六十五条　环境影响评价机构、环境监测机构以及从事环境监测设备和防治污染设施维护、运营的机构，在有关环境服务活动中弄虚作假，对造成的环境污染和生态破坏负有责任的，除依照有关法律法规规定予以处罚外，还应当与造成环境污染和生态破坏的其他责任者承担连带责任。

第六十六条 提起环境损害赔偿诉讼的时效期间为三年，从当事人知道或者应当知道其受到损害时起计算。

第六十七条 上级人民政府及其环境保护主管部门应当加强对下级人民政府及其有关部门环境保护工作的监督。发现有关工作人员有违法行为，依法应当给予处分的，应当向其任免机关或者监察机关提出处分建议。

依法应当给予行政处罚，而有关环境保护主管部门不给予行政处罚的，上级人民政府环境保护主管部门可以直接做出行政处罚的决定。

第六十八条 地方各级人民政府、县级以上人民政府环境保护主管部门和其他负有环境保护监督管理职责的部门有下列行为之一的，对直接负责的主管人员和其他直接责任人员给予记过、记大过或者降级处分；造成严重后果的，给予撤职或者开除处分，其主要负责人应当引咎辞职：

（一）不符合行政许可条件准予行政许可的；

（二）对环境违法行为进行包庇的；

（三）依法应当做出责令停业、关闭的决定而未做出的；

（四）对超标排放污染物、采用逃避监管的方式排放污染物、造成环境事故以及不落实生态保护措施造成生态破坏等行为，发现或者接到举报未及时查处的；

（五）违反本法规定，查封、扣押企业事业单位和其他生产经营者的设施、设备的；

（六）篡改、伪造或者指使篡改、伪造监测数据的；

（七）应当依法公开环境信息而未公开的；

（八）将征收的排污费截留、挤占或者挪作他用的；

（九）法律法规规定的其他违法行为。

第六十九条 违反本法规定，构成犯罪的，依法追究刑事责任。

第七章 附 则

第七十条 本法自 2015 年 1 月 1 日起施行。

二、行政法规（国务院）

中华人民共和国基本农田保护条例

（1998 年 12 月 27 日中华人民共和国国务院令第 257 号发布　根据 2011 年 1 月 8 日《国务院关于废止和修改部分行政法规的决定》修订）

第一章　总　则

第一条　为了对基本农田实行特殊保护，促进农业生产和社会经济的可持续发展，根据《中华人民共和国农业法》和《中华人民共和国土地管理法》，制定本条例。

第二条　国家实行基本农田保护制度。

本条例所称基本农田，是指按照一定时期人口和社会经济发展对农产品的需求，依据土地利用总体规划确定的不得占用的耕地。

本条例所称基本农田保护区，是指为对基本农田实行特殊保护而依据土地利用总体规划和依照法定程序确定的特定保护区域。

第三条　基本农田保护实行全面规划、合理利用、用养结合、严格保护的方针。

第四条　县级以上地方各级人民政府应当将基本农田保护工作纳入国民经济和社会发展计划，作为政府领导任期目标责任制的一项内容，并由上一级人民政府监督实施。

第五条　任何单位和个人都有保护基本农田的义务，并有权检举、控告侵占、破坏基本农田和其他违反本条例的行为。

第六条　国务院土地行政主管部门和农业行政主管部门按照国务院规定的职责分工，依照本条例负责全国的基本农田保护管理工作。

县级以上地方各级人民政府土地行政主管部门和农业行政主管部门按照本级人民政府规定的职责分工，依照本条例负责本行政区域内的基本农田保护管理工作。

乡（镇）人民政府负责本行政区域内的基本农田保护管理工作。

第七条　国家对在基本农田保护工作中取得显著成绩的单位和个人，给予奖励。

第二章　划　定

第八条　各级人民政府在编制土地利用总体规划时，应当将基本农田保护作为规划的一项内容，明确基本农田保护的布局安排、数量指标和质量要求。

县级和乡（镇）土地利用总体规划应当确定基本农田保护区。

第九条　省、自治区、直辖市划定的基本农田应当占本行政区域内耕地总面积的 80% 以上，具体数量指标根据全国土地利用总体规划逐级分解下达。

第十条　下列耕地应当划入基本农田保护区，严格管理：

（一）经国务院有关主管部门或者县级以上地方人民政府批准确定的粮、棉、油生产基地内的耕地；

（二）有良好的水利与水土保持设施的耕地，正在实施改造计划以及可以改造的中、低产田；

（三）蔬菜生产基地；

（四）农业科研、教学试验田。

根据土地利用总体规划，铁路、公路等交通沿线，城市和村庄、集镇建设用地区周边的耕地，应当优先划入基本农田保护区；需要退耕还林、还牧、还湖的耕地，不应当划入基本农田保护区。

第十一条　基本农田保护区以乡（镇）为单位划区定界，由县级人民政府土地行政主管部门会同同级农业行政主管部门组织实施。

划定的基本农田保护区，由县级人民政府设立保护标志，予以公告，由县级人民政府土地行政主管部门建立档案，并抄送同级农业行政主管部门。任何单位和个人不得破坏或者擅自改变基本农田保护区的保护标志。

基本农田划区定界后，由省、自治区、直辖市人民政府组织土地行政主管部门和农业行政主管部门验收确认，或者由省、自治区人民政府授权设区的市、自治州人民政府组织土地行政主管部门和农业行政主管部门验收确认。

第十二条　划定基本农田保护区时，不得改变土地承包者的承包经营权。

第十三条　划定基本农田保护区的技术规程，由国务院土地行政主管部门会同国务院农业行政主管部门制定。

第三章　保　护

第十四条　地方各级人民政府应当采取措施，确保土地利用总体规划确定的本行政区域内基本农田的数量不减少。

第十五条　基本农田保护区经依法划定后，任何单位和个人不得改变或者占用。国家能源、交通、水利、军事设施等重点建设项目选址确实无法避开基本农田保护区，需要占用基本农田，涉及农用地转用或者征用土地的，必须经国务院批准。

第十六条　经国务院批准占用基本农田的，当地人民政府应当按照国务院的批准文件修改土地利用总体规划，并补充划入数量和质量相当的基本农田。占用单位应当按照占多少、垦多少的原则，负责开垦与所占基本农田的数量与质量相当的耕地；没有条件开垦或者开垦的耕地不符合要求的，应当按照省、自治区、直辖市的规定缴纳耕地开垦费，专款用于开垦新的耕地。

占用基本农田的单位应当按照县级以上地方人民政府的要求，将所占用基本农田耕作层的土壤用于新开垦耕地、劣质地或者其他耕地的土壤改良。

第十七条　禁止任何单位和个人在基本农田保护区内建窑、建房、建坟、挖砂、采石、采矿、取土、堆放固体废弃物或者进行其他破坏基本农田的活动。

禁止任何单位和个人占用基本农田发展林果业和挖塘养鱼。

第十八条　禁止任何单位和个人闲置、荒芜基本农田。经国务院批准的重点建设项目占用基本农田的，满一年不使用而又可以耕种并收获的，应当由原耕种该幅基本农田的集体或者个人恢复耕种，也可以由用地单位组织耕种；一年以上未动工建设的，应当按照省、自治区、直辖市的规定缴纳闲置费；连续两年未使用的，经国务院批准，由县级以上人民政府无偿收回用地单位的土地使用权；该幅土地原为农民集体所有的，应当交由原农村集体经济组织恢复耕种，重新划入基本农田保护区。

承包经营基本农田的单位或者个人连续两年弃耕抛荒的，原发包单位应当终止承包合同，收回发包的基本农田。

第十九条 国家提倡和鼓励农业生产者对其经营的基本农田施用有机肥料，合理施用化肥和农药。利用基本农田从事农业生产的单位和个人应当保持和培肥地力。

第二十条 县级人民政府应当根据当地实际情况制定基本农田地力分等定级办法，由农业行政主管部门会同土地行政主管部门组织实施，对基本农田地力分等定级，并建立档案。

第二十一条 农村集体经济组织或者村民委员会应当定期评定基本农田地力等级。

第二十二条 县级以上地方各级人民政府农业行政主管部门应当逐步建立基本农田地力与施肥效益长期定位监测网点，定期向本级人民政府提出基本农田地力变化状况报告以及相应的地力保护措施，并为农业生产者提供施肥指导服务。

第二十三条 县级以上人民政府农业行政主管部门应当会同同级环境保护行政主管部门对基本农田环境污染进行监测和评价，并定期向本级人民政府提出环境质量与发展趋势的报告。

第二十四条 经国务院批准占用基本农田兴建国家重点建设项目的，必须遵守国家有关建设项目环境保护管理的规定。在建设项目环境影响报告书中，应当有基本农田环境保护方案。

第二十五条 向基本农田保护区提供肥料和作为肥料的城市垃圾、污泥的，应当符合国家有关标准。

第二十六条 因发生事故或者其他突然性事件，造成或者可能造成基本农田环境污染事故的，当事人必须立即采取措施处理，并向当地环境保护行政主管部门和农业行政主管部门报告，接受调查处理。

第四章 监督管理

第二十七条 在建立基本农田保护区的地方，县级以上地方人民政府应当与下一级人民政府签订基本农田保护责任书；乡（镇）人民政府应当根据与县级人民政府签订的基本农田保护责任书的要求，与农村集体经济组织或者村民委员会签订基本农田保护责任书。

基本农田保护责任书应当包括下列内容：

（一）基本农田的范围、面积、地块；

（二）基本农田的地力等级；

（三）保护措施；

（四）当事人的权利与义务；

（五）奖励与处罚。

第二十八条 县级以上地方人民政府应当建立基本农田保护监督检查制度，定期组织土地行政主管部门、农业行政主管部门以及其他有关部门对基本农田保护情况进行检查，将检查情况书面报告上一级人民政府。被检查的单位和个人应当如实提供有关情况和资料，不得拒绝。

第二十九条　县级以上地方人民政府土地行政主管部门、农业行政主管部门对本行政区域内发生的破坏基本农田的行为，有权责令纠正。

第五章　法律责任

第三十条　违反本条例规定，有下列行为之一的，依照《中华人民共和国土地管理法》和《中华人民共和国土地管理法实施条例》的有关规定，从重给予处罚：

（一）未经批准或者采取欺骗手段骗取批准，非法占用基本农田的；

（二）超过批准数量，非法占用基本农田的；

（三）非法批准占用基本农田的；

（四）买卖或者以其他形式非法转让基本农田的。

第三十一条　违反本条例规定，应当将耕地划入基本农田保护区而不划入的，由上一级人民政府责令限期改正；拒不改正的，对直接负责的主管人员和其他直接责任人员依法给予行政处分或者纪律处分。

第三十二条　违反本条例规定，破坏或者擅自改变基本农田保护区标志的，由县级以上地方人民政府土地行政主管部门或者农业行政主管部门责令恢复原状，可以处 1 000 元以下罚款。

第三十三条　违反本条例规定，占用基本农田建窑、建房、建坟、挖砂、采石、采矿、取土、堆放固体废弃物或者从事其他活动破坏基本农田，毁坏种植条件的，由县级以上人民政府土地行政主管部门责令改正或者治理，恢复原种植条件，处占用基本农田的耕地开垦费一倍以上两倍以下的罚款；构成犯罪的，依法追究刑事责任。

第三十四条　侵占、挪用基本农田的耕地开垦费，构成犯罪的，依法追究刑事责任；尚不构成犯罪的，依法给予行政处分或者纪律处分。

第六章　附　则

第三十五条　省、自治区、直辖市人民政府可以根据当地实际情况，将其他农业生产用地划为保护区。保护区内的其他农业生产用地的保护和管理，可以参照本条例执行。

第三十六条　本条例自 1999 年 1 月 1 日起施行。1994 年 8 月 18 日国务院发布的《基本农田保护条例》同时废止。

中华人民共和国土地管理法实施条例

（1998 年 12 月 27 日中华人民共和国国务院令第 256 号发布 根据 2011 年 1 月 8 日《国务院关于废止和修改部分行政法规的决定》修订）

第一章 总 则

第一条 根据《中华人民共和国土地管理法》（以下简称《土地管理法》），制定本条例。

第二章 土地的所有权和使用权

第二条 下列土地属于全民所有即国家所有：

（一）城市市区的土地；

（二）农村和城市郊区中已经依法没收、征收、征购为国有的土地；

（三）国家依法征收的土地；

（四）依法不属于集体所有的林地、草地、荒地、滩涂及其他土地；

（五）农村集体经济组织全部成员转为城镇居民的，原属于其成员集体所有的土地；

（六）因国家组织移民、自然灾害等原因，农民成建制地集体迁移后不再使用的原属于迁移农民集体所有的土地。

第三条 国家依法实行土地登记发证制度。依法登记的土地所有权和土地使用权受法律保护，任何单位和个人不得侵犯。

土地登记内容和土地权属证书式样由国务院土地行政主管部门统一规定。

土地登记资料可以公开查询。

确认林地、草原的所有权或者使用权，确认水面、滩涂的养殖使用权，分别依照《森林法》《草原法》和《渔业法》的有关规定办理。

第四条 农民集体所有的土地，由土地所有者向土地所在地的县级人民政府土地行政主管部门提出土地登记申请，由县级人民政府登记造册，核发集体土地所有权证书，确认所有权。

农民集体所有的土地依法用于非农业建设的，由土地使用者向土地所在地的县级人民政府土地行政主管部门提出土地登记申请，由县级人民政府登记造册，核发集体土地使用权证书，确认建设用地使用权。

设区的市人民政府可以对市辖区内农民集体所有的土地实行统一登记。

第五条 单位和个人依法使用的国有土地，由土地使用者向土地所在地的县级以上人民政府土地行政主管部门提出土地登记申请，由县级以上人民政府登记造册，核发国有土地使用权证书，确认使用权。其中，中央国家机关使用的国有土地的登记发证，由国务院土地行政主管部门负责，具体登记发证办法由国务院土地行政主管部门会同国务院机关事务管理局等有关部门制定。

未确定使用权的国有土地，由县级以上人民政府登记造册，负责保护管理。

第六条　依法改变土地所有权、使用权的，因依法转让地上建筑物、构筑物等附着物导致土地使用权转移的，必须向土地所在地的县级以上人民政府土地行政主管部门提出土地变更登记申请，由原土地登记机关依法进行土地所有权、使用权变更登记。土地所有权、使用权的变更，自变更登记之日起生效。

依法改变土地用途的，必须持批准文件，向土地所在地的县级以上人民政府土地行政主管部门提出土地变更登记申请，由原土地登记机关依法进行变更登记。

第七条　依照《土地管理法》的有关规定，收回用地单位的土地使用权的，由原土地登记机关注销土地登记。

土地使用权有偿使用合同约定的使用期限届满，土地使用者未申请续期或者虽申请续期未获批准的，由原土地登记机关注销土地登记。

第三章　土地利用总体规划

第八条　全国土地利用总体规划，由国务院土地行政主管部门会同国务院有关部门编制，报国务院批准。

省、自治区、直辖市的土地利用总体规划，由省、自治区、直辖市人民政府组织本级土地行政主管部门和其他有关部门编制，报国务院批准。

省、自治区人民政府所在地的市、人口在100万以上的城市以及国务院指定的城市的土地利用总体规划，由各市人民政府组织本级土地行政主管部门和其他有关部门编制，经省、自治区人民政府审查同意后，报国务院批准。

本条第一款、第二款、第三款规定以外的土地利用总体规划，由有关人民政府组织本级土地行政主管部门和其他有关部门编制，逐级上报省、自治区、直辖市人民政府批准；其中，乡（镇）土地利用总体规划，由乡（镇）人民政府编制，逐级上报省、自治区、直辖市人民政府或者省、自治区、直辖市人民政府授权的设区的市、自治州人民政府批准。

第九条　土地利用总体规划的规划期限一般为15年。

第十条　依照《土地管理法》规定，土地利用总体规划应当将土地划分为农用地、建设用地和未利用地。

县级和乡（镇）土地利用总体规划应当根据需要，划定基本农田保护区、土地开垦区、建设用地区和禁止开垦区等；其中，乡（镇）土地利用总体规划还应当根据土地使用条件，确定每一块土地的用途。

土地分类和划定土地利用区的具体办法，由国务院土地行政主管部门会同国务院有关部门制定。

第十一条　乡（镇）土地利用总体规划经依法批准后，乡（镇）人民政府应当在本行政区域内予以公告。

公告应当包括下列内容：

（一）规划目标；

（二）规划期限；

（三）规划范围；

（四）地块用途；

（五）批准机关和批准日期。

第十二条　依照《土地管理法》第二十六条第二款、第三款规定修改土地利用总体规划的，由原编制机关根据国务院或者省、自治区、直辖市人民政府的批准文件修改。修改后的土地利用总体规划应当报原批准机关批准。

上一级土地利用总体规划修改后，涉及修改下一级土地利用总体规划的，由上一级人民政府通知下一级人民政府做出相应修改，并报原批准机关备案。

第十三条　各级人民政府应当加强土地利用年度计划管理，实行建设用地总量控制。土地利用年度计划一经批准下达，必须严格执行。

土地利用年度计划应当包括下列内容：

（一）农用地转用计划指标；

（二）耕地保有量计划指标；

（三）土地开发整理计划指标。

第十四条　县级以上人民政府土地行政主管部门应当会同同级有关部门进行土地调查。

土地调查应当包括下列内容：

（一）土地权属；

（二）土地利用现状；

（三）土地条件。

地方土地利用现状调查结果，经本级人民政府审核，报上一级人民政府批准后，应当向社会公布；全国土地利用现状调查结果，报国务院批准后，应当向社会公布。土地调查规程，由国务院土地行政主管部门会同国务院有关部门制定。

第十五条　国务院土地行政主管部门会同国务院有关部门制定土地等级评定标准。

县级以上人民政府土地行政主管部门应当会同同级有关部门根据土地等级评定标准，对土地等级进行评定。地方土地等级评定结果，经本级人民政府审核，报上一级人民政府土地行政主管部门批准后，应当向社会公布。

根据国民经济和社会发展状况，土地等级每六年调整一次。

第四章　耕地保护

第十六条　在土地利用总体规划确定的城市和村庄、集镇建设用地范围内，为实施城市规划和村庄、集镇规划占用耕地，以及在土地利用总体规划确定的城市建设用地范围外的能源、交通、水利、矿山、军事设施等建设项目占用耕地的，分别由市、县人民政府、农村集体经济组织和建设单位依照《土地管理法》第三十一条的规定负责开垦耕地；没有条件开垦或者开垦的耕地不符合要求的，应当按照省、自治区、直辖市的规定缴纳耕地开垦费。

第十七条　禁止单位和个人在土地利用总体规划确定的禁止开垦区内从事土地开发活动。

在土地利用总体规划确定的土地开垦区内，开发未确定土地使用权的国有荒山、荒地、荒滩从事种植业、林业、畜牧业、渔业生产的，应当向土地所在地的县级以上人民政府土地行政主管部门提出申请，报有批准权的人民政府批准。

一次性开发未确定土地使用权的国有荒山、荒地、荒滩600公顷以下的，按照省、自治区、直辖市规定的权限，由县级以上地方人民政府批准；开发 600 公顷以上的，报国务院批准。

开发未确定土地使用权的国有荒山、荒地、荒滩从事种植业、林业、畜牧业或者渔业生产的，经县级以上人民政府依法批准，可以确定给开发单位或者个人长期使用，使用期限最长不得超过 50 年。

第十八条　县、乡（镇）人民政府应当按照土地利用总体规划，组织农村集体经济组织制定土地整理方案，并组织实施。

地方各级人民政府应当采取措施，按照土地利用总体规划推进土地整理。土地整理新增耕地面积的 60%可以用作折抵建设占用耕地的补偿指标。

土地整理所需费用，按照谁受益谁负担的原则，由农村集体经济组织和土地使用者共同承担。

第五章　建设用地

第十九条　建设占用土地，涉及农用地转为建设用地的，应当符合土地利用总体规划和土地利用年度计划中确定的农用地转用指标；城市和村庄、集镇建设占用土地，涉及农用地转用的，还应当符合城市规划和村庄、集镇规划。不符合规定的，不得批准农用地转为建设用地。

第二十条　在土地利用总体规划确定的城市建设用地范围内，为实施城市规划占用土地的，按照下列规定办理：

（一）市、县人民政府按照土地利用年度计划拟订农用地转用方案、补充耕地方案、征收土地方案，分批次逐级上报有批准权的人民政府。

（二）有批准权的人民政府土地行政主管部门对农用地转用方案、补充耕地方案、征收土地方案进行审查，提出审查意见，报有批准权的人民政府批准；其中，补充耕地方案由批准农用地转用方案的人民政府在批准农用地转用方案时一并批准。

（三）农用地转用方案、补充耕地方案、征收土地方案经批准后，由市、县人民政府组织实施，按具体建设项目分别供地。

在土地利用总体规划确定的村庄、集镇建设用地范围内，为实施村庄、集镇规划占用土地的，由市、县人民政府拟订农用地转用方案、补充耕地方案，依照前款规定的程序办理。

第二十一条　具体建设项目需要使用土地的，建设单位应当根据建设项目的总体设计一次申请，办理建设用地审批手续；分期建设的项目，可以根据可行性研究报告确定的方案分期申请建设用地，分期办理建设用地有关审批手续。

第二十二条　具体建设项目需要占用土地利用总体规划确定的城市建设用地范围内的国有建设用地的，按照下列规定办理：

（一）建设项目可行性研究论证时，由土地行政主管部门对建设项目用地有关事项进行审查，提出建设项目用地预审报告；可行性研究报告报批时，必须附具土地行政主管部门出具的建设项目用地预审报告。

（二）建设单位持建设项目的有关批准文件，向市、县人民政府土地行政主管部门提出建设用地申请，由市、县人民政府土地行政主管部门审查，拟订供地方案，报市、县人民政府批准；需要上级人民政府批准的，应当报上级人民政府批准。

（三）供地方案经批准后，由市、县人民政府向建设单位颁发建设用地批准书。有偿使用国有土地的，由市、县人民政府土地行政主管部门与土地使用者签订国有土地有偿使用合同；划拨使用国有土地的，由市、县人民政府土地行政主管部门向土地使用者核发国有土地划拨决定书。

（四）土地使用者应当依法申请土地登记。

通过招标、拍卖方式提供国有建设用地使用权的，由市、县人民政府土地行政主管部门会同有关部门拟订方案，报市、县人民政府批准后，由市、县人民政府土地行政主管部门组织实施，并与土地使用者签订土地有偿使用合同。土地使用者应当依法申请土地登记。

第二十三条　具体建设项目需要使用土地的，必须依法申请使用土地利用总体规划确定的城市建设用地范围内的国有建设用地。能源、交通、水利、矿山、军事设施等建设项目确需使用土地利用总体规划确定的城市建设用地范围外的土地，涉及农用地的，按照下列规定办理：

（一）建设项目可行性研究论证时，由土地行政主管部门对建设项目用地有关事项进行审查，提出建设项目用地预审报告；可行性研究报告报批时，必须附具土地行政主管部门出具的建设项目用地预审报告。

（二）建设单位持建设项目的有关批准文件，向市、县人民政府土地行政主管部门提出建设用地申请，由市、县人民政府土地行政主管部门审查，拟订农用地转用方案、补充耕地方案、征收土地方案和供地方案（涉及国有农用地的，不拟订征收土地方案），经市、县人民政府审核同意后，逐级上报有批准权的人民政府批准；其中，补充耕地方案由批准农用地转用方案的人民政府在批准农用地转用方案时一并批准；供地方案由批准征收土地的人民政府在批准征收土地方案时一并批准（涉及国有农用地的，供地方案由批准农用地转用的人民政府在批准农用地转用方案时一并批准）。

（三）农用地转用方案、补充耕地方案、征收土地方案和供地方案经批准后，由市、县人民政府组织实施，向建设单位颁发建设用地批准书。有偿使用国有土地的，由市、县人民政府土地行政主管部门与土地使用者签订国有土地有偿使用合同；划拨使用国有土地的，由市、县人民政府土地行政主管部门向土地使用者核发国有土地划拨决定书。

（四）土地使用者应当依法申请土地登记。

建设项目确需使用土地利用总体规划确定的城市建设用地范围外的土地，涉及农民集体所有的未利用地的，只报批征收土地方案和供地方案。

第二十四条　具体建设项目需要占用土地利用总体规划确定的国有未利用地的，按照省、自治区、直辖市的规定办理；但是，国家重点建设项目、军事设施和跨省、自治区、直辖市行政区域的建设项目以及国务院规定的其他建设项目用地，应当报国务院批准。

第二十五条　征收土地方案经依法批准后，由被征收土地所在地的市、县人民政府组织实施，并将批准征地机关，批准文号，征收土地的用途、范围、面积，征地补偿标准，农业人员安置办法和办理征地补偿的期限等，在被征收土地所在地的乡（镇）、村予以公告。

被征收土地的所有权人、使用权人应当在公告规定的期限内，持土地权属证书到公告指定的人民政府土地行政主管部门办理征地补偿登记。

市、县人民政府土地行政主管部门根据经批准的征收土地方案，会同有关部门拟订征地补偿、安置方案，在被征收土地所在地的乡（镇）、村予以公告，听取被征收土地的农村集体经济组织和农民的意见。征地补偿、安置方案报市、县人民政府批准后，由市、县人民政府土地行政主管部门组织实施。对补偿标准有争议的，由县级以上地方人民政府协调；协调不成的，由批准征收土地的人民政府裁决。征地补偿、安置争议不影响征收土地方案的实施。

征收土地的各项费用应当自征地补偿、安置方案批准之日起三个月内全额支付。

第二十六条　土地补偿费归农村集体经济组织所有；地上附着物及青苗补偿费归地上附着物及青苗的所有者所有。

征收土地的安置补助费必须专款专用，不得挪作他用。需要安置的人员由农村集体经济组织安置的，安置补助费支付给农村集体经济组织，由农村集体经济组织管理和使用；由其他单位安置的，安置补助费支付给安置单位；不需要统一安置的，安置补助费发放给被安置人员个人或者征得被安置人员同意后用于支付被安置人员的保险费用。

市、县和乡（镇）人民政府应当加强对安置补助费使用情况的监督。

第二十七条　抢险救灾等急需使用土地的，可以先行使用土地。其中，属于临时用地的，灾后应当恢复原状并交还原土地使用者使用，不再办理用地审批手续；属于永久性建设用地的，建设单位应当在灾情结束后六个月内申请补办建设用地审批手续。

第二十八条　建设项目施工和地质勘查需要临时占用耕地的，土地使用者应当自临时用地期满之日起一年内恢复种植条件。

第二十九条　国有土地有偿使用的方式包括：

（一）国有土地使用权出让；

（二）国有土地租赁；

（三）国有土地使用权作价出资或者入股。

第三十条　《土地管理法》第五十五条规定的新增建设用地的土地有偿使用费，是指国家在新增建设用地中应取得的平均土地纯收益。

第六章　监督检查

第三十一条　土地管理监督检查人员应当经过培训，经考核合格后，方可从事土地管理监督检查工作。

第三十二条　土地行政主管部门履行监督检查职责，除采取《土地管理法》第六十七条规定的措施外，还可以采取下列措施：

（一）询问违法案件的当事人、嫌疑人和证人；

（二）进入被检查单位或者个人非法占用的土地现场进行拍照、摄像；

（三）责令当事人停止正在进行的土地违法行为；

（四）对涉嫌土地违法的单位或者个人，停止办理有关土地审批、登记手续；

（五）责令违法嫌疑人在调查期间不得变卖、转移与案件有关的财物。

第三十三条　依照《土地管理法》第七十二条规定给予行政处分的，由责令做出行政处罚决定或者直接给予行政处罚决定的上级人民政府土地行政主管部门做出。对于警告、记过、记大过的行政处分决定，上级土地行政主管部门可以直接做出；对于降级、撤职、开除的行政处分决定，上级土地行政主管部门应当按照国家有关人事管理权限和处理程序的规定，向有关机关提出行政处分建议，由有关机关依法处理。

第七章　法律责任

第三十四条　违反本条例第十七条的规定，在土地利用总体规划确定的禁止开垦区内进行开垦的，由县级以上人民政府土地行政主管部门责令限期改正；逾期不改正的，依照《土地管理法》第七十六条的规定处罚。

第三十五条　在临时使用的土地上修建永久性建筑物、构筑物的，由县级以上人民政府土地行政主管部门责令限期拆除；逾期不拆除的，由做出处罚决定的机关依法申请人民法院强制执行。

第三十六条　对在土地利用总体规划制定前已建的不符合土地利用总体规划确定的用途的建筑物、构筑物重建、扩建的，由县级以上人民政府土地行政主管部门责令限期拆除；逾期不拆除的，由做出处罚决定的机关依法申请人民法院强制执行。

第三十七条　阻碍土地行政主管部门的工作人员依法执行职务的，依法给予治安管理处罚或者追究刑事责任。

第三十八条　依照《土地管理法》第七十三条的规定处以罚款的，罚款额为非法所得的50%以下。

第三十九条　依照《土地管理法》第八十一条的规定处以罚款的，罚款额为非法所得的5%以上20%以下。

第四十条　依照《土地管理法》第七十四条的规定处以罚款的，罚款额为耕地开垦费的两倍以下。

第四十一条　依照《土地管理法》第七十五条的规定处以罚款的，罚款额为土地复垦费的两倍以下。

第四十二条　依照《土地管理法》第七十六条的规定处以罚款的，罚款额为非法占用土地每平方米30元以下。

第四十三条　依照《土地管理法》第八十条的规定处以罚款的，罚款额为非法占用土地每平方米10元以上30元以下。

第四十四条　违反本条例第二十八条的规定，逾期不恢复种植条件的，由县级以上人民政府土地行政主管部门责令限期改正，可以处耕地复垦费两倍以下的罚款。

第四十五条　违反土地管理法律、法规规定，阻挠国家建设征收土地的，由县级以上人民政府土地行政主管部门责令交出土地；拒不交出土地的，申请人民法院强制执行。

第八章　附　则

第四十六条　本条例自1999年1月1日起施行。1991年1月4日国务院发布的《中华人民共和国土地管理法实施条例》同时废止。

三、国务院各部门规范性文件

国务院关于落实科学发展观　加强环境保护的决定

（国发〔2005〕39号）

各省、自治区、直辖市人民政府，国务院各部委、各直属机构：

为全面落实科学发展观，加快构建社会主义和谐社会，实现全面建设小康社会的奋斗目标，必须把环境保护摆在更加重要的战略位置。现做出如下决定：

一、充分认识做好环境保护工作的重要意义

（一）环境保护工作取得积极进展。党中央、国务院高度重视环境保护，采取了一系列重大政策措施，各地区、各部门不断加大环境保护工作力度，在国民经济快速增长、人民群众消费水平显著提高的情况下，全国环境质量基本稳定，部分城市和地区环境质量有所改善，多数主要污染物排放总量得到控制，工业产品的污染排放强度下降，重点流域、区域环境治理不断推进，生态保护和治理得到加强，核与辐射监管体系进一步完善，全社会的环境意识和人民群众的参与度明显提高，我国认真履行国际环境公约，树立了良好的国际形象。

（二）环境形势依然十分严峻。我国环境保护虽然取得了积极进展，但环境形势严峻的状况仍然没有改变。主要污染物排放量超过环境承载能力，流经城市的河段普遍受到污染，许多城市空气污染严重，酸雨污染加重，持久性有机污染物的危害开始显现，土壤污染面积扩大，近岸海域污染加剧，核与辐射环境安全存在隐患。生态破坏严重，水土流失量大面广，石漠化、草原退化加剧，生物多样性减少，生态系统功能退化。发达国家上百年工业化过程中分阶段出现的环境问题，在我国近 20 多年来集中出现，呈现结构型、复合型、压缩型的特点。环境污染和生态破坏造成了巨大经济损失，危害群众健康，影响社会稳定和环境安全。未来 15 年我国人口将继续增加，经济总量将再翻两番，资源、能源消耗持续增长，环境保护面临的压力越来越大。

（三）环境保护的法规、制度、工作与任务要求不相适应。目前一些地方重 GDP 增长、轻环境保护。环境保护法制不够健全，环境立法未能完全适应形势需要，有法不依、执法不严的现象较为突出。环境保护机制不完善，投入不足，历史欠账多，污染治理进程缓慢，市场化程度偏低。环境管理体制未完全理顺，环境管理效率有待提高。监管能力薄弱，国家环境监测、信息、科技、宣教和综合评估能力不足，部分领导干部环境保护意识和公众参与水平有待增强。

（四）把环境保护摆上更加重要的战略位置。加强环境保护是落实科学发展观的重要举措，是全面建设小康社会的内在要求，是坚持执政为民、提高执政能力的实际行动，是

构建社会主义和谐社会的有力保障。加强环境保护，有利于促进经济结构调整和增长方式转变，实现更快更好地发展；有利于带动环保和相关产业发展，培育新的经济增长点和增加就业；有利于提高全社会的环境意识和道德素质，促进社会主义精神文明建设；有利于保障人民群众身体健康，提高生活质量和延长人均寿命；有利于维护中华民族的长远利益，为子孙后代留下良好的生存和发展空间。因此，必须用科学发展观统领环境保护工作，痛下决心解决环境问题。

二、用科学发展观统领环境保护工作

（五）指导思想。以邓小平理论和"三个代表"重要思想为指导，认真贯彻党的十六届五中全会精神，按照全面落实科学发展观、构建社会主义和谐社会的要求，坚持环境保护基本国策，在发展中解决环境问题。积极推进经济结构调整和经济增长方式的根本性转变，切实改变"先污染后治理、边治理边破坏"的状况，依靠科技进步，发展循环经济，倡导生态文明，强化环境法治，完善监管体制，建立长效机制，建设资源节约型和环境友好型社会，努力让人民群众喝上干净的水、呼吸清洁的空气、吃上放心的食物，在良好的环境中生产生活。

（六）基本原则。

——协调发展，互惠共赢。正确处理环境保护与经济发展和社会进步的关系，在发展中落实保护，在保护中促进发展，坚持节约发展、安全发展、清洁发展，实现可持续的科学发展。

——强化法治，综合治理。坚持依法行政，不断完善环境法律法规，严格环境执法；坚持环境保护与发展综合决策，科学规划，突出预防为主的方针，从源头防治污染和生态破坏，综合运用法律、经济、技术和必要的行政手段解决环境问题。

——不欠新账，多还旧账。严格控制污染物排放总量；所有新建、扩建和改建项目必须符合环保要求，做到增产不增污，努力实现增产减污；积极解决历史遗留的环境问题。

——依靠科技，创新机制。大力发展环境科学技术，以技术创新促进环境问题的解决；建立政府、企业、社会多元化投入机制和部分污染治理设施市场化运营机制，完善环保制度，健全统一、协调、高效的环境监管体制。

——分类指导，突出重点。因地制宜，分区规划，统筹城乡发展，分阶段解决制约经济发展和群众反映强烈的环境问题，改善重点流域、区域、海域、城市的环境质量。

（七）环境目标。到2010年，重点地区和城市的环境质量得到改善，生态环境恶化趋势基本遏制。主要污染物的排放总量得到有效控制，重点行业污染物排放强度明显下降，重点城市空气质量、城市集中饮用水水源和农村饮水水质、全国地表水水质和近岸海域海水水质有所好转，草原退化趋势有所控制，水土流失治理和生态修复面积有所增加，矿山环境明显改善，地下水超采及污染趋势减缓，重点生态功能保护区、自然保护区等的生态功能基本稳定，村镇环境质量有所改善，确保核与辐射环境安全。

到2020年，环境质量和生态状况明显改善。

三、经济社会发展必须与环境保护相协调

（八）促进地区经济与环境协调发展。各地区要根据资源禀赋、环境容量、生态状况、

人口数量以及国家发展规划和产业政策，明确不同区域的功能定位和发展方向，将区域经济规划和环境保护目标有机结合起来。在环境容量有限、自然资源供给不足而经济相对发达的地区实行优化开发，坚持环境优先，大力发展高新技术，优化产业结构，加快产业和产品的升级换代，同时率先完成排污总量削减任务，做到增产减污。在环境仍有一定容量、资源较为丰富、发展潜力较大的地区实行重点开发，加快基础设施建设，科学合理利用环境承载能力，推进工业化和城镇化，同时严格控制污染物排放总量，做到增产不增污。在生态环境脆弱的地区和重要生态功能保护区实行限制开发，在坚持保护优先的前提下，合理选择发展方向，发展特色优势产业，确保生态功能的恢复与保育，逐步恢复生态平衡。在自然保护区和具有特殊保护价值的地区实行禁止开发，依法实施保护，严禁不符合规定的任何开发活动。要认真做好生态功能区划工作，确定不同地区的主导功能，形成各具特色的发展格局。必须依照国家规定对各类开发建设规划进行环境影响评价。对环境有重大影响的决策，应当进行环境影响论证。

（九）大力发展循环经济。各地区、各部门要把发展循环经济作为编制各项发展规划的重要指导原则，制订和实施循环经济推进计划，加快制定促进发展循环经济的政策、相关标准和评价体系，加强技术开发和创新体系建设。要按照"减量化、再利用、资源化"的原则，根据生态环境的要求，进行产品和工业区的设计与改造，促进循环经济的发展。在生产环节，要严格排放强度准入，鼓励节能降耗，实行清洁生产并依法强制审核；在废物产生环节，要强化污染预防和全过程控制，实行生产者责任延伸，合理延长产业链，强化对各类废物的循环利用；在消费环节，要大力倡导环境友好的消费方式，实行环境标识、环境认证和政府绿色采购制度，完善再生资源回收利用体系。大力推行建筑节能，发展绿色建筑。推进污水再生利用和垃圾处理与资源化回收，建设节水型城市。推动生态省（市、县）、环境保护模范城市、环境友好企业和绿色社区、绿色学校等创建活动。

（十）积极发展环保产业。要加快环保产业的国产化、标准化、现代化产业体系建设。加强政策扶持和市场监管，按照市场经济规律，打破地方和行业保护，促进公平竞争，鼓励社会资本参与环保产业的发展。重点发展具有自主知识产权的重要环保技术装备和基础装备，在立足自主研发的基础上，通过引进消化吸收，努力掌握环保核心技术和关键技术。大力提高环保装备制造企业的自主创新能力，推进重大环保技术装备的自主制造。培育一批拥有著名品牌、核心技术能力强、市场占有率高、能够提供较多就业机会的优势环保企业。加快发展环保服务业，推进环境咨询市场化，充分发挥行业协会等中介组织的作用。

四、切实解决突出的环境问题

（十一）以饮水安全和重点流域治理为重点，加强水污染防治。要科学划定和调整饮用水水源保护区，切实加强饮用水水源保护，建设好城市备用水源，解决好农村饮水安全问题。坚决取缔水源保护区内的直接排污口，严防养殖业污染水源，禁止有毒有害物质进入饮用水水源保护区，强化水污染事故的预防和应急处理，确保群众饮水安全。把淮河、海河、辽河、松花江、三峡水库库区及上游，黄河小浪底水库库区及上游，南水北调水源地及沿线，太湖、滇池、巢湖作为流域水污染治理的重点。把渤海等重点海域和河口地区作为海洋环保工作重点。严禁直接向江河湖海排放超标的工业污水。

（十二）以强化污染防治为重点，加强城市环境保护。要加强城市基础设施建设，到

2010 年，全国设市城市污水处理率不低于 70%，生活垃圾无害化处理率不低于 60%；着力解决颗粒物、噪声和餐饮业污染，鼓励发展节能环保型汽车。对污染企业搬迁后的原址进行土壤风险评估和修复。城市建设应注重自然和生态条件，尽可能保留天然林草、河湖水系、滩涂湿地、自然地貌及野生动物等自然遗产，努力维护城市生态平衡。

（十三）以降低二氧化硫排放总量为重点，推进大气污染防治。加快原煤洗选步伐，降低商品煤含硫量。加强燃煤电厂二氧化硫治理，新（扩）建燃煤电厂除燃用特低硫煤的坑口电厂外，必须同步建设脱硫设施或者采取其他降低二氧化硫排放量的措施。在大中城市及其近郊，严格控制新（扩）建除热电联产外的燃煤电厂，禁止新（扩）建钢铁、冶炼等高耗能企业。2004 年年底前投运的二氧化硫排放超标的燃煤电厂，应在 2010 年年底前安装脱硫设施；要根据环境状况，确定不同区域的脱硫目标，制定并实施酸雨和二氧化硫污染防治规划。对投产 20 年以上或装机容量 10 万千瓦以下的电厂，限期改造或者关停。制订燃煤电厂氮氧化物治理规划，开展试点示范。加大烟尘、粉尘治理力度。采取节能措施，提高能源利用效率；大力发展风能、太阳能、地热、生物质能等新能源，积极发展核电，有序开发水能，提高清洁能源比重，减少大气污染物排放。

（十四）以防治土壤污染为重点，加强农村环境保护。结合社会主义新农村建设，实施农村小康环保行动计划。开展全国土壤污染状况调查和超标耕地综合治理，污染严重且难以修复的耕地应依法调整；合理使用农药、化肥，防治农用薄膜对耕地的污染；积极发展节水农业与生态农业，加大规模化养殖业污染治理力度。推进农村改水、改厕工作，搞好作物秸秆等资源化利用，积极发展农村沼气，妥善处理生活垃圾和污水，解决农村环境"脏、乱、差"问题，创建环境优美乡镇、文明生态村。发展县域经济要选择适合本地区资源优势和环境容量的特色产业，防止污染向农村转移。

（十五）以促进人与自然和谐为重点，强化生态保护。坚持生态保护与治理并重，重点控制不合理的资源开发活动。优先保护天然植被，坚持因地制宜，重视自然恢复；继续实施天然林保护、天然草原植被恢复、退耕还林、退牧还草、退田还湖、防沙治沙、水土保持和防治石漠化等生态治理工程；严格控制土地退化和草原沙化。经济社会发展要与水资源条件相适应，统筹生活、生产和生态用水，建设节水型社会；发展适应抗灾要求的避灾经济；水资源开发利用活动要充分考虑生态用水。加强生态功能保护区和自然保护区的建设与管理。加强矿产资源和旅游开发的环境监管。做好红树林、滨海湿地、珊瑚礁、海岛等海洋、海岸带典型生态系统的保护工作。

（十六）以核设施和放射源监管为重点，确保核与辐射环境安全。全面加强核安全与辐射环境管理，国家对核设施的环境保护实行统一监管。核电发展的规划和建设要充分考虑核安全、环境安全和废物处理处置等问题；加强在建和在役核设施的安全监管，加快核设施退役和放射性废物处理处置步伐；加强电磁辐射和伴生放射性矿产资源开发的环境监督管理；健全放射源安全监管体系。

（十七）以实施国家环保工程为重点，推动解决当前突出的环境问题。国家环保重点工程是解决环境问题的重要举措，从"十一五"开始，要将国家重点环保工程纳入国民经济和社会发展规划及有关专项规划，认真组织落实。国家重点环保工程包括：危险废物处置工程、城市污水处理工程、垃圾无害化处理工程、燃煤电厂脱硫工程、重要生态功能保护区和自然保护区建设工程、农村小康环保行动工程、核与辐射环境安全工程、环境管理能力建设工程。

五、建立和完善环境保护的长效机制

（十八）健全环境法规和标准体系。要抓紧拟订有关土壤污染、化学物质污染、生态保护、遗传资源、生物安全、臭氧层保护、核安全、循环经济、环境损害赔偿和环境监测等方面的法律法规草案，配合做好《中华人民共和国环境保护法》的修改工作。通过认真评估环境立法和各地执法情况，完善环境法律法规，做出加大对违法行为处罚的规定，重点解决"违法成本低、守法成本高"的问题。完善环境技术规范和标准体系，科学确定环境基准，努力使环境标准与环保目标相衔接。

（十九）严格执行环境法律法规。要强化依法行政意识，加大环境执法力度，对不执行环境影响评价、违反建设项目环境保护设施"三同时"制度（同时设计、同时施工、同时投产使用）、不正常运转治理设施、超标排污、不遵守排污许可证规定、造成重大环境污染事故、在自然保护区内违法开发建设和开展旅游或者违规采矿造成生态破坏等违法行为，予以重点查处。加大对各类工业开发区的环境监管力度，对达不到环境质量要求的，要限期整改。加强部门协调，完善联合执法机制。规范环境执法行为，实行执法责任追究制，加强对环境执法活动的行政监察。完善对污染受害者的法律援助机制，研究建立环境民事和行政公诉制度。

（二十）完善环境管理体制。按照区域生态系统管理方式，逐步理顺部门职责分工，增强环境监管的协调性、整体性。建立健全国家监察、地方监管、单位负责的环境监管体制。国家加强对地方环保工作的指导、支持和监督，健全区域环境督查派出机构，协调跨省域环境保护，督促检查突出的环境问题。地方人民政府对本行政区域环境质量负责，监督下一级人民政府的环保工作和重点单位的环境行为，并建立相应的环保监管机制。法人和其他组织负责解决所辖范围有关的环境问题。建立企业环境监督员制度，实行职业资格管理。县级以上地方人民政府要加强环保机构建设，落实职能、编制和经费。进一步总结和探索设区城市环保派出机构监管模式，完善地方环境管理体制。各级环保部门要严格执行各项环境监管制度，责令严重污染单位限期治理和停产整治，负责召集有关部门专家和代表提出开发建设规划环境影响评价的审查意见。完善环境犯罪案件的移送程序，配合司法机关办理各类环境案件。

（二十一）加强环境监管制度。要实施污染物总量控制制度，将总量控制指标逐级分解到地方各级人民政府并落实到排污单位。推行排污许可证制度，禁止无证或超总量排污。严格执行环境影响评价和"三同时"制度，对超过污染物总量控制指标、生态破坏严重或者尚未完成生态恢复任务的地区，暂停审批新增污染物排放总量和对生态有较大影响的建设项目；建设项目未履行环评审批程序即擅自开工建设或者擅自投产的，责令其停建或者停产，补办环评手续，并追究有关人员的责任。对生态治理工程实行充分论证和后评估。要结合经济结构调整，完善强制淘汰制度，根据国家产业政策，及时制订和调整强制淘汰污染严重的企业和落后的生产能力、工艺、设备与产品目录。强化限期治理制度，对不能稳定达标或超总量的排污单位实行限期治理，治理期间应予限产、限排，并不得建设增加污染物排放总量的项目；逾期未完成治理任务的，责令其停产整治。完善环境监察制度，强化现场执法检查。严格执行突发环境事件应急预案，地方各级人民政府要按照有关规定

全面负责突发环境事件应急处置工作，环保总局①及国务院相关部门根据情况给予协调支援。建立跨省界河流断面水质考核制度，省级人民政府应当确保出境水质达到考核目标。国家加强跨省界环境执法及污染纠纷的协调，上游省份排污对下游省份造成污染事故的，上游省级人民政府应当承担赔付补偿责任，并依法追究相关单位和人员的责任。赔付补偿的具体办法由环保总局会同有关部门拟订。

（二十二）完善环境保护投入机制。创造良好的生态环境是各级人民政府的重要职责，各级人民政府要将环保投入列入本级财政支出的重点内容并逐年增加。要加大对污染防治、生态保护、环保试点示范和环保监管能力建设的资金投入。当前，地方政府投入重点解决污水管网和生活垃圾收运设施的配套和完善，国家继续安排投资予以支持。各级人民政府要严格执行国家定员定额标准，确保环保行政管理、监察、监测、信息、宣教等行政和事业经费支出，切实解决"收支两条线"问题。要引导社会资金参与城乡环境保护基础设施和有关工作的投入，完善政府、企业、社会多元化环保投融资机制。

（二十三）推行有利于环境保护的经济政策。建立健全有利于环境保护的价格、税收、信贷、贸易、土地和政府采购等政策体系。政府定价要充分考虑资源的稀缺性和环境成本，对市场调节的价格也要进行有利于环保的指导和监管。对可再生能源发电厂和垃圾焚烧发电厂实行有利于发展的电价政策，对可再生能源发电项目的上网电量实行全额收购政策。对不符合国家产业政策和环保标准的企业，不得审批用地，并停止信贷，不予办理工商登记或者依法取缔。对通过境内非营利社会团体、国家机关向环保事业的捐赠依法给予税收优惠。要完善生态补偿政策，尽快建立生态补偿机制。中央和地方财政转移支付应考虑生态补偿因素，国家和地方可分别开展生态补偿试点。建立遗传资源惠益共享机制。

（二十四）运用市场机制推进污染治理。全面实施城市污水、生活垃圾处理收费制度，收费标准要达到保本微利水平，凡收费不到位的地方，当地财政要对运营成本给予补助。鼓励社会资本参与污水、垃圾处理等基础设施的建设和运营。推动城市污水和垃圾处理单位加快转制改企，采用公开招标方式，择优选择投资主体和经营单位，实行特许经营，并强化监管。对污染处理设施建设运营的用地、用电、设备折旧等实行扶持政策，并给予税收优惠。生产者要依法负责或委托他人回收和处置废弃产品，并承担费用。推行污染治理工程的设计、施工和运营一体化模式，鼓励排污单位委托专业化公司承担污染治理或设施运营。有条件的地区和单位可实行二氧化硫等排污权交易。

（二十五）推动环境科技进步。强化环保科技基础平台建设，将重大环保科研项目优先列入国家科技计划。开展环保战略、标准、环境与健康等研究，鼓励对水体、大气、土壤、噪声、固体废物、农业面源等污染防治，以及生态保护、资源循环利用、饮水安全、核安全等领域的研究，组织对污水深度处理、燃煤电厂脱硫脱硝、洁净煤、汽车尾气净化等重点难点技术的攻关，加快高新技术在环保领域的应用。积极开展技术示范和成果推广，提高自主创新能力。

（二十六）加强环保队伍和能力建设。健全环境监察、监测和应急体系。规范环保人员管理，强化培训，提高素质，建设一支思想好、作风正、懂业务、会管理的环保队伍。各级人民政府要选派政治觉悟高、业务素质强的领导干部充实环保部门。下级环保部门负

_____

① 现更名为环境保护部。

责人的任免，应当事先征求上级环保部门的意见。按照政府机构改革与事业单位改革的总体思路和有关要求，研究解决环境执法人员纳入公务员序列问题。要完善环境监测网络，建设"金环工程"，实现"数字环保"，加快环境与核安全信息系统建设，实行信息资源共享机制。建立环境事故应急监控和重大环境突发事件预警体系。

（二十七）健全社会监督机制。实行环境质量公告制度，定期公布各省（区、市）有关环境保护指标，发布城市空气质量、城市噪声、饮用水水源水质、流域水质、近岸海域水质和生态状况评价等环境信息，及时发布污染事故信息，为公众参与创造条件。公布环境质量不达标的城市，并实行投资环境风险预警机制。发挥社会团体的作用，鼓励检举和揭发各种环境违法行为，推动环境公益诉讼。企业要公开环境信息。对涉及公众环境权益的发展规划和建设项目，通过听证会、论证会或社会公示等形式，听取公众意见，强化社会监督。

（二十八）扩大国际环境合作与交流。要积极引进国外资金、先进环保技术与管理经验，提高我国环保的技术、装备和管理水平。积极宣传我国环保工作的成绩和举措，参与气候变化、生物多样性保护、荒漠化防治、湿地保护、臭氧层保护、持久性有机污染物控制、核安全等国际公约和有关贸易与环境的谈判，履行相应的国际义务，维护国家环境与发展权益。努力控制温室气体排放，加快消耗臭氧层物质的淘汰进程。要完善对外贸易产品的环境标准，建立环境风险评估机制和进口货物的有害物质监控体系，既要合理引进可利用再生资源和物种资源，又要严格防范污染转入、废物非法进口、有害外来物种入侵和遗传资源流失。

六、加强对环境保护工作的领导

（二十九）落实环境保护领导责任制。地方各级人民政府要把思想统一到科学发展观上来，充分认识保护环境就是保护生产力，改善环境就是发展生产力，增强环境忧患意识和做好环保工作的责任意识，抓住制约环境保护的难点问题和影响群众健康的重点问题，一抓到底，抓出成效。地方人民政府主要领导和有关部门主要负责人是本行政区域和本系统环境保护的第一责任人，政府和部门都要有一位领导分管环保工作，确保认识到位、责任到位、措施到位、投入到位。地方人民政府要定期听取汇报，研究部署环保工作，制订并组织实施环保规划，检查落实情况，及时解决问题，确保实现环境目标。各级人民政府要向同级人大、政协报告或通报环保工作，并接受监督。

（三十）科学评价发展与环境保护成果。研究绿色国民经济核算方法，将发展过程中的资源消耗、环境损失和环境效益逐步纳入经济发展的评价体系。要把环境保护纳入领导班子和领导干部考核的重要内容，并将考核情况作为干部选拔任用和奖惩的依据之一。坚持和完善地方各级人民政府环境目标责任制，对环境保护主要任务和指标实行年度目标管理，定期进行考核，并公布考核结果。评优创先活动要实行环保一票否决。对环保工作做出突出贡献的单位和个人应给予表彰和奖励。建立问责制，切实解决地方保护主义干预环境执法的问题。对因决策失误造成重大环境事故、严重干扰正常环境执法的领导干部和公职人员，要追究责任。

（三十一）深入开展环境保护宣传教育。保护环境是全民族的事业，环境宣传教育是实现国家环境保护意志的重要方式。要加大环境保护基本国策和环境法制的宣传力度，弘扬环境文化，倡导生态文明，以环境补偿促进社会公平，以生态平衡推进社会和谐，以环境文化丰富精神文明。新闻媒体要大力宣传科学发展观对环境保护的内在要求，把环保公益宣传作为重要任务，及时报道党和国家环保政策措施，宣传环保工作中的新进展新经验，努力营造节约资源和保护环境的舆论氛围。各级干部培训机构要加强对领导干部、重点企业负责人的环保培训。加强环保人才培养，强化青少年环境教育，开展全民环保科普活动，提高全民保护环境的自觉性。

（三十二）健全环境保护协调机制。建立环境保护综合决策机制，完善环保部门统一监督管理、有关部门分工负责的环境保护协调机制，充分发挥全国环境保护部际联席会议的作用。国务院环境保护行政主管部门是环境保护的执法主体，要会同有关部门健全国家环境监测网络，规范环境信息的发布。抓紧编制全国生态功能区划并报国务院批准实施。经济综合和有关主管部门要制定有利于环境保护的财政、税收、金融、价格、贸易、科技等政策。建设、国土、水利、农业、林业、海洋等有关部门要依法做好各自领域的环境保护和资源管理工作。宣传教育部门要积极开展环保宣传教育，普及环保知识。充分发挥人民解放军在环境保护方面的重要作用。

各省、自治区、直辖市人民政府和国务院各有关部门要按照本决定的精神，制订措施，抓好落实。环保总局要会同监察部监督检查本决定的贯彻执行情况，每年向国务院做出报告。

国务院

二〇〇五年十二月三日

国务院关于加强环境保护重点工作的意见

（国发〔2011〕35号）

各省、自治区、直辖市人民政府，国务院各部委、各直属机构：

　　多年来，我国积极实施可持续发展战略，将环境保护放在重要的战略位置，不断加大解决环境问题的力度，取得了明显成效，但由于产业结构和布局仍不尽合理、污染防治水平仍然较低、环境监管制度尚不完善等原因，环境保护形势依然十分严峻。为深入贯彻落实科学发展观，加快推动经济发展方式转变，提高生态文明建设水平，现就加强环境保护重点工作提出如下意见：

一、全面提高环境保护监督管理水平

　　（一）严格执行环境影响评价制度。凡依法应当进行环境影响评价的重点流域、区域开发和行业发展规划以及建设项目，必须严格履行环境影响评价程序，并把主要污染物排放总量控制指标作为新改扩建项目环境影响评价审批的前置条件。环境影响评价过程要公开透明，充分征求社会公众意见。建立健全规划环境影响评价和建设项目环境影响评价的联动机制。对环境影响评价文件未经批准即擅自开工建设、建设过程中擅自做出重大变更、未经环境保护验收即擅自投产等违法行为，要依法追究管理部门、相关企业和人员的责任。

　　（二）继续加强主要污染物总量减排。完善减排统计、监测和考核体系，鼓励各地区实施特征污染物排放总量控制。对造纸、印染和化工行业实行化学需氧量和氨氮排放总量控制。加强污水处理设施、污泥处理处置设施、污水再生利用设施和垃圾渗滤液处理设施建设。对现有污水处理厂进行升级改造。完善城镇污水收集管网，推进雨、污分流改造。强化城镇污水、垃圾处理设施运行监管。对电力行业实行二氧化硫和氮氧化物排放总量控制，继续加强燃煤电厂脱硫，全面推行燃煤电厂脱硝，新建燃煤机组应同步建设脱硫脱硝设施。对钢铁行业实行二氧化硫排放总量控制，强化水泥、石化、煤化工等行业二氧化硫和氮氧化物治理。在大气污染联防联控重点区域开展煤炭消费总量控制试点。开展机动车船尾气氮氧化物治理。提高重点行业环境准入和排放标准。促进农业和农村污染减排，着力抓好规模化畜禽养殖污染防治。

　　（三）强化环境执法监管。抓紧推动制定和修订相关法律法规，为环境保护提供更加完备、有效的法制保障。健全执法程序，规范执法行为，建立执法责任制。加强环境保护日常监管和执法检查。继续开展整治违法排污企业保障群众健康环保专项行动，对环境法律法规执行和环境问题整改情况进行后督察。建立建设项目全过程环境监管制度以及农村和生态环境监察制度。完善跨行政区域环境执法合作机制和部门联动执法机制。依法处置环境污染和生态破坏事件。执行流域、区域、行业限批和挂牌督办等督查制度。对未完成环保目标任务或发生重特大突发环境事件负有责任的地方政府领导进行约谈，落实整改措施。推行生产者责任延伸制度。深化企业环境监督员制度，实行资格化管理。建立健全环境保护举报制度，广泛实行信息公开，加强环境保护的社会监督。

（四）有效防范环境风险和妥善处置突发环境事件。完善以预防为主的环境风险管理制度，实行环境应急分级、动态和全过程管理，依法科学妥善处置突发环境事件。建设更加高效的环境风险管理和应急救援体系，提高环境应急监测处置能力。制定切实可行的环境应急预案，配备必要的应急救援物资和装备，加强环境应急管理、技术支撑和处置救援队伍建设，定期组织培训和演练。开展重点流域、区域环境与健康调查研究。全力做好污染事件应急处置工作，及时准确发布信息，减少人民群众生命财产损失和生态环境损害。健全责任追究制度，严格落实企业环境安全主体责任，强化地方政府环境安全监管责任。

二、着力解决影响科学发展和损害群众健康的突出环境问题

（五）切实加强重金属污染防治。对重点防控的重金属污染地区、行业和企业进行集中治理。合理调整涉重金属企业布局，严格落实卫生防护距离，坚决禁止在重点防控区域新改扩建增加重金属污染物排放总量的项目。加强重金属相关企业的环境监管，确保达标排放。对造成污染的重金属污染企业，加大处罚力度，采取限期整治措施，仍然达不到要求的，依法关停取缔。规范废弃电器电子产品的回收处理活动，建设废旧物品回收体系和集中加工处理园区。积极妥善处理重金属污染历史遗留问题。

（六）严格化学品环境管理。对化学品项目布局进行梳理评估，推动石油、化工等项目科学规划和合理布局。对化学品生产经营企业进行环境隐患排查，对海洋、江河湖泊沿岸化工企业进行综合整治，强化安全保障措施。把环境风险评估作为危险化学品项目评估的重要内容，提高化学品生产的环境准入条件和建设标准，科学确定并落实化学品建设项目环境安全防护距离。依法淘汰高毒、难降解、高环境危害的化学品，限制生产和使用高环境风险化学品。推行工业产品生态设计。健全化学品全过程环境管理制度。加强持久性有机污染物排放重点行业监督管理。建立化学品环境污染责任终身追究制和全过程行政问责制。

（七）确保核与辐射安全。以运行核设施为监管重点，强化对新建、扩建核设施的安全审查和评估，推进老旧核设施退役和放射性废物治理。加强对核材料、放射性物品生产、运输、贮存等环节的安全管理和辐射防护，促进铀矿和伴生放射性矿环境保护。强化放射源、射线装置、高压输变电及移动通信工程等辐射环境管理。完善核与辐射安全审评方法，健全辐射环境监测监督体系，推动国家核与辐射安全监管技术研发基地建设，构建监管技术支撑平台。

（八）深化重点领域污染综合防治。严格饮用水水源保护区划分与管理，定期开展水质全分析，实施水源地环境整治、恢复和建设工程，提高水质达标率。开展地下水污染状况调查、风险评估、修复示范。继续推进重点流域水污染防治，完善考核机制。加强鄱阳湖、洞庭湖、洪泽湖等湖泊污染治理。加大对水质良好或生态脆弱湖泊的保护力度。禁止在可能造成生态严重失衡的地方进行围填海活动，加强入海河流污染治理与入海排污口监督管理，重点改善渤海和长江、黄河、珠江等河口海域环境质量。修订环境空气质量标准，增加大气污染物监测指标，改进环境质量评价方法。健全重点区域大气污染联防联控机制，实施多种污染物协同控制，严格控制挥发性有机污

物排放。加强恶臭、噪声和餐饮油烟污染控制。加大城市生活垃圾无害化处理力度。加强工业固体废物污染防治，强化危险废物和医疗废物管理。被污染场地再次进行开发利用的，应进行环境评估和无害化治理。推行重点企业强制性清洁生产审核。推进污染企业环境绩效评估，严格上市企业环保核查。深入开展城市环境综合整治和环境保护模范城市创建活动。

（九）大力发展环保产业。加大政策扶持力度，扩大环保产业市场需求。鼓励多渠道建立环保产业发展基金，拓宽环保产业发展融资渠道。实施环保先进适用技术研发应用、重大环保技术装备及产品产业化示范工程。着重发展环保设施社会化运营、环境咨询、环境监理、工程技术设计、认证评估等环境服务业。鼓励使用环境标志、环保认证和绿色印刷产品。开展污染减排技术攻关，实施水体污染控制与治理等科技重大专项。制定环保产业统计标准。加强环境基准研究，推进国家环境保护重点实验室、工程技术中心建设。加强高等院校环境学科和专业建设。

（十）加快推进农村环境保护。实行农村环境综合整治目标责任制。深化"以奖促治"和"以奖代补"政策，扩大连片整治范围，集中整治存在突出环境问题的村庄和集镇，重点治理农村土壤和饮用水水源地污染。继续开展土壤环境调查，进行土壤污染治理与修复试点示范。推动环境保护基础设施和服务向农村延伸，加强农村生活垃圾和污水处理设施建设。发展生态农业和有机农业，科学使用化肥、农药和农膜，切实减少面源污染。严格农作物秸秆禁烧管理，推进农业生产废物资源化利用。加强农村人畜粪便和农药包装无害化处理。加大农村地区工矿企业污染防治力度，防止污染向农村转移。开展农业和农村环境统计。

（十一）加大生态保护力度。国家编制环境功能区划，在重要生态功能区、陆地和海洋生态环境敏感区、脆弱区等区域划定生态红线，对各类主体功能区分别制定相应的环境标准和环境政策。加强青藏高原生态屏障、黄土高原—川滇生态屏障、东北森林带、北方防沙带和南方丘陵山地带以及大江大河重要水系的生态环境保护。推进生态修复，让江河湖泊等重要生态系统休养生息。强化生物多样性保护，建立生物多样性监测、评估与预警体系以及生物遗传资源获取与惠益共享制度，有效防范物种资源丧失和流失。加强自然保护区综合管理。开展生态系统状况评估。加强矿产、水电、旅游资源开发和交通基础设施建设中的生态保护。推进生态文明建设试点，进一步开展生态示范创建活动。

三、改革创新环境保护体制机制

（十二）继续推进环境保护历史性转变。坚持在发展中保护，在保护中发展，不断强化并综合运用法律、经济、技术和必要的行政手段，以改革创新为动力，积极探索代价小、效益好、排放低、可持续的环境保护新道路，建立与我国国情相适应的环境保护宏观战略体系、全面高效的污染防治体系、健全的环境质量评价体系、完善的环境保护法规政策和科技标准体系、完备的环境管理和执法监督体系、全民参与的社会行动体系。

（十三）实施有利于环境保护的经济政策。把环境保护列入各级财政年度预算并逐步增加投入。适时增加同级环保能力建设经费安排。加大对重点流域水污染防治的投入力度，完善重点流域水污染防治专项资金管理办法。完善中央财政转移支付制度，加大对中西部地区、民族自治地方和重点生态功能区环境保护的转移支付力度。加快建立生态补偿机制和国家生态补偿专项资金，扩大生态补偿范围。积极推进环境税费改革，研究开征环境保护税。对生产符合下一阶段标准车用燃油的企业，在消费税政策上予以优惠。制定和完善环境保护综合名录。对"高污染、高环境风险"产品，研究调整进出口关税政策。支持符合条件的企业发行债券用于环境保护项目。加大对符合环保要求和信贷原则的企业和项目的信贷支持。建立企业环境行为信用评价制度。健全环境污染责任保险制度，开展环境污染强制责任保险试点。严格落实燃煤电厂烟气脱硫电价政策，制定脱硝电价政策。对可再生能源发电、余热发电和垃圾焚烧发电实行优先上网等政策支持。对高耗能、高污染行业实行差别电价，对污水处理、污泥无害化处理设施、非电力行业脱硫脱硝和垃圾处理设施等鼓励类企业实行政策优惠。按照污泥、垃圾和医疗废物无害化处置的要求，完善收费标准，推进征收方式改革。推行排污许可证制度，开展排污权有偿使用和交易试点，建立国家排污权交易中心，发展排污权交易市场。

（十四）不断增强环境保护能力。全面推进监测、监察、宣教、信息等环境保护能力标准化建设。完善地级以上城市空气质量、重点流域、地下水、农产品产地国家重点监控点位和自动监测网络，扩大监测范围，建设国家环境监测网。推进环境专用卫星建设及其应用，提高遥感监测能力。加强污染源自动监控系统建设、监督管理和运行维护。开展全民环境宣传教育行动计划，培育壮大环保志愿者队伍，引导和支持公众及社会组织开展环保活动。增强环境信息基础能力、统计能力和业务应用能力。建设环境信息资源中心，加强物联网在污染源自动监控、环境质量实时监测、危险化学品运输等领域的研发应用，推动信息资源共享。

（十五）健全环境管理体制和工作机制。构建环境保护工作综合决策机制。完善环境监测和督查体制机制，加强国家环境监察职能。继续实行环境保护部门领导干部双重管理体制。鼓励有条件的地区开展环境保护体制综合改革试点。结合地方人民政府机构改革和乡镇机构改革，探索实行设区城市环境保护派出机构监管模式，完善基层环境管理体制。加强核与辐射安全监管职能和队伍建设。实施生态环境保护人才发展中长期规划。

（十六）强化对环境保护工作的领导和考核。地方各级人民政府要切实把环境保护放在全局工作的突出位置，列入重要议事日程，明确目标任务，完善政策措施，组织实施国家重点环保工程。制定生态文明建设的目标指标体系，纳入地方各级人民政府绩效考核，考核结果作为领导班子和领导干部综合考核评价的重要内容，作为干部选拔任用、管理监督的重要依据，实行环境保护一票否决制。对未完成目标任务考核的地方实施区域限批，暂停审批该地区除民生工程、节能减排、生态环境保护和基础设施建设以外的项目，并追究有关领导责任。

各地区、各部门要加强协调配合，明确责任、分工和进度要求，认真落实本意见。环境保护部要会同有关部门加强对本意见落实情况的监督检查，重大情况向国务院报告。

国务院

二○一一年十月十七日

国务院办公厅关于印发
《近期土壤环境保护和综合治理工作安排》的通知

（国办发〔2013〕7号）

各省、自治区、直辖市人民政府，国务院各部委、各直属机构：

《近期土壤环境保护和综合治理工作安排》已经国务院同意，现印发给你们，请认真贯彻执行。

国务院办公厅

2013 年 1 月 23 日

近期土壤环境保护和综合治理工作安排

近年来，各地区、各部门积极开展土壤污染状况调查，实施综合整治，土壤环境保护取得积极进展。但我国土壤环境状况总体仍不容乐观，必须引起高度重视。为切实保护土壤环境，防治和减少土壤污染，现就近期土壤环境保护和综合治理工作作出以下安排：

一、工作目标

到 2015 年，全面摸清我国土壤环境状况，建立严格的耕地和集中式饮用水水源地土壤环境保护制度，初步遏制土壤污染上升势头，确保全国耕地土壤环境质量调查点位达标率不低于 80%；建立土壤环境质量定期调查和例行监测制度，基本建成土壤环境质量监测网，对全国 60%的耕地和服务人口 50 万人以上的集中式饮用水水源地土壤环境开展例行监测；全面提升土壤环境综合监管能力，初步控制被污染土地开发利用的环境风险，有序推进典型地区土壤污染治理与修复试点示范，逐步建立土壤环境保护政策、法规和标准体系。力争到 2020 年，建成国家土壤环境保护体系，使全国土壤环境质量得到明显改善。

二、主要任务

（一）严格控制新增土壤污染。加大环境执法和污染治理力度，确保企业达标排放；严格环境准入，防止新建项目对土壤造成新的污染。定期对排放重金属、有机污染物的工矿企业以及污水、垃圾、危险废物等处理设施周边土壤进行监测，造成污染的要限期予以治理。规范处理污水处理厂污泥，完善垃圾处理设施防渗措施，加强对非正规垃圾处理场所的综合整治。科学施用化肥，禁止使用重金属等有毒有害物质超标的肥料，严格控制稀土农用。严格执行国家有关高毒、高残留农药使用的管理规定，建立农药包装容器等废弃物回收制度。鼓励废弃农膜回收和综合利用。禁止在农业生产中使用含重金属、难降解有机污染物的污水以及未经检验和安全处理的污水处理厂污泥、清淤底泥、尾矿等。

（二）确定土壤环境保护优先区域。将耕地和集中式饮用水水源地作为土壤环境保护的优先区域。在 2014 年年底前，各省级人民政府要明确本行政区域内优先区域的范围和面积，并在土壤环境质量评估和污染源排查的基础上，划分土壤环境质量等级，建立相关数据库。禁止在优先区域内新建有色金属、皮革制品、石油煤炭、化工医药、铅蓄电池制造等项目。

（三）强化被污染土壤的环境风险控制。开展耕地土壤环境监测和农产品质量检测，对已被污染的耕地实施分类管理，采取农艺调控、种植业结构调整、土壤污染治理与修复等措施，确保耕地安全利用；污染严重且难以修复的，地方人民政府应依法将其划定为农产品禁止生产区域。已被污染地块改变用途或变更使用权人的，应按照有关规定开展土壤环境风险评估，并对土壤环境进行治理修复，未开展风险评估或土壤环境质量不能满足建设用地要求的，有关部门不得核发土地使用证和施工许可证。经评估认定对人体健康有严重影响的污染地块，要采取措施防止污染扩散，治理达标前不得用于住宅开发。以新增工业用地为重点，建立土壤环境强制调查评估与备案制度。

（四）开展土壤污染治理与修复。以大中城市周边、重污染工矿企业、集中污染治理设施周边、重金属污染防治重点区域、集中式饮用水水源地周边、废弃物堆存场地等为重点，开展土壤污染治理与修复试点示范。在长江三角洲、珠江三角洲、西南、中南、辽中南等地区，选择被污染地块集中分布的典型区域，实施土壤污染综合治理；有关地方要在2013 年年底前完成综合治理方案的编制工作并开始实施。

（五）提升土壤环境监管能力。加强土壤环境监管队伍与执法能力建设。建立土壤环境质量定期监测制度和信息发布制度，设置耕地和集中式饮用水水源地土壤环境质量监测国控点位，提高土壤环境监测能力。加强全国土壤环境背景点建设。加快制定省级、地市级土壤环境污染事件应急预案，健全土壤环境应急能力和预警体系。

（六）加快土壤环境保护工程建设。实施土壤环境基础调查、耕地土壤环境保护、历史遗留工矿污染整治、土壤污染治理与修复和土壤环境监管能力建设等重点工程，具体项目由环境保护部会同有关部门确定并组织实施。

三、保障措施

（一）加强组织领导。建立由环境保护部牵头，国务院相关部门参加的部际协调机制，指导、协调和督促检查土壤环境保护和综合治理工作。有关部门要各负其责，协同配合，共同推进土壤环境保护和综合治理工作。地方各级人民政府对本行政区域内的土壤环境保护和综合治理工作负总责，要尽快编制各自的土壤环境保护和综合治理工作方案，明确目标、任务和具体措施。

（二）健全投入机制。各级人民政府要逐步加大土壤环境保护和综合治理投入力度，保障土壤环境保护工作经费。按照"谁污染、谁治理"的原则，督促企业落实土壤污染治理资金；按照"谁投资、谁受益"的原则，充分利用市场机制，引导和鼓励社会资金投入土壤环境保护和综合治理。中央财政对土壤环境保护工程中符合条件的重点项目予以适当支持。

（三）完善法规政策。研究起草土壤环境保护专门法规，制定农用地和集中式饮用水水源地土壤环境保护、新增建设用地土壤环境调查、被污染地块环境监管等管理办法。建立优先区域保护成效的评估和考核机制，制定并实施"以奖促保"政策。完善有利于土壤环境保护和综合治理产业发展的税收、信贷、补贴等经济政策。研究制定土壤污染损害责任保险、鼓励有机肥生产和使用、废旧农膜回收加工利用等政策措施。

（四）强化科技支撑。完善土壤环境保护标准体系，制（修）订土壤环境质量、污染土壤风险评估、被污染土壤治理与修复、主要土壤污染物分析测试、土壤样品和肥料中重金属等有毒有害物质限量等标准；制定土壤环境质量评估和等级划分、被污染地块环境风险评估、土壤污染治理与修复等技术规范；研究制定土壤环境保护成效评估和考核技术规程。加强土壤环境保护、综合治理基础和应用研究，适时启动实施重大科技专项。研发推广适合我国国情的土壤环境保护和综合治理技术和装备。

（五）引导公众参与。完善土壤环境信息发布制度，通过热线电话、社会调查等多种方式了解公众意见和建议，鼓励和引导公众参与和支持土壤环境保护。制订实施土壤环境保护宣传教育行动计划，结合世界环境日、地球日等活动，广泛宣传土壤环境保护相关科学知识和法规政策。将土壤环境保护相关内容纳入各级领导干部培训工作。可能对土壤造成污染的企业要加强对所用土地土壤环境质量的评估，主动公开相关信息，接受社会监督。

（六）严格目标考核。建立土壤环境保护和综合治理目标责任制，制定相应的考核办法，环境保护部要与各省级人民政府签订目标责任书，明确任务和时间要求等，定期进行考核，结果向国务院报告。地方人民政府要与重点企业签订责任书，落实企业的主体责任。要强化对考核结果的运用，对成绩突出的地方人民政府和企业给予表彰，对未完成治理任务的要进行问责。

国务院关于印发《土壤污染防治行动计划》的通知

（国发〔2016〕31号）

各省、自治区、直辖市人民政府，国务院各部委、各直属机构：

现将《土壤污染防治行动计划》印发给你们，请认真贯彻执行。

国务院

2016年5月28日

土壤污染防治行动计划

土壤是经济社会可持续发展的物质基础，关系人民群众身体健康，关系美丽中国建设，保护好土壤环境是推进生态文明建设和维护国家生态安全的重要内容。当前，我国土壤环境总体状况堪忧，部分地区污染较为严重，已成为全面建成小康社会的突出短板之一。为切实加强土壤污染防治，逐步改善土壤环境质量，制订本行动计划。

总体要求： 全面贯彻党的十八大和十八届三中、四中、五中全会精神，按照"五位一体"总体布局和"四个全面"战略布局，牢固树立创新、协调、绿色、开放、共享的新发展理念，认真落实党中央、国务院决策部署，立足我国国情和发展阶段，着眼经济社会发展全局，以改善土壤环境质量为核心，以保障农产品质量和人居环境安全为出发点，坚持预防为主、保护优先、风险管控，突出重点区域、行业和污染物，实施分类别、分用途、分阶段治理，严控新增污染、逐步减少存量，形成政府主导、企业担责、公众参与、社会监督的土壤污染防治体系，促进土壤资源永续利用，为建设"蓝天常在、青山常在、绿水常在"的美丽中国而奋斗。

工作目标： 到2020年，全国土壤污染加重趋势得到初步遏制，土壤环境质量总体保持稳定，农用地和建设用地土壤环境安全得到基本保障，土壤环境风险得到基本管控。到2030年，全国土壤环境质量稳中向好，农用地和建设用地土壤环境安全得到有效保障，土壤环境风险得到全面管控。到21世纪中叶，土壤环境质量全面改善，生态系统实现良性循环。

主要指标： 到2020年，受污染耕地安全利用率达到90%左右，污染地块安全利用率达到90%以上；到2030年，受污染耕地安全利用率达到95%以上，污染地块安全利用率达到95%以上。

一、开展土壤污染调查，掌握土壤环境质量状况

（一）深入开展土壤环境质量调查。在现有相关调查基础上，以农用地和重点行业企

业用地为重点，开展土壤污染状况详查，2018 年年底前查明农用地土壤污染的面积、分布及其对农产品质量的影响；2020 年年底前掌握重点行业企业用地中的污染地块分布及其环境风险情况。制定详查总体方案和技术规定，开展技术指导、监督检查和成果审核。建立土壤环境质量状况定期调查制度，每十年开展一次。（环境保护部牵头，财政部、国土资源部、农业部、国家卫生计生委等参与，地方各级人民政府负责落实。以下均需地方各级人民政府落实，不再列出）

（二）建设土壤环境质量监测网络。统一规划、整合优化土壤环境质量监测点位，2017 年年底前，完成土壤环境质量国控监测点位设置，建成国家土壤环境质量监测网络，充分发挥行业监测网作用，基本形成土壤环境监测能力。各省（区、市）每年至少开展一次土壤环境监测技术人员培训。各地可根据工作需要，补充设置监测点位，增加特征污染物监测项目，提高监测频次。2020 年年底前，实现土壤环境质量监测点位所有县（市、区）全覆盖。（环境保护部牵头，国家发展改革委、工业和信息化部、国土资源部、农业部等参与）

（三）提升土壤环境信息化管理水平。利用环境保护、国土资源、农业等部门相关数据，建立土壤环境基础数据库，构建全国土壤环境信息化管理平台，力争 2018 年年底前完成。借助移动互联网、物联网等技术，拓宽数据获取渠道，实现数据动态更新。加强数据共享，编制资源共享目录，明确共享权限和方式，发挥土壤环境大数据在污染防治、城乡规划、土地利用、农业生产中的作用。（环境保护部牵头，国家发展改革委、教育部、科技部、工业和信息化部、国土资源部、住房城乡建设部、农业部、国家卫生计生委、国家林业局等参与）

二、推进土壤污染防治立法，建立健全法规标准体系

（四）加快推进立法进程。配合完成土壤污染防治法起草工作。适时修订污染防治、城乡规划、土地管理、农产品质量安全相关法律法规，增加土壤污染防治有关内容。2016 年年底前，完成农药管理条例修订工作，发布污染地块土壤环境管理办法、农用地土壤环境管理办法。2017 年年底前，出台农药包装废弃物回收处理、工矿用地土壤环境管理、废弃农膜回收利用等部门规章。到 2020 年，土壤污染防治法律法规体系基本建立。各地可结合实际，研究制定土壤污染防治地方性法规。（国务院法制办、环境保护部牵头，工业和信息化部、国土资源部、住房城乡建设部、农业部、国家林业局等参与）

（五）系统构建标准体系。健全土壤污染防治相关标准和技术规范。2017 年年底前，发布农用地、建设用地土壤环境质量标准；完成土壤环境监测、调查评估、风险管控、治理与修复等技术规范以及环境影响评价技术导则制修订工作；修订肥料、饲料、灌溉用水中有毒有害物质限量和农用污泥中污染物控制等标准，进一步严格污染物控制要求；修订农膜标准，提高厚度要求，研究制定可降解农膜标准；修订农药包装标准，增加防止农药包装废弃物污染土壤的要求。适时修订污染物排放标准，进一步明确污染物特别排放限值要求。完善土壤中污染物分析测试方法，研制土壤环境标准样品。各地可制定严于国家标准的地方土壤环境质量标准。（环境保护部牵头，工业和信息化部、国土资源部、住房城乡建设部、水利部、农业部、质检总局、国家林业局等参与）

（六）全面强化监管执法。明确监管重点。重点监测土壤中镉、汞、砷、铅、铬等重

金属和多环芳烃、石油烃等有机污染物，重点监管有色金属矿采选、有色金属冶炼、石油开采、石油加工、化工、焦化、电镀、制革等行业，以及产粮（油）大县、地级以上城市建成区等区域。（环境保护部牵头，工业和信息化部、国土资源部、住房城乡建设部、农业部等参与）

加大执法力度。将土壤污染防治作为环境执法的重要内容，充分利用环境监管网格，加强土壤环境日常监管执法。严厉打击非法排放有毒有害污染物、违法违规存放危险化学品、非法处置危险废物、不正常使用污染治理设施、监测数据弄虚作假等环境违法行为。开展重点行业企业专项环境执法，对严重污染土壤环境、群众反映强烈的企业进行挂牌督办。改善基层环境执法条件，配备必要的土壤污染快速检测等执法装备。对全国环境执法人员每三年开展一轮土壤污染防治专业技术培训。提高突发环境事件应急能力，完善各级环境污染事件应急预案，加强环境应急管理、技术支撑、处置救援能力建设。（环境保护部牵头，工业和信息化部、公安部、国土资源部、住房城乡建设部、农业部、安全监管总局、国家林业局等参与）

三、实施农用地分类管理，保障农业生产环境安全

（七）划定农用地土壤环境质量类别。按污染程度将农用地划为三个类别，未污染和轻微污染的划为优先保护类，轻度和中度污染的划为安全利用类，重度污染的划为严格管控类，以耕地为重点，分别采取相应管理措施，保障农产品质量安全。2017 年年底前，发布农用地土壤环境质量类别划分技术指南。以土壤污染状况详查结果为依据，开展耕地土壤和农产品协同监测与评价，在试点基础上有序推进耕地土壤环境质量类别划定，逐步建立分类清单，2020 年年底前完成。划定结果由各省级人民政府审定，数据上传全国土壤环境信息化管理平台。根据土地利用变更和土壤环境质量变化情况，定期对各类别耕地面积、分布等信息进行更新。有条件的地区要逐步开展林地、草地、园地等其他农用地土壤环境质量类别划定等工作。（环境保护部、农业部牵头，国土资源部、国家林业局等参与）

（八）切实加大保护力度。各地要将符合条件的优先保护类耕地划为永久基本农田，实行严格保护，确保其面积不减少、土壤环境质量不下降，除法律规定的重点建设项目选址确实无法避让外，其他任何建设不得占用。产粮（油）大县要制定土壤环境保护方案。高标准农田建设项目向优先保护类耕地集中的地区倾斜。推行秸秆还田、增施有机肥、少耕免耕、粮豆轮作、农膜减量与回收利用等措施。继续开展黑土地保护利用试点。农村土地流转的受让方要履行土壤保护的责任，避免因过度施肥、滥用农药等掠夺式农业生产方式造成土壤环境质量下降。各省级人民政府要对本行政区域内优先保护类耕地面积减少或土壤环境质量下降的县（市、区）进行预警提醒并依法采取环评限批等限制性措施。（国土资源部、农业部牵头，国家发展改革委、环境保护部、水利部等参与）

防控企业污染。严格控制在优先保护类耕地集中区域新建有色金属冶炼、石油加工、化工、焦化、电镀、制革等行业企业，现有相关行业企业要采用新技术、新工艺，加快提标升级改造步伐。（环境保护部、国家发展改革委牵头，工业和信息化部参与）

（九）着力推进安全利用。根据土壤污染状况和农产品超标情况，安全利用类耕地集中的县（市、区）要结合当地主要作物品种和种植习惯，制订实施受污染耕地安全利用方

案，采取农艺调控、替代种植等措施，降低农产品超标风险。强化农产品质量检测。加强对农民、农民合作社的技术指导和培训。2017 年年底前，出台受污染耕地安全利用技术指南。到 2020 年，轻度和中度污染耕地实现安全利用的面积达到 4 000 万亩。（农业部牵头，国土资源部等参与）

（十）全面落实严格管控。加强对严格管控类耕地的用途管理，依法划定特定农产品禁止生产区域，严禁种植食用农产品；对威胁地下水、饮用水水源安全的，有关县（市、区）要制定环境风险管控方案，并落实有关措施。研究将严格管控类耕地纳入国家新一轮退耕还林还草实施范围，制定实施重度污染耕地种植结构调整或退耕还林还草计划。继续在湖南长株潭地区开展重金属污染耕地修复及农作物种植结构调整试点。实行耕地轮作休耕制度试点。到 2020 年，重度污染耕地种植结构调整或退耕还林还草面积力争达到 2 000 万亩。（农业部牵头，国家发展改革委、财政部、国土资源部、环境保护部、水利部、国家林业局参与）

（十一）加强林地草地园地土壤环境管理。严格控制林地、草地、园地的农药使用量，禁止使用高毒、高残留农药。完善生物农药、引诱剂管理制度，加大使用推广力度。优先将重度污染的牧草地集中区域纳入禁牧休牧实施范围。加强对重度污染林地、园地产出食用农（林）产品质量检测，发现超标的，要采取种植结构调整等措施。（农业部、国家林业局负责）

四、实施建设用地准入管理，防范人居环境风险

（十二）明确管理要求。建立调查评估制度。2016 年年底前，发布建设用地土壤环境调查评估技术规定。自 2017 年起，对拟收回土地使用权的有色金属冶炼、石油加工、化工、焦化、电镀、制革等行业企业用地，以及用途拟变更为居住和商业、学校、医疗、养老机构等公共设施的上述企业用地，由土地使用权人负责开展土壤环境状况调查评估；已经收回的，由所在地市、县级人民政府负责开展调查评估。自 2018 年起，重度污染农用地转为城镇建设用地的，由所在地市、县级人民政府负责组织开展调查评估。调查评估结果向所在地环境保护、城乡规划、国土资源部门备案。（环境保护部牵头，国土资源部、住房城乡建设部参与）

分用途明确管理措施。自 2017 年起，各地要结合土壤污染状况详查情况，根据建设用地土壤环境调查评估结果，逐步建立污染地块名录及其开发利用的负面清单，合理确定土地用途。符合相应规划用地土壤环境质量要求的地块，可进入用地程序。暂不开发利用或现阶段不具备治理修复条件的污染地块，由所在地县级人民政府组织划定管控区域，设立标识，发布公告，开展土壤、地表水、地下水、空气环境监测；发现污染扩散的，有关责任主体要及时采取污染物隔离、阻断等环境风险管控措施。（国土资源部牵头，环境保护部、住房城乡建设部、水利部等参与）

（十三）落实监管责任。地方各级城乡规划部门要结合土壤环境质量状况，加强城乡规划论证和审批管理。地方各级国土资源部门要依据土地利用总体规划、城乡规划和地块土壤环境质量状况，加强土地征收、收回、收购以及转让、改变用途等环节的监管。地方各级环境保护部门要加强对建设用地土壤环境状况调查、风险评估和污染地块治理与修复活动的监管。建立城乡规划、国土资源、环境保护等部门间的信息沟通机制，实行联动监

管。(国土资源部、环境保护部、住房城乡建设部负责)

(十四)严格用地准入。将建设用地土壤环境管理要求纳入城市规划和供地管理,土地开发利用必须符合土壤环境质量要求。地方各级国土资源、城乡规划等部门在编制土地利用总体规划、城市总体规划、控制性详细规划等相关规划时,应充分考虑污染地块的环境风险,合理确定土地用途。(国土资源部、住房城乡建设部牵头,环境保护部参与)

五、强化未污染土壤保护,严控新增土壤污染

(十五)加强未利用地环境管理。按照科学有序原则开发利用未利用地,防止造成土壤污染。拟开发为农用地的,有关县(市、区)人民政府要组织开展土壤环境质量状况评估;不符合相应标准的,不得种植食用农产品。各地要加强纳入耕地后备资源的未利用地保护,定期开展巡查。依法严查向沙漠、滩涂、盐碱地、沼泽地等非法排污、倾倒有毒有害物质的环境违法行为。加强对矿山、油田等矿产资源开采活动影响区域内未利用地的环境监管,发现土壤污染问题的,要及时督促有关企业采取防治措施。推动盐碱地土壤改良,自2017年起,在新疆生产建设兵团等地开展利用燃煤电厂脱硫石膏改良盐碱地试点。(环境保护部、国土资源部牵头,国家发展改革委、公安部、水利部、农业部、国家林业局等参与)

(十六)防范建设用地新增污染。排放重点污染物的建设项目,在开展环境影响评价时,要增加对土壤环境影响的评价内容,并提出防范土壤污染的具体措施;需要建设的土壤污染防治设施,要与主体工程同时设计、同时施工、同时投产使用;有关环境保护部门要做好有关措施落实情况的监督管理工作。自2017年起,有关地方人民政府要与重点行业企业签订土壤污染防治责任书,明确相关措施和责任,责任书向社会公开。(环境保护部负责)

(十七)强化空间布局管控。加强规划区划和建设项目布局论证,根据土壤等环境承载能力,合理确定区域功能定位、空间布局。鼓励工业企业集聚发展,提高土地节约集约利用水平,减少土壤污染。严格执行相关行业企业布局选址要求,禁止在居民区、学校、医疗和养老机构等周边新建有色金属冶炼、焦化等行业企业;结合推进新型城镇化、产业结构调整和化解过剩产能等,有序搬迁或依法关闭对土壤造成严重污染的现有企业。结合区域功能定位和土壤污染防治需要,科学布局生活垃圾处理、危险废物处置、废旧资源再生利用等设施和场所,合理确定畜禽养殖布局和规模。(国家发展改革委牵头,工业和信息化部、国土资源部、环境保护部、住房城乡建设部、水利部、农业部、国家林业局等参与)

六、加强污染源监管,做好土壤污染预防工作

(十八)严控工矿污染。加强日常环境监管。各地要根据工矿企业分布和污染排放情况,确定土壤环境重点监管企业名单,实行动态更新,并向社会公布。列入名单的企业每年要自行对其用地进行土壤环境监测,结果向社会公开。有关环境保护部门要定期对重点监管企业和工业园区周边开展监测,数据及时上传全国土壤环境信息化管理平台,结果作为环境执法和风险预警的重要依据。适时修订国家鼓励的有毒有害原料(产品)替代品目录。加强电器电子、汽车等工业产品中有害物质控制。有色金属冶炼、石油加工、化工、

焦化、电镀、制革等行业企业拆除生产设施设备、构筑物和污染治理设施，要事先制定残留污染物清理和安全处置方案，并报所在地县级环境保护、工业和信息化部门备案；要严格按照有关规定实施安全处理处置，防范拆除活动污染土壤。2017 年年底前，发布企业拆除活动污染防治技术规定。（环境保护部、工业和信息化部负责）

严防矿产资源开发污染土壤。自 2017 年起，内蒙古、江西、河南、湖北、湖南、广东、广西、四川、贵州、云南、陕西、甘肃、新疆等省（区）矿产资源开发活动集中的区域，执行重点污染物特别排放限值。全面整治历史遗留尾矿库，完善覆膜、压土、排洪、堤坝加固等隐患治理和闭库措施。有重点监管尾矿库的企业要开展环境风险评估，完善污染治理设施，储备应急物资。加强对矿产资源开发利用活动的辐射安全监管，有关企业每年要对本矿区土壤进行辐射环境监测。（环境保护部、安全监管总局牵头，工业和信息化部、国土资源部参与）

加强涉重金属行业污染防控。严格执行重金属污染物排放标准并落实相关总量控制指标，加大监督检查力度，对整改后仍不达标的企业，依法责令其停业、关闭，并将企业名单向社会公开。继续淘汰涉重金属重点行业落后产能，完善重金属相关行业准入条件，禁止新建落后产能或产能严重过剩行业的建设项目。按计划逐步淘汰普通照明白炽灯。提高铅酸蓄电池等行业落后产能淘汰标准，逐步退出落后产能。制定涉重金属重点工业行业清洁生产技术推行方案，鼓励企业采用先进适用生产工艺和技术。2020 年重点行业的重点重金属排放量要比 2013 年下降 10%。（环境保护部、工业和信息化部牵头，国家发展改革委参与）

加强工业废物处理处置。全面整治尾矿、煤矸石、工业副产石膏、粉煤灰、赤泥、冶炼渣、电石渣、铬渣、砷渣以及脱硫、脱硝、除尘产生固体废物的堆存场所，完善防扬散、防流失、防渗漏等设施，制定整治方案并有序实施。加强工业固体废物综合利用。对电子废物、废轮胎、废塑料等再生利用活动进行清理整顿，引导有关企业采用先进适用加工工艺、集聚发展，集中建设和运营污染治理设施，防止污染土壤和地下水。自 2017 年起，在京津冀、长三角、珠三角等地区的部分城市开展污水与污泥、废气与废渣协同治理试点。（环境保护部、国家发展改革委牵头，工业和信息化部、国土资源部参与）

（十九）控制农业污染。合理使用化肥农药。鼓励农民增施有机肥，减少化肥使用量。科学施用农药，推行农作物病虫害专业化统防统治和绿色防控，推广高效低毒低残留农药和现代植保机械。加强农药包装废弃物回收处理，自 2017 年起，在江苏、山东、河南、海南等省份选择部分产粮（油）大县和蔬菜产业重点县开展试点；到 2020 年，推广到全国 30%的产粮（油）大县和所有蔬菜产业重点县。推行农业清洁生产，开展农业废弃物资源化利用试点，形成一批可复制、可推广的农业面源污染防治技术模式。严禁将城镇生活垃圾、污泥、工业废物直接用作肥料。到 2020 年，全国主要农作物化肥、农药使用量实现零增长，利用率提高到 40%以上，测土配方施肥技术推广覆盖率提高到 90%以上。（农业部牵头，国家发展改革委、环境保护部、住房城乡建设部、供销合作总社等参与）

加强废弃农膜回收利用。严厉打击违法生产和销售不合格农膜的行为。建立健全废弃农膜回收贮运和综合利用网络，开展废弃农膜回收利用试点；到 2020 年，河北、辽宁、山东、河南、甘肃、新疆等农膜使用量较高省份力争实现废弃农膜全面回收利用。

（农业部牵头，国家发展改革委、工业和信息化部、公安部、工商总局、供销合作总社等参与）

　　强化畜禽养殖污染防治。严格规范兽药、饲料添加剂的生产和使用，防止过量使用，促进源头减量。加强畜禽粪便综合利用，在部分生猪大县开展种养业有机结合、循环发展试点。鼓励支持畜禽粪便处理利用设施建设，到 2020 年，规模化养殖场、养殖小区配套建设废弃物处理设施比例达到 75% 以上。（农业部牵头，国家发展改革委、环境保护部参与）

　　加强灌溉水水质管理。开展灌溉水水质监测。灌溉用水应符合农田灌溉水水质标准。对因长期使用污水灌溉导致土壤污染严重、威胁农产品质量安全的，要及时调整种植结构。（水利部牵头，农业部参与）

　　（二十）减少生活污染。建立政府、社区、企业和居民协调机制，通过分类投放收集、综合循环利用，促进垃圾减量化、资源化、无害化。建立村庄保洁制度，推进农村生活垃圾治理，实施农村生活污水治理工程。整治非正规垃圾填埋场。深入实施"以奖促治"政策，扩大农村环境连片整治范围。推进水泥窑协同处置生活垃圾试点。鼓励将处理达标后的污泥用于园林绿化。开展利用建筑垃圾生产建材产品等资源化利用示范。强化废氧化汞电池、镍镉电池、铅酸蓄电池和含汞荧光灯管、温度计等含重金属废物的安全处置。减少过度包装，鼓励使用环境标志产品。（住房城乡建设部牵头，国家发展改革委、工业和信息化部、财政部、环境保护部参与）

七、开展污染治理与修复，改善区域土壤环境质量

　　（二十一）明确治理与修复主体。按照"谁污染，谁治理"原则，造成土壤污染的单位或个人要承担治理与修复的主体责任。责任主体发生变更的，由变更后继承其债权、债务的单位或个人承担相关责任；土地使用权依法转让的，由土地使用权受让人或双方约定的责任人承担相关责任。责任主体灭失或责任主体不明确的，由所在地县级人民政府依法承担相关责任。（环境保护部牵头，国土资源部、住房城乡建设部参与）

　　（二十二）制定治理与修复规划。各省（区、市）要以影响农产品质量和人居环境安全的突出土壤污染问题为重点，制定土壤污染治理与修复规划，明确重点任务、责任单位和分年度实施计划，建立项目库，2017 年年底前完成。规划报环境保护部备案。京津冀、长三角、珠三角地区要率先完成。（环境保护部牵头，国土资源部、住房城乡建设部、农业部等参与）

　　（二十三）有序开展治理与修复。确定治理与修复重点。各地要结合城市环境质量提升和发展布局调整，以拟开发建设居住、商业、学校、医疗和养老机构等项目的污染地块为重点，开展治理与修复。在江西、湖北、湖南、广东、广西、四川、贵州、云南等省份污染耕地集中区域优先组织开展治理与修复；其他省份要根据耕地土壤污染程度、环境风险及其影响范围，确定治理与修复的重点区域。到 2020 年，受污染耕地治理与修复面积达到 1 000 万亩。（国土资源部、农业部、环境保护部牵头，住房城乡建设部参与）

　　强化治理与修复工程监管。治理与修复工程原则上在原址进行，并采取必要措施防止污染土壤挖掘、堆存等造成二次污染；需要转运污染土壤的，有关责任单位要将运输时间、方式、线路和污染土壤数量、去向、最终处置措施等提前向所在地和接收地环境保护部门

报告。工程施工期间，责任单位要设立公告牌，公开工程基本情况、环境影响及其防范措施；所在地环境保护部门要对各项环境保护措施落实情况进行检查。工程完工后，责任单位要委托第三方机构对治理与修复效果进行评估，结果向社会公开。实行土壤污染治理与修复终身责任制，2017年年底前，出台有关责任追究办法。（环境保护部牵头，国土资源部、住房城乡建设部、农业部参与）

（二十四）监督目标任务落实。各省级环境保护部门要定期向环境保护部报告土壤污染治理与修复工作进展；环境保护部要会同有关部门进行督导检查。各省（区、市）要委托第三方机构对本行政区域各县（市、区）土壤污染治理与修复成效进行综合评估，结果向社会公开。2017年年底前，出台土壤污染治理与修复成效评估办法。（环境保护部牵头，国土资源部、住房城乡建设部、农业部参与）

八、加大科技研发力度，推动环境保护产业发展

（二十五）加强土壤污染防治研究。整合高等学校、研究机构、企业等科研资源开展土壤环境基准、土壤环境容量与承载能力、污染物迁移转化规律、污染生态效应、重金属低积累作物和修复植物筛选，以及土壤污染与农产品质量、人体健康关系等方面的基础研究。推进土壤污染诊断、风险管控、治理与修复等共性关键技术研究，研发先进适用装备和高效低成本功能材料（药剂），强化卫星遥感技术应用，建设一批土壤污染防治实验室、科研基地。优化整合科技计划（专项、基金等），支持土壤污染防治研究。（科技部牵头，国家发展改革委、教育部、工业和信息化部、国土资源部、环境保护部、住房城乡建设部、农业部、国家卫生计生委、国家林业局、中科院等参与）

（二十六）加大适用技术推广力度。建立健全技术体系。综合土壤污染类型、程度和区域代表性，针对典型受污染农用地、污染地块，分批实施200个土壤污染治理与修复技术应用试点项目，2020年年底前完成。根据试点情况，比选形成一批易推广、成本低、效果好的适用技术。（环境保护部、财政部牵头，科技部、国土资源部、住房城乡建设部、农业部等参与）

加快成果转化应用。完善土壤污染防治科技成果转化机制，建成以环保为主导产业的高新技术产业开发区等一批成果转化平台。2017年年底前，发布鼓励发展的土壤污染防治重大技术装备目录。开展国际合作研究与技术交流，引进消化土壤污染风险识别、土壤污染物快速检测、土壤及地下水污染阻隔等风险管控先进技术和管理经验。（科技部牵头，国家发展改革委、教育部、工业和信息化部、国土资源部、环境保护部、住房城乡建设部、农业部、中科院等参与）

（二十七）推动治理与修复产业发展。放开服务性监测市场，鼓励社会机构参与土壤环境监测评估等活动。通过政策推动，加快完善覆盖土壤环境调查、分析测试、风险评估、治理与修复工程设计和施工等环节的成熟产业链，形成若干综合实力雄厚的龙头企业，培育一批充满活力的中小企业。推动有条件的地区建设产业化示范基地。规范土壤污染治理与修复从业单位和人员管理，建立健全监督机制，将技术服务能力弱、运营管理水平低、综合信用差的从业单位名单通过企业信用信息公示系统向社会公开。发挥"互联网+"在土壤污染治理与修复全产业链中的作用，推进大众创业、万众创新。（国家发展改革委牵头，科技部、工业和信息化部、国土资源部、环境保护部、住房城乡建设部、农业部、商

务部、工商总局等参与）

九、发挥政府主导作用，构建土壤环境治理体系

（二十八）强化政府主导。完善管理体制。按照"国家统筹、省负总责、市县落实"原则完善土壤环境管理体制，全面落实土壤污染防治属地责任。探索建立跨行政区域土壤污染防治联动协作机制。（环境保护部牵头，国家发展改革委、科技部、工业和信息化部、财政部、国土资源部、住房城乡建设部、农业部等参与）

加大财政投入。中央和地方各级财政加大对土壤污染防治工作的支持力度。中央财政整合重金属污染防治专项资金等设立土壤污染防治专项资金，用于土壤环境调查与监测评估、监督管理、治理与修复等工作。各地应统筹相关财政资金，通过现有政策和资金渠道加大支持，将农业综合开发、高标准农田建设、农田水利建设、耕地保护与质量提升、测土配方施肥等涉农资金更多用于优先保护类耕地集中的县（市、区）。有条件的省（区、市）可对优先保护类耕地面积增加的县（市、区）予以适当奖励。统筹安排专项建设基金，支持企业对涉重金属落后生产工艺和设备进行技术改造。（财政部牵头，国家发展改革委、工业和信息化部、国土资源部、环境保护部、水利部、农业部等参与）

完善激励政策。各地要采取有效措施，激励相关企业参与土壤污染治理与修复。研究制定扶持有机肥生产、废弃农膜综合利用、农药包装废弃物回收处理等企业的激励政策。在农药、化肥等行业开展环保领跑者制度试点。（财政部牵头，国家发展改革委、工业和信息化部、国土资源部、环境保护部、住房城乡建设部、农业部、税务总局、供销合作总社等参与）

建设综合防治先行区。2016 年年底前，在浙江省台州市、湖北省黄石市、湖南省常德市、广东省韶关市、广西壮族自治区河池市和贵州省铜仁市启动土壤污染综合防治先行区建设，重点在土壤污染源头预防、风险管控、治理与修复、监管能力建设等方面进行探索，力争到 2020 年先行区土壤环境质量得到明显改善。有关地方人民政府要编制先行区建设方案，按程序报环境保护部、财政部备案。京津冀、长三角、珠三角等地区可因地制宜开展先行区建设。（环境保护部、财政部牵头，国家发展改革委、国土资源部、住房城乡建设部、农业部、国家林业局等参与）

（二十九）发挥市场作用。通过政府和社会资本合作（PPP）模式，发挥财政资金撬动功能，带动更多社会资本参与土壤污染防治。加大政府购买服务力度，推动受污染耕地和以政府为责任主体的污染地块治理与修复。积极发展绿色金融，发挥政策性和开发性金融机构引导作用，为重大土壤污染防治项目提供支持。鼓励符合条件的土壤污染治理与修复企业发行股票。探索通过发行债券推进土壤污染治理与修复，在土壤污染综合防治先行区开展试点。有序开展重点行业企业环境污染强制责任保险试点。（国家发展改革委、环境保护部牵头，财政部、人民银行、银监会、证监会、保监会等参与）

（三十）加强社会监督。推进信息公开。根据土壤环境质量监测和调查结果，适时发布全国土壤环境状况。各省（区、市）人民政府定期公布本行政区域各地级市（州、盟）土壤环境状况。重点行业企业要依据有关规定，向社会公开其产生的污染物名称、排放方式、排放浓度、排放总量，以及污染防治设施建设和运行情况。（环境保护部牵头，国土资源部、住房城乡建设部、农业部等参与）

引导公众参与。实行有奖举报，鼓励公众通过"12369"环保举报热线、信函、电子邮件、政府网站、微信平台等途径，对乱排废水、废气，乱倒废渣、污泥等污染土壤的环境违法行为进行监督。有条件的地方可根据需要聘请环境保护义务监督员，参与现场环境执法、土壤污染事件调查处理等。鼓励种粮大户、家庭农场、农民合作社以及民间环境保护机构参与土壤污染防治工作。（环境保护部牵头，国土资源部、住房城乡建设部、农业部等参与）

推动公益诉讼。鼓励依法对污染土壤等环境违法行为提起公益诉讼。开展检察机关提起公益诉讼改革试点的地区，检察机关可以以公益诉讼人的身份对污染土壤等损害社会公共利益的行为提起民事公益诉讼，也可以对负有土壤污染防治职责的行政机关因违法行使职权或者不作为造成国家和社会公共利益受到侵害的行为提起行政公益诉讼。地方各级人民政府和有关部门应当积极配合司法机关的相关案件办理工作和检察机关的监督工作。（最高人民检察院、最高人民法院牵头，国土资源部、环境保护部、住房城乡建设部、水利部、农业部、国家林业局等参与）

（三十一）开展宣传教育。制定土壤环境保护宣传教育工作方案。制作挂图、视频，出版科普读物，利用互联网、数字化放映平台等手段，结合世界地球日、世界环境日、世界土壤日、世界粮食日、全国土地日等主题宣传活动，普及土壤污染防治相关知识，加强法律法规政策宣传解读，营造保护土壤环境的良好社会氛围，推动形成绿色发展方式和生活方式。把土壤环境保护宣传教育融入党政机关、学校、工厂、社区、农村等的环境宣传和培训工作。鼓励支持有条件的高等学校开设土壤环境专门课程。（环境保护部牵头，中央宣传部、教育部、国土资源部、住房城乡建设部、农业部、新闻出版广电总局、国家网信办、国家粮食局、中国科协等参与）

十、加强目标考核，严格责任追究

（三十二）明确地方政府主体责任。地方各级人民政府是实施本行动计划的主体，要于 2016 年年底前分别制定并公布土壤污染防治工作方案，确定重点任务和工作目标。要加强组织领导，完善政策措施，加大资金投入，创新投融资模式，强化监督管理，抓好工作落实。各省（区、市）工作方案报国务院备案。（环境保护部牵头，国家发展改革委、财政部、国土资源部、住房城乡建设部、农业部等参与）

（三十三）加强部门协调联动。建立全国土壤污染防治工作协调机制，定期研究解决重大问题。各有关部门要按照职责分工，协同做好土壤污染防治工作。环境保护部要抓好统筹协调，加强督促检查，每年 2 月底前将上年度工作进展情况向国务院报告。（环境保护部牵头，国家发展改革委、科技部、工业和信息化部、财政部、国土资源部、住房城乡建设部、水利部、农业部、国家林业局等参与）

（三十四）落实企业责任。有关企业要加强内部管理，将土壤污染防治纳入环境风险防控体系，严格依法依规建设和运营污染治理设施，确保重点污染物稳定达标排放。造成土壤污染的，应承担损害评估、治理与修复的法律责任。逐步建立土壤污染治理与修复企业行业自律机制。国有企业特别是中央企业要带头落实。（环境保护部牵头，工业和信息化部、国务院国资委等参与）

（三十五）严格评估考核。实行目标责任制。2016 年年底前，国务院与各省（区、市）

人民政府签订土壤污染防治目标责任书，分解落实目标任务。分年度对各省（区、市）重点工作进展情况进行评估，2020 年对本行动计划实施情况进行考核，评估和考核结果作为对领导班子和领导干部综合考核评价、自然资源资产离任审计的重要依据。（环境保护部牵头，中央组织部、审计署参与）

评估和考核结果作为土壤污染防治专项资金分配的重要参考依据。（财政部牵头，环境保护部参与）

对年度评估结果较差或未通过考核的省（区、市），要提出限期整改意见，整改完成前，对有关地区实施建设项目环评限批；整改不到位的，要约谈有关省级人民政府及其相关部门负责人。对土壤环境问题突出、区域土壤环境质量明显下降、防治工作不力、群众反映强烈的地区，要约谈有关地市级人民政府和省级人民政府相关部门主要负责人。对失职渎职、弄虚作假的，区分情节轻重，予以诫勉、责令公开道歉、组织处理或党纪政纪处分；对构成犯罪的，要依法追究刑事责任，已经调离、提拔或者退休的，也要终身追究责任。（环境保护部牵头，中央组织部、监察部参与）

我国正处于全面建成小康社会决胜阶段，提高环境质量是人民群众的热切期盼，土壤污染防治任务艰巨。各地区、各有关部门要认清形势，坚定信心，狠抓落实，切实加强污染治理和生态保护，如期实现全国土壤污染防治目标，确保生态环境质量得到改善、各类自然生态系统安全稳定，为建设美丽中国、实现"两个一百年"奋斗目标和中华民族伟大复兴的中国梦做出贡献。

农业部印发《关于贯彻落实〈土壤污染防治行动计划〉的实施意见》

（农科教发〔2017〕3 号）

各省、自治区、直辖市及计划单列市农业（农牧、农村经济）、畜牧、兽医厅（局、委、办），新疆生产建设兵团农业局：

为深入贯彻落实《土壤污染防治行动计划》，切实加强农用地土壤污染防治，逐步改善土壤环境质量，保障农产品质量安全，特制定本实施意见。

农业部

2017 年 3 月 6 日

关于贯彻落实《土壤污染防治行动计划》的实施意见

一、总体要求和目标

（一）总体要求。统筹粮食安全、农产品质量安全与农产品产地环境安全，以耕地为重点，以实现农产品安全生产为核心目标，以南方酸性土水稻种植区和典型工矿企业周边农区、污水灌区、大中城市郊区、高集约化蔬菜基地、地质元素高背景区等土壤污染高风险地区为重点区域，按照"分类施策、农用优先，预防为主、治用结合"的原则，从"防""控""治"关键环节入手，强化监测评价，突出风险管控，实施分类管理，注重综合施策，坚持重点突破，狠抓督导考核，落实"国家统筹、省级推进、市县落实"的责任分工，逐步建立用地养地结合、产地与产品一体化保护的耕地可持续利用长效机制。

（二）工作目标。到 2020 年，完成耕地土壤环境质量类别划定，土壤污染治理有序推进，耕地重金属污染、白色污染等得到有效遏制。优先保护类耕地面积不减少、土壤环境质量稳中向好；受污染耕地安全利用率达到 90%左右，中轻度污染耕地实现安全利用面积达到 4 000 万亩、治理和修复面积达到 1 000 万亩；建立针对重度污染区的特定农产品禁止生产区划定制度，重度污染耕地种植结构调整和退耕还林还草面积力争达到 2 000 万亩。到 2030 年，受污染耕地安全利用率达到 95%以上，全国耕地土壤环境质量状况实现总体改善，对粮食生产和农业可持续发展的支撑能力明显提高。

二、完善农用地土壤污染防治法规标准体系

（三）推进农用地土壤污染防治法制建设。研究修订《农产品产地安全管理办法》，增加农产品产地土壤污染防治有关内容，细化特定农产品禁止生产区管理要求。配合相关部

门推动《土壤污染防治法》《农产品质量安全法》《农药管理条例》《耕地质量保护条例》《肥料管理条例》制修订工作。2017 年年底前，出台《废弃农膜回收利用管理办法》，配合相关部门制定《农药包装废弃物回收处理管理办法》。针对耕地重金属、农膜残留等农用地土壤污染突出问题，鼓励推动地方结合实际，研究制定地方性法规。

（四）健全农用地土壤污染防治相关标准。开展农用地土壤环境监测、调查评估、等级划分、风险管控、损害鉴定、治理与修复等技术规范研究与制修订工作。完善农业投入品相关环境保护标准制修订工作，加快推进肥料、饲料、灌溉用水中有毒有害物质限量和农用污泥中污染物控制等标准修订，完善农产品产地环境（土壤、大气、灌溉水、秸秆还田）和农业投入品（农药、农膜、化肥、有机肥和土壤调理剂等）重金属限量指标体系，研究制定重金属低积累作物品种筛选和审定标准。配合有关部门推进农用地膜新修订国家标准颁布实施，研究制定可降解农膜相关标准，推动农药包装标准修订，增加防止农药包装废弃物污染土壤的要求。完善农用地土壤中污染物分析测试方法，研制土壤环境标准样品。鼓励地方制定适合本地农业特点和地域特征的农用地环境管理相关地方标准。到 2020 年，基本建立覆盖主要农作物农业投入、生产、产出全过程的农用地环境安全管理标准保障体系。

三、开展耕地土壤环境调查监测与类别划分

（五）开展农用地土壤污染状况详查。加快完成全国农产品产地土壤重金属污染普查，在此基础上，以耕地为重点，根据全国土壤污染状况详查总体方案，开展耕地土壤污染状况详查，实施风险区加密调查、农产品协同监测和有机污染调查，进一步摸清我国耕地土壤污染现状，明确耕地土壤污染防治重点区域。2018 年年底前，查明耕地土壤污染的面积、分布及其对农产品质量的影响，完善耕地土壤环境质量档案信息。建立耕地土壤环境质量定期调查制度，每十年开展一次。

（六）完善耕地土壤环境监测网络。2017 年年底前，根据国家土壤环境监测网络的统一部署，在现有相关耕地监测网络基础上，进一步布设全国耕地土壤环境质量国控监测点，以农业部农业环保机构和地方农业环保机构为实施主体，以相关科研教学单位的监测点为补充，构建覆盖面广、代表性强、功能完备的耕地土壤环境监测网络，进一步强化农业环境监测保障能力。实施耕地土壤环境质量例行监测，重点在水稻、小麦、玉米、马铃薯、蔬菜等主产区和风险区域，制度化开展耕地土壤和农产品质量状况同步监测。鼓励各地农业部门，在大宗农产品生产基地及地方特色农作物种植区等区域增设监测点位和特征污染物监测项目，提高监测频次，实施耕地环境质量补充监测。2018 年年底前，建成耕地土壤环境监测数据管理平台，与全国土壤环境信息化管理平台实现数据共享，适时对耕地环境风险变化做出预警，提出风险管控措施，并持续跟踪后续风险管控效果。

（七）开展耕地土壤环境质量类别划分。在耕地土壤污染详查和监测基础上，将耕地环境质量划分为优先保护、安全利用和严格管控三个类别，实施耕地土壤环境质量分类管理。2017 年年底前，以土壤和农产品污染协同监测状况为依据，会同环保部门出台《耕地土壤环境质量类别划分技术指南》。2020 年年底前，各地农业部门会同环保部门依据技术指南，在试点基础上有序推进耕地土壤环境质量类别划定，逐步建立分类清单和图表，开展耕地土壤环境质量类别区划。根据土壤环境质量变化进行动态调整。有条件的地区要逐步开展园地、牧草地等其他农用地土壤环境质量类别划定等工作。

四、优先保护未污染和轻微污染耕地

（八）纳入永久基本农田。各地农业部门要根据《永久基本农田划定工作方案》，积极配合国土等部门将符合条件的优先保护类耕地划为永久基本农田，从严管控非农建设占用永久基本农田，一经划定，任何单位和个人不得擅自占用或改变用途。在优先保护类耕地集中的地区，推动各地优先开展高标准农田建设项目，确保其面积不减少，质量不下降。

（九）切实保护耕地质量。配合环保部门加强环境督查，督导地方在优先保护类耕地集中区域严格控制新建有色金属冶炼、石油加工、化工、焦化、电镀、制革等行业企业，已建成的相关企业应当按照有关规定采取措施，防止对耕地造成污染。配合水利部门加强灌溉水水质定期监测，防止污染物随灌溉水进入耕地。督促农村土地流转受让方切实履行土壤保护的责任，避免因过度施肥、滥用农药等掠夺式生产造成土壤环境质量下降。因地制宜推行种养结合、秸秆还田、增施有机肥、少耕免耕等措施，提升耕地质量，优先发展绿色优质农产品。开展黑土地保护利用试点，扎实推进"控、增、保、养"，分类施策，精准保护黑土地。密切跟踪例行监测结果，及时排查农产品质量出现超标的优先保护类耕地，即时实施安全利用类措施。

五、安全利用中轻度污染耕地

（十）筛选安全利用实用技术。总结科研示范和实践探索经验，研究制定相关评价技术规范及标准，科学评价、筛选安全利用类耕地实用技术。2017年年底前，出台《受污染耕地安全利用技术指南》和《全国受污染耕地安全利用总体实施方案》，全面加强宏观技术指导。2020年年底前，安全利用类耕地集中的县（市、区），要结合当地主要作物品种和种植习惯，依据《受污染耕地安全利用技术指南》和《全国受污染耕地安全利用总体实施方案》，科学制定适合当地的受污染耕地安全利用方案。

（十一）推广应用安全利用措施。以南方酸性土水稻产区（湖南、湖北、江西、广西、四川、贵州、云南、广东、福建、重庆）为重点区域，合理利用中轻度污染耕地土壤生产功能，大面积推广低积累品种替代、水肥调控、土壤调理等安全利用措施，降低农产品重金属超标风险。根据土壤污染状况和农产品超标情况，建立受污染耕地安全利用项目示范区，采用示范带动、整县推进的方式分批实施。2020年年底前，推广应用安全利用技术措施面积达4 000万亩。

（十二）实施风险管控与应急处置。定期开展农产品质量检测，实施跟踪监测，根据治理效果及时优化调整治理措施。推动地方制定超标农产品应急处置措施，对农产品质量暂未达标的安全利用类耕地开展治理期农产品临田检测，实施未达标农产品专企收购、分仓贮存和集中处理，严禁污染物超标农产品进入流通市场，确保舌尖上的安全。

六、严格管控重度污染耕地

（十三）有序划定农产品禁止生产区。依照《农产品质量安全法》和《农产品产地安全管理办法》，结合区域农产品品种特性和大气、土壤、水体等环境状况，科学划定特定农产品禁止生产区。2017年年底前，研究制定《农产品禁止生产区划分技术规定》。及时总结湖南长株潭地区重金属污染耕地修复及农作物种植结构调整试点工作经验，在南方酸性土水稻产区、

产粮（油）大县、蔬菜产业重点县等地区开展农产品禁止生产区划定试点。2020 年年底前，依据耕地土壤污染详查结果，在全国范围内逐步推进特定农产品禁止生产区域划定工作。

（十四）推行落实种植结构调整。在耕地重度污染区域，严禁种植超标食用农产品，及时采取农作物种植结构调整措施。研究制定相关支持政策，加大对结构调整产业链的扶持，激发农民实施结构调整的自觉性和主动性。继续开展湖南长株潭地区重金属污染耕地修复及农作物种植结构调整试点工作，总结完善技术路线、配套政策和工作机制，确保试点成果可复制、可推广。实行耕地轮作休耕制度试点，出台轮作休耕方案，开展 10 万亩重金属污染耕地休耕试点。

（十五）纳入退耕还林还草范围。将严格管控类耕地纳入国家新一轮退耕还林还草实施范围，研究制定相关配套支持政策，保证退得出、稳得住，切实保障农民收益不降低。严格控制大中城市郊区严格管控类耕地转用，确实需要转为建设用地的，要根据有关规定经过严格审批。

七、实施耕地土壤污染综合治理与修复

（十六）开展典型耕地污染治理修复技术应用试点。综合土壤污染类型、程度和区域代表性，在典型耕地污染区开展系列治理与修复技术应用试点工作，分类分批实施受污染水田、菜地、旱地（小麦、玉米和马铃薯）治理与修复试点项目。根据试点情况，比选形成一批成本低、效果好、易推广的实用技术，编制和发布《受污染耕地治理与修复推荐技术目录》。

（十七）建设耕地污染综合治理与修复示范区。以典型工矿企业周边农区、污水灌区、大中城市郊区、高集约化蔬菜基地等土壤污染风险区和农产品超标地区为重点区域，针对典型作物和污染物，建设耕地污染综合治理与修复集中连片示范区，因地制宜选择外源污染隔离、灌溉水净化、低积累品种筛选应用、水肥调控、土壤调理、替代种植、秸秆回收利用等技术，综合施策，逐步实现农作物安全生产。2020 年年底前，受污染耕地开展治理与修复 1 000 万亩。

（十八）开展治理技术及产品验证评价。在耕地污染典型地区建立治理技术验证示范与监测评价基地，研究制定评价方法和标准，2017 年年底前，出台《耕地土壤污染治理与修复成效评估办法》，开展治理修复技术及产品的筛选、验证与评估，建立耕地污染治理修复技术及产品验证评价制度。

八、推行农业清洁生产

（十九）严控农田灌溉水源污染。推动有关部门和地方加强农田灌溉水检测与净化治理，确保水源符合农田灌溉水质标准，严禁未经达标处理的工业和城市污水直接灌溉农田。对因长期使用污水灌溉导致土壤污染严重且农产品质量严重超标的，划定为特定农产品禁止生产区，开展休耕、种植结构调整、退耕还林还草等措施。

（二十）实施化肥农药零增长行动。加大测土配方施肥技术推广，开展化肥减量增效试点和果菜茶有机肥替代化肥试点，指导地方加大示范推广力度。推行精准施药、病虫害统防统治和绿色防控，加强试点示范和补贴力度，推广高效低毒低残留农药和大中型高效药械，扶持一批专业化病虫防治服务组织；加强科学施肥用药的技术指导和工作督查，严禁将城镇生活垃圾、污泥、工业废物直接用作肥料。到 2020 年，全国主要农作物化肥、

农药使用量实现零增长，利用率提高到40%以上，测土配方施肥技术推广覆盖率达90%以上。加强农药包装废弃物回收处理，2017年起，在浙江、江苏、山东、河南、海南等省份选择部分产粮（油）大县和蔬菜产业重点县开展农药包装废弃物回收处理试点；到2020年，推广到全国30%的产粮（油）大县和所有蔬菜产业重点县。

（二十一）强化废旧农膜和秸秆综合利用。配合有关部门修订完善地膜生产加工标准体系，建立联合监管机制，加大执法监管力度，严厉打击违法生产和销售不合格农膜行为。推行地膜"以旧换新"机制，推广加厚地膜应用，开展可降解地膜示范应用；开展区域性回收利用示范，建立健全废弃农膜回收贮运和综合利用网络。到2020年，河北、辽宁、山东、河南、甘肃、新疆等农膜使用量较高省份力争实现废弃农膜全面回收利用。大力开展秸秆还田和秸秆肥料化、饲料化、基料化、原料化和能源化利用，建立健全秸秆收储运体系，加快推进秸秆综合利用的规模化、产业化发展。在京津冀等大气污染重点区域，开展秸秆综合利用示范县建设。到2020年全国秸秆综合利用率达到85%以上。

（二十二）推进畜禽养殖污染防治。严格规范兽药、饲料添加剂的生产和使用，防止有害成分通过畜禽养殖废物还田对土壤造成污染。组织实施畜禽粪污综合利用政策试点，采取政府购买社会化服务，或者政府支持农业生产者购买社会化服务等方式，支持探索畜禽粪污有效储存、收运、处理、综合利用全产业链发展的有效模式。编制《种养结合循环农业工程规划》，探索种养结合整县推进试点。推进典型流域农业面源污染综合治理试点，形成一批可复制、可推广的农业面源污染防治技术模式。到2020年，规模化养殖场、养殖小区配套建设废弃物处理设施比例达到75%以上。

九、加大耕地污染防治政策支持力度

（二十三）健全绿色生态导向的农业补贴制度。实施绿色生态为导向的农业支持保护补贴政策，引导农民综合采取秸秆还田、深松整地、减少化肥农药用量、施用有机肥等措施，切实加强耕地质量保护，减少耕地污染。进一步整合测土配方施肥、低毒生物农药补贴、病虫害统防统治补助、耕地质量保护与提升、种养结合循环农业、畜禽粪污资源化利用等项目资金，更多用于优先保护类耕地集中的县（市、区），耕地重金属污染治理修复等项目资金适度向耕地污染防治重点区域倾斜。

（二十四）建立农用地污染防治生态补偿机制。以耕地重金属污染防治为切入点，在重点区域探索建立耕地重金属污染修复治理生态补偿制度，合理确定补偿标准，采取实物补偿或现金补贴等方式，对开展种植结构调整或禁止生产区划分，或对自主采取土壤污染防治措施的农民进行补偿，确保农民收入不减少、农产品有毒有害重金属含量不超标、土壤质量不恶化、农产品产量基本稳定。开展休耕补贴试点，引导农民将重度污染耕地自愿退出农业生产。

（二十五）创新耕地污染防治支持政策。进一步创新金融、保险、税收等支持政策，对开展耕地污染治理的农业经营主体或市场主体优先实施信用担保、贴息贷款或税收减免，完善耕地污染防治保险产品和服务。探索建立耕地污染防治专项基金或耕地污染防治产业扶持基金，充分发挥财政资金撬动作用，鼓励和引导社会资本参与耕地污染防治工作，逐步做大做强耕地污染治理修复产业。

（二十六）健全耕地污染防治市场机制。完善耕地污染防治投融资机制，建立目标绩效考核制度，因地制宜探索通过政府购买服务、第三方治理、政府和社会资本合作（PPP）、事后补贴等形式，吸引社会资本主动投资参与耕地污染治理修复工作，逐步建立健全耕地污染治理修复社会化服务体系。鼓励有条件的地区，探索通过第三方治理或 PPP 模式，实施整县（区）或区域一体化耕地污染治理修复。

（二十七）加大科技研发支持力度。启动"农业面源和重金属污染农田综合防治与修复技术研发"国家重点研发计划，充分发挥全国农业科技协同创新联盟作用，促进科研资源整合与协同创新，加强农用地污染监测、污染源解析、污染物迁移转化、土壤与作物污染相关性等基础研究，加大农业投入品减施、水分管理、土壤调理、品种替代、生物修复、污染超标农产品安全利用等实用技术研发，尽快形成一整套适合我国国情农情的农用地污染防治技术模式与体系。加强农业科技体制机制创新，完善经费保障和激励机制，激发农业科技创新活力和农业科研人才积极性。

十、强化农用地污染防治责任落实

（二十八）建立责任机制。按照"国家统筹、省级推进、市县落实"原则，建立政府主导的农用地污染防治工作责任机制。农业部成立相关司局参加的农用地污染防治推进工作组，制定总体意见及配套文件，强化顶层设计，做好科学谋划部署；省级农业部门安排部署本省农用地土壤污染防治工作，及时做好协调推进；县级人民政府是农用地土壤污染防治的责任主体，县级农业部门要加强与发展改革、财政、环保、国土等部门沟通协作，根据耕地土壤环境调查监测结果及时向同级人民政府提出工作建议，因地制宜制定具体落实方案，科学确定技术路径，确保农用地土壤污染防治工作及时、全面、有效落实。

（二十九）加强技术指导。组建涵盖环保、土肥、种植、农产品加工、农产品质量安全等领域的技术指导委员会，负责制定技术指南、操作规程和相关技术标准，确定重点实施区域，指导相关省（区、市）编制耕地污染防治规划与实施方案，配合农用地污染防治推进工作组做好耕地污染防治工作的监督和技术服务，对耕地土壤治理修复技术和产品开展评价。加强农业资源环境体系建设，提升农业环境监测和指导服务能力。

（三十）实施绩效考核。各级农业部门要强化责任意识和担当意识，切实将农用地污染防治纳入农业农村工作的总体安排，不断加大工作力度，创新工作机制，确保工作取得成效。农业部加强对地方工作的督查，定期召开农用地污染防治协调推进会，及时研究解决工作中出现的新问题新情况；开展农用地污染防治评估与考核，建立综合评价指标体系和评价方法，客观评价地方工作成效，纳入农业部延伸绩效考核，并作为相关项目支持的重要依据，工作严重不力的要追究责任。

（三十一）推进信息公开。配合环保部门建立完善农用地土壤环境信息发布制度，定期发布农用地土壤环境质量公报，向社会公众公布农用地土壤环境质量状况，及时回应社会关切的热点问题，全力保障社会公众对农用地土壤环境信息的知情权。畅通公众表达及诉求渠道，全面推进公众参与，充分发挥社会公众和新闻媒体对农用地污染防治工作的监督作用。

（三十二）加强宣传培训。结合世界地球日、世界环境日、世界土壤日、世界粮食日、全国土地日等主题宣传活动和新型职业农民培育、农村实用人才培训等，用人民群众喜闻乐见的方式，大力开展农用地污染防治科学普及和教育培训活动，切实提高农民特别是新型经营主体对农用地污染防治重要性和紧迫性的认识，进一步提升社会公众参与农用地保护的自觉性、主动性和能力水平。

关于印发《全国农业可持续发展规划
（2015—2030 年）》的通知

（农计发〔2015〕145 号）

各省、自治区、直辖市、计划单列市人民政府，新疆生产建设兵团：

《全国农业可持续发展规划（2015—2030）年》已经国务院同意，现印发你们，请认真贯彻执行。

农业部　国家发展改革委　科技部

财政部　国土资源部　环境保护部

水利部　国家林业局

2015 年 5 月 20 日

全国农业可持续发展规划（2015—2030 年）

农业关乎国家食物安全、资源安全和生态安全。大力推动农业可持续发展，是实现"五位一体"战略布局、建设美丽中国的必然选择，是中国特色新型农业现代化道路的内在要求。为指导全国农业可持续发展，编制本规划。

一、发展形势

（一）主要成就

新世纪以来，我国农业农村经济发展成就显著，现代农业加快发展，物质技术装备水平不断提高，农业资源环境保护与生态建设支持力度不断加大，农业可持续发展取得了积极进展。

农业综合生产能力和农民收入持续增长。我国粮食生产实现历史性的"十一连增"，连续八年稳定在 5 亿吨以上，连续两年超过 6 亿吨。棉油糖、肉蛋奶、果菜鱼等农产品稳定增长，市场供应充足，农产品质量安全水平不断提高。农民收入持续较快增长，增速连续五年超过同期城镇居民收入增长。

农业资源利用水平稳步提高。严格控制耕地占用和水资源开发利用，推广实施了一批资源保护及高效利用新技术、新产品、新项目，水土资源利用效率不断提高。农田灌溉水用量占总用水比重由 2002 年的 61.4% 下降到 2013 年的 55%，有效利用系数由 0.44 提高到 2013 年的 0.52，粮食亩产由 293 公斤提高到 2014 年的 359 公斤。在地少水缺的条件下，资源利用水平的提高为保证粮食等主要农产品有效供给做出了重要贡献。

农业生态保护建设力度不断加大。国家先后启动实施水土保持、退耕还林还草、退牧还草、防沙治沙、石漠化治理、草原生态保护补助奖励等一批重大工程和补助政策，加强农田、森林、草原、海洋生态系统保护与建设，强化外来物种入侵预防控制，全国农业生态恶化趋势初步得到遏制、局部地区出现好转。2013 年全国森林覆盖率达到 21.6%，全国草原综合植被盖度达 54.2%。

农村人居环境逐步改善。积极推进农村危房改造、游牧民定居、农村环境连片整治、标准化规模养殖、秸秆综合利用、农村沼气和农村饮水安全工程建设，加强生态村镇、美丽乡村创建和农村传统文化保护，发展休闲农业，农村人居环境逐步得到改善。截至 2014 年年底，改造农村危房 1 565 万户，定居游牧民 24.6 万户；5.9 万个村庄开展了环境整治，直接受益人口约 1.1 亿人。

（二）面临挑战

在我国农业农村经济取得巨大成就的同时，农业资源过度开发、农业投入品过量使用、地下水超采以及农业内外源污染相互叠加等带来的一系列问题日益凸显，农业可持续发展面临重大挑战。

资源硬约束日益加剧，保障粮食等主要农产品供给的任务更加艰巨。人多地少水缺是我国的基本国情。全国新增建设用地占用耕地年均约 480 万亩，被占用耕地的土壤耕作层资源浪费严重，占补平衡补充耕地质量不高，守住 18 亿亩耕地红线的压力越来越大。耕地质量下降，黑土层变薄、土壤酸化、耕作层变浅等问题凸显。农田灌溉水有效利用系数比发达国家平均水平低 0.2，华北地下水超采严重。我国粮食等主要农产品需求刚性增长，水土资源越绷越紧，确保国家粮食安全和主要农产品有效供给与资源约束的矛盾日益尖锐。

环境污染问题突出，确保农产品质量安全的任务更加艰巨。工业"三废"和城市生活等外源污染向农业农村扩散，镉、汞、砷等重金属不断向农产品产地环境渗透，全国土壤主要污染物点位超标率为 16.1%。农业内源性污染严重，化肥、农药利用率不足三分之一，农膜回收率不足三分之二，畜禽粪污有效处理率不到一半，秸秆焚烧现象严重。海洋富营养化问题突出，赤潮、绿潮时有发生，渔业水域生态恶化。农村垃圾、污水处理严重不足。农业农村环境污染加重的态势直接影响了农产品质量安全。

生态系统退化明显，建设生态保育型农业的任务更加艰巨。全国水土流失面积达 295 万平方千米，年均土壤侵蚀量 45 亿吨，沙化土地 173 万平方千米，石漠化面积 12 万平方千米。高强度、粗放式生产方式导致农田生态系统结构失衡、功能退化，农林、农牧复合生态系统亟待建立。草原超载过牧问题依然突出，草原生态总体恶化局面尚未根本扭转。湖泊、湿地面积萎缩，生态服务功能弱化。生物多样性受到严重威胁，濒危物种增多。生态系统退化，生态保育型农业发展面临诸多挑战。

体制机制尚不健全，构建农业可持续发展制度体系的任务更加艰巨。水土等资源资产管理体制机制尚未建立，山水林田湖等缺乏统一保护和修复。农业资源市场化配置机制尚未建立，特别是反映水资源稀缺程度的价格机制没有形成。循环农业发展激励机制不完善，种养业发展不协调，农业废弃物资源化利用率较低。农业生态补偿机制尚不健全。农业污染责任主体不明确，监管机制缺失，污染成本过低。全面反映经济社会价值的农业资源定价机制、利益补偿机制和奖惩机制的缺失和不健全制约了农业资源合理利用和生态环境保护。

（三）发展机遇

当前和今后一个时期，推进农业可持续发展面临前所未有的历史机遇。一是农业可持续发展的共识日益广泛。党的十八大将生态文明建设纳入"五位一体"的总体布局，为农业可持续发展指明了方向。全社会对资源安全、生态安全和农产品质量安全高度关注，绿色发展、循环发展、低碳发展理念深入人心，为农业可持续发展集聚了社会共识。二是农业可持续发展的物质基础日益雄厚。我国综合国力和财政实力不断增强，强农惠农富农政策力度持续加大，粮食等主要农产品连年增产，利用"两种资源、两个市场"、弥补国内农业资源不足的能力不断提高，为农业转方式、调结构提供了战略空间和物质保障。三是农业可持续发展的科技支撑日益坚实。传统农业技术精华广泛传承，现代生物技术、信息技术、新材料和先进装备等日新月异、广泛应用，生态农业、循环农业等技术模式不断集成创新，为农业可持续发展提供有力的技术支撑。四是农业可持续发展的制度保障日益完善。随着农村改革和生态文明体制改革稳步推进，法律法规体系不断健全，治理能力不断提升，将为农业可持续发展注入活力、提供保障。

"三农"是国家稳定和安全的重要基础。我们必须立足世情、国情、农情，抢抓机遇，应对挑战，全面实施农业可持续发展战略，努力实现农业强、农民富、农村美。

二、总体要求

（一）指导思想

以邓小平理论、"三个代表"重要思想、科学发展观为指导，深入贯彻习近平总书记系列重要讲话精神，全面落实党的十八大和十八届二中、三中、四中全会精神，按照党中央、国务院各项决策部署，牢固树立生态文明理念，坚持产能为本、保育优先、创新驱动、依法治理、惠及民生、保障安全的指导方针，加快发展资源节约型、环境友好型和生态保育型农业，切实转变农业发展方式，从依靠拼资源消耗、拼农资投入、拼生态环境的粗放经营，尽快转到注重提高质量和效益的集约经营上来，确保国家粮食安全、农产品质量安全、生态安全和农民持续增收，努力走出一条中国特色农业可持续发展道路，为"四化同步"发展和全面建成小康社会提供坚实保障。

（二）基本原则

坚持生产发展与资源环境承载力相匹配。坚守耕地红线、水资源红线和生态保护红线，优化农业生产力布局，提高规模化集约化水平，确保国家粮食安全和主要农产品有效供给。因地制宜，分区施策，妥善处理好农业生产与环境治理、生态修复的关系，适度有序开展农业资源休养生息，加快推进农业环境问题治理，不断加强农业生态保护与建设，促进资源永续利用，增强农业综合生产能力和防灾减灾能力，提升与资源承载能力和环境容量的匹配度。

坚持创新驱动与依法治理相协同。大力推进农业科技创新和体制机制创新，释放改革新红利，推进科学种养，着力增强创新驱动发展新动力，促进农业发展方式转变。强化法治观念和思维，完善农业资源环境与生态保护法律法规体系，实行最严格的制度、最严密的法治，依法促进创新、保护资源、治理环境，构建创新驱动和法治保障相得益彰的农业可持续发展支撑体系。

坚持当前治理与长期保护相统一。牢固树立保护生态环境就是保护生产力、改善生态环境就是发展生产力的理念，把生态建设与管理放在更加突出的位置，从当前突出问题入手，统筹利用国际国内两种资源，兼顾农业内源外源污染控制，加大保护治理力度，推动构建农业可持续发展长效机制，在发展中保护、在保护中发展，促进农业资源永续利用，农业环境保护水平持续提高，农业生态系统自我修复能力持续提升。

坚持试点先行与示范推广相统筹。充分认识农业可持续发展的综合性和系统性，统筹考虑不同区域不同类型的资源禀赋和生态环境，围绕存在的突出问题开展试点工作，着力解决制约农业可持续发展的技术难题，着力构建有利于促进农业可持续发展的运行机制，探索总结可复制、可推广的成功模式，因地制宜、循序渐进地扩大示范推广范围，稳步推进全国农业可持续发展。

坚持市场机制与政府引导相结合。按照"谁污染、谁治理""谁受益、谁付费"的要求，着力构建公平公正、诚实守信的市场环境，积极引导鼓励各类社会资源参与农业资源保护、环境治理和生态修复，着力调动农民、企业和社会各方面的积极性，努力形成推进农业可持续发展的强大合力。政府在推动农业可持续发展中具有不可替代的作用，要切实履行好顶层设计、政策引导、投入支持、执法监管等方面的职责。

（三）发展目标

到 2020 年，农业可持续发展取得初步成效，经济、社会、生态效益明显。农业发展方式转变取得积极进展，农业综合生产能力稳步提升，农业结构更加优化，农产品质量安全水平不断提高，农业资源保护水平与利用效率显著提高，农业环境突出问题治理取得阶段性成效，森林、草原、湖泊、湿地等生态系统功能得到有效恢复和增强，生物多样性衰减速度逐步减缓。

到 2030 年，农业可持续发展取得显著成效。供给保障有力、资源利用高效、产地环境良好、生态系统稳定、农民生活富裕、田园风光优美的农业可持续发展新格局基本确立。

三、重点任务

（一）优化发展布局，稳定提升农业产能

优化农业生产布局。按照"谷物基本自给、口粮绝对安全"的要求，坚持因地制宜，宜农则农、宜牧则牧、宜林则林，逐步建立起农业生产力与资源环境承载力相匹配的农业生产新格局。在农业生产与水土资源匹配较好的地区，稳定发展有比较优势、区域性特色农业；在资源过度利用和环境问题突出的地区，适度休养，调整结构，治理污染；在生态脆弱区，实施退耕还林还草、退牧还草等措施，加大农业生态建设力度，修复农业生态系统功能。

加强农业生产能力建设。充分发挥科技创新驱动作用，实施科教兴农战略，加强农业科技自主创新、集成创新与推广应用，力争在种业和资源高效利用等技术领域率先突破，大力推广良种良法，到 2020 年农业科技进步贡献率达到 60% 以上，着力提高农业资源利用率和产出水平。大力发展农机装备，推进农机农艺融合，到 2020 年主要农作物耕种收综合机械化水平达到 68% 以上，加快实现粮棉油糖等大田作物生产全程机械化。着力加强农业基础设施建设，提高农业抗御自然灾害的能力。加强粮食仓储和转运设施建设，改善粮食仓储条件。发挥种养大户、家庭农场、农民合作社等新型经营主体的主力军作用，发展多种形式的适度规模经营，加强农业社会化服务，提高规模经营产出水平。

推进生态循环农业发展。优化调整种养业结构，促进种养循环、农牧结合、农林结合。支持粮食主产区发展畜牧业，推进"过腹还田"。积极发展草牧业，支持苜蓿和青贮玉米等饲草料种植，开展粮改饲和种养结合型循环农业试点。因地制宜推广节水、节肥、节药等节约型农业技术，以及"稻鱼共生""猪沼果"、林下经济等生态循环农业模式。到2020年国家现代农业示范区和粮食主产县基本实现区域内农业资源循环利用，到2030年全国基本实现农业废弃物趋零排放。

（二）保护耕地资源，促进农田永续利用

稳定耕地面积。实行最严格的耕地保护制度，稳定粮食播种面积，严控新增建设占用耕地，确保耕地保有量在18亿亩以上，确保基本农田不低于15.6亿亩。划定永久基本农田，按照保护优先的原则，将城镇周边、交通沿线、粮棉油生产基地的优质耕地优先划为永久基本农田，实行永久保护。坚持耕地占补平衡数量与质量并重，全面推进建设占用耕地耕作层土壤剥离再利用。

提升耕地质量。采取深耕深松、保护性耕作、秸秆还田、增施有机肥、种植绿肥等土壤改良方式，增加土壤有机质，提升土壤肥力。恢复和培育土壤微生物群落，构建养分健康循环通道，促进农业废弃物和环境有机物分解。加强东北黑土地保护，减缓黑土层流失。开展土地整治、中低产田改造、农田水利设施建设，加大高标准农田建设力度，到2020年建成集中连片、旱涝保收的8亿亩高标准农田。到2020年和2030年全国耕地基础地力提升0.5个等级和1个等级以上，粮食产出率稳步提高。严格控制工矿企业排放和城市垃圾、污水等农业外源性污染。防治耕地重金属污染和有机污染，建立农产品产地土壤分级管理利用制度。

适度退减耕地。依据国务院批准的新一轮退耕还林还草总体方案，实施退耕还林还草，宜乔则乔、宜灌则灌、宜草则草，有条件的地方实行林草结合，增加植被盖度。

（三）节约高效用水，保障农业用水安全

实施水资源红线管理。确立水资源开发利用控制红线，到2020年和2030年全国农业灌溉用水量分别保持在3 720亿立方米和3 730亿立方米。确立用水效率控制红线，到2020年和2030年农田灌溉水有效利用系数分别达到0.55和0.6以上。推进地表水过度利用和地下水超采区综合治理，适度退减灌溉面积。

推广节水灌溉。分区域规模化推进高效节水灌溉，加快农业高效节水体系建设，到2020年和2030年，农田有效灌溉率分别达到55%和57%，节水灌溉率分别达到64%和75%。发展节水农业，加大粮食主产区、严重缺水区和生态脆弱地区的节水灌溉工程建设力度，推广渠道防渗、管道输水、喷灌、微灌等节水灌溉技术，完善灌溉用水计量设施，到2020年发展高效节水灌溉面积2.88亿亩。加强现有大中型灌区骨干工程续建配套节水改造，强化小型农田水利工程建设和大中型灌区田间工程配套，增强农业抗旱能力和综合生产能力。积极推行农艺节水保墒技术，改进耕作方式，调整种植结构，推广抗旱品种。

发展雨养农业。在半干旱、半湿润偏旱区建设农田集雨、集雨窖等设施，推广地膜覆盖技术，开展粮草轮作、带状种植，推进种养结合。优化农作物种植结构，改良耕作制度，扩大优质耐旱高产品种种植面积，严格限制高耗水农作物种植面积，鼓励种植耗水少、附加值高的农作物。在水土流失易发地区，扩大保护性耕作面积。

（四）治理环境污染，改善农业农村环境

防治农田污染。全面加强农业面源污染防控，科学合理使用农业投入品，提高使用效率，减少农业内源性污染。普及和深化测土配方施肥，改进施肥方式，鼓励使用有机肥、生物肥料和绿肥种植，到 2020 年全国测土配方施肥技术推广覆盖率达到 90%以上，化肥利用率提高到 40%，努力实现化肥施用量零增长。推广高效、低毒、低残留农药，生物农药和先进施药机械，推进病虫害统防统治和绿色防控，到 2020 年全国农作物病虫害统防统治覆盖率达到 40%，努力实现农药施用量零增长；京津冀、长三角、珠三角等区域提前一年完成。建设农田生态沟渠、污水净化塘等设施，净化农田排水及地表径流。综合治理地膜污染，推广加厚地膜，开展废旧地膜机械化捡拾示范推广和回收利用，加快可降解地膜研发，到 2030 年农业主产区农膜和农药包装废弃物实现基本回收利用。开展农产品产地环境监测与风险评估，实施重度污染耕地用途管制，建立健全全国农业环境监测体系。

综合治理养殖污染。支持规模化畜禽养殖场（小区）开展标准化改造和建设，提高畜禽粪污收集和处理机械化水平，实施雨污分流、粪污资源化利用，控制畜禽养殖污染排放。到 2020 年和 2030 年养殖废弃物综合利用率分别达到 75%和 90%以上，规模化养殖场畜禽粪污基本资源化利用，实现生态消纳或达标排放。在饮用水水源保护区、风景名胜区等区域划定禁养区、限养区，全面完善污染治理设施建设。2017 年年底前，依法关闭或搬迁禁养区内的畜禽养殖场（小区）和养殖专业户，京津冀、长三角、珠三角等区域提前一年完成。建设病死畜禽无害化处理设施，严格规范兽药、饲料添加剂的生产和使用，健全兽药质量安全监管体系。严格控制近海、江河、湖泊、水库等水域的养殖容量和养殖密度，开展水产养殖池塘标准化改造和生态修复，推广高效安全复合饲料，逐步减少使用冰鲜杂鱼饵料。

改善农村环境。科学编制村庄整治规划，加快农村环境综合整治，保护饮用水水源，加强生活污水、垃圾处理，加快构建农村清洁能源体系。推进规模化畜禽养殖区和居民生活区的科学分离。禁止秸秆露天焚烧，推进秸秆全量化利用，到 2030 年农业主产区农作物秸秆得到全面利用。开展生态村镇、美丽乡村创建，保护和修复自然景观和田园景观，开展农户及院落风貌整治和村庄绿化美化，整乡整村推进农村河道综合治理。注重农耕文化、民俗风情的挖掘展示和传承保护，推进休闲农业持续健康发展。

（五）修复农业生态，提升生态功能

增强林业生态功能。按照"西治、东扩、北休、南提"的思路，加快西部防沙治沙步伐，扩展东部林业发展的空间和内涵，开展北方天然林休养生息，提高南方林业质量和效益，全面提升林业综合生产能力和生态功能，到 2020 年森林覆盖率达到 23%以上。加强天然林资源保护特别是公益林建设和后备森林资源培育。建立比较完善的平原农田防护林体系，到 2020 年和 2030 年全国农田林网控制率分别达到 90%和 95%以上。

保护草原生态。全面落实草原生态保护补助奖励机制，推进退牧还草、京津风沙源治理和草原防灾减灾。坚持基本草原保护制度，开展禁牧休牧、划区轮牧，推进草原改良和人工种草，促进草畜平衡，推动牧区草原畜牧业由传统的游牧向现代畜牧业转变。加快农牧交错带已垦草原治理，恢复草地生态。强化草原自然保护区建设。合理利用南方草地，保护和恢复南方高山草甸生态。到 2020 年和 2030 年全国草原综合植被盖度分别达到 56%和 60%。

恢复水生生态系统。采取流域内节水、适度引水和调水、利用再生水等措施，增加重要湿地和河湖生态水量，实现河湖生态修复与综合治理。加强水生生物自然保护区和水产种质资源保护区建设，继续实施增殖放流，推进水产养殖生态系统修复，到 2020 年全国水产健康养殖面积占水产养殖面积的 65%，到 2030 年达到 90%。加大海洋渔业生态保护力度，严格控制捕捞强度，继续实施海洋捕捞渔船减船转产，更新淘汰高耗能渔船。加强自然海岸线保护，适度开发利用沿海滩涂，重要渔业海域禁止实施围填海，积极开展以人工鱼礁建设为载体的海洋牧场建设。严格实施海洋捕捞准用渔具和过度渔具最小网目尺寸制度。

保护生物多样性。加强畜禽遗传资源和农业野生植物资源保护，加大野生动植物自然保护区建设力度，开展濒危动植物物种专项救护，完善野生动植物资源监测预警体系，遏制生物多样性减退速度。建立农业外来入侵生物监测预警体系、风险性分析和远程诊断系统，建设综合防治和利用示范基地，严格防范外来物种入侵。构建国家边境动植物检验检疫安全屏障，有效防范动植物疫病。

四、区域布局

针对各地农业可持续发展面临的问题，综合考虑各地农业资源承载力、环境容量、生态类型和发展基础等因素，将全国划分为优化发展区、适度发展区和保护发展区。按照因地制宜、梯次推进、分类施策的原则，确定不同区域的农业可持续发展方向和重点。

（一）优化发展区

包括东北区、黄淮海区、长江中下游区和华南区，是我国大宗农产品主产区，农业生产条件好、潜力大，但也存在水土资源过度消耗、环境污染、农业投入品过量使用、资源循环利用程度不高等问题。要坚持生产优先、兼顾生态、种养结合，在确保粮食等主要农产品综合生产能力稳步提高的前提下，保护好农业资源和生态环境，实现生产稳定发展、资源永续利用、生态环境友好。

——东北区。以保护黑土地、综合利用水资源、推进农牧结合为重点，建设资源永续利用、种养产业融合、生态系统良性循环的现代粮畜产品生产基地。在典型黑土带，综合治理水土流失，实施保护性耕作，增施有机肥，推行粮豆轮作。到 2020 年，适宜地区深耕深松全覆盖，土壤有机质恢复提升，土壤保水保肥能力显著提高。在三江平原等水稻主产区，控制水田面积，限制地下水开采，改井灌为渠灌，到 2020 年渠灌比重提高到 50%，到 2030 年实现以渠灌为主。在农牧交错地带，积极推广农牧结合、粮草兼顾、生态循环的种养模式，种植青贮玉米和苜蓿，大力发展优质高产奶业和肉牛产业。推动适度规模化畜禽养殖，加大动物疫病区域化管理力度，推进"免疫无疫区"建设。在大小兴安岭等地区，加大森林草原保护建设力度，发挥其生态安全屏障作用，保护和改善农田生态系统。

——黄淮海区。以治理地下水超采、控肥控药和废弃物资源化利用为重点，构建与资源环境承载力相适应、粮食和"菜篮子"产品稳定发展的现代农业生产体系。在华北地下水严重超采区，因地制宜调整种植结构，适度压减高度依赖灌溉的作物种植；大力发展水肥一体化等高效节水灌溉，实行灌溉定额制度，加强灌溉用水水质管理，推行农艺节水和深耕深松、保护性耕作，到 2020 年地下水超采问题得到有效缓解。在淮河流域等面源污染较重地区，大力推广配方施肥、绿色防控技术，推行秸秆肥料化、饲料化利用；调整优化畜禽养殖布局，稳定生猪、肉禽和蛋禽生产规模，加强畜禽粪污处理设施建设，提高循环利用水平。在沿黄滩区因地制宜发展水产健康养殖。全面加强区域高标准农田建设，改造中低产田和盐碱地，配套完善农田林网。

——长江中下游区。以治理农业面源污染和耕地重金属污染为重点，建立水稻、生猪、水产健康安全生产模式，确保农产品质量，巩固农产品主产区供给地位，改善农业农村环境。科学施用化肥农药，通过建设拦截坝、种植绿肥等措施，减少化肥、农药对农田和水域的污染；推进畜禽养殖适度规模化，在人口密集区域适当减少生猪养殖规模，加快畜禽粪污资源化利用和无害化处理，推进农村垃圾和污水治理。加强渔业资源保护，大力发展滤食性、草食性净水鱼类和名优水产品生产，加大标准化池塘改造，推广水产健康养殖，积极开展增殖放流，发展稻田养鱼。严控工矿业污染排放，从源头上控制水体污染，确保农业用水水质。加强耕地重金属污染治理，增施有机肥，实施秸秆还田，施用钝化剂，建立缓冲带，优化种植结构，减轻重金属污染对农业生产的影响。到 2020 年，污染治理区食用农产品达标生产，农业面源污染扩大的趋势得到有效遏制。

——华南区。以减量施肥用药、红壤改良、水土流失治理为重点，发展生态农业、特色农业和高效农业，构建优质安全的热带亚热带农产品生产体系。大力开展专业化统防统治和绿色防控，推进化肥农药减量施用，治理水土流失，加大红壤改良力度，建设生态绿色的热带水果、冬季瓜菜生产基地。恢复林草植被，发展水源涵养林、用材林和经济林，减少地表径流，防止土壤侵蚀；改良山地草场，加快发展地方特色畜禽养殖。加强天然渔业资源养护、水产原种保护和良种培育，扩大增殖放流规模，推广水产健康养殖。到 2020 年，农业资源高效利用，生态农业建设取得实质性进展。

（二）适度发展区

包括西北及长城沿线区、西南区，农业生产特色鲜明，但生态脆弱，水土配置错位，资源性和工程性缺水严重，资源环境承载力有限，农业基础设施相对薄弱。要坚持保护与发展并重，立足资源环境禀赋，发挥优势、扬长避短，适度挖掘潜力、集约节约、有序利用，提高资源利用率。

——西北及长城沿线区。以水资源高效利用、草畜平衡为核心，突出生态屏障、特色产区、稳农增收三大功能，大力发展旱作节水农业、草食畜牧业、循环农业和生态农业，加强中低产田改造和盐碱地治理，实现生产、生活、生态互利共赢。在雨养农业区，实施压夏扩秋，调减小麦种植面积，提高小麦单产，扩大玉米、马铃薯和牧草种植面积，推广地膜覆盖等旱作农业技术，建立农膜回收利用机制，逐步实现基本回收利用。修建防护林带，增强水源涵养功能。在绿洲农业区，大力发展高效节水灌溉，实施续建配套与节水改造，完善田间灌排渠系，增加节水灌溉面积，到 2020 年实现节水灌溉全覆盖，并在严重缺水地区实行退地减水，严格控制地下水开采。在农牧交错区，推进粮草兼顾型农业结构调整，通过坡耕地退耕还草、粮草轮作、种植结构调整、已垦草原恢复等形式，挖掘饲草料生产潜力，推进草食畜牧业发展。在草原牧区，继续实施退牧还草工程，保护天然草原，实行划区轮牧、禁牧、舍饲圈养，控制草原鼠虫害，恢复草原生态。

——西南区。突出小流域综合治理、草地资源开发利用和解决工程性缺水，在生态保护中发展特色农业，实现生态效益和经济效益相统一。通过修筑梯田、客土改良、建设集雨池，防止水土流失，推进石漠化综合治理，到 2020 年治理石漠化面积 40%以上。加强林草植被的保护和建设，发展水土保持林、水源涵养林和经济林，开展退耕还林还草，鼓励人工种草，合理开发利用草地资源，发展生态畜牧业。严格保护平坝水田，稳定水稻、玉米面积，扩大马铃薯种植，发展高山夏秋冷凉特色农作物生产。

（三）保护发展区

包括青藏区和海洋渔业区，在生态保护与建设方面具有特殊重要的战略地位。青藏区是我国大江大河的发源地和重要的生态安全屏障，高原特色农业资源丰富，但生态十分脆弱。海洋渔业区发展较快，也存在着渔业资源衰退、污染突出的问题。要坚持保护优先、限制开发，适度发展生态产业和特色产业，让草原、海洋等资源得到休养生息，促进生态系统良性循环。

——青藏区。突出三江源头自然保护区和三江并流区的生态保护，实现草原生态整体好转，构建稳固的国家生态安全屏障。保护基本口粮田，稳定青稞等高原特色粮油作物种植面积，确保区域口粮安全，适度发展马铃薯、油菜、设施蔬菜等产品生产。继续实施退牧还草工程和草原生态保护补助奖励机制，保护天然草场，积极推行舍饲半舍饲养殖，以草定畜，实现草畜平衡，有效治理鼠虫害、毒草，遏制草原退化趋势。适度发展牦牛、绒山羊、藏系绵羊为主的高原生态畜牧业，加强动物防疫体系建设，保护高原特有鱼类。

——海洋渔业区。严格控制海洋渔业捕捞强度，限制海洋捕捞机动渔船数量和功率，加强禁渔期监管。稳定海水养殖面积，改善近海水域生态质量，大力开展水生生物资源增殖和环境修复，提升渔业发展水平。积极发展海洋牧场，保护海洋渔业生态。到2020年，海洋捕捞机动渔船数量和总功率明显下降。

五、重大工程

围绕重点建设任务，以最急需、最关键、最薄弱的环节和领域为重点，统筹安排中央预算内投资和财政资金，调整盘活财政支农存量资金，安排增量资金，积极引导带动地方和社会投入，组织实施一批重大工程，全面夯实农业可持续发展的物质基础。

（一）水土资源保护工程

高标准农田建设项目。以粮食主产区、非主产区产粮大县为重点，兼顾棉花、油料、糖料等重要农产品优势产区，开展土地平整，建设田间灌排沟渠及机井、节水灌溉、小型集雨蓄水、积肥设施等基础设施，修建农田道路、农田防护林、输配电设施，推广应用先进适用耕作技术。

耕地质量保护与提升项目。在全国范围内分区开展土壤改良、地力培肥和养分平衡，防止耕地退化，提高耕地基础地力和产出能力。在东北区开展黑土地保护，实施深耕深松、秸秆还田、培肥地力，配套有机肥堆沤场，推广粮豆轮作；防治水土流失，实施改垄、修建等高地埂植物带、推进等高种植和建设防护林带等措施。在黄淮海区开展秸秆还田、深耕深松、砂姜黑土改良、水肥一体化、种植结构调整和土壤盐渍化治理。在长江中下游区及华南区开展绿肥种植、增施有机肥、秸秆还田、冬耕翻土晒田、施用石灰深耕改土等。开展建设占用耕地的耕作层剥离试点，剥离的耕作层重点用于土地开发复垦、中低产田改造等。

耕地重金属污染治理项目。在南方水稻产区等重金属污染突出区域，改造现有灌溉沟渠，修建植物隔离带或人工湿地缓冲带，减低灌溉水源中重金属含量；在轻中度污染区实施以农艺技术为主的修复治理，改种低积累水稻、玉米等粮食作物和经济作物，在重度污染区改种非食用作物或高富集树种；完善土壤改良配套设施，建设有机肥、钝化剂等野外配制场所，配备重度污染区农作物秸秆综合利用设施设备。

水土保持与坡耕地改造项目。以小流域为单元，以水源保护为中心，配套修建塘坝窖池，配合实施沟道整治和小型蓄水保土工程，加强生态清洁小流域建设。在水土流失严重、人口密度大、坡耕地集中地区，尤其是关中盆地、四川盆地以及南方部分地区，建设坡改梯及其配套工程。

高效节水项目。加强大中型灌区续建配套节水改造建设，改善灌溉条件。在西北地区改造升级现有滴灌设施，新建一批玉米、林果等喷灌、滴灌设施，推广全膜双垄沟播等旱作节水技术。在东北地区西部推行滴灌等高效节水灌溉，水稻区推广控制灌溉等节水措施。在黄淮海区重点发展井灌区管道输水灌溉，推广喷灌、微灌、集雨节灌和水肥一体化技术。在南方地区发展管道输水灌溉，加快水稻节水防污型灌区建设。

地表水过度开发和地下水超采区治理项目。在地表水源有保障、基础条件较好地区积极发展水肥一体化等高效节水灌溉。在地表水和地下水资源过度开发地区，退减灌溉面积，调整种植结构，减少高耗水作物种植面积，进一步加大节水力度，实施地下水开采井封填、地表水取水口调整处置和用水监测、监控措施。在具备条件的地区，可适度采取地表水替代地下水灌溉。

农业资源监测项目。充分利用现有资源，建设和完善遥感、固定观测和移动监测等一体化的农业资源监测体系，建立耕地质量和土壤墒情、重金属污染、农业面源污染、土壤环境监测网点，建立土壤样品库、信息中心和耕地质量数据平台，健全农业灌溉用水、地表水和地下水监测监管体系，建设农业资源环境大数据中心，推动农业资源数据共建共享。

（二）农业农村环境治理工程

畜禽粪污综合治理项目。在污染严重的规模化生猪、奶牛、肉牛养殖场和养殖密集区，按照干湿分离、雨污分流、种养结合的思路，建设一批畜禽粪污原地收集储存转运、固体粪便集中堆肥或能源化利用、污水高效生物处理等设施和有机肥加工厂。在畜禽养殖优势省区，以县为单位建设一批规模化畜禽养殖场废物处理与资源化利用示范点、养殖密集区畜禽粪污处理和有机肥生产设施。

化肥农药氮磷控源治理项目。在典型流域，推广测土配方施肥技术，增施有机肥，推广高效肥和化肥深施、种肥同播等技术；实施平缓型农田氮磷净化，开展沟渠整理，清挖淤泥，加固边坡，合理配置水生植物群落，配置格栅和透水坝；实施坡耕地氮磷拦截再利用，建设坡耕地生物拦截带和径流集蓄再利用设施。实施农药减量控害，推进病虫害专业化统防统治和绿色防控，推广高效低毒农药和高效植保机械。

农膜和农药包装物回收利用项目。在农膜覆盖量大、残膜问题突出的地区，加快推广使用加厚地膜和可降解农膜，集成示范推广农田残膜捡拾、回收相关技术，建设废旧地膜回收网点和再利用加工厂，建设一批农田残膜回收与再利用示范县。在农药使用量大的农产品优势区，建设一批农药包装废物回收站和无害化处理站，建立农药包装废弃物处置和危害管理平台。

秸秆综合利用项目。实施秸秆机械还田、青黄储饲料化利用，实施秸秆气化集中供气、供电和秸秆固化成型燃料供热、材料化致密成型等项目。配置秸秆还田深翻、秸秆粉碎、捡拾、打包等机械，建立健全秸秆收储运体系。

农村环境综合整治项目。采取连片整治的推进方式，综合治理农村环境，建立村庄保洁制度，建设生活污水、垃圾、粪便等处理和利用设施设备，保护农村饮用水水源地。实施沼气集中供气，推进农村省柴节煤炉灶炕升级换代，推广清洁炉灶、可再生能源和产品。

（三）农业生态保护修复工程

新一轮退耕还林还草项目。在符合条件的 25 度以上坡耕地、严重沙化耕地和重要水源地 15～25 度坡耕地，实施新一轮退耕还林还草，在农民自愿的前提下植树种草。按照适地适树的原则，积极发展木本粮油。

草原保护与建设项目。继续实施天然草原退牧还草、京津风沙源草地治理、三江源生态保护与建设等工程，开展草原自然保护区建设和南方草地综合治理，建设草原灾害监测预警、防灾物资保障及指挥体系等基础设施。到 2020 年，改良草原 9 亿亩，人工种草 4.5 亿亩。在农牧交错带开展已垦草原治理，平整弃耕地，建设旱作优质饲草基地，恢复草原植被。开展防沙治沙建设，保护现有植被，合理调配生态用水，固定流动和半流动沙丘。

石漠化治理项目。在西南地区，重点开展封山育林育草、人工造林和草地建设，建设和改造坡耕地，配套相应水利水保设施。在石漠化严重地区，开展农村能源建设和易地扶贫搬迁，控制人为因素产生新的石漠化现象。

湿地保护项目。继续强化湿地保护与管理，建设国际重要湿地、国家重要湿地、湿地自然保护区、湿地公园以及湿地多用途管理区。通过退耕还湿、湿地植被恢复、栖息地修复、生态补水等措施，对已垦湿地以及周边退化湿地进行治理。

水域生态修复项目。在淡水渔业区，推进水产养殖污染减排，升级改造养殖池塘，改扩建工厂化循环水养殖设施，对湖泊水库的规模化网箱养殖配备环保网箱、养殖废水废物收集处理设施。在海洋渔业区，配置海洋渔业资源调查船，建设人工鱼礁、海藻场、海草床等基础设施，发展深水网箱养殖。继续实施渔业转产转业及渔船更新改造项目，加大减船转产力度。在水源涵养区，综合运用截污治污、河湖清淤、生物控制等，整治生态河道和农村沟塘，改造渠化河道，推进水生态修复。开展水生生物资源环境调查监测和增殖放流。

农业生物资源保护项目。建设一批农业野生植物原生境保护区、国家级畜禽种质资源保护区、水产种质资源保护区、水生生物自然保护区和外来入侵物种综合防控区，建立农业野生生物资源监测预警中心、基因资源鉴定评价中心和外来入侵物种监测网点，强化农业野生生物资源保护。

（四）试验示范工程

农业可持续发展试验示范区建设项目。选择不同农业发展基础、资源禀赋、环境承载能力的区域，建设东北黑土地保护、西北旱作区农牧业可持续发展、黄淮海地下水超采综合治理、长江中下游耕地重金属污染综合治理、西南华南石漠化治理、西北农牧交错带草食畜牧业发展、青藏高原草地生态畜牧业发展、水产养殖区渔业资源生态修复、畜禽污染治理、农业废弃物循环利用 10 个类型的农业可持续发展试验示范区。加强相关农业园区之间的衔接，优先在具备条件的国家现代农业示范区、国家农业科技园区内开展农业可持续发展试验示范工作。通过集成示范农业资源高效利用、环境综合治理、生态有效保护等领域先进适用技术，探索适合不同区域的农业可持续发展管理与运行机制，形成可复制、可推广的农业可持续发展典型模式，打造可持续发展农业的样板。

六、保障措施

（一）强化法律法规

完善相关法律法规和标准。研究制修订土壤污染防治法以及耕地质量保护、黑土地保护、农药管理、肥料管理、基本草原保护、农业环境监测、农田废旧地膜综合治理、农产品产地安全管理、农业野生植物保护等法规规章，强化法制保障。完善农业和农村节能减排法规体系，健全农业各产业节能规范、节能减排标准体系。制修订耕地质量、土壤环境质量、农用地膜、饲料添加剂重金属含量等标准，为生态环境保护与建设提供依据。

加大执法与监督力度。健全执法队伍，整合执法力量，改善执法条件。落实农业资源保护、环境治理和生态保护等各类法律法规，加强跨行政区资源环境合作执法和部门联动执法，依法严惩农业资源环境违法行为。开展相关法律法规执行效果的监测与督察，健全重大环境事件和污染事故责任追究制度及损害赔偿制度。

（二）完善扶持政策

加大投入力度。健全农业可持续发展投入保障体系，推动投资方向由生产领域向生产与生态并重转变，投资重点向保障国家粮食安全和主要农产品供给、推进农业可持续发展倾斜。充分发挥市场配置资源的决定性作用，鼓励引导金融资本、社会资本投向农业资源利用、环境治理和生态保护等领域，构建多元化投入机制。完善财政等激励政策，落实税收政策，推行第三方运行管理、政府购买服务、成立农村环保合作社等方式，引导各方力量投向农村资源环境保护领域。将农业环境问题治理列入利用外资、发行企业债券的重点领域，扩大资金来源渠道。切实提高资金管理和使用效益，健全完善监督检查、绩效评价和问责机制。

健全完善扶持政策。继续实施并健全完善草原生态保护补助奖励、测土配方施肥、耕地质量保护与提升、农作物病虫害专业化统防统治和绿色防控、农机具购置补贴、动物疫病防控、病死畜禽无害化处理补助、农产品产地初加工补助等政策。研究实施精准补贴等措施，推进农业水价综合改革。建立健全农业资源生态修复保护政策。支持优化粮饲种植结构，开展青贮玉米和苜蓿种植、粮豆粮草轮作；支持秸秆还田、深耕深松、生物炭改良土壤、积造施用有机肥、种植绿肥；支持推广使用高标准农膜，开展农膜和农药包装废弃物回收再利用。继续开展渔业增殖放流，落实好公益林补偿政策，完善森林、湿地、水土保持等生态补偿制度。建立健全江河源头区、重要水源地、重要水生态修复治理区和蓄滞洪区生态补偿机制。完善优质安全农产品认证和农产品质量安全检验制度，推进农产品质量安全信息追溯平台建设。

（三）强化科技和人才支撑

加强科技体制机制创新。加强农业可持续发展的科技工作，在种业创新、耕地地力提升、化学肥料农药减施、高效节水、农田生态、农业废物资源化利用、环境治理、气候变化、草原生态保护、渔业水域生态环境修复等方面推动协同攻关，组织实施好相关重大科技项目和重大工程。创新农业科研组织方式，建立全国农业科技协同创新联盟，依托国家农业科技园区及其联盟，进一步整合科研院所、高校、企业的资源和力量。健全农业科技创新的绩效评价和激励机制。充分利用市场机制，吸引社会资本、资源参与农业可持续发展科技创新。

促进成果转化。建立科技成果转化交易平台，按照利益共享、风险共担的原则，积极探索"项目+基地+企业""科研院所+高校+生产单位+龙头企业"等现代农业技术集成与示范转化模式。进一步加大基层农技推广体系改革与建设力度。创新科技成果评价机制，按照规定对于在农业可持续发展领域有突出贡献的技术人才给予奖励。

强化人才培养。依托农业科研、推广项目和人才培训工程，加强资源环境保护领域农业科技人才队伍建设。充分利用农业高等教育、农民职业教育等培训渠道，培养农村环境监测、生态修复等方面的技能型人才。在新型职业农民培育及农村实用人才带头人示范培训中，强化农业可持续发展的理念和实用技术培训，为农业可持续发展提供坚实的人才保障。

加强国际技术交流与合作。借助多双边和区域合作机制，加强国内农业资源环境与生态等方面的农业科技交流合作，加大国外先进环境治理技术的引进、消化、吸收和再创新力度。

（四）深化改革创新

推进农业适度规模经营。坚持和完善农村基本经营制度，坚持农民家庭经营主体地位，引导土地经营权规范有序流转，支持种养大户、家庭农场、农民合作社、产业化龙头企业等新型经营主体发展，推进多种形式适度规模经营。现阶段，对土地经营规模相当于当地户均承包地面积 10～15 倍，务农收入相当于当地二、三产业务工收入的给予重点支持。积极稳妥地推进农村土地制度改革，允许农民以土地经营权入股发展农业产业化经营。

健全市场化资源配置机制。建立健全农业资源有偿使用和生态补偿机制。推进农业水价改革，制定水权转让、交易制度，建立合理的农业水价形成机制，推行阶梯水价，引导节约用水。建立农业碳汇交易制度，促进低碳发展。培育从事农业废弃物资源化利用和农业环境污染治理的专业化企业和组织，探索建立第三方治理模式，实现市场化有偿服务。

树立节能减排理念。引导全社会树立勤俭节约、保护生态环境的观念，改变不合理的消费和生活方式。发展低碳经济，践行科学发展。加大宣传力度，倡导科学健康的膳食结构，减少食物浪费。鼓励企业和农户增强节能减排意识，按照减量化和资源化的要求，降低能源消耗，减少污染排放，充分利用农业废物，自觉履行绿色发展、建设节约型社会的责任。

建立社会监督机制。发挥新闻媒体的宣传和监督作用，保障对农业生态环境的知情权、参与权和监督权，广泛动员公众、非政府组织参与保护与监督。逐步推行农业生态环境公告制度，健全农业环境污染举报制度，广泛接受社会公众的监督。

（五）用好国际市场和资源

合理利用国际市场。依据国内资源环境承载力、生产潜能和农产品需求，确定合理的自给率目标和农产品进口优先序，合理安排进口品种和数量，把握好进口节奏，保持国内市场稳定，缓解国内资源环境压力。加强进口农产品检验检疫和质量监督管理，完善农业产业损害风险评估机制，积极参与国际与区域农业政策以及农业国际标准制定。

提升对外开放质量。引导企业投资境外农业，提高国际影响力。培育具有国际竞争力的粮棉油等大型企业，支持到境外特别是与周边国家开展互利共赢的农业生产和贸易合作，完善相关政策支持体系。

（六）加强组织领导

建立部门协调机制。建立由有关部门参加的农业可持续发展部门协调机制，加强组织领导和沟通协调，明确工作职责和任务分工，形成部门合力。省级人民政府要围绕规划目标任务，统筹谋划，强化配合，抓紧制定地方农业可持续发展规划，积极推动重大政策和重点工程项目的实施，确保规划落到实处。

完善政绩考核评价体系。创建农业可持续发展的评价指标体系，将耕地红线、资源利用与节约、环境治理、生态保护纳入地方各级政府绩效考核范围。对领导干部实行自然资源资产离任审计，建立生态破坏和环境污染责任终身追究制度和目标责任制，为农业可持续发展提供保障。

关于印发《探索实行耕地轮作休耕制度
试点方案》的通知

各有关省级人民政府：

经党中央、国务院同意，现将《探索实行耕地轮作休耕制度试点方案》印发给你们，请结合实际，认真贯彻落实。

农业部　中央农办

发展改革委　财政部

国土资源部　环境保护部

水利部　食品药品监管总局

林业局　粮食局

2016 年 6 月 24 日

探索实行耕地轮作休耕制度试点方案

在部分地区探索实行耕地轮作休耕制度试点，是党中央、国务院着眼于我国农业发展突出矛盾和国内外粮食市场供求变化做出的重大决策部署，既有利于耕地休养生息和农业可持续发展，又有利于平衡粮食供求矛盾、稳定农民收入、减轻财政压力。为有序推进试点，制定本方案。

一、总体要求

（一）指导思想。全面贯彻党的十八大和十八届三中、四中、五中全会精神，深入贯彻习近平总书记系列重要讲话精神，按照"五位一体"总体布局和"四个全面"战略布局，牢固树立并贯彻落实创新、协调、绿色、开放、共享的新发展理念，认真落实党中央、国务院决策部署，实施藏粮于地、藏粮于技战略，坚持生态优先、综合治理，轮作为主、休耕为辅，以保障国家粮食安全和不影响农民收入为前提，突出重点区域、加大政策扶持、强化科技支撑，加快构建耕地轮作休耕制度，促进生态环境改善和资源永续利用。

（二）基本原则

巩固提升产能，保障粮食安全。坚守耕地保护红线，提升耕地质量，确保谷物基本自给、口粮绝对安全。对休耕地采取保护性措施，禁止弃耕、严禁废耕，不能减少或破坏耕地、不能改变耕地性质、不能削弱农业综合生产能力，确保急用之时能够复耕，粮食能产得出、供得上。

加强政策引导，稳定农民收益。鼓励农民以市场为导向，调整优化种植结构，拓宽就业增收渠道。强化政策扶持，建立利益补偿机制，对承担轮作休耕任务农户的原有种植作物收益和土地管护投入给予必要补助，确保试点不影响农民收入。

突出问题导向，分区分类施策。以资源约束紧、生态保护压力大的地区为重点，防治结合、以防为主，因地制宜、突出重点，与地下水漏斗区、重金属污染区综合治理和生态退耕等相关规划衔接，统筹协调推进。

尊重农民意愿，稳妥有序实施。我国生态类型多样、地区差异大，耕地轮作休耕情况复杂，要充分尊重农民意愿，发挥其主观能动性，不搞强迫命令、不搞"一刀切"。鼓励以乡、村为单元，集中连片推进，确保有成效、可持续。

（三）主要目标。力争用3～5年时间，初步建立耕地轮作休耕组织方式和政策体系，集成推广种地养地和综合治理相结合的生产技术模式，探索形成轮作休耕与调节粮食等主要农产品供求余缺的互动关系。

在东北冷凉区、北方农牧交错区等地推广轮作500万亩（其中，内蒙古自治区100万亩、辽宁省50万亩、吉林省100万亩、黑龙江省250万亩）；在河北省黑龙港地下水漏斗区季节性休耕100万亩，在湖南省长株潭重金属污染区连年休耕10万亩，在西南石漠化区连年休耕4万亩（其中，贵州省2万亩、云南省2万亩），在西北生态严重退化地区（甘肃省）连年休耕2万亩。根据农业结构调整、国家财力和粮食供求状况，适时研究扩大试点规模。

二、试点区域和技术路径

（一）轮作

试点区域：重点在东北冷凉区、北方农牧交错区等地开展轮作试点。

技术路径：推广"一主四辅"种植模式。"一主"：实行玉米与大豆轮作，发挥大豆根瘤固氮养地作用，提高土壤肥力，增加优质食用大豆供给。"四辅"：实行玉米与马铃薯等薯类轮作，改变重迎茬，减轻土传病虫害，改善土壤物理和养分结构；实行籽粒玉米与青贮玉米、苜蓿、草木樨、黑麦草、饲用油菜等饲草作物轮作，以养带种、以种促养，满足草食畜牧业发展需要；实行玉米与谷子、高粱、燕麦、红小豆等耐旱耐瘠薄的杂粮杂豆轮作，减少灌溉用水，满足多元化消费需求；实行玉米与花生、向日葵、油用牡丹等油料作物轮作，增加食用植物油供给。

（二）休耕。重点在地下水漏斗区、重金属污染区和生态严重退化地区开展休耕试点。

1.地下水漏斗区

试点区域：主要在严重干旱缺水的河北省黑龙港地下水漏斗区（沧州、衡水、邢台等地）。

技术路径：连续多年实施季节性休耕，实行"一季休耕、一季雨养"，将需抽水灌溉的冬小麦休耕，只种植雨热同季的春玉米、马铃薯和耐旱耐瘠薄的杂粮杂豆，减少地下水用量。

2.重金属污染区

试点区域：主要在湖南省长株潭重金属超标的重度污染区。在调查评价的基础上，对可以确定污染责任主体的，由污染者履行修复治理义务，提供修复资金和休耕补助。对无法确定污染责任主体的，由地方政府组织开展污染治理修复，并纳入休耕试点范围。

技术路径：在建立防护隔离带、阻控污染源的同时，采取施用石灰、翻耕、种植绿肥等农艺措施，以及生物移除、土壤重金属钝化等措施，修复治理污染耕地。连续多年实施休耕，休耕期间，优先种植生物量高、吸收积累作用强的植物，不改变耕地性质。经检验达标前，严禁种植食用农产品。

3.生态严重退化地区

试点区域：主要在西南石漠化区（贵州省、云南省）、西北生态严重退化地区（甘肃省）。

技术路径：调整种植结构，改种防风固沙、涵养水分、保护耕作层的植物，同时减少农事活动，促进生态环境改善。在西南石漠化区，选择25度以下坡耕地和瘠薄地的两季作物区，连续休耕三年。在西北生态严重退化地区，选择干旱缺水、土壤沙化、盐渍化严重的一季作物区，连续休耕三年。

三、补助标准和方式

（一）轮作补助标准。与不同作物的收益平衡点相衔接，互动调整，保证农民种植收益不降低。结合实施东北冷凉区、北方农牧交错区等地玉米结构调整，按照每年每亩150元的标准安排补助资金，支持开展轮作试点。

（二）休耕补助标准。与原有的种植收益相当，不影响农民收入。河北省黑龙港地下水漏斗区季节性休耕试点每年每亩补助500元，湖南省长株潭重金属污染区全年休耕试点每年每亩补助1 300元（含治理费用），所需资金从现有项目中统筹解决。贵州省和云南省两季作物区全年休耕试点每年每亩补助1 000元，甘肃省一季作物区全年休耕试点每年每亩补助800元。

（三）补助方式。中央财政将补助资金分配到省，由省里按照试点任务统筹安排，因地制宜采取直接发放现金或折粮实物补助的方式，落实到县乡，兑现到农户。允许试点地区在平均补助水平不变的前提下，根据试点目标和实际工作需要，建立对农户实施轮作休耕效果的评价标准和体系，以评价结果为重要依据实行保基本、重实效的补助发放制度。

四、保障措施

（一）加强组织领导。由农业部牵头，会同中央农办、发展改革委、财政部、国土资源部、环境保护部、水利部、食品药品监管总局、林业局、粮食局等部门和单位，建立耕地轮作休耕制度试点协调机制，加强协同配合，形成工作合力。试点省份要建立相应工作机制，落实责任，制订实施方案。试点县要成立由政府主要负责同志牵头的领导小组，明确实施单位，细化具体措施。

（二）落实试点任务。试点省份农业部门要会同有关部门利用第二次全国土地调查等成果，确定轮作休耕制度试点地块，报农业部备案，休耕地按要求落实到土地利用现状图上，不得与退耕还林还草地块重合。试点实施单位要根据本方案，与参加试点的农户签订轮作休耕协议，充分尊重和保护农户享有的土地承包经营权益，明确相关权利、责任和义务，保障试点工作依法依规、规范有序开展。

（三）强化指导服务。各有关部门要根据职责分工，对地下水漏斗区、重金属污染区和生态严重退化地区的治理修复进行指导，加强试点地区农田水利设施建设，提高耕地质量。农业部门要会同国土资源部门加强耕地质量调查监测能力建设，定期监测评价轮作休耕耕地质量情况，开展技术指导和服务，把轮作休耕各项措施落到实处。支持试点地区农民转移就业，拓展农业多种功能，推动农村一、二、三产业融合发展。

（四）加强督促检查。试点县要建立县统筹、乡监管、村落实的轮作休耕监督机制，建立档案、精准试点。试点任务要及时张榜公示，接受社会监督。农业部会同有关部门对耕地轮作休耕制度试点开展督促检查，重点检查任务和资金落实情况。利用遥感技术对试点情况进行监测，重点加强土地利用情况动态监测。对未落实轮作休耕任务的农户，要及时收回补助；对挤占、截留、挪用资金的，要依法依规进行处理。

（五）做好宣传引导。充分利用广播、电视、网络等媒体，宣传轮作休耕的重要意义和有关要求，引导社会各界关注支持试点工作。通过现场观摩、经验交流、典型示范等方式，宣传轮作休耕的积极成效，营造良好舆论氛围。

（六）总结试点经验。试点省份要对试点工作进展情况进行总结，于每年年底形成年度报告，由省级人民政府向国务院报告，并抄送农业部。农业部会同有关部门建立第三方评估机制，委托中介机构对试点情况进行评估；认真总结做法和经验，每年向国务院报告工作进展情况，并适时提出构建耕地轮作休耕制度的政策建议。

农产品产地安全管理办法

中华人民共和国农业部令　第 71 号

《农产品产地安全管理办法》业经 2006 年 9 月 30 日农业部第 25 次常务会议审议通过，现予公布，自 2006 年 11 月 1 日起施行。

部　长　杜青林

二○○六年十月十七日

第一章　总　则

第一条　为加强农产品产地管理，改善产地条件，保障产地安全，依据《中华人民共和国农产品质量安全法》，制定本办法。

第二条　本办法所称农产品产地，是指植物、动物、微生物及其产品生产的相关区域。

本办法所称农产品产地安全，是指农产品产地的土壤、水体和大气环境质量等符合生产质量安全农产品要求。

第三条　农业部负责全国农产品产地安全的监督管理。

县级以上地方人民政府农业行政主管部门负责本行政区域内农产品产地的划分和监督管理。

第二章　产地监测与评价

第四条　县级以上人民政府农业行政主管部门应当建立健全农产品产地安全监测管理制度，加强农产品产地安全调查、监测和评价工作，编制农产品产地安全状况及发展趋势年度报告，并报上级农业行政主管部门备案。

第五条　省级以上人民政府农业行政主管部门应当在下列地区分别设置国家和省级监测点，监控农产品产地安全变化动态，指导农产品产地安全管理和保护工作。

（一）工矿企业周边的农产品生产区；

（二）污水灌溉区；

（三）大中城市郊区农产品生产区；

（四）重要农产品生产区；

（五）其他需要监测的区域。

第六条　农产品产地安全调查、监测和评价应当执行国家有关标准等技术规范。

监测点的设置、变更、撤销应当通过专家论证。

第七条　县级以上人民政府农业行政主管部门应当加强农产品产地安全信息统计工作，健全农产品产地安全监测档案。

监测档案应当准确记载产地安全变化状况，并长期保存。

第三章　禁止生产区划定与调整

第八条　农产品产地有毒有害物质不符合产地安全标准，并导致农产品中有毒有害物质不符合农产品质量安全标准的，应当划定为农产品禁止生产区。

禁止生产食用农产品的区域可以生产非食用农产品。

第九条　符合本办法第八条规定情形的，由县级以上地方人民政府农业行政主管部门提出划定禁止生产区的建议，报省级农业行政主管部门。省级农业行政主管部门应当组织专家论证，并附具下列材料报本级人民政府批准后公布。

（一）产地安全监测结果和农产品检测结果；

（二）产地安全监测评价报告，包括产地污染原因分析、产地与农产品污染的相关性分析、评价方法与结论等；

（三）专家论证报告；

（四）农业生产结构调整及相关处理措施的建议。

第十条　禁止生产区划定后，不得改变耕地、基本农田的性质，不得降低农用地征地补偿标准。

第十一条　县级人民政府农业行政主管部门应当在禁止生产区设置标示牌，载明禁止生产区地点、四至范围、面积、禁止生产的农产品种类、主要污染物种类、批准单位、立牌日期等。

任何单位和个人不得擅自移动和损毁标示牌。

第十二条　禁止生产区安全状况改善并符合相关标准的，县级以上地方人民政府农业行政主管部门应当及时提出调整建议。

禁止生产区的调整依照本办法第九条的规定执行。禁止生产区调整的，应当变更标示牌内容或者撤除标示牌。

第十三条　县级以上地方人民政府农业行政主管部门应当及时将本行政区域内农产品禁止生产区划定与调整结果逐级上报农业部备案。

第四章　产地保护

第十四条　县级以上人民政府农业行政主管部门应当推广清洁生产技术和方法，发展生态农业。

第十五条　县级以上地方人民政府农业行政主管部门应当制定农产品产地污染防治与保护规划，并纳入本地农业和农村经济发展规划。

第十六条　县级以上人民政府农业行政主管部门应当采取生物、化学、工程等措施，对农产品禁止生产区和有毒有害物质不符合产地安全标准的其他农产品生产区域进行修复和治理。

第十七条　县级以上人民政府农业行政主管部门应当采取措施，加强产地污染修复和治理的科学研究、技术推广、宣传培训工作。

第十八条 农业建设项目的环境影响评价文件应当经县级以上人民政府农业行政主管部门依法审核后，报有关部门审批。

已经建成的企业或者项目污染农产品产地的，当地人民政府农业行政主管部门应当报请本级人民政府采取措施，减少或消除污染危害。

第十九条 任何单位和个人不得在禁止生产区生产、捕捞、采集禁止的食用农产品和建立农产品生产基地。

第二十条 禁止任何单位和个人向农产品产地排放或者倾倒废气、废水、固体废物或者其他有毒有害物质。

禁止在农产品产地堆放、储存、处置工业固体废物。在农产品产地周围堆放、贮存、处置工业固体废物的，应当采取有效措施，防止对农产品产地安全造成危害。

第二十一条 任何单位和个人提供或者使用农业用水和用作肥料的城镇垃圾、污泥等固体废物，应当经过无害化处理并符合国家有关标准。

第二十二条 农产品生产者应当合理使用肥料、农药、兽药、饲料和饲料添加剂、农用薄膜等农业投入品。禁止使用国家明令禁止、淘汰的或者未经许可的农业投入品。

农产品生产者应当及时清除、回收农用薄膜、农业投入品包装物等，防止污染农产品产地环境。

第五章　监督检查

第二十三条 县级以上人民政府农业行政主管部门负责农产品产地安全的监督检查。

农业行政执法人员履行监督检查职责时，应当向被检查单位或者个人出示行政执法证件。有关单位或者个人应当如实提供有关情况和资料，不得拒绝检查或者提供虚假情况。

第二十四条 县级以上人民政府农业行政主管部门发现农产品产地受到污染威胁时，应当责令致害单位或者个人采取措施，减少或者消除污染威胁。有关单位或者个人拒不采取措施的，应当报请本级人民政府处理。

农产品产地发生污染事故时，县级以上人民政府农业行政主管部门应当依法调查处理。

发生农业环境污染突发事件时，应当依照农业环境污染突发事件应急预案的规定处理。

第二十五条 产地安全监测和监督检查经费应当纳入本级人民政府农业行政主管部门年度预算。开展产地安全监测和监督检查不得向被检查单位或者个人收取任何费用。

第二十六条 违反《中华人民共和国农产品质量安全法》和本办法规定的划定标准和程序划定的禁止生产区无效。

违反本办法规定，擅自移动、损毁禁止生产区标牌的，由县级以上地方人民政府农业行政主管部门责令限期改正，可处以一千元以下罚款。

其他违反本办法规定的，依照有关法律法规处罚。

第六章　附　则

第二十七条 本办法自 2006 年 11 月 1 日起施行。

农业部办公厅关于进一步加强农产品产地
环境安全管理的通知

（农办科〔2009〕4号）

各省、自治区、直辖市及计划单列市农业（农林、农牧）厅（委、局、办），新疆生产建设兵团农业局：

为贯彻落实《农产品质量安全法》和《农产品产地安全管理办法》，切实加强农产品产地环境管理，防治农产品产地污染，保护和改善产地环境质量，保障农产品质量安全，现就有关事宜通知如下：

一、严格监管，控制城市和工业"三废"污染源

近年来，工业和城市"三废"对农业的污染正在由局部向整体蔓延，对农产品产地环境安全造成严重威胁。各级农业部门要积极配合当地环境保护部门，加强对本辖区内农产品产地周边污染源的监管，严禁向农产品产地排放或倾倒废气、废水、固体废物，严禁直接把城镇垃圾、污泥直接用作肥料，严禁在农产品产地堆放、储存、处理固体废物。在农产品产地周边堆放、储存、处理固体废物的，必须采取切实有效措施，防止造成农产品产地污染。各地要加大对污染企业的整治力度，依法"取缔关停一批、淘汰退出一批、限期治理一批"，严格控制新上污染企业，加强对重金属污染源的监管。

二、健全制度，强化农产品产地环境监测

各级农业行政主管部门要积极采取措施，加大资金投入，建立健全农产品产地环境监测网络，提升监测预警能力和水平。要尽快启动农产品产地环境安全普查（见附件1），优先开展工矿企业区、污灌区、大中城市郊区等重点区域的农产品产地环境安全现状普查，对农产品产地的大气、灌溉水、土壤进行监测，摸清产地安全质量底数。要建立农产品产地例行监测报告制度（见附件2），设立定位监测点，开展农产品产地安全监测预警，定期向同级人民政府报告监测结果（见附件3）。

三、分类指导，开展农产品产地污染修复治理

各级农业行政主管部门要加强技术研究，着力研究产地土壤重金属污染快速检测、修复、治理等关键技术，开展综合防治技术试点示范。要建立农产品产地土壤分级管理利用制度，对未污染的土壤，要采取措施进行保护，防止造成污染；对轻度污染的土壤，要采取物理、化学、生物措施进行修复；对重污染的土壤，要按照《农产品产地安全管理办法》，调整种植结构，开展农产品禁止生产区划分，避免造成农产品污染，危害广大人民群众的身体健康。

四、强化执法，加大产地环境污染事故处理力度

各级农业行政主管部门要切实履行好《农业环境污染突发事件应急预案》规定的职责，建立健全突发事件处理的组织管理体系，构建高效的运行机制，加大农业环境污染突发事件的应急处理力度，做到早发现、早处理、早解决，将污染损失降低到最低程度。要强化农业环境污染应急监测，加大执法力度，做好农业环境污染事故处理工作，及时控制污染源，防治污染扩散，切实保障农民的合法权益。

附件：1. 全国农产品产地安全状况普查方案
　　　　2. 农产品产地安全监测办法
　　　　3. 农产品产地安全状况及发展趋势年度报告编写大纲

附件1

全国农产品产地安全状况普查方案

农产品产地安全是农产品质量安全的根本保证。开展农产品产地安全状况普查，摸清农产品产地安全质量状况是贯彻落实《农产品质量安全法》和《农产品产地安全管理办法》的前提条件，是推动依法行政、开展产地划分和加强产地安全保护的当务之急。

一、普查工作目标

全面掌握我国农产品产地土壤、灌溉水和农区大气的安全状况，以及可疑污染区域的农产品污染现状，编制全国农产品产地安全状况普查报告，为开展产地划分提供依据。建立全国农产品产地安全监测档案和数据库，促进产地安全信息共享机制的建立，为产地安全管理奠定基础。通过普查工作的宣传与实施，动员社会各界力量广泛参与产地安全普查，提高全民的农产品产地安全保护意识。

二、普查时间、对象、范围和内容

（一）普查时间

2009 年完成工矿企业周边的农产品生产区、污水灌溉区、大中城市郊区农产品生产区、重要农产品生产区的安全普查，2010 年完成全国农产品产地安全状况普查。

（二）普查对象与范围

产地安全普查对象为我国农产品产地土壤、水体、大气以及农产品。

普查范围是全国 18 亿亩农产品产地，重点普查区域为工矿企业周边的农产品生产区、污水灌溉区、大中城市郊区农产品生产区和重要农产品生产区。

（三）普查内容

1. 产地土壤安全情况，包括土壤理化性状、土壤污染情况等。

2. 产地水体安全情况，包括产地周边工业污水和生活污水排放情况、灌溉水使用情况、灌溉水污染情况等。

3. 产地大气安全情况，包括产地周边工业废气排放情况、产地大气污染情况等。

4.可疑污染区农产品安全情况，包括农产品消费群体基本情况、农产品生产情况、农产品污染情况等。

（四）普查污染物种类

按照全面普查、突出重点的原则，本次产地安全普查的污染物种类为对产地安全影响较大、污染持续时间长、对污染防治具有普遍意义的污染物。具体是：

1. 产地土壤：铜、锌、铅、镉、镍、砷、铬、汞、pH 值、阳离子代换量、有机质含量。

2. 产地水体：铜、锌、铅、镉、镍、砷、铬、汞以及 pH 值、全盐量、化学需氧量（COD）。

3. 产地大气：大气飘尘及其他影响农产品质量的污染物中的铜、锌、铅、镉、镍、砷、铬、汞。

4. 产地农产品：铜、锌、铅、镉、镍、砷、铬、汞。

三、普查技术路线和步骤

（一）普查技术路线

采用技术培训、资料收集、布点采样、实验室分析、建立数据库、进行产地安全性评价、编制普查报告的方式完成全国农产品产地安全状况普查工作。具体技术路线如下：

1. 技术培训

先期对参加产地安全普查的单位发放统一教材和参考资料，进行普查技术培训。培训内容主要包括普查方案培训和普查技术培训。

普查方案培训的主要内容：产地安全普查方案的内容，普查范围和主要污染物，普查技术路线，普查方法，各类普查表格和指标的解释、填报方法，普查数据录入软件的使用，数据库的管理和普查工作中应注意的问题等。

普查技术培训：点位布设、样品采集、样品保管与运输、样品检测、数据超标审核、结果评价等各个技术环节。

2. 资料收集

开展农产品产地的自然环境、社会环境、产地基本情况、产地污染情况、周边污染源情况调查以及资料收集等。目的是摸清产地生产及污染现状，为产地监测提供基础依据。

3. 布点采样

（1）产地土壤

根据调查结果确定监测单元以及各监测单元中监测点位的布设。监测区域按照《农田土壤环境质量监测技术规范》（NY/T 395—2000）的要求布设土壤采样点位。工矿企业周边的农产品生产区、污水灌溉区和大中城市郊区农产品生产区平均每 2 000 亩左右布设一个采样点；重要农产品生产区和其他需要监测的区域平均每 4 000 亩布设一个采样点。对污染较严重的可疑污染区需要进行加密布点，平均每 300 亩布设一个采样点。全国共布设约 113 万个土壤点位，获得土壤样品 55 万个。

（2）产地水体

监测点位的布设从水污染对农业生产的危害出发，突出重点，对全国渠灌产地进行布点监测。按照污染分布和灌溉水系流向布点，重污染多布，轻污染少布。点位按照《农用水源环境质量监测技术规范》（NY/T 396—2000）的要求设置，平均每 5 000 亩渠灌产地的灌溉水源布设一个点位。全国约布设 14 万个点位，每个样点采样频率为六次，其中丰水期、枯水期、平水期各两次，获得样品 84 万个。

（3）产地大气

产地大气环境监测点位的布设需要考虑区域内的污染源可能对农区环境空气造成的影响，结合自然地理、气象等自然环境要素，合理布设监测点位。监测区域按照《农区环境空气质量监测技术规范》（NY/T 39T—2000）的要求布设农区大气采样点位。平均每个省布设 500～1 000 个样点，全国共布设 3 万个点位，每个样点一年采样三次，获得大气样品 9 万个。

（4）产地农产品

在全国农产品产地中的可疑污染区内，采用土壤—农产品同步采集方式进行采样布点，按照《农、畜、水产品污染监测技术规范》（NY/T 398—2000）进行采样，一年内种植多种农产品的产地需要对每种农产品采样，因此预计农产品样品数量将比同步采集土样多 20%，预计有 80 万个农产品样品。

4. 实验室分析

选择通过省级计量认证的检测机构在通过农业部环境监测总站的现场盲样考核合格后承担样品分析工作。检测任务严格参照相关国家标准或农业行业标准执行，没有标准方法的检测项目选择国内权威书籍中的方法执行。以添加质控样、中期审核、抽样复审等方式进行分析检测质量控制，同时还要执行超标数据审核制度，确保样品检测质量。

5. 建立数据库

建立农产品产地安全状况和重点污染区的登记档案，按照标准化格式建立农产品产地安全状况 GIS 数据库、元数据库及数据字典。

6. 产地安全性评价

依据产地安全普查结果进行产地安全评价，评价方法参见《耕地土壤重金属污染评价技术规程》。以全国土壤背景值为参比，对全国农产品产地开展污染累积性评价，查清全国农产品产地安全现状；对污染严重区域分析产地环境和农产品质量的相关性，对全国农产品产地开展农产品种植适宜性评价，为产地安全质量区划提供依据。

7. 编制产地安全普查报告

以产地安全普查评价结果为依据，绘制全国农产品产地安全系列图件，编制全国农产品产地安全状况普查报告。

（二）普查步骤

本次农产品产地安全状况普查分三阶段进行。

1. 普查准备阶段（2009.1—2009.3）：落实经费，开始宣传，进行组织动员；制订普查方案和各类技术规范，编制普查表，开发相应的软件和数据库；开展普查培训。

2. 四大区域普查阶段（2009.4—2009.12）：完成工矿企业周边的农产品生产区、污水灌溉区、大中城市郊区农产品生产区、重要农产品生产区的安全普查。

3. 全国产地普查阶段（2010.1—2010.6）：完成全国其他农产品产地安全状况普查工作。

4. 总结验收阶段（2010.7—2010.12）：建立全国农产品产地安全数据库，上报和发布普查数据，开发利用普查成果，编制全国农产品产地安全状况普查报告，总结验收普查工作。

四、普查组织及实施

（一）技术培训

农业部环境监测总站负责省、市（地）级普查负责人和技术人员的技术培训。省、市（地）农业环保站分级负责其余普查人员的培训。力争做到所有普查工作人员都经过培训。确保全国农产品产地安全状况普查工作的顺利开展。

（二）质量保证

农业部科技教育司制定专门的普查数据质量控制文件，确定普查工作评价的标准，指导全国普查质量控制工作，进行普查质量的监督检查。

农业部环境监测总站负责普查质量控制技术方案的制定，负责普查数据的盲样考核、加标质控、中期考核、抽样复审及超标数据审核工作。

地方各级农业行政主管部门应当根据农业部的统一规定，建立普查数据质量控制责任制，设立专门的质量控制岗位，并对普查实施中的每个环节实行质量控制和检查验收。

（三）宣传动员

各级农业行政主管部门要深入开展农产品产地安全状况普查的宣传工作，广泛动员和组织社会各界力量积极参与并认真做好农产品产地安全状况普查工作。为农产品产地安全状况普查顺利实施创造良好的舆论氛围。要加强领导，明确责任，精心策划，落实经费，采取生动活泼的形式，确保宣传效果，把宣传动员工作贯彻农产品产地安全状况普查工作的始终。

五、普查资料的填报和管理

所有农产品产地安全状况普查工作承担单位都必须科学严谨地完成产地调查、布点采样、样品检测，如实填报普查数据，确保基础数据真实可靠，禁止虚报、瞒报、拒报、迟报，或伪造、篡改普查资料现象。

此次普查得到的数据资料严格限定用于农产品产地安全状况普查目的，任何单位和个人不得擅自使用、修改、复制、公开传播、散布或公开发表普查数据。

附件2

农产品产地安全监测办法

（试 行）

第一条　为加强农产品产地安全监测管理，根据《农产品质量安全法》《农产品产地安全管理办法》等有关法律法规和规定，制定本办法。

第二条　本办法所称农产品产地安全监测管理是指对农业生产区域的土壤、水体、大气和农产品安全质量实施监测的组织、规划、指导、协调和督查。

第三条　农产品产地安全监测管理由县级以上农业行政主管部门负责，其主要职责如下：

（一）制订并组织实施农产品产地安全监测工作规划和年度工作计划；

（二）建立健全农产品产地安全监测网络，组织开展产地安全监测和划分工作；

（三）审核和检查农产品产地安全监测工作质量；

（四）组织编制农产品产地安全状况报告。

第四条　县级以上农业行政主管部门所属或委托的农业环境监测管理机构承担农产品产地安全监测具体工作：

（一）开展农产品产地安全状况调查、监测和评价，提出确定本辖区农产品产地禁止生产区的建议；

（二）承担农产品产地安全监测网建设和运行，设置农产品产地安全监控点，开展定点跟踪监测；

（三）建立农产品产地安全数据库，编制完成农产品产地安全状况报告；

（四）负责农产品产地安全监测人员的技术培训；

（五）承担农业行政主管部门下达的其他监测任务。

第五条　农业部负责国家级农产品产地安全监测网络建设。县级以上地方农业行政主管部门负责本辖区农产品产地安全监测网络建设。

第六条　农产品产地安全监测网建设投资、运行经费等农产品产地安全监测管理工作所需经费，应当全额纳入同级农业行政主管部门财政年度经费预算。

第七条　农产品产地安全监控点的设置、变更、运行应当通过专家论证，并报上一级农业行政主管部门备案。

第八条　农产品产地安全监测包括产地划分与调整监测、例行监测、预警监测、应急监测及其他有关监测。

产地划分与调整监测是对农产品产地安全状况划分或调整为禁止生产区的监测。

例行监测是指对农产品产地安全监控点的长期定位监测。监控点土壤每年监测一次，水样每年监测三次，大气每年监测四次。

预警监测是指对农产品产地安全状况变化趋势开展预测预报所组织的监测。

突发污染事件应急监测是指对由于违反环境保护法规的行为，以及意外因素的影响或不可抗拒的自然灾害等原因造成农产品产地污染的突发性事件的监测。

第九条　农产品产地安全监测布点、采样、现场测试、样品制备、分析测试、数据评价和综合报告、数据传输等应实施全过程质量管理。

（一）监测点位的设置应根据监测对象、污染物性质和具体条件，按国家标准、行业标准及国家有关部门颁布的相关技术规范和规定进行，保证监测信息的代表性和完整性。

（二）样品在采集、运输、保存、交接、制备和分析测试过程中，应严格遵守操作规程，确保样品质量。

（三）样品的分析测试应优先采用国家标准和行业标准方法；需要采用国际标准或其他国家的标准时，应进行等效性或适用性检验，检验结果应在本农业环境监测管理机构存档保存。

（四）监测数据和信息的评价及综合报告应依照监测对象的不同采用相应的国家或地方标准或评价方法进行评价和分析。

（五）数据传输应保证所有信息的一致性和复现性。

第十条　农业部制定统一的农产品产地安全监测技术规范。

省级农业行政主管部门所属或委托的农业环境监测管理机构对国家农产品产地安全监测技术规范未作规定的项目，可以制定地方农产品产地安全监测技术规范，并报省级农业行政主管部门备案。

第十一条　县级以上农业行政主管部门编制农产品产地安全状况及发展趋势年度报告并报上级农业行政主管部门备案。

农产品产地安全状况信息未经依法发布，任何单位和个人不得对外公布或者透露。

属于保密范围的农产品产地安全监测数据、资料、成果，应当按照国家有关保密的规定进行管理。

第十二条　农业行政主管部门所属的或委托的农业环境监测管理机构从事农产品产地安全监测的专业技术人员应当进行专业技术培训，并经考核合格。

第十三条　县级以上农业行政主管部门对本行政区域内的农产品产地安全监测质量进行审核和检查。

各级农业环境监测机构应对农产品产地安全监测全过程进行质量管理，并对监测信息的准确性和真实性负责。

第十四条　县级以上农业行政主管部门所属或委托的农业环境监测管理机构取得的农产品产地安全监测数据，应作为农业环境信息统计、农产品产地安全执法、目标责任考核等农产品质量管理的依据。

第十五条　县级以上农业环境监测管理机构应当建立农产品产地安全监测数据库，对农产品产地安全监测数据实行信息化管理，加强农产品产地安全监测数据收集、整理、分析、储存，健全农产品产地安全监测档案。

监测档案应当准确记载农产品产地安全变化状况，长期保存，并定期将监测数据逐级报上一级农业环境监测管理机构。

各级农业环境监测管理机构应当逐步建立农产品产地安全监测数据信息共享制度。

第十六条　负责农产品产地安全监测和管理的机构及其工作人员应当遵守国家相关规定，不得伪造、篡改农产品产地安全监测数据和擅自对外公布农产品产地安全状况信息。

第十七条　省、自治区、直辖市农业行政主管部门可根据本办法制订具体细则。

第十八条　本办法自印发之日起施行。

附件3

农产品产地安全状况及发展趋势年度报告编写大纲

一、农产品产地监测概况

包括当年农产品产地面积、农产品产量、长期定位监测点位（土壤、农灌水、空气）设置数、点位代表面积、定位监测点位监测数、监测点位代表面积、监测点位代表产量等情况。

二、农产品产地安全质量状况

包括当年超标监测点位个数、超标监测点位代表面积、超标监测点位代表产量、超标污染物、最大超标倍数、复合污染物超标点位个数、复合超标点位代表面积、复合污染超标点位代表产量等。

三、农产品产地安全趋势

（一）产地安全质量状况趋势

包括当年超标监测点位、超标面积、超标产量、产地污染元素、污染元素超标情况、监测农产品超标产量等与上一年度的对比分析。

1.农产品产地适宜区安全质量状况趋势；

2.农产品产地警戒区安全质量状况趋势；

3.农产品禁止生产区安全质量状况趋势。

（二）产地污染原因分析

通过对当年灌溉水定位监测点、空气定位监测点的监测情况、周边污染源变化情况等解析影响产地安全质量趋势变化的原因。

四、政策建议

针对产地安全质量变化趋势，提出污染源治理、产业结构调整等相关政策建议。

农产品质量安全监测管理办法

中华人民共和国农业部令　2012年第7号

《农产品质量安全监测管理办法》业经2012年6月13日农业部第7次常务会议审议通过，现予公布，自2012年10月1日起施行。

部　长　韩长赋

二〇一二年八月十四日

第一章　总　则

第一条　为加强农产品质量安全管理，规范农产品质量安全监测工作，根据《中华人民共和国农产品质量安全法》《中华人民共和国食品安全法》和《中华人民共和国食品安全法实施条例》，制定本办法。

第二条　县级以上人民政府农业行政主管部门开展农产品质量安全监测工作，应当遵守本办法。

第三条　农产品质量安全监测，包括农产品质量安全风险监测和农产品质量安全监督抽查。

农产品质量安全风险监测，是指为了掌握农产品质量安全状况和开展农产品质量安全风险评估，系统和持续地对影响农产品质量安全的有害因素进行检验、分析和评价的活动，包括农产品质量安全例行监测、普查和专项监测等内容。

农产品质量安全监督抽查，是指为了监督农产品质量安全，依法对生产中或市场上销售的农产品进行抽样检测的活动。

第四条　农业部根据农产品质量安全风险评估、农产品质量安全监督管理等工作需要，制订全国农产品质量安全监测计划并组织实施。

县级以上地方人民政府农业行政主管部门应当根据全国农产品质量安全监测计划和本行政区域的实际情况，制订本级农产品质量安全监测计划并组织实施。

第五条　农产品质量安全检测工作，由符合《中华人民共和国农产品质量安全法》第三十五条规定条件的检测机构承担。

县级以上人民政府农业行政主管部门应当加强农产品质量安全检测机构建设，提升其检测能力。

第六条　农业部统一管理全国农产品质量安全监测数据和信息，并指定机构建立国家农产品质量安全监测数据库和信息管理平台，承担全国农产品质量安全监测数据和信息的采集、整理、综合分析、结果上报等工作。

县级以上地方人民政府农业行政主管部门负责管理本行政区域内的农产品质量安全

监测数据和信息。鼓励县级以上地方人民政府农业行政主管部门建立本行政区域的农产品质量安全监测数据库。

第七条　县级以上人民政府农业行政主管部门应当将农产品质量安全监测工作经费列入本部门财政预算，保证监测工作的正常开展。

第二章　风险监测

第八条　农产品质量安全风险监测应当定期开展。根据农产品质量安全监管需要，可以随时开展专项风险监测。

第九条　省级以上人民政府农业行政主管部门应当根据农产品质量安全风险监测工作的需要，制定并实施农产品质量安全风险监测网络建设规划，建立健全农产品质量安全风险监测网络。

第十条　县级以上人民政府农业行政主管部门根据监测计划向承担农产品质量安全监测工作的机构下达工作任务。接受任务的机构应当根据农产品质量安全监测计划编制工作方案，并报下达监测任务的农业行政主管部门备案。

工作方案应当包括下列内容：

（一）监测任务分工，明确具体承担抽样、检测、结果汇总等的机构；

（二）各机构承担的具体监测内容，包括样品种类、来源、数量、检测项目等；

（三）样品的封装、传递及保存条件；

（四）任务下达部门指定的抽样方法、检测方法及判定依据；

（五）监测完成时间及结果报送日期。

第十一条　县级以上人民政府农业行政主管部门应当根据农产品质量安全风险隐患分布及变化情况，适时调整监测品种、监测区域、监测参数和监测频率。

第十二条　农产品质量安全风险监测抽样应当采取符合统计学要求的抽样方法，确保样品的代表性。

第十三条　农产品质量安全风险监测应当按照公布的标准方法检测。没有标准方法的可以采用非标准方法，但应当遵循先进技术手段与成熟技术相结合的原则，并经方法学研究确认和专家组认定。

第十四条　承担农产品质量安全监测任务的机构应当按要求向下达任务的农业行政主管部门报送监测数据和分析结果。

第十五条　省级以上人民政府农业行政主管部门应当建立风险监测形势会商制度，对风险监测结果进行会商分析，查找问题原因，研究监管措施。

第十六条　县级以上地方人民政府农业行政主管部门应当及时向上级农业行政主管部门报送监测数据和分析结果，并向同级食品安全委员会办公室、卫生行政、质量监督、工商行政管理、食品药品监督管理等有关部门通报。

农业部及时向国务院食品安全委员会办公室和卫生行政、质量监督、工商行政管理、食品药品监督管理等有关部门及各省、自治区、直辖市、计划单列市人民政府农业行政主管部门通报监测结果。

第十七条　县级以上人民政府农业行政主管部门应当按照法定权限和程序发布农产品质量安全监测结果及相关信息。

第十八条　风险监测工作的抽样程序、检测方法等符合本办法第三章规定的，监测结果可以作为执法依据。

第三章　监督抽查

第十九条　县级以上人民政府农业行政主管部门应当重点针对农产品质量安全风险监测结果和农产品质量安全监管中发现的突出问题，及时开展农产品质量安全监督抽查工作。

第二十条　监督抽查按照抽样机构和检测机构分离的原则实施。抽样工作由当地农业行政主管部门或其执法机构负责，检测工作由农产品质量安全检测机构负责。检测机构根据需要可以协助实施抽样和样品预处理等工作。

采用快速检测方法实施监督抽查的，不受前款规定的限制。

第二十一条　抽样人员在抽样前应当向被抽查人出示执法证件或工作证件。具有执法证件的抽样人员不得少于两名。

抽样人员应当准确、客观、完整地填写抽样单。抽样单应当加盖抽样单位印章，并由抽样人员和被抽查人签字或捺印；被抽查人为单位的，应当加盖被抽查人印章或者由其工作人员签字或捺印。

抽样单一式四份，分别留存抽样单位、被抽查人、检测单位和下达任务的农业行政主管部门。

抽取的样品应当经抽样人员和被抽查人签字或捺印确认后现场封样。

第二十二条　有下列情形之一的，被抽查人可以拒绝抽样：

（一）具有执法证件的抽样人员少于两名的；

（二）抽样人员未出示执法证件或工作证件的。

第二十三条　被抽查人无正当理由拒绝抽样的，抽样人员应当告知拒绝抽样的后果和处理措施。被抽查人仍拒绝抽样的，抽样人员应当现场填写监督抽查拒检确认文书，由抽样人员和见证人共同签字，并及时向当地农业行政主管部门报告情况，对被抽查农产品以不合格论处。

第二十四条　上级农业行政主管部门监督抽查的同一批次农产品，下级农业行政主管部门不得重复抽查。

第二十五条　检测机构接收样品，应当检查、记录样品的外观、状态、封条有无破损及其他可能对检测结果或者综合判定产生影响的情况，并确认样品与抽样单的记录是否相符，对检测和备份样品分别加贴相应标识后入库。必要时，在不影响样品检测结果的情况下，可以对检测样品分装或者重新包装编号。

第二十六条　检测机构应当按照任务下达部门指定的方法和判定依据进行检测与判定。

采用快速检测方法检测的，应当遵守相关操作规范。

检测过程中遇有样品失效或者其他情况致使检测无法进行时，检测机构应当如实记录，并出具书面证明。

第二十七条　检测机构不得将监督抽查检测任务委托其他检测机构承担。

第二十八条　检测机构应当将检测结果及时报送下达任务的农业行政主管部门。检测结果不合格的，应当在确认后二十四小时内将检测报告报送下达任务的农业行政主管部门和抽查地农业行政主管部门，抽查地农业行政主管部门应当及时书面通知被抽查人。

第二十九条 被抽查人对检测结果有异议的，可以自收到检测结果之日起五日内，向下达任务的农业行政主管部门或者其上级农业行政主管部门书面申请复检。

采用快速检测方法进行监督抽查检测，被抽查人对检测结果有异议的，可以自收到检测结果时起四小时内书面申请复检。

第三十条 复检由农业行政主管部门指定具有资质的检测机构承担。

复检不得采用快速检测方法。

复检结论与原检测结论一致的，复检费用由申请人承担；不一致的，复检费用由原检测机构承担。

第三十一条 县级以上地方人民政府农业行政主管部门对抽检不合格的农产品，应当及时依法查处，或依法移交工商行政管理等有关部门查处。

第四章 工作纪律

第三十二条 农产品质量安全监测不得向被抽查人收取费用，监测样品由抽样单位向被抽查人购买。

第三十三条 参与监测工作的人员应当秉公守法、廉洁公正，不得弄虚作假、以权谋私。

被抽查人或者与其有利害关系的人员不得参与抽样、检测工作。

第三十四条 抽样应当严格按照工作方案进行，不得擅自改变。

抽样人员不得事先通知被抽查人，不得接受被抽查人的馈赠，不得利用抽样之便牟取非法利益。

第三十五条 检测机构应当对检测结果的真实性负责，不得瞒报、谎报、迟报检测数据和分析结果。

检测机构不得利用检测结果参与有偿活动。

第三十六条 监测任务承担单位和参与监测工作的人员应当对监测工作方案和检测结果保密，未经任务下达部门同意，不得向任何单位和个人透露。

第三十七条 任何单位和个人对农产品质量安全监测工作中的违法行为，有权向农业行政主管部门举报，接到举报的部门应当及时调查处理。

第三十八条 对违反抽样和检测工作纪律的工作人员，由任务承担单位做出相应处理，并报上级主管部门备案。

违反监测数据保密规定的，由上级主管部门对任务承担单位的负责人通报批评，对直接责任人员依法予以处分、处罚。

第三十九条 检测机构无正当理由未按时间要求上报数据结果的，由上级主管部门通报批评并责令改正；情节严重的，取消其承担检测任务的资格。

检测机构伪造检测结果或者出具检测结果不实的，依照《中华人民共和国农产品质量安全法》第四十四条规定处罚。

第四十条 违反本办法规定，构成犯罪的，依法移送司法机关追究刑事责任。

第五章 附 则

第四十一条 本规定自 2012 年 10 月 1 日起施行。

农业部办公厅关于印发《稻田重金属镉污染防控技术指导意见》的通知

（农办科函〔2013〕102号）

有关省、自治区、直辖市农业（农村经济）厅（委、局）：

为进一步加强稻米镉残留超标产区的水稻安全生产技术指导工作，保障粮食生产和农产品质量安全，我部组织制定了《稻田重金属镉污染防控技术指导意见》，现予以印发，请结合实际认真贯彻执行。

农业部办公厅

2013年7月15日

稻田重金属镉污染防控技术指导意见

本技术指导意见适用于经检测稻米镉残留超标的水稻生产区域，对未开展监测评估的南方酸性土壤镉污染高风险区（大中城市郊区、污水灌区、工矿企业区周边等），要抓紧组织开展产地污染普查和稻米镉风险评估，确定超标区域后，按照本指导意见执行。

一、强化污染源控制

加强灌溉水源监测，避免使用镉超标的水源进行灌溉，有条件的区域鼓励采用积蓄雨水或抽取地下水等清洁水源开展替代灌溉。加强肥料检测，避免使用镉含量超标的有机肥、磷肥。在有条件的地区应尽量采取措施从田间移除水稻秸秆，避免田间焚烧或直接还田。

二、积极筛选推广低镉积累品种

从本地区的主栽品种中开展低镉积累品种筛选，将性状稳定的低镉积累品种列入当地主导品种目录，并予以公布，重点推广。避免使用高镉积累品种。

有种植粳稻历史或适宜种植粳稻的地区应尽可能选择种植粳稻品种。

推广使用低镉积累品种的区域应及时制定品种繁育计划和采取相应的栽培措施，做到良种良法配套。

三、大力推行水稻生产镉污染防治措施

耕作措施。用翻耕替代旋耕、深耕替代浅耕，注意不要破坏犁底层。

水分管理。水稻整个营养生长期保持淹水状态，水层在3～5厘米，适当缩短苗期的烤田时间；尽量推迟灌浆成熟期的稻田排水时间至稻谷收获前10～15天。

酸度调节。根据土壤酸化程度，制定施用石灰等改良计划，对 pH 值＜5.0 的镉污染区域，每亩当年施用 100 公斤左右；对 pH 值为 5.0～6.0 的镉污染区域，每亩当年施用 50～100 公斤。根据土壤 pH 值调整石灰用量，当土壤 pH 值超过 6.0 时，不宜再施用石灰。石灰应在稻田耕翻前一次性施入，通过耕翻和耙糖使其在耕层中均匀分布。鼓励机械施石灰，以提高石灰的施用安全性和施用效率。

施肥措施。在酸性和偏酸性土壤中，推广钙镁磷肥替代普钙的施肥措施，增施硅肥等碱性肥料。在缺锌土壤中，施用硫酸锌等锌肥。

钝化措施。合理使用土壤镉钝化剂，推广使用商品化、专用性土壤镉钝化剂的应开展田间试验，进行充分验证。

四、加强结构调整指导

对稻米镉超标区域应进一步检测评估稻田土壤镉污染状况，加强对种植结构调整的指导，对稻田土壤中轻度污染区原则上采取农艺措施进行治理，不调整种植结构；对稻田土壤重度污染区，可以因地制宜调整种植结构，应按照《农产品产地安全管理办法》的规定要求制定种植结构调整方案，建议调整次序为：首先，进行不同粮食作物之间的调整，如将稻田改成种植玉米等旱作粮食作物；其次，进行粮油作物之间的调整，如将水稻改种油菜、油料花生、甘蔗等食用部分镉含量低的农作物；第三，将水稻改种棉花、苎麻、蚕桑等非食用性经济作物或改种花卉、经济林木等。对个别稻田土壤污染特别严重的区域，应划定为禁止种植农产品区。

农业部办公厅关于印发《稻米镉超标产区种植结构调整指导意见》的通知

（农办农〔2013〕71 号）

有关省（自治区、直辖市）农业厅（委、局）：

为进一步做好稻米镉超标产区种植结构调整工作，保障粮食生产和农产品质量安全，我部研究制定了《稻米镉超标产区种植结构调整指导意见》。现印发你们，请结合实际制定具体实施办法，做好贯彻落实。

农业部办公厅

2013 年 12 月 19 日

稻米镉超标产区种植结构调整指导意见

为做好稻米镉超标产区种植结构调整工作，保障粮食生产和农产品质量安全、保持社会和谐稳定，维护农民群众利益、保障正常生产生活，现就有关工作提出以下指导意见。

一、原则要求

水稻是我国重要的口粮品种，稻米镉超标产区种植结构调整既关系国家粮食安全和广大消费者饮食安全，也关系广大农民切身利益和社会稳定。有关地区要高度重视，在确保稳定农业生产和农民收入水平的基础上，积极稳妥地推进耕地质量提升和种植结构调整工作，确保稻米镉超标问题得到妥善解决。

（一）普查先行，摸清底数。要通过逐步加密、分级、分区域组织开展稻米镉和产区土壤镉污染普查工作，普查工作要确保稻米及产区土壤中重金属一对一监测，摸清土壤镉污染和稻米镉超标分布区域、面积和程度。

（二）规划引导，因地制宜。在开展土壤与稻米重金属污染普查的基础上，科学划分重度、中度和轻度污染区，分省、分区域制定稻米镉超标产区种植结构调整规划，合理确定种植结构调整规模和进度，依据不同地区自然环境条件、耕作栽培制度、作物对镉的吸收累积特性等，提出耕地质量提升和结构调整具体方案。

（三）试点示范，稳步推进。综合考虑农业生产水平、区域耕地镉污染状况等因素，通过试点示范探索适合的技术模式和工作机制，在总结经验的基础上，按照调治结合的思路，稳步推进耕地质量提升和种植结构调整。

（四）地方负责，农民自愿。稻米镉超标产区种植结构调整的决策、选择和组织实施应由地方政府负责。要在保护农民利益、充分尊重农民意愿的前提下，采取政策引导、技术服务、资金扶持等方式加以推动。

二、科学制定种植结构调整方案

严格按照《农产品质量安全法》《农产品产地安全管理办法》的规定，综合考虑农产品品种特性和土壤污染状况，科学制定种植结构调整方案。

（一）划分稻田土壤镉污染区等级

根据《土壤环境质量标准》（GB 15618）和《食品中污染物限量》（GB 2762），科学划分稻田镉污染区。

重度污染区：土壤镉污染超过三级标准；稻米中镉含量超过限量值一倍以上。

中度污染区：土壤镉污染超过二级标准一倍以上，但未超过三级标准；稻米中镉存在超标，但超标比例在一倍以内。

轻度污染区：土壤镉污染超过二级标准一倍以内，稻米中镉含量不超标。

（二）确定种植结构调整方式

对稻田土壤轻度污染区，原则上不调整种植结构，采取耕作措施、水肥管理、酸度调节等农艺措施进行修复治理。

对稻田土壤中、重度污染区，在积极开展农艺措施修复治理的同时，可以因地制宜调整种植结构，调整次序为：首先，进行品种替代调整，如将高积累水稻品种调整为低积累水稻品种；其次，进行不同粮食作物之间的调整，如将水稻改成种植玉米等低吸附的旱作粮食作物；第三，进行粮油作物之间的调整，如将水稻改种油菜、油料花生、甘蔗等食用部分镉含量低的农作物；第四，将水稻改种棉花、苎麻、蚕桑、花卉等非食用性经济作物。

对少数稻田土壤镉污染特别严重的区域，应划定为禁止种植农产品区。

（三）分步开展种植结构调整

近期（2014年）启动试点工作，探索相关技术模式和工作机制；同时做好相关地区基础工作，适时启动试点工作。

中期（从2015年开始的五年内），根据稻米镉和产区土壤污染普查工作，在南方地区实施。

远期（从2015年开始的十年内），不断总结经验、推广成熟做法，在南方地区及北方部分地区实施。

三、保障措施

（一）强化政策引导。积极争取财政支持，强化重金属污染情况调查和种植结构调整等工作的经费保障。对调整结构后的农产品生产布局、农资供应和产品销售、配套产业发展等出台相关的扶持政策，采取发展订单生产、与农户签订收购协议等措施，确保农民调整种植结构后的产品种得出、卖得了、有效益。

（二）强化耕地保护。坚持农地农用的原则，防止以种植结构调整名义侵占耕地的行为。各地现有的耕地保有量指标不因种植结构调整而降低。农产品禁产区划定后，不得改变耕地、基本农田的性质，不得降低农用地征地补偿标准。

（三）强化示范引导。各地农业部门要根据种植结构调整的重点，设立集中连片示范点，探索种植结构调整的技术模式，展示结构调整成效。

（四）强化技术指导。各地要加强对种植结构调整地区的农民技术培训和生产技术指导，使之能尽快掌握相关生产技能，尤其做好种植大户、家庭农场、专业合作社等技术支持，保障正常的农业生产发展。

（五）强化跟踪监测。各地应加强对种植结构调整区域镉污染情况的跟踪监测。对结构调整后农产品镉含量仍然超标的，应及时修订结构调整方案；对结构调整后因污染修复治理或其他原因使得产地质量安全得到改善的，可根据农民意愿恢复原种植方式。

（六）强化组织宣传。地方各级政府要根据种植结构调整的工作内容建立相应的工作机构，制定工作程序，确保结构调整工作有序开展。同时，做好宣传发动工作，树立正确的舆论导向，推进镉污染区域种植结构调整顺利进行。

农业部关于加强农产品质量安全全程监管的意见

近年来，各级农业部门全力推进农产品质量安全监管工作，取得了积极进展和成效，农产品质量安全保持总体平稳、逐步向好的态势。但是由于现阶段农业生产经营仍较分散，农业标准化生产比例低，农产品质量安全监管工作基础薄弱，风险隐患和突发问题时有发生，确保农产品质量和食品安全的任务十分艰巨。在新一轮国务院机构改革和职能调整中，强化了农业部门农产品质量安全监管职责，农产品质量安全监管链条进一步延长，任务更重、责任更大。为贯彻落实中央农村工作会议精神和《国务院关于地方改革完善食品药品监督管理体制的指导意见》（国发〔2013〕18号）、《国务院办公厅关于加强农产品质量安全监管工作的通知》（国办发〔2013〕106号）要求，各级农业部门要把农产品质量安全工作摆在更加突出的位置，坚持严格执法监管和推进标准化生产两手抓、"产"出来和"管"出来两手硬，用最严谨的标准、最严格的监管、最严厉的处罚、最严肃的问责，落实监管职责，强化全程监管，确保不发生重大农产品质量安全事件，切实维护人民群众"舌尖上的安全"。现就有关问题提出如下意见。

一、工作目标

（一）工作目标。通过努力，用3～5年的时间，使农产品质量安全标准化生产和执法监管全面展开，专项治理取得明显成效，违法犯罪行为得到基本遏制，突出问题得到有效解决；用5～8年的时间，使我国农产品质量安全全程监管制度基本健全，农产品质量安全法规标准、检测认证、评估应急等支撑体系更加科学完善，标准化生产全面普及，农产品质量安全监管执法能力全面提高，生产经营者的质量安全管理水平和诚信意识明显增强，优质安全农产品比重大幅提升，农产品质量安全水平稳定可靠。

二、加强产地安全管理

（二）加强产地安全监测普查。探索建立农产品产地环境安全监测评价制度，集中力量对农产品主产区、大中城市郊区、工矿企业周边等重点地区农产品产地环境进行定位监测，全面掌握水、土、气等产地环境因子变化情况。结合全国污染源普查，跟进开展农产品产地环境污染普查，摸清产地污染底数，把好农产品生产环境安全关。

（三）做好产地安全科学区划。结合监测普查，加快推进农产品产地环境质量分级和功能区划，以无公害农产品产地认定为抓手，扎实推进农产品产地安全生产区域划分。根据农产品产地安全状况，科学确定适宜生产的农产品品种，及时调整种植、养殖结构和区域布局。针对农产品产地安全水平，依法依规和有计划、分步骤地划定食用农产品适宜生产区和禁止生产区。对污染较重的农产品产地，要加快探索建立重金属污染区域生态补偿制度。

（四）加强产地污染治理。建立严格的农产品产地安全保护和污染修复制度，制定产地污染防治与保护规划，加强产地污染防控和污染区修复，净化农产品产地环境。会同环保、国土、水利等部门加强农业生产用水和土壤环境治理，切断污染物进入农业生产环节的链条。推广清洁生产等绿色环保技术和方法，启动重金属污染耕地修复和种植结构调整试点，减少和消除产地污染对农产品质量安全的危害。

三、严格农业投入品监管

（五）强化生产准入。依法规范农药、兽药、肥料、饲料及饲料添加剂等农业投入品登记注册和审批管理，加强农业投入品安全性评价和使用效能评定，加快推进小品种作物农药的登记备案。强化农业投入品生产许可，严把生产许可准入条件，提升生产企业质量控制水平，严控隐性添加行为，严格实施兽药、饲料和饲料添加剂生产质量安全管理规范。

（六）规范经营行为。全面推行农业投入品经营主体备案许可，强化经营准入管理，整体提升经营主体素质。落实农业投入品经营诚信档案和购销台账，建立健全高毒农药定点经营、实名购买制度，推动兽药良好经营规范的实施。建立和畅通农业投入品经营主渠道，推广农资连锁经营和直销配送，着力构建新型农资经营网络，提高优质放心农业投入品覆盖面。

（七）加强执法监督。完善农业投入品监督管理制度，加快农药、肥料等法律法规的制修订进程。着力构建农业投入品监管信息平台，将农业投入品纳入可追溯的信息化监管范围。建立健全农业投入品监测抽查制度，定期对农业投入品经营门店及生产企业开展督导巡查和产品抽检。严格农业投入品使用管理，采取强有力措施严格控肥、控药、控添加剂，严防农业投入品乱用和滥用，依法落实兽药休药期和农药安全间隔期制度。

（八）深入开展农资打假。在春耕、"三夏"、秋冬种等重要农时季节，集中力量开展种子、农药、肥料、兽药、饲料及饲料添加剂、农机、种子种苗等重要农资专项打假治理，严厉打击制售假冒伪劣农资"黑窝点"，依法取缔违法违规生产经营企业。进一步强化部门联动和信息共享，建立假劣农资联查联办机制，强化大案要案查处曝光力度，震慑违法犯罪行为。深入开展放心农资下乡进村入户活动。

四、规范生产行为

（九）强化生产指导。加强对农产品生产全过程质量安全督导巡查和检验监测，推动农产品生产经营者在购销、使用农业投入品过程中执行进货查验等制度。政府监管部门和农业技术推广服务机构要强化农产品安全生产技术指导和服务，大力推进测土配方施肥和病虫害统防统治，加大高效低毒低残留药物补贴力度，进一步规范兽药、饲料和饲料添加剂的使用。

（十）推行生产档案管理。督促农产品生产企业和农民专业合作社依法建立农产品质量安全生产档案，如实记录病虫害发生、投入品使用、收获（屠宰、捕捞）、检验检测等情况，加大对生产档案的监督检查力度。积极引导和推动家庭农场、生产大户等农产品生产经营主体建立生产档案，鼓励农产品生产经营散户主动参加规模化生产和品牌创建，自觉建立和实施生产档案。

（十一）加快推进农业标准化。以农兽药残留标准制修订为重点，力争三年内构建科学统一并与国际接轨的食用农产品质量安全标准体系。支持地方农业部门配套制定保障农产品质量安全的质量控制规范和技术规程，及时将相关标准规范转化成符合生产实际的简明操作手册和明白纸。大力推进农业标准化生产示范创建，不断扩大蔬菜水果茶叶标准园、畜禽标准化规模养殖场、水产标准化健康养殖场建设规模和整乡镇、整县域标准化示范创建。稳步发展无公害、绿色、有机和地理标志农产品，大力培育优质安全农产品品牌，加强农产品质量认证监管和标志使用管理，充分发挥"三品一标"在产地管理、过程管控等方面的示范带动作用，用品牌引领农产品消费，增强公众信心。

五、推行产地准出和追溯管理

（十二）加强产地准出管理。因地制宜建立农产品产地安全证明制度，加强畜禽产地检疫，督促农产品生产经营者加强生产标准化管理和关键点控制。通过无公害农产品产地认定、"三品一标"产品认证登记、生产自查、委托检验等措施，把好产地准出质量安全关。加强对产地准出工作的指导服务和验证抽检，做好与市场准入的有效衔接，实现农产品合格上市和顺畅流通。

（十三）积极推行质量追溯。加快建立覆盖各层级的农产品质量追溯公共信息平台，制定和完善质量追溯管理制度规范，优先将生猪和获得"三品一标"认证登记的农产品纳入追溯范围，鼓励农产品生产企业、农民专业合作社、家庭农场、种养大户等规模化生产经营主体开展追溯试点，抓紧依托农业产业化龙头企业和农民专业合作社启动创建一批追溯示范基地（企业、合作社）和产品，以点带面，逐步实现农产品生产、收购、贮藏、运输全环节可追溯。

（十四）规范包装标识管理。鼓励农产品分级包装和依法标识标注。指导和督促农产品生产企业、农民专业合作社及从事农产品收购的单位和个人依法对农产品进行包装分级，推行科学的包装方法，按照安全、环保、节约的原则，充分发挥包装在农产品贮藏保鲜、防止污染和品牌创立等方面的示范引领作用。指导农产品生产经营者对包装农产品进行规范化的标识标注，推广先进的标识标注技术，提高农产品包装标识率。

六、加强农产品收储运环节监管

（十五）加快落实监管责任。按照国务院关于农产品质量和食品安全新的监管职能分工，抓紧对农产品收购、储藏、保鲜、运输环节监管职责进行梳理，厘清监管边界，消除监管盲区。加快制定农产品收贮运管理办法和制度规范，抓紧建立配套的管控技术标准和规范。探索对农产品收贮运主体和储运设施设备进行备案登记管理，推动落实农产品从生产到进入市场和加工企业前的收储运环节的交货查验、档案记录、自查自检和无害化处理等制度，强化农产品收贮运环节的监督检查。

（十六）加强"三剂"和包装材料管理。强化农产品收贮运环节的保鲜剂、防腐剂、添加剂（统称"三剂"）管理，制定专门的管理办法，加快建立"三剂"安全评价和登记管理制度。加大对重点地区、重点产品和重点环节"三剂"监督检查。强化对农产品包装材料安全评估和跟踪抽检。推广先进的防腐保鲜技术、安全的防腐保鲜产品和优质安全的农产品包装材料，大力发展农产品产地贮存保鲜冷链物流。

（十七）强化畜禽屠宰和奶站监管。认真落实畜禽屠宰环节质量安全监管职责，严格生猪定点屠宰管理，督促落实进场检查登记、肉品检验、"瘦肉精"自检等制度。强化巡查抽检和检疫监管，严厉打击私屠滥宰、屠宰病死动物、注水及非法添加有毒有害物质等违法违规行为。严格屠宰检疫，未经检验检疫合格的产品，不得出场销售。加强婴幼儿乳粉原料奶的监督检查。强化生鲜乳生产和收购运输环节监管，督促落实生产、收贮、运输记录和检测记录，严厉打击生鲜乳非法添加。

（十八）切实做好无害化处理。加强病死畜禽水产品和不安全农产品的无害化处理制度建设，严格落实无害化处理政策措施。指导生产经营者配备无害化处理设施设备，落实无害化处理责任。对于病死畜禽水产品、不安全农产品和假劣农业投入品，要严格依照国家有关法律法规做好登记报告、深埋、焚烧、化制等无害化处理工作。

七、强化专项整治和监测评估

（十九）深化突出问题治理。深入开展专项整治，全面排查区域性、行业性、系统性风险隐患和"潜规则"，集中力量解决农兽药残留超标、非法添加有毒有害物质、产地重金属污染、假劣农资等突出问题。严厉打击农产品质量安全领域的违法违规行为，加强农业行政执法与刑事司法的有效衔接，强化部门联动和信息共享，建立健全违法违规案件线索发现和通报、案件协查、联合办案、大要案奖励等机制，坚持重拳出击、露头就打。

（二十）强化检验监测和风险评估。细化各级农业部门在农产品检验监测方面的职能分工，不断扩大例行监测的品种和范围，加强会商分析和结果应用，确保农产品质量安全得到有效控制。强化农产品质量安全监督抽查，突出对生产基地（企业、合作社）及收贮运环节的执法检查和产品抽检，加强检打联动，对监督抽检不合格的农产品，依托农业综合执法机构及时依法查处，做到抽检一个产品、规范一个企业。大力推进农产品质量安全风险评估，将"菜篮子"和大宗粮油作物产品全部纳入评估范围，切实摸清危害因子种类、范围和危害程度，为农产品质量安全科学监管提供技术依据。

（二十一）强化应急处置。完善各级农产品质量安全突发事件应急预案，落实应急处置职责任务，加快地方应急体系建设，提高应急处置能力。制定农产品质量安全舆情信息处置预案，强化预测预警，构建舆情动态监测、分析研判、信息通报和跟踪评价机制，及时化解和妥善处置各类农产品质量安全舆情，严防负面信息扩散蔓延和不实信息恶意炒作。着力提升快速应对突发事件的水平，做到第一时间掌握情况，第一时间采取措施，依法、科学、有效进行处置，最大限度地将各种负面影响降到最低程度，保护消费安全，促进产业健康发展。

八、着力提升执法监管能力

（二十二）加强体系队伍建设。加快完善农产品质量安全监管体系，地县两级农业部门尚未建立专门农产品质量安全监管机构的，要在 2014 年年底前全部建立，依法全面落实农产品质量安全监管责任。依托农业综合执法、动物卫生监督、渔政管理和"三品一标"队伍，强化农产品质量安全执法监督和查处。对乡镇农产品质量安全监管服务机构，要进一步明确职能，充实人员，尽快把工作全面开展起来。按照国务院部署，大力开展农产品质量安全监管示范县（市）创建，探索有效的区域监管模式，树立示范样板，全方位落实监管职责和任务。

（二十三）强化条件保障。把农产品质量安全放在更加突出和重要的位置，坚持产量与质量并重，将农产品质量安全监管纳入农业农村经济发展总体规划，在机构设置、人员配备、经费投入、项目安排等方面加大支持力度。加快实施农产品质检体系建设二期规划，改善基层执法检测条件，提升检测能力和水平。强化农产品质量安全风险评估体系建设，抓紧编制和启动农产品质量安全风险评估能力建设规划，推动建立国家农产品质量安全风险评估机构，提升专业性和区域性风险评估实验室评估能力，在农产品主产区加快认定一批风险评估实验站和观测点，实现全天候动态监控农产品质量安全风险隐患和变化情况。

（二十四）加强属地管理和责任追究。各级农业部门要系统梳理承担的农产品质量安全监管职能，将各项职责细化落实到具体部门和责任单位，采取一级抓一级，层层抓落实，切实落实好各层级属地监管责任。抓紧建立健全考核评价机制，尽快推动将农产品质量安全监管纳入地方政府特别是县乡两级政府绩效考核范围。建立责任追究制度，对农产品质量安全监管中的失职渎职、徇私枉法等问题依法依纪严肃查处。

（二十五）加大科普宣传引导。依托农业科研院所和大专院校广泛开展农产品质量安全科普培训和职业教育，探索建立和推行农产品生产技术、新型农业投入品对农产品质量安全的影响评价与安全性鉴定制度。加强与新闻宣传部门的统筹联动和媒体的密切沟通，及时宣传农产品质量安全监管工作的推进措施和进展成效。加快健全农产品质量安全专家队伍，充分依托农产品质量安全专家和风险评估技术力量，对敏感、热点问题进行跟踪研究和会商研判，以合适的方式及时回应社会关切。加强农产品质量安全生产指导和健康消费引导，全面普及农产品质量安全知识，增强公众消费信心，营造良好社会氛围。

（二十六）加强科技支撑。强化农产品质量安全学科建设，加大科技投入，将农产品质量安全风险评估、产地污染修复治理、标准化生产、关键点控制、包装标识、检验检测、标准物质等技术研发纳入农业行业科技规划和年度计划，予以重点支持。要通过风险评估，找准农产品生产和收贮运环节的危害影响因子和关键控制点，制定分门别类的农产品质量安全关键控制管理指南。加快农产品质量安全科技成果转化和优质安全生产技术的普及推广。

（二十七）强化服务指导。依托农产品质量安全风险评估实验室、农产品质量安全研究机构等技术力量，鼓励社会力量参与，整合标准检测、认证评估、应急管理等技术资源，建立覆盖全国、服务全程的农产品质量安全技术支撑系统和咨询服务平台，全面开展优质安全农产品生产全程管控技术的培训和示范，构建便捷的优质安全品牌农产品展示、展销、批发、选购和咨询服务体系。

（二十八）推进信息化管理。充分利用"大数据""物联网"等现代信息技术，推进农产品质量安全管控全程信息化。强化农业标准信息、监测评估管理、实验室运行、数据统计分析、"三品一标"认证、产品质量追溯、舆情信息监测与风险预警等信息系统的开发应用，逐步实现农产品质量安全监管全程数字化、信息化和便捷化。

当前和今后一个时期，确保农产品质量安全既是农业发展新阶段的重大任务，也是农业部门依法履职的重大责任。各级农业行政主管部门要切实负起责任，勇于担当，加强组织领导，积极与编制、发改、财政、商务、食药等部门加强协调配合，加快建立农产品质量与食品安全监管有机衔接、覆盖全程的监管制度，以高度的政治责任感和求真务实的工作作风，全力抓好农产品质量安全监管工作，不断提升农产品质量安全整体水平，从源头确保农产品生产规范和产品安全优质，满足人民群众对农产品质量和食品安全新的更高要求。

农业部

2014 年 1 月 23 日

农业部关于印发《耕地质量保护与提升 行动方案》的通知

（农农发〔2015〕5号）

各省、自治区、直辖市及计划单列市农业（农牧、农村经济）厅（委、局），新疆生产建设兵团农业局，黑龙江省农垦总局：

为贯彻落实 2015 年中央 1 号文件精神和中央关于加强生态文明建设的部署，加强耕地质量保护，促进农业可持续发展，我部制定了《耕地质量保护与提升行动方案》，现印发给你们。请结合本地实际，细化实施方案，加大工作力度，强化责任落实，有力有序推进，确保取得实效。

农业部

2015 年 10 月 28 日

耕地质量保护与提升行动方案

为贯彻落实 2015 年中央 1 号文件精神和中央关于加强生态文明建设的部署，推动实施耕地质量保护与提升行动，着力提高耕地内在质量，实现"藏粮于地"，夯实国家粮食安全基础，特制定本方案。

一、开展耕地质量保护与提升行动的重要性和紧迫性

耕地是最宝贵的农业资源、最重要的生产要素。中央高度重视耕地质量保护工作，习近平总书记明确提出"耕地是我国最为宝贵的资源。我国人多地少的基本国情，决定了我们必须把关系十几亿人吃饭大事的耕地保护好，决不能有闪失"，"耕地红线不仅是数量上的，也是质量上的"。李克强总理也强调"要坚持数量与质量并重，严格划定永久基本农田，严格实行特殊保护，扎紧耕地保护的'篱笆'，筑牢国家粮食安全的基础"。2015 年中央 1 号文件提出"实施耕地质量保护与提升行动"。《中共中央　国务院关于加快推进生态文明建设的意见》也要求："强化农田生态保护，实施耕地质量保护与提升行动，加大退化、污染、损毁农田改良和修复力度，加强耕地质量调查监测与评价。"这些重要论断和重大部署，必须深刻领会、准确把握、坚决贯彻。

（一）开展耕地质量保护与提升行动是促进粮食和农业可持续发展的迫切需要。人多地少的国情使我国农业生产一直坚持高投入、高产出模式，耕地长期高强度、超负荷利用，造成质量状况堪忧、基础地力下降。全国耕地退化面积较大，部分地区耕地污染较重，南

方耕地重金属污染和土壤酸化、北方耕地土壤盐渍化、西北等地农膜残留问题突出。耕地土壤有机质含量较低，特别是东北黑土区土壤有机质含量下降较快，土壤养分失衡、生物群系减少、耕作层变浅等现象比较普遍。部分占补平衡补充耕地质量等级低于被占耕地。需要加强耕地质量建设，减少农田污染，培育健康土壤，提升耕地地力，夯实农业可持续发展的基础。

（二）开展耕地质量保护与提升行动是保障粮食等重要农产品有效供给的重要措施。解决 13 多亿人的吃饭问题，始终是治国理政的头等大事。中央明确要求构建新形势下国家粮食安全战略，鲜明地提出守住"谷物基本自给、口粮绝对安全"的战略底线。守住这个战略底线，前提是保证耕地数量的稳定，重点是实现耕地质量的提升。随着我国经济的发展和城镇化的快速推进，还将占用一些耕地。在此背景下，保障粮食等重要农产品有效供给，必须加快划定永久基本农田，做到永久保护、永续利用。同时，还必须加强高标准农田建设，大力提升耕地质量，切实做到"藏粮于地"。

（三）开展耕地质量保护与提升行动是提升我国农业国际竞争力的现实选择。受农产品成本"地板"抬升和价格"天花板"限制的双重挤压，我国农业种植效益偏低的问题更加突出。与发达国家相比，我国农业的规模化、机械化水平较低，更主要的是基础地力偏低 20~30 个百分点，必然会增加用工和化肥等生产资料的投入，增加生产成本。加强耕地质量建设，能够提升基础地力，减少化肥等生产资料的不合理投入，实现节本增效、提质增效，提升我国农业的国际竞争力。

二、开展耕地质量保护与提升行动的总体思路、基本原则和行动目标

（一）总体思路

以保障国家粮食安全、农产品质量安全和农业生态安全为目标，落实最严格的耕地保护制度，树立耕地保护"量质并重"和"用养结合"理念，坚持生态为先、建设为重，以新建成的高标准农田、耕地退化污染重点区域和占补平衡补充耕地为重点，依靠科技进步，加大资金投入，推进工程、农艺、农机措施相结合，依托新型经营主体和社会化服务组织，构建耕地质量保护与提升长效机制，守住耕地数量和质量红线，奠定粮食和农业可持续发展的基础。

（二）基本原则

坚持量质并重、保护提升。在严格保护耕地数量的同时，更加注重耕地质量的建设和管理，推动各级政府落实"质量红线"要求，划定耕地质量保护的"硬杠杠"。

坚持因地制宜、综合施策。根据不同区域耕地质量现状，分析主要障碍因素，集成组装治理技术模式，因地制宜、综合施策，确保耕地质量保护与提升行动取得实效。

坚持突出重点、整体推进。与《全国高标准农田建设总体规划》等相衔接，以粮食主产区为重点，连片治理、建一片成一片。着眼长远，加强顶层设计，持之以恒推进耕地质量建设。

坚持政府引导、多方参与。创新耕地质量建设投入机制，发挥政府项目示范带动作用，充分调动农民、地方政府和企业积极性，形成全社会合力参与耕地质量保护的格局。

（三）行动目标

到 2020 年，全国耕地质量状况得到阶段性改善，耕地土壤酸化、盐渍化、养分失衡、

耕层变浅、重金属污染、白色污染等问题得到有效遏制，土壤生物群系逐步恢复。到 2030 年，全国耕地质量状况实现总体改善，对粮食生产和农业可持续发展的支撑能力明显提高。

1.耕地质量水平持续提升。到 2020 年，全国耕地地力平均提高 0.5 个等级。其中，新建成的 8 亿亩高标准耕地地力平均提高一个等级以上。全国耕地土壤有机质含量平均提高 0.2 个百分点，耕作层厚度平均达到 25 厘米以上。

2.有机肥资源利用水平持续提升。到 2020 年，畜禽粪便养分还田率达到 60%、提高 10 个百分点；农作物秸秆养分还田率达到 60%以上、提高 25 个百分点以上。

3.科学施肥水平持续提升。到 2020 年，测土配方施肥技术覆盖率达到 90%以上；肥料利用率达到 40%以上，提高 7 个百分点以上，主要农作物化肥使用量实现零增长。

三、技术路径和区域重点

（一）技术路径

重点是"改、培、保、控"四字要领。"改"：改良土壤。针对耕地土壤障碍因素，治理水土侵蚀，改良酸化、盐渍化土壤，改善土壤理化性状，改进耕作方式。"培"：培肥地力。通过增施有机肥，实施秸秆还田，开展测土配方施肥，提高土壤有机质含量、平衡土壤养分，通过粮豆轮作套作、固氮肥田、种植绿肥，实现用地与养地结合，持续提升土壤肥力。"保"：保水保肥。通过耕作层深松耕，打破犁底层，加深耕作层，推广保护性耕作，改善耕地理化性状，增强耕地保水保肥能力。"控"：控污修复。控施化肥农药，减少不合理投入数量，阻控重金属和有机物污染，控制农膜残留。

（二）区域重点

根据我国主要土壤类型和耕地质量现状，突出粮食主产区和主要农作物优势产区，划分东北黑土区、华北及黄淮平原潮土区、长江中下游平原水稻土区、南方丘陵岗地红黄壤区、西北灌溉及黄土型旱作农业区五大区域，结合区域农业生产特点，针对耕地质量突出问题，因地制宜开展耕地质量建设。

1.东北黑土区。包括辽、吉、黑三省的大部和内蒙古东部部分地区，主要土壤类型是黑土、黑钙土、棕壤、暗棕壤、水稻土、风沙土及草甸土等。该区土地平整、集中连片、土壤肥沃，以一年一熟为主，是世界著名的"黑土带"和"黄金玉米带"，也是我国优质粳稻、玉米、高油大豆的重要产区。

该区耕地质量主要问题是黑土层变浅流失、耕层变薄、地力退化快、有机肥投入不足、有机质下降。主要治理措施是实施"三改一排"，改顺坡种植为机械起垄横向种植、改长坡种植为短坡种植、改自然漫流为筑沟导流，并在低洼易涝区修建条田化排水、截水排涝设施。开展"三建一还"，在城郊肥源集中区和规模化畜禽养殖场周边建有机肥工厂、在畜禽养殖集中区建设有机肥生产车间、在农村秸秆丰富和畜禽分散养殖区建设小型有机肥堆沤池（场），因地制宜开展秸秆粉碎深翻还田、秸秆免耕覆盖还田。同时，推广深松耕和水肥一体化技术，推行粮豆轮作、粮草（饲）轮作。

2.华北及黄淮平原潮土区。包括京、津、冀、鲁、豫五省（市）的全部和苏、皖两省的北部部分地区，主要土壤类型是潮土、砂姜黑土、棕壤、褐土等。该区土地平坦，农业开发利用度高，以一年两熟或两年三熟为主，是我国优质小麦、玉米、苹果和蔬菜等优势农产品的重要产区。

该区耕地质量主要问题是耕层变浅，地下水超采，部分地区土壤盐渍化严重；淮河北部及黄河南部地区砂姜黑土易旱易涝，地力下降潜在风险大。主要治理措施是实施"两茬还田、两改一增"。"两茬还田"就是小麦秸秆粉碎覆盖还田、玉米秸秆粉碎翻压还田（即夏免耕秋深耕）。"两改一增"就是在地下水超采区改种低耗水作物，改地面漫灌为喷（滴）灌并应用水肥一体化等高效节水技术，在城郊肥源集中区和规模化畜禽养殖场周边建设有机肥工厂（车间），增施有机肥。

3.长江中下游平原水稻土区。包括鄂、湘、赣、沪、苏、浙、皖七省（市），主要土壤类型是水稻土、红壤、黄壤等。该区以一年两熟或三熟为主，是我国水稻、"双低"油菜、柑橘、茶叶和蔬菜的重要产区。

该区耕地质量主要问题是土壤酸化、潜育化，局部地区土壤重金属污染比较严重，保持健康土壤安全生产压力大。主要治理措施是实施"两治一控"，就是综合治酸、排水治潜、调酸控污。施用石灰和土壤调理剂改良酸化土壤、钝化重金属活性，建设农家肥堆沤池，增施有机肥、秸秆还田和种植绿肥，完善排水设施防治稻田潜育化。

4.南方丘陵岗地红黄壤区。包括闽、粤、桂、琼、渝、川、黔、滇八省（区、市）的大部和赣、湘两省的部分地区，主要土壤类型是水稻土、红壤、黄壤、紫色土、石灰岩土。该区以一年两熟或三熟为主，是我国重要的优质水稻、甘蔗、柑橘、脐橙、烤烟、蔬菜及亚热带水果产区。

该区耕地质量主要问题是稻田土壤酸化、潜育化，部分地区水田冷（地温低）、烂（深泥脚）、毒（硫化氢等有害气体）问题突出，山区耕地土层薄、地块小、砾石含量多，土壤有机质含量低，季节性干旱严重。主要治理措施是实施"综合治酸治潜"，通过半旱式栽培、完善田间排灌设施等措施促进土壤脱水增温、农田降渍排毒，施用石灰和土壤调理剂调酸控酸，增施有机肥、秸秆还田和种植绿肥，开展水田养护耕作、改善土壤理化性状。同时，在山区聚土改土加厚土层，修建水池水窖，种植地埂生物篱，推行等高种植，提高保水保肥能力。

5.西北灌溉及黄土型旱作农业区。包括晋、陕、甘、宁、青、新、藏七省（区）的大部，主要土壤类型是黄绵土、灌耕土、灌淤土、潮土、风沙土及草甸土。该区以一年一熟或套作两熟为主，是我国小麦、玉米、薯类、棉花、小杂粮和优质水果的重要产区。

该区耕地质量主要问题是耕地贫瘠，土壤盐渍化、沙化和地膜残留污染严重，地力退化明显，土壤有机质含量低，保水保肥能力差，干旱缺水。主要治理措施是在灌溉农区实施"灌水压盐、滴灌节水、秸秆培肥、残膜回收"，完善排水系统，春秋灌溉排盐治理盐渍化，推广膜下滴灌等技术，开展秸秆堆沤和机械粉碎还田，改薄膜为厚膜、实现基本回收；在黄土型旱作区实施坡耕地梯田化，修建集雨蓄水窖，种植等高草带，推广玉米秸秆整秆覆盖还田、全膜双垄集雨沟播技术。

四、重点建设项目

（一）退化耕地综合治理。重点是东北黑土退化、南方土壤酸化（包括潜育化）和北方土壤盐渍化的综合治理。一是东北黑土退化综合治理。选择一批重点县（市），每县建设两个 5 万亩以上的集中连片示范区，因地制宜实施"三改一排""三建一还"重点治理内容。二是北方盐渍化耕地综合治理。在土壤 pH 值大于 8.5 或土壤盐分含量大于 1 克/公斤的灌溉地区，选择一批重点县（市），每县建设两个万亩以上的集中连片示范区，配套滴灌系统，实施秸秆还田、地膜覆盖、工程改碱压盐和耕作压盐。连续实施三年后轮换。三是南方酸化（潜育化）耕地综合治理。在土壤 pH 值小于 5.5 的耕地酸化和潜育化地区，选择一批重点县（市），每县建设 5 个万亩以上的集中连片示范区，施用石灰和土壤调理剂，开展秸秆还田或种植绿肥，潜育化耕地配套建设排水系统。连续实施三年后轮换。

（二）污染耕地阻控修复。重点是土壤重金属污染修复、化肥农药减量控污和白色（残膜）污染防控。一是土壤重金属污染阻控修复。在调查掌握南方水稻产区重金属污染类型和程度的基础上，选择一批重点县（市），每县建设两个万亩集中连片示范区，施用石灰和土壤调理剂调酸钝化重金属，开展秸秆还田或种植绿肥，因地制宜调整种植结构。连续实施三年后轮换。二是化肥农药减量控污。按照《到 2020 年化肥使用量零增长行动方案》和《到 2020 年农药使用量零增长行动方案》，选择一批重点县（市），每县建设十个 5 000 亩以上的集中连片示范区，调整化肥农药使用结构、改进施肥施药方式，建设有机肥厂（车间、堆沤池），推动有机肥（秸秆、绿肥）替代化肥，推广测土配方施肥、病虫害统防统治、绿色防控等技术。连续实施三年后轮换。三是白色（残膜）污染防控。在西北地区选择一批重点县（市、场），每县示范农用薄膜改厚膜 10 万亩以上，建设村、乡、县三级残膜回收站点。

（三）土壤肥力保护提升。重点是秸秆还田、增施有机肥、种植绿肥和深松整地。一是秸秆还田培肥。选择一批重点县（市、场），每县建设一个 10 万亩以上的集中连片示范区，配置大马力拖拉机及配套机具，支持开展秸秆还田（包括深翻和翻松旋轮耕）。连续实施三年后轮换。二是增施有机肥。选择一批重点县（市、场），每县建设五个万亩以上的种养结合示范区，建设畜禽粪污资源化利用基础设施，支持适度规模养殖场进行粪污处理；建设有机肥厂（车间、堆沤池），引导农民增施有机肥。三是种植绿肥。选择一批重点县（市、场），每县建设一个 10 万亩以上的集中连片示范区，配套建设一个 1 000 亩以上的绿肥种子基地。四是深松整地保水保肥。在东北和黄淮海等适宜地区，选择一批重点县（市、场），每县实施深松整地 50 万～100 万亩以上。每三年开展一次。

（四）占用耕地耕作层土壤剥离利用。耕作层土壤是耕地的精华和不可再生的资源。会同国土部门选择一批重点省份，开展占用耕地耕作层土壤剥离利用试点，剥离后重点用于中低产田改造、高标准农田建设和土地复垦，以增加耕作层厚度、改善土壤结构。同时，将占用耕地耕作层土壤剥离利用纳入省级政府耕地保护责任目标和耕地占补平衡考核内容。

（五）耕地质量调查监测与评价。重点是建设耕地质量调查监测网络和耕地质量大数据平台，组织开展耕地质量调查与评价工作。一是建设耕地质量调查监测网络。根据土壤类型、作物布局、耕作制度、代表面积、管理水平、生态环境的差异，按照 20 万亩耕地设置一个监测控制点的标准，在全国建设一万个耕地质量长期定位监测控制点，开展耕地地力、土壤墒情和肥效监测。二是建设耕地质量大数据平台。建立国家级耕地质量数据中心和省级耕地质量数据中心，完善县域耕地资源管理信息系统，及时掌握耕地质量状况，为农业行政管理、政策制定、规划编制、区划调整和生产提供决策依据。三是开展耕地质量调查与评价。在县域耕地地力调查和评价的基础上，开展全国耕地质量调查与评价，对耕地立地条件、设施保障条件、土壤理化性状、生物群系、环境状况和耕地障碍因素进行全面调查，综合评价耕地质量等级，定期发布相关报告。

五、保障措施

（一）强化统筹协调。耕地质量保护与提升行动是一项系统、基础和长期工程，需要强化协调配合，形成合力，久久为功。农业部成立耕地质量保护与提升行动推进落实指导组，加强协调，搞好服务，保障各项措施落实。各省（区、市）农业部门也要成立相应机构，细化实施方案，落实项目资金，开展督导检查，保障行动有力有序开展。构建上下联动、多方协作的工作机制，重点实施区域要加强配合、相互交流、共同促进。

（二）强化责任落实。结合实施《粮食安全省长责任制考核办法》，严格落实耕地质量建设与管理责任，守住耕地质量红线。各级政府要采取有力措施，加大耕地质量建设投入，保护和提升耕地质量。各级农业部门要会同国土部门，认真做好占补平衡补充耕地质量验收，把好质量关。鼓励引导生产者，特别是新型经营主体采取用地养地结合的措施，保护耕地质量，提升农业可持续发展能力。

（三）强化科技支撑。发挥农业部耕地质量建设与管理专家指导组的作用，分区域、分土壤类型提出耕地质量建设和污染耕地治理的技术方案，开展指导服务，落实关键措施，提升耕地质量。组织科研、教学和推广单位开展协作，对一些重点区域开展联合攻关，攻克技术瓶颈，集成组装一批耕地质量保护与提升的技术模式。结合新型职业农民培训工程、农村实用人才带头人素质提升计划，提高种粮大户等新型经营主体耕地质量保护和科学施肥技术应用能力。

（四）强化政策扶持。落实好耕地保护与质量提升、测土配方施肥、旱作农业技术推广、湖南重金属污染耕地修复及农作物种植结构调整试点和东北黑土地保护利用试点等项目。各地要按照"取之于土、用之于土"的原则，积极争取财政等部门的支持，扩大耕地质量建设资金来源，增大资金规模。创新投入机制，发挥财政投入的杠杆作用，通过补贴、贴息等方式，撬动政策性金融资本投入，引导商业性经营资本进入，多方合力，加强耕地质量建设。

（五）强化法制保障。加快《耕地质量保护条例》和《肥料管理条例》[①]立法进程，支持地方开展相关立法。制定"耕地质量调查监测与评价办法"和"耕地质量等级"国家标准，完善耕地质量标准体系，研究提出耕地质量红线划定方法，开展耕地质量保护延伸绩效考核试点。建立健全国家耕地质量调查监测体系，完善国家、省、市、县四级耕地质量调查监测网络，建立耕地质量大数据库。

（六）强化宣传引导。开展"耕地质量保护与提升"主题宣传活动，大力宣传耕地质量保护的重要意义，推广用地养地和科学施肥的典型经验和典型人物，营造全社会关心支持耕地质量保护与提升行动的良好氛围。积极参与联合国粮农组织"全球土壤伙伴关系"（GSP）行动，加强与国际社会在耕地质量保护政策、技术等领域的交流合作，积极推动"世界土壤日"和"国际土壤年"相关活动在我国开展。

---

① 《中华人民共和国肥料管理条例》已出台。

耕地质量调查监测与评价办法

中华人民共和国农业部令　2016年第2号

《耕地质量调查监测与评价办法》已经2016年5月3日农业部第4次常务会议审议通过，现予公布，自2016年8月1日起施行。

部　长　韩长赋

2016年6月21日

第一章　总　则

第一条　为加强耕地质量调查监测与评价工作，根据《农业法》《农产品质量安全法》《基本农田保护条例》等法律法规，制定本办法。

第二条　本办法所称耕地质量，是指由耕地地力、土壤健康状况和田间基础设施构成的满足农产品持续产出和质量安全的能力。

第三条　农业部指导全国耕地质量调查监测体系建设。农业部所属相关耕地质量调查监测与保护机构（以下简称"农业部耕地质量监测机构"）组织开展全国耕地质量调查监测与评价工作，指导地方开展耕地质量调查监测与评价工作。

县级以上地方人民政府农业主管部门所属相关耕地质量调查监测与保护机构（以下简称"地方耕地质量监测机构"）负责本行政区域内耕地质量调查监测与评价具体工作。

第四条　耕地质量调查监测与保护机构（以下简称"耕地质量监测机构"）应当具备开展耕地质量调查监测与评价工作的条件和能力。

各级人民政府农业主管部门应当加强耕地质量监测机构的能力建设，对从事耕地质量调查监测与评价工作的人员进行培训。

第五条　农业部负责制定并发布耕地质量调查监测与评价工作的相关技术标准和规范。

省级人民政府农业主管部门可以根据本地区实际情况，制定本行政区域内耕地质量调查监测与评价技术标准和规范。

第六条　各级人民政府农业主管部门应当加强耕地质量调查监测与评价数据的管理，保障数据的完整性、真实性和准确性。

农业部耕地质量监测机构对外提供调查监测与评价数据，须经农业部审核批准。地方耕地质量监测机构对外提供调查监测与评价数据，须经省级人民政府农业主管部门审核批准。

第七条　农业部和省级人民政府农业主管部门应当建立耕地质量信息发布制度。农业部负责发布全国耕地质量信息，省级人民政府农业主管部门负责发布本行政区域内耕地质量信息。

第二章 调 查

第八条 耕地质量调查包括耕地质量普查、专项调查和应急调查。

第九条 耕地质量普查是以摸清耕地质量状况为目的，按照统一的技术规范，对全国耕地自下而上逐级实施现状调查、采样测试、数据统计、资料汇总、图件编制和成果验收的全面调查。

第十条 耕地质量普查由农业部根据农业生产发展需要，会同有关部门制定工作方案，经国务院批准后组织实施。

第十一条 耕地质量专项调查包括耕地质量等级调查、特定区域耕地质量调查、耕地质量特定指标调查和新增耕地质量调查。

第十二条 耕地质量等级调查是为评价耕地质量等级情况而实施的调查。

各级耕地质量监测机构负责组织本行政区域内耕地质量等级调查。

第十三条 特定区域耕地质量调查是在一定区域内实施的耕地质量及其相关情况的调查。

特定区域耕地质量调查由县级以上人民政府农业主管部门根据工作需要确定区域范围，报请同级人民政府同意后组织实施。

第十四条 耕地质量特定指标调查是为了解耕地质量某些特定指标而实施的调查。

耕地质量特定指标调查由县级以上人民政府农业主管部门根据工作需要确定指标，报请同级人民政府同意后组织实施。

第十五条 新增耕地质量调查是为了解新增耕地质量状况、农业生产基本条件和能力而实施的调查。

新增耕地质量调查与占补平衡补充耕地质量评价工作同步开展。

第十六条 耕地质量应急调查是因重大事故或突发事件，发生可能污染或破坏耕地质量的情况时实施的调查。

各级人民政府农业主管部门应当根据事故或突发事件性质，配合相关部门确定应急调查的范围和内容。

第三章 监 测

第十七条 耕地质量监测是通过定点调查、田间试验、样品采集、分析化验、数据分析等工作，对耕地土壤理化性状、养分状况等质量变化开展的动态监测。

第十八条 以农业部耕地质量监测机构和地方耕地质量监测机构为主体，以相关科研教学单位的耕地质量监测站（点）为补充，构建覆盖面广、代表性强、功能完备的国家耕地质量监测网络。

第十九条 农业部根据全国主要耕地土壤亚类、行政区划和农业生产布局建设耕地质量区域监测站。

耕地质量区域监测站负责土壤样品的集中检测，并做好数据审核和信息传输工作。

第二十条 农业部耕地质量监测机构根据耕地土壤类型、种植制度和质量水平在全国布设国家耕地质量监测点。地方耕地质量监测机构根据需要布设本行政区域耕地质量监测点。

耕地质量监测点主要在粮食生产功能区、重要农产品生产保护区、耕地土壤污染区等区域布设，统一标识，建档立案。根据实际需要，可增加土壤墒情、肥料效应和产地环境等监测内容。

第二十一条　农业部耕地质量监测机构负责耕地质量区域监测站、国家耕地质量监测点的监管，收集、汇总、分析耕地质量监测数据，跟踪国内外耕地质量监测技术发展动态。

地方耕地质量监测机构负责本行政区域内耕地质量区域监测站、耕地质量监测点的具体管理，收集、汇总、分析耕地质量监测数据，协助农业部耕地质量监测机构开展耕地质量监测。

第二十二条　县级以上地方人民政府农业主管部门负责本行政区域内耕地质量监测点的设施保护工作。任何单位和个人不得损坏或擅自变动耕地质量监测点的设施及标志。

耕地质量监测点未经许可被占用或损坏的，应当根据有关规定对相关单位或个人实施处罚。

第二十三条　耕地质量监测点确需变更的，应当经设立监测点的农业主管部门审核批准，相关费用由申请变更单位或个人承担。

耕地质量监测机构应当及时补充耕地质量监测点，并补齐基本信息。

第四章　评　价

第二十四条　耕地质量评价包括耕地质量等级评价、耕地质量监测评价、特定区域耕地质量评价、耕地质量特定指标评价、新增耕地质量评价和耕地质量应急调查评价。

第二十五条　各级耕地质量监测机构应当运用耕地质量调查和监测数据，对本行政区域内耕地质量等级情况进行评价。

农业部每五年发布一次全国耕地质量等级信息。

省级人民政府农业主管部门每五年发布一次本行政区域耕地质量等级信息，并报农业部备案。

第二十六条　各级耕地质量监测机构应当运用监测数据，对本行政区域内耕地质量主要性状变化情况进行评价。

年度耕地质量监测报告由农业部和省级人民政府农业主管部门发布。

第二十七条　各级耕地质量监测机构应当运用调查资料，根据需要对特定区域的耕地质量及其相关情况进行评价。

第二十八条　各级耕地质量监测机构应当运用调查资料，对耕地质量特定指标现状及变化趋势进行评价。

第二十九条　县级以上地方人民政府农业主管部门应当对新增耕地、占补平衡补充耕地开展耕地质量评价，并出具评价意见。

第三十条　各级耕地质量监测机构应当根据应急调查结果，配合相关部门对耕地污染或破坏的程度进行评价，提出修复治理的措施建议。

第五章　附　则

第三十一条　本办法自 2016 年 8 月 1 日起施行。

环境保护部关于加强土壤污染防治工作的意见

（环发〔2008〕48 号）

各省、自治区、直辖市环境保护局（厅），新疆生产建设兵团环境保护局，各直属单位，各派出机构：

为贯彻落实党的十七大精神和《国务院关于落实科学发展观　加强环境保护的决定》，改善土壤环境质量，保障农产品质量安全，建设良好人居环境，促进社会主义新农村建设，现就加强土壤污染防治工作提出如下意见：

一、充分认识加强土壤污染防治的重要性和紧迫性

（一）土壤污染防治工作取得初步成效。党中央、国务院高度重视土壤污染防治工作。各地区、各部门认真贯彻落实中央关于环境保护工作的决策和部署，不断加大工作力度，在开展土壤基础调查、完善相关制度规范、强化污染源监管、提升土壤污染防治科技支撑能力、组织污染土壤修复与综合治理试点示范等方面进行了积极探索和有益实践，取得了初步成效。

（二）土壤环境面临严峻形势。目前，我国土壤污染的总体形势不容乐观，部分地区土壤污染严重，在重污染企业或工业密集区、工矿开采区及周边地区、城市和城郊地区出现了土壤重污染区和高风险区；土壤污染类型多样，呈现出新老污染物并存、无机有机复合污染的局面；土壤污染途径多，原因复杂，控制难度大；土壤环境监督管理体系不健全，土壤污染防治投入不足，全社会土壤污染防治的意识不强；由土壤污染引发的农产品质量安全问题和群体性事件逐年增多，成为影响群众身体健康和社会稳定的重要因素。

（三）加强土壤污染防治意义重大。土壤是构成生态系统的基本环境要素，是人类赖以生存和发展的物质基础。加强土壤污染防治是深入贯彻落实科学发展观的重要举措，是构建国家生态安全体系的重要部分，是实现农产品质量安全的重要保障，是新时期环保工作的重要内容。各级环保部门要从全局和战略的高度，进一步增强紧迫感、责任感和使命感，把土壤污染防治工作摆上更加重要和突出的位置，统筹土壤污染防治工作，切实解决突出的土壤环境问题。

二、明确土壤污染防治的指导思想、基本原则和主要目标

（四）指导思想。以科学发展观为指导，以改善土壤环境质量、保障农产品质量安全和建设良好人居环境为总体目标，以农用土壤环境保护和污染场地环境保护监管为重点，建立健全土壤污染防治法律法规，落实土壤污染防治工作机构和人员，增强科技支撑能力，拓宽资金投入渠道，加大宣传教育力度，夯实工作基础，提升管理水平，切实解决关系群众切身利益的突出土壤环境问题，为全面建设小康社会提供环境保障。

（五）基本原则

预防为主，防治结合。土壤污染治理难度大、成本高、周期长，因此，土壤污染防治工作必须坚持预防为主；要认真总结国内外土壤污染防治经验教训，综合运用法律、经济、技术和必要的行政措施，实行防治结合。

统筹规划，重点突破。土壤污染防治工作是一项复杂的系统工程，涉及法律法规、监管能力、科技支撑、资金投入和宣传教育等各个方面，要统筹规划，全面部署，分步实施。重点开展农用土壤和污染场地土壤的环境保护监督管理。

因地制宜，分类指导。结合各地实际，按照土壤环境现状和经济社会发展水平，采取不同的土壤污染防治对策和措施。农村地区要以基本农田、重要农产品产地特别是"菜篮子"基地为监管重点；城市地区要根据城镇建设和土地利用的有关规划，以规划调整为非工业用途的工业遗留遗弃污染场地土壤为监管重点。

政府主导，公众参与。土壤是经济社会发展不可或缺的重要公共资源，关系到农产品质量安全和群众健康。防治土壤污染是各级政府的责任。各级环保部门要在同级党委、政府统一领导下，认真履行综合管理和监督执法职责，积极协调国土、规划、建设、农业和财政等部门，共同做好土壤污染防治工作。鼓励和引导社会力量参与、支持土壤污染防治。

（六）主要目标

到 2010 年，全面完成土壤污染状况调查，基本摸清全国土壤环境质量状况；初步建立土壤环境监测网络；编制完成国家和地方土壤污染防治规划，初步构建土壤污染防治的政策法律法规等管理体系框架；编制完成土壤环境安全教育行动计划并开始实施，公众土壤污染防治意识有所提高。

到 2015 年，基本建立土壤污染防治监督管理体系，出台一批有关土壤污染防治的政策法律法规，土壤污染防治标准体系进一步完善；建立土壤污染事故应急预案，土壤环境监测网络进一步完善；土壤环境保护监管能力明显增强，公众土壤污染防治意识显著提高；土壤污染防治规划全面实施，土壤污染防治科学研究深入开展，污染土壤修复与综合治理示范项目取得明显成效。

三、突出土壤污染防治的重点领域

（七）农用土壤环境保护监督管理。以基本农田、重要农产品产地特别是"菜篮子"基地为监管重点，开展农用土壤环境监测、评估与安全性划分。加强影响土壤环境的重点污染源监管，严格控制主要粮食产地和蔬菜基地的污水灌溉，强化对农药、化肥及其废弃包装物，以及农膜使用的环境管理。对污染严重难以修复的耕地提出调整用途的意见，严格执行耕地保护制度。积极引导和推动生态农业、有机农业，规范有机食品发展，组织开展有机食品生产示范县建设，预防和控制农业生产活动对土壤环境的污染。

（八）污染场地土壤环境保护监督管理。结合重点区域土壤污染状况调查，对污染场地特别是城市工业遗留、遗弃污染场地土壤进行系统调查，掌握原厂址及其周边土壤和地下水污染物种类、污染范围和污染程度，建立污染场地土壤档案和信息管理系统。

建立污染土壤风险评估和污染土壤修复制度。对污染企业搬迁后的厂址和其他可能受到污染的土地进行开发利用的，环保部门应督促有关责任单位或个人开展污染土壤风险评估，明确修复和治理的责任主体和技术要求，监督污染场地土壤治理和修复，降低土地再利用特别是改为居住用地对人体健康影响的风险。

对遗留污染物造成的土壤及地下水污染等环境问题，由原生产经营单位负责治理并恢复土壤使用功能。加强对化工、电镀、油料存储等重点行业、企业的监督检查，发现土壤污染问题，要及时进行处理。区域性或集中式工业用地拟规划改变其用途的，所在地环保部门要督促有关单位对污染场地进行风险评估，并将风险评估的结论作为规划环评的重要依据。同时，要积极推动有关部门依法开展规划环境影响评价，并按规定程序组织审查规划环评文件；对未依法开展规划环评的区域，环保部门依法不得批准该区域内新建项目环境影响评价文件。

按照"谁污染、谁治理"的原则，被污染的土壤或者地下水，由造成污染的单位和个人负责修复和治理。

造成污染的单位因改制或者合并、分立而发生变更的，其所承担的修复和治理责任，依法由变更后承继其债权、债务的单位承担。变更前有关当事人另有约定的，从其约定；但是不得免除当事人的污染防治责任。

造成污染的单位已经终止，或者由于历史等原因确实不能确定造成污染的单位或者个人的，被污染的土壤或者地下水，由有关人民政府依法负责修复和治理；该单位享有的土地使用权依法转让的，由土地使用权受让人负责修复和治理。有关当事人另有约定的，从其约定；但是不得免除当事人的污染防治责任。

四、强化土壤污染防治工作措施

（九）搞好全国土壤污染状况调查。各级环保部门要按照全国土壤污染状况调查工作的统一部署，加强沟通协调，有效整合资源，强化质量管理，落实配套资金，确保调查的进度和质量；在搞好调查成果集成的基础上，组织对调查成果的开发利用，服务于国家和地方经济社会发展。同时，要严格执行国家有关保密的规定，做好数据、文件、资料、报告的信息安全和保密工作，确保万无一失。

（十）建立健全土壤污染防治法律法规和标准体系。抓紧研究、制定有关土壤污染防治的法律法规和政策措施。加快制定污染场地土壤环境保护监督管理办法，并组织好实施。组织制修订有关土壤环境质量、污染土壤修复、污染场地判别、土壤环境监测方法等标准，不断完善土壤环境保护标准体系。鼓励地方因地制宜，积极探索制定切实可行的土壤污染防治地方性法规、标准和政策措施。

（十一）加强土壤环境监管能力建设。把土壤环境质量监测纳入先进的环境监测预警体系建设，制订土壤环境监测计划并组织落实。进一步加大投入，不断提高环境监测能力，逐步建立和完善国家、省、市三级土壤环境监测网络，定期公布全国和区域土壤环境质量状况。加强土壤环境保护队伍建设，加大培训力度，培养和引进一批专门人才。制定土壤污染事故应急处理处置预案。编制国家和省级土壤污染防治专项规划，并组织实施。国家和地方环境保护规划应包括土壤污染防治的内容，并提出具体的目标、任务和措施。

（十二）开展污染土壤修复与综合治理试点示范。根据土壤污染状况调查结果，组织有关部门和科研单位，筛选污染土壤修复实用技术，加强污染土壤修复技术集成，选择有代表性的污灌区农田和污染场地，开展污染土壤治理与修复试点。重点支持一批国家级重点治理与修复示范工程，为在更大范围内修复土壤污染提供示范、积累经验。

（十三）建立土壤污染防治投入机制。地方要加大土壤污染防治投入，保证投入每年有所增长。中央集中的排污费等专项资金安排一定比例用于土壤污染防治，保证资金逐年增加并适当向中西部地区倾斜；地方也应在本级预算中安排一定资金用于土壤污染防治。我部将协调中央财政部门视情况对地方土壤污染防治给予资金补助。财政资金重点支持土壤环境监测、污染场地调查与评估、土壤污染防治科学研究和技术开发、污染土壤修复与综合治理示范工程建设。按照"谁投资、谁受益"的原则，引导和鼓励社会资金参与土壤污染防治。

（十四）增强科技支撑能力。组织开展土壤环境质量评价方法与指标体系、土壤污染风险评估技术方法等研究。研究开发污染土壤修复技术，编制污染土壤修复技术指南，制定土壤污染防治技术政策和土壤污染防治最佳可行技术导则，筛选污染土壤修复实用技术。推动建成一批土壤污染防治国家重点实验室和土壤修复工程技术中心。研制一批国家土壤分析测试方法和标准样品，开发污染土壤修复装备。积极开展国际合作与交流，不断提升我国土壤污染防治科技水平。

（十五）加大土壤污染防治宣传、教育与培训力度。发挥舆论导向作用，充分利用广播电视、报纸杂志、网络等新闻媒体，大力宣传土壤污染的危害以及保护土壤环境的相关科学知识和法规政策。把土壤污染防治融入学校、工厂、农村、社区等的环境教育和干部培训当中，引导广大群众积极参与和支持土壤污染防治工作。

二〇〇八年六月六日

全国农业环境监测工作条例（试行）

（1984 年 6 月 30 日由农牧渔业部^①颁发）

第一章　总　则

第一条　根据《中华人民共和国环境保护法（试行）》和国务院有关规定，结合我国农业环境保护事业的具体情况，参照《全国环境监测管理条例》，制定本条例。

第二条　农业环境监测工作范围是对进入农业环境中的污染物进行经常性监测，调查农业生态环境发展变化情况，对农业环境质量现状及发展趋势做出评价，为农牧渔业部门开展环境管理和保护、改善农业环境质量提供准确、可靠的监测数据和评价资料，开展农业环境监测技术研究，促进农业环境监测技术的发展。

第三条　农业环境监测工作在各级农牧渔业环境保护主管部门的统一规划、组织和协调下进行。农业环境监测网参加全国环境监测网。

第二章　机　构

第四条　全国农业环境监测网设置三级农业环境监测站：

农牧渔业部设立农业环境监测中心站；

各省、自治区、直辖市农业环境保护部门设农业环境监测站；

重点地（市）、县也要设立农业环境监测站。

第五条　各级农业环境监测站是各级农牧渔业部门的事业单位，业务上同时受上一级农业环境监测站的指导，并与本地区有关环境保护部门密切配合，协同工作，完成农业环境监测任务。各级农业环境监测站的监测费用纳入同级农业环境保护主管部门的财政预算。

第六条　农业环境监测站人员编制，可依任务大小由各省、自治区、直辖市主管部门研究确定。一般可按下列编制配备专业技术人员：

农牧渔业部农业环境监测中心站 60～80 人；

省、自治区、直辖市农业环境监测站 30～40 人；

重点地（市）县农业环境监测站 15～20 人。

第七条　农业环境监测技术人员的技术职称，按原国务院环境保护领导小组和国务院科技干部局关于"环境保护干部技术职称暂行办法"执行。

监测技术人员待遇与农牧渔业科研单位技术人员相同。

第八条　接触有毒有害物质和从事污染源调查及生态环境调查、分析、采样的工作人员，参照有关规定享受劳动保护待遇和野外津贴。

第九条　有关建立环境监察员制度问题，按国家规定办理。

---

① 农牧渔业部于 1988 年更名为农业部。

第三章 职责和任务

第十条 各级农业环境保护主管部门在环境监测管理方面的主要职责是：

1. 领导本部门的环境监测工作，制订农业环境监测工作的发展规划和计划，下达各项监测任务，并监督实施。

2. 制定农业环境监测条例、制度以及农业环境监测网的建设计划，并监督实施。

3. 组织和协调本系统环境监测网工作，组织综合性农业环境质量调查。

4. 组织开展农业环境监测的国内外技术合作及经验交流。

第十一条 农牧渔业部农业环境监测中心站的主要任务：

1. 制订各项工作制度和业务考核制度、人员培训计划及监测技术规范，对各省、自治区、直辖市农业环境监测站进行业务、技术指导，组织农业环境监测网的活动。

2. 收集、整理、汇总、储存全国农业环境监测数据资料，绘制环境污染图表；综合分析评价全国农业环境质量状况，定期向农牧渔业部提出报告。

3. 定期编写全国农业环境质量报告书。

4. 负责全国农业环境监测的质量保证工作，开展农业环境监测新技术、新方法的研究，组织农业环境监测技术交流和各级监测人员的业务、技术培训。

5. 参加国家综合性的农业环境调查和重大污染事故的调查；承担重大农业环境污染事故纠纷的技术仲裁；受农牧渔业部委托，组织或参加重大建设工程对农业环境的影响评价及环境影响报告书的审查工作。

6. 参加国家各项农业环境标准和农业环境监测技术规范制定的修改工作。

第十二条 省级农业环境监测站的主要任务：

1. 根据全国农业环境监测规划和计划的要求，结合各地具体情况，参与制订本省、自治区、直辖市农业环境监测规划和计划。

2. 定期收集、汇总、整理、总结本区域农业环境监测数据，分析、评价本区域农业环境质量状况，绘制环境污染图表，定期向农业环境保护主管部门和农业环境监测中心站提出报告；定期编写本区域农业环境质量报告书；参加地方性农业环境标准的制订或修订工作。

3. 负责本区域农业环境监测的组织协调工作，完成主管部门下达的农业环境监测及农业生态调查任务。

4. 组织或参加当地兴建主要工程项目对农业环境的影响评价和环境影响报告书的审查工作；参加重大农业污染事故的调查。

5. 开展农业环境监测技术研究，组织本区域农业环境监测技术交流。

6. 完成本地农业环保主管部门下达的有关其他任务。

第十三条 重点地（市）、县农业环境监测站的主要任务：

1. 对本地（市）、县主要危害农业环境的污染物进行定期定点监测。

2. 负责本地（市）、县环境质量调查评价，定期向农业环境保护主管部门和上级监测站报告当地农业环境质量状况和污染动态；定期编写农业环境质量报告书。

3. 参加本地（市）、县农业环境污染事件的调查，为仲裁环境污染纠纷提供监测数据。

4. 参加地区性农业环境标准的制订和修订工作。

5. 完成农业环境保护主管部门下达的有关其他任务。

第四章 报告制度

第十四条 各级农业环境监测站，按主管部门的要求，定期、定式提供各类监测、调查数据和资料报告。各项上报材料需经站长签字后方为有效；在报送主管部门的同时，抄报上一级农业环境监测站。年度工作计划、总结、监测年报一年报送一次，农业环境质量报告书和监测数据、统计报表定期报送，重大污染事故及时上报。

第十五条 农业环境质量报告书、各类技术报告是重要的监测技术成果，与其他农业环境保护科研成果同等对待，参与科研成果评定。

第十六条 任何农业环境监测数据、资料、成果向外界提供要履行审批手续，未经主管部门的同意，不得公开发表。

第五章 附 则

第十七条 农业环境监测中心站根据本条例的基本原则，制定具体实施细则。

第十八条 本条例从颁布之日起实行，解释权归农牧渔业部。

关于加强农村环境保护工作的意见

（环发〔2007〕77号）

各省、自治区、直辖市环境保护局（厅），新疆生产建设兵团环境保护局，各直属单位，各派出机构：

为贯彻落实《中共中央　国务院关于推进社会主义新农村建设的若干意见》《国务院关于落实科学发展观　加强环境保护的决定》以及第六次全国环境保护大会精神，保护和改善农村环境，优化农村经济增长，促进社会主义新农村建设，现就进一步加强农村环境保护工作提出如下意见：

一、充分认识加强农村环境保护的重要性和紧迫性

党中央、国务院高度重视农村环境保护工作，经过多年的努力，农村环境污染防治和生态保护取得了积极进展。但是，目前我国农村环境形势十分严峻，点源污染与面源污染共存，生活污染和工业污染叠加，各种新旧污染相互交织，工业及城市污染向农村转移，危害群众健康，制约经济发展，影响社会稳定，已成为我国农村经济社会可持续发展的制约因素。造成我国农村环境问题的主要原因，一是农村环保法律法规和制度不完善；二是农村环保资金投入严重不足；三是农村环保基础设施建设严重滞后；四是农村环保监管能力薄弱。

我国农村环境的现状与改善农民健康状况、提高农民生活质量的迫切要求不相适应，与转变农业生产方式、提高食品安全水平的迫切要求不相适应，与激发农村活力、促进农村经济发展的迫切要求不相适应，与建设农村新环境、构建社会主义和谐社会的迫切要求不相适应。加强农村环境保护是落实科学发展观、构建和谐社会的必然要求，是适应农村经济社会发展、建设社会主义新农村的重大任务，是建设资源节约型、环境友好型社会的重要内容，是加快实现环境保护历史性转变的客观需要。各地要从全局和战略的高度，提高对农村环境保护重要性和紧迫性的认识，统筹城乡环境保护，把农村环境保护工作摆上更加重要和突出的位置，下更大的气力，做更大的努力，解决农村环境问题。

二、明确农村环境保护的指导思想、基本原则和主要目标

（一）指导思想

以科学发展观为指导，按照建设资源节约型和环境友好型社会的要求，坚持以人为本、城乡统筹、以农村环境保护优化经济增长，把农村环境保护与产业结构调整、节能减排结合起来，禁止工业和城市污染向农村转移，全面实施农村小康环保行动计划，着力推进环境友好型的农村生产生活方式，促进社会主义新农村建设，为构建社会主义和谐社会提供环境安全保障。

（二）基本原则

全面推进，突出重点。农村环境保护工作是一项涉及面很广的系统工程，要统筹规划，分步实施。重点抓好农村饮用水水源地保护、生活污水和垃圾治理、农村地区工业污染防治、规模化畜禽养殖污染防治、土壤污染治理，加强农村环境的监测和监管。

因地制宜，分类指导。结合各地实际，按照自然生态环境条件和经济社会发展水平，采取相应的农村环境保护对策和措施。

依靠科技，创新机制。加强农村环保适用技术的研究、开发和推广，充分发挥科技支撑作用，以技术创新促进农村环境问题的解决。建立政府、企业、社会多元化投入机制，优化整合。

政府主导，公众参与。发挥政府主导作用，落实政府保护农村环境的责任。维护农民环境权益，加强农民环境教育，建立和完善公众参与机制，鼓励和引导农民及社会力量参与、支持农村环境保护。

（三）主要目标

主要目标：到 2010 年，农村环境污染加剧的趋势有所控制，农村饮用水水源地环境质量有所改善，农村地区工业污染和生活污染防治取得初步成效，规模化畜禽养殖污染得到一定控制，农业面源污染防治力度加大，有机食品、绿色食品占农产品的比重不断提高，生态示范创建活动深入开展，农村环境监管能力得到加强，公众环保意识提高，农民生活与生产环境有所改善。到 2020 年，农村环境质量和生态状况明显改善。

三、着力解决突出的农村环境问题

（一）切实保护好农村饮用水水源地

把保障饮用水安全作为农村环境保护工作的首要任务，依法科学划定农村饮用水水源保护区，加强饮用水水源保护区的监测和监管，坚决依法取缔水源保护区内的排污口，禁止有毒有害物质进入饮用水水源保护区，严防养殖业污染水源，严禁直接或者间接向江河湖海排放超标的工业废水。制定饮用水水源保护区应急预案，强化水污染事故的预防和应急处理，确保群众饮水安全。

（二）加大农村生活污染治理力度

因地制宜处理农村生活污水。按照农村环境保护规划的要求，采取分散与集中处理相结合的方式，处理农村生活污水。居住比较分散、不具备条件的地区可采取分散处理方式处理生活污水；人口比较集中、有条件的地区要推进生活污水集中处理。新村庄建设规划要有环境保护的内容，配套建设生活污水和垃圾污染防治设施。

逐步推广"组保洁、村收集、镇转运、县处置"的城乡统筹的垃圾处理模式，提高农村生活垃圾收集率、清运率和处理率。边远地区、海岛地区可采取资源化的就地处理方式。

优化农村生活用能结构，积极推广沼气、太阳能、风能、生物质能等清洁能源，控制散煤和劣质煤的使用，减少大气污染物的排放。

（三）严格控制农村地区工业污染

采取有效措施，提高环保准入门槛，禁止工业和城市污染向农村转移。严格执行国家产业政策和环保标准，淘汰污染严重的落后的生产能力、工艺、设备。强化限期治理制度，对不能稳定达标或超总量的排污单位实行限期治理，治理期间应予限产、限排，并不得建设增加污染物排放总量的项目；逾期未完成治理任务的，责令其停产整治。严格执行环境影响评价和"三同时"制度，建设项目未履行环评审批程序即擅自开工建设的，责令其停止建设，补办环评手续，并予以处罚。对未经验收擅自投产的，责令其停止生产，并予以处罚。加大对各类工业开发区的环境监管力度，对达不到环境质量要求的要限期整改。加快推动农村工业企业向园区集中，鼓励企业开展清洁生产，大力发展循环经济。

（四）加强畜禽水产养殖污染防治

科学划定禁养、限养区域，改变人畜混居现象，改善农民生活环境。各地要结合实际，确定时限，限期关闭、搬迁禁养区内的畜禽养殖场。新建、改建、扩建规模化畜禽养殖场必须严格执行环境影响评价和"三同时"制度，确保污染物达标排放。对现有不能达标排放的规模化畜禽养殖场实行限期治理，逾期未完成治理任务的，责令其停产整治。鼓励生态养殖场和养殖小区建设，通过发展沼气、生产有机肥等综合利用方式，实现养殖废弃物的减量化、资源化、无害化。依据土地消纳能力，进行畜禽粪便还田。根据水质要求和水体承载能力，确定水产养殖的种类、数量，合理控制水库、湖泊网箱养殖规模，坚决禁止化肥养鱼。

（五）控制农业面源污染

采取综合措施控制农业面源污染，指导农民科学施用化肥、农药，积极推广测土配方施肥，推行秸秆还田，鼓励使用农家肥和新型有机肥。鼓励使用生物农药或高效、低毒、低残留农药，推广作物病虫草害综合防治和生物防治。鼓励农膜回收再利用。加强秸秆综合利用，发展生物质能源，推行秸秆气化工程、沼气工程、秸秆发电工程等，禁止在禁烧区内露天焚烧秸秆。

（六）积极防治农村土壤污染

做好全国土壤污染状况调查工作，摸清情况，把握机理，逐步完善土壤环境质量标准体系，建立土壤环境质量监测和评价制度，开展污染土壤综合治理试点。加强对污灌区域、工业用地及工业园区周边地区土壤污染的监管，严格控制主要粮食产地和蔬菜基地的污水灌溉，确保农产品质量安全。积极发展生态农业、有机农业，严格对无公害、绿色、有机农产品生产基地的环境监管。

（七）加强农村自然生态保护

坚持生态保护与治理并重，重点控制不合理的资源开发活动。优先保护天然植被，坚持因地制宜，重视自然恢复。严格控制土地退化和草原沙化。保护和整治村庄现有水体，努力恢复河沟池塘生态功能，提高水体自净能力。加强对矿产资源、水资源、旅游资源和交通基础设施等开发建设项目和活动的环境监管，努力遏制新的人为破坏。做好转基因生物安全、外来有害入侵物种和病原微生物的环境安全管理，严格控制外来物种在农村的引进与推广，保护农村生物多样性。加强红树林、珊瑚礁、海草等海洋生态系统的保护和恢复，改善海洋生态环境。

（八）加强农村环境监测和监管

建立和完善农村环境监测体系，研究制定农村环境监测与统计方法、农村环境质量评价标准和方法，开展农村环境状况评价工作，定期公布全国和区域农村环境状况。加强农村饮用水水源保护区、自然保护区、重要生态功能保护区、规模化畜禽养殖场和重要农产品产地的环境监测。有条件的地区应开展农村人口集中区的环境质量监测。

严格建设项目环境管理，开发建设活动必须依法执行环境影响评价和"三同时"制度，防止产生新的环境污染和生态破坏。禁止不符合区域功能定位和发展方向、不符合国家产业政策的项目在农村地区立项。加大环境监督执法力度，对不执行环境影响评价、违反建设项目环境保护设施"三同时"制度、不正常运转治理设施、超标排污、在自然保护区内违法开发建设和开展旅游或者违规采矿造成生态破坏等违法行为，严格查处。

四、强化农村环境保护工作措施

（一）加强农村环境保护立法

依法制定和完善农村环境保护法规、标准和技术规范，抓紧研究起草土壤污染防治法、畜禽养殖污染防治条例和农村环境保护条例。制定农村环境监测、评价的标准和方法。各地要结合实际，抓紧制订和实施一批地方性农村环境保护法规、规章和标准。

（二）建立农村环境保护责任制

实行县乡（镇）环境质量行政首长负责制，实行年度和任期目标管理。各省（自治区、直辖市）可根据实际情况制定农村环境质量评价指标体系和考核办法，开展县乡（镇）环境质量考核，定期公布考核结果。对在农村环境保护中做出突出贡献的单位和个人，予以表彰和奖励。

（三）加大农村环境保护投入

逐步建立政府、企业、社会多元化投入机制。环境保护专项资金应安排一定比例用于农村环境保护。各级政府用于农村环境保护的财政预算和投资应逐年增加，重点支持饮用水水源地保护、农村生活污水和垃圾治理、畜禽养殖污染治理、土壤污染治理、有机食品基地建设等工程。积极协调发展改革和财政部门，编制和实施农村环境保护规划，以规划带动项目，以项目争取资金，将农村环境保护落到实处。鼓励社会资金参与农村环境保护。逐步实行城镇生活污水和垃圾处理收费政策。积极探索建立农村生态补偿机制，按照"谁开发谁保护、谁破坏谁恢复、谁受益谁补偿"的原则，研究农村区域间的生态补偿方式。

（四）增强科技支撑作用

以科技创新推动农村环境保护，尽快建立以农村生活污水、垃圾处理以及农业废弃物综合利用技术为主体的农村环保科技支撑体系。大力研究、开发和推广农村环保适用技术。积极开展农村环保科普工作，提高群众保护农村环境的自觉性。建立农村环保适用技术发布制度，积极开展咨询、培训、示范与推广工作，促进农村环保适用技术的应用。

（五）深化试点示范工作

积极开展饮用水水源地保护、农村生活污水和垃圾治理、畜禽养殖污染治理、土壤污染治理、有机食品基地建设等示范工程，解决农村突出的环境问题。以生态示范创建为载体，积极推进农村环境保护。扎实推进和深化环境优美乡镇、生态村创建工作，创新工作机制，实施分类指导，分级管理；严格标准，完善考核办法；实行动态管理，建立激励和奖惩机制，表彰先进，督促后进。

（六）加强组织领导和队伍建设

地方各级环保部门要把农村环境保护工作纳入重要议事日程，研究部署农村环保工作，组织编制和实施农村小康环保行动计划，制订工作方案，检查落实情况，及时解决问题，做到组织落实、任务落实、人员落实、经费落实。省级、市级、县级环保部门要加强农村环境保护力量，鼓励和支持有条件的县级环保部门在辖区乡（镇）设立派出机构，加强农村环境监督管理。乡（镇）人民政府应明确环保工作人员，把环保工作落到实处。建立村规民约，组织村民参与农村环境保护。

（七）加大宣传教育力度

充分利用广播、电视、报刊、网络等媒体，广泛宣传和普及农村环境保护知识，及时报道先进典型和成功经验，揭露和批评违法行为，提高农民群众的环境意识，调动农民群众参与农村环境保护的积极性和主动性。维护农民群众的环境权益，尊重农民群众的环境知情权、参与权和监督权，农村环境质量评价结果应定期向农民群众公布，对涉及农民群众环境权益的发展规划和建设项目，应当听取当地农民群众的意见。

二〇〇七年五月二十一日

四、地方规范性文件

湖北省土壤污染防治条例

（2016 年 2 月 1 日湖北省第十二届人民代表大会第四次会议通过　自 2016 年 10 月 1 日起施行）

第一章　总　则

第一条　为了预防和治理土壤污染，保护和改善土壤环境，保障公众健康和安全，实现土壤资源的可持续利用，根据《中华人民共和国环境保护法》等有关法律、行政法规，结合本省实际，制定本条例。

第二条　本省行政区域内的土壤污染防治及其相关活动，适用本条例。

土壤污染，是指因某种物质进入土壤，导致土壤化学、物理、生物等方面特性的改变，影响土壤有效利用，危害人体健康或者破坏生态环境，造成土壤环境质量恶化的现象。

第三条　土壤污染防治应当遵循保护优先、预防为主、风险管控、综合治理、污染者担责的原则，实行政府主导、部门协同、社会参与的工作机制。

第四条　县级以上人民政府对本行政区域内的土壤环境质量负责，应当将土壤污染防治工作纳入国民经济和社会发展规划，制定土壤污染防治政策和措施，提高土壤污染防治能力，改善土壤环境。

县级以上人民政府应当统筹财政资金投入、土地出让收益、排污费等，建立土壤污染防治专项资金，完善财政资金和社会资金相结合的多元化资金投入与保障机制。

乡镇人民政府、街道办事处根据法律、法规的规定和上级人民政府有关部门的委托，开展有关土壤污染防治工作。村（居）民委员会协助政府开展有关土壤污染防治工作，引导村（居）民保护土壤环境。

第五条　县级以上人民政府应当支持土壤污染防治科学技术的研究开发、成果转化和推广应用，鼓励土壤污染防治产业的发展，提高土壤环境保护的科学技术水平。

第六条　全社会都应当遵守环境保护法律、法规，养成绿色环保的生产生活方式，采取有效措施保护土壤环境，防治土壤污染。

各级人民政府及有关部门和媒体应当加强土壤环境保护的宣传教育，将相关法律、法规纳入普法规划，增强公众土壤环境保护意识，拓展公众参与土壤环境保护的途径，引导公众参与土壤环境保护工作。

县级以上人民政府及有关部门应当对在土壤污染防治工作中做出显著成绩的单位和个人，给予表彰和奖励。

第二章　土壤污染防治的监督管理

第七条　县级以上环境保护委员会应当建立由政府主要负责人召集、有关部门参加、环境保护主管部门承担日常工作的土壤污染防治综合协调机制，研究、协调、解决土壤污染防治工作中的重大问题和事项。

第八条　县级以上人民政府环境保护主管部门对本行政区域内的土壤污染防治工作实施统一监督管理，具体履行下列职责：（一）实施土壤污染防治的法律、法规和政策措施；（二）会同有关部门编制土壤污染防治规划；（三）组织开展土壤环境质量状况调查；（四）建立土壤环境监测制度和监测数据共享机制，定期发布土壤环境质量信息；（五）批准污染地块的土壤污染控制计划或者修复方案，并监督实施；（六）编制土壤污染突发事件应急预案，调查处理土壤污染事件；（七）依法开展土壤环境保护督查、执法；（八）法律、法规规定的其他职责。县级以上人民政府应当建立健全基层土壤环境监察执法体系，加强土壤环境保护执法队伍建设，组织开展教育培训，规范执法行为，提高基层环境保护执法能力和执法水平。

第九条　县级以上人民政府农业主管部门负责本行政区域内的农产品产地土壤污染防治的监督管理，组织实施农产品产地土壤环境的调查、监测、评价和科学研究，以及已污染农产品产地土壤的治理，承担农产品产地污染事故的调查处理和应急管理。县级以上人民政府住房和城乡建设主管部门负责本行政区域内的建设用地土壤污染防治和城乡生活垃圾处理等方面的监督管理。县级以上人民政府国土资源主管部门负责本行政区域内的矿产资源开发利用、土地复垦等过程中的土壤污染防治监督管理。县级以上人民政府发展和改革、经济和信息化、科技、财政、交通运输、水行政、林业、卫生、旅游等有关部门，依照有关法律、法规的规定对土壤污染防治实施监督管理，共同做好土壤环境保护工作。

第十条　实行行政首长土壤污染防治责任制和土壤环境损害责任追究制。具体办法由省人民政府制定。县级以上人民政府应当将土壤污染防治目标完成情况纳入综合考核内容，对本级人民政府负有土壤污染防治监督管理职责的部门及其负责人和下级人民政府及其负责人进行考核，考核结果向社会公布。县级以上人民政府应当每年向本级人民代表大会或者其常务委员会报告本行政区域内的土壤污染防治工作。

第十一条　省人民政府应当严格执行国家土壤环境保护和管理的标准，建立健全本省土壤环境保护有关标准体系，制定、完善土壤环境质量标准和土壤污染控制与修复技术规范。省人民政府对国家土壤环境质量标准体系中未作规定的项目，可以制定本省土壤环境质量标准；对国家土壤环境质量标准体系中已作规定的项目，可以制定严于国家标准的地方标准。土壤环境保护的有关标准应当根据经济技术发展水平、土壤环境质量安全和维护公众健康的需要，及时修订并公布实施。

第十二条　省人民政府应当加强土壤环境监测能力建设，完善监测体系，组织环境保护、农业、住房和城乡建设、国土资源等有关部门制定监测规范，建立统一的监测网络和信息共享平台。县级以上人民政府环境保护主管部门对监测信息共享平台实行统一管理和协调，发布监测信息。

第十三条　省人民政府应当组织环境保护、农业、住房和城乡建设、国土资源等部门开展全省土壤环境质量状况普查，建立土壤环境质量档案。县级以上人民政府应当组织相关部门对饮用水水源保护区土壤环境质量状况每年至少调查一次，对农产品产地和修复后的污染地块等重点区域土壤环境质量状况每三年至少调查一次，并建立土壤环境质量档案。

第十四条　县级以上人民政府应当根据主体功能区规划和本行政区域内的土壤环境质量状况、土壤环境承载能力，编制土壤环境功能区划，确定土壤环境功能的类型并划定土壤环境功能区，报省人民政府环境保护主管部门批准后公布。

第十五条　县级以上人民政府环境保护主管部门会同有关部门，根据土壤环境质量状况和主体功能区规划、土壤环境功能区划、水环境功能区划等，编制本行政区域内的土壤污染防治规划，报本级人民政府批准后公布实施。土壤污染防治规划应当与土地利用总体规划、城乡规划相衔接。

第十六条　负有土壤污染防治监督管理职责的部门进行监督检查，有权采取下列措施，任何单位和个人不得拒绝或者阻碍：（一）进入可能造成污染的场所实施现场检查，向有关单位和个人了解情况，查阅、复制有关文件资料；（二）责令立即消除或者限期消除土壤污染事故隐患；（三）责令停止使用不符合法律、法规规定或者国家标准、行业标准的设施、设备；（四）依法查封、扣押造成污染物排放的设施、设备；（五）发现污染土壤环境的违法行为，责令改正。

第十七条　上级人民政府及其环境保护主管部门对重大土壤污染事故的处理和重点排污单位的土壤污染防治工作，应当实行挂牌督办；对土壤污染问题突出、公众反映强烈的地方，应当约谈有关人民政府及其相关部门主要负责人。

第三章　土壤污染的预防

第十八条　省人民政府应当根据环境保护需要和土壤环境功能区划，制定土壤污染防治的经济政策，公布禁止新建、改建、扩建污染土壤环境的生产项目名录以及限期淘汰的工艺和设备名录。县级以上人民政府及其有关部门应当采取措施，限期淘汰排放重金属、持久性有机污染物等污染土壤环境的工艺和设备，关停不符合产业政策的污染企业。

第十九条　省人民政府环境保护主管部门应当根据土壤环境质量状况调查结果，制定土壤污染高风险行业名录，并及时更新和公布；高风险行业名录应当包括有色金属、制革、石油、矿山、煤炭、焦化、化工、医药、铅酸蓄电池和电镀等。县级以上人民政府环境保护主管部门应当公布土壤污染高风险行业企业名单，对其废水、废气、固体废物等处理情况及其用地和周边土壤环境进行监测、监控、监督检查，监测数据实时上传土壤环境信息化管理平台。土壤污染高风险行业企业应当按照环境保护主管部门的规定和监测规范，对其用地及周边土壤环境每年至少开展一次监测，监测结果如实报所在地县级人民政府环境保护主管部门备案。推行土壤污染责任保险制度，对土壤污染高风险行业企业依据国家规定实行土壤污染强制责任保险。

第二十条　实行重点行业清洁生产评价制度。支持重点行业清洁生产技术改造，完善评价指标体系，开展清洁生产绩效评价，提升重点行业清洁生产水平，减少或者避免生产、服务和产品使用过程中污染物的产生和排放，减轻或者消除对公众健康和环境的危害。县级以上人民政府环境保护主管部门会同发展和改革、经济和信息化等有关部门，依照国家规定定期对土壤污染高风险行业企业实施清洁生产强制审核。

　　第二十一条　县级以上人民政府应当统一规划、科学布局开发区、工业园区等产业集聚区，依法进行规划环境影响评价，配套建设污水和固体废物集中处理设施，建立从源头到末端污染治理和资源化利用的全过程控制体系。排放含传染病病原体的废物、危险废物、含重金属污染物或者持久性有机污染物等有毒有害物质的项目，通过环境影响评价后，方可分类进入开发区、工业园区等产业集聚区。

　　第二十二条　建设项目的环境影响评价应当包含对土壤环境质量可能造成影响的评价及相应预防措施等内容。环境影响评价文件未经批准，不得开工建设。对土壤环境质量不能满足土壤环境功能区划要求的区域，环境保护主管部门应当停止审批新增污染物排放的建设项目的环境影响评价文件。建设项目的土壤污染防治设施应当与主体工程同时设计、同时施工、同时投入使用。土壤污染防治设施应当符合经批准的环境影响评价文件的要求，不得擅自拆除或者闲置。

　　第二十三条　禁止直接向土壤环境排放有毒有害的工业废气、废水和固体废物等物质。从事工业生产活动的单位和个人应当采取下列措施，防止土壤污染：（一）优先选择无毒无害的原材料，采用消耗低、排放少的先进技术、工艺和设备，生产易回收、易拆解、易降解和低残留或者无残留的工业产品；（二）及时处理生产、贮存过程中有毒有害原材料、产品或者废物的扬散、流失和渗漏等问题；（三）防止在运输过程中丢弃、遗撒有毒有害原材料、产品或者废物；（四）定期巡查维护环境保护设施的运行，及时处理非正常运行情况。

　　第二十四条　采矿企业应当采取科学的开采方法、选矿工艺和运输方式，执行重点污染物特别排放限值，减少尾矿、矸石、废石等矿业废物的产生量和贮存量。县级以上人民政府环境保护主管部门应当加强矿产资源开发利用的辐射安全监督管理。相关企业应当每年对矿区开展一次辐射环境监测。矿业废物贮存设施和矿场停止使用后，采矿企业应当采取防渗漏、封场、闭库等措施，防止污染土壤环境。

　　第二十五条　县级以上人民政府应当建立健全城乡生活垃圾收集、转运、处理机制，采取经济、技术政策和措施，鼓励、支持市场主体参与城乡生活垃圾分类收集、资源化利用和无害化处理。对生活垃圾实行填埋、焚烧的，应当采取耐腐防渗、除尘等无害化措施，防止污染周边土壤。建设生活垃圾处置设施、场所的，应当按照国家标准设置卫生防护带。卫生防护带设置不符合要求的，应当及时整改。各级人民政府及环境保护、农业、住房和城乡建设等有关部门应当开展农村环境综合整治，完善生活垃圾分类收集、转运、处理设施，提高废弃物回收利用水平，改善村庄人居环境。

　　第二十六条　省人民政府环境保护主管部门应当制定和完善污泥处理处置标准和技术规范。县级以上人民政府环境保护主管部门应当加强污泥处理处置的监督管理，防止污染土壤环境。产生、运输、贮存、处置污泥的单位，应当按照国家和地方相关处理处置标准及技术规范，对污泥进行资源化利用和无害化处理。禁止擅自倾倒、堆放、丢弃、遗撒污泥。

　　第二十七条　从事放射性物质、含传染病病原体的废物或者其他有毒有害物质收集、贮存、转移、运输和处置活动的单位和个人，应当采取有效措施防止污染土壤环境。

　　第二十八条　从事加油、洗染和车船修理、保养、清洗以及化学品贮存经营等活动的单位和个人，应当采取措施防止油品、溶剂等化学品挥发、遗撒、泄漏污染土壤环境。

第二十九条　县级以上人民政府及其循环经济发展综合管理部门应当合理布局废物回收网点和交易市场，支持企业、组织和个人开展废物的收集、储存、运输、交易、信息交流及回收利用。从事废旧电子产品、电池、车船、轮胎、塑料制品等回收利用活动的企业、组织和个人，应当采取预防土壤污染的措施，不得采用可能污染土壤环境的方法或者使用国家禁止使用的有毒有害物质。

第三十条　各级人民政府及有关部门和可能发生土壤污染事故的企业事业单位，应当制定土壤污染事故的应急预案，并定期进行演练，做好应急准备。

第四章　土壤污染的治理

第三十一条　县级以上人民政府环境保护主管部门应当将土壤污染物含量达到或者超过限值的地块纳入污染地块名单，报告本级人民政府和上一级环境保护主管部门，并依法向社会公布。县级以上人民政府环境保护主管部门应当将污染地块的污染情况通报土地权属登记部门；土地权属登记部门应当自收到通报之日起十五日内载入土地登记文件档案，并为公众提供免费查询服务。

第三十二条　县级以上人民政府环境保护主管部门应当组织开展污染地块的土壤环境风险评估，提出控制地块名单和修复地块名单。风险评估报告应当包括需要实施污染控制或者修复的土壤面积、范围、措施、期限和用途建议等内容。污染地块的控制和修复，由造成污染的单位和个人负责。无法确定污染责任主体的，由县级以上人民政府依法承担土壤污染控制或者修复责任。

第三十三条　土壤污染控制责任人、修复责任人应当根据风险评估情况，制订土壤污染控制计划或者修复方案，报县级以上人民政府环境保护主管部门批准后，开展土壤污染控制或者修复活动。县级以上人民政府环境保护主管部门审查土壤污染控制计划或者修复方案，应当进行科学论证，公开征求利益相关方的意见，并监督实施。开展土壤污染控制或者修复活动不得对土壤及其周边环境造成新的污染。

第三十四条　土壤污染修复工程竣工后，县级以上人民政府环境保护主管部门应当组织验收。验收不合格的，土壤污染修复责任人应当在环境保护主管部门规定的期限内修复。验收合格后应当将修复结果载入土地登记文件档案。

第三十五条　县级以上人民政府应当组织环境保护、农业、住房和城乡建设、国土资源、经济和信息化、卫生等部门对已搬迁、关闭企业原址场地土壤污染状况进行排查，掌握其特征污染物、原排放方式、扩散途径以及敏感目标等，建立已搬迁、关闭企业原址场地的潜在污染地块清单，并及时更新。

第三十六条　县级以上人民政府及其环境保护主管部门应当根据污染地块的具体情况，划定并公告土壤污染控制区，采取下列管控措施，减轻土壤污染危害或者避免污染扩大：（一）设立明显标识物；（二）设置围栏、警戒线等，疏散居民或者限制人员活动；（三）责令停止排放污染物、限制生产或者停产；（四）责令移除或者清理污染物；（五）调整土地用途；（六）其他必要措施。土壤污染控制区内禁止新建、改建、扩建与土壤污染控制或者修复无关的建筑物、设施，以及其他可能损害公众健康和生活环境的土地利用行为。

第五章　特定用途土壤的环境保护

第一节　农产品产地

第三十七条　县级以上人民政府应当对耕地、园地、牧草地、养殖业用地等农产品产地土壤实行优先保护。县级以上人民政府农业主管部门会同环境保护主管部门，根据土壤环境质量状况调查结果和农产品产地土壤环境质量标准，将农产品产地划分为清洁、中轻度污染和重度污染三级，设立标志，统一编号，建立档案，实行分级管理。

第三十八条　对清洁农产品产地实行永久保护，除法律规定的国家重点建设项目选址确实无法避让外，其他任何建设不得占用。对中轻度污染的农产品产地，应当采取下列措施：（一）对周边地区采取环境准入限制，加强污染源监督管理；（二）加强土壤环境监测和农产品质量监测；（三）采取农艺调控等措施控制重金属进入农产品；（四）实施轮耕、休耕。对重度污染的农产品产地，应当采取下列措施：（一）禁止种植食用农产品和饲料用草；（二）不适宜农产品生产的，由政府依法调整土地用途；（三）调整种植结构或者退耕还林（还草）；（四）实行土壤污染管控或者修复。

第三十九条　县级以上人民政府可以根据土壤环境保护的实际，在农产品产地外围划出一定范围的隔离带，采取植树造林、湿地修复等生态保护措施，预防和控制土壤污染。在隔离带内，严格控制城镇开发建设，禁止新建、改建、扩建有色金属、制革、石油、矿山、煤炭、焦化、化工、医药、铅酸蓄电池和电镀等土壤污染高风险行业企业和项目。对本条例实施前在农产品产地及其隔离带范围内建设的影响土壤环境的企业和项目，县级以上人民政府应当责令关闭或者搬迁，并依法予以补偿。

第四十条　禁止违法生产、销售、使用下列农业投入品：

（一）剧毒、高毒、高残留农药（含除草剂）；

（二）重金属、持久性有机污染物等有毒有害物质超标的肥料、土壤改良剂或者添加物；

（三）不符合标准的农用薄膜。

第四十一条　县级以上人民政府农业主管部门应当制订农药（含除草剂）、化肥、农用薄膜等农业投入品减量使用计划，定期公布农业投入品禁用目录，开展技术培训，指导农业生产者合理使用农业投入品，实施测土配方施肥，提高耕地质量，保护和改善土壤环境。农业生产者应当采取下列措施，改善农产品产地土壤环境质量：

（一）按照规定的用药品种、用药量、用药次数、用药方法和安全间隔期施药，防止农药残留污染土壤环境；

（二）减量使用化肥、农用薄膜、植物生长调节剂等农业投入品；

（三）及时清除、回收农药、肥料的包装物和残留、废弃农用薄膜等。县级以上人民政府环境保护主管部门会同农业主管部门，因地制宜设置农药、肥料、农用薄膜等农业投入品废弃物回收点，健全回收、储运和综合利用网络，实施集中无害化处理。县级以上人民政府应当采取激励措施，鼓励、支持企业和个人从事农业投入品废弃物的回收利用和无害化处理。

第四十二条　县级以上人民政府应当鼓励发展有机农业和生态循环农业，指导农业生产者调整种植结构，通过政府补贴等经济政策，推行秸秆还田、轮作休耕等有利于保护和改善土壤环境的措施，对生产高效、低毒、低残留农药和有机肥、缓释肥的企业以及从事有机农业、生态循环农业活动的生产者给予扶持。

第四十三条   县级人民政府环境保护主管部门应当定期检测农田灌溉用水水质，并报告本级人民政府。未达到农田灌溉用水水质标准的，县级人民政府应当采取措施限期予以改善。在农产品产地范围内，禁止使用不符合农用标准的污水、污泥。

第四十四条   县级以上人民政府环境保护主管部门应当加强对畜禽、水产养殖污染防治的监督管理；农业主管部门应当加强畜禽、水产养殖废物综合利用的指导和服务。严格规范兽药、饲料添加剂的生产，依法规范、限制使用抗生素等化学药品，实施农产品产地和水产品集中养殖区环境激素类化学品淘汰、限制、替代等措施，防止兽药、饲料添加剂中的有害成分通过畜禽养殖废弃物还田污染土壤环境。从事畜禽、水产规模养殖和农产品加工的单位和个人，应当对粪便、废水和其他废物进行无害化处理、综合利用或者达标排放。

第二节   居住、公共管理与服务、商业服务用地

第四十五条   县级以上人民政府应当加强建设用地中的居住、公共管理与服务、商业服务用地土壤环境保护，保障人居环境安全。

第四十六条   县级以上人民政府住房和城乡建设主管部门会同环境保护主管部门，根据土壤环境质量状况调查结果，确定建设用地用途，实施分类管理。

第四十七条   作为居住、公共管理与服务、商业服务用地使用的，应当按照规定进行土壤环境质量状况评估，评估结果向社会公开。未按照规定进行评估或者经评估认定可能损害人体健康的建设用地，不得作为居住、公共管理与服务、商业服务用地使用，相关部门不得办理供地等手续。

第四十八条   新增建设用地和改变现有建设用地用途的，在办理用地手续前，土地使用权人应当根据国家有关技术规定，委托具有法定资质的机构开展土壤环境质量状况评估，评估结果报所在地县级人民政府环境保护主管部门备案。现有建设用地土地使用权转让的，在办理相关规划和土地手续时，转让方应当提供具有法定资质机构编制的土壤环境质量状况评估报告，报所在地县级人民政府环境保护主管部门备案。国有土地出让、划拨的，土壤环境质量状况评估和报备由国土资源主管部门负责。

第六章   信息公开与社会参与

第四十九条   县级以上人民政府及其负有土壤污染防治监督管理职责的部门，应当建立土壤环境信息公开与发布制度，完善社会参与程序，为公众参与和监督土壤污染防治工作提供便利。负有土壤污染防治监督管理职责的部门应当依照有关规定，编制本部门的土壤环境信息公开指南和公开目录，并及时更新。土壤环境信息公开指南应当明确政府土壤环境信息公开的范围、形式、内容、申请程序和监督方式等事项。

第五十条   省人民政府应当定期公布本行政区域内的土壤环境质量状况。县级以上人民政府环境保护主管部门应当及时公布严重污染土壤环境的单位名称、个人姓名和污染状况。土壤污染高风险行业企业应当依据国家环境信息公开有关规定，如实向社会公开其产生的重金属和持久性有机污染物名称、排放方式、排放浓度、排放总量以及污染防治设施的建设和运行情况，接受社会监督。

第五十一条　任何单位和个人有权对土壤环境保护的决策活动提出意见和建议。除依法需要保密的情形外，土壤环境保护有关标准的制定、规划编制、项目审批、环境影响评价、污染控制计划、污染修复方案等与公众土壤环境权益密切相关的事项应当公开，并通过听证会、论证会、座谈会等形式向可能受影响的公众说明情况，充分征求意见。

第五十二条　县级以上人民政府环境保护主管部门应当将生产经营者遵守土壤环境保护法律、法规和承担土壤环境保护社会责任的情况分类记入环保诚信档案。环保诚信档案应当向社会公开，并作为财政支持、政府采购、银行信贷、外贸出口、企业信用、上市融资、著名商标和名牌产品认定的重要依据。

第五十三条　对污染土壤环境或者不依法履行土壤污染防治监督管理职责的行为，任何单位和个人有权举报。接受举报的机关应当及时调查处理，对举报人的信息予以保密，举报查证属实的，给予奖励。

第五十四条　县级以上人民政府应当采取激励措施，鼓励第三方开展土壤环境质量状况调查、土壤环境监测、土壤环境风险评估、土壤污染控制与修复，建立土壤污染防治市场化机制。

第五十五条　鼓励符合条件的社会组织对严重污染土壤环境、破坏生态、损害公众健康和公共利益的环境违法行为，依法提起公益诉讼。提起土壤环境污染公益诉讼的社会组织和因土壤环境污染受到损害的当事人向人民法院提起诉讼的，负有土壤污染防治监督管理职责的部门和有关社会团体应当在确定污染源、污染范围以及污染造成的损失等事故调查方面为其提供支持。法律援助机构应当对提起土壤环境污染公益诉讼的社会组织和因土壤污染受到损害请求赔偿的经济困难公民提供法律援助。

第七章　法律责任

第五十六条　违反本条例，法律、法规已有行政处罚规定的，从其规定。

因土壤污染受到损害的单位和个人，有权依法要求污染者承担停止侵害、排除妨碍、消除危险、恢复原状、赔偿损失等民事侵权责任。

污染土壤环境违法行为涉嫌犯罪的，负有土壤污染防治监督管理职责的部门应当及时将案件移送司法机关，依法追究刑事责任。

第五十七条　各级人民政府未完成土壤污染防治工作目标的，由上一级人民政府或者有关部门对其主要负责人进行诫勉谈话或者通报批评；对任期内不依法履行职责，使辖区内土壤环境质量恶化、造成严重后果的，政府负责人应当引咎辞职，并依照规定追责。

第五十八条　国家机关及其工作人员违反本条例规定，有下列情形之一的，由其主管机关或者监察机关依法对直接负责的主管人员和其他直接责任人员给予行政处分；构成犯罪的，依法追究刑事责任：（一）未按照规定开展土壤环境质量状况普查、调查的；（二）未依法实行土壤污染防治工作目标责任考核评价制度的；（三）未按照规定监测、监控和督查的；（四）违反产业政策批准项目建设、造成土壤污染的；（五）应当停止审批新增污染物建设项目的环境影响评价文件而未停止审批的；（六）违法批准土壤污染控制计划或者修复方案的；（七）违法批准占用农产品产地的；（八）违法办理建设用地供地手续的；（九）未依法履行信息公开义务的；（十）其他不依法履行职责的行为。

第五十九条　土壤污染高风险行业企业未按照规定对其用地及周边土壤进行监测的，

由环境保护主管部门责令限期改正；逾期未改正的，处 2 万元以上 5 万元以下罚款，依法确定有法定资质的第三方开展监测，所需费用由违法行为人承担。

土壤污染高风险行业企业未按照规定公开信息的，由环境保护主管部门责令限期改正；逾期未改正的，处 2 万元以上 5 万元以下罚款；情节严重的，责令停产停业。

第六十条　建设项目的土壤污染防治设施未建成，主体工程即投入生产、使用，或者建成后擅自拆除、闲置的，由环境保护主管部门责令停止生产、使用，限期改正，并处 30 万元以上 50 万元以下罚款。

第六十一条　违法生产、销售本条例第四十条所列农药（含除草剂）、肥料、土壤改良剂、添加物、农用薄膜的，由农业主管部门或者法律、行政法规规定的其他有关部门责令停止生产、销售，没收违法所得，并处违法所得五倍以上十倍以下罚款；没有违法所得的，处 5 万元以上 10 万元以下罚款；情节严重的，依法吊销有关资质证书。

有下列情形之一的，由农业主管部门给予警告，责令改正；拒不改正的，公告违法单位名称和个人姓名；造成严重后果的，对农业生产经营组织可以并处 1 万元以上 3 万元以下罚款：（一）违法使用剧毒、高毒、高残留农药（含除草剂）的；（二）使用重金属等有毒有害物质超标的肥料、土壤改良剂或者添加物的；（三）使用不符合标准的农用薄膜的；（四）在农产品产地范围内，使用不符合农用标准的污水、污泥的。

第六十二条　土壤污染控制责任人、修复责任人未按照规定开展土壤污染控制或者修复活动的，由环境保护主管部门责令限期改正；逾期未改正的，处 5 万元以上 10 万元以下罚款，依法确定有法定资质的第三方开展污染控制或者修复活动，所需费用由违法行为人承担。

第六十三条　第三方在土壤环境质量状况调查、土壤环境监测、土壤环境风险评估、土壤污染控制或者修复活动中弄虚作假的，由环境保护主管部门没收违法所得，并处 5 万元以上 10 万元以下罚款，列入从业信誉不良的环保诚信档案；情节严重或者造成严重后果的，依法吊销有关资质证书。

第六十四条　单位和其他生产经营者违法排放污染物受到罚款处罚，被责令改正，拒不改正的，环境保护主管部门可以自责令改正之日的次日起，按照原处罚数额按日连续处罚，对排放污染物的单位主要负责人处 5 万元以上 10 万元以下罚款；情节严重的，报经有批准权的人民政府批准，责令停产停业、关闭。

第八章　附　则

第六十五条　本条例自 2016 年 10 月 1 日起施行。

福建省土壤污染防治办法

（2015 年 12 月 3 日福建省人民政府令第 172 号公布　自 2016 年 2 月 1 日起施行）

第一章　总　则

第一条　为了保护和改善土壤环境，推进生态省建设，预防和治理土壤污染，保障公众健康，实现土壤资源永续利用，促进经济社会可持续发展，根据国家有关法律、法规，制定本办法。

第二条　本省行政区域内的土壤污染防治及其相关活动，适用本办法。

本办法所称土壤，是指农用地、建设用地、未利用地的土壤。

第三条　土壤污染防治遵循预防为主、保护优先、综合治理、公众参与、污染担责的原则。

第四条　县级以上人民政府应当对本行政区域内的土壤环境质量负责，加强对土壤污染防治工作的领导，建立土壤污染防治工作协调机制，将土壤污染防治工作纳入国民经济和社会发展规划，安排土壤污染防治经费，采取有效措施防治土壤污染。

县级以上人民政府应当将土壤污染防治目标完成情况作为对下一级政府及其负责人考核评价的内容。

第五条　县级以上人民政府环境保护主管部门对本行政区域内的土壤污染防治工作实施统一监督管理。

县级以上人民政府对土壤污染防治负有监督管理职责的有关部门，依照下列规定履行职责：

（一）农业主管部门负责对农产品产地土壤污染防治工作实施监督管理，组织农产品产地土壤环境的调查、监测、评价和科学研究，参与农产品产地土壤污染事故的调查处理和应急管理；

（二）国土资源主管部门负责矿产资源开发利用等过程中的土壤污染防治监督管理；

（三）住房城乡建设主管部门负责城乡生活垃圾处理和城镇污水集中处理过程中的土壤污染防治监督管理；

（四）林业主管部门负责林地管理、湿地保护等过程中的土壤污染防治监督管理；

（五）经信主管部门负责工业、软件和信息服务业行业准入管理过程中的土壤污染预防监督管理；

（六）财政、发展改革、水利、海洋渔业、科技、卫生计生、交通、安全生产监督、旅游等相关主管部门根据各自职责对土壤污染防治工作实施监督管理。

乡镇人民政府、街道办事处应当配合环境保护主管部门及其他有关主管部门做好土壤污染防治的有关工作。

第六条　企业事业单位和其他生产经营者应当采取有效措施保护和改善土壤环境，防止土壤污染，消除土壤污染危害，对所造成的损害依法承担法律责任。

第七条　支持土壤污染防治的科学研究、技术开发及应用推广，推进土壤污染防治产业发展，开展土壤污染防治宣传教育，普及相关科学知识，提高土壤污染防治科学技术水平。

对保护和改善土壤环境有显著成绩的单位和个人，县级以上人民政府应当按照有关规定给予表彰和奖励。

第八条　任何单位和个人都有保护土壤环境的义务，有权对污染和破坏土壤环境的行为进行举报；有关监督管理部门接到举报后，应当及时调查处理。经查证属实的举报，对举报人给予奖励并予以保密。

第二章　监督管理

第九条　县级以上人民政府环境保护主管部门会同有关部门，根据经济和社会发展规划、行政区域土壤环境质量状况编制土壤污染防治规划，报同级人民政府批准并公布实施。

土壤污染防治规划的内容应当包括土壤污染防治的目标、任务和保障措施等，并与主体功能区规划、土地利用总体规划、城乡规划和环境保护规划相衔接。

县级以上人民政府制定区域发展规划、产业发展规划、城乡规划等，应当充分考虑土壤污染防治的需要。

第十条　省人民政府及其有关部门依据国家土壤环境质量标准，结合本省实际，制定并公布本省土壤环境质量标准和土壤环境调查、监测、评估、修复等技术规范。

省人民政府对国家土壤环境质量标准中未作规定的项目，可以制定本省土壤环境质量标准；对国家土壤环境质量标准中已作规定的项目，可以制定严于国家标准的地方土壤环境质量标准。

第十一条　县级以上人民政府环境保护主管部门应当会同其他有关部门协同推进大气、水、土壤污染治理和监督管理工作，督促相关企业改进治理工艺和技术，提高污染治理成效，做到污水与污泥同治、废气与废渣同治，最大限度地减少二次污染。

第十二条　县级以上人民政府应当健全农产品产地土壤环境监测制度，由农业主管部门对农产品产地土壤环境进行重点监测、加密监测和动态监测。

县级以上人民政府环境保护主管部门应当会同国土资源、农业、住建、林业等有关部门建立土壤环境监测网络，实行监测数据共享。

县级以上人民政府应当加大购买环境监测服务的力度，充分发挥第三方检验检测机构在土壤环境监测中的作用。

第十三条　县级以上人民政府环境保护主管部门会同有关部门定期组织开展土壤环境状况调查，适时公布调查信息。饮用水水源保护区、食用农产品产地等土壤敏感区域至少每五年调查一次。

设区的市人民政府环境保护主管部门应当根据土壤环境状况调查结果建立污染土壤档案，及时更新土壤污染状况及整治结果。

省人民政府环境保护主管部门应当组织农业、国土资源、住建等部门和科研单位，根据土壤环境现状调查结果，选择有代表性的农业、工业和矿业污染等场地，开展污染土壤治理与修复试点工作。

第十四条　县级以上人民政府环境保护主管部门应当建立企业事业单位土壤环境保

护诚信档案，记载企业事业单位遵守相关法律法规和承担土壤污染防治社会责任等情况，建立企业事业单位土壤环境行为信用评价制度，并纳入社会征信体系。

第十五条　开展土壤环境监测、土壤污染评估、土壤污染修复等业务的第三方机构应当依法具备相应的资质，并向开展业务所在地有关部门备案。

县级以上人民政府环境保护主管部门应当加强对土壤环境监测、土壤污染评估、土壤污染修复等第三方机构的指导、监督，建立相关机构的诚信档案，并向社会公开。

第十六条　县级以上人民政府负有土壤污染防治监督管理职责的部门，有权对可能造成土壤污染的场所进行现场检查。被检查的场所所属单位或者人员应当予以配合，不得规避、妨碍或者拒绝检查。实施现场检查的部门及其工作人员应当为被检查单位或者人员保守商业和技术秘密。

第三章　土壤污染预防

第十七条　县级以上人民政府及其发展改革、经信、住建、环保、国土资源、农业、商务等有关部门，应当依据主体功能区规划、土地利用总体规划、城乡规划和土壤污染防治规划等，合理规划产业布局，严格产业准入，防止新增建设项目造成新的土壤污染，淘汰严重污染土壤环境的工艺和设备，依法限期整治或者关闭不符合产业政策的污染企业。

第十八条　在规划和建设项目的环境影响评价中，应当包含对土壤可能造成的影响的评价及相应预防措施等内容，并依照有关法律规定充分征求意见。

可能造成土壤污染的建设项目，其土壤污染防治设施应当与主体工程同时设计、同时施工、同时投产使用。

第十九条　实行农用地土壤环境分级管理制度，农用地应当划分环境安全区、环境警戒区与环境污染区。具体实施办法由省人民政府环境保护主管部门会同农业、国土资源主管部门制定并报省人民政府批准后实施。

对农用地环境安全区，应当采取有效措施，防止各种污染源对农用地土壤环境的污染。

对农用地环境警戒区，应当开展环境污染综合整治，减少或者消除污染，改善农用地土壤环境质量。

对农用地环境污染区，应当进行农业结构调整，严格用途管制。禁止种植食用农产品和饲草。因污染严重不适宜农产品生产的，按照土壤修复的有关规定进行修复。

第二十条　从事农业生产活动的单位和个人，应当合理使用化肥、农药、兽药、饲料和饲料添加剂、农用薄膜等农业投入品，禁止使用国家和我省明令禁止、淘汰的或者未经许可的农业投入品。

农业投入品经营者应当采取措施及时回收农膜、农药和肥料等农业投入品的废弃包装物，交由专门的机构或者组织进行无害化处理。

鼓励使用低毒低残留易降解的农药，推广生态控制、生物防治、物理防治等病虫害绿色防控措施。

禁止在农用地使用未经无害化处理或者不符合国家和本省标准的城镇污水、污泥、清淤底泥、尾矿等。

第二十一条　从事畜禽、水产规模养殖和农产品加工的单位和个人，应当对病死畜禽、粪便、废水和其他废弃物进行综合利用和无害化处理。

严格规范兽药、饲料添加剂的生产和使用，防止兽药、饲料添加剂的残留通过畜禽养殖废物还田等途径对土壤造成污染。

第二十二条 从事皮革生产、电镀、铅酸蓄电池生产等制造业的单位和个人应当采取下列措施，防止土壤污染：

（一）优先采用易回收、易拆解、易降解、无毒无害或者低毒低害的材料及先进的技术、工艺和设备；

（二）定期巡查巡护生产设备、设施，及时处理生产过程中材料、产品或者废物的扬散、流失和渗漏等问题；

（三）定期巡查巡护环境保护设施的运行，及时处理非正常运行情况；

（四）防止在运输过程中丢弃、遗撒原材料、产品或者废物。

禁止直接向土壤环境排放工业废水和倾倒、填埋固体废物。

第二十三条 矿山企业应当采取科学的开采方式、选矿工艺、运输方式和环境保护措施，防止废气、废水、尾矿、矸石和废石等污染或者破坏土壤环境。

第二十四条 石油企业在石油冶炼、运输、储存、使用等环节中应当采取有效措施防止跑冒滴漏等情形污染土壤环境。

第二十五条 经营加油站、洗染店，从事机动车船修理、保养、清洗等活动的单位和个人，应当采取措施防止因储油设备油品泄漏、废弃机油的倾倒以及加油和洗染活动中油品或者干洗溶剂的挥发、遗撒、泄漏造成土壤污染。

第二十六条 从事放射性物质或者危险废物收集、储存、转移、运输和处置活动的单位，应当采取有效措施防止土壤污染。

第二十七条 医疗卫生机构和医疗废物集中处置单位，应当采取有效措施，防止医疗废物流失、泄漏、扩散。

第二十八条 建设生活垃圾填埋及渗滤液处置设施应当采取耐腐防渗等处理措施，防止对周边土壤环境造成污染。

生活垃圾焚烧厂应当采取有效措施规范处置飞灰等危险废物。

第二十九条 需要拆除设施、设备或者构筑物的单位和个人，应当采取措施防止其中残留的危险废物或者其他有毒有害物质的泄漏、遗撒和扬散污染土壤环境。

鼓励从事废旧工业产品拆解、处置及再制造活动的企业进入工业园区，并应当采取先进的拆解、处置和再制造技术和工艺，不得采用可能造成土壤污染的方法或者使用国家禁止使用的有毒有害物质。

第四章 土壤污染治理

第三十条 省人民政府应当依据土壤环境状况调查结果，结合县级以上人民政府及其有关部门公布的污染企业名单，建立土壤污染重点监控企业名录制度。

土壤污染重点监控企业应当委托第三方机构，按照国家有关技术规定，按规定定期对其用地的土壤开展监测，监测结果报所在地县级人民政府环境保护主管部门备案。

鼓励土壤重点监控企业实施土壤污染责任保险。

第三十一条 设区的市人民政府环保、国土资源、农业、住建、林业等主管部门经监测发现土壤污染物含量达到或者超过限值的，应当报请同级人民政府同意后将该地块纳入污染地块名单，并报省人民政府环境保护主管部门备案。

第三十二条 纳入污染地块名单的使用权人或者土地使用人应当委托第三方机构对污染地块开展风险评估，风险评估报告报所在地设区的市人民政府环境保护主管部门备案。

经评估认为污染地块可能损害人体健康和环境、应当进行修复的，设区的市人民政府环保部门应当会同农业、国土资源、住建和林业等有关部门报请同级人民政府同意后纳入修复地块名单，并按照污染等级和危害程度提出优先修复名单。

接受委托的第三方机构开展风险评估应当编制土壤污染风险评估报告，并对报告的真实性负责。

第三十三条 污染地块列入修复地块名单，应当进行修复的，由造成污染的单位和个人负责被污染土壤的修复。

污染地块未列入修复地块名单的，由造成污染的单位和个人负责控制土壤污染的扩大。

污染地块的所有权人、使用权人和实际使用人负有控制土壤污染扩大的责任，所有权人、使用权人和实际使用人不一致的，实际使用人负有控制土壤污染扩大的主要责任，所有权人、使用权人依法负连带责任，产生的相关费用由造成污染的单位和个人承担。造成污染的单位和个人应当承担修复被污染土壤的责任。

无法确定污染责任人的，由污染地块所在地县级以上人民政府承担控制土壤污染的扩大和修复被污染土壤的责任，产生的相关费用在确定污染责任人后，可以依法向污染责任人追偿。

第三十四条 应当进行污染土壤修复的，污染土壤修复责任人应当拟订土壤修复目标，编制污染地块修复方案，报所在地设区的市人民政府环境保护主管部门及有关部门备案。

编制污染地块修复方案应当向可能受影响的公众说明情况，充分征求意见。

污染土壤修复责任人应当按照污染地块修复方案，实施污染土壤修复活动，确需调整污染地块修复方案的，应当按照前款规定编制补充方案。

第三十五条 实施土壤修复活动，不得对被修复土壤及其周边环境造成新的污染。修复过程中产生的废水、废气和固体废物，以及吸附重金属的植物等，应当依照有关规定进行处置。

县级以上人民政府环境保护主管部门应当对土壤修复工程实施和相关环境保护措施落实情况进行监督检查。

第三十六条 污染土壤修复工程竣工后，污染土壤修复责任人应当委托环境检验检测机构对污染土壤修复工程进行监测。

接受委托的环境检验检测机构应当按照有关规定对污染土壤修复工程进行监测，编制监测报告，并对报告的真实性负责。

污染土壤修复责任人应当将监测报告报所在地县级人民政府环境保护主管部门备案。

经监测达到修复工程方案目标的，由所在地县级人民政府环境保护主管部门发布修复工程完工公告；未达到目标的，污染土壤修复责任人应当继续修复到目标完成。

第三十七条 应当进行土壤污染控制的，土壤污染控制责任人应当编制土壤污染控制计划，报设区的市人民政府环境保护主管部门备案。

编制土壤污染控制计划应当向可能受影响的公众说明情况，充分征求意见。

土壤污染控制责任人应当按照土壤污染控制计划，实施土壤污染控制活动。

第三十八条   建立政府、社会、企业共同参与的土壤污染控制与修复市场化机制。县级以上人民政府应当采取经济激励措施，培育土壤污染控制与修复市场，推动土壤污染的第三方治理。

第三十九条   应当进行土壤污染修复或者控制，责任人怠于编制污染地块修复方案或者土壤污染控制计划，或者怠于实施土壤污染控制或者修复的，县级以上人民政府环境保护主管部门可以依法委托第三方机构代为履行，费用由土壤污染修复或者控制责任人承担。

第四十条   县级以上人民政府环境保护主管部门和企业事业单位，依法制定突发环境污染事件应急预案应当包括土壤污染防治的内容。

发生突发土壤污染事件时，有关单位应当立即启动应急预案，按照预案要求做好应急处置。县级以上人民政府可以根据具体情况采取相关应急措施，疏散人员，责令停止导致或者可能导致突发土壤污染事件的活动，移除污染源，责令有关单位采取措施控制污染扩大。

第五章   法律责任

第四十一条   违反本办法规定，法律、行政法规已有处罚规定的，从其规定。

污染土壤环境违法行为涉嫌犯罪的，负有土壤污染防治监督管理职责的部门应当及时将案件移送司法机关，依法追究刑事责任。

第四十二条   违反本办法规定，国家机关及其工作人员有下列情形之一的，依照相关法律规定由其主管机关或者监察机关依法对直接负责的主管人员和其他直接责任人员给予处分；构成犯罪的，依法追究刑事责任：

（一）不依法履行信息公开义务的；

（二）不依法审批项目造成土壤污染的；

（三）不按要求启动应急预案、采取相应措施的；

（四）违法违规使用土壤污染防治经费的；

（五）其他不依法履行职责的行为。

第四十三条   违反本办法规定，有关单位或者人员规避、妨碍或者拒绝有关部门依法进行现场检查的，由县级以上人民政府环境保护主管部门或者其他负有土壤污染防治监督管理职责的部门责令改正；逾期不改正的，处1万元以上3万元以下罚款；构成违反治安管理行为的，依法给予治安管理处罚。

第四十四条   违反本办法规定，在土壤环境评估、监测中弄虚作假的机构，由县级以上人民政府环境保护主管部门处3万元罚款，列入从业信誉不良的征信档案；构成犯罪的，依法追究刑事责任。

土壤污染评估结论失实致使相关单位和个人的活动造成土壤污染或者破坏而承担民事责任的，应当依法承担连带责任。

第四十五条   违反本办法规定，有下列行为之一的，由县级以上人民政府环境保护主管部门或者其他负有土壤污染防治监督管理职责的部门责令改正，或者依法责令其采取限制生产、停产整治等措施；情节严重的，处 10 万元以上 20 万元以下罚款：

（一）开展环境影响评价工作中未包括对土壤可能造成的影响的评价及相应预防措施等内容的；

（二）建设项目的土壤污染防治设施未与主体工程同时设计、同时施工、同时投产使用的；

（三）未按照规定采取相关措施防止土壤污染的；

（四）未按照规定开展污染地块风险评估、编制土壤污染风险评估报告，或者未将土壤污染风险评估报告报有关部门备案的；

（五）突发环境污染事件应急预案未包括土壤污染防治内容的；

（六）未编制污染地块修复方案、土壤污染控制计划，或者未按照污染地块修复方案、土壤污染控制计划实施土壤污染控制及修复活动的；

（七）在土壤修复过程中未按照规定采取防治土壤污染以及安全防护措施的；

（八）在土壤修复工程完成后未按照规定委托监测机构监测及报送备案的。

第四十六条　违反本办法规定，土壤污染重点监控企业未委托第三方机构开展土壤环境监测、履行土壤环境监测义务的，由县级以上人民政府环境保护主管部门责令限期改正；逾期不改正的，处 2 万元以上 10 万元以下罚款。

第四十七条　违反本办法规定，发生土壤环境污染事件后，企业事业单位未及时启动应急预案的，由县级以上人民政府环境保护主管部门或者其他有关主管部门处 10 万元以上 20 万元以下罚款，并对单位主要负责人和直接责任人处 5 万元以上 10 万元以下罚款。

第四十八条　因土壤污染受到损害的单位和个人，有权依法要求污染者承担停止侵害、排除妨碍、消除危险、恢复原状、赔偿损失等民事侵权责任。

对污染土壤环境、损害社会公共利益的行为，法律规定的社会组织可以依法向人民法院提起诉讼，负有土壤污染防治监督管理职责的部门和有关社会团体应当在事故调查方面为当事人提供支持。

第六章　附　则

第四十九条　本办法自 2016 年 2 月 1 日起施行。

江苏省农产品质量安全条例

（2011 年 5 月 25 日江苏省第十一届人民代表大会常务委员会第二十二次会议通过　自 2011 年 9 月 1 日起施行）

第一章　总　则

第一条　为了保障农产品质量安全，维护公众健康，促进农业和农村经济发展，根据《中华人民共和国农产品质量安全法》《中华人民共和国食品安全法》等法律、行政法规，结合本省实际，制定本条例。

第二条　本省行政区域内从事农产品生产、经营以及其他与农产品质量安全相关活动的单位和个人，应当遵守本条例。

第三条　县级以上地方人民政府统一领导、协调本行政区域内农产品质量安全工作，将农产品质量安全纳入本级国民经济和社会发展规划，建立农产品质量安全工作协调机制，健全农产品质量安全监管体系和服务体系，明确各部门的工作职责，落实工作措施，保障农产品生产和消费安全。农产品质量安全监管经费纳入本级财政预算。

乡镇人民政府应当加强对本行政区域内农产品生产、经营活动的指导，健全农产品质量安全监管服务机制，落实农产品质量安全监管责任，协同做好产地环境、农业投入品监督管理工作。

第四条　县级以上地方人民政府农业（包括渔业，下同）行政主管部门负责本行政区域内农产品质量管理，开展例行监测、监督检查以及农业投入品的监管和指导，会同有关部门组织查处农产品质量安全事故。

县级以上工商、卫生、质量监督、商务、环境保护、食品药品监督、粮食等有关部门和当地出入境检验检疫机构应当按照各自职责，负责本行政区域内农产品质量安全工作。

第五条　县级以上地方人民政府应当加强现代农业建设，转变农业发展方式，支持农产品质量安全科学技术研究，推广先进安全的生产技术，提高农产品质量安全水平。

地方各级人民政府和有关部门应当加强农产品质量安全知识宣传，提高公众的质量安全意识，保障农产品消费安全。

第六条　支持、引导农产品生产者、经营者依法成立、加入农民专业合作经济组织或者农产品行业协会。

农民专业合作经济组织、农产品行业协会应当加强自律管理，宣传农产品质量安全知识，为其成员提供信息、技术服务，指导其依法从事农产品生产经营活动。

第七条　农产品生产经营者应当按照法律、法规和农产品质量安全标准从事生产经营活动，对社会公众负责，保证农产品质量安全。

第二章　农产品产地

第八条　县级以上地方人民政府农业行政主管部门应当建立健全农产品产地安全监

测管理制度，对农产品产地安全进行调查、监测和评价。

无公害农产品、绿色食品、有机农产品的产地环境，应当按照规定每三年进行一次检测。

第九条　县级以上地方人民政府农业行政主管部门应当在下列区域设置农产品产地安全监测点：

（一）工矿企业周边的农产品生产区；

（二）大、中城市郊区的农产品生产区；

（三）重要农产品生产区；

（四）国道、省道等重要交通干线两旁的农产品生产区；

（五）其他需要监测的区域。

第十条　县级以上地方人民政府农业行政主管部门应当根据农产品品种特性和生产区域大气、土壤、水体中有毒有害物质状况等因素，提出划定特定农产品禁止生产区的建议，经省人民政府农业行政主管部门组织专家论证后，报本级人民政府批准并公布。

特定农产品禁止生产区安全状况改善并符合相关标准的，应当按照前款规定的程序进行调整。

第十一条　对不符合特定农产品产地安全标准的生产区域，县级以上地方人民政府应当采取有效措施，引导农业结构调整，并组织修复和治理。

第十二条　鼓励、支持农产品生产者按照国家规定的条件和程序，申请农产品质量安全产地认定。

第三章　农业投入品经营

第十三条　县级以上地方人民政府农业行政主管部门和其他有关部门应当依法加强对农业投入品经营的监督管理。

第十四条　省人民政府农业行政主管部门应当对可能危及农产品质量安全的农药、兽药、饲料和饲料添加剂、生长调节剂、肥料等农业投入品进行监督抽查，并公布抽查结果。监督抽查不得收取费用。

第十五条　农业投入品经营者对其销售的农业投入品应当提供产品说明和安全使用指导，不得销售国家明令禁止使用的农业投入品。

第十六条　农业投入品经营者应当建立农业投入品经营档案，记载其经营的农业投入品名称、进货来源、进货日期、进货数量、生产企业、生产日期、批准文号、销售日期、销售去向、销售数量、销售人员等内容。

农业投入品经营档案保存期限不得少于两年。禁止伪造农业投入品经营档案。

第四章　农产品生产

第十七条　县级以上地方人民政府农业行政主管部门应当按照农产品质量安全标准，指导农产品生产者执行有关操作规程和生产技术要求，推进农产品标准化生产，鼓励和支持生产优质农产品。

农业技术推广机构应当加强对农产品生产者质量安全知识和技能的培训，指导和监督农产品生产。

第十八条　农产品生产者应当按照农产品质量安全标准和有关规定合理使用农药、兽药、饲料和饲料添加剂、生长调节剂、肥料等农业投入品，遵守安全间隔期、休药期等农业投入品使用制度和规范，不得超范围、超剂量使用农业投入品。

农产品生产者应当及时回收、清除农业投入品使用过程中的各种废弃物。

第十九条　农产品生产中禁止下列行为：

（一）使用国家明令禁止使用的农业投入品；

（二）将人用药品作为兽药使用；

（三）使用农药或者其他有毒有害物质捕捞、捕猎；

（四）违规使用农药、兽药、饲料和饲料添加剂、生长调节剂；

（五）收获、屠宰、捕捞未达到安全间隔期、休药期的农产品；

（六）在特定农产品禁止生产区生产禁止生产的农产品；

（七）使用危害人体健康的物品对农产品进行清洗、整理、保鲜、包装、储运等；

（八）法律、法规禁止的其他行为。

第二十条　农产品生产企业和农民专业合作经济组织，应当自行或者委托检测机构对农产品质量安全状况进行检测，向农产品采购者提供真实有效的质量合格证明和产地证明。

经检测不符合农产品质量安全标准的农产品，不得销售，并应当进行无害化处理或者销毁。

第二十一条　农产品生产企业、从事农产品生产的农民专业合作经济组织以及具有一定生产规模的农户，在生产活动中应当建立完整的生产过程和受检情况记录。具体的生产规模和生产记录格式由县级人民政府农业行政主管部门确定。

农产品生产记录保存期限不得少于两年。禁止伪造农产品生产记录。

第五章　农产品包装和标识

第二十二条　县级以上地方人民政府农业行政主管部门应当建立和完善农产品质量安全可追溯制度，加强农产品包装和标识管理，鼓励和引导农产品生产者、经营者对农产品进行包装和标识。

第二十三条　农产品生产企业、农民专业合作经济组织以及从事农产品批发经营的单位和个人，对其销售的农产品应当包装或者采取标识牌、标识带、说明书等形式予以标识。包装的农产品拆包后或者散装农产品销售，应当在农产品容器、外包装上进行标识。

第二十四条　包装农产品的材料、容器和使用的保鲜剂、防腐剂、添加剂等，应当符合国家有关强制性的技术规范。包装场所、用水等应当符合卫生要求，并配备必要的冷藏、消毒等设备。

第二十五条　农产品包装物或者标识应当按照规定标明产品品名、生产日期、产地、保质期、生产经营者名称和地址、联系方式等内容。有分级标准的，应当标明产品质量等级；使用添加剂的，应当标明添加剂名称和剂量。

农产品包装物或者标识所用文字应当使用规范的中文。标注的内容应当准确、清晰、显著，不得含有虚假、夸大的内容。进口农产品应当附中文说明。

第二十六条　在农产品或者其包装上使用无公害农产品、绿色食品、有机农产品、地理标志农产品以及名牌农产品等标志，应当取得相应的证书。

禁止伪造、冒用、转让、买卖、超期或者超范围使用农产品质量认证认定标志。

第二十七条　属于农业转基因生物的农产品，应当按照农业转基因生物安全管理的有关规定进行标识。

第六章　农产品经营

第二十八条　有下列情形之一的农产品，不得销售：

（一）含有国家禁止使用的农药、兽药或者其他化学物质的；

（二）农药、兽药、饲料添加剂、生长调节剂等化学物质残留或者重金属等有毒有害物质不符合农产品质量安全标准的；

（三）含有的致病性寄生虫、微生物、生物毒素不符合农产品质量安全标准的；

（四）使用的包装材料、保鲜剂、防腐剂、添加剂等不符合国家有关强制性技术规范的；

（五）依法应当检疫检验而未经检疫检验，或者检疫检验不合格的动植物及其产品，或者未按照规定佩带免疫和检疫标识的畜禽及其产品；

（六）病死、毒死或者死因不明的动物及其产品；

（七）其他不符合农产品质量安全标准的农产品。

第二十九条　实行农产品质量安全市场准入制度。

进入农产品批发市场交易的农产品，应当具备有效的产地（检疫）证明、检测报告或者无公害农产品、绿色食品、有机农产品、地理标志农产品等证书复印件（需加盖获证单位公章）。

无产地证明、检测报告或者未取得相关证书的农产品，经现场检测合格后，方可进入市场交易。

第三十条　农产品批发市场应当对进场交易的农产品进行抽查检测；发现不符合农产品质量安全标准的，应当要求销售者立即停止销售，并及时向所在地农业行政主管部门、工商行政管理部门报告。

第三十一条　农产品批发市场、农产品销售企业在农产品经营活动中应当履行下列义务：

（一）建立农产品质量安全制度和经营管理档案，配备专（兼）职质量安全管理人员以及与交易量和交易种类相适应的检测设备；

（二）查验农产品检验、检疫合格证明以及其他证明；

（三）保证经营场所清洁卫生，对场地以及使用器械定期消毒；

（四）发现存在农产品质量安全隐患的，应当立即停止销售，并配合生产者召回不符合农产品质量安全标准或存在农产品质量安全隐患的农产品；

（五）配合有关行政管理部门加强农产品质量安全监督管理。

农产品批发市场应当与进入市场经营农产品的经营者签订农产品质量安全协议，明确质量安全责任；发现经营者有农产品质量安全违法行为的，应当及时制止并立即向所在地农业行政主管部门、工商行政管理部门报告。

第三十二条　农产品批发经营者应当建立农产品购销台账，如实记载农产品的名称、来源、销售去向、销售数量等内容。

农产品购销台账保存期限不得少于两年。禁止伪造农产品购销台账。

第三十三条　农产品生产企业和农民专业合作经济组织发现其生产的农产品不符合

农产品质量安全标准或者存在农产品质量安全隐患的，应当立即通知农产品经营者停止销售，告知消费者停止使用，主动召回其产品，并记录召回和通知的情况。

农产品经营者发现其经营的农产品不符合农产品质量安全标准或者存在农产品质量安全隐患的，应当立即停止销售，并配合生产者召回已销售的农产品，通知相关生产者、经营者和消费者，并记录停止销售和通知的情况。

农产品生产企业、农民专业合作经济组织、农产品经营者召回其农产品时，应当向所在地农业行政主管部门、工商行政管理部门报告，并对召回的农产品采取补救、无害化处理、销毁等措施。

第七章　监督检查

第三十四条　县级以上地方人民政府应当组织制定本行政区域的农产品质量安全年度监督管理计划，并组织实施。

第三十五条　县级以上地方人民政府农业行政主管部门应当加强农产品质量安全监督管理，制定并组织实施农产品质量安全监测计划，对生产中或者市场上销售的农产品进行监督抽查，监督抽查不得收取任何费用。被抽查者应当予以配合，拒绝接受抽查的，对其农产品禁止销售。

县级以上地方人民政府农业行政主管部门在农产品质量安全监督检查中，可以对生产、销售的农产品进行现场检查，查封、扣押经检测不符合农产品质量安全标准的农产品，依法对相关违法行为进行查处或者提出处理建议。

第三十六条　省人民政府农业行政主管部门应当加强对无公害农产品、绿色食品和有机农产品的监督抽检，监督抽检结果向社会公布；发现检测结果不符合相关标准的，应当向有关认证认定机构通报。

第三十七条　省人民政府农业行政主管部门应当加强对农产品质量安全检测机构的考核管理。

农产品质量安全检测机构经计量认证和考核合格后，方可从事农产品质量安全检测工作。

第三十八条　县级以上工商行政管理部门按照职责分工，依照《中华人民共和国农产品质量安全法》的规定加强监管，对不符合农产品质量安全标准的农产品及相关违法行为进行查处。

第三十九条　在农产品质量安全监督检查中，县级以上地方人民政府农业行政主管部门、工商行政管理部门及有关部门应当加强协调配合，相互通报获知的农产品质量安全信息，及时查处违法行为。

第四十条　县级以上地方人民政府应当根据有关法律、法规的规定和上级人民政府的农产品质量安全事故应急预案以及本地区的实际情况，制定本行政区域的农产品质量安全事故应急预案，并报上一级人民政府备案。

县级以上地方人民政府农业行政主管部门应当建立应急机制，发生农产品质量安全突发事件时，发生地县级人民政府农业行政主管部门应当会同有关部门及时赶赴现场调查取证，并进行应急处置。

第四十一条　县级以上地方人民政府及有关部门应当建立农产品质量安全有奖举报

制度，公布举报方式，并为举报人保密。

任何单位和个人有权举报农产品质量安全违法行为。

第八章　法律责任

第四十二条　违反本条例第十六条规定，农业投入品经营者未建立或者未按照规定保存农业投入品经营档案，或者伪造农业投入品经营档案的，由县级以上地方人民政府农业行政主管部门责令限期改正；逾期不改正的，处以五百元以上两千元以下罚款。

第四十三条　违反本条例第十九条规定，在农产品生产过程中有下列行为之一的，由县级以上地方人民政府农业行政主管部门责令停止违法行为，并对农产品进行无害化处理，对个人处以五百元以上一千元以下罚款，对单位处以五千元以上两万元以下罚款；构成犯罪的，依法追究刑事责任：

（一）使用农药或者其他有毒有害物质捕捞、捕猎的；

（二）违规使用生长调节剂的；

（三）收获、屠宰、捕捞未达到安全间隔期或者休药期的农产品的；

（四）在特定农产品禁止生产区生产禁止生产的农产品的；

（五）使用危害人体健康的物品对农产品进行清洗、整理、保鲜、包装或者储运的。

使用国家明令禁止使用的农业投入品，或者违规使用农药、兽药、饲料、饲料添加剂的，按照法律、行政法规的有关规定处罚。

第四十四条　违反本条例第二十条、第二十六条第二款规定，有下列行为之一的，由县级以上地方人民政府农业行政主管部门责令改正，没收违法所得，并处以五千元以上两万元以下罚款：

（一）出具虚假的质量合格证明或者产地证明的；

（二）伪造、冒用、转让、买卖、超期或者超范围使用农产品质量认证认定标志的。

第四十五条　有下列行为之一的，由县级以上工商行政管理部门予以处罚：

（一）违反本条例第三十一条第二项规定，农产品批发市场、农产品销售企业未按照规定查验农产品检验、检疫合格证明以及其他证明的，责令改正，并处以五千元以上两万元以下罚款；

（二）违反本条例第三十一条第四项规定，农产品批发市场、农产品销售企业发现存在农产品质量安全隐患继续销售的，责令改正，并处以一万元以上五万元以下罚款，情节严重的，责令停业整顿，造成严重后果的，吊销营业执照；

（三）违反本条例第三十二条规定，农产品批发经营者未建立农产品购销台账，责令改正，并处以两百元以上一千元以下罚款；伪造购销台账的，责令改正，并处以五百元以上两千元以下罚款。

第四十六条　县级以上地方人民政府及其有关部门的工作人员在农产品质量安全监督管理工作中，玩忽职守、滥用职权、徇私舞弊的，依法给予处分；构成犯罪的，依法追究刑事责任。

第九章　附　则

第四十七条　本条例自 2011 年 9 月 1 日起施行。

湖南省农产品质量安全管理办法

（2005 年 6 月 10 日湖南省人民政府令第 197 号公布　自 2005 年 8 月 1 日起施行）

第一条　为了提高农产品质量安全水平，保障人民身体健康和生命安全，促进农业可持续发展，根据《中华人民共和国农业法》和其他有关法律、法规，结合本省实际，制定本办法。

第二条　本办法所称农产品，是指经种植、养殖、捕捞、采集（以下统称生产）获得的植物、动物、微生物产品及其初级加工品。本办法所称农产品质量安全，是指农产品品质符合保障人身健康和生命安全的要求。

第三条　本省行政区域内的农产品质量安全管理适用本办法。法律、法规另有规定的从其规定。

第四条　县级以上人民政府统一领导本行政区域的农产品质量安全管理工作，应当将农产品质量安全管理纳入国民经济和社会发展计划。县级以上人民政府农业行政主管部门负责农产品质量安全的监督管理工作；林业、商务、工商行政管理、质量技术监督、食品药品监督管理等部门和乡镇人民政府，按照各自的职责，负责农产品质量安全的有关工作。

第五条　省人民政府农业、质量技术监督部门应当建立完善农产品质量安全标准体系。没有国家标准、行业标准的农产品，应当制定地方标准。县级以上人民政府农业行政主管部门和乡镇人民政府，应当加强农产品质量安全标准的宣传推广和组织实施工作，向农产品生产者普及保障农产品质量安全的生产知识。

第六条　农产品生产者、经营者应当生产、经营符合质量安全标准的农产品。鼓励生产、经营绿色食品、有机食品。省人民政府农业行政主管部门应当按照国家规定做好无公害农产品产地认定和无公害农产品、绿色食品、有机食品产品认证管理工作。

第七条　县级以上人民政府农业行政主管部门应当加强农产品产地环境监测和保护。受有毒、有害物质严重污染的土地、水域，农业行政主管部门应当会同乡镇人民政府划为限制生产区，设立标志牌，并予以公告。限制生产区内不得生产供人畜食用的农产品。

第八条　县级以上人民政府农业行政主管部门应当向社会公布国家规定禁用、淘汰、限制使用的农药、兽药、鱼药、肥料、激素、饲料和饲料添加剂、动植物生长调节剂等农业投入品（以下统称农业投入品）名录。县级以上人民政府农业行政主管部门和乡镇人民政府，应当采取措施向农产品生产者普及安全使用农业投入品的知识。

第九条　农业投入品经营者应当建立限制使用的农业投入品经营档案，记载其名称、来源、进货日期、生产企业、销售时间、销售对象、销售数量，并保存两年以上。销售限制使用的农业投入品时，应当向购买者说明用法、用量、使用范围等注意事项。限制使用的农业投入品，应当在标签上用醒目的红色粗体字标注"限用"，并在说明书中详细说明警示内容。禁止生产、销售国家规定禁用、淘汰的农业投入品。

第十条　县级以上人民政府农业行政主管部门和乡镇人民政府，应当推广农业病虫害生物防治、物理防治、综合防治技术。农产品生产中需要使用化学农药的，生产者应当使用高效、低毒、低残留的化学农药，并遵守安全间隔期、休药期等农药使用规范。禁止超剂量、超范围使用农药。禁止使用国家规定禁用、淘汰的农药。

　　第十一条　县级以上人民政府农业行政主管部门和乡镇人民政府，应当引导、鼓励农产品生产者施用有机肥料。生产者在农产品生产中不得超量施用化肥，不得施用城市垃圾。

　　第十二条　生产者不得在农产品生产中使用国家规定禁用的抗生素类药物和激素。禁止使用盐酸克伦特罗（瘦肉精）等危害人身健康的化合物或者含有此类化合物的饲料、饲料添加剂饲养动物。水产品养殖应当使用经检疫合格的水产苗种。禁止在水产品养殖中使用含有对人体有毒、有害物质的饲料和国家规定禁用的鱼药、激素、饲料添加剂。

　　第十三条　农产品生产基地、农业生产经营组织应当建立农产品生产档案，完整记录农业投入品使用、病虫害防治等情况。生产档案应当保存到农产品出售后一年以上。

　　第十四条　农产品生产者、经营者对农产品进行清洗、浸泡、保鲜、防腐、催熟、烘干、熏烤、腌制、着色等所使用的材料、添加剂，农产品盛装、储存设备和包装材料，应当符合保障农产品质量安全和卫生安全的要求。

　　第十五条　进入市场销售的农产品应当符合质量安全标准。实行农产品产地检测制度。农产品生产者应当委托法定检测机构对其生产的农产品进行检测。经检测符合质量安全标准并取得合格凭证，或者依法取得无公害农产品、绿色食品、有机食品认证标志的，方可销售。

　　动物屠宰场应当依法接受并配合动物防疫机构对入场动物进行屠宰前和屠宰后检疫。经检疫合格并取得合格证明、加盖验讫标志的动物产品，方可销售。

　　第十六条　农产品批发市场、经营农产品的超市、配送中心（以下统称农产品经营市），应当建立健全进货检查验收、查验检测凭证、记录和保存购销台账等制度，对从本市场售出的农产品的质量安全负责。

　　农产品经营市场应当要求入场农产品销售者交验有效的产地检测合格凭证或者无公害农产品、绿色食品、有机食品认证标志（以下统称有效合格凭证），认真查验并予以记录。销售者不能交验有效合格凭证的农产品，农产品经营市场应当配备检测设备和检测技术人员或者委托法定检测机构进行检测，经检测合格的方可销售；检测不合格的，即时报告工商行政管理或者农业行政主管部门处理。

　　第十七条　包装上市的农产品，包装上应当标明品名、产地、生产者名称和地址、联系电话、生产日期、检测合格标志或者认证标志，或者加贴有上述内容的标签。进口农产品应当符合质量安全标准，并附具中文说明书。列入农业转基因生物标识管理目录的农产品，按照国家农业转基因生物标识管理规定标识或者标注。

　　第十八条　下列农产品禁止销售：（一）使用了国家规定禁用、淘汰的农业投入品的；（二）农药、兽药、鱼药、激素、饲料添加剂、动植物生长调节剂等化学物质残留超标的；（三）致病性寄生虫、微生物、微生物毒素超标的；（四）腐败变质、油脂酸败、霉变生虫的；（五）未经动物检疫和检疫不合格的畜、禽、肉类；（六）病死、毒死或者死因不明的动物及其产品；（七）其他有毒、有害物质超标的。

　　第十九条　县级以上人民政府农业行政主管部门应当加强农产品质量安全日常监督。农业行政主管部门及其执法人员履行监督检查职责时，有权要求被检查单位或者个人说明情况，提供有关文件、证照、资料，责令被检查单位或者个人停止违法行为、履行法定义务。

第二十条　有关管理部门发现不符合质量安全标准的农产品，应当按照职责分工，监督生产者、经营者限期进行无害化处理；无法进行无害化处理或者逾期不作无害化处理的，应当监督生产者、经营者予以销毁。

第二十一条　县级以上人民政府农业行政主管部门应当按照国家规定，建立健全农产品质量安全检验检测监督体系，并会同质量技术监督部门加强农产品质量安全检验检测机构资格审查。农产品质量安全检验检测人员应当具有相应的专业技术和资格条件，实行持证上岗。农业行政主管部门应当加强对检验检测人员的培训、考核和管理。农产品检验检测人员应当严格按照技术标准和技术规范进行检验检测，并对所出具的检验检测结果负责。

第二十二条　发生农产品质量安全事故，有关单位和个人应当立即采取控制措施，并报告农业或者食品药品监督管理部门。接到报告的部门应当即时派人到现场调查处理。对发生重大农产品质量安全事故，应当立即报告本级人民政府，并逐级上报省人民政府相关部门。

第二十三条　有下列行为之一的，由农业行政主管部门责令限期改正，可以处以 500 元以上 5 000 元以下罚款：（一）违反本办法第七条第二款规定，在限制生产区内生产供人畜食用的农产品的；（二）违反本办法第九条第一款规定，经营限制使用的农业投入品未建立、保存经营档案的；（三）违反本办法第十条第二款规定，在休药期内使用农药，或者未达到安全间隔期收获、捕捞、采集农产品的；（四）违反本办法第十三条规定，未建立、保存农产品生产档案，或者生产档案记录弄虚作假的。

第二十四条　违反本办法第十六条的规定，有下列行为之一的，由工商行政管理部门处以 1 000 元以上 5 000 元以下罚款：（一）允许未交验合格凭证的农产品不经检测在本市场销售的；（二）允许经检测不合格的农产品在本市场销售的；（三）对检测不合格的农产品不即时报告工商行政管理或者农业行政主管部门处理的。

第二十五条　违反本办法的其他行为，由有关部门按照职责分工，依法予以处罚。

第二十六条　有关管理部门的工作人员在农产品质量安全管理中玩忽职守、徇私舞弊、滥用职权的，依法给予行政处分；构成犯罪的，移送司法机关依法追究刑事责任。

第二十七条　本办法自 2005 年 8 月 1 日起施行。

山西省农产品质量安全条例

（2011年12月1日山西省第十一届人民代表大会常务委员会第二十六次会议通过　自2012年3月1日起施行）

第一章　总　则

第一条　根据《中华人民共和国农产品质量安全法》等法律和有关行政法规的规定，结合本省实际，制定本条例。

第二条　本省行政区域内从事农产品的生产及其监督管理等活动，适用本条例。

第三条　各级人民政府应当对本行政区域内的农产品质量安全工作负总责，建立农产品质量安全监督管理协调机制，协调本行政区域内的农产品质量安全监督管理工作，研究解决农产品质量安全监督管理工作中的重大问题。

县级以上人民政府应当按照国家规定，明确各部门的农产品质量安全监督管理职责，建立农产品质量安全监督管理责任追究制度，按期健全农产品质量安全监督管理和检验检测机构、队伍，将农产品质量安全经费列入本级财政预算并予以保障。

乡（镇）人民政府应当逐步建立农产品质量安全监督管理公共服务体系，配备农产品质量安全监督管理专（兼）职工作人员和必要的检验检测设备，落实农产品质量安全监督管理责任，加强对本行政区域内农产品生产的指导、监督。

村民委员会应当协助人民政府做好农产品质量安全工作，组织开展农产品质量安全宣传、教育活动。

第四条　县级以上农业（畜牧）行政主管部门负责本行政区域内农产品质量安全的监督管理工作；水行政主管部门负责本行政区域内水产品质量安全的监督管理工作；林业行政主管部门负责本行政区域内食用林产品质量安全的监督管理工作。农业（畜牧）、水、林业行政主管部门，以下统称农产品质量安全监督管理部门。

县级以上工商、质量技术监督、卫生、环境保护等行政主管部门按照各自职责，做好本行政区域内农产品质量安全的有关工作。

第五条　农产品行业协会、农民专业合作经济组织和农产品生产企业，应当加强自律管理和诚信建设，为所属的农产品生产者提供农产品质量安全管理、生产技术等服务，指导其依法从事农产品生产活动。

第六条　省农产品质量安全监督管理部门应当设立农产品质量安全风险评估专家委员会，对可能影响本省农产品质量安全的潜在危害进行风险分析和评估，并根据风险评估结果采取相应措施。风险评估结果应当及时报送省人民政府，并通报有关部门。

省农产品质量安全监督管理部门应当按照职责权限，及时向社会发布农产品质量安全状况信息，同时通报有关部门。

第七条　县级以上人民政府应当采取政策、资金等措施，扶持农产品质量安全科学技术的研究、推广和农产品标准化生产。

鼓励、支持符合国家规定条件的农产品生产者申请无公害产地认定，无公害农产品、绿色食品、有机农产品认证，以及农产品地理标志登记。

第八条 各级人民政府、有关部门和新闻媒体应当加强农产品质量安全知识的宣传，提高公众的农产品质量安全意识。

任何单位和个人都有权对农产品质量安全进行监督。

第九条 县级以上人民政府应当对在农产品质量安全工作中做出显著成绩的单位和个人给予表彰、奖励。

第二章 农产品产地

第十条 县级以上人民政府应当采取措施，加强农业生态环境保护，改善农产品生产条件。

县级以上环境保护行政主管部门和农产品质量安全监督管理部门，应当对农产品产地周边环境进行监测，及时处理农产品产地环境污染事故与纠纷。

第十一条 县级以上农产品质量安全监督管理部门应当在下列区域设置农产品产地安全监测点：

（一）工矿企业周边的农产品生产区；

（二）污水灌溉区；

（三）城市郊区的农产品生产区；

（四）农产品主产区；

（五）其他需要监测的区域。

第十二条 县级以上农产品质量安全监督管理部门应当对农产品产地环境质量和土壤质量进行动态监测、评价，及时公布农业环境质量状况和农田土壤状况，认为不适宜特定农产品生产的，提出禁止生产的区域，报本级人民政府批准后公布。

划定为禁止特定农产品生产的区域，不得改变耕地、基本农田的性质，不得降低农用地补偿标准。

因划定禁止特定农产品生产的区域给农产品生产者造成损失的，由造成污染的责任者依法予以赔偿；责任者无法确定的，由县级人民政府给予适当补偿。

禁止特定农产品生产的区域需要调整的，按照第一款规定的程序办理。

第十三条 农产品生产者应当科学、合理使用农业投入品，及时清除、回收农用薄膜和其他农业投入品包装物，对规模化生产中产生的废水和畜禽粪便等及时清运或者进行无害化处理，防止造成污染。

第十四条 禁止向农产品生产区排放、倾倒、填埋不符合国家和省规定标准的废水、废气、固体废物和其他有毒有害物质。

禁止使用不符合农业生产用水标准的污水进行灌溉或者从事水产养殖。禁止使用生活垃圾从事畜禽养殖。

第十五条 发生农产品产地污染事故或者突发事件时，责任单位或者个人应当立即采取措施防止事态扩大，通报可能受到危害的单位和个人，并报告所在地环境保护行政主管部门和农产品质量安全监督管理部门。有关部门接到报告后，应当立即赶赴现场调查处理，同时报告同级人民政府。

第十六条　实行无公害农产品产地认定制度。

省农产品质量安全监督管理部门负责无公害农产品产地的认定工作。无公害农产品产地的认定应当按照国家和省有关规定进行。

经认定的无公害农产品产地，应当设立明显标识牌，标明产地名称、范围、面积、产品种类等内容。无公害农产品产地的标示内容不得擅自变更；确需变更的，应当按照国家和省有关规定办理。

第三章　农业投入品

第十七条　县级以上农产品质量安全监督管理部门和有关部门应当依法加强农业投入品生产、经营、使用的监督管理和指导，建立健全农业投入品安全使用制度，引导、鼓励农产品生产者使用生物农药、有机肥、微生物肥料、可降解农用薄膜等高效、低残留的农业投入品，并提供相关信息和技术服务。

第十八条　县级以上农产品质量安全监督管理部门应当将国家明令禁止、淘汰和限制使用的农业投入品目录等信息向社会公布。

任何单位和个人不得生产、销售或者使用国家明令禁止使用、淘汰的农业投入品。

销售国家限制使用的农业投入品的，销售者应当向购买者提供关于该产品用法、用量、使用范围等注意事项的书面说明，并进行口头提示。

第十九条　农业投入品批发市场开办者应当对入场经营者的从业资格进行审查，并与具备法定资格的经营者签订农业投入品质量安全责任协议。批发市场开办者发现经营者销售国家明令禁止使用、淘汰的农业投入品时，应当要求其立即停止销售，并及时报告所在地农产品质量安全监督管理部门。

第二十条　农业投入品的生产者、经营者应当建立进货检查验收、索证索票制度和进销货记录。

进销货记录应当包括下列内容：

（一）购进产品的名称、生产企业、生产日期和保质期限；

（二）购进产品的生产、经营许可证号，登记证号和批准文号等；

（三）购进产品的来源、数量和日期；

（四）销售的产品名称、对象、数量和日期等。

农业投入品进销货记录应当保存两年。禁止伪造、涂改农业投入品进销货记录。

第四章　农产品生产

第二十一条　省农产品质量安全监督管理部门应当根据国家农产品质量安全标准和保障农产品质量安全的需要，制定全省的农产品质量安全生产技术要求和操作规程并组织实施。

第二十二条　县级以上农产品质量安全监督管理部门应当指导农产品生产者进行农产品标准化生产，监督其执行农产品质量安全标准、生产技术要求和操作规程，推进农业标准化生产综合示范区、示范基地、示范场（小区）和无规定动植物疫病区的建设。

第二十三条　农产品生产者应当严格遵守农产品质量安全法律、法规的规定，依照农产品质量安全生产技术要求和操作规程从事生产活动，保证其生产的农产品符合农产品质量安全标准。

农产品生产中不得有下列行为：

（一）使用国家明令禁止使用、淘汰的农业投入品；

（二）超范围、超标准使用国家限制使用的农业投入品；

（三）违反国家关于农业投入品使用安全间隔期或者休药期的规定，收获、捕捞、屠宰农产品；

（四）使用危害人体健康的物质对农产品进行清洗、整理、保鲜、包装、储存；

（五）法律、法规禁止的其他行为。

第二十四条　农产品生产企业和农民专业合作经济组织，应当配备符合国家规定的检测设备、检验人员或者委托具备资质的检验检测机构，对其生产的农产品进行质量安全检测。检测合格的，应当附具检测合格证明，并标注农产品的名称、产地、生产单位和生产日期；未经检测或者检测不合格的，不得销售。

获得无公害农产品、绿色食品、有机农产品认证证书和农产品地理标志登记证书的生产单位应当配备质量安全检查员，对农产品的生产过程进行监督、检查。

第二十五条　农产品生产企业和农民专业合作经济组织应当建立农产品生产记录。

农产品生产记录应当包括下列内容：

（一）使用农业投入品的名称、来源、用法、用量和使用、停用的日期；

（二）动物疫病、植物病虫草害的发生和防治情况；

（三）收获、屠宰或者捕捞的日期；

（四）出售农产品的品种、数量、时间、流向。

农产品生产记录应当保存两年。禁止伪造、涂改农产品生产记录。

第二十六条　推行农产品产地准出制度。

农产品产地准出名录由省农产品质量安全监督管理部门提出，报省人民政府批准后公布。

农产品产地准出名录应当包括农产品种类和农产品生产者、收购者类型以及实施时间等内容。

列入农产品产地准出名录的农产品生产者、收购者，应当在列入产地准出名录的农产品上附具产地证明、质量认证标识或者产地检测合格证明，方可将其运出产地。依法需要实施检疫的动植物及其产品，还应当附具检疫合格标志或者检疫合格证明。

第二十七条　农产品的储存、运输应当符合国家有关规定。

禁止将农产品与有毒有害物品混放储存、混装运输。禁止使用不符合国家规定的设施储存、运输需要冷藏保鲜的农产品。

第二十八条　农产品生产者发现其生产的农产品不符合农产品质量安全标准，可能危害人体健康和生命安全的，应当立即通知销售者停止销售，并报告当地农产品质量安全监督管理部门和卫生部门。

第五章　农产品包装和标识

第二十九条　县级以上农产品质量安全监督管理部门应当根据法律、行政法规和国务院农业行政主管部门的规定，建立农产品包装、标识管理制度，推行科学包装方法，推广先进标识技术。

第三十条　农产品生产企业、农民专业合作经济组织以及从事农产品收购的单位和个人，应当对其销售的下列农产品进行包装：

（一）获得无公害农产品、绿色食品、有机农产品认证证书和农产品地理标志登记证书的农产品，但鲜活畜、禽、水产品除外；

（二）国家和省农产品质量安全监督管理部门规定应当进行包装的农产品。

符合规定包装的农产品拆包后直接向消费者销售的，可以不再包装。

农产品包装应当符合农产品储存、运输、销售和保障安全的要求，便于拆卸和搬运。

农产品包装材料和使用的保鲜剂、防腐剂、添加剂等物质必须符合国家强制性技术规范要求。

第三十一条　农产品生产企业、农民专业合作经济组织以及从事农产品收购的单位和个人对不需要包装的农产品，应当采取附加标签、标识牌（带）、说明书等形式予以标识。

第三十二条　农产品的包装或者标识应当标明农产品的品名、生产地、生产者（销售者）名称、生产日期、保质期等内容。

农产品的包装、标识文字应当使用规范的中文，内容应当准确、清晰。

第三十三条　获得无公害农产品、绿色食品、有机农产品认证证书和农产品地理标志登记证书的农产品，应当标注相应标志和发证机构。

有分级标准或者使用添加剂的农产品，还应当标明农产品质量等级或者添加剂名称。畜禽及其产品、属于农业转基因生物的农产品，还应当按照有关规定进行标识。

第六章　监督检查

第三十四条　县级以上农产品质量安全监督管理部门在农产品质量安全监督检查中，行使下列职权：

（一）对生产、销售的农产品和农业投入品进行现场检查；

（二）调查、了解农产品质量安全的有关情况；

（三）查阅、复制与农产品质量安全有关的记录和其他资料；

（四）查封、扣押经检测不符合农产品质量安全标准的农产品；

（五）法律、行政法规规定的其他职权。

第三十五条　县级以上农产品质量安全监督管理部门应当建立农产品质量安全监测制度，制定并组织实施农产品质量安全监测计划，可以对生产、销售的农产品进行监督抽查。农产品生产者、经营者应当予以配合，不得拒绝和阻挠。

监督抽查检测农产品，应当委托经省级以上农产品质量安全监督管理部门或者其授权的部门考核合格的农产品质量安全检测机构进行，不得收取费用。上级农产品质量安全监督管理部门已抽查的农产品，下级农产品质量安全监督管理部门不得重复抽查。

监督抽查检测结果由省农产品质量安全监督管理部门按照农产品质量安全法的规定公布。

第三十六条　农产品生产者、经营者对监督抽查检测结果有异议的，可以依法向组织实施农产品质量安全监督抽查的农产品质量安全监督管理部门或者其上级部门申请复检。受理部门应当自受理之时起二十四小时内安排复检，并及时将复检结果书面通知被抽查人。

因检测结果错误给当事人造成损害的，依法承担赔偿责任。

县级以上农产品质量安全监督管理部门应当对农产品生产者、经营者的违法行为予以记录、公布。

第三十七条　县级以上农产品质量安全监督管理部门应当建立农产品质量安全投诉举报制度，公开单位的专用电话、通信地址或者电子信箱，受理有关农产品质量安全的投诉和举报，并依法及时调查处理。

第七章　法律责任

第三十八条　县级以上人民政府在农产品质量安全监督管理工作中未履行领导、协调职责，致使本行政区域内发生重大农产品质量安全事故、造成严重社会影响的，对其直接负责的主管人员和其他直接责任人员依法给予处分。

第三十九条　县级以上农产品质量安全监督管理部门、其他有关部门、农产品质量安全检验检测机构在农产品质量安全监督管理、检验检测工作中有下列行为之一的，对其直接负责的主管人员和其他直接责任人员依法给予处分：

（一）不履行农产品质量安全监督管理职责，造成严重后果的；

（二）在农产品质量安全检验检测工作中出具虚假检测报告的；

（三）超越权限发布农产品质量安全信息的；

（四）迟报、漏报、谎报或者瞒报重大农产品质量安全突发事件的；

（五）其他滥用职权、玩忽职守、徇私舞弊的。

第四十条　违反本条例第十九条规定，农业投入品批发市场开办者未对经营者从业资格进行审查的，处两千元以上两万元以下罚款；发现经营者销售国家明令禁止使用、淘汰的农业投入品而未报告的，处两万元以上五万元以下罚款。

第四十一条　违反本条例第二十条、第二十五条规定，伪造、涂改或者未按照规定建立、保存农业投入品进销货记录、农产品生产记录的，处五百元以上两千元以下罚款。

第四十二条　违反本条例第二十三条第二款规定，有该款所列违法行为之一的，责令停止使用，依照有关法律、行政法规的规定予以处罚，并对被污染的农产品进行无害化处理；不能进行无害化处理的，监督其予以销毁。

第四十三条　违反本条例第二十六条第四款规定，列入农产品产地准出名录的农产品生产者、收购者，未在列入农产品产地准出名录的农产品上附具产地证明、质量认证标识或者产地检测合格证明将其运出产地的，处两百元以上两千元以下罚款。

第四十四条　违反本条例第三十条、第三十一条规定，未按照规定对农产品进行包装或者标识的，责令限期改正；逾期不改正的，处五百元以上两千元以下罚款。

第四十五条　本条例第四十条至第四十四条规定的处罚，由县级以上农产品质量安全监督管理部门依照各自职责实施。

第四十六条　违反本条例规定构成犯罪的，依法追究刑事责任。

第八章　附　则

第四十七条　本条例所称农产品，是指来源于农业的初级产品，即在种植、养殖、采摘、捕捞等农业活动中直接获得的植物、动物、微生物及其产品。

本条例所称农业投入品，是指在农产品生产过程中使用或者添加的物质，包括农药、兽药、饲料、种子、种苗和饲料添加剂、肥料等农用生产资料产品。

本条例所称无规定动植物疫病区，是指出口国划定的没有某一种或者某几种特定有害生物或者疫病发生，并能通过建设和管理保持其无疫情状态的特定生产区域。

本条例所称农产品包装，是指对农产品实施装箱、装盒、装袋、包裹、捆扎等活动。

第四十八条　本条例自 2012 年 3 月 1 日起施行。

辽宁省农产品质量安全管理办法

（2011 年 1 月 17 日辽宁省人民政府令第 251 号公布　自 2011 年 2 月 20 日起施行）

第一章　总　则

第一条　为了保障农产品质量安全，维护公众健康，促进农业和农村经济发展，根据《中华人民共和国农产品质量安全法》和有关法律、法规，结合我省实际，制定本办法。

第二条　本省行政区域内从事农产品生产、经营及监督管理等活动的单位和个人，应当遵守本办法。

第三条　省农业行政主管部门应当会同有关部门建立全省农产品质量安全检验检测体系。市、县（含县级市、区，下同）人民政府应当建立健全本行政区域农产品质量安全检验检测体系。

乡（镇）人民政府应当建立健全农产品质量安全监督管理服务机制，加强对本行政区域内农产品生产经营活动的指导和监督。

第四条　省、市、县农业行政主管部门负责本行政区域内的农产品质量安全监督管理工作。

工商行政管理、质量技术监督、卫生、食品药品监督管理、环境保护等有关部门按照各自的职责，负责农产品质量安全的有关工作。

第五条　农业行政主管部门应当组织开展农产品无害化处理的科学研究。

省农业行政主管部门负责制定农产品无害化处理操作规程并组织实施。

第六条　农产品必须符合国家和地方质量安全标准。

农产品质量安全地方标准由省卫生行政主管部门组织制定。

农产品质量安全标准应当向社会公布，并为公众提供免费查询。

第七条　省卫生行政主管部门可以发布影响限于本省范围内的农产品安全风险评估信息、安全风险警示信息和重大农产品安全事故及处理信息。

农业行政主管部门在其职责范围内公布监管措施、监管范围等农产品质量安全日常监管信息。

第八条　农民专业合作经济组织和农产品行业协会应当为农产品生产者、经营者提供农产品质量安全信息和技术服务，指导其成员依法从事农产品生产经营活动，推行农产品质量安全行业规范，加强行业自律，推动行业诚信建设。

第二章　产地管理

第九条　省、市、县农业行政主管部门应当制定农产品产地建设规划，报同级人民政府批准后执行。

第十条　农业行政主管部门应当建立健全农产品产地环境安全监测制度，定期对农产品产地环境安全进行调查、监测和评价，健全农产品产地环境安全监测档案，编制农产品产地环境安全状况评价报告。

第十一条　市、县人民政府应当组织农业、环境保护、国土资源、林业等部门，对特定农产品禁止生产区和有毒有害物质不符合产地安全标准的其他农产品生产区域进行修复和治理。

第三章　农产品生产

第十二条　鼓励和支持农产品生产者发展无公害农产品、绿色食品和有机农产品的生产。

第十三条　农产品生产企业、农民专业合作经济组织以及农产品种植大户应当依法按照不同的农作物品种和最小生产单位建立生产记录。

第十四条　在农产品生产过程中禁止下列行为：

（一）使用国家明令禁止使用、淘汰的农业投入品；

（二）超范围、超标准使用国家限制使用的农业投入品；

（三）使用有毒有害物质生产、处理农产品；

（四）收获未达到国家规定的农业投入品使用安全间隔期的农产品；

（五）法律、法规、规章禁止的其他行为。

省、市、县农业行政主管部门应当将国家规定禁止、淘汰、限制使用的农业投入品目录向社会公布。

第十五条　农产品生产企业和农民专业合作经济组织应当对其生产的农产品质量安全状况进行检测。经检测合格的，附具符合农产品质量安全标准证明，并标注产品的名称、产地、生产单位和生产日期，方可销售。对检测不符合质量安全标准的农产品，由生产者按国家有关规定进行无害化处理或者销毁。

第十六条　农产品生产企业和农民专业合作经济组织发现其生产的农产品不符合农产品质量安全标准、存在危害人体健康和生命安全危险的，应当立即通知销售者停止销售，告知消费者停止使用，实施召回，进行无害化处理或者销毁，并报告所在地农业行政主管部门。

第四章　农业投入品

第十七条　农业投入品经营实行备案制度。农业投入品经营者应当向经营地县农业行政主管部门备案。

第十八条　农业投入品经营者应当建立农业投入品购销台账与经营档案，记载其名称、来源、进货日期、生产企业、销售时间、销售对象、销售数量、经手人，并保存两年以上。

第十九条　省农业行政主管部门应当定期对农业投入品的质量状况进行抽查检测，抽查检测的样品应当在生产、经营单位待销产品中随机抽取。

农业投入品生产、经营单位对检测结果有异议的，应当在收到检测结果五日内向检测部门申请复检。

经检测质量不合格的农业投入品，除依法追究生产者、经营者责任外，还应当在相关媒体上进行公布。

第五章　农产品经营

第二十条　推行农产品质量安全市场准入制度。实行市场准入的农产品种类、市场类型、区域范围、销售主体和实施时间，由市人民政府确定并公布。

列入市场准入名录的农产品在本省规定市场销售的，应当随附相应的符合农产品质量安全标准证明或者产地证明。农产品种植大户销售自产农产品的，应当随附相应的产地证明，农民销售自产少量农产品的除外。依法需要实施检验（检疫）的植物及其产品，应当附具检验（检疫）合格证明。

以下证书或者证明也可以作为符合农产品质量安全标准证明使用：

（一）无公害农产品认证证书；

（二）绿色食品认证证书；

（三）有机农产品认证证书；

（四）中国出入境检验检疫机构出具的进口农产品入境检验（检疫）合格证明。

第二十一条　农产品批发市场、农（集）贸市场、商场（超市）、专卖店、配送中心、仓储企业等单位在农产品经营活动中应当履行下列责任：

（一）建立农产品质量安全管理制度和经营管理档案，配备专职或者兼职质量安全管理人员；

（二）运输、储存需冷藏保鲜的农产品配有冷藏设施；

（三）对场地及使用器械定期消毒，保证经营场所清洁卫生；

（四）查验符合农产品质量安全标准证明、产地证明以及检验（检疫）合格证明；

（五）与经营者签订农产品质量安全协议，明确质量安全责任。

第二十二条　农产品销售企业以及销售农产品的个体工商户，进货时应当索取符合农产品质量安全标准证明、产地证明以及检验（检疫）合格证明，建立农产品进货记录。销售农产品时，应当向购买者提供以上证明。

食品生产加工单位、餐饮企业及集体供餐单位采购农产品的，应当索取本条第一款所规定的证明，建立采购记录。

农产品进货、采购记录应当真实，保存期限不少于两年。

第二十三条　有下列情形之一的农产品，不得销售：

（一）含有国家禁止使用、明令淘汰的农药或者其他化学物质的；

（二）农药、激素、植物生长调节剂等化学物质残留或者含有的重金属等有毒有害物质不符合农产品质量安全标准的；

（三）含有的致病性寄生虫、微生物或者生物毒素不符合农产品质量安全标准的；

（四）腐败变质、油脂酸败的；

（五）使用的保鲜剂、防腐剂、添加剂等材料不符合国家有关强制性的技术规范的；

（六）其他不符合农产品质量安全标准的。

第二十四条　获得无公害农产品、绿色食品、有机农产品认证的农产品，应当包装上市销售。大型瓜类、集中上市秋菜和易腐易烂等包装有困难的除外。

应当包装上市销售的农产品包装使用的材料，应当符合农产品包装和环保要求。

第六章　监督检查

第二十五条　农业、工商行政管理、食品药品监督管理等部门按照职责分工，依法实施农产品质量安全监督检查。监督检查可以采取以下方式：

（一）对生产、经营的农产品进行现场检查；

（二）向有关人员调查、了解农产品质量安全的有关情况；

（三）查阅、复制与农产品质量安全有关的记录和其他资料；

（四）查封、扣押无符合质量安全标准证明或者不符合农产品质量安全标准的农产品及违法使用的农业投入品等；

（五）法律、法规、规章规定的其他职权。

第二十六条　被查封、扣押的无符合质量安全标准证明的农产品，经检测符合质量安全标准的，应当在补办符合农产品质量安全标准证明后解除查封、扣押，退还当事人。

被查封、扣押的不符合质量安全标准的农产品，由有关管理部门监督生产者、经营者限期进行无害化处理；无法进行无害化处理或者逾期不作无害化处理的，应当监督生产者、经营者予以销毁。

第二十七条　农业行政主管部门进行监督检查，确认销售的农产品不符合质量安全标准的，应当将检测结果等案件资料移交工商行政管理部门进行处理、处罚。

第七章　法律责任

第二十八条　农产品生产者违反本办法第十四条第一款规定的，由农业行政主管部门责令改正，给予警告，监督其对农产品进行无害化处理，对不能进行无害化处理的，予以监督销毁，对个人并处 500 元以上 2 000 元以下罚款；对农产品生产企业、农民专业合作经济组织并处 5 000 元以上 1 万元以下罚款。

第二十九条　农产品生产企业和农民专业合作经济组织违反本办法第十五条规定，销售未经检测的农产品的，由农业行政主管部门责令改正，处 2 000 元以上 5 000 元以下罚款。

第三十条　农产品生产企业和农民专业合作经济组织违反本办法第十六条规定，未召回农产品的，由农业行政主管部门责令召回，处 5 000 元以上 1 万元以下罚款。

第三十一条　农业投入品经营者违反本办法第十八条规定，未按规定建立农业投入品购销台账与经营档案的，由农业行政主管部门责令改正，处 1 000 元以上 2 000 元以下罚款。

第三十二条　农产品批发市场、农（集）贸市场、商场（超市）、专卖店、配送中心、仓储企业等单位违反本办法第二十一条第（三）项规定，未对场地及使用器械定期消毒的，由工商行政管理部门处 1 000 元以上 5 000 元以下罚款；违反第（四）项、第（五）项规定，未查验相关证明、未与经营者签订农产品质量安全协议的，由工商行政管理部门处 1 000 元以上 1 万元以下罚款。

第三十三条　农产品生产企业、农民专业合作经济组织销售的农产品有本办法第二十三条第一项至第四项或者第六项所列情形之一的，由农业行政主管部门责令停止销售，追回已销售的农产品，对违法销售的农产品进行无害化处理或者予以监督销毁，没收违法所得，并处 2 000 元以上 2 万元以下罚款。

农产品批发市场中、农产品销售企业以及其他单位销售的农产品有违反本办法第二十三条第一项至第四项或者第六项所列情形之一的，由工商行政管理部门依照前款规定处理、处罚。

第三十四条　农业行政主管部门和其他相关部门及其工作人员在农产品质量安全监督管理工作中有下列行为之一的，对直接负责的主管人员和其他直接责任人员依法给予行政处分；构成犯罪的，依法追究刑事责任：

（一）利用职务之便谋取不正当利益的；

（二）不依法履行法定职责的；

（三）有其他滥用职权、玩忽职守、徇私舞弊行为的。

第八章　附　则

第三十五条　本办法所称农产品是指来源于农业供食用的初级产品，即在农业活动中获得的供食用的植物（水生植物除外）、微生物及其产品。

本办法所称农业投入品是指在农产品生产过程中使用或者添加的物质，包括农药、肥料、种子、添加剂、农膜及其他可能影响农产品质量的物品。

第三十六条　本办法自 2011 年 2 月 20 日起施行。

天津市农业生态保护办法

（2000 年 5 月 24 日天津市人民政府令第 23 号公布　自 2000 年 5 月 24 日起施行）

第一条　为保护农业生态，防治农业环境污染，提高农产品质量，促进农业生产可持续发展，根据有关法律、法规的规定，结合本市实际，制定本办法。

第二条　本办法所称农业生态保护，是指对农业生物赖以生存和发展的农业用地、农业用水、农田大气等农业生态环境的保护。

第三条　各级人民政府应当将农业生态保护工作纳入国民经济和社会发展计划，并采取有利于农业生态保护的政策和措施，大力发展生态农业。

第四条　环境保护行政主管部门对我市行政区域内环境保护工作实施统一监督管理。

农业行政主管部门负责我市行政区域内农业生态保护工作，组织本办法的实施。

土地、水利等行政主管部门按照各自职责依法做好农业生态保护工作。

第五条　农业行政主管部门依据农业发展规划和环境保护规划拟订农业生态保护规划，报同级人民政府批准后实施。

第六条　农业行政主管部门应当会同有关部门组织开展生态农业建设，建立生态农业示范区，推广生态农业技术。

第七条　在珍稀濒危农业生物资源与农作物近缘野生植物集中分布区域、名特优新农产品生产基地及其他有特殊保护价值的农业生产区域，应当建立农业生态保护区。

农业生态保护区的建立，由市农业行政主管部门提出，报市人民政府批准。

第八条　禁止向农田直接排放工业废水和城市污水。

确需利用工业废水和城市污水进行灌溉的，其水质应当符合农田灌溉水质标准。

第九条　在农作物生长发育特别敏感时期，向农作物生长区排放大气污染物的，必须采取限制排放时间及排放量等季节性或临时性措施，保证农作物免受大气污染危害。

第十条　严禁在农业用地倾倒、弃置、堆放固体废物。

工业废渣（粉煤灰等）、城镇生活垃圾、污泥、畜禽粪便等施用于农田的，应当进行无害化处理，符合农用控制标准的方可使用。

第十一条　禁止使用国家明令禁止生产或者撤销登记的农药。

剧毒、高毒、高残留农药不得用于蔬菜、瓜果、中草药和其他直接食用的农产品，防止对土壤和农产品的污染。

第十二条　农业生产者应当合理使用化肥，增施有机肥，减少化肥对农业环境的污染。

第十三条　使用农用薄膜的，其残膜应当由生产者及时回收，防止其对农业环境的污染。

第十四条　鼓励和提倡秸秆还田等综合利用。

禁止在市或区、县人民政府划定的禁烧区域内焚烧秸秆。

第十五条　因受污染而使农业生物不能正常生长或者生产的农产品危及人体健康的

区域，应由农业行政主管部门划为农业用地污染综合整治区，并限期治理，纳入中低产田改造计划和区域性环境污染综合治理计划。

第十六条　鼓励生产者按照无公害技术规程生产农产品，符合无公害标准的，可以向市农业行政主管部门申请使用无公害标志。

第十七条　农业行政主管部门应定期组织对农业用水、土壤、大气和农产品质量（有毒有害物残留等）进行调查、监测与评价，并定期向同级人民政府提出农业生态环境与农产品质量状况及发展趋势的报告。

县级以上农业行政主管部门的农业环境监测机构按有关规定纳入环境监测网络，负责本行政区域内的农业环境及农产品质量监测，对农业环境污染和破坏所造成的损害进行评价，定期收集、整理、汇总、储存本行政区域内农业环境监测数据和资料。

第十八条　农业行政主管部门有权对本行政区域内污染和破坏农业生态环境的单位和个人进行现场检查。被检查者必须如实反映情况，提供有关资料；检查者应当出示执法工作证件，并为被检查者保守技术和业务秘密。

第十九条　因发生事故或者其他突然性事件，造成或者可能造成农业生态环境污染和生态破坏事故的单位和个人，必须立即采取措施处理，及时通报可能受到污染危害的单位和个人，并在事故发生后 48 小时内向当地环保部门和农业行政主管部门报告，接受调查处理。

第二十条　违反本办法规定有下列行为之一的，由农业行政主管部门根据情节轻重予以处罚：

（一）违反本办法第十条第一款规定，向农业用地倾倒、弃置、堆放固体废物的，责令其限期改正，并处以 1 000 元以下的罚款。

（二）违反本办法第十条第二款规定，未经无害化处理，提供不符合国家标准工业废渣（粉煤灰等）、城镇生活垃圾、污泥、畜禽粪便等，施用于农田的，责令其限期改正，造成农业用地污染或破坏的，处以 1 000 元以下罚款。

（三）违反本办法第十一条规定使用农药的，依照《中华人民共和国农药管理条例》（国务院令第 216 号）予以处罚。

（四）违反本办法第十三条规定，不及时回收残膜的，责令限期回收；逾期不回收的，处 1 000 元以下罚款。

第二十一条　违反本办法其他规定造成农业环境污染或生态破坏的，由环境保护等部门按照职责分工，依据有关法律法规的规定处罚。

第二十二条　造成农业生态破坏和农业环境污染的单位和个人，有责任排除危害，承担农业环境污染、破坏的检测和治理费用，并向直接受到损害的单位或者个人赔偿损失。

第二十三条　农业行政主管部门的工作人员滥用职权、玩忽职守、以权谋私、徇私舞弊的，由其所在单位或者上级主管部门给予行政处分，构成犯罪的，依法追究其刑事责任。

第二十四条　本办法自发布之日起施行。

河北省农业环境保护条例

（1996 年 9 月 11 日河北省第八届人民代表大会常务委员会第二十二次会议通过　自 1997 年 1 月 1 日起施行）

第一章　总　则

第一条　为加强农业环境保护，防治农业环境污染，保证农产品质量和人体健康，实现农业可持续发展，根据《中华人民共和国环境保护法》《中华人民共和国农业法》和其他有关法律、法规的规定，结合本省实际，制定本条例。

第二条　本条例所称农业环境，是指影响农业生物生存、生长、发育和农产品质量的各种天然的和经过人工改造的自然因素总体，包括农业用地、农业用水、大气和生物、微生物等。

第三条　在本省行政区域内从事与农业环境有关的生产、建设、科学研究以及其他活动的单位和个人，必须遵守本条例。

第四条　农业环境保护实行预防为主、防治结合、综合治理的原则。

坚持农业环境建设和经济建设同步发展，实现生态效益、经济效益、社会效益的统一。

第五条　各级人民政府应当制定农业环境保护规划，并纳入本级国民经济和社会发展计划、规划，确定农业环境保护的目标和任务，统筹安排农业环境保护工作，加强农业环境保护队伍建设，强化监督管理职能。

第六条　各级人民政府及其有关部门应当加强农业环境保护的法制教育，增强公民保护农业环境的意识和法制观念，鼓励有关单位和个人开展农业环境保护科学技术的研究、推广工作。

第七条　任何单位和个人都有保护农业环境的义务，并有权检举、控告污染和破坏农业环境的行为。

第八条　在保护农业环境工作中做出显著成绩的单位和个人，由县级以上人民政府予以表彰和奖励。

第二章　监督管理

第九条　县级以上人民政府环境保护行政主管部门依法对本行政区域内的农业环境保护工作实施统一监督管理。

县级以上人民政府主管农业的部门根据各自的职责，对其管辖范围内的农业环境保护工作实施具体监督管理。

乡级人民政府负责本行政区域内农业环境保护工作的监督管理。

村民委员会和村集体经济组织负责本村范围内的农业环境保护工作。

第十条　县级以上人民政府主管农业的部门在农业环境保护方面的职责是：

（一）组织实施有关农业环境保护的法律、法规和方针、政策；

（二）根据环境保护规划和年度计划，制订农业环境保护规划和年度计划并监督实施；

（三）组织农业环境质量调查和监测，并向上级主管部门和同级环境保护行政主管部门提供农业环境质量、农产品质量现状及发展趋势报告；

（四）组织指导利用农业生产措施和生物措施对农业环境污染进行预防和治理；

（五）组织建设生态农业，发展农业环境保护产业，开发无公害农产品；

（六）宣传普及农业环境保护知识，组织农业环境保护的科学技术研究，推广农业环境保护的先进经验和技术；

（七）法律、法规规定的其他职责。

第十一条　凡农业环境污染事故，属于农业生产自身造成的，由县级以上人民政府主管农业的部门负责调查处理，并报同级环境保护行政主管部门备案；属于工业污染、城市生活污染和其他污染造成的，由主管农业的部门和其他有关部门协助环境保护行政主管部门调查处理。

第十二条　县级以上人民政府主管农业的部门，应当加强农业环境监测工作。所属农业环境监测机构，应当按照有关规定参加环境监测网络，在业务上接受上级农业环境保护监测机构和同级环境保护行政主管部门的指导，具体负责本行政区域内的农业环境监测。

第十三条　各级人民政府环境保护行政主管部门应当组织各类环境监测机构，根据各自的职责，以多种方式合作开展农业环境监测和保护工作。

取得资质证书的环境监测机构提供的监测数据和资料，可以作为开展农业环境保护和处理农业环境污染事故、纠纷的依据。

第十四条　建设对农业环境有直接影响的项目，其环境影响报告书应当有对农业环境影响评价的内容。占用基本农田保护区内耕地兴建建设项目的，其环境影响报告书中应当有对农业环境影响的经农业行政主管部门同意的农业环境保护方案，竣工验收时，建设单位应当通知农业行政主管部门参加。

第十五条　生产农药、化肥、植物生长调节剂及其他农用化学物质的企业，必须到国家规定的农业行政主管部门办理产品登记手续（国家规定免于登记的除外）。应登记而未办理登记的产品不得进行广告宣传，不得进入流通领域。对已办理登记的产品进行广告宣传，须经省级农业行政主管部门审查批准。

第十六条　因发生事故或者其他突然性事件造成或者可能造成农业环境污染事故和破坏的单位和个人，必须立即采取措施处理，及时通知可能受到污染危害的单位和个人，并向当地环境保护行政主管部门和同级主管农业的有关部门报告。

第十七条　跨行政区域的农业环境污染和农业环境破坏的防治工作，由有关地方人民政府协商解决，或者由上级人民政府协调解决。

第三章　保护与防治

第十八条　各级人民政府应当根据当地农业资源和农业环境状况，合理安排和调整农村产业结构、农业生产结构，发展生态农业，提高农业生产对农业环境的适应能力和综合防治污染的能力。

第十九条　经省人民政府批准，名特优稀农业生物资源集中分布区域，可以划定为农业生物资源保护区，对保护区内的农业环境实行特殊保护。禁止在农业生物资源保护区内兴建对农业环境有污染或者有破坏的项目。已经建成的，污染物排放不得超过标准；超过排放标准的，必须依法限期治理。

第二十条　各级人民政府应当鼓励农业生产经营组织和农业生产者充分利用农作物秸秆饲养畜禽或者积造有机肥料，开展农作物秸秆等副产物的综合利用。

禁止露天焚烧农作物秸秆。

第二十一条　县级以上人民政府主管农业的部门应当积极推广农业病、虫、鼠、杂草等灾害的综合防治技术，保护和利用天敌资源，组织有关部门开展高效、低毒、低残留、无污染的农药、化肥、农用塑料薄膜等农用生产资料的研制、引进和示范推广工作。

第二十二条　县级以上人民政府主管农业的部门和其他有关部门应当加强对农业生物及其产品的检疫工作，禁止带有危险性病、虫、杂草的种子、苗木、畜禽和其他载体传播，做好本地区病、虫、杂草等灾害的监测预报和防治工作。防止疫情或者灾害的发生和蔓延。

第二十三条　农业生产经营组织和农业生产者应当按照有关规定或者标准使用化肥、农药和农用塑料薄膜。严禁使用国家禁止的农药等化学物质。使用后的农用塑料薄膜等有害废弃物，应当及时回收。

第二十四条　作为肥料或者用于土壤改良的城市垃圾、粉煤灰、污泥等废物，必须符合国家或者地方标准，并经当地有监测资质证书的环境监测机构监测，不符合标准的不准使用。

第二十五条　禁止在人工灌溉渠道、养殖水体新开排污口。本条例实施前已设置的排污口，污染物排放不得超过国家或者地方标准，并保证下游最近取水点符合农田灌溉或者渔业水质标准。

第二十六条　向河道、水库、洼淀和天然养殖水体排放工业废水和城市污水，必须符合国家和地方规定的标准及排放总量控制指标。其排污口的设置和扩大应当报经环境保护行政主管部门批准。在有水利工程的河道和渠道、水库等处设置排污口的，应当经水行政主管部门同意后报环境保护行政主管部门批准。

第二十七条　利用工业废水和城市污水进行种植和养殖的，其水质必须符合国家或者地方标准。县级以上主管农业的有关部门应当定期监测所用水源水质、土壤和农产品的质量，并采取措施防止污染危害。

第二十八条　使用对农业生产可能造成污染的排烟装置和散发有害气体、粉尘的单位，必须采取有效的净化措施，防止对农业生物造成污染危害。

第二十九条　禁止在农田、林地、草地、养殖水体、渔港水域和规划用于农业的土地弃置、堆放固体废物。堆存工业废渣，必须采取防止渗漏、径流、扬散等措施，避免污染农业环境。

第三十条　各级人民政府应当采取措施，防止林地资源、森林资源和野生动植物资源的污染和破坏，建设各种防护林。对荒山、荒地、荒滩进行合理开发与综合治理，防治水土流失和风沙危害。

第三十一条　各级人民政府草地管理部门应当定期监测草地生产能力及草地植被演替情况，改良退化、沙化的草地。开垦草地种植农作物或者营造片林，须经县级以上草地管理部门论证同意，报同级人民政府批准。

第三十二条 饲料原料及饲料产品必须符合国家或者地方标准。严禁销售被有毒、有害物质污染和发霉变质的饲料产品。

第三十三条 各级人民政府应当合理规划乡镇企业布局，发展无污染或者少污染的行业。禁止建设或者引进污染农业环境的生产项目、工艺流程。

第三十四条 县级以上人民政府对农业环境污染严重、妨碍农业生物正常生长或者生产的农产品危害人体健康的区域，应当划定为农业环境综合整治区，并组织制定方案，重点治理。所需经费，按照谁污染谁治理的原则筹集。

县级以上主管农业的部门应当按照职责分工，对农业环境综合整洁区内生产的农产品定期监测，及时确定并公告在该区内不宜种养的农业生物及不宜作食品、饲料的农产品品种。

第三十五条 鼓励从事农业生产的单位和个人按照无公害农产品生产技术规程进行生产。

农业生产经营组织和农业生产者在适宜的农业环境内按照无公害农产品生产技术规程生产的产品，由省人民政府主管农业的有关部门组织监测认定，监测合格的，颁发无公害农产品证书或者标志。

第四章 法律责任

第三十六条 违反本条例第十五条规定的，由农业行政主管部门责令其办理登记手续，并处以 5 000 元至 10 000 元的罚款。

第三十七条 违反本条例第二十三条规定，未按国家或者地方规定和标准使用农药、化肥的，由主管农业的部门给予批评教育，责令改正；情节严重、危害较大的，并处被污染农产品收获量总值两倍至三倍的罚款。

使用国家禁止的农药等化学物质的，由主管农业的部门处以每亩 300 元至 1 000 元的罚款。

使用农用塑料薄膜未及时回收的，由主管农业的部门责令其限期回收；逾期不回收的，由村集体经济组织或者村民委员会组织回收，回收费用由责任者承担。

第三十八条 违反本条例第二十四条规定的，由主管农业的部门对责任者予以警告，并处以每吨 100 元至 500 元的罚款。

第三十九条 违反本条例第二十五条规定的，对排污口应予封堵。

第四十条 违反本条例第三十二条规定的，由饲料管理部门报请县级以上人民政府责令其停止生产销售。

第四十一条 违反本条例第十九条第二款、第二十条第二款、第二十二条、第二十六条、第二十九条、第三十三条规定的，由有关行政机关依照有关法律、法规的规定给予行政处罚。

第四十二条 造成农业环境污染危害的单位或者个人，有责任在限期内排除危害，并对直接受到损害的单位或者个人赔偿损失。

赔偿责任和赔偿金额的纠纷，可以根据当事人的请求，由环境保护行政主管部门或者依照法律行使环境监督管理权的主管农业的有关部门处理；当事人对处理决定不服的，可以向人民法院起诉。当事人也可以直接向人民法院起诉。

完全由于不可抗拒的自然灾害，并经及时采取合理措施仍然不能避免造成农业环境污染损害的，免于承担责任。

第四十三条　当事人对行政处罚决定不服的，可以依法申请行政复议或者向人民法院起诉。逾期不申请复议也不起诉又不履行处罚决定的，按照《中华人民共和国行政处罚法》的有关规定执行。

第四十四条　违反本条例规定，对农业环境和农业资源造成严重污染破坏，导致公私财产重大损失或者人身伤亡的严重后果，构成犯罪的，对直接责任人员依法追究刑事责任。

第四十五条　农业环境保护监督管理人员玩忽职守，对应当予以制止和处罚的违法行为不予制止处罚，致使公民、法人或者其他组织的合法权益、公共利益和社会秩序遭到损害的，对直接负责的主管人员和其他直接责任人员依法给予行政处分；构成犯罪的，依法追究刑事责任。

第五章　附　则

第四十六条　本条例所称主管农业的部门，是指各级人民政府农业、林业、畜牧业、渔业、水行政主管部门和土地管理、渔政渔港监督部门。

本条例所称农产品，是指农作物产品、林果产品、畜产品、水产品。

第四十七条　本条例自 1997 年 1 月 1 日起施行。

山西省农业环境保护条例

（1991 年 11 月 19 日山西省第七届人民代表大会常务委员会第二十五次会议通过　1991 年 11 月 19 日公布施行　根据 2010 年 11 月 26 日山西省第十一届人民代表大会常务委员会第二十次会议通过的《山西省人民代表大会常务委员会关于修改部分地方性法规的决定》修正）

第一章　总　则

第一条　为保护和改善农业环境，防止危害农作物生长和农产品污染，保障农产品质量安全，根据《中华人民共和国农业法》《中华人民共和国环境保护法》和《中华人民共和国农产品质量安全法》等有关法律规定，结合本省实际情况，制定本条例。

第二条　本条例所称农业环境，是指影响农业生物生存和发展的各种天然的和经过人工改造的自然因素总体，包括农业用地、农业用水、大气、生物和农业野生植物资源等。

第三条　各级人民政府应当对本辖区的农业环境质量负责，将农业环境保护纳入国民经济和社会发展计划，列入环境保护目标责任制，并组织实施。

第四条　任何单位和个人都有保护农业环境的义务，并有权对污染和破坏农业环境的行为进行监督、检举和控告。

第五条　对保护和改善农业环境做出显著成绩的单位和个人，由人民政府给予表彰和奖励。

第六条　在本省境内一切从事与农业环境有关的活动的单位和个人，都必须遵守本条例。

第二章　监督管理

第七条　县级以上人民政府环境保护行政主管部门，对本辖区的环境保护工作实施统一监督管理。

县级以上人民政府农业行政主管部门，对本辖区的农业环境保护工作实施监督管理。

县级以上人民政府的国土资源、水利、林业、煤炭等有关行政主管部门，依照有关法律、法规的规定，根据各自的职责对农业环境和资源保护实施监督管理。

第八条　县级以上人民政府农业行政主管部门，在农业环境保护方面的主要职责是：

（一）贯彻执行国家有关的法律、法规和方针、政策；

（二）拟定农业环境保护的长远规划和年度计划；

（三）组织农业环境质量调查和监测，并向上级农业行政主管部门和同级环境保护行政主管部门提供农业环境质量、农产品质量现状及发展趋势情况的报告；

（四）对直接影响农业环境的建设项目和单位进行监督检查，参与农业环境污染事故和污染纠纷的调查处理；

（五）宣传普及农业环境保护知识，组织农业环境保护科学研究，推广农业环境保护的先进经验和技术；

（六）发展生态农业，合理开发利用农业资源，促进农业环境质量的良性循环。

地方农业环境保护标准由省农业行政主管部门会同省环境保护行政主管部门拟定，报省人民政府批准。

第九条　县级以上人民政府农业行政主管部门所设的农业环境监测机构，按有关规定参加环境监测网络，负责本辖区的农业环境监测，业务上受上级农业环境监测机构和同级环境保护行政主管部门监测机构的指导。

第十条　凡对农业环境有直接影响的建设项目，建设单位提交的环境影响报告书中必须有农业环境影响评价的内容。环境保护行政主管部门在审批环境影响报告书前，应当征求同级农业行政主管部门的意见。该项目在竣工验收时，应当有同级农业行政主管部门参加。

第十一条　县级以上人民政府环境保护行政主管部门、农业行政主管部门或者其他依照本条例第七条规定行使环境监督管理权的部门，都有权对管辖范围内的排污单位进行现场检查。被检查单位必须如实反映情况，提供必要的资料。

第十二条　因发生突然性事件，造成或者可能造成农业环境污染事故的，必须立即采取应急措施，避免造成严重损失，并及时通报可能受到污染危害的单位和个人，在四十八小时内向当地环境保护行政主管部门和农业行政主管部门报告，接受调查处理。

第三章　保护措施

第十三条　县级以上人民政府，应当有计划地在本辖区的商品粮基地、城市副食品基地、出口农产品基地和名、特、优、稀、新农产品集中地区，建立保护区。

第十四条　县级以上人民政府，应当对遭受严重污染、影响农作物正常生长或者所生产的农产品危害人体健康的农业区域，划定农业环境综合整治区。

第十五条　在农田附近堆放煤矸石、废渣等污染物，必须采取防自燃、防渗漏、防流失、防扬散等措施。

第十六条　采矿、取土、挖沙、筑路、办企业和修水利等活动，应当采取有效措施，减少破坏地貌和植被。

第十七条　工业废水和城市污水未经处理不得排入农田灌溉渠道。

县级以上人民政府农业行政主管部门，对利用工业废水和城市污水进行灌溉的，应当定期组织监测，保证农田灌溉渠道下游最近的灌溉取水点的水质符合农田灌溉水质标准。

严禁在农用水体中倾倒垃圾、废渣，排放油类、剧毒废液、含病原体废水，浸泡、清洗、丢弃装贮过油类、有毒污染物的车辆与器具。

第十八条　鼓励综合利用农业废弃物与农副产品的再生能源，综合防治农业面源污染。

县级以上人民政府农业行政主管部门应当加强农业与农村环境保护技术、农村可再生能源技术、农业清洁生产技术的研发、引进及推广。

第十九条　排放含有毒有害物质的废气、烟尘和粉尘污染农业环境的，必须采取治理措施，达到规定的排放标准。

第二十条　严禁新建土焦、土硫黄、小造纸等污染严重的生产项目。对已建成的，按有关规定责令其限期治理改造。

第二十一条　积极发展高效、低毒、低残留农药，推广综合防治病虫害技术，优先应用生物、物理、农业等防治办法。

使用农药必须严格执行《农药安全使用标准》，合理使用农用化学制剂。

禁止猎捕、收购、贩运、销售农作物害虫和害鼠的天敌，并保护其栖息、繁殖场所。由人工繁殖、饲养的，不受前款规定的限制。

第二十二条　使用难分解的农膜应当在农作物收获后回收。

第四章　法律责任

第二十三条　违反本条例规定，造成土地、森林、大气、水等资源的破坏的，依照有关法律的规定承担法律责任。

第二十四条　对违反本条例规定应当给予行政处罚的其他行为，由环境保护行政主管部门、农业行政主管部门或者其他依照本条例第七条规定行使环境监督管理权的部门，根据有关法律和法规的规定给予行政处罚。

第二十五条　当事人对行政处罚决定不服的，可以在接到处罚通知之日起十五日内，向做出处罚决定的机关的上一级机关申请复议；当事人也可以在接到处罚通知之日起十五日内，直接向人民法院起诉。

复议机关应当在接到复议申请之日起两个月内做出复议决定。当事人对复议决定不服的，可以在接到复议决定之日起十五日内向人民法院起诉。复议机关逾期不做出复议决定的，当事人可以在复议期满之日起十五日内向人民法院起诉。

当事人逾期不申请复议，不向人民法院起诉，又不履行处罚决定的，做出处罚决定的机关可以申请人民法院强制执行。

第二十六条　造成农业环境污染危害的，有责任排除危害，并对受到损失的单位或者个人赔偿损失。

赔偿责任和赔偿金额的纠纷，可以根据当事人的请求，由环境保护行政主管部门、农业行政主管部门或者其他依照本条例第七条规定行使环境监督管理权的部门处理；当事人对处理决定不服的，可以向人民法院起诉。当事人也可以直接向人民法院起诉。

第二十七条　违反本条例规定，造成重大农业环境污染事故，导致公私财产重大损失或者人身伤亡等严重后果，触犯刑律的，对有关责任人员由司法机关依法追究刑事责任。

第五章　附　则

第二十八条　本条例自公布之日起施行。

内蒙古自治区农业环境保护条例

（1995 年 1 月 12 日内蒙古自治区第八届人民代表大会常务委员会第十二次会议通过自 1995 年 1 月 12 日起施行）

第一章　总　则

第一条　为了保护和改善农业环境，防止农业环境的污染与破坏，促进农业生产的持续发展，保证农产品质量，保障人体健康，根据《中华人民共和国环境保护法》《中华人民共和国农业法》和有关法律、法规，结合自治区实际，制定本条例。

第二条　本条例所称农业环境保护，是指对影响农业生物生存和发展的农业用地、用水、大气、生物资源等农业生态环境的保护和污染防治。

第三条　在自治区行政区域内从事与农业环境有关的生产、建设、开发、科研及其他活动的一切单位和个人，都必须遵守本条例。

第四条　各级人民政府要对本行政区域内的农业环境质量负责，将农业环境保护列入国民经济和社会发展规划，确定农业环境保护的目标、任务，采取有利于农业环境保护的政策和措施，坚持预防为主、防治结合、综合治理，使农业环境保护同经济建设和社会发展相协调。

第五条　旗县级以上人民政府应当将农业环境保护所需事业经费列入财政预算，建立农业环境保护事业发展基金，并根据当地农业经济发展需要和农业环境资源状况，逐年增加对农业环境保护的投入。

第六条　各级人民政府要积极开展对农业环境保护的宣传教育，发展农业环境保护科学技术和教育事业，加强农业环境保护科学技术的研究和开发，普及和推广农业环境保护的科学知识和先进技术，提高农业环境保护的科学技术水平。

第七条　一切单位和个人都有保护农业环境的义务，并有权对污染和破坏农业环境的行为进行检举和控告。

第八条　各级人民政府对保护和改善农业环境做出突出贡献的单位和个人，给予表彰和奖励。

第二章　保护和改善农业环境

第九条　开发、利用自然资源，必须符合有关法律、法规对农业环境保护的规定，维护农业资源的再生增殖，保证农业资源的永续利用。

各级人民政府要积极推广先进适用的农业技术，保护和改善农业环境，因地制宜地加强对中、低产田的改造和小流域的治理，防止水土流失。

第十条　各级人民政府要积极发展生态农业，推广生态农业技术，设立生态农业试验、示范区，开发农村新能源。

第十一条　旗县级以上人民政府应当按照有关法律、法规的规定，设立农业资源保护区，加强农业自然资源和野生物种的保护和管理。

第十二条　旗县级以上人民政府应当建立基本农田保护制度，在农业生产基地、农产品出口创汇基地、城市副食品基地、蔬菜基地、绿色食品和名特优新稀农产品集中产区建立基本农田保护区，对耕地和农业资源实行特殊保护。

禁止在基本农田保护区内乱占耕地，擅自兴建非农业建设项目。已经建成的，必须限期采取排污防护措施，达到国家或者自治区的排污标准。

第十三条　各级人民政府应当支持农业生产经营者按照国家和自治区制定的标准生产无公害农产品和绿色食品。

自治区农业行政主管部门负责无公害农产品和绿色食品的监测和管理。

第十四条　旗县级以上人民政府要采取措施，依法加强对荒山、荒地、荒滩的合理开发、利用和治理。

从事农业活动的单位和个人，要合理使用和开发农业资源，增施有机肥，禁止掠夺式经营，采取有效措施防治农业用地的沙化、退化、盐碱化、沼泽化。

采矿、取土、挖沙、筑路的单位和个人要采取有效措施，防止植被破坏和水土流失。

第十五条　保护农作物害虫的天敌、害鼠的天敌及其栖息、繁殖场所。

禁止捕猎、加工、贩运、销售农作物害虫的天敌、害鼠的天敌及其产品，人工繁殖饲养的除外。

第三章　污染防治

第十六条　向耕地、养殖水域及灌溉渠道排放的工业废水和城市污水，必须符合国家和自治区规定的排放标准；超过标准的，限期治理。

严禁向农用水体中倾倒垃圾、废渣，排放油类、剧毒废液和含病原体废水；严禁在农用水体中浸泡或者清洗装贮过油类、有毒有害污染物的器具和车辆。

第十七条　排放有毒有害气体、粉尘等造成农业环境污染的单位或者个人，必须采取有效措施限期治理，使其排放物不得高于国家和自治区规定的排放标准。

第十八条　在农业用地上堆放固体废弃物，必须征得土地所有者和使用者同意，经农业行政主管部门会同环境保护行政主管部门审查批准，按指定范围堆放，并采取防扬散、防流失、防渗漏、防自燃等措施。

禁止在基本农田保护区、农业资源保护区和其他需要特殊保护的区域，堆放、弃置有毒有害污染物。

第十九条　各级人民政府要根据农业环境保护的规定，合理规划乡镇企业布局，禁止建设或者引进污染农业环境的生产项目、工艺流程，鼓励发展无污染的行业。

禁止新建土硫黄、土炼焦、汞法和氰法炼金等污染农业环境的生产项目。已经建成的，必须限期治理，使排放物不得高于国家和自治区规定的排放标准；在限期内达不到治理要求的，责令其停产整顿。

第二十条　对污染、破坏严重的农业区域，旗县级以上人民政府应当划定农业环境综合整治区，并统一规划，限期治理。

第二十一条　农业生产经营者在生产过程中要使用对农产品无污染的扬晒场地、农用器具，安全、合理使用农药、化肥、农膜和动植物生长调节剂、饲料添加剂等，及时回收废弃农用塑料薄膜，防止农用化学物质污染。

农业行政主管部门要加强对农产品的检测。经检测有害、有毒物质或者致病性微生物、寄生虫超过食品卫生标准的农产品，禁止出售或者交换，就地处理。

第二十二条　农业生产经营者用作农业肥料的城镇垃圾、粉煤灰和污泥等必须符合国家和自治区的污染物控制标准。

禁止使用不符合国家和自治区农田灌溉水质标准的工业废水和城市污水灌溉农田。

第二十三条　饲养畜禽和进行农畜产品加工的单位和个人，应当对粪便、废水及其他废弃物进行无害化处理和综合利用，避免和减少对农业环境的污染。

第四章　监督管理

第二十四条　旗县级以上人民政府农业行政主管部门对农业环境保护工作实施监督管理，会同环境保护行政主管部门负责因农业和其他生产活动造成的农业环境污染与破坏事故的调查处理。

第二十五条　旗县级以上人民政府农业行政主管部门的农业环境监测机构，具体负责农业环境保护监测工作，业务上受上一级农业环境监测机构和同级环境保护行政主管部门监测机构的指导。

农业环境保护监察实行监察员制度。农业环境保护监察员凭证履行农业环境监察职责。

第二十六条　自治区农业行政主管部门会同自治区环境保护行政主管部门，依照有关法律、法规拟订国家未作规定的农业环境质量标准，报自治区人民政府批准，报国务院环境保护行政主管部门备案。

第二十七条　旗县级以上人民政府农业行政主管部门会同有关部门对农业环境状况进行调查和评价，拟定农业环境保护规划，报同级人民政府批准实施。

自治区农业行政主管部门，应当定期发布农业环境状况公报。

第二十八条　大中型农业建设项目和重大农业技术推广项目，必须进行农业环境影响评价，经农业行政主管部门审查后，按规定程序报批。

对农业环境有直接污染破坏的建设项目，其环境影响报告书中必须有农业环境影响评价的内容。建设项目竣工验收时，应当同时验收农业环境保护设施，并有农业行政主管部门参加。没有农业环境保护设施或者达不到农业环境保护要求的项目不得通过验收。

第二十九条　农业行政主管部门有权对农业用地、养殖水域、灌溉渠道、农产品受到污染和农业资源被破坏的情况进行现场检查。被检查单位或者个人应当如实反映情况，提供必要的资料。

农业环境监察人员执行现场检查时，应当出示证件，并为被检查单位或者个人保守技术和业务秘密。

第三十条　因发生事故或者其他原因排放污染物，造成或者可能造成农业环境污染和破坏的单位或者个人，应当采取紧急措施，排除或者减轻危害，及时通报可能受到污染危害的单位和个人，并在四十八小时内向当地农业行政主管部门和环境保护行政主管部门报告，接受调查处理。

第三十一条　跨行政区域的农业环境污染和生态破坏的防治工作，由有关地方人民政府协商解决，或者由上级人民政府协调解决。

第五章　法律责任

第三十二条　造成农业环境污染、破坏的单位和个人，必须负责限期治理恢复，承担治理费用。

第三十三条　违反本条例有关规定的，由农业行政主管部门给予下列处罚：

（一）违反第十六条、第十八条规定的，责令限期改正；造成农业环境污染的，按照直接损失的一倍处以罚款。

（二）违反第二十一条规定的，责令消除污染，并可处以 1 000 元以下罚款；不及时回收农用塑料残膜的，责令限期回收，逾期不回收的，由嘎查、村负责组织回收，其费用由农膜使用者承担；处理超过食品卫生标准的农产品的费用由造成污染的单位和个人承担。

（三）违反第二十二条规定的，责令停止使用，并可处以 500 元以上 3 000 元以下罚款。

（四）违反第二十八条规定的，责令改正；对没有农业环境保护设施而通过验收的项目，验收无效，并建议主管部门对直接责任者给予行政处分。

（五）违反第二十九条第一款规定拒绝农业行政主管部门现场检查或者在被检查时弄虚作假的，给予警告，并可处以 300 元以上 3 000 元以下罚款。

第三十四条　违反本条例其他规定，造成农业环境污染和生态破坏的，由农业行政主管部门会同有关部门，按照职责分工，依据有关法律、法规的规定处理。

第三十五条　当事人对行政处罚决定不服的，可依照《中华人民共和国行政复议法》和《中华人民共和国行政诉讼法》的规定，申请行政复议或者向人民法院起诉。

当事人逾期不申请复议，也不向人民法院起诉，又不履行处罚决定的，由做出处罚决定的机关申请人民法院强制执行。

第三十六条　违反本条例规定，造成重大农业环境污染和破坏事故，导致国家、集体和个人财产重大损失或者人身伤亡，构成犯罪的，依法追究刑事责任。

第三十七条　农业行政主管部门的工作人员、农业环境监察人员，违反本条例规定，滥用职权、玩忽职守、徇私舞弊的，由其所在单位或者上级主管部门给予行政处分；构成犯罪的，依法追究刑事责任。

第六章　附　则

第三十八条　本条例应用中的具体问题由自治区农业行政主管部门负责解释。

第三十九条　本条例自公布之日起施行。

辽宁省农业环境保护条例

（1996 年 1 月 19 日辽宁省第八届人民代表大会常务委员会第十九次会议通过　1997 年 11 月 29 日辽宁省第八届人民代表大会常务委员会第三十一次会议修改　根据 2004 年 6 月 30 日辽宁省第十届人民代表大会常务委员会第十二次会议《关于修改〈辽宁省农业环境保护条例〉的决定》修正）

第一章　总　则

第一条　为了保护和改善农业环境，防治农业环境污染和破坏，保证农业的持续发展，保障人体健康，根据《中华人民共和国环境保护法》《中华人民共和国农业法》及有关法律、法规，结合辽宁省实际情况，制定本条例。

第二条　本条例所称农业环境，是指直接影响农业生产的各种天然的和经过人工改造的自然因素的总称，主要包括农业用地、农业用水、农业气候环境和农作物、蔬菜、果树、中草药材、柞蚕等农业生物。

第三条　凡在本省辖区内从事与农业环境直接相关活动的单位和个人，都必须遵守本条例。

第四条　农业环境保护必须坚持预防为主、防治结合和谁污染谁治理、谁开发谁保护、谁利用谁补偿的原则。

第五条　各级人民政府应把农业环境保护作为管理农业和农村经济的重要职能之一，将农业环境保护纳入国民经济和社会发展计划，统筹安排农业环境保护经费。县级以上人民政府（含县级、下同）应当根据农业环境保护需要，健全农业环境监测机构，强化监督管理职能。

第六条　各级人民政府应重视农业环境保护科学教育事业，加强农业环境保护科学技术的研究、开发和推广，宣传、普及农业环境科学知识。

第七条　一切单位和个人都有保护农业环境的义务，并有权对污染、破坏农业环境的行为进行检举和控告。

第八条　对保护和改善农业环境做出显著成绩的单位和个人，由人民政府给予表彰和奖励。

第二章　监督管理

第九条　县级以上人民政府环境保护行政主管部门，对本辖区的农业环境保护工作实施统一监督管理。

各级人民政府农业行政主管部门，对本辖区的农业环境保护工作实施监督管理。县级以上人民政府农业行政主管部门可以委托所属的农业环境保护监测机构，具体实施本辖区的农业环境保护工作。

县级以上人民政府的土地、水利、林业、乡镇企业、矿产等行政主管部门，按照有关法律、法规规定，根据各自的职责，对管辖范围内的农业环境保护工作实施监督管理。

村集体经济组织或村民委员会协助有关部门做好农业环境保护工作。

第十条　县级以上人民政府农业行政主管部门在农业环境保护工作中的主要职责是：宣传贯彻国家和省有关农业环境保护的法律、法规和政策；监督检查农业环境保护法律、法规和标准的执行；在环境保护部门的指导下，制定地方农业环境保护长远规划和年度计划；组织开展农业环境监测，掌握本地区农业环境质量状况及发展变化趋势，定期向同级环境保护行政主管部门和上级农业行政主管部门报告；组织开展生态农业建设工作，推广生态农业技术；组织、指导农业生产对农业环境污染、破坏的预防和治理工作；依法调查处理或参与调查处理农业环境污染事故；宣传普及农业环境保护知识，组织开展农业环境保护的科学研究和技术推广工作。

第十一条　县级以上农业行政主管部门所属的农业环境监测机构，应当按照有关规定参加全省环境监测网络，协同环境保护部门对本辖区农业环境质量进行调查、定期监测和评价，收集、整理、储存农业环境监测数据资料，建立数据库和污染源档案，编制农业环境质量报告。受环境保护行政主管部门和农业行政主管部门的委托，可承担、参与农业环境污染事故调查和农业环境污染纠纷的技术鉴定。

第十二条　对农业环境有直接影响的建设项目环境影响报告书中，必须有农业环境影响专题和农业环境保护方案。农业环境影响专题和农业环境保护方案，应经农业行政主管部门同意后，报环境保护行政主管部门审批。

建设项目竣工前，农业环境保护措施的落实应有农业行政主管部门参加验收，并协同环境保护行政主管监督环境保护设施的正常运转。

第十三条　因发生事故造成或者可能造成农业环境污染、破坏的单位和个人，应当采取紧急措施排除或者减轻危害，及时通报可能受到污染的单位和个人，并在事故发生后48小时内向当地环境保护行政主管部门和农业行政主管部门报告，接受调查处理。

第十四条　县级以上人民政府农业行政主管部门对由于农业生产措施不当造成的农业环境污染和破坏，应当及时进行现场检查、处理。对其他污染和破坏农业环境的行为有权进行调查、检查，协同环境保护行政主管部门进行处理。农业环境管理人员执行公务时，应当出示证件。被检查单位应当如实反映情况，提供必要的资料。检查机关和检查人员应当为被检查单位保守技术秘密和业务秘密。

第十五条　跨行政区域的农业环境污染和破坏的防治工作，由有关地方人民政府协商解决，或由共同的上级人民政府处理。

第三章　农业环境保护

第十六条　各级人民政府应当依据当地农业资源和农业环境状况，合理调整和优化农业生产结构和农产品结构，促进农业经济与农业环境保护相协调。

第十七条　因地制宜地发展生态农业和农业环境保护产业，开展生态农业工程、农田防护林体系、农村能源生态工程以及水土流失、土地沙化、盐渍化整治工程建设，推广资源节约型农业技术、农业资源综合利用技术，提高农业资源利用率和农业综合防治污染、抗御自然灾害的能力。

第十八条　县级以上人民政府应根据国务院《基本农田保护条例》和省有关规定，编制基本农田保护区规划,划定基本农田保护区,对粮、棉、油和名、优、特、新农产品生产基地,大中城市蔬菜生产基地,水果生产基地的农业用地实行特殊保护。

第十九条　各级人民政府应当有计划地建立无污染农产品生产基地,鼓励从事农业生产的单位和个人生产无污染农产品、绿色食品和有机食品。优质农产品的评审应有农产品生产环境指标和农产品有毒有害物质残留指标。

无污染农产品的生产技术规程、产地农业环境质量标准和无污染农产品中有毒有害物质残留控制标准由省农业行政主管部门协同环境保护等有关部门制定。

第二十条　从事农业生产的单位和个人应当科学、合理使用农药、化肥,鼓励使用生物农药、易降解地膜,增加使用有机肥,及时回收农用薄膜,禁止使用国家明令淘汰的农用化学物质,防止对土壤、水体和农产品的污染和破坏。

第二十一条　严禁向农用水体排放有毒有害物质,倾倒工业废渣、城市垃圾和其他废物,在农用水体浸泡、清洗有毒有害物质。

第二十二条　禁止使用不符合国家和地方规定控制标准的工业废水和城市污水灌溉农田。

向农田灌溉渠道排放工业废水和城市污水,应保证其下游最近的灌溉取水点的水质符合农田灌溉水质标准。

对利用工业废水和城市污水进行灌溉的,县级以上农业部门应定期监测用于灌溉的污水水质、农业土壤和农产品,向有关部门和个人通报情况,并采取措施防止土壤、水体和农产品污染。

第二十三条　农业区域内的一切排烟装置、工业窑炉和散发有害气体、粉尘的单位,须采取使用密闭的生产设施和工艺,安装净化、回收设施等有效的排烟除尘措施,防止烟尘、有害气体、工业粉尘对农业环境的污染、危害。

第二十四条　严禁在基本农田倾倒、弃置和堆存固体废物。在基本农田以外的农业用地倾倒、弃置、堆存固体废物的,必须按照国家规定的程序报环境保护行政主管部门批准。堆存工业废渣,必须采取防止渗漏、径流、扬散等措施,避免污染农业环境。

第二十五条　任何单位或个人使用城市垃圾、污泥或粉煤灰作为肥料或土壤改良剂用于农业生产时,必须经当地农业环境监测部门监测,符合国家有关标准的,方可使用。

第二十六条　因受有毒有害物质污染,造成农业生物不能正常生长或生产的农产品危害人畜健康的区域,经县以上人民政府批准,可以划为农业污染整治区,由农业行政主管部门协同环境保护行政主管部门组织制定农业污染整治区综合治理规划,并监督实施。农业污染整治区的治理费用,由造成污染的责任者承担。责任者无法确定、已不存在或无力承担全部费用的和重大农业污染治理项目,应纳入各级人民政府环境治理计划。

未经治理的农业污染整治区,不得种植为人畜直接提供食用的农业生物,不得放牧和饲养食用性动物,产品不得用于加工食品。

第四章　法律责任

第二十七条　违反本条例规定,造成农业环境污染和破坏,依法应当给予行政处分的,除本条例另有规定外,由有关部门依照有关法律、法规的规定执行。

第二十八条　违反本条例第十四条规定,拒绝农业行政主管部门现场检查,或被检查时弄虚作假的，农业行政主管部门可以根据不同情节协同环境保护部门给予警告或处以300元至3 000元罚款。

第二十九条 违反本条例规定，有下列情形之一的，由县级以上人民政府农业行政主管部门协同本级环境保护主管部门根据不同情节给予处罚：

（一）违反本条例第十二条规定的，责令停产或者停用，落实农业环境保护措施，补建环境保护设施，并处以10 000元至50 000元罚款；

（二）违反本条例第二十一条规定的，处以5 000元至100 000元罚款；

（三）违反本条例第二十三条规定，造成农业环境污染事故的，责令停止使用，并处以10 000元至50 000元罚款，对造成重大损失的，按照直接损失的30%计算罚款，但最高不得超过200 000元；

（四）违反本条例第二十四条规定的，责令限期改正，采取防治措施，并处以 2 000元至50 000元罚款。

第三十条 违反本条例规定，有下列情形之一的，由县级以上人民政府农业行政主管部门根据不同情节给予处罚：

（一）违反本条例第二十条规定，不及时回收农用薄膜的，责令限期回收；

（二）违反本条例第二十二条第一款规定的，责令停止使用并处以使用面积所得经济收入两倍以内的罚款；

（三）违反本条例第二十五条规定的，给予警告并处以1 000元至5 000元罚款；

（四）违反本条例第二十六条第二款规定的，责令销毁产品或加工的成品，并处以1 000元至20 000元罚款。

第三十一条 进行罚款必须使用财政部门统一印制的罚款收据，罚款收入全额上缴同级财政部门。

第三十二条 违反本条例第十三条规定的，责令赔偿直接经济损失，治理恢复被污染和破坏的农业环境，并追究主要责任者的责任。

第三十三条 违反本条例规定构成犯罪的，依照有关法律的规定追究刑事责任。

第三十四条 农业环境管理工作人员滥用职权、玩忽职守、徇私舞弊的，由其所在单位或上级行政主管部门给予行政处分；构成犯罪的，由司法机关追究刑事责任。

第三十五条 当事人对行政处罚决定不服的，可以依照《中华人民共和国行政诉讼法》的规定，申请复议或提起诉讼。当事人逾期不申请复议或不向人民法院起诉又不履行处罚决定的，由做出处罚决定的机关申请法院强制执行。

第五章 附 则

第三十六条 本条例执行中的具体问题由辽宁省人民政府负责解释。

第三十七条 本条例自发布之日起实施。

吉林省农业环境保护管理条例

（1994 年 6 月 11 日吉林省第八届人民代表大会常务委员会第十次会议通过　1994 年 6 月 11 日公布施行　1997 年 9 月 26 日吉林省第八届人民代表大会常务委员会第三十三次会议修改　2001 年 1 月 12 日吉林省第九届人民代表大会常务委员会第二十一次会议修改）

第一章　总　则

第一条　为加强农业环境保护，防治农业环境污染和破坏，促进农业生态平衡，保障人体健康，根据《中华人民共和国环境保护法》《中华人民共和国农业法》等法律、法规规定，结合我省实际，制定本条例。

第二条　本条例所称农业环境保护，是指对农业用地、农业用水、大气和农业生物等农业生态环境的保护。

第三条　凡在我省行政区域内从事与农业环境有关的生产、建设、开发、科研和其他活动的单位和个人，必须遵守本条例。

第四条　各级人民政府应把农业环境保护工作纳入国民经济和社会发展计划，采取措施，切实保护和改善农业环境，统筹安排农业环境保护所需经费。

第五条　任何单位和个人都有保护农业环境的义务，有权检举和控告污染及破坏农业环境的行为。

第六条　对保护和改善农业环境做出显著成绩的单位和个人，各级人民政府应当给予表彰和奖励。

第二章　监督与管理

第七条　县级以上人民政府的环境保护行政主管部门，对本行政区域内的环境保护工作实行统一监督管理。

第八条　县级以上人民政府的农业行政主管部门，对本行政区域内的农业环境保护工作实行具体监督管理，其主要职责是：

（一）宣传贯彻国家和省有关农业环境保护的法律、法规和政策；

（二）会同环境保护行政主管部门，制定农业环境保护规划和年度计划，参与制定农业环境质量标准，监督规划、计划和质量标准的实施；

（三）组织推广生态农业，发展农业环境保护产业，开发绿色食品；

（四）组织、指导农村生产、生活对农业环境污染的预防和治理工作；

（五）依法调查处理或者参与调查处理农业环境污染事故；

（六）宣传普及农业环境保护知识，组织开展农业环境保护的科学研究和技术推广工作；

（七）负责农业环境保护的技术培训、咨询、服务等工作；

（八）依照法律规定行使其他职权。

第九条　县级以上人民政府的土地、矿产、水利、林业、乡镇企业等行政主管部门，应当配合农业行政主管部门努力开展农业环境保护工作，并严格依法实施监督管理职权。

第十条   县级以上人民政府的农业行政主管部门和乡（镇）人民政府应当设立专（兼）职农业环境监察员。

乡（镇）人民政府设立的农业环境监察员由环境监察员和部分农业技术人员兼任。

县级以上人民政府农业行政主管部门设立的农业环境监察员由同级人民政府颁发证书；乡（镇）人民政府设立的农业环境监察员由县（市）级人民政府颁发证书。

农业环境监察员证书由省农业行政主管部门统一印制。

农业环境监察员在授权范围内依法行使农业环境监察权。有关单位和个人应当为农业环境监察工作提供方便，不准妨碍或阻挠。

第十一条   省农业行政主管部门组织编制的地方农业环境质量标准草案，由省环境保护行政主管部门审理报请省人民政府批准后实行。

任何单位和个人应当按照农业环境质量标准组织从事农业生产活动。

第十二条   县级以上人民政府的农业行政主管部门对使用化肥、农药和地膜造成农业环境污染和破坏的单位和个人应当及时进行现场检查、处理。对其他污染和破坏农业环境的行为、事故进行调查、检查，协助环境保护行政主管部门进行处理。

第十三条   县级以上人民政府农业行政主管部门所属的农业环境监测机构，受上级农业环境监测机构和同级环境保护行政主管部门监测机构的指导，按有关规定参加环境监测网络，负责本辖区的农业环境监测，对农业环境污染造成的损害进行评价鉴定，提供监测数据和资料。

第十四条   各级人民政府在制定农业生产规划时，应同时制定农业环境建设规划，并负责组织实施。

第十五条   对农业环境有污染的建设项目，其环境影响报告中必须有农业环境影响专题。

第十六条   各级人民政府应加强对在农村中的企业的环境管理，对严重污染农业环境的企业应当限期治理。

禁止将产生严重污染农业环境的技术、设备和项目转移给不具备污染防治能力的乡镇企业和个人。

第三章   保护与防治

第十七条   任何单位和个人都应遵循生态规律，合理开发利用、保护农业自然资源，维护农业自然资源的正常增殖和更新能力。禁止掠夺式经营。防止农业用地水土流失、沙化、盐碱化、沼泽化和其他破坏。

第十八条   加强对农业用地的保护管理。对临时占用农业用地进行采矿、取土等破坏种植条件的建设项目，必须制订复垦计划，经当地土地管理部门审批后实施。

复垦后的农业用地必须达到复垦标准，并经农业行政主管部门会同土地管理部门验收合格后，方可交付使用。

复垦标准由农业行政主管部门会同土地管理部门确定。

第十九条   严格控制有害污水、气体、粉尘向农业环境排放，确需排放的，必须采取净化措施，不得超过规定的排放标准。

第二十条   严格控制在农业用地和灌溉水源附近堆放有害固体废物。确需堆放的，应征得当地环境保护行政主管部门同意，并应采取防止渗漏、径流、扬撒等措施，按指定的地点堆放。

第二十一条　单位和个体生产经营者，在生产经营中造成或可能造成农业环境污染事故的，必须采取紧急措施，避免和减轻污染危害，并应及时通报可能受到危害的单位和个人；同时应向当地环境保护主管部门和农业行政主管部门报告，接受调查处理。

第二十二条　综合防治农业病、虫、草、鼠等灾害；保护青蛙、猫头鹰等害虫、害鼠的天敌，并严禁非法捕猎、收购、贩运。

第二十三条　推广使用高效、低毒、低残留农药；鼓励使用有机肥，科学合理施用化肥；推广易分解、无污染地膜，使用者对于农用塑料残留地膜应及时回收，防止对土壤和农产品的污染。

鼓励综合利用农业废弃物，提高生物质能利用率。

第二十四条　利用污水进行农田、菜田灌溉的，利用的污水不得超过国家和地方规定的农田灌溉水质标准。

严禁在饮用水水源、渔业养殖水域沤泡麻类，清洗药械、农药包装物等行为，防止水体污染。

第二十五条　凡向农业生产单位和个人提供农用城镇垃圾、粉煤灰和污水沉淀污泥的，提供单位应向接受者出示足以证明提供的物品符合国家标准的文件。不符合标准的，农业生产单位和个人不得利用。

第二十六条　因受有毒有害物质污染，造成农业生物不能正常生长或生产的农产品危害人体健康的农业区域，可以划为农业污染整治区。未经治理的严重农业污染整治区不得种植粮食、蔬菜等作物。

农业污染整治区的划定，由县级以上人民政府的农业行政主管部门会同有关部门组织调查、论证，报同级人民政府批准。农业行政主管部门会同环境保护行政主管部门组织制定综合治理计划，并监督实施。

农业污染整治区的治理经费，除应列入地方财政预算外，还应多方筹措，并由农业行政主管部门与环境保护行政主管部门和其他农业资源管理部门共同组织落实。

第二十七条　在商品粮基地、城市副食品基地、出口农产品基地以及名、特、稀、优农产品集中产区，县级以上人民政府应当建立农田、菜田等保护区。

农田、菜田等保护区内的对农业环境有污染的企业，必须限期治理，使排放的污染物达到国家和地方规定的标准。

第二十八条　省农业行政主管部门应当对绿色食品生产基地进行评价，制定绿色食品生产技术规范，并组织实施。

农业生产经营者，可按照绿色食品生产技术规范进行生产，其产品经省农业行政主管部门检验认定后，颁发绿色食品证书和标志。

第四章　法律责任

第二十九条　违反本条例规定，破坏土地、森林、草原、大气、水等农业生态环境的，农业行政主管部门应当会同并协助有关部门依照有关法律、法规的规定处理。

第三十条　有下列行为之一的，由农业行政主管部门按以下规定进行处罚：

（一）违反本条例第十条第五款规定，拒绝或阻碍农业环境监察员执行公务，由公安机关依照治安管理处罚条例处罚，构成犯罪的，依法追究刑事责任；

（二）违反本条例第十二条规定，拒绝农业行政主管部门进行现场检查或检查时弄虚作假的，可给予警告，对情节严重的可处以 200 元至 2 000 元罚款；

（三）违反本条例第二十三条规定，不回收农用塑料残膜的，责令限期回收，并予以批评教育；

（四）违反本条例第二十四条规定，利用不符合国家和地方规定的农田灌溉水质标准的污水灌溉农田、菜田的，责令停止使用，并予以批评教育；

（五）违反本条例第二十八条第二款规定，擅自使用绿色食品标志的，责令其停止使用，收缴其使用标志，并处以违法所得一至两倍的罚款。

第三十一条　农业行政主管部门会同环境保护主管部门对造成农业环境污染危害的单位和个人，责令其排除危害、治理恢复，并向受到损害的单位和个人赔偿经济损失。

第三十二条　当事人对行政处罚不服的，可以在接到处罚通知之日起 15 日内向做出处罚决定机关的上一级机关申请复议；对上级机关的复议决定不服的，可以在接到复议决定通知之日起 15 日内向人民法院起诉。当事人也可以在接到处罚通知之日起 15 日内直接向人民法院起诉。当事人逾期不申请复议，也不向人民法院起诉，又不履行处罚决定的，由做出处罚决定的机关申请人民法院强制执行。

第三十三条　违反本条例规定，造成重大农业环境污染事故、导致公私财产重大损失或者人身伤亡等严重后果的，对直接责任人员依法追究刑事责任。

第三十四条　农业环境管理工作人员玩忽职守、以权谋私、徇私枉法的，由其所在单位或上级主管部门给予行政处分，构成犯罪的，由司法机关依法追究刑事责任。

第五章　附　则

第三十五条　本条例自公布之日起施行。

黑龙江省农业环境保护管理条例

（1993 年 7 月 21 日黑龙江省第八届人大常务委员会第四次会议通过　自 1993 年 10 月 1 日起施行）

第一章　总　则

第一条　为保护农业环境，防止农业环境污染，根据《中华人民共和国环境保护法》和《中华人民共和国农业法》等有关法律、法规规定，结合我省实际情况，制定本条例。

第二条　本条例所称农业环境保护，指对农业用地、农业用水、农业生物和大气等农业生态环境的保护。

第三条　在我省境内从事与农业环境有关的生产、建设、开发、科研和其他活动的单位和个人，都必须遵守本条例。

第四条　各级人民政府应当把农业环境保护纳入国民经济和社会发展计划，采取有力措施，做好农业环境保护管理工作。农业环境保护所需经费应当由各级财政统筹安排。

第五条　各级人民政府要重视农业环境保护科学教育事业的发展，加强农业环境保护科学技术的研究和开发，提高农业环境保护科学技术水平，普及农业环境保护科学知识。

第六条　一切单位和个人都有保护农业环境的义务，有权对污染和破坏农业环境的单位和个人进行检举和控告。

第七条　对保护和改善农业环境做出显著成绩的单位和个人，由人民政府给予表彰和奖励。

第二章　农业环境监督管理

第八条　县级以上人民政府环境保护行政主管部门，对本辖区的环境保护工作实施统一监督管理。

县级以上人民政府农业行政主管部门对本辖区的农业环境保护工作实施监督管理，乡（镇）人民政府指定的兼职农业环境保护监察人员，负责本辖区农业环境保护管理工作。县级以上人民政府的土地、水利、林业、畜牧、渔业、乡镇企业等有关行政主管部门，依照有关法律、法规的规定，根据各自的职责，协同农业行政主管部门对管辖范围内的农业环境保护工作实施监督管理。省国有农场总局对本系统的农业环境保护工作实施监督管理，并接受省环境保护行政主管部门和省农业行政主管部门的监督指导。

第九条　县级以上人民政府农业行政主管部门农业环境监督管理的主要职责是：

（一）贯彻执行国家和省有关的法律、法规、标准和方针、政策；

（二）拟订地方农业环境保护规范和实施细则，组织制定本地区农业环境保护长远规划和年度计划，并监督实施；

（三）推广生态农业，开发无污染农副产品，发展农业环保产业；

（四）组织农业环境调查、监测和农业环境污染的预防和治理；

（五）会同有关部门组织本地区农业环境的科学研究和宣传教育，组织推广国内外保护和治理农业环境的先进经验和技术；

（六）负责农业环境保护的技术培训、技术咨询、技术服务；

（七）依法调查处理农业环境污染事故。

第十条　省农业行政主管部门会同省环境保护行政主管部门和有关部门拟订地方农业环境质量标准，报省人民政府批准执行，并报国务院环境保护行政主管部门备案。

第十一条　县级以上人民政府农业行政主管部门所设的农业环境监测机构，受上级农业环境监测机构和同级环境保护行政主管部门监测机构的指导，按有关规定参加环境监测网络，负责本辖区的农业环境监测，对农业环境污染造成的损害进行评价鉴定，提供监测数据和资料。

第十二条　县级以上人民政府农业行政主管部门可以对污染和破坏农业环境的单位或个人进行现场检查。农业环境管理人员执行公务时，应当出示由省人民政府农业主管部门颁发的"环保监察证"。被检查单位，应当如实反映情况，提供资料。

第十三条　农业建设项目、重大农业技术推广项目，应当对农业环境影响做出评价，并编制农业环境影响报告书，报农业建设项目主管部门预审后，按照规定的程序报环境保护行政主管部门批准。农业建设项目投产使用前，农业行政主管部门应当参加污染防治设施的验收工作。建设项目投产使用后，农业行政主管部门有权监督其农业环境污染防治设施的使用。对农业环境有直接影响的非农业建设项目的环境影响报告书，应当包括农业环境影响评价内容。环境保护行政主管部门审查环境影响报告书时，应当有同级农业行政主管部门参加。

第十四条　各级人民政府应当加强对在农村的工业企业的环境管理，防止其对农业环境污染。对污染农业环境的工业企业应当限期治理。禁止将污染农业环境的生产项目转移给没有污染防治能力的乡镇企业。农业行政主管部门应当协助环境保护行政主管部门，加强对污染农业环境的乡镇企业的监督检查。

第十五条　在生产经营中发生事故或其他原因大量排放污染物，造成或可能造成农业环境污染的单位和个人，应当采取紧急措施，通报有关农业生产单位或个人，避免或减轻污染危害，并向当地环境保护行政主管部门和农业行政主管部门报告，接受调查处理。

第三章　农业环境保护

第十六条　一切农业生产单位和个人都应遵循自然规律，对农业自然资源坚持使用和养护相结合，保持农业自然资源的正常增殖和更新能力。禁止掠夺式经营。防止农用土地水土流失、沙化、盐碱化、沼泽化。

第十七条　县级以上人民政府农业行政主管部门会同土地管理部门，可根据农业生产和农业环境保护需要，按照土地利用总体规划，在农业商品基地、出口创汇基地和名、特、稀、优农产品集中产区划定不同类型的农田保护区，报同级人民政府批准后实施。农田保护区内不得擅自兴建非农业性项目。确需兴建的，应当征得农业行政主管部门意见后，到土地管理部门办理用地审批手续。

第十八条　县级以上人民政府的农业行政主管部门会同环境保护行政主管部门，对遭受有毒有害物质污染、农业生物不能正常生长或所生产的农产品危害人体健康的农业区域，可以划为农业污染综合整治区，报同级人民政府批准后组织实施。农业污染综合整治区的治理经费，由农业行政主管部门与环境保护行政主管部门或其他农业资源管理部门协商解决。

第十九条 综合防治农业病、虫、草、鼠等灾害；保护青蛙、猫头鹰等害虫、害鼠的天敌及其栖息、繁殖场所；严禁猎捕、收购、贩运害虫、害鼠的天敌。推广高效、低毒、低残留农药，科学合理施用化肥。推广易分解无污染地膜。农业生产中使用塑料地膜的，应当回收残膜，防止残膜对农业环境造成危害。各级环境保护行政主管部门和农业行政主管部门应当做好残膜的回收、加工、利用的组织工作。

第二十条 禁止向农业用地、草原、养殖业水域及灌溉渠道排放不符合国家和地方规定控制标准的工业废水和城市污水。禁止使用不符合国家和地方规定控制标准的工业废水和城市污水灌溉农田。禁止在人畜饮用水水源、养殖业水域沤制麻类，清洗药械、农药包装物及其他能够造成污染的物体。

第二十一条 排放含有毒害物质的废气、烟尘和粉尘污染农业环境的单位，必须采取净化措施，不得超过规定的排放标准。

第二十二条 不得擅自在农业用地、草原、养殖业水域及灌溉水源弃置、堆放有害固体废物。确需堆放的，应当征得当地环境保护行政主管部门批准，集中堆放在指定地点，并采取防止渗漏、径流、扬散等措施。

第二十三条 使用生活垃圾、粉煤灰和污水沉淀污泥作为农用物质的，应当符合国家和地方规定的控制标准。

第二十四条 农业生产经营者，可按照省人民政府农业行政主管部门制定的无污染农产品生产技术规程进行生产，其产品经省人民政府农业行政主管部门检验认定后，颁发无污染农产品证书或标志。

第四章 法律责任

第二十五条 违反本条例规定，造成土地、森林、草原、大气、水等资源破坏的，由农业行政主管部门协助有关主管部门依照有关法律、法规的规定处理。

第二十六条 违反本条例规定，具有下列行为之一的，由农业行政主管部门分别给予以下处罚：

（一）违反第十二条规定，拒绝农业行政主管部门现场检查，或者在被检查时弄虚作假的直接责任人员，给予警告或处以 300 元以上 500 元以下的罚款。

（二）违反第十九条第三款规定，不回收农用塑料残膜的，责令限期回收；逾期不回收的，由乡、村、场负责组织回收，其费用由地膜使用者承担。

（三）违反第二十条第二款规定，使用不符合国家和地方规定控制标准的工业废水和城市污水灌溉农田的，责令使用者停止使用；继续使用的，处以使用面积所得经济效益一倍以内的罚款。

第二十七条 罚款全额上交同级财政。

第二十八条 当事人对处罚决定不服的，可以在接到处罚通知之日起 15 日内，向做出处罚决定机关的上一级机关申请复议；对上级机关的复议决定不服的，可以在接到复议决定通知之日起 15 日内，向法院起诉。当事人也可以在接到处罚通知之日起 15 日内直接向法院起诉。当事人逾期不申请复议或者不向法院起诉又不履行处罚决定的，由做出处罚决定的机关申请法院强制执行。

第二十九条 造成农业环境污染危害的单位和个人，有责任排除危害、治理恢复，并向直接受到损害的单位或个人赔偿损失。

第三十条 违反本条例规定，造成重大农业环境污染事故、导致重大经济损失或者人身伤亡严重后果的直接责任人员，依法追究刑事责任。

第三十一条 农业行政主管部门的农业环境监督管理人员滥用职权、玩忽职守、徇私舞弊的，由其所在单位或上级主管机关给予行政处分；构成犯罪的，依法追究刑事责任。

第五章 附 则

第三十二条 本条例由省人民政府农业行政主管部门负责应用解释。

第三十三条 本条例自 1993 年 10 月 1 日起施行。

江苏省农业生态环境保护条例

（1998 年 12 月 29 日江苏省第九届人民代表大会常务委员会第七次会议通过　自 1999年 2 月 1 日起施行　根据 2004 年 6 月 17 日江苏省第十届人民代表大会常务委员会第十次会议《关于修改〈江苏省农业生态环境保护条例〉的决定》修正）

第一章　总　则

第一条　为保护和改善农业生态环境，合理开发利用农业资源，实现农业可持续发展，提高农产品质量，保障人体健康，根据《中华人民共和国农业法》《中华人民共和国环境保护法》等法律、法规，结合本省实际，制定本条例。

第二条　在本省行政区域内从事对农业生态环境有影响活动的单位和个人，必须遵守本条例。

第三条　本条例所称的农业生态环境，是指农业生物赖以生存和繁衍的各种天然的和经过人工改造的环境因素的总体，包括土壤、水、大气和生物等。

前款所称农业生物，是指作物、果树、蔬菜、栽培的中草药和树木花草、蚕桑、家畜、家禽、养殖鱼类等。

第四条　地方各级人民政府应当对本辖区的农业生态环境质量负责，将农业生态环境保护列入国民经济和社会发展规划，并作为农业基础建设的重要内容，采取有利于农业生态环境保护的政策和措施，使农业生态环境保护同经济建设和社会发展相协调。

地方各级人民政府应当鼓励对农业生态环境保护科学技术的研究和开发，普及和推广农业生态环境保护的科学知识和先进技术，提高农业生态环境保护的科学技术水平。

第五条　县级以上地方人民政府的环境保护行政主管部门对本行政区域内的农村生态环境保护工作实施统一监督管理。

县级以上地方人民政府的农业、林业和渔业等行政主管部门，依照国家有关法律、法规的规定，负责职责范围内的农业生态环境保护工作，并依法实施监督管理。

县级以上地方人民政府的国土、水利、地矿等行政主管部门，依照国家有关法律、法规的规定，按照职责分工，各负其责，密切配合，共同做好农业生态环境保护工作。

第六条　县级以上地方人民政府应当将农业生态环境保护所需经费列入财政预算，并根据当地的农业经济发展需要和农业生态环境资源状况，逐步增加对农业生态环境保护的投入。

第七条　任何单位和个人都有保护农业生态环境的义务，并有权对污染和破坏农业生态环境的行为进行检举、控告。

县级以上地方人民政府对在保护和改善农业生态环境工作中做出显著成绩的单位和个人，应当给予表彰和奖励。

第二章　保护与治理

第八条　对农业生态环境保护和污染防治，实行预防为主、防治结合、综合治理的原则。

第九条　县级以上地方人民政府应当根据当地农业资源和农业生态环境状况，制定农业生态环境保护规划，组织农业生态环境治理，加强农业生态环境建设，逐步改善农业生态环境质量。

第十条　县级以上地方人民政府应当建立、健全基本农田保护制度，对基本农田保护区的耕地依法实行特殊保护。

第十一条　县级以上地方人民政府的农业行政主管部门应当加强对耕地使用和养护的监督管理，组织对耕地质量状况的监测，并制定相应的耕地保养规划。农业行政主管部门应当会同土地行政主管部门对耕地地力分等定级。

在土地承包经营合同中，应当有耕地保养等内容。耕地使用者必须坚持用地和养地相结合，采取有利于改良土壤，提高地力的耕作制度和方式。

农业技术推广机构应当加强对耕作制度和耕作方式的指导。

第十二条　地方各级人民政府应当组织植树造林，加快平原、丘陵山区绿化，提高林木覆盖率。

地方各级人民政府和农业生产经营组织应当组织农田防护林建设，农田防护林可以依法实施抚育采伐或更新采伐，不得实施皆伐作业。

第十三条　地方各级人民政府应当组织农业生产经营组织和农业生产者依法合理开发利用农业资源，改造中低产田，开展小流域治理，预防和治理水土流失、土壤沙化、盐渍化和贫瘠化。

任何单位和个人不得擅自在农用地上从事采矿、挖砂、取土等活动。

从事采矿、挖砂、取土等活动的单位和个人必须依照有关法律、法规的规定，采取措施恢复植被、防止水土流失。

第十四条　地方各级人民政府应当加强对水资源的保护和管理，大力发展节水灌溉农业，合理利用水资源。

地方各级人民政府应当加强对农田水利基本建设的规划，并定期组织疏浚河道，清理河湖淤泥。

禁止围湖造田、侵占江河滩地及兴建影响湖泊蓄水功能的工程。

第十五条　地方各级人民政府应当制定生态农业发展规划，建立生态农业试验、示范区。

农业行政主管部门和其他有关部门应当积极组织推广生态农业工程技术和农业病、虫、草、鼠害综合防治技术，并加强对秸秆、畜禽粪便等农业废物综合利用技术的研究和推广，积极开发和利用农村可再生能源。

乡（镇）人民政府、村民委员会应当教育农民不得露天焚烧秸秆或向水体弃置秸秆。

第十六条　县级以上地方人民政府应当将受有毒有害物质污染、使农业生物不能正常生长或者所生产的农产品可能危及人体健康的农业生产区域划定为农业生态环境污染整治区，进行农业生态环境综合整治。农业生态环境污染整治区的划定标准和办法由省人民政府另行制定。

第十七条　县级以上地方人民政府应当制定优惠政策，鼓励生产无公害农产品、绿色食品。

省农业行政主管部门制定无公害农产品生产技术规范并组织实施。

符合国家规定标准的无公害农产品可以依照法律、行政法规的规定申请无公害农产品证书和标志。

第十八条 农业技术推广机构应当指导农业生产者合理使用化肥，采用配方施肥和秸秆还田，使用微生物肥料，增施有机肥，提高土壤有机质，保持和培肥地力。

禁止生产、销售和使用未经国家或者省级登记的化学、微生物肥料。

第十九条 鼓励使用易降解地膜，对难降解的残膜，农业生产者应当及时清除、回收。

第二十条 推广使用高效、低毒、低残留农药和生物农药。使用农药应当遵守国家有关农药安全、合理使用的规定，防止对土壤和农产品的污染。

不得生产、销售、使用国家明令禁止生产或者撤销登记的农药。对国家禁止使用和限制使用的农药，农业行政主管部门应当予以公布和宣传，并加以监督管理。剧毒、高毒农药不得用于蔬菜、瓜果、茶叶、中草药和直接食用的其他农产品。

第二十一条 农业、林业、渔业和其他有关行政主管部门应当加强对农业生物物种资源的保护和管理。

加强对农作物害虫、害兽的天敌的保护。对野生蛙类、蛇类、鸟类等农作物害虫、害兽的天敌禁止非法猎捕、收购、运输和出售。

第二十二条 加强动植物检疫工作，防止危险性病、虫、草害的传播和蔓延。

第二十三条 县级以上地方人民政府的农业和其他有关行政主管部门应当加强对农产品农药残留量的检测工作。经检测农药残留量超过标准的农产品，禁止销售或限制其用途。

第二十四条 县级以上地方人民政府应当加强对渔业水域的保护，防治渔业水域污染，改善渔业水域的生态环境。渔业行政主管部门应当对渔业水域统一规划，采取措施保护和增殖渔业资源。

第二十五条 县级以上地方人民政府的农业、渔业行政主管部门应当加强农田灌溉水质和渔业养殖水面的监测，发现水质不符合农田灌溉水质标准和渔业水质标准的，应当及时报告本级政府并通报同级环境保护和水行政主管部门，由县级以上地方人民政府责令排污单位限期治理。

第二十六条 禁止直接向农田排放工业废水和城镇污水。

禁止向农田和灌溉渠道、渔业养殖水面等农用水体倾倒垃圾、废渣等固体废物及排放油类、酸类、碱类和剧毒废液。

禁止在农用水体浸泡、清洗装贮过油类或者有毒污染物的车辆和容器。

第二十七条 禁止超标准排放烟尘、粉尘及有毒、有害气体。对农业生物生长造成有害影响的，排放单位必须采取治理措施。

第二十八条 禁止在基本农田保护区内堆放固体废物；确需占用其他农业用地临时堆放固体废物的，必须按有关规定办理土地使用审批手续。对固体废物必须采取措施，防止扬散、自燃、渗漏、流失。

第二十九条 专业从事畜禽饲养的单位和个人，必须对粪便、废水及其他废物进行综合利用或者无害化处理，避免和减少污染。

第三十条 提供给农业使用的城镇垃圾、粉煤灰和污泥等，必须符合国家有关标准。

第三章　监督管理

第三十一条　省环境保护、技术监督行政主管部门应当会同农业和其他有关行政主管部门，依照国家有关规定，拟订有利于农业生态环境保护的地方环境质量标准和污染物排放标准，报省人民政府批准，并报国家环境保护行政主管部门备案。

第三十二条　县级以上地方人民政府的环境保护行政主管部门应当加强农业生态环境保护监测工作，并会同农业和其他有关行政主管部门对农业生态环境质量进行监测和评价，定期提出农业生态环境质量报告书。

农业行政主管部门的农业环境监测机构，对基本农田保护区和绿色食品、无公害农产品生产基地环境质量进行监测和评价，可以受地方政府委托承担农业环境污染和破坏事故的技术鉴定和损失评估。

第三十三条　对农业生态环境有重大影响的建设项目，应当征求同级农业行政主管部门的意见，其环境影响报告书中必须有农业生态环境影响评价的内容。

第三十四条　县级以上地方人民政府的环境保护行政主管部门和农业、林业、渔业等行政主管部门依照有关法律、法规的规定，分别按照各自的职责对本行政区域内的农业环境污染和农业资源破坏情况进行检查，被检查的单位和个人应当如实反映情况，提供必要的资料。

发生农业环境污染事故的，由农业行政主管部门协同环境保护行政主管部门调查处理。其他有法律、法规规定的，依照有关法律、法规的规定办理。

第三十五条　因发生事故或者其他突发性事件，造成或者可能造成农业环境污染事故的单位和个人，必须立即采取应急措施，及时通报可能受到危害的单位和个人，避免造成更大损失，并在四十八小时之内向当地环境保护和农业行政主管部门报告，接受调查处理。

第三十六条　跨行政区域的农业环境污染和农业资源破坏的防治以及处理工作，由有关地方人民政府协商解决，或者由上级人民政府协调解决，做出决定。

第四章　法律责任

第三十七条　违反本条例规定的，按照下列规定进行处罚：

（一）违反本条例第十九条规定，不及时清理、回收难降解残膜的，由农业行政主管部门责令限期回收；

（二）违反本条例第二十条规定，向农业生产者提供国家明令禁止生产或撤销登记的农药，由农业行政主管部门没收违法所得，并处违法所得一倍以上十倍以下罚款；不按照国家有关农药安全使用的规定使用农药的，由农业行政主管部门责令改正；

（三）违反本条例第二十一条规定，非法收购、运输、出售国家和省重点保护的野生蛙类、蛇类、鸟类等农作物害虫、害兽的天敌的，由林业或者工商行政主管部门依照职责分工没收实物和违法所得，并可处以相当于实物价值一倍以上十倍以下的罚款；

（四）违反本条例第二十九条规定，未对粪便、废水及其他废物进行综合利用或者无害化处理，并造成污染的，由环境保护行政主管部门责令改正，拒不改正的，可处以一百元以上一千元以下罚款；

（五）违反本条例第三十条规定，向农业生产者提供不符合国家有关标准的城镇垃圾、粉煤灰和污泥的，由农业行政主管部门给予警告，或者处以一千元以上五千元以下罚款。

第三十八条 违反本条例其他规定，有关法律、法规规定应当给予行政处罚的，依照有关法律、法规的规定执行。

第三十九条 当事人对行政处罚决定不服的，可以依法申请行政复议或者提起行政诉讼。当事人逾期不申请复议或者不提起诉讼，又不履行处罚决定的，由做出处罚决定的行政机关申请人民法院强制执行。

第四十条 造成农业环境污染危害的，有责任排除危害，并对受损害的单位或者个人赔偿损失。

赔偿责任和赔偿金额纠纷，可以根据当事人的请求，由依照法律、法规规定行使环境监督管理权的部门处理；当事人对处理决定不服的，可以向人民法院起诉。当事人也可以直接向人民法院起诉。

第四十一条 造成重大农业环境污染或者农业资源破坏事故，导致国家、集体和个人财产重大损失或者人身伤亡，构成犯罪的，由司法机关依法追究刑事责任。

第四十二条 农业生态环境行政执法人员玩忽职守、滥用职权、徇私舞弊、索贿受贿尚未构成犯罪的，由其所在单位或者上级机关依法给予行政处分；构成犯罪的，由司法机关依法追究刑事责任。

第五章 附　则

第四十三条 本条例自 1999 年 2 月 1 日起施行。

福建省农业生态环境保护条例

（2002 年 7 月 26 日福建省第九届人民代表大会常务委员会第三十三次会议通过　自2002 年 10 月 1 日起施行　根据 2010 年 9 月 30 日福建省第十一届人民代表大会常务委员会第十七次会议《关于修改〈福建省华侨捐赠兴办公益事业管理条例〉等八项地方性法规的决定》修正）

第一章　总　则

第一条　为保护和改善农业生态环境，防治农业生态环境污染，综合开发与合理利用农业资源，促进农业的可持续发展，根据有关法律、法规，结合本省实际，制定本条例。

第二条　本条例所称农业生态环境，是指农业生物赖以生存和繁衍的各种天然和人工改造的环境要素的总和，包括土壤、水体、大气、生物等。

第三条　在本省行政区域内从事与农业生态环境有关的生产、生活、经营、科研和其他活动的单位和个人，必须遵守本条例。

第四条　县级以上地方人民政府应当将农业生态环境保护经费列入财政预算，并根据当地社会经济发展需要和农业生态环境资源状况，逐步增加投入。

第五条　县级以上地方人民政府环境保护行政主管部门对本行政区域内的环境保护工作实施统一监督管理，对农业生态环境保护工作实施指导、协调和监督，负责农业生态环境的工业污染、城镇生活污染的防治及法律、法规规定的其他工作。

县级以上地方人民政府农业、水利、林业、畜牧业、渔业行政主管部门（以下简称主管农业的部门）根据各自的职责，对本行政区域内的农业资源保护、农业生产污染防治以及对农业生态环境造成直接污染或者破坏的其他行为实施监督管理。

乡（镇）人民政府协助有关部门对本行政区域内的农业生态环境保护工作实施监督管理。

第六条　农业生态环境保护应当坚持统一规划、预防为主、防治结合、管理与保护并举的原则。

地方各级人民政府应当鼓励和支持境内外企业、其他组织和个人投资农业生态环境的建设和保护，进行农业生态环境保护科学技术的研究、开发，推广先进适用技术。

地方各级人民政府应当采取措施，宣传、普及农业生态环境保护知识，引导公众参与保护农业生态环境，提高全民农业生态环境保护意识和能力。

第七条　任何单位和个人都有保护农业生态环境的义务，有权对污染和破坏农业生态环境的行为进行检举、控告，因农业生态环境污染损害其合法权益的，有权要求赔偿。

第八条　在农业生态环境保护工作中做出显著成绩的单位和个人，县级以上地方各级人民政府应当给予表彰和奖励。

第二章　保护与改善

第九条　县级以上地方人民政府应当制定农业生态环境保护规划和生态农业发展规划，设立生态农业示范区，支持农业的规范化、标准化生产。

生态农业示范区应当按照可持续发展战略的要求，遵循整体、协调、循环、再生的原则，因地制宜、合理规划，建立与自然资源、生态环境承载能力相协调的农业生态经济系统，发挥其在保护和改善农业生态环境方面的示范和引导作用。

第十条　地方各级人民政府应当组织、引导农业生产单位和个人合理开发利用农业资源，保护农业生物多样性，改造中低产田，治理小流域，防治水土流失以及土壤的沙化、盐碱化和贫瘠化。

第十一条　县级以上地方人民政府应当组织、引导生产单位和个人发展集生产、旅游、科研、教育于一体的生态旅游观光农业，建立优质安全农产品生产基地，在政策、资金和技术等方面扶持无公害农产品、绿色食品和有机农产品的生产。

县级以上地方人民政府农业行政主管部门应当定期对无公害农产品、绿色食品、有机农产品生产基地的农业生态环境质量进行监测和评价，并通过建立健全农产品质量标准体系和质量检验检测监督体系，加强对基地农产品质量的检验检测工作。

第十二条　县级以上地方人民政府主管农业的部门和其他有关行政主管部门应当指导农业生产者科学使用肥料和植物生长调节剂，推广农业病虫害、草害、鼠害等的综合防治技术和农村可再生能源的利用技术，普及农作物秸秆、畜禽粪便等农业废物的综合利用技术。

鼓励种植绿肥，增施有机肥，保护和培肥地力。引导农业生产者使用高效、低毒、低残留农药，生物农药和易降解的农用薄膜。

第十三条　县级以上地方人民政府主管农业的部门应当按照国家有关规定，开展农业转基因生物安全的监督管理，防范农业转基因生物对人类和生态环境构成的危险或者潜在风险。

县级以上地方人民政府主管农业的部门应当定期组织野生动植物资源的调查，建立资源档案。禁止任何单位和个人非法采集国家和地方重点保护的野生动植物或者破坏其生长环境。

引进农业生物物种，应当按照国家规定履行审批手续。有关部门应当对引进的物种组织跟踪观察，发现可能对农业生态环境造成危害的，应当及时采取措施，避免危害的发生或者减轻、消除危害。

第三章　预防与治理

第十四条　从事农田基本建设、森林采伐、造林整地、采矿、取土、挖沙、筑路和其他工程建设活动的单位和个人，必须依照有关法律、法规的规定，采取措施，保护植被，防止水系破坏、水土流失和地质灾害。

第十五条　用作肥料或者土壤改良剂的污泥、城镇垃圾，必须符合国家有关控制标准。

第十六条　用作农田灌溉和养殖的水体，其水质必须符合国家或者地方规定的水质标准。

向农田、农业灌溉渠道和养殖区域排放工业、生活污废水的，必须做到达标排放。禁止向农田灌溉和养殖的水体倾倒垃圾、废渣、油类、有毒废液、含病原体废水，以及在农田灌溉和养殖的水体中浸泡或者清洗装储油类、有毒、有害污染物的器具、包装物。

县级以上地方人民政府主管农业的部门应当定期监测农田灌溉和养殖用水的水质，并向用水单位和个人通报。

第十七条　严格控制在农用地和农田灌溉、养殖水源附近堆放固体废物。确需堆放的，必须征得土地所有者和使用者的同意，依法报县级人民政府有关部门批准，送同级环境保护行政主管部门备案，并采取防渗漏、流失、扬散等措施，按照指定地点堆放。

禁止在基本农田保护区堆放固体废物。在基本农田保护区内使用不易降解的农用薄膜，必须及时清除、回收残膜。

第十八条　排放废气、烟尘和粉尘，必须符合国家和地方规定的排放标准，防止对农业生态环境造成污染。

第十九条　农村生产、生活垃圾应当定点堆放。堆放地点由乡（镇）人民政府结合村庄和集镇规划统一划定，并组织实施。

地方各级人民政府应当鼓励利用生物和工程技术对农村生产、生活垃圾进行无害化、减量化和资源化处理；提倡垃圾经营产业化，逐步推行垃圾处理收费制度。

对从事农村生产、生活垃圾综合利用的单位和个人，政府有关部门应当依照国家有关规定予以扶持。

第二十条　专业从事畜禽饲养、水产养殖和农产品加工的单位和个人，应当对粪便、废水和其他废物进行综合利用和无害化处理，达到国家或者地方规定标准后，方可排放。

县级以上地方人民政府农业行政主管部门应当推广沼气综合利用技术，完善服务体系，鼓励单位和个人开发、利用沼气。

第二十一条　县级以上地方人民政府应当在主要水系、人口密集区和其他需要特殊保护的区域，组织划定畜禽养殖场禁建区域，并予以公告。

畜禽养殖场禁建区域内禁止建设畜禽养殖场；已建成的畜禽养殖场，应当设置污染物处理设施，排放的污染物必须符合国家或者地方规定的排放标准；超过规定排放标准的，责令限期治理达标；限期内未治理达标的，由县级以上地方人民政府责令限期搬迁或者关闭。

第二十二条　农业生物因受有毒有害物质污染不能正常生长或者农产品达不到强制性安全质量标准的区域，县级以上地方人民政府应当组织进行综合整治。综合整治项目所需费用，由造成污染的责任方承担。责任方无法确定的，综合整治项目应当纳入本级人民政府环境治理规划。

纳入人民政府环境治理规划的综合整治项目，按照谁治理谁受益的原则，向社会公开招标进行综合整治。具体办法由省人民政府制定。

综合整治方案由所在地的农业行政主管部门会同土地和环境保护行政主管部门制定，并报同级人民政府批准。

第四章　监督管理

第二十三条　县级以上地方人民政府主管农业的部门应当加强农业生态环境的监督

管理，建立农业生态环境监测制度，建立农业生态环境监测网，负责农业生态环境的监测和评价，并定期将农业生态环境状况和发展趋势报告同级人民政府，同时向社会公布。

从事农业生态环境监测的机构应当依法经计量认证，取得资质证书，并纳入环境监测网络。其所提供的监测数据，可以作为处理农业生态环境污染事故的依据。

农业生态环境监测机构应当对其所提供的监测数据的真实性、合法性负责。

第二十四条　省人民政府主管农业的部门应当根据农业生态环境保护的需要，会同环境保护行政主管部门提出地方农业生态环境标准，报省人民政府批准后公布。

第二十五条　县级以上地方人民政府农业行政主管部门应当加强对耕地使用和养护的监督管理，对耕地质量状况进行定期监测，并制定相应的耕地质量保护和培肥地力规划。

第二十六条　县级以上地方人民政府农业行政主管部门应当及时向社会公告国家禁止使用和限制使用的农药、兽药等，并加强监督管理。

县级以上地方人民政府农业行政主管部门及其他有关部门应当加强对农产品中有害物质残留的检测工作。经检测有害物质残留量超过标准的农产品，禁止销售或者限制其用途；严重超标的，应当责令销毁。

第二十七条　对农业生态环境有影响的建设项目，建设单位提供的环境影响报告书（表）应当有农业生态环境影响评价和防治对策的内容。

第二十八条　县级以上地方人民政府主管农业的部门应当定期对管辖范围内的农业生态环境状况进行检查，对发现的问题或者隐患及时提出处理意见，督促纠正。被检查单位和个人应当如实反映情况，提供必要的资料，不得拒绝检查。

第二十九条　可能发生农业生态环境污染或者破坏事故的责任单位和个人，应当采取防范措施，制定应急处理预案。发生事故时，必须立即采取措施减轻或者消除危害，同时向受到或者可能受到污染危害的单位和个人通报，并立即向所在地县级人民政府主管农业的有关部门及其他有关部门报告，接受调查处理。

第三十条　发生农业生态环境污染或者破坏事故时，发生地县级人民政府主管农业的有关部门、环境保护行政主管部门应当及时赶赴现场调查取证，对事故的性质和危害程度进行认定，组织损失评估，提出处理意见；对重大或者特大事故，发生地县级人民政府应当提请上级人民政府组织调查处理，同时向省级人民政府主管农业的有关部门和环境保护行政主管部门报告；对跨行政区域的农业生态环境污染和破坏事故的防治工作，由有关地方人民政府协商解决，或者由共同的上一级人民政府做出决定。法律、法规另有规定的，从其规定。

第五章　法律责任

第三十一条　违反本条例第十三条第三款规定，未经批准擅自引进农业生物物种的，由县级以上地方人民政府主管农业的有关部门依法责令限期改正，没收违法所得，并处以两千元以上两万元以下的罚款。

第三十二条　违反本条例第十五条规定，提供不符合标准的污泥和城镇垃圾用作肥料或者土壤改良剂的，由县级以上地方人民政府农业行政主管部门予以警告，责令限期改正，没收违法所得，并可处以两百元以上两千元以下的罚款。

第三十三条　违反本条例第十六条第二款规定，直接向农田排放不符合农田灌溉水质标准污废水的，由县级以上地方人民政府农业行政主管部门责令停止排放，没收违法所得；拒不改正的，可处以一万元以下的罚款。

违反本条例第十六条第二款规定，在农田灌溉和养殖水体中倾倒、浸泡或者清洗油类、有毒、有害污染物的，由县级以上地方人民政府环境保护行政主管部门责令限期改正，并可处以一万元以下的罚款。

第三十四条　违反本条例第十七条第一款规定，未经审批堆放固体废物的，由县级以上地方人民政府环境保护行政主管部门会同有关部门组织清除，所需费用由堆放者承担。

违反本条例第十七条第二款规定，没有及时清除、回收残膜的，由县级以上地方人民政府农业行政主管部门责令限期清除；逾期不清除，由县级以上地方人民政府农业行政主管部门组织清除，所需费用由使用者承担。

第三十五条　违反本条例第二十条第一款规定，未达标排放废物的，由县级以上地方人民政府环境保护行政主管部门责令限期改正；逾期未改正的，由县级以上地方人民政府环境保护行政主管部门报经有批准权的人民政府批准，责令关闭，并可依照有关法律、法规处以罚款。

第三十六条　违反本条例第二十一条第二款规定，在畜禽养殖场禁建区内新建畜禽养殖场的，由县级以上地方人民政府责令限期拆除，并处以三千元以上三万元以下的罚款。

第三十七条　违反本条例规定，造成农业生态环境污染危害的，地方人民政府主管农业的有关部门应当责令停止危害；造成生产单位或者个人损害的，应当赔偿损失；构成犯罪的，依法追究刑事责任。

因农业生态环境污染赔偿责任和赔偿金额发生争议的，当事人可以根据本条例规定的职责分工，向县级以上地方人民政府主管农业的有关部门或者环境保护行政主管部门申请调解处理，也可以直接向人民法院提起诉讼。

第三十八条　农业生态环境监督管理人员或者其他国家机关工作人员玩忽职守、滥用职权、徇私舞弊的，由其所在单位或者有关行政主管部门依法给予行政处分；构成犯罪的，依法追究刑事责任。

第六章　附　则

第三十九条　本条例自 2002 年 10 月 1 日起施行。

安徽省农业生态环境保护条例

（1999 年 6 月 6 日安徽省第九届人民代表大会常务委员会第十次会议通过　自 1999 年 8 月 1 日起施行　根据 2006 年 6 月 29 日安徽省第十届人民代表大会常务委员会第二十四次会议《关于修改〈安徽省农业生态环境保护条例〉的决定》修正）

第一章　总　则

第一条　为合理开发利用农业资源，保护和改善农业生态环境，提高农产品的产量、质量和安全性，保障人体健康，促进农业可持续发展，根据《中华人民共和国农业法》《中华人民共和国环境保护法》等法律、法规，结合本省实际，制定本条例。

第二条　本条例所称农业生态环境，是指农业生物赖以生存和繁衍的各种天然和人工改造的环境要素的总体，包括土壤、水体、大气和生物等。

前款所称农业生物，是指农作物、家畜家禽和养殖的水生动植物等。

第三条　在本省行政区域内从事与农业生态环境有关的生产、生活、经营、科研等活动的单位和个人，必须遵守本条例。

第四条　农业生态环境是生态环境的基础。农业生态环境保护坚持统一规划、预防为主、防治结合的原则。实行谁污染谁治理、谁开发谁保护、谁利用谁补偿、谁破坏谁恢复。

第五条　各级人民政府应当加强领导，将农业生态环境保护纳入国民经济和社会发展计划，采取有效措施，使农业生态环境保护同经济建设和社会发展相协调，实现生态平衡。

各级人民政府应当深入广泛宣传、普及农业生态环境保护知识，提高全民的农业生态环境保护意识，鼓励和支持农业生态环境保护科学技术的研究、开发和推广。

第六条　各级人民政府应当积极筹集农业生态环境保护和建设专项资金，根据当地的社会经济发展需要和农业生态环境资源状况，逐步增加投入。

第七条　县级以上人民政府环境保护行政主管部门对本行政区域内的环境保护工作实施统一监督管理。

县级以上人民政府的农业行政主管部门，依照国家有关法律、法规的规定，对农业生态环境保护工作实施监督管理。

县级以上人民政府林业、渔业、土地、水利、地矿、乡镇企业等行政主管部门，按照职责分工，密切配合，共同做好农业生态环境保护工作。

第八条　任何单位和个人都有保护农业生态环境的义务，有权对污染和破坏农业生态环境的行为进行检举。

在农业生态环境保护工作中做出显著成绩的单位和个人，由县级以上人民政府给予表彰和奖励。

第二章　保护与改善

第九条　各级人民政府应当根据当地农业资源和农业生态环境状况，制定农业生态环境保护规划，加强农业生态环境建设，因地制宜发展高效生态农业，设立生态农业试验区、示范区，逐步改善农业生态环境质量。

第十条　县级以上人民政府根据需要，优先在城镇生活饮用水水源地、重点治污的江河湖泊流域和名、特、优、新、稀农产品集中产区及农业商品基地、城市副食品生产基地、出口农产品生产基地、良种繁育基地等地方建立农业生态环境保护区。

农业生态环境保护区内不得建设污染农业生态环境的设施；确需建设的，其污染物排放不得超过规定标准。已经建成的设施，其污染物超过规定排放标准的，由县级以上人民政府责令排污单位限期治理。

第十一条　省农业行政主管部门负责无公害农产品和绿色食品生产的监督管理工作，鼓励、支持生产单位和个人按照国家标准生产绿色食品。

无公害农产品的生产技术规范由省农业行政主管部门组织制定，并对无公害农产品进行审定，颁发证书和标志。

第十二条　县级以上人民政府农业行政主管部门应当指导农业生产者科学合理使用化肥、微生物肥料和植物生长调节剂，推广配方施肥技术；鼓励种植绿肥，增施有机肥，递减化肥用量，保护和培肥地力。

禁止生产、销售和使用未经国家或省登记的化肥、微生物肥料和植物生长调节剂。

第十三条　推广病虫害综合防治技术，鼓励农业生产者使用高效、低毒、低残留农药和生物农药。

禁止生产、销售和使用国家明令禁止生产或者撤销登记的农药。对国家禁止使用和限制使用的农药，县级以上人民政府农业行政主管部门应当予以公布和宣传，并严加监督管理。

使用农药应当遵守国家有关农药安全使用的规定，剧毒、高毒、高残留农药不得用于蔬菜、瓜果、茶叶、中草药和直接食用的其他农产品。

第十四条　鼓励农业生产者使用易降解的农用薄膜。使用不易降解的农用薄膜，应当及时清除、回收残膜。

第十五条　加强研究和开发农作物秸秆综合利用技术。大力推广多种形式的秸秆综合利用成果。不得露天焚烧或向水体弃置农作物秸秆。

第十六条　农业、林业、渔业等行政主管部门应当加强保护生物物种资源，保护生物的多样性。

第十七条　禁止非法猎捕、收购、运输和销售农作物害虫天敌（人工饲养的除外），并保护其栖息、繁殖场所。

第十八条　县级以上人民政府林业、农业、水利等行政主管部门应当因地制宜组织种植乔木、灌木和草，增加绿色植被，涵养水源。

从事农田基本建设、森林采伐、造林整地、采矿、取土、挖沙、筑路等活动的单位和个人必须依照有关法律、法规的规定，采取措施，保护植被，防止破坏水系、水土流失和地质灾害。

第十九条 农业行政主管部门应当积极协同农村能源行政主管部门推广农村能源利用技术，指导农业生产者开发利用沼气、太阳能等生态能源，减少污染，保护农业生态环境。

第三章 污染防治

第二十条 产生农业生态环境污染的单位和个人，必须采取有效措施，防治废水、废气、废渣、粉尘、恶臭气体、放射性物质等对农业生态环境的污染和危害。

第二十一条 各级人民政府应当组织农业生产者依法合理开发利用农业资源，改造中低产田，开展小流域治理，防治水土流失，土壤沙化、盐碱化、潜育化和贫瘠化。禁止掠夺性经营和其他破坏耕地质量的行为。

第二十二条 各级人民政府应当加强对耕地的保护，鼓励农业生产者改善耕地质量，提高土壤自净功能。

向农业生产者提供肥料或者经过处理用作肥料的城市垃圾、污泥必须符合国家有关的质量标准和污染物控制标准。不符合标准的，不得使用。

第二十三条 向农田灌溉渠道或者渔业水体排放工业废水或者城市污水的，必须保证最近的灌溉取水点或者渔业水体的水质符合农田灌溉水质标准或者渔业水质标准。

禁止向水体中倾倒垃圾、废渣、油类、有毒废液和含病原体废水；禁止在水体中浸泡或者清洗装贮油类、有毒有害污染物的器具、包装物品和车辆。

第二十四条 有关环境监测机构应当加强对农田灌溉水质和渔业水体的监测，发现水质不符合农田灌溉水质标准和渔业水质标准的，应当及时报告本级人民政府，并通报农业行政主管部门和渔业行政主管部门，由县级以上人民政府责令排污单位限期治理。

第二十五条 不得擅自在农业用地上堆放导致污染或者改变土地用途的固体废物。确需堆放的，必须征得土地所有者和使用者的同意，按其指定范围堆放，并采取防扬散、防流失、防渗漏、防自燃等措施。

禁止在基本农田保护区和农田灌溉水源附近堆放固体废物。

第二十六条 在桑蚕集中产区从事磷肥、硫酸、砖瓦、水泥等生产的单位和个人，在桑蚕发育敏感期应当采取有效措施，严格限制氟、硫等有害物质的排放。桑蚕发育敏感期由县级以上人民政府农业行政主管部门会同环境保护行政主管部门报同级人民政府核准并公布。

第二十七条 专业从事畜禽饲养和农畜产品加工的单位和个人，应当对粪便、废水和其他废物进行综合利用和无害化处理，避免对农业生态环境的污染。

第二十八条 因受污染，农业生物不能正常生长或生产的农产品危害人体健康的区域，应划为农业用地污染整治区，并限期治理。

农业用地污染整治区的划定及治理办法，由县级以上人民政府环境保护行政主管部门会同农业行政主管部门拟订，报同级人民政府批准。

第二十九条 因发生事故或者其他原因排放污染物，造成或者可能造成农业生态环境污染事故的单位或个人，应当采取紧急措施，排除或者减轻污染危害，及时通报可能受到危害的单位和个人，并向当地环境保护、农业行政主管部门和有关部门报告，接受调查处理。

第四章　监督管理

第三十条　省环境保护行政主管部门根据保护农业生态环境的需要，制定地方农业生态环境标准。

第三十一条　凡对农业生态环境有影响的建设项目，建设单位提交的环境影响报告书应有农业生态环境影响评价和对策的内容。环境保护行政主管部门在审批环境影响报告书时，应当征求同级农业行政主管部门和其他有关部门的意见。

第三十二条　县级以上人民政府环境保护行政主管部门应当会同农业和其他有关行政主管部门对农业生态环境质量进行监测与评价，定期提出农业生态环境质量报告书。

农业行政主管部门的农业生态环境监测机构，对基本农田保护区和绿色食品、无公害农产品生产基地的环境质量进行监测与评价。

第三十三条　县级以上人民政府农业行政主管部门应当加强对耕地使用和养护的监督管理，组织对耕地质量状况的监测，并制定相应的耕地保养规划。

第三十四条　县级以上人民政府农业行政主管部门应当加强对生产过程中的农产品质量的监督管理。经检测农药残留等有害物质超过标准的农产品，禁止销售或者限制其用途。

第三十五条　县级以上人民政府环境保护、农业、林业、渔业等行政主管部门依法对管辖范围内的农业生态环境污染和破坏的情况进行现场检查。被检查单位和个人应当如实反映情况，提供必要的资料。

发生农业生态环境污染和破坏事故的，由县级以上人民政府农业行政主管部门协同环境保护行政主管部门调查处理。法律、法规另有规定的，从其规定。

第三十六条　跨行政区域的农业生态环境污染和破坏的防治工作，由有关地方人民政府协商解决，或者由共同的上一级人民政府做出决定。

第五章　法律责任

第三十七条　有下列行为之一的，由县级人民政府农业行政主管部门按照下列规定进行处罚：

（一）违反本条例第十三条规定，向农业生产者提供国家明令禁止生产或者撤销登记农药的，没收违法所得，并处违法所得一倍以上五倍以下罚款，不按照国家有关农药安全使用的规定使用农药的，责令改正，造成危害后果的，给予警告，可以并处 30 000 元以下的罚款；

（二）违反本条例第十四条规定，不及时清除、回收难降解残膜的，责令限期清除；逾期不清除，由县级以上人民政府农业行政主管部门组织清除，所需费用由使用者承担。

（三）违反本条例第二十二条规定，向农业生产者提供不符合国家有关标准的肥料或者城市垃圾、污泥的，给予警告，或者处以 2 000 元以上 10 000 元以下的罚款。

第三十八条　违反本条例第十五条规定的，由县级以上人民政府环境保护行政主管部门提出警告，责令改正。法律、法规另有规定的，从其规定。

第三十九条　违反本条例第十七条规定，猎捕、收购、运输和销售农作物害虫天敌的，由县级以上人民政府林业、工商行政主管部门没收实物和违法所得，并可处以相当于实物价值五倍以上十倍以下的罚款。

第四十条　对污染和破坏农业生态环境负有直接责任的单位和个人，应当排除危害、治理恢复；造成损失的，赔偿损失。

第四十一条　违反本条例规定，造成重大农业生态环境污染和破坏事故，导致公私财产重大损失或人身伤亡等严重后果的，对直接责任人依法追究刑事责任。

第四十二条　执法人员滥用职权、玩忽职守、徇私舞弊的，由其所在单位或上级主管部门依法给予行政处分；构成犯罪的，依法追究刑事责任。

第六章　附　　则

第四十三条　本条例自 1999 年 8 月 1 日起施行。

山东省农业环境保护条例

（1994年4月21日山东省第八届人民代表大会常务委员会第七次会议通过　根据1997年10月15日山东省第八届人民代表大会常务委员会第三十次会议《关于修订〈山东省农业机械管理条例〉等十一件地方性法规的决定》第一次修正　根据2004年7月30日山东省第十届人民代表大会常务委员会第九次会议《关于修改〈山东省水路交通管理条例〉等十二件地方性法规的决定》第二次修正）

第一章　总　则

第一条　为保护和改善农业环境，合理开发和利用农业资源，防治农业环境污染，保障农产品质量和人体健康，根据《中华人民共和国环境保护法》《中华人民共和国农业法》等法律、法规，结合本省实际，制定本条例。

第二条　本条例所称农业环境，是指影响农业（包括种植业、林业、畜牧业和渔业）生物生存和发展的各种天然的和经过人工改造的自然因素总体，包括土壤、水、大气、生物等。

第三条　凡在本省行政区域内从事与农业环境有关的活动的单位和个人，都必须遵守本条例。

第四条　一切单位和个人都有保护农业环境的义务，并有权对污染和破坏农业环境的单位和个人进行检举和控告。

第五条　各级人民政府应当对本辖区的农业环境质量负责，将农业环境保护作为整个环境保护事业的重要内容，纳入国民经济和社会发展计划，采取有利于农业环境保护的经济、技术政策和措施，使环境保护同经济建设和社会发展相协调。

第六条　各级人民政府应当将农业环境保护所需经费列入财政预算，并根据当地农业经济发展需要和农业环境资源状况逐年增加对农业环境保护的投入。

第七条　对保护和改善农业环境做出显著成绩的单位和个人，由县级以上人民政府给予表彰和奖励。

第二章　保护与防治

第八条　农业环境保护实行预防和整治相结合的原则。

第九条　各级人民政府应当建立基本农田保护制度。在农业生产基地、城市副食品基地、名特优稀农业生物资源集中分布区域划定基本农田保护区和农业资源保护区，对保护区内的耕地和资源实行特殊保护。禁止在保护区内擅自兴建非农业建设项目。已经建成的，必须做到污染物达标排放；超过规定排放标准的，限期治理。

第十条　各级人民政府应当组织群众植树造林，加快山区、平原绿化，提高森林覆盖率。禁止毁林开荒、烧山开荒及开垦国家禁止开垦的陡坡地。

第十一条　各级人民政府应当采取措施，开发治理荒山、荒地、荒滩，控制风沙危害，预防和治理水土流失，防止土地沙化、盐渍化和贫瘠化。

从事采矿、石油勘探开发、挖砂、取土等活动的单位和个人，必须采取治理措施，减少占用耕地和破坏植被。造成破坏的，要复垦还耕、恢复植被并赔偿损失。

第十二条　各级人民政府应当加强对水资源的保护和管理，合理开发利用水资源。禁止超量开采地下水，防止海水入侵、水资源枯竭和地面沉降。

第十三条　禁止新建对农业环境污染严重的生产项目。已经建成的，按国家有关规定处理。

禁止将有毒、有害的产品委托或转嫁给无防治能力的乡镇企业生产。

第十四条　各级人民政府应当鼓励发展生态农业，设立生态农业试验区，推广农业资源和农业废物综合利用技术、生态工程技术、农作物病虫害生物防治技术，开发和利用农村新能源，实现生态效益、经济效益和社会效益的统一。

各级人民政府及其有关部门应当根据国家有关规定，在税收、贷款、能源供给以及其他经济、技术等方面给予扶持，支持、引导农业环境保护产业的发展和新技术的推广应用。

第十五条　保护草原、草场和人工草地。草地使用者应当合理经营，防止因过量放牧造成草地退化、沙化和水土流失。禁止砍挖固沙植物、取土破坏草场植被。

第十六条　严禁占用农业用地堆放、处理固体废物，禁止在农业用地和农用水源附近堆放、处理有毒有害污染物。

向农田提供作为肥料的城镇垃圾、粉煤灰和污泥，必须符合国家规定的标准。

第十七条　禁止向农田、草原、林地、渔业水域及灌溉渠道排放不符合国家和地方规定标准的工业废水和生活污水。

县级以上农业部门应当对用于灌溉的工业废水和生活污水定期组织监测，防止土壤、地下水和农产品被污染。

严禁向农用水体倾倒垃圾、废渣和排放油类、剧毒废液、含病原体的污水；不得在农用水体中浸泡、清洗装贮过油类、有病毒污染物的车辆和容器。

第十八条　向农业环境排放废气、烟尘和粉尘的，必须符合国家和地方规定的排放标准，保证具有重要经济价值的蔬菜、果树、蚕桑、牧草及其他农作物不受大气污染的危害。

第十九条　饲养畜禽和进行农畜产品加工的单位和个人，应当对粪便、废水及其他废物进行无害化处理，避免和减少对农业环境的污染。

第二十条　保护青蛙、蛇、猫头鹰等益虫、益鸟、益兽，严禁猎捕、收购、出售。

第二十一条　合理使用农药、化肥、农膜等农用化学物质和植物生长调节剂，积极采取综合防治农业生物病、虫、鼠、草害的技术措施，及时回收农膜等有害废物，防止、减少农用化学物质对土壤和农产品的污染。

对国家禁止使用和限制使用的农药，农业等部门应当予以公布和宣传，并加强监督管理。

第二十二条　环境污染严重，妨碍农作物正常生长、生产的农畜产品危害人体健康的区域，由县级以上人民政府划定为农业环境综合整治区。

县级以上农业部门应当对农业环境综合整治区内生产的农畜产品定期组织监测，及时确定并公告在该区内不宜种植的农作物及不宜作食品、饲料的农畜产品。

第二十三条　无公害农产品的质量安全及认证按照国家的规定执行。

第三章 监督管理

第二十四条 县级以上人民政府农业部门,在环境保护行政主管部门的统一监督指导下,开展农业环境保护工作,主要职责是:

(一)组织开展农业环境建设,推广生态农业,发展农业环境保护产业;

(二)负责农业资源保护区的规划、建设和管理;

(三)组织农业环境监测、农业环境质量调查和农业环境影响评价;

(四)组织指导农业生产对农业环境污染的预防和治理;

(五)保护珍稀濒危农作物、近缘野生植物和畜禽等农业生物物种资源;

(六)调查处理或者参与调查处理农业环境污染事故;

(七)宣传普及农业环境保护知识,组织农业环境科学技术研究,推广先进的农业环境保护技术;

(八)依照法律法规规定行使的其他职权。

第二十五条 县级以上人民政府的土地、水利、林业、水产、矿产等部门依照有关法律、法规的规定,对职责范围内的农业环境保护工作实施监督管理。

第二十六条 省人民政府环境保护行政主管部门和技术监督行政主管部门应当会同农业等部门,依照国家有关规定,拟订有利于农业环境保护的地方环境质量标准和污染物排放标准,报省人民政府批准后实施。

第二十七条 对农业环境有直接影响的建设项目,其环境影响报告书中必须有对农业环境影响评价的内容。环境保护行政主管部门在审批环境影响报告书时,应当征求同级农业等部门的意见。

农田区域开发、农田水利基本建设和农业生产基地建设等农业建设项目,必须对环境影响进行评价,并编制环境影响报告书。环境影响报告书经农业部门预审后,方可按规定报批。

第二十八条 县级以上人民政府农业部门的农业环境监测机构,应当配备必要的人员和监测设施,负责组织本辖区的农业环境监测。

第二十九条 因发生事故或其他突发性事件,造成或者可能造成农业环境污染事故的单位,必须立即采取措施处理,及时通报可能受到污染危害的单位和居民,并向当地环境保护行政主管部门和农业部门报告,接受调查处理。

第三十条 农业环境污染事故,属于农业生产中因不合理使用化肥、农药、农膜及植物生长调节剂等造成的,由农业部门负责调查处理;属于工业污染、城市生活污染和其他公害造成的,由环境保护行政主管部门会同农业部门调查处理。

第三十一条 县级以上人民政府环境保护行政主管部门和农业等部门,在对涉及农业环境污染纠纷的单位进行现场检查时,被检查的单位应当如实反映情况,提供必要的资料。检查机关应当为被检查单位保守技术秘密和业务秘密。

农业环境监督检查实行监察员制度。农业环境监督管理人员执行公务时,应当出示由省人民政府农业部门统一制发的"监察员证"。

第四章 法律责任

第三十二条 违反本条例第九条、第十条、第十一条、第十二条、第十三条、第十八条、第二十条规定，造成农业环境污染和资源破坏的，由县级以上人民政府环保、工商、土地、林业、水利、矿产等部门，按照职责分工，依照有关法律、法规的规定处理。

第三十三条 违反本条例第十六条、第十七条规定的，由环境保护行政主管部门、农业部门按下列规定处理：

（一）违反本条例第十六条第一款、第十七条第一款规定，由环境保护行政主管部门依照有关法律、法规的规定处罚；

（二）违反本条例第十六条第二款规定，向农田提供不符合国家规定标准的城镇垃圾、粉煤灰和污泥作肥料的，由县级以上人民政府农业部门责令其停止侵害，并处以1 000元以上5 000元以下的罚款。

第三十四条 违反本条例第十五条、第二十一条规定的，由县级以上人民政府农业部门按下列规定处理：

（一）违反本条例第十五条规定，在草地上砍挖固沙植物或者取土破坏植被的，责令其恢复植被，并按照破坏面积每平方米处以一元至三元的罚款。

（二）违反本条例第二十一条规定，在农业生产活动中造成严重污染的，责令其消除污染，并处以一百元以上五百元以下的罚款。

第三十五条 有关部门执行罚没处罚时应当使用省财政部门统一印制的罚没收据。罚没收入全额上缴同级财政。

第三十六条 造成农业环境污染危害的，有责任排除危害，并对直接受到损害的单位或者个人赔偿损失。赔偿责任和赔偿金额的纠纷，可以根据当事人的请求，由依照法律、法规规定行使环境监督管理权的部门处理；当事人对处理决定不服的，可以向人民法院起诉。当事人也可以直接向人民法院起诉。

第三十七条 违反法律、法规规定，造成重大农业环境污染事故，导致公私财产严重损失或者人身伤亡等严重后果的，对直接责任人员依法追究刑事责任。

第三十八条 农业环境监督管理人员滥用职权、玩忽职守、徇私舞弊的，由其所在单位或者上级主管机关给予行政处分；构成犯罪的，依法追究刑事责任。

第五章 附 则

第三十九条 本条例自公布之日起施行。

湖北省农业生态环境保护条例

（2006 年 9 月 29 日湖北省第十届人民代表大会常务委员会第二十三次会议通过　自 2006 年 12 月 1 日起施行）

第一条　为了保护和改善农业生态环境，防治农业环境污染和生态破坏，保证农产品质量安全，保障人体健康，推动农业清洁生产，发展农业循环经济，促进农业可持续发展，根据有关法律、行政法规的规定，结合本省实际，制定本条例。

第二条　在本省行政区域内从事与农业生态环境保护有关的生产、生活、经营、科研等活动，适用本条例。

本条例所称农业生态环境，是指农业生物赖以生存和繁衍的各种天然和人工改造的自然因素的总体，包括土壤、水体、大气、生物等。

第三条　农业生态环境保护实行统一规划，预防为主，教育与管理并重，源头控制与综合治理相结合。

各级人民政府应当根据建设社会主义新农村的要求，将农业生态环境保护纳入国民经济和社会发展规划，加强农业生态环境建设，建立健全农业生态环境保护体系，提高农业生态环境保护科技水平，组织农业生态环境综合治理，落实农业生态环境保护目标责任，促进农业生态环境同经济社会发展相协调。

各级人民政府应当加强农业生态环境保护的宣传教育，普及农业生态环境保护科学知识，引导公民和企事业组织参与农业生态环境保护，增强全社会保护农业生态环境的意识和法制观念。

第四条　任何单位和个人都有权对污染和破坏农业生态环境的行为进行检举、控告。

对在农业生态环境保护工作中做出显著成绩的单位和个人，由人民政府给予表彰、奖励。

第五条　县级以上人民政府应当将农业生态环境保护经费纳入财政预算，并根据当地社会经济发展需要，增加对农业生态环境保护的投入。

建立和完善农业生态补偿机制。对畜禽养殖废物和农作物秸秆的综合利用、农业投入品废物的回收利用、生物农药和生物有机肥的推广使用等，逐步实行农业生态补偿。具体办法由省人民政府制定。

第六条　县级以上人民政府农业行政主管部门（以下简称农业行政主管部门）在职责范围内负责农业生态环境保护具体监督管理工作；环境保护行政主管部门对环境保护工作实施统一监督管理。

县级以上人民政府林业、水等有关行政主管部门根据各自的职责，协助做好农业生态环境保护的有关工作。

乡镇人民政府、村民委员会以及农村集体经济组织在其职责范围内，指导、帮助和教育当地村民开展农业生态环境保护活动。

第七条　农业行政主管部门应当加强农业生态环境监测网络建设，会同环境保护行政主管部门组织开展农业生态环境质量监测和评价，并定期向本级人民政府报告农业生态环境状况和发展趋势。

第八条　农业行政主管部门所属的农业生态环境保护机构必须严格履行农业生态环境保护的监督管理职责，其专职或者兼职农业生态环境监察员承担农业生态环境监督工作。

第九条　农业行政主管部门应当加强耕地质量保护，对耕地质量进行定期监测，并指导、帮助农民和农业生产经营组织合理利用农业用地，推广测土配方施肥等先进技术。

农民和农业生产经营组织应当科学培育地力，增施绿肥、农家肥、土杂肥等有机肥料，合理使用化肥、微生物肥和土壤调理剂，防止农用地的污染、破坏和地力衰退。

第十条　县级以上人民政府及其农业行政主管部门对农产品产地环境质量实行分类管理。

对农产品产地环境安全区，应当采取有效措施防止各种污染源对农产品产地环境的污染。

对农产品产地环境警戒区，应当开展环境污染综合整治，减少或者消除污染，改善农产品产地环境质量。

对农产品产地环境污染区，应当进行农业产业结构调整。因污染严重不适宜农产品生产的，由人民政府依法调整土地用途。

第十一条　对复混肥、配方肥、精制有机肥、床土调酸剂、植物生长调节剂的生产经营实行登记管理。申请登记的，申请人应当提供由具备相应资质的单位出具的安全、卫生、环境影响等评价报告；不符合农业生态环境保护要求的，登记机关不予登记。

向农民和农业生产经营组织提供作为肥料的城镇垃圾、粉煤灰和污泥的，必须符合国家有关标准；不符合标准的，不得提供和施用。

第十二条　使用农药应当严格遵守国家有关农药安全使用的规定。鼓励和支持农民和农业生产经营组织在农业生产过程中使用高效、低毒、低残留农药和生物农药，推广应用农作物病虫草鼠害综合防治技术。

禁止在蔬菜、瓜果、茶叶、中药材、粮食、油料等农产品生产过程中使用剧毒、高毒、高残留农药。农业行政主管部门应当定期公布国家明令淘汰和禁止生产、销售、使用的农药品种目录。

鼓励农民和农业生产经营组织使用环保型农用薄膜。农民和农业生产经营组织对盛装农药的容器、包装物、过期报废农药和不可降解的农用薄膜，应当予以回收，不得随意丢弃。县级以上人民政府及其农业、环境保护等行政主管部门应当设置相应的废物回收点，定期集中处理。回收处理的具体办法及相关的奖励措施由省人民政府制定。

第十三条　各级人民政府应当加强乡村清洁工程建设，支持推广沼气综合利用技术，完善服务体系，鼓励农民和农业生产经营组织开发、利用沼气。

农业行政主管部门应当加强对农作物秸秆综合利用的指导，推广秸秆综合利用技术。

不得在机场、交通干线、高压输电线路附近和市、州人民政府划定的区域内露天焚烧秸秆。

第十四条　从事畜禽、水产规模养殖和农产品加工的单位和个人，应当对粪便、废水和其他废物进行综合利用和无害化处理，达到国家或者地方标准后，方可排放。

县级以上人民政府及其农业、环境保护、水等有关行政主管部门应当加强对水产养殖行为的监督和管理，规范并从严控制投肥（药）养殖行为。禁止在饮用水水源一级保护区内投肥（药）养殖。

第十五条　禁止向农田或者渔业水域排放不符合农田灌溉水质标准、渔业水质标准的工业废水。

向农田灌溉渠道排放工业废水、城市污水的，应当进行无害化处理，保证其下游最近灌溉取水点的水质符合国家规定的农田灌溉水质标准。不符合标准的，不得排放。

农业行政主管部门应当组织对农田灌溉水的水质及灌溉后的土壤、农产品进行定期监测，对不符合农田灌溉水质标准的污水，应当采取相应措施防止污染土壤、地下水和农产品。

第十六条　向农业生产区域排放废气、粉尘或者其他含有有毒有害物质的气体，超过国家和地方规定的排放标准的，应当按照国家有关规定限期治理。

第十七条　禁止在基本农田保护区兴办砖厂、灰窑或者其他危害农业生态环境的项目。

禁止向农田和农用水源附近倾倒、弃置、堆放固体废物或者其他有毒有害物质。在其他农业用地修建处置、堆存固体废物场地的，必须符合国家环境保护标准，并征得当地农业行政主管部门同意。

第十八条　县级以上人民政府应当加强农业生态环境污染的综合治理，恢复受污染的农田、水体和生态环境的基本功能。

农业生态环境污染的治理应当结合治理工业污染、城市生活污染、农业面源污染进行。农业建设、农业开发和农业技术推广活动，应当与农业生态环境保护、农业环境污染的治理相结合。

第十九条　申请涉及农业生态环境保护的农业新技术和农用化学新产品鉴定的，应当提供农业生态环境影响评价资料；不符合农业生态环境保护要求的，不得通过鉴定和推广运用。

第二十条　对农业生态环境有直接影响的建设项目，建设单位提交的环境影响评价文件中应当有农业生态环境影响评价的内容。环境保护行政主管部门审批环境影响评价文件，应当征求同级相关行政主管部门的意见。

前款规定的建设项目，属于农业等行政主管部门管理的，其环境影响评价文件、初步设计中环境保护篇章以及环境保护设施竣工验收，由相应的主管部门分别负责预审，并监督建设项目设计与施工中环境保护措施的落实，监督项目竣工后环境保护设施的正常运行。

第二十一条　对国家重点保护野生植物和省重点保护野生植物的生长环境可能产生不利影响的建设项目，建设单位提交的环境影响评价文件中应当对此做出专项评价；环境保护行政主管部门审批环境影响评价文件时，应当征求同级野生植物行政主管部门的意见。

第二十二条　省人民政府农业行政主管部门应当组织农业野生植物资源调查，建立资源档案，制定地方重点保护的农业野生植物保护规划。

农业行政主管部门应当加强对农业野生植物的保护、研究和利用，建立农业野生植物原生境保护区、异地保护园和种质资源库。

严格执行国家农业野生植物的采集、购销和出口管理制度。任何单位和个人不得随意采集、侵占、购销或者破坏省级以上重点野生植物保护名录中的农业野生植物。

第二十三条　各级人民政府和有关部门应当采取措施，加强对农作物害虫、害鼠天敌的保护。

禁止猎捕、出售、收购、运输青蛙或者蛇等野生农业有益生物。

第二十四条　县级以上人民政府应当采取措施，扶持开发无公害农产品、绿色食品和有机农产品，建立生态农业保护区，发展生态农业。

农业行政主管部门依照法律法规的规定，加强对农产品质量安全和农业转基因生物安全的监督管理。

第二十五条　从境外引进农业生物物种，引进单位或者个人应当提供经国家有关部门认可的引进物种环境影响风险评估报告，并按照国家规定履行登记审批手续。有关部门应当组织对引进物种的跟踪观察，发现可能对农业生态环境造成危害的，应当及时采取相应的安全控制措施，避免危害的发生或者减轻、消除危害。

农业行政主管部门应当加强对农业外来入侵生物的监控工作，并组织灭杀。

第二十六条　各级人民政府应当制定农业生态环境污染事故和农业重大有害生物及外来生物入侵突发事件的应急处理预案，协调有关部门，采用科学手段，快速高效处置突发事件。

第二十七条　造成农业生态环境污染事故的单位或者个人，必须立即采取有效防治措施排除或者减轻污染危害，及时告知可能受到污染危害的单位和居民，并向当地主管部门报告，依法接受调查处理。被调查的单位或者个人应当如实反映情况，提供必要的资料。

发生重大农业环境污染事故，环境保护行政主管部门和农业行政主管部门应当及时向本级人民政府报告。

因农业生态环境污染事故给农民和农业生产经营组织造成损失的，有关责任者应当依法赔偿；发生纠纷的，当事人可以要求环境保护行政主管部门或者农业行政主管部门进行处理。

第二十八条　违反本条例规定的行为，法律法规有处罚规定的，从其规定。

第二十九条　违反本条例规定，猎捕、出售、收购、运输青蛙或者蛇等野生农业有益生物的，由有关行政主管部门依照职责分工责令停止违法行为，没收实物和违法所得，可并处实物价值一倍以上八倍以下罚款。对没收的野生农业有益生物的活体应当放生，死体应当掩埋销毁。

第三十条　有下列行为之一的，由农业行政主管部门给予警告，责令停止违法行为，没收实物和违法所得，可并处 1 000 元以上 1 万元以下罚款；造成严重后果的，处 1 万元以上 5 万元以下罚款：（一）向农民和农业生产经营组织提供作为肥料的城镇垃圾、粉煤灰、污泥，不符合国家标准的；（二）未经批准或者未经依法登记擅自引进农业生物物种的，以及非法采集、侵占、购销、破坏省级重点保护农业野生植物的。

第三十一条　违反本条例规定，向农田和农用水源附近倾倒、弃置、堆放固体废物或者其他有毒有害物质的，由环境保护行政主管部门依法处理。

违反本条例规定，向农田或者农田灌溉渠道排放不符合农田灌溉水质标准的工业废水、城市污水的，由环境保护行政主管部门责令停止排放、限期治理；逾期不治理的，由县级以上人民政府依法处理。

第三十二条   违反本条例规定，拒绝、阻碍农业生态环境保护执法人员依法执行职务的，给予批评教育或者警告，责令改正；违反治安管理规定的，由公安机关依法处理；构成犯罪的，依法追究刑事责任。

第三十三条   负有农业生态环境监督管理职责的部门及其工作人员玩忽职守、滥用职权、徇私舞弊的，由其主管部门或者所在单位依法给予行政处分；构成犯罪的，依法追究刑事责任。

第三十四条   本条例自 2006 年 12 月 1 日起施行。1993 年 2 月 13 日湖北省第七届人民代表大会常务委员会第三十二次会议通过的《湖北省农业环境保护条例》同时废止。

湖南省农业环境保护条例

（2002 年 11 月 29 日经湖南省第九届人民代表大会常务委员会第三十二次会议通过 自 2003 年 2 月 1 日起施行　根据 2013 年 5 月 27 日湖南省第十二届人民代表大会常务委员会第二次会议《关于修改部分地方性法规的决定》修正）

第一条　为了保护和改善农业环境，防治农业环境污染，保证农产品质量安全，保障人体健康，促进农业可持续发展，根据国家有关法律、行政法规的规定，结合本省实际，制定本条例。

第二条　在本省行政区域内从事与农业环境保护的有关活动，均须遵守本条例。

本条例所称农业环境，是指影响农业生物生存、发展的各种天然和经过人工改造的自然因素的总体。

第三条　农业环境保护应当坚持统一规划、预防为主、防治结合和谁污染谁治理的原则。

第四条　各级人民政府应当将农业环境保护作为整个环境保护的重要的内容，纳入国民经济和社会发展计划，制定农业环境保护规划，实行农业环境保护目标责任制责，组织农业生态环境的治理。

县级以上人民政府应当将农业环境保护经费纳入财政预算，并随着经济的增长逐年增加投入。

第五条　县级以上人民政府及其有关部门应当加强农业环境保护的宣传教育，增强公民保护农业环境的意识和法制观念，加强农业环境保护的科学研究，开展农业环境保护科学知识普及活动，提高农业环境保护科学技术水平。

任何单位和个人都有保护农业环境的义务，有权检举、控告污染和破坏农业环境的行为。

第六条　县级以上人民政府环境保护行政主管部门对本行政区域的环境保护工作实施统一监督管理。县级以上人民政府农业行政主管部门（以下简称农业行政主管部门）对农业环境保护工作实施具体监督管理，其所属的农业环境保护机构负责农业环境保护具体监督管理的日常工作。

第七条　农业行政主管部门根据本行政区域的环境保护规划，拟订农业环境保护规划，报同级人民政府批准后组织实施。

第八条　农业行政主管部门应当加强对耕地质量的保护，鼓励和组织农业生产经营组织和农业劳动者改善耕地质量，提高土壤自净能力。

农业生产经营组织和农业劳动者应当合理利用农业用地，科学培育地力，增施绿肥、农家肥、土杂肥等有机肥料，合理使用化肥、微生物肥、土壤调理剂和植物生长调节剂，防止土地污染和地力衰退。

鼓励农业生产经营组织和农业劳动者使用环保型农用薄膜。农业生产经营组织和农业劳动者使用非环保型农用薄膜的，应当及时清除、回收残膜。

第九条　申请复混肥、配方肥（不含叶面肥）、精制有机肥、床土调酸剂、植物生长调节剂登记，申请人应当提供农业环境影响评价资料；不符合农业环境保护要求的，登记机关不予登记。

提供城镇垃圾、粉煤灰和污泥用作农用肥料的，应当符合国家有关标准；不符合标准的，不得提供。

第十条　使用农药应当遵守国家有关农药安全使用的规定，按照规定的用药量、用药次数、用药方法和安全间隔期施药，防止污染水、土壤和农产品。

禁止在蔬菜、瓜果、茶叶、中草药材的种植过程中及粮食、油料作物生产后期使用剧毒、高毒、高残留农药。禁止使用农药毒鱼、虾、鸟、兽等。

盛装农药的容器和包装物，应当按照国家有关规定集中回收处理，使用者不得随意丢弃，防止污染和破坏农业环境。

第十一条　农业行政主管部门应当加强对水稻、油菜、玉米、小麦等农作物秸秆综合利用的指导，推广秸秆还田、秸秆饲料开发、秸秆气化、秸秆微生物沤肥等综合利用技术。

农业行政主管部门应当推广沼气综合利用技术，完善服务体系。鼓励农业生产经营组织和农业劳动者开发、利用沼气。

第十二条　鼓励运用生物技术防治农作物病虫害。

保护青蛙、农田蜘蛛、赤眼蜂等农作物有益生物及其栖息地、繁殖场所。禁止在农田捕捉青蛙等野生有益生物，禁止出售青蛙。

第十三条　禁止在基本农田保护区内处置或者堆放固体废物。在其他农用地集中处置或者堆放固体废物的，须经农业行政主管部门审核同意后，到国土资源、环境保护等行政主管部门办理审批手续，并采取防扬散、防流失、防渗漏或者其他防止污染农业环境的措施。

第十四条　经批准需要占用农用地的建设项目，其环境影响报告书或者环境影响报告表中必须有农业环境保护方案，县级以上人民政府环境保护行政主管部门在审批前，应当征求同级农业行政主管部门对农业环境保护方案的意见。建设项目竣工验收时，达不到农业环境保护方案要求的，不得通过验收。

第十五条　禁止向农田或者渔业水域直接排放不符合农田灌溉水质标准、渔业水质标准的工业废水。

向农田灌溉渠道排放工业废水、城市和工矿区生活污水、畜禽养殖和屠宰场粪便污水的，应当保证其下游最近灌溉取水点的水质符合国家规定的农田灌溉水质标准，并经农业行政主管部门组织监测；不符合标准的，不得排放。

第十六条　向农业生产区域排放废气、粉尘或者其他含有有毒有害物质的气体，不得超过国家规定的保护农作物的大气污染物最高允许浓度标准，防止对农作物造成污染和危害。

第十七条　受有毒有害物质污染、造成农作物不能正常生长或者生产的农产品危害人体健康的区域，由各级人民政府列入农业生态建设和环境治理计划进行治理。

前款规定的农业环境污染区未经治理的，不得种植供人畜食用的农作物，不得将受污染的农作物产品加工成食品销售。

第十八条　省人民政府行政主管部门负责拟制地方农产品产地环境和质量安全标准，经省人民政府质量技术监督部门审定公布后组织实施。

第十九条　各级人民政府应当大力发展生态农业，鼓励农业生产经营组织和农业劳动者开发无公害农产品、绿色食品和有机食品。

农业行政主管部门应当拟制生态农业、无公害家产品发展规划和生态农业试验示范区、无公害农产品生产示范基地建设方案，报同级人民政府批准后实施。

第二十条　农业行政主管部门应当按照国家有关规定设立农产品质量安全监测网点，对农产品质量安全实施监督管理。

农业生产经营组织和农业劳动者应当按照农产品产地环境和质量安全标准，进行农产品生产和初级加工；农产品贮藏、保鲜以及初级加工应当实行清洁化生产，采用无污染加工工艺，并按照国家有关规定使用添加剂。

禁止生产和销售不符合国家和地方农产品质量安全标准的农产品；对有毒有害物质超过限量标准的农产品；由农业行政主管部门和其他有关行政主管部门进行无害化处理或者销毁。

第二十一条　申请无公害农产品产地认定，应当向农业行政主管部门提出书面申请，由具有相应资质的检测机构检测合格，经省人民政府农业行政主管部门审查批准，颁发无公害农产品产地认定证书。

申请无公害农产品认证，应当向法定授权的认证机构提出书面申请，按照国家有关规定办理认证手续。未经贪污认证的农产品，其包装、标签、说明书、广告中不得使用无公害农产品标志。

禁止伪造、冒用、转让、买卖无公害农产品产地认定证书、产品认证证书和标志。

第二十二条　禁止生产经营下列饲料、饲料添加剂：

（一）国家规定停用、禁用或者淘汰的；

（二）未经国务院农业行政主管部门审定公布的；

（三）无生产许可证和产品批准文号、无产品质量标准、无产品质量合格证的。

禁止在饲料中或者动物养殖过程中使用盐酸克伦特罗（俗称瘦肉精）等激素类药品和其他禁用药品。

第二十三条　申请涉及农业环境的农业新技术和新的农用化学产品鉴定，申请人应当提供农业环境影响评价资料，不符合农业环境保护要求的，不得通过鉴定和推广应用。申请涉及农业环境的科技成果鉴定，申请人应当提供农业行政主管部门出具的农业环境效益证明。

第二十四条　省人民政府农业行政主管部门应当定期组织农业资源调查，建立资源档案，拟制地方重点保护的水生野生动物和林区外野生植物（除树龄在一百年以上或者珍稀名贵、具有历史价值、重要纪念意义的古树名木外）名录、报省人民政府批准后予以公布。

农业行政主管部门应当加强对野生稻、野生大豆、水韭等农作物天然种质资源的保护。任何单位和个人不得侵占或者破坏国家和省重点保护的农作物天然种质资源。

第二十五条　农业行政主管部门设立的农业环境监测网络是本省环境监测网络的组成部分。农业行政主管部门应当加强对农业环境监测网络的建设，组织对进入农业环境中的污染物进行经常性监测，调查农业生态环境发展变化情况，对农业环境质量状况及发展趋势做出评价，为开展农业环境保护、改善农业环境质量提供准确、可靠的监测数据和评价资料。

第二十六条　乡（镇）人民政府和农业行政主管部门应当加强对农业环境保护设施的建设。任何单位和个人不得破坏或者侵占农业环境保护设施。

第二十七条　对在保护和改善农业环境工作中做出显著成绩的单位和个人，由人民政府或者农业行政主管部门给予表彰和奖励。

第二十八条　农业行政主管部门依法对本行政区内污染和破坏农业环境的事故进行现场检查。被检查的单位或者个人应当如实反映情况，提供必要的资料。

农业环境污染事故属于不按照国家有关规定使用农药、兽药、饲料和饲料添加剂等农业生产行为造成的，由农业行政主管部门负责调查处理；属于工业污染和其他污染造成的，由县级以上人民政府环境保护行政主管部门会同同级农业行政主管部门调查处理。法律、行政法规另有规定的，从其规定。

第二十九条　发生农业环境污染事故，造成污染事故的单位或者个人必须立即采取措施处理，及时向当地人民政府环境保护行政主管部门和农业行政主管部门报告，并接受调查处理。发生重大农业环境污染事故，县级以上人民政府环境保护行政主管部门和农业行政主管部门应当及时向本级人民政府报告。

第三十条　违反本条例第十二条第二款规定，捕捉、出售青蛙等野生有益生物的，由农业行政主管部门、工商行政管理部门依照职责的分工，没收实物和违法所得，可以并处相当于实物价值五倍以下的罚款；没收的青蛙等野生有益生物应当放生。

第三十一条　违反本条例第十五条第一款规定，直接向农田或者渔业水域排放不符合农田灌溉水质标准、渔业水质标准的工业废水的，由县级以上人民政府环境保护行政主管部门会同同级农业行政主管部门责令停止排放、限期治理、依法承担赔偿责任；逾期不治理的，提请县级以上人民政府决定予以关闭。

第三十二条　有下列行为之一的，由农业行政主管部门予以处罚；对单位或者个人造成直接损失的，责令依法赔偿：

（一）违反本条例第九条第二款规定，提供不符合国家有关标准的城镇垃圾、粉煤灰和污泥用作农用肥料的，责令改正，没收违法所得，可以并处违法所得一倍以上三倍以下的罚款；没有违法所得的，可以处两千元以下的罚款。

（二）违反本条例第二十条第二款规定，使用的添加剂不符合国家有关强制性的技术规范的，责令停止销售，对被污染的农产品进行无害化处理，对不能进行无害化处理的予以监督销毁；没收违法所得，并处两千元以上两万元以下的罚款。

（三）违反本条例第二十一条第三款规定，伪造、假冒、转让、买卖无公害农产品产地认证书、产品认证书和标志的，责令停止违法行为，收缴其证书、标志，没收违法所得，可以并处违法所得一倍以上三倍以下的罚款；没有违法所得的，可以处一万元以下的罚款。

（四）违反本条例第二十六条规定，破坏或者侵占农业环境保护设施的，责令停止违法行为，限期恢复原状，可以处五千元以下的罚款。

第三十三条　违反本条例规定，造成农业环境污染事故，对单位或者个人造成直接损失的，应当依法赔偿；属于不按照国家有关规定使用农药、兽药、饲料和饲料添加剂等农业生产行为造成农业环境污染事故的，由农业行政主管部门给予警告，责令限期治理，根据所造成的危害后果，可以处三万元以下的罚款；属于工业污染和其他污染造成农业环境污染事故的，由县级以上人民政府环境保护行政主管部门会同同级农业行政主管部门依照国家有关法律、行政法规的规定处理。

第三十四条　违反本条例第十条第一款和第二款、第十三条、第十六条、第二十二条规定的，依照国家有关法律、行政法规的规定处理。

第三十五条　农业行政主管部门和其他有关行政主管部门的工作人员在农业环境保护工作中玩忽职守、滥用职权、徇私舞弊，尚不构成犯罪的，依法给予行政处分。

第三十六条　本条例自 2003 年 2 月 1 日起施行。

广东省农业环境保护条例

（1998 年 6 月 1 日广东省第九届人民代表大会常务委员会第三次会议通过　自 1998 年 10 月 1 日起施行）

第一章　总　则

第一条　为保护和改善农业环境，防止农业环境污染和破坏，合理开发和利用农业资源，根据《中华人民共和国农业法》《中华人民共和国环境保护法》《基本农田保护条例》以及其他有关法律、法规，结合本省实际，制定本条例。

第二条　本条例所称农业环境保护，是指对农业用地、农业用水、农田大气和农业生物等农业生态环境的保护。

第三条　各级人民政府应当把农业环境保护纳入国民经济和社会发展计划，采取有利于农业环境保护的政策和措施，使农业环境保护与经济建设和社会发展相协调。

农业环境保护所需经费列入各级财政预算，并根据当地经济发展情况和农业环境保护需要，逐年增加投入。

第四条　农业环境保护必须坚持预防为主、防治结合和谁污染谁治理、谁开发谁保护、谁利用谁补偿的原则。

第五条　任何单位和个人都有保护农业环境的义务，并有权对污染和破坏农业环境的行为进行举报。

第六条　对保护农业环境做出显著成绩的单位和个人，由各级人民政府给予表彰和奖励。

第二章　监督管理

第七条　县级以上环境保护行政主管部门对本地区的环境保护工作实施统一监督管理。

县级以上农业行政主管部门负责本辖区农业环境保护工作，组织本条例的实施。

乡（镇）人民政府负责本辖区农业环境保护工作。

林业、渔业、水利、土地、地矿、乡镇企业等行政主管部门，依法做好各自职责范围内的农业环境保护工作。

第八条　地方农业环境标准由省环境保护行政主管部门同省农业行政主管部门制定，报省人民政府批准。地方农产品质量标准由省标准化行政主管部门会同农业等有关部门制定。

地方农业环境标准包括环境质量标准和污染物排放标准。

第九条　农业建设项目、在农业用地内兴建的或污染物直接排放到基本农田保护区的其他建设项目，其环境影响报告书（表）必须包括农业环境保护方案。农业建设项目的环境影响报告书（表）和其他建设项目环境影响报告书（表）中的农业环境保护方案，在报环境保护行政主管部门审批前，应经同级农业行政主管部门审核同意。未经审核同意的环境保护行政主管部门不予审批。

以上项目投入生产或使用前，其防治农业环境污染的设施，必须经过农业行政主管部门协同环境保护行政主管部门验收；项目投入生产或使用后，农业行政主管部门协同环境保护行政主管部门对其防治农业环境污染设施的使用进行监督。

第十条 农业行政主管部门对污染或破坏农业环境的单位和个人进行检查时，被检查者必须如实反映情况，提供有关资料。

第十一条 因发生事故或其他突发性事件，造成或可能造成农业环境污染和破坏的单位和个人，必须立即采取处理措施，并及时向当地农业行政主管部门、环境保护行政主管部门和其他有关部门报告，接受调查处理。

第十二条 因农业开发、畜禽饲养等农业生产活动或不按规定使用农用化学物质造成的农业环境污染事故，由农业行政主管部门负责调查处理。法律、法规另有规定的，从其规定。

因工业、城市生活和其他活动造成的农业环境污染事故，由环境保护行政主管部门会同农业等有关部门调查处理。

第三章 保 护

第十三条 各级人民政府应当合理规划、调整产业布局，鼓励发展无污染或少污染行业，禁止新建、扩建对农业环境有严重污染的生产项目。

第十四条 农业生产者应当按有关规定和要求合理使用农药、化肥、农膜、植物生长调节剂等农用化学物质，及时回收不易分解、有污染的农用薄膜的残膜，防止对农业环境和农产品造成污染。

第十五条 在重要的农产品基地、珍稀濒危农业生物资源区以及其他有特殊保护价值的农业生产区域，应当建立农业生态保护区。农业生态保护区由省人民政府划定。

第十六条 大中型畜禽饲养场直接向农田排放粪便、废水及其他废物，必须进行无害化处理，经县级以上农业行政主管部门监测达到农业环境标准后方可排放。

第十七条 禁止向农业环境排放不符合标准的工业废水、废气、烟尘、粉尘和生活污水；禁止向农用水体倾倒垃圾、废渣等固体废物以及排放油类、剧毒废液和含传染病病原体的废水；禁止在农用水体中浸泡、清洗装储油类、有毒有害污染物的容器和车辆。

第十八条 禁止在基本农田保护区、农业生态保护区倾倒、弃置和堆存固体废物。

需要占用农业用地作为固体废物堆放、填埋场所的，必须征得县级以上农业行政主管部门同意方可按规定办理其他审批手续，并按指定范围堆放或填埋，采取相应措施防止渗漏、扩散、流失和自燃。

第十九条 作为肥料的城镇垃圾、粉煤灰、污泥，必须符合国家有关标准。

第二十条 作为商品提供农用的工业废渣等废物及其制成品，必须经地级市以上农业行政主管部门组织鉴定，符合农用标准的，发给农用许可证。农业生产单位和个人不得使用没有农用许可证的工业废渣等废物及其制成品。

第二十一条 禁止在基本农田保护区、农业生态保护区兴办砖瓦厂、灰窑或其他危害农业环境的项目。

第二十二条 各级农业行政主管部门应加强农业环境监测，会同环境保护行政主管部门定期组织对农用水、土壤、大气和农产品质量的调查、监测与评价。

经检测有害有毒物质含量超过规定标准的农产品,由农业行政主管部门区分不同情况,予以销毁或限制其用途。

第二十三条 农业行政主管部门负责无公害农产品的管理。无公害农产品的证书和标志由省农业行政主管部门颁发。

第四章 法律责任

第二十四条 有下列行为之一者,由农业行政主管部门予以处罚:

(一)违反本条例第十条的,给予警告或处以 300 元以上 3 000 元以下罚款;

(二)违反本条例第十四条,造成农业环境污染事故的,责令其消除污染,情节严重的,并处 2 000 元以下的罚款,使用不易分解、有污染的农用薄膜不及时回收残膜的,责令限期回收,逾期不回收的,由农业行政主管部门组织回收,其费用由农膜使用者承担;

(三)违反本条例第十六条,造成农业环境污染的,责令限期清除污染、达标排放,逾期不治理的,可处 2 000 元以上 1 万元以下罚款;

(四)违反本条例第十八条第一款的,责令限期清除,逾期不清除的,由农业行政主管部门组织清除,其费用由弃置者承担,可并处 3 000 元以上 3 万元以下罚款;

(五)违反本条例第十九条、第二十条的,责令其停止违法行为,没收违法所得,可并处 2 000 元以上 1 万元以下罚款;

(六)违反本条例第二十三条,未经批准使用无公害农产品标志的,收缴其标志,没收违法所得,并处以违法所得一倍至两倍罚款。

第二十五条 在基本农田保护区、农业生态保护区兴办砖瓦厂、灰窑或其他危害农业环境项目的,由土地行政主管部门或农业行政主管部门责令其限期拆除或搬迁,逾期不拆除或搬迁的,由土地行政主管部门或农业行政主管部门申请人民法院强制执行。

第二十六条 有下列行为之一者,由环境保护行政主管部门按有关规定予以处罚,农业行政主管部门应予配合:

(一)违反本条例第十七条的;

(二)违反本条例第十八条第二款,堆放或填埋固体废物不按要求采取防止渗漏、扩散、流失和自燃等措施的。

第二十七条 违反本条例规定,造成重大农业环境污染和破坏事故、涉嫌犯罪的,由司法机关依法处理。

第二十八条 农业环境管理执法人员玩忽职守、以权谋私、徇私舞弊的,由其所在单位或上一级主管部门给予行政处分;涉嫌犯罪的,由司法机关依法处理。

第二十九条 当事人对行政处罚决定不服的,可依法申请行政复议或者向人民法院起诉。逾期不申请复议,也不向人民法院起诉,又不履行处罚决定的,由做出处罚决定的机关申请人民法院强制执行。

第五章 附 则

第三十条 本条例自 1998 年 10 月 1 日起施行。

广西壮族自治区农业环境保护条例

（1995 年 5 月 30 日广西壮族自治区第八届人民代表大会常务委员会第十五次会议通过 自 1995 年 5 月 30 日起施行　根据 2004 年 6 月 3 日广西壮族自治区第十届人民代表大会常务委员会第八次会议《关于修改〈广西壮族自治区农业环境保护条例〉的决定》修正）

第一章　总　则

第一条　为保护和改善农业环境，防治农业环境污染和生态破坏，合理开发和利用农业自然资源，根据《中华人民共和国农业法》《中华人民共和国环境保护法》和《基本农田保护条例》等有关法律、法规的规定，结合本自治区的实际，制定本条例。

第二条　本条例所称农业环境保护，是指对影响农业发展的农业用地、农业用水、大气及农业生物等的保护。

第三条　各级人民政府应当将农业环境保护纳入国民经济和社会发展计划，对本行政区域的农业环境质量负责。

第四条　农业环境保护工作所需经费由同级财政列入预算，统筹安排。

第五条　任何单位和个人都有保护农业环境的义务，并有权对污染和破坏农业环境的行为进行检举、控告。

第六条　对保护和改善农业环境做出显著成绩的单位和个人，由县级以上人民政府或者农业行政主管部门给予表彰和奖励。

第二章　监督管理

第七条　县级以上人民政府环境保护行政主管部门，对本行政区域的环境保护工作实施统一监督和管理。

县级以上人民政府农业、林业、畜牧业、渔业、土地、水利等有关行政主管部门，依照各自法定职责对本行政区域的农业环境保护工作实施监督管理。

第八条　人民政府农业行政主管部门在农业环境保护方面的主要职责是：

（一）贯彻执行国家有关农业环境保护的法律、法规和方针、政策；

（二）拟定农业环境保护长远规划和年度计划；

（三）开展农业环境质量调查与监测，负责农业用地、用水、农畜产品质量和农用化学物质的监测，对农业环境质量做出预测和评价，向本级人民政府提供农业环境质量的报告；

（四）组织开展农业生态建设，合理利用和保护农业自然资源，开发无公害农产品，发展农业环境保护产业；

（五）开展农业生物物种资源调查，保护珍稀濒危生物资源及其近缘的生物资源；

（六）对影响农业环境的建设项目进行环境评价，对直接影响农业环境的建设项目和单位进行监督检查；

（七）参与农业环境污染事故和污染纠纷的调查处理；

（八）宣传普及农业环境保护知识，组织开展农业环境保护科学研究、推广农业环境保护的先进技术和经验。

第九条　自治区地方农业环境质量标准，由自治区农业行政主管部门会同自治区环境保护行政主管部门和有关部门拟订，报自治区人民政府批准执行。

第十条　县级以上人民政府的农业行政主管部门所设立的农业环境监测机构，负责本行政区域的农业环境监测工作。业务上受上级农业环境监测机构和同级环境保护行政主管部门监测机构的指导。

农业环境监测机构按有关规定纳入环境监测网络，其所提供的监测数据可作为开展农业环境保护工作和调查处理农业环境污染与破坏事故的依据。

第十一条　农业行政主管部门及乡级人民政府可配备专职或者兼职农业环境监督员。

农业环境监督员应从熟悉农业环境保护业务和环境保护法规的人员中选任。

农业环境监督员由本级农业行政主管部门聘任，"农业环境监督员证"由自治区人民政府农业行政主管部门统一核发。

第十二条　农业行政主管部门可以对污染和破坏农业环境的单位或者个人进行现场检查。

农业环境监督员执行公务时，应当出示"农业环境监督员证"。被检查的单位或者个人，应当如实反映情况，提供资料。

第十三条　农业建设项目依法需要进行农业环境影响评价的，其环境影响报告书、报告表须经同级人民政府农业行政主管部门预审后，方可按有关规定程序报批。

直接影响农业环境的其他建设项目，其环境影响文件的审批和建设项目竣工验收时，应当有同级人民政府农业行政主管部门参加。

第十四条　跨行政区域的农业环境污染和生态破坏的防治工作，由有关地方人民政府协商解决，或者由其共同的上级人民政府协调解决，做出决定。

第十五条　因发生事故或者其他突然性事件，造成或者可能造成农业环境污染事故的，当事人必须立即采取措施处理，及时通报可能受到危害的单位和个人，并向当地环境保护行政主管部门和农业行政主管部门报告，接受调查处理。

第三章　保护防治措施

第十六条　县级以上人民政府应当根据当地农业自然资源状况和农业环境保护要求，合理调整农业生产结构，因地制宜开展生态建设，改善农业环境质量。

第十七条　禁止在农田、基本农田保护区倾倒、弃置和堆存固体废物。在农田、基本农田保护区以外的农业用地倾倒、弃置、堆存固体废物的，应当依法办理用地手续。

第十八条　向农田提供的城市垃圾、污泥，必须符合国家有关标准。

第十九条　向农田灌溉渠道排放工业废水和城市污水，应当保证其下游最近灌溉取水点的水质符合国家和地方有关农田灌溉水质标准。

直接向农田排放城市污水、工业废水的，应当确保所排放的城市污水或者工业废水符合国家和地方有关农田灌溉水质的标准。

农业环境监测机构对利用工业废水和城市污水进行灌溉的，应定期组织监测，向灌溉用水单位和个人通报水质情况。

第二十条　排放有毒有害气体、粉尘等大气污染物的，必须采取有效措施，防止其对农业环境造成污染。

第二十一条　合理规划乡镇企业的布局，发展无污染、少污染的行业。

禁止新建土硫黄、土炼焦、小造纸等污染项目，对已建成且污染农业环境的，按有关规定责令其限期治理。逾期未完成治理任务的，由做出限期治理决定的人民政府责令其关闭。

第二十二条　禁止猎捕、收购、销售国家和自治区明令保护的有利于农作物的动物，并保护其栖息、繁殖场所。

第二十三条　合理使用农药、化肥、农用塑料薄膜等农用化学物品，采取有效措施防止其对农业环境的污染。

禁止使用剧毒、高残留的农药。发展高效、低毒、低残留农药，推广综合防治技术。使用农药必须严格执行《农药安全使用标准》。

积极研制、推广使用易分解、无污染的农用塑料薄膜。使用不易分解、有污染的塑料薄膜，其残膜应当回收，防止残膜对农业环境造成危害。

第二十四条　对遭受严重污染、影响作物正常生长或者所生产的农畜产品严重危害人体健康的区域，可划为农业环境污染综合整治区。

农业环境污染综合整治区的划定范围和治理方案，由县级以上农业行政主管部门会同同级人民政府土地、环境保护行政主管部门拟订，报同级人民政府批准后实施。

第四章　法律责任

第二十五条　违反本条例规定，有下列行为之一的，由县级以上人民政府农业行政主管部门予以处罚：

（一）拒绝农业行政主管部门现场检查或者在被检查时弄虚作假的，给予警告或者处以罚款；

（二）在农田、基本农田保护区倾倒、弃置和堆存固体废物，或者未依法办理用地手续在农田、基本农田保护区以外的农业用地倾倒、弃置、堆存废物的，责令限期排除，逾期不排除，由农业行政主管部门组织排除，费用由倾倒、弃置、堆存废物的责任者承担，可以并处罚款；

（三）将不符合国家有关标准的城市垃圾、污泥用于农业生产的，给予警告或者处以罚款；

（四）使用不易分解、有污染的塑料薄膜后不回收残膜的，责令限期回收，逾期不回收的，由乡、村、场负责组织回收，其费用由农用塑料薄膜使用者承担；

（五）违反《农药安全使用标准》使用农药的，给予警告或者处以罚款。

第二十六条　违反本条例规定，有下列行为之一的，由县级以上人民政府农业行政主管部门协同环境保护行政主管部门责令其停止违法行为，并依照有关法律、法规的规定予以处罚：

（一）向农田排放不符合国家和地方有关农田灌溉水质标准的工业废水和城市污水的；

（二）向农田排放有毒有害气体、粉尘等大气污染物，污染农业环境的。

第二十七条　罚款的具体办法由自治区人民政府制定。罚款全额上交同级财政。

第二十八条　造成农业环境污染危害的，有责任排除危害，对直接受到损害的单位或者个人应当给予赔偿损失。

赔偿责任和赔偿金额的纠纷，可以根据当事人的请求，由环境保护行政主管部门或者农业行政主管部门处理。当事人对处理决定不服的，可依法向人民法院起诉。当事人也可以直接向人民法院起诉。

由于不可抗拒的自然灾害，并经及时采取合理措施仍然不能避免造成农业环境污染损害的，免予承担责任。

第二十九条　违反本条例规定，造成重大农业环境污染事故，导致公私财产重大损失或者人身伤亡等严重后果，构成犯罪的，对直接负责的主管人员和其他直接责任人员依法追究刑事责任。

第三十条　农业环境监督员滥用职权、玩忽职守、徇私舞弊的，由其所在单位或者有关主管机关给予行政处分；构成犯罪的，依法追究刑事责任。

第五章　附　则

第三十一条　本条例自 1995 年 5 月 30 日起施行。

云南省农业环境保护条例

（1997 年 5 月 28 日云南省第八届人民代表大会常务委员会第二十八次会议通过　自 1997 年 6 月 5 日起施行）

第一条　为了保护和改善农业生态环境，防治农业环境污染，促进农业生产的可持续发展，根据《中华人民共和国农业法》《中华人民共和国环境保护法》等有关法律、法规，结合本省实际，制定本条例。

第二条　本条例所称农业环境保护，是指对影响农业生产和发展的土地、水、大气、生物等生态环境的保护。

第三条　在本省行政区域内的一切单位和个人，必须遵守本条例。

第四条　各级人民政府对本行政区域内的农业环境质量负责，把农业环境保护的目标和措施纳入国民经济和社会发展长远规划和年度计划，建立健全农业环境保护机构，将农业环境保护所需经费列入同级财政预算，并逐年增加对农业环境保护的投入。

第五条　各级人民政府应当大力发展生态农业，保护和建设好农业环境，建立基本农田保护区农业环境的监测、评价、报告制度。

第六条　县级以上环境保护行政主管部门对本行政区域内的环境保护工作实施统一监督管理。

县级以上农业行政主管部门负责本行政区域内的农业环境保护工作，履行下列主要职责：

（一）宣传、贯彻国家有关农业环境保护的法律、法规和政策；

（二）拟订农业环境保护长远规划和年度计划；

（三）开展农业环境质量调查与监测，对农业环境质量做出预测和评价；

（四）组织、指导农业生产者正确使用化肥、农药、农膜等农用化学物品，推广生态农业，开展农村能源综合利用，发展农业环保产业，开发无公害农产品；

（五）负责农业环境污染事故和污染纠纷的调查处理，保护农业生产者的合法权益。

（六）宣传普及农业环境保护知识，组织农业环境保护科学研究，推广农业环境保护的先进经验和技术；

（七）监督对污染农业环境项目的治理工作，依法查处违反本条例的行为；

（八）法律、法规规定的其他职责。

农业行政主管部门可以依法委托其所属的农业环境保护监测机构实施行政处罚。

县级以上土地、水利、林业、地矿、化工、乡镇企业等行政主管部门，按照各自的职责做好农业环境保护工作。

第七条　县级以上农业行政主管部门，有权对本行政区域内的农业环境污染、破坏事故进行现场检查。被检查的单位或者个人必须如实反映情况，提供必要的资料。

农业环境污染事故，属于农业生产自身造成的，由县级以上人民政府农业行政主管部门负责调查处理；属于工业污染、城市生活污染和其他污染造成的，由农业行政主管部门会同环境保护行政主管部门调查处理。

第八条　县级以上农业行政主管部门，应当加强农业环境保护监测工作，建立健全农业环境保护监测网络，定期组织农业环境质量监测和评价。

县级以上农业环境保护监测机构应当积极为农业生产经营者传授农业环境保护知识和技术，开展农业环境保护咨询和技术服务。

第九条　农业行政主管部门应当配备专职或者兼职农业环境监察员，具体履行农业环境监督管理职责。

农业环境监察员从熟悉农业环境保护业务和环境保护法规的人员中选任，由省农业行政主管部门考核合格后颁发执法证件。

农业环境监察员执行公务时，应当出示统一制发的执法证件。

农业环境监察员在职权范围内依法开展农业环境监察工作，有关单位和个人应当为其提供方便，不得妨碍其执行公务。

农业环境监察员应当为被检查的单位和个人保守技术和业务秘密。

第十条　对农业环境有影响的建设项目，其环境影响报告书中应当有农业环境影响专题。环境保护行政主管部门审批环境影响报告书时，应当征得同级农业行政主管部门同意。

第十一条　禁止在农田和农用水源附近弃置、堆放固体废物。在农田以外的农业用地弃置、堆放固体废物的，必须征得农业行政主管部门的同意，按规定办理用地手续，并采取防止渗漏、流失、扬散等措施，防止对农业环境造成污染。

第十二条　向农田灌溉渠道或者渔业水体排放工业废水和城市污水的，必须保证最近的灌溉取水点的水质或者最近渔业水域的水质符合农田灌溉水质标准或者渔业水质标准。

对废气、烟尘、粉尘、废渣的排放，应当采取有效措施防止对农业环境造成污染。

第十三条　向农业生产者提供农药、肥料和作为肥料的城镇垃圾、污泥，必须符合国家有关标准。

第十四条　使用不易分解的塑料薄膜、残膜，应当在下茬作物整地时及时回收、清除。

使用农药应当符合国家有关农药安全使用的规定和标准。禁止使用剧毒、高残留的农药，推广使用高效、低毒、低残留农药。

第十五条　鼓励农业生产者生产无公害农产品。无公害农产品经省农业行政主管部门检验认定后，颁发无公害农产品证书和标志。

第十六条　受有毒有害物质污染，使农业生物不能正常生长或者所生产的农产品可能危害人体健康的农业生产区域，应当划为农业环境污染整治区，进行农业环境综合整治。

农业环境污染整治区的划定范围和整治方案，由县级以上农业行政主管部门会同同级环境保护行政主管部门拟订，报同级人民政府批准后由有关部门组织实施。

第十七条　任何单位和个人都有义务保护农业环境，有权对污染和破坏农业环境的行为进行检举、控告。对保护和改善农业环境做出显著成绩，以及检举污染、破坏农业环境违法行为有功的单位和个人，由县级以上人民政府或者农业行政主管部门给予表彰和奖励。

第十八条　因发生事故或者其他突发事件，造成或者可能造成农业环境污染和破坏的单位，必须立即采取措施，排除、减轻危害，及时通报可能受到污染危害的单位、村社和个人，并在 48 小时内向当地农业行政主管部门报告，接受调查处理。

第十九条　违反本条例第十二条规定，对农业环境造成污染和破坏的，由农业行政主管部门会同环境保护行政主管部门调查处理，责令其限期治理，承担检测、治理费用，造成损失的，赔偿损失，并可处以 1 000 元以上 3 000 元以下罚款。

第二十条　违反本条例规定，有下列行为之一的，由县级以上农业行政主管部门予以处罚：

（一）在农田和农用水源附近弃置、堆放固体废物的，或者未经农业行政主管部门同意，在农田以外的农业用地弃置、堆放固体废弃物的，责令限期清除，逾期不清除的，由农业行政主管部门组织清除，费用由责任者承担，造成农业环境污染的，可以处被污染农田或者其他农业用地每平方米 10 元以下的罚款；

（二）向农业生产者提供不符合国家有关标准的农药、肥料或者作为肥料的城镇垃圾、污泥的，处以警告或者 300 元以上 30 000 元以下的罚款；

（三）使用不易分解的塑料薄膜后不回收残膜造成农业用地污染的，责令限期回收，逾期不回收的，处以警告或者每亩 2 元以上 20 元以下的罚款；

（四）违反国家有关规定使用农药的，责令改正，再次违反的，处以警告或者 50 元以上 500 元以下的罚款。

第二十一条　违反本条例规定，有下列行为之一的，由农业行政主管部门根据不同情节处以警告或者 300 元以上 3 000 元以下的罚款；对直接责任人员由其所在单位或者上级主管部门依法给予行政处分；违反《中华人民共和国治安管理处罚条例》的，由公安机关依法给予处罚；构成犯罪的，依法追究刑事责任。

（一）拒绝、阻碍农业环境监察员现场检查或者在被检查时弄虚作假的；

（二）造成重大农业环境污染和生态破坏事故，导致公私财产重大损失或者人身伤亡等严重后果的。

第二十二条　当事人对行政处罚决定不服的，可以依法申请复议或者提起行政诉讼。

当事人逾期不申请复议、不起诉，又不履行处罚决定的，由做出处罚决定的机关申请人民法院强制执行。

第二十三条　农业环境保护管理人员滥用职权、玩忽职守、徇私舞弊的，由其所在单位或者上级主管部门依法给予行政处分；构成犯罪的，依法追究刑事责任。

第二十四条　本条例具体应用的问题由省农业行政主管部门负责解释。

第二十五条　本条例自 1997 年 6 月 5 日起施行。

甘肃省农业生态环境保护条例

（2007 年 12 月 20 日甘肃省第十届人民代表大会常务委员会第三十二次会议通过　自 2008 年 3 月 1 日起施行）

第一条　为保护和改善农业生态环境，防治农业生态环境污染，保障农产品质量安全，促进农业可持续发展，根据《中华人民共和国农业法》《中华人民共和国环境保护法》和其他有关法律、法规，结合本省实际，制定本条例。

第二条　本条例所称农业生态环境，是指农业生物赖以生存和繁衍的各种天然和人工改造的自然因素的总和，包括土壤、水体、大气、生物等。

农业生态环境保护的重点是预防和治理工农业生产、城乡居民生活以及其他因素对农业生态环境造成的污染。

第三条　凡在本省行政区域内从事与农业生态环境有关活动的单位和个人，应当遵守本条例。

第四条　农业生态环境保护坚持预防为主、防治结合、综合治理的方针，实行谁污染谁治理、谁开发谁保护、谁利用谁补偿、谁破坏谁恢复的原则。

第五条　各级人民政府应当将农业生态环境保护纳入国民经济和社会发展规划，加强农业生态环境建设，建立健全农业生态环境保护体系，提高农业生态环境保护科技水平，组织农业生态环境综合治理，落实农业生态环境保护目标责任，促进农业生态环境同经济社会协调发展。

各级人民政府应当加强农业生态环境保护的宣传教育，普及农业生态环境保护科学知识，引导公民和企事业组织参与农业生态环境保护，增强全社会保护农业生态环境的意识和法制观念。

第六条　县级以上人民政府应当将农业生态环境保护经费纳入财政预算，并根据当地经济社会发展需要，增加对农业生态环境保护的投入，逐步建立和完善农业生态补偿机制。

第七条　环境保护实行统一监督管理和分部门具体监督管理相结合的管理体制。

县级以上人民政府环境保护行政主管部门对本行政区域的环境保护实行统一监督管理。县级以上人民政府农业行政主管部门负责本行政区域内的农业生态环境保护监督管理工作，其所属的农业生态环境保护监督管理机构负责具体工作。

县级以上人民政府建设、卫生、水利、国土资源、林业和乡镇企业等部门，按照各自职责，做好农业生态环境保护工作。

乡镇人民政府、村民委员会以及农村集体经济组织在其职责范围内，组织实施农业生态环境保护活动。

第八条　任何单位和个人都有保护农业生态环境的义务，并有权对污染、破坏农业生态环境的单位和个人进行检举、控告。

对在农业生态环境保护工作中做出显著成绩的单位和个人，县级以上人民政府应当给予表彰、奖励。

第九条　县级以上农业行政主管部门应当开展农业野生植物和水生野生动植物资源、基本农田环境质量、农田灌溉水和渔业养殖水质量及农产品产地环境质量等农业生态环境状况的调查与监测评价。

第十条　县级以上人民政府应当采取措施，加强农产品基地建设，改善农产品生产要件，扶持开发无公害农产品，引导、鼓励和支持农业生产经营者发展绿色食品和有机食品。

第十一条　县级以上农业行政主管部门应当引导农民和农业生产经营组织加强耕地保护和质量建设，防止农业用地的破坏和地力衰退。

第十二条　县级以上人民政府相关部门应当加强农业生态植被的保护，农业行政主管部门因地制宜开发农村能源，推广节能技术和设施，调整用能结构，鼓励利用沼气、太阳能、风能等新能源及可再生能源。

第十三条　县级以上渔业行政主管部门应当对渔业水域统一规划，加强对渔业水域环境和水生野生动植物的保护与管理，防治渔业水域污染，改善渔业水域生态环境，保护和增殖渔业资源。

第十四条　禁止任何单位和个人非法采集国家和地方重点保护的农业野生植物或者破坏其生长环境。

禁止采集、出售、收购国家一级保护农业野生植物。因特殊需要申请采集国家一级保护农业野生植物的，按国家有关规定办理。

采集、出售、收购国家二级保护农业野生植物的，应当经采集地县级农业行政主管部门审核，向省农业行政主管部门申请办理采集、出售、收购许可证。

第十五条　县级以上人民政府及其有关部门应当加强对村镇建设的规划指导，增加农村居民安全饮水、乡村清洁工程等公共建设的财政投入，对农业生产废物和农村生活垃圾进行无害化、减量化和资源化处理，防止饮用水水源和农业面源污染，改善和保护农村居民的生产、生活环境。

第十六条　县级以上农业行政主管部门应当指导农民和农业生产经营组织开展测土配方施肥，科学使用化肥，鼓励种植绿肥，增加使用有机肥。

第十七条　县级以上农业行政主管部门应当引导农民和农业生产经营组织使用高效、低毒、低残留农药和生物农药，推广农作物病虫草鼠害综合防治技术，鼓励运用生物防治技术。

禁止在蔬菜、瓜果、茶叶、中药材、粮食、油料等农产品生产过程中使用剧毒、高毒、高残留农药。

第十八条　县级以上农业行政主管部门应当加强对秸秆还田、秸秆养畜、秸秆气化、秸秆微生物沤肥等综合利用技术的指导、示范和推广工作。

第十九条　从事规模养殖和农产品加工的单位和个人，应当对畜禽粪便、废水和其他废物进行综合利用和无害化处理。

第二十条　鼓励农民和农业生产经营组织使用易降解的环保型农用薄膜。农民和农业生产经营组织对盛装农药、兽药、渔药、饲料和饲料添加剂的容器、包装物及过期报废农药、兽药、废弃农用薄膜等，不得随意丢弃，应当交所在地人民政府设置的废物回收点集中处理。

县级以上人民政府应当合理布设农村生产生活废物回收点，对从事回收利用的单位和个人应当给予扶持。

第二十一条　涉及农业生态环境的建设项目，应当遵守国家有关建设项目环境影响评价的规定。在建设项目环境影响报告书中，应当有农业生态环境保护的内容。

环境保护行政主管部门在审批涉及农业生态环境的建设项目环境影响评价文件时，应当征求同级农业行政主管部门意见。建设项目竣工验收时，达不到农业生态环境保护要求的，不得通过验收。

第二十二条　县级以上人民政府应当督促对农业生态环境有严重影响的企业落实综合治理措施，对治理不达标的，依法关停和取缔。

排放污染物对农业生态环境造成污染破坏的，其缴纳的排污费应当用于农业生态环境污染防治。

第二十三条　禁止向农田、农业灌溉渠道和渔业水域排放不符合农田灌溉水质标准、渔业水质标准的工业废水、城市污水和农产品生产加工污水。确需向农田和农业灌溉渠道排放的，应当进行无害化处理，保证其下游最近灌溉取水点的水质符合国家规定的农田灌溉水质标准。

第二十四条　禁止向农田灌溉渠道和渔业水域倾倒垃圾、废渣、油类、有毒有害废液、含病原体废水和其他废物。

禁止在农田灌溉和养殖的水体中浸泡或者清洗装储油类、有毒有害污染物的器具和包装物。

第二十五条　禁止向农业生产区域排放废气、粉尘或者其他含有有毒有害物质的气体，确需排放的，不得超过国家规定的排放标准和排放量。

第二十六条　禁止向农田和农用水源附近倾倒、弃置、堆放固体废物或者其他有毒有害物质。

在其他农业用地修建处置堆存固体废物场地的，应当符合国家环境保护标准，并征得当地农业行政主管部门同意。

第二十七条　县级以上农业行政主管部门应当根据农产品品种特性和生产区域的大气、土壤、水体中有毒有害物质状况等因素，划定农产品适宜生产区、限制生产区和禁止生产区，报本级人民政府批准后公布。

禁止在有毒有害物质超过规定标准的区域生产、捕捞、采集食用农产品和建立农产品生产基地。

第二十八条　受有毒有害物质污染，农产品达不到强制性安全质量标准的区域，县级以上人民政府应当组织进行综合整治。综合整治项目所需费用，由造成污染的责任方承担。责任方无法确定的，由当地农业行政主管部门会同国土资源、环境保护行政主管部门制定综合整治方案，纳入本级人民政府环境治理规划。

第二十九条　申请无公害农产品产地认定，应当提出书面申请；由具有相应资质的检测机构检测合格，经省农业行政主管部门审查批准后，颁发农产品产地认定证书。

申请无公害农产品认证，按照国家有关规定办理。未经依法认证的农产品，其包装、标签、说明书、广告中不得使用无公害农产品标志。

禁止伪造、冒用、转让、买卖无公害农产品产地认定证书、农产品认证证书和标志。

第三十条　县级以上人民政府应当建立健全突发农业生态环境污染事件应急预警机制。

发生农业生态环境污染突发事件时,发生地县级农业行政主管部门及其所属的农业生态环境保护监督管理机构和环境保护行政主管部门应当及时赶赴现场调查取证和应急处理,进行责任认定和损失评估,并根据突发事件等级逐级上报,启动相应的应急预案。

第三十一条　发生农业生态环境污染事故,造成污染事故的单位和个人应当立即采取措施减轻或者消除危害,及时向受到或者可能受到污染危害的单位和个人通报,并向当地农业、环境保护行政主管部门和其他有关部门报告,依法接受调查处理。

农业生态环境污染事故属于不按照国家有关规定使用农药、兽药、渔药、饲料和饲料添加剂等农业生产行为造成的,由县级以上农业行政主管部门负责调查处理;属于工业污染和其他污染造成的,由县级以上环境保护行政主管部门会同同级农业行政主管部门调查处理。

第三十二条　县级以上农业生态环境保护监督管理机构进行现场检查时,被检查的单位和个人应当如实反映情况,提供有关资料,协助做好相关工作。

第三十三条　未取得采集证或者未按照采集证的规定采集国家重点保护农业野生植物的,由农业行政主管部门授权的机构没收所采集的农业野生植物和违法所得,可以并处违法所得十倍以下的罚款;有采集证的,并可以吊销采集证。

第三十四条　违反本条例规定,未经批准出售、收购国家重点保护农业野生植物的,由农业行政主管部门授权的机构或者工商行政管理部门依据职权责令停止违法行为,没收农业野生植物和违法所得,可以并处违法所得十倍以下的罚款。

第三十五条　违反本条例规定,向渔业水域倾倒垃圾、废渣、油类、有毒有害废液、含病原体废水和其他废物以及浸泡或者清洗装储油类、有毒有害污染物的器具和包装物的,由县级以上农业行政主管部门处以两千元以上三万元以下的罚款。

违反本条例规定,向农田灌溉渠道倾倒垃圾、废渣、油类、有毒有害废液、含病原体废水和其他废物以及浸泡或者清洗装储油类、有毒有害污染物的器具和包装物的,由县级以上农业行政主管部门或者环境保护行政主管部门依法调查处理,并由县级以上农业行政主管部门会同同级环境保护行政主管部门责令限期改正,处以两千元以上三万元以下的罚款。

第三十六条　违反本条例规定,在农田或者其他农业用地倾倒、弃置、堆存城市垃圾和工业废渣等固体废物造成污染的,由县级以上农业行政主管部门责令限期改正,并处以五千元以上五万元以下的罚款。

违反本条例规定,在农用水源附近倾倒、弃置、堆存城市垃圾和工业废渣等固体废物造成污染的,由县级以上农业行政主管部门或者环境保护行政主管部门依法调查处理,并由县级以上农业行政主管部门会同同级环境保护行政主管部门责令限期改正,处以五千元以上五万元以下的罚款。

第三十七条　违反本条例规定,不按照规定使用农药、兽药、渔药、饲料和饲料添加剂等造成农业环境污染的，由县级以上农业行政主管部门给予警告，责令限期治理。

　　第三十八条　违反本条例规定，拒绝现场检查或者在被检查时弄虚作假的，由县级以上农业行政主管部门给予警告，可并处三百元以上三千元以下的罚款。

　　第三十九条　违反本条例规定，造成农业生态环境破坏和污染，给农民和农业生产经营组织造成损失的，有关责任者应当依法赔偿，并进行治理。治理达不到要求的，由县级以上农业行政主管部门组织治理，所需费用由责任者承担。

　　第四十条　违反本条例规定的其他行为，法律法规有处罚规定的，从其规定。

　　第四十一条　农业行政主管部门、农业生态环境保护监督管理机构的工作人员，在农业生态环境保护工作中玩忽职守、滥用职权、徇私舞弊的，由其所在单位或者有关行政主管部门依法给予行政处分；构成犯罪的，依法追究刑事责任。

　　第四十二条　本条例自 2008 年 3 月 1 日起实施。

青海省农业环境保护办法

（1996 年 3 月 26 日青海省人民政府令第 25 号公布　自 1996 年 3 月 26 日起施行）

第一章　总　则

第一条　为保护和改善农业环境，防治农业环境的污染和破坏，合理开发利用农业资源，促进农业的持续、稳定、协调发展，根据《中华人民共和国农业法》《中华人民共和国环境保护法》和有关法律、法规，结合我省实际，制定本办法。

第二条　本办法所称农业环境保护，是指对农业用地、用水、大气和农业生物等农业生态环境的保护和污染防治。

第三条　在我省境内一切从事与农业环境有关活动的单位和个人，都必须遵守本办法。

第四条　各级人民政府应当对本辖区的农业环境质量负责，将农业环境保护纳入国民经济和社会发展计划，采取措施切实保护和改善农业环境，逐年增加保护农业环境的投入，统筹安排农业环境保护所需经费。

第五条　任何单位和个人都有保护农业环境的义务，并有权对污染和破坏农业环境的行为进行检举和控告。

第六条　各级人民政府对保护和改善农业环境做出显著成绩的单位和个人，给予表彰和奖励。

第二章　监督与管理

第七条　县级以上人民政府的环境保护主管部门，对本行政区域内的环境保护工作实行统一监督管理。

第八条　县级以上人民政府的农业行政主管部门，对本行政区域内的农业环境保护工作实行具体监督管理，其主要职责是：

（一）贯彻执行国家和地方有关农业环境保护的法律、法规和政策；

（二）拟订农业环境保护规划和年度计划，参与制定农业环境质量标准，并监督其实施；

（三）参与农业环境污染事故和纠纷的调查处理；

（四）组织开展生态农业的试点与推广，合理利用和保护农业自然资源，开发无公害农产品和绿色食品；

（五）开展农业环境质量调查与监测，组织农业环境影响评价，向本级人民政府提供农业环境质量的报告；

（六）开展农业生物物种资源调查，保护珍稀濒危生物资源及其近缘的生物资源；

（七）宣传普及农业环境保护知识，组织农业环境保护科学研究，推广保护农业环境的先进经验和技术；

（八）依照法律规定行使与保护农业环境有关的其他职权。

第九条　县级以上人民政府的土地、水利、林业、畜牧业、渔业、乡镇企业和地质矿产等有关部门，依照有关法律、法规的规定，根据各自的职责，对本行政区域内的农业环境保护工作实施监督管理。

第十条　县级以上人民政府农业行政主管部门设立的农业环境监测机构，按有关规定参加环境监测网络；业务上受上级农业环境监测机构和同级环境保护行政主管部门监测机构的指导。

农业环境监测机构的监测数据可作为调查处理农业环境污染事故的依据。

第十一条　对农业环境有直接污染的建设项目，其环境影响报告中应有农业环境影响专题。环境保护行政主管部门审批环境影响报告书时，应征求同级农业行政主管部门的意见，项目竣工验收时，应有农业行政主管部门参加。

农业综合开发、农业区域开发、大型农田水利工程建设、商品粮基地建设、"菜篮子"基地建设、绿色食品基地建设等农业开发建设项目，必须进行农业环境影响评价，编制环境影响报告书，制定农业可持续发展方案，经农业行政主管部门预审后方可按规定程序报批。

第十二条　县级以上人民政府的农业行政主管部门有权对本行政区域内的农业用地、养殖水域、灌溉水渠、农产品受到污染和农业资源被破坏的情况进行现场检查。被检查的单位和个人应当如实反映情况，提供必要的资料。

第十三条　农业环境监督检查实行监察员制度。农业环境监察人员执行公务时，应当出示由省农业行政主管部门统一核发的监察员证的和执法证。

第十四条　各级人民政府应当合理规划乡镇企业的布局，发展无污染、少污染的产业。

对已建成且污染农业环境的，按有关规定责令其限期治理，逾期未完成治理任务的，由做出限期治理决定的人民政府责令其关闭。

禁止将产生严重污染农业环境的生产设备转移给没有防治能力的乡镇企业和个人使用。

第十五条　因发生事故或者其他突发性事件造成或者可能造成农业环境污染事故的单位，必须立即采取措施处理，及时通报可能受到污染危害的单位和个人，并在 48 小时内向当地的环境保护行政主管部门和农业行政主管部门报告，接受调查处理。

第十六条　跨行政区域的农业环境污染和生态破坏的防治工作，由有关地方人民政府协商解决。协商解决不了的，由其共同的上级人民政府协调解决。

第三章　保护与防治

第十七条　各级人民政府根据当地农业自然资源状况和农业环境保护要求，合理调整农业生产结构，因地制宜开展生态农业建设，改善农业环境质量。

第十八条　禁止破坏农田、森林、草山、渔类等农业资源，防治土壤污染，水土流失，土地沙化、盐碱化、沼泽化和其他破坏。

第十九条　禁止在农田倾倒、弃置和堆存固体废物。在农田以外的农业用地倾倒、弃置和堆存固体废物的，应征得当地农业行政主管部门的意见，按有关规定办理征占地手续，并采取防流失、防渗汛、防自燃等措施。

第二十条　直接向农田、果园、苗圃、养殖水域排放城市污水、工业废水的，应经当地农业行政主管部门批准，并确保所排放的城市污水或工业废水符合国家和地方有关农田灌溉水质标准。

向农田灌溉渠道排放工业废水和城市污水，应当保证其下游最近灌溉取水点的水质符合国家和地方有关农田灌溉水质标准。

利用工业废水和城市污水进行灌溉，应当防止污染土壤、地下水和农产品。

禁止在人畜饮用水水源、养殖水域清洗药械、农药包装品及其他易引起污染的物体。

第二十一条　排放含有有毒有害物质的废气、烟尘和粉尘污染农业环境的，必须采取治理措施，达到规定的排放标准。

第二十二条　各级人民政府应综合防治农业病、虫、草、鼠害，推广高效、低毒、低残留农药，合理安全地使用化肥、农药和动植物生长调节剂、饲料添加剂。

农业生产单位和农户，使用难分解的农用塑料薄膜须在农作物收获后及时回收。

第二十三条　保护青蛙、燕子、蛇、猫头鹰等害虫、害鼠的天敌和其栖息地、繁殖的场所，严禁非法捕猎、收购、贩运害虫、害鼠的天敌（人工饲养的除外）。

第二十四条　从事采矿、采金、石油勘探开发，挖沙取土等活动的单位和个人，应采取措施保护和少占耕地、草场。造成破坏的，要恢复植被并按有关规定赔偿损失。

第二十五条　保护草原、草场、草山和人工草场，草场使用者应当合理经营，控制载畜量，防止因过量放牧造成草场退化、沙化。禁止砍挖固沙植物。

第二十六条　对遭受严重污染、影响作物正常生长或者所生产的农产品严重危害人体健康的区域，可划为农业环境污染综合治理区。

农业环境污染综合整治区的范围和治理方案，由县级以上农业行政主管部门会同同级土地、环境保护行政主管部门拟定，报同级人民政府批准后实施。

第四章　罚　则

第二十七条　违反本办法规定，有下列行为之一的，由农业行政主管部门根据情节轻重，按以下规定进行处罚：

（一）违反本办法第十二条规定，拒绝农业行政主管部门现场检查或者被检查时弄虚作假的，给予警告，对情节严重的处以 50 元以上 1 000 元以下罚款；

（二）违反本办法第十九条规定的，责令限期改正，造成农业环境污染的，责成污染单位赔偿损失，并处以 50 元以上 1 000 元以下的罚款；

（三）违反本办法第二十条第一款规定，责令限期改正，赔偿损失，并处以 50 元以上 1 000 元以下罚款，违反第四款规定的，责令改正，赔偿损失，并处以 100 元以下罚款；

（四）违反本办法第二十二条第二款规定，不回收农用塑料薄膜的，责令限期回收，逾期不回收的，处以 10 元以上 100 元以下罚款；

（五）违反本办法第二十三条规定的，没收猎捕工具和非法所得，并处以 50 元以上 1 000 元以下罚款。

第二十八条　违反本办法其他规定，造成农业环境污染和生态破坏的，由有关部门按照职责分工，依据有关法律、法规的规定处罚。

第二十九条　农业行政主管部门及其工作人员收到罚款后，应当给被罚人开具收据，罚没收入应按有关规定及时全额上缴同级财政。

第三十条　当事人对行政处罚决定不服的，可依照《行政复议条例》和《中华人民共和国行政诉讼法》的规定，申请行政复议或者向人民法院起诉。

当事人逾期不申请复议，也不向人民法院起诉，又不履行处罚决定的，由做出处罚决定的机关申请人民法院强制执行。

第三十一条　农业环境监察人员玩忽职守、滥用职权、徇私舞弊的，由其所在单位或者上级主管部门给予行政处分，构成犯罪的，由司法机关依法追究刑事责任。

第五章　附　则

第三十二条　本办法实施中的具体问题由省农林厅负责解释。

第三十三条　本办法自发布之日起实施。

江西省农业生态环境保护条例

（2017 年 3 月 21 日江西省第十二届人民代表大会常务委员会第三十二次会议通过）

第一章　总　则

第一条　为了保护和改善农业生态环境，保障农产品质量安全和公众健康，促进农业可持续发展，推动本省国家生态文明试验区建设，根据《中华人民共和国环境保护法》《中华人民共和国农业法》等有关法律、行政法规的规定，结合本省实际，制定本条例。

第二条　在本省行政区域内从事与农业生态环境保护有关的活动，适用本条例。

第三条　本条例所称农业生态环境，是指农业生物赖以生存和繁衍的各种天然的和人工改造的自然因素总体，包括土壤、水、大气、生物等。

第四条　农业生态环境保护应当遵循预防为主、防治结合、管护并举、职责严明的原则。

第五条　县级以上人民政府应当对本行政区域的农业生态环境质量负责，将农业生态环境保护纳入国民经济和社会发展规划，建立健全农业生态环境保护体系，提高农业生态环境保护能力，改善农业生态环境。

县级以上人民政府应当加大农业生态环境保护的投入，将农业生态环境保护经费纳入财政预算，保障农业生态环境质量调查与监测、污染防治、农业废弃物综合利用以及示范项目建设等工作的开展；统筹相关农业补贴资金，采取农业生态环境补贴或者生态补偿等措施，对从事有机农业、生态循环农业活动的农业生产者给予扶持。

乡镇人民政府应当在其职责范围内组织实施农业生态环境保护活动。

第六条　环境保护主管部门依法对本行政区域内的农业生态环境保护工作实施统一监督管理。

县级以上人民政府农业主管部门对本行政区域内农业生态环境保护实施具体监督管理，履行下列职责：

（一）会同有关部门制定并组织实施农业生态环境保护规划；

（二）会同有关部门组织开展农业生态环境质量调查与监测；

（三）宣传普及农业生态环境保护知识，组织指导对农业生态环境污染进行预防和治理；

（四）制定并实施农业生态环境污染突发事件应急专项预案；

（五）组织调查或者参与调查农业生态环境污染事故；

（六）依法查处污染和破坏农业生态环境的违法行为；

（七）法律法规规定的其他监督管理职责。

县级以上人民政府国土资源、发展改革、住房城乡建设、财政、水利、林业等有关部门，在各自职责范围内，做好农业生态环境保护有关工作。

村（居）民委员会应当协助做好农业生态环境保护有关工作。

第七条　各级人民政府及其有关部门应当加强农业生态环境保护的宣传教育,增强公民保护农业生态环境的意识,支持和鼓励农业生态环境保护科学技术的研究开发、成果转化和推广应用。

县级以上人民政府农业主管部门应当对农业生产者开展技术培训,推广农业生态环境保护先进技术,指导和帮助农业生产者保护和改善农业生态环境。

第八条　任何单位和个人都有保护农业生态环境的义务。对危害农业生态环境的行为,有权进行举报、投诉。

县级以上人民政府农业主管部门、环境保护主管部门应当公布举报和投诉电话、电子邮箱等;接到举报或者投诉后,应当依法及时处理,并将处理结果告知举报人或者投诉人。

第二章　农用地保护

第九条　农用地实行分类保护。根据农用地土壤污染程度,将未污染和轻微污染的划为优先保护类,轻度污染和中度污染的划为安全利用类,重度污染的划为严格管控类。

县级人民政府农业主管部门和环境保护主管部门应当会同国土资源、水利、林业等有关部门,对本行政区域内的农用地土壤环境质量状况进行调查、监测,提出农用地分类保护清单,经本级人民政府审核,逐级报省人民政府审定后实施。

农用地土壤环境质量发生变化,需要对农用地分类进行调整的,应当按照前款规定的程序办理。

第十条　对优先保护类农用地,县级以上人民政府农业等有关部门、环境保护主管部门应当采取有效措施,防止各种污染源对农用地环境造成污染。

优先保护类农用地中的耕地划为永久基本农田的,除法律规定的重点建设项目选址确实无法避让外,其他任何建设不得占用。

优先保护类农用地中的耕地集中区域,禁止新建有色金属冶炼、石油加工、化工、焦化、电镀、制革等企业以及垃圾填埋场。现有相关企业应当采用新技术、新工艺进行升级改造。在优先保护类农用地中的耕地集中区域周边地区,建设有色金属冶炼、石油加工、化工、焦化、电镀、制革等企业,应当遵守法律法规和国家、省有关规定。

第十一条　对安全利用类农用地中的耕地集中区域,县级以上人民政府农业主管部门、环境保护主管部门应当结合当地主要作物品种和种植习惯,制定实施受污染耕地安全利用方案,采取替代种植、轮耕休耕等措施降低农产品超标风险。

对安全利用类农用地,应当对其周边地区采取环境准入限制等措施,减少或者消除污染。

第十二条　对严格管控类农用地中的耕地,县级以上人民政府农业主管部门、环境保护主管部门应当依法划定特定农产品禁止生产区域,禁止种植食用农产品,调整种植结构或者退耕还林,优先实行土壤污染治理与修复。

第十三条　各级人民政府应当组织农业生产者依法合理开发利用农业资源,改造中低产田,开展小流域治理,预防和治理水土流失、土壤沙化、酸化、盐渍化和贫瘠化。

任何单位和个人从事采(探)矿、挖砂、取土等活动,应当依照有关法律法规的规定,采取措施,恢复植被,预防和减轻水土流失。

第十四条　在农用地修建处置、堆存固体废弃物场地的,应当符合国家环境保护标准,并征求当地农业主管部门的意见。对固体废弃物应当采取措施,防止扬散、自燃、渗漏、流失。

第三章　农用水保护

第十五条　各级人民政府应当采取措施，加强对江河、湖泊、水库的水质保护，严格控制在江河、湖泊、水库新建、改建或者扩大排污口，防止农用水水体污染。

各级人民政府应当发展节水灌溉农业，加强农田水利工程建设和维护，定期组织疏浚、清理塘坝、沟渠，推广渠道防渗、管道输水、喷灌微灌等节水灌溉技术，完善灌溉用水计量设施。

第十六条　环境保护主管部门应当会同县级以上人民政府水行政主管部门、农业主管部门加强农田灌溉用水水质监测，对不符合农田灌溉水质标准的污水，应当采取相应措施，防止污染土壤、农产品和地下水。

第十七条　县级以上人民政府渔业主管部门负责对渔业水域的污染情况进行监测。

渔业水域遭受突发性污染时，县级以上人民政府渔业主管部门应当及时向本级人民政府和上级人民政府渔业主管部门报告。经本级人民政府批准，县级以上人民政府渔业主管部门可以发布公告，禁止在规定的期限和受污染区域内采捕水产品;情况严重时，应当采取其他应急措施。

第十八条　水产养殖用水应当符合渔业水质标准，养殖场所的进排水系统应当分开，养殖废水排放应当符合国家规定标准。

从事水产养殖的单位和个人应当加强养殖用水水质监测，养殖用水水质受到污染时，应当立即停止使用，经净化处理达到渔业水质标准后方可使用;污染严重的，应当及时报告当地渔业主管部门。

禁止在江河、湖泊、水库使用无机肥、有机肥、生物复合肥进行水产养殖。

禁止将病害高发期或者发生疫情时的养殖用水向公共水域排放。

第十九条　禁止向农田和渔业水域直接排放不符合国家和省规定标准的工业废水、城镇污水。向农田灌溉渠道排放工业废水、城镇污水的，应当进行无害化处理，保证其下游最近灌溉取水点的水质符合国家规定的农田灌溉水质标准。

禁止向农田灌溉渠道、渔业水域倾倒油类、酸液、碱液、有毒废液、含病原体废水，以及在灌溉渠道、渔业水域浸泡或者清洗装储油类、有毒、有害污染物的器具、包装物。

第四章　生物资源保护

第二十条　县级以上人民政府应当根据国家有关农业生产的生物资源保护制度，对稀有、濒危、珍贵生物资源及其原生地实行重点保护，防止农业生产活动对生物多样性造成危害。

第二十一条　县级以上人民政府农业、林业主管部门应当加强对野生植物的监测、保护、研究和利用，在国家和地方重点保护野生植物物种的天然集中分布区域，依法建立保护区;在其他区域，根据实际情况建立保护点或者设立保护标志。对生长受到威胁的国家和地方重点保护野生植物，应当采取拯救措施，保护或者恢复其生长环境，必要时建立繁育基地、种质资源库或者采取迁地保护措施。

第二十二条　鼓励运用生物技术防治农作物病虫害。

县级以上人民政府应当加强对农作物害虫、害兽的天敌的保护，禁止非法猎捕、收购、运输和出售野生蛙类、蛇类、鸟类等农作物害虫、害兽的天敌。

第二十三条　从境外引进农业外来物种，引进单位或者个人应当按照国家规定履行登记或者审批手续。

县级以上人民政府应当组织有关部门对引进物种进行跟踪观察，发现可能对农业生态环境造成危害的，应当及时采取相应的安全控制措施，避免危害的发生或者减轻、消除危害。

县级以上人民政府农业主管部门应当加强对农业外来入侵生物的监控，并对农业外来入侵有害生物组织灭杀。

第五章　农业污染防治

第一节　畜禽养殖污染防治

第二十四条　县级人民政府应当按照国家和省有关规定划分畜禽养殖禁养区、限养区、可养区。

在禁养区内，不得新建畜禽养殖场（小区）；已经建成的，由当地县级人民政府责令限期关闭或者搬迁，并依法给予补偿。

在限养区内，严格控制畜禽养殖规模，不得新建和扩建畜禽养殖场（小区）。

第二十五条　建设畜禽养殖场（小区）应当符合当地畜禽养殖布局规划，并进行环境影响评价。

畜禽养殖场（小区）自行建设的粪便、废水、畜禽尸体及其他废弃物综合利用和无害化处理设施，应当与主体工程同时设计、同时施工、同时投入使用。畜禽养殖场（小区）未自行建设废弃物综合利用和无害化处理设施的，应当委托有能力的单位代为处理。

自行建设畜禽养殖废弃物综合利用和无害化处理设施的畜禽养殖场（小区）或者代为处理畜禽养殖废弃物的单位，应当建立相关设施运行管理台账，载明设施运行、维护情况以及相应污染物产生、排放和综合利用等情况；排放的畜禽粪便、污水等废弃物，应当符合国家和省规定的污染物排放标准和总量控制指标。

第二十六条　分散养殖户应当对畜禽进行圈养，对畜禽粪便就地消纳。散户圈养地应当与居民集中区间隔一定距离。

鼓励和支持对散养密集区畜禽粪便、污水等废弃物实行分户收集、集中处理利用。

第二十七条　县级以上人民政府应当采取措施，扶持畜禽养殖废弃物综合利用。县级以上人民政府畜牧兽医主管部门应当加强对畜禽养殖废弃物综合利用的指导和服务。

鼓励和支持单位、个人建设集中式畜禽养殖废弃物处理或者有机肥制取等设施。

第二十八条　县级以上人民政府畜牧兽医主管部门应当依法规范、限制使用抗生素等化学药品，采取畜禽集中养殖区域环境激素类化学品限制、替代、淘汰等措施，防止兽药、饲料添加剂中的有害成分污染农业生态环境。

第二节　农药、化肥、农膜污染防治

第二十九条　省人民政府农业主管部门应当定期公布国家和省明令淘汰或者禁止生产、销售和使用的农药、化肥、农膜等农业投入品目录，及时推广无毒低毒的农业投入品。

县级以上人民政府农业主管部门应当制定农药、化肥、农膜等农业投入品减量使用计

划，推广测土配方施肥、病虫草害绿色防控技术，鼓励、引导农业生产者通过种植绿肥、增施有机肥、种植结构调整等措施培肥地力，治理和改善农业生态环境。

第三十条 禁止违法生产、销售下列农业投入品：

（一）剧毒、高毒、高残留农药；

（二）重金属、持久性有机污染物等有毒有害物质超标的肥料、土壤改良剂或者添加物；

（三）不符合标准的农膜。

向农业生产者提供城镇垃圾、粉煤灰和污泥作为肥料的，应当符合国家和省有关标准。

第三十一条 农业生产者使用农业投入品时，应当采取下列措施保护农业生态环境：

（一）使用高效、低毒、低残留农药和生物农药，减量使用植物生长调节剂、除草剂；

（二）按照规定的用药品种、用药量、用药次数、用药方法和安全间隔期施药，防止农药残留污染土壤环境；

（三）将秸秆和粪肥还田，合理使用化肥；

（四）使用符合国家标准的农膜；

（五）及时回收农药、肥料的包装物和难降解的残留废弃农膜等。

农业生产者不得使用国家和省明令淘汰或者禁止使用的农药、化肥、农膜等农业投入品。

第三十二条 县级以上人民政府应当确定负责农业投入品废弃物回收和处理的主管部门，并采取奖励补贴等措施，因地制宜设置农业投入品废弃物回收点，健全回收、贮运和综合利用网络，实施集中无害化处理。

鼓励、支持单位和个人从事农业投入品废弃物的无害化处理和回收利用。

第三节 大气污染和其他污染防治

第三十三条 禁止超过国家和省规定标准排放烟尘、粉尘及有毒、有害气体。因超标准排放对农业生态环境造成有害影响的，排放单位应当采取治理措施，达标后方可排放。

第三十四条 县级以上人民政府应当通过肥料化、饲料化、燃料化、基料化、原料化等多种途径，组织建立秸秆收集、贮存、运输和综合利用服务体系，促进秸秆的综合利用。

禁止露天焚烧秸秆、落叶等产生烟尘污染的物质。

第三十五条 县级以上人民政府应当采取措施，防止含有不易降解的有机物和重金属的废水污染农业生态环境。

禁止在农业生产中施用未经检验和安全处理的污水处理厂污泥、清淤底泥和矿渣等。

第三十六条 禁止向农田和农用水源附近倾倒、弃置、堆存垃圾、固体废弃物或者其他有毒有害物质。

鼓励对垃圾分类投放收集、综合循环利用，逐步实现垃圾处理的减量化、资源化、无害化。

第三十七条 采矿企业应当采取科学的开采方式、选矿工艺、运输方式和环境保护措施，防止废气、废水、矸石和废石等污染或者破坏农业生态环境。

第六章 监督管理

第三十八条 县级以上人民政府应当组织农业、环境保护、国土资源、发展改革、住房城乡建设、财政、水利、林业、供销等有关部门建立农业生态环境保护协调机制，研究和协调解决农业生态环境保护中的重大问题。

第三十九条　省人民政府农业主管部门应当会同环境保护等有关部门制定农业生态环境调查监测、风险评估、治理修复等技术规范。

第四十条　县级以上人民政府农业主管部门应当根据法律法规规定和国家监测规范要求，加强监测网络建设，定期开展农业生态环境调查、监测和评价工作，编制本行政区域农业生态环境状况及发展趋势报告，并报本级人民政府和上级农业主管部门，为开展农业生态环境保护、改善农业生态环境质量提供准确可靠的监测数据和评价资料。

省人民政府环境保护主管部门和农业主管部门应当在下列地区设置省级监测点，监测农产品产地生态环境变化动态：

（一）工矿企业周边的农产品生产区；

（二）污水灌溉区；

（三）大中城市郊区农产品生产区；

（四）重要农产品生产区；

（五）其他需要监测的区域。

县级以上人民政府农业主管部门应当加强农业生态环境监督管理队伍建设，保障监督管理所需装备，提高监督管理能力。

第四十一条　县级以上人民政府农业主管部门、环境保护主管部门应当依照有关法律法规的规定，按照各自的职责，采取随机抽查与重点检查相结合的方式，对本行政区域内的农业生态环境污染和破坏情况进行监督检查。被检查单位、个人应当如实反映情况，提供必要的资料。

第四十二条　县级以上人民政府农业主管部门、环境保护主管部门及其他负有农业生态环境保护监督管理职责的部门依法进行现场检查时，有权采取下列措施：

（一）向有关单位和个人了解情况，查阅、复制有关文件资料；

（二）责令立即消除或者限期消除农业生态环境污染事故隐患；

（三）责令停止使用不符合法律法规规定或者国家标准、行业标准的设施、设备、物质；

（四）依法查封、扣押造成或者可能造成严重污染的污染物排放的设施、设备，以及国家和省明令淘汰或者禁止生产、销售的农业投入品；

（五）责令停止污染农业生态环境的其他违法行为。

第四十三条　发生农业生态环境污染突发事件时，当地农业、环境保护主管部门应当及时向本级人民政府报告，赶赴现场调查取证和应急处理，并启动相应的应急预案。

第四十四条　因发生事故或者突发性事件，造成或者可能造成农业生态环境污染的单位或者个人，应当立即采取有效防治措施控制、减轻或者消除污染，及时告知可能受到污染的单位和居民，并向当地农业、环境保护主管部门和其他有关部门报告，依法接受调查处理。

第四十五条　县级以上人民政府农业主管部门应当会同环境保护主管部门，对因农业投入品的不合理使用等造成的农业生态环境污染进行调查处理。环境保护主管部门应当会同县级以上人民政府农业主管部门，对因工业污染、城乡生活污染、畜禽规模养殖污染等造成的农业生态环境污染进行调查处理。

第四十六条　县级以上人民政府应当组织农业、环境保护、国土资源、水利、林业等部门制定农业生态环境污染的治理与修复方案，开展农业生态环境综合治理，逐步恢复受污染的农业生态环境的基本功能。

造成农业生态环境污染和生态破坏的单位或者个人应当承担治理与修复的主体责任。责任主体灭失或者责任主体不明确的，由县级以上人民政府确定治理与修复责任人。

第四十七条　跨行政区域的农业生态环境污染防治工作，由有关人民政府协商解决，协商不成的应当报共同上一级人民政府协调解决。

第四十八条　县级以上人民政府农业主管部门应当建立农业生态环境重大污染违法案件当事人名录，纳入公共信用信息平台，定期向社会公布。

第四十九条　县级以上人民政府应当将农业生态环境保护情况，纳入环境保护考核评价内容，对本级人民政府负有农业生态环境保护监督管理职责的部门及其负责人和下级人民政府及其负责人进行考核。考核结果应当向社会公开。

省人民政府对本行政区域内优先保护类农用地中的耕地面积减少或者土壤环境质量下降的县（市、区）进行预警提醒、约谈，并依法采取环境影响评价限批等限制性措施。

第五十条　对重大农业生态环境违法案件或者突出的农业生态环境污染问题查处不力或者社会反映强烈的，省和设区的市人民政府农业、环境保护主管部门按照各自的职责实施挂牌督办，责成所在地人民政府农业、环境保护主管部门限期查处或者整改。挂牌督办情况应当向社会公开。

第七章　法律责任

第五十一条　法律法规对违反本条例规定的行为已设定处罚的，从其规定。

第五十二条　违反本条例规定，县级以上人民政府农业等有关部门、环境保护主管部门及其工作人员有下列行为之一的，由本级人民政府或者上级主管部门根据情节轻重对直接负责的主管人员和其他直接责任人员依法给予处分。

（一）未按照规定开展农业生态环境有关监测的；

（二）未依法审批项目，造成农业生态环境污染的；

（三）违法批准占用农用地的；

（四）未按照规定启动应急预案，采取相应措施的；

（五）未按照规定组织调查农业生态环境污染事故的；

（六）未依法查处污染和破坏农业生态环境违法行为的；

（七）未按照规定处理农业生态环境污染举报投诉的；

（八）其他滥用职权、玩忽职守、徇私舞弊的行为。

第五十三条　违反本条例规定，未经依法登记或者批准，擅自从境外引进农业外来物种的，由县级以上人民政府农业主管部门责令改正，没收实物和违法所得，并处违法所得三倍以上五倍以下罚款；没有违法所得或者违法所得不足一万元的，处三千元以上三万元以下罚款。

第五十四条　违反本条例规定，畜禽养殖场（小区）未建设畜禽养殖废弃物综合利用和无害化处理设施，也未委托处理畜禽养殖废弃物的，或者废弃物综合利用和无害化处理设施未正常运行的，由环境保护主管部门责令停止生产或者使用，可以处一万元以上五万元以下罚款；造成严重后果的，可以处五万元以上十万元以下罚款。

第五十五条　违反本条例规定，违法生产、销售剧毒、高毒、高残留农药，重金属等有毒有害物质超标的肥料、土壤改良剂或者添加物以及不符合标准的农膜的，由县级以上人民政府农业主管部门或者法律、行政法规规定的其他有关部门责令停止生产、销售，没收实物，并依照有关法律、行政法规的规定予以处罚。

第五十六条　违反本条例规定，不按照国家有关农药安全使用的规定使用农药的，由县级以上人民政府农业主管部门给予警告；造成严重后果的，对农业生产经营组织处一万元以上三万元以下罚款，对个人处一千元以上三千元以下罚款。

第五十七条　违反本条例规定，不及时回收农药、肥料的包装物和难降解的残留废弃农膜的，由县级以上人民政府负责农业投入品废弃物回收和处理的主管部门责令限期改正；逾期不改正造成农业生态环境污染的，处两百元以上两千元以下罚款。

第五十八条　违反本条例规定，造成农业生态环境污染的，由环境保护主管部门或者县级以上人民政府农业主管部门责令限期治理；逾期不治理或者治理达不到要求的，由做出责令限期治理决定的部门组织治理，所需费用由违法行为人承担。给农业生产者造成损失的，有关责任者应当依法赔偿。

第五十九条　违反本条例规定的行为，构成犯罪的，依法追究刑事责任。

第八章　附　则

第六十条　本条例自 2017 年 10 月 1 日起施行。

厦门市农业环境保护办法

（1999 年 7 月 5 日厦门市人民政府令第 84 号公布　根据 2004 年 6 月 28 日厦门市人民政府令第 111 号公布的《厦门市人民政府关于废止、修订部分市政府规章的决定》修正）

第一章　总　则

第一条　为保护和改善农业环境，防治农业环境污染和生态破坏，节约与合理开发农业资源，促进农业生产和社会经济的可持续发展，根据《中华人民共和国农业法》《中华人民共和国环境保护法》等法律、法规的规定，结合本市实际，制定本办法。

第二条　本办法所称农业环境，是指影响农业生物生存和发展的农业用地、农业用水、农田大气等自然因素的有机总体。

第三条　各级人民政府应将农业环境保护工作纳入国民经济和社会发展计划，制定并实施改善农业环境的政策和措施，对本辖区农业环境质量负责。

农业环境保护所需经费列入各级财政预算，并根据农业经济发展和农业环境保护需要逐年增加投入。

第四条　市、区农业行政主管部门在环境保护行政主管部门指导下，按规定职责负责本辖区农业环境保护工作，组织本办法的实施。

技术监督、土地、林业、水利、建设等有关行政部门依法按各自职责做好农业环境保护工作。

第五条　任何单位和个人都有保护农业环境的义务，并有权对污染和破坏农业环境的行为进行检举和控告。

对保护和改善农业环境做出显著成绩的单位和个人，由各级人民政府给予表彰和奖励。

第二章　监督管理

第六条　农业行政主管部门根据农业环境状况编制农业环境保护规划，纳入本市环境保护规划，按规定报批后组织实施。

第七条　农业行政主管部门应定期开展保护农业环境的宣传教育，指导农业环境保护的技术培训、技术咨询和技术服务，指导农业生产对农业环境污染的预防和治理。

第八条　农业行政主管部门应加强农业环境保护监测机构建设。

农业环境监测机构应按有关法律、法规的规定进行规范管理，纳入环境监测网络，负责本行政区域内的农业环境监测工作，其所提供的监测数据可作为农业主管部门开展农业环境保护工作和调查处理农业生态环境污染事故、纠纷的依据。

第九条　对农业环境有直接影响的建设项目，建设单位提交的环境影响报告书（表），应经农业行政主管部门预审后，按规定报环境保护行政主管部门审批。

建设项目中的农业环境保护设施，必须与主体工程同时设计、同时施工、同时投产使用；竣工验收时，应当同时验收农业环境保护设施，并有农业行政主管部门参加。

第十条　造成或可能造成农业环境污染和破坏事故的单位和个人，必须立即采取有效措施排除和减轻危害，及时通知可能受到危害的单位和个人，并向农业行政主管部门、环境保护行政主管部门报告，以接受调查处理。

农业行政主管部门对污染破坏农业环境的行为有权进行监督检查，协同有关部门处理农业环境污染事故和纠纷。

第三章　保护与防治

第十一条　农业环境保护实行预防与整治相结合的原则。

各级人民政府应积极发展生态农业，对严重影响农作物正常生长、危害人体健康的农业区域实施农业环境综合治理，改善农业环境质量。

第十二条　在蔬菜、生猪等农产品集中产区，农业行政主管部门组织建立定位监测网点，负责对农田及农产品环境污染进行监测与评价，并定期向本级人民政府报告。有条件的单位报经农业行主管部门同意也可在农产品集中产区建立监测网点。

第十三条　严格控制城镇污染源向农村扩散和在农村兴建污染严重的项目。对污染物排放超过规定标准的单位，应当限期治理。逾期未完成治理任务的，由做出限期治理决定的人民政府责令其关闭。

第十四条　禁止向农田倾倒、弃置、堆存固体废物。需要在农田以外的农用地堆放、处理固体废物的，必须征得土地所有者和使用者同意，依法报当地区级土地行政管理部门批准，送同级环境保护行政主管部门备案，并采取防渗漏、流失、扬散等措施，按指定地点堆放、处理。

作为肥料的城市垃圾、污泥，必须符合国家有关标准。

第十五条　向农用灌排水沟渠排放工业废水和城市污水，必须符合规定的排放标准，保证其下游最近灌溉取水点的水质符合农田灌溉水质标准。

直接向农田排放工业废水、城市污水的，应当符合农田灌溉水质标准。农业环境监测机构应定期组织监测，向灌溉用水单位和个人通报水质情况。

禁止向农用水体倾倒垃圾、废渣、油类、剧毒废液、含病原体废水。

第十六条　排放有毒有害气体、粉尘等大气污染物的，必须采取有效措施，防止对农业环境造成污染。

第十七条　加工农畜副产品和饲养畜禽的单位和个人，应当对粪便、废水及其他废物进行无害化处理，避免或减少对农业环境的污染和破坏。

第十八条　使用农药应当遵守国家有关农药安全、合理使用的规定，按照规定的用药量、用药次数、用药方法和安全间隔期施药，防止污染农产品。剧毒、高毒农药不得用于防治卫生害虫，不得用于蔬菜、瓜果、茶叶和中草药材。

对国家禁止使用和限制使用的农药，农业部门应予公布和宣传。

禁止生产农药残留量超过标准的农产品。对经检测有毒有害物质含量超过规定标准的农产品，区分不同情况，予以销毁或限制其用途。

第十九条　合理使用化肥、农膜等农用化学物质和植物生长调节剂，推广使用有机肥和配方施肥技术，及时回收农膜、有害废物，防止、减少农用化学物质对土壤和农产品污染。

第二十条　鼓励生产无公害农产品。农业行政主管部门负责无公害农产品的生产管理，组织对农产品的有毒有害物质含量情况进行检测。

第二十一条　禁止猎捕、杀害国家和省、市明令保护的有利于农作物的益鸟、益兽和益虫等动物，并保护其栖息、繁殖的场所。

第四章　罚　则

第二十二条　违反本办法规定，将不符合国家标准的城市垃圾、污泥用作肥料的，由农业行政主管部门或委托其农业环境监测机构责令其限期改正，处以 200 元以上 1 000 元以下的罚款。

违反本办法其他规定，由农业、环境保护等有关部门依照有关法律、法规、规章的规定予以处罚。

第二十三条　违反本办法规定，造成农业环境污染危害的，应当排除危害，并对直接受到损害的单位或个人赔偿损失。

第二十四条　违反本办法规定，造成重大农业环境污染事故，构成犯罪的，依法追究刑事责任。

第二十五条　农业环境监督管理人员滥用职权、玩忽职守、徇私舞弊的，由其所在单位或有关主管部门给予行政处分；构成犯罪的，依法追究刑事责任。

第五章　附　则

第二十六条　本办法自 1999 年 10 月 1 日起施行。

黔东南苗族侗族自治州生态环境保护条例

（2015 年 2 月 7 日经黔东南苗族侗族自治州第十三届人民代表大会第五次会议通过 2015 年 7 月 31 日贵州省第十二届人民代表大会常务委员会第十六次会议批准）

第一章　总　则

第一条　为了保护和改善生态环境，促进经济社会可持续发展，根据《中华人民共和国民族区域自治法》《中华人民共和国环境保护法》《中华人民共和国森林法》等有关法律、法规的规定，结合自治州实际，制定本条例。

第二条　本条例所称的生态环境，是指本州行政区域内影响人们生存与发展的水资源、土地资源、生物资源以及气候资源等数量与质量的总称，包括土壤、水、大气、森林、湿地、草地、耕地、野生生物、矿藏、自然遗迹、人文遗迹、自然保护区、风景名胜区、城市和乡村等生态环境。

本条例所称的生态环境保护，是指对自然生态系统和人类生存环境的保护、治理和建设。

第三条　自治州行政区域内与生态环境建设、治理、保护等有关的活动，适用本条例。

第四条　生态环境保护工作实行保护优先与预防为主、政府引导与社会参与相结合的方针。坚持资源利用效率高、污染物排量少、经济社会发展方式合理、产业结构优化、生态系统安全、损害担责的原则。

第五条　自治州人民政府统一领导和监督管理全州生态环境保护工作。

县级以上人民政府对本行政区域的生态环境质量负责，确保生态环境质量达到功能区要求和实现可持续发展。

县级以上人民政府环境保护行政主管部门以及林业、农业、水利、国土、建设、规划、工信等有关部门按照职责分工，负责本行政区域内生态环境保护的有关工作。

县级以上人民政府应当组织相关部门编制本行政区域内生态环境保护规划，并公布实施。

第六条　自治州人民政府应当对本行政区域内的自然保护区、风景名胜区、森林公园、地质遗迹保护区、湿地公园、饮用水水源保护区、重要水源涵养区、清水通道维护区、重要渔业水域、生态公益林、天然林、特殊和珍稀物种保护区、基本农田保护区、重要湿地、传统村落和文物古迹等重点生态功能区、生态敏感区和生态脆弱区以及其他具有重要生态保护价值的区域，划定生态保护红线。

编制或者调整土地利用总体规划、城乡规划、产业园区规划、矿产资源开发规划、环境保护规划、林地保护利用规划、水土保持规划和产业发展专项规划等，应当坚守生态保护红线，执行规划环境影响评价制度。

第七条　县级以上人民政府应当加强生态环境保护工作，将生态环境保护纳入本级国民经济和社会发展总体规划以及年度计划，将生态环境保护经费纳入本级财政预算，从政策上予以扶持，在项目上予以倾斜，资金上加大投入。

鼓励公民、法人和其他组织投资参与生态环境保护工作，并保障其享有知情权、参与权、表达权和监督权。

第八条　各级人民政府应当严格执行国家生态环境补偿政策，建立和完善生态环境补偿机制。

第九条　各级人民政府应当加强生态环境保护宣传教育工作，提高全社会的生态环境保护意识，推进公众参与生态环境保护，促进生态文明建设。

第十条　任何单位、个人都享有对破坏生态环境的行为进行检举控告的权利，同时应当履行保护生态环境的义务。

县级以上人民政府应当对保护、改善和提升生态环境做出重大贡献的单位、个人予以奖励。

第十一条　县级以上人民政府每年应当向本级人民代表大会或者人民代表大会常务委员会报告环境质量状况和生态环境保护目标完成情况。对破坏生态环境的重大事件，应当及时向本级人民代表大会常务委员会报告，依法接受监督。

第二章　土壤、水、大气生态环境保护

第十二条　县级以上人民政府应当做好土壤环境状况调查，建立严格土壤环境保护制度，划定优先保护区域，提高土壤环境综合监管能力，建立土壤环境保护体系。

加强农业、农村生态环境保护，防治重金属污染以及化肥、农药、农膜、畜禽养殖等污染源。对已经造成严重污染的土壤，应当组织监测、修复或者合理调整用途。

第十三条　自治州人民政府应当建立水资源开发生态补偿机制，生态补偿资金专项用于水资源的节约、保护和管理工作。

第十四条　县级以上人民政府应当加强饮用水水源保护，防止水源枯竭和水体污染，保障城乡居民饮用水安全。

第十五条　县级以上人民政府加强地下水资源管理，改造完善城市供水管网和节水设施。在城市供水管网覆盖的范围内，逐步关闭机关、企事业单位使用的自备地下供水井。

第十六条　重点河流、湖库的水环境质量应当达到或者优于水功能区标准，不能满足水功能区要求的区域，环境保护行政主管部门应当停止审批新增污染物排放建设项目的环境影响评价文件。

第十七条　县级以上人民政府应当组织水行政、环境保护、城乡建设、林业等部门，采取底泥清淤、打捞有害水生植物、调水引流、河湖连通、种植林木、截污清流等措施，对湖库水生态系统以及主要入湖河道进行综合治理，恢复湖库水域生态。

第十八条　县级以上人民政府农业行政主管部门应当会同水行政、环境保护等部门，按照湖库的水功能区划、水环境容量和防洪要求，编制渔业养殖规划，划定具体的养殖水域、面积、种类和密度，报经本级人民政府批准实施。

第十九条　自治州行政区域内的大小河流、各类湖库、稻田等范围，禁止采取电击、投毒、爆炸等方式捕鱼。

第二十条　经批准设置的各类旅游观光、水上运动、休闲娱乐等设施应当与自然景观

相协调，并配备污水集中处理和垃圾收集运输设施，确保达标排放。

第二十一条　县级以上人民政府水行政、农业行政主管部门以及有关部门应当采取适量投放水生物、放养滤食性鱼类、底栖生物移植等措施修复水域生态系统。

对各类水生动植物的残体以及有害水生动植物及时进行清除。

第二十二条　水电企业开发水电工程影响区域内生态环境的，应当履行恢复和修复生态环境的责任和义务。相关行业主管部门负责督促水电企业完成生态环境的恢复和修复。

第二十三条　自治州人民政府加强对清水江、都柳江、舞阳河干流及其一、二级支流的管理，实行水环境质量监测和公布制度。

第二十四条　各级人民政府应当加强公共环境管理，统一规划建设城乡生活污水处理、生活垃圾无害化处理、给排水等公共设施。

加强对已建成污水、垃圾处理设施运行的监督管理，提高城镇污水处理率和垃圾无害化处理率。

禁止任何单位、个人向饮用水水源以及铁路两旁、公路两旁、江河两岸、湖库周围倾倒生活垃圾或者各种污染物、废物。

第二十五条　县级以上人民政府应当采取防治大气污染的措施，保护和改善大气环境。

建立和完善大气环境监测数据报送制度、公布制度，强化定时、真实公布环境空气质量状况工作。

第二十六条　自治州行政区域内的各类加油站应当建设油气治理设施，达到相应排放标准。

第二十七条　县级上人民政府建设、环保等部门应当加强对建筑施工工地和道路扬尘的监管，防治扬尘污染环境。

第二十八条　自治州行政区域内的铁路两旁、公路两旁、江河两岸、湖库周围应当加强造林绿化，不得新建冶炼、化工、砖瓦制造、木炭生产、燃煤锅炉等产生废气的建设项目。

第二十九条　各级人民政府应当合理规划工业布局，不得盲目引进污染企业。新建工业项目应当按规划进驻经济开发区或者工业园区。

城市规划区内已建成的火电、化工、冶金、造纸、建材等工业项目，由县级以上人民政府引导和帮助企业逐步调整、搬迁进入经济开发区或者工业园区。

工业企业污染物排放必须达到国家和省规定的排放标准。

第三十条　自治州行政区域内的重点排污企业应当安装污染物排放在线自动监控设施作为环境保护设施的组成部分，与主体工程同时设计、同时施工、同时投入使用。

第三章　森林、湿地、草地生态环境及物种资源保护

第三十一条　县级以上人民政府应当加强森林植被、湿地和草地的保护，制定植树造林规划，提高森林覆盖率，逐步实现森林植被、湿地、草地生态系统良好的目标。

各级人民政府应当加强对森林资源、绿化树、行道树、名木古树的保护，加大城乡绿化、通道绿化、园林绿化工作力度。

第三十二条　依法进行采伐林木的单位、个人必须对林木采伐迹地进行更新，通过造林、补植等措施恢复成林。

第三十三条　自治州人民政府应当加强对森林公园中划定的生态保护区、国家级和省级生态公益林、重要湿地内动植物多样性富集区，以及湿地公园中的湿地保育区、恢复重建区的重点保护。

第三十四条　县级以上人民政府应当加强对具有良好生态环境和多样性景观湿地的保护。雷公山、月亮山等地区的连片稻田以及古老梯田，可以划定为湿地公园或者湿地保护区。

第三十五条　各级人民政府应当在具有特殊生物、珍稀生物生产、生长功能的区域设立物种保护区，保护功能区的种质资源。

第三十六条　县级以上人民政府应当加强动植物物种资源的保护，开展动植物物种资源调查，进行科学研究和技术开发。

第三十七条　县级以上人民政府应当加强野生动植物资源管理，划定禁猎区、禁采区和休养区，建立农林业野生动植物原生环境保护示范区。

第三十八条　各级人民政府对珍稀、濒危野生动物和野生植物实行重点保护，公布保护目录。

禁止猎捕、杀害、贩卖国家一级保护野生动物和国家二级保护野生动物。

禁止砍伐、采集、破坏国家一级保护野生植物和国家二级保护野生植物。

第三十九条　县级以上人民政府林业、农业行政主管部门加强动植物安全管理，建立转基因生物活体及其产品的管理制度和风险评估机制。

第四章　土地与矿产资源开发生态环境保护

第四十条　县级以上人民政府建立耕地保护补偿机制，设立耕地保护专项资金，有效保护耕地。

县级以上人民政府依据土地利用总体规划，落实土地用途管制制度，明确土地承包者的生态环境保护责任。

第四十一条　自治州行政区域内的交通、能源和水利等重大基础设施建设项目、工业建设项目、城镇建设项目，应当严格执行环境影响评价制度。

对环境影响大的项目，应当依法制定水土保持方案和地质地貌保护方案，科学比选建设路线和施工场址，减少占用林地、草地和耕地。

第四十二条　城市建设和乡村建设应当符合土地利用和城乡建设总体规划，盘活城乡建设现有土地资源，严格控制城乡建设占用新的土地资源。

第四十三条　县级以上人民政府应当将 1 000 亩以上集中连片优质耕地划定为基本农田，实行永久性保护。引导城镇、村寨、产业向坝区边缘山地发展。

第四十四条　县级以上人民政府应当建立矿产资源开发利用生态补偿机制，矿产资源开发利用生态补偿资金专项用于矿山生态环境保护工作。

第四十五条　矿产开发企业应当履行矿山地质环境恢复治理的责任和义务。在采矿中或者停止开采矿山时，按照矿山地质环境保护与治理方案对矿山环境进行治理和恢复。

对已经关闭的矿山和坑口，矿山开发企业应当及时做好矿山的地质生态环境治理和土地复垦。

第四十六条　矿产资源开发项目应当严格执行环境影响评价制度。在矿产资源开发中，造成生态环境破坏的，由开发者负责按照环境影响评价和水土保持方案的要求恢复治理。行业主管部门负责督促矿产资源开发企业完成生态环境的恢复和修复。

无法确定项目业主的生态环境恢复治理，由所属县级人民政府负责实施。

第五章　城乡建设管理及文化、旅游资源环境保护

第四十七条　县级以上人民政府应当加强城乡建设环境综合整治，改善城乡生态环境，推动绿色建筑和绿色生态城区建设。

城镇、乡村建（构）筑物及环境设施的设计和建设，应当与当地生态环境和地方传统建筑风貌相协调。

城镇、乡村进行房地产开发的建设项目，应当开展环境影响评价。

第四十八条　在市、县城区住宅楼、住宅小区或者以居住为主的综合楼内，禁止有下列行为：

（一）设置产生油烟、噪声污染的饮食业和产生环境噪声、振动污染的娱乐业等经营项目；

（二）在午间和夜间燃放烟花爆竹以及进行产生环境噪声污染的室内装饰、装修等活动。

第四十九条　在国家统一组织的考试期间，禁止在考场周围从事产生或者可能产生环境噪声污染影响考试环境的行为。

第五十条　在市、县城区范围内，禁止午间和夜间进行产生环境噪声污染的建筑施工以及其他生产作业。

第五十一条　禁止使用高音喇叭、大功率音响器材或者其他产生噪声、严重影响周围环境的方式招揽顾客。

禁止在学校、医院、养老院等特殊公共场所开展产生环境噪声污染的商业经营和日常文化娱乐活动。

第五十二条　县级以上人民政府应当制定生态旅游资源保护规划，落实生态旅游资源保护措施，确保生态旅游资源得到有效保护和利用。

第五十三条　各级人民政府加强对地质遗迹、文物古迹、文物保护单位、古城、红色文化教育基地、世界文化遗产村落、中国传统村落、风景名胜区、自然保护区、世界自然遗产地的保护。对保护对象进行管理、维护、监测，防止破坏和环境污染。

已建成污染环境、破坏景观和自然风貌的设施，由当地人民政府负责清理、限期整治或者逐步迁出。

第六章　法律责任

第五十四条　国家机关及其工作人员在生态环境保护工作中，擅自批准在生态保护红线内进行开发建设或者玩忽职守、滥用职权、徇私舞弊，尚不构成犯罪的，由所在单位或者上级主管部门给予行政处分；造成损失的，依法赔偿。

第五十五条　违反本条例第十九条规定的，由县级以上人民政府农业行政主管部门责

令停止违法行为，没收违法所得和工具，并对个人处以 100 元以上 1 000 元以下罚款，对单位处以 5 000 元以上 5 万元以下罚款。

第五十六条　违反本条例第二十四条第三款、第四十八条（一）项规定的，由县级以上人民政府环境保护行政主管部门责令停止违法行为，拒不改正的，对个人处以 500 元以上 1 000 元以下罚款；对单位处以 1 万元以上 10 万元以下罚款。

第五十七条　违反本条例第三十八条第三款规定的，由县级以上人民政府林业行政主管部门责令停止违法行为，没收所采集的野生植物和违法所得，可以并处违法所得 10 倍以下的罚款。

第五十八条　违反本条例第四十九条、第五十条规定的，由县级以上人民政府环境保护行政主管部门责令停止违法行为，拒不改正的，对个人处以 100 元以上 1 000 元以下罚款，对单位处以 1 万元以上 5 万元以下罚款。

第五十九条　违反本条例第四十八条第（二）项、第五十一条规定的，由环境保护行政主管部门给予警告，拒不改正的，对个人处以 100 元以上 1 000 元以下罚款，对单位处以 1 万元以上 5 万元以下罚款。

第六十条　违反本条例的其他违法行为，法律法规有规定的，从其规定。

第七章　附　则

第六十一条　本条例所称午间是指 12：00—14：30；夜间是指 22：00—次日 6：00。

第六十二条　自治州人民政府应当根据本条例制定实施细则。

第六十三条　本条例自 2015 年 10 月 1 日起施行。

附表：国内外土壤、水、食物镉的限量标准

附表 1　我国土壤镉限量标准

序号	标准名称	土壤类型		土壤 pH	限量值	备注
1	土壤环境质量标准（GB 15618—1995）	一级		自然背景	≤0.2 mg/kg	
		二级		<6.5	≤0.3 mg/kg	
				6.5～7.5	≤0.3 mg/kg	
				>7.5	≤0.6 mg/kg	
		三级		>6.5	≤1.0 mg/kg	
2	食用农产品产地环境质量评价标准（HJ 332—2006）	水作、旱作、果树等	对实行水旱轮作、菜粮套种或果粮套种等种植方式的农地执行其中较低标准值的一项作物的标准值	<6.5	≤0.30 mg/kg	若当地某些类型土壤 pH 值变异在6.0～7.5 范围，鉴于土壤对重金属的吸附率，在 pH 值 6.0 时接近 pH 值 6.5，pH 值 6.5～7.5 组可考虑在该地扩展为 pH 值6.0～7.5 范围
				6.5～7.5	≤0.30 mg/kg	
				>7.5	≤0.60 mg/kg	
		蔬菜		<6.5	≤0.30 mg/kg	
				6.5～7.5	≤0.30 mg/kg	
				>7.5	≤0.40 mg/kg	
3	温室蔬菜产地环境质量评价标准（HJ 333—2006）	土壤环境质量评价指标限值	按元素量计，适用于阳离子交换量＞5 cmol/kg 的土壤，若≤5 cmol/kg，其含量限值为表内数值的半数	<6.5	≤0.30 mg/kg	若当地某些类型土壤 pH 值变异在6.0～7.5 范围，鉴于土壤对重金属的吸附率，在 pH 值 6.0 时接近 pH 值 6.5，pH 值 6.5～7.5 组可考虑在该地扩展为 pH 值6.0～7.5 范围
				6.5～7.5	≤0.30 mg/kg	
				>7.5	≤0.40 mg/kg	
4	畜禽养殖产地环境评价规范（HJ 568—2010）	土壤环境质量评价指标限值	放牧区	<6.5	≤0.3 mg/kg	
				6.5～7.5	≤0.3 mg/kg	
				>7.5	≤0.6 mg/kg	
			养殖场、养殖小区		≤1.0 mg/kg	
5	绿色食品　产地环境质量（NYT 391—2013）	土壤质量要求	旱田/水田	<6.5	≤0.3 mg/kg	
				6.5～7.5	≤0.3 mg/kg	
				>7.5	≤0.4 mg/kg	
		食用菌栽培基质质量要求			≤0.3 mg/kg	

序号	标准名称	土壤类型		土壤 pH	限量值	备注
6	无公害食品　蔬菜产地环境条件（NY 5010—2002）	土壤环境质量要求	含量限值适用于阳离子交换量＞5 cmol/kg 的土壤，若≤5 cmol/kg，其含量限值为表内数值的半数	＜6.5	≤0.3 mg/kg	
				6.5～7.5	≤0.3 mg/kg	
				＞7.5	≤0.4 mg/kg	白菜、莴苣、茄子、蕹菜、芥菜、芜菁、菠菜的产地应满足此要求
					≤0.6 mg/kg	
7	无公害食品　设施蔬菜产地环境条件（NY 5294—2004）	土壤环境质量要求	含量限值适用于阳离子交换量＞5 cmol/kg 的土壤，若≤5 cmol/kg，其含量限值为表内数值的半数	＜6.5	≤0.3 mg/kg	
				6.5～7.5	≤0.3 mg/kg	
				＞7.5	≤0.4 mg/kg	白菜、莴苣、茄子、蕹菜、芥菜、芜菁、菠菜的产地应满足此要求
					≤0.6 mg/kg	
8	无公害食品　水生蔬菜产地环境条件（NY 5331—2006）	土壤环境质量要求		＜6.5	≤0.3 mg/kg	含量限值适用于阳离子交换量＞5 cmol/kg 的土壤，若≤5 cmol/kg，其含量限值为表内数值的半数
				6.5～7.5	≤0.3 mg/kg	
				＞7.5	≤0.6 mg/kg	
9	无公害食品　林果类产品产地环境条件（NY 5013—2006）	土壤环境质量要求		＜6.5	≤0.3 mg/kg	按元素量计，适用于阳离子交换量＞5 cmol/kg 的土壤，若≤5 cmol/kg，其含量限值为表内数值的半数
				6.5～7.5	≤0.3 mg/kg	
				＞7.5	≤0.6 mg/kg	
10	无公害食品　茶叶产地环境条件（NY 5020—2001）	无公害茶园土壤环境质量标准		4.0～6.5	≤0.3 mg/kg	按元素量计，适用于阳离子交换量＞5 cmol/kg 的土壤，若≤5 cmol/kg，其含量限值为表内数值的半数
11	无公害食品　热带水果产地环境条件（NY 5023—2002）	土壤环境质量要求		＜6.5	≤0.3 mg/kg	含量限值适用于阳离子交换量＞5 cmol/kg 的土壤，若≤5 cmol/kg，其含量限值为表内数值的半数
				6.5～7.5	≤0.3 mg/kg	
				＞7.5	≤0.6 mg/kg	
12	无公害食品　鲜食葡萄产地环境条件（NY 5087—2002）	土壤环境质量要求		＜6.5	≤0.3 mg/kg	含量限值适用于阳离子交换量＞5 cmol/kg 的土壤，若≤5 cmol/kg，其含量限值为表内数值的半数
				6.5～7.5	≤0.3 mg/kg	
				＞7.5	≤0.6 mg/kg	
13	无公害食品　草莓产地环境条件（NY 5104—2002）	土壤环境质量要求		＜6.5	≤0.3 mg/kg	含量限值适用于阳离子交换量＞5 cmol/kg 的土壤，若≤5 cmol/kg，其含量限值为表内数值的半数
				6.5～7.5	≤0.3 mg/kg	
				＞7.5	≤0.6 mg/kg	

序号	标准名称	土壤类型	土壤 pH	限量值	备注
14	无公害食品　猕猴桃产地环境条件（NY 5107—2002）	土壤环境质量要求	<6.5	≤0.3 mg/kg	含量限值适用于阳离子交换量＞5 cmol/kg 的土壤，若≤5 cmol/kg，其含量限值为表内数值的半数
			6.5～7.5	≤0.3 mg/kg	
			>7.5	≤0.6 mg/kg	
15	无公害食品　西瓜产地环境条件（NY 5110—2002）	土壤环境质量要求	<6.5	≤0.3 mg/kg	含量限值适用于阳离子交换量＞5 cmol/kg 的土壤，若≤5 cmol/kg，其含量限值为表内数值的半数
			6.5～7.5	≤0.3 mg/kg	
			>7.5	≤0.6 mg/kg	
16	无公害食品　水稻产地环境条件（NY 5116—2002）	土壤环境质量要求	<6.5	≤0.3 mg/kg	含量限值适用于阳离子交换量＞5 cmol/kg 的土壤，若≤5 cmol/kg，其含量限值为表内数值的半数
			6.5～7.5	≤0.3 mg/kg	
			>7.5	≤0.6 mg/kg	
17	无公害食品　饮用菊花产地环境条件（NY 5120—2002）	土壤环境质量要求	<6.5	≤0.3 mg/kg	含量限值适用于阳离子交换量＞5 cmol/kg 的土壤，若≤5 cmol/kg，其含量限值为表内数值的半数
			6.5～7.5	≤0.3 mg/kg	
			>7.5	≤0.6 mg/kg	
18	无公害食品　窨茶用茉莉花产地环境条件（NY 5123—2002）	土壤环境质量要求	<6.5	≤0.3 mg/kg	含量限值适用于阳离子交换量＞5 cmol/kg 的土壤，若≤5 cmol/kg，其含量限值为表内数值的半数
			6.5～7.5	≤0.3 mg/kg	
19	无公害食品　哈密瓜产地环境条件（NY 5181—2002）	土壤环境质量要求	<6.5	≤0.3 mg/kg	含量限值适用于阳离子交换量＞5 cmol/kg 的土壤，若≤5 cmol/kg，其含量限值为表内数值的半数
			6.5～7.5	≤0.3 mg/kg	
			>7.5	≤0.6 mg/kg	
20	无公害食品　大田作物产地环境条件（NY 5332—2006）	土壤环境质量要求	<6.5	≤0.3 mg/kg	含量限值适用于阳离子交换量＞5 cmol/kg 的土壤，若≤5 cmol/kg，其含量限值为表内数值的半数
			6.5～7.5	≤0.3 mg/kg	
			>7.5	≤0.6 mg/kg	
21	无公害食品　食用菌产地环境条件（NY 5358—2007）	生产用土中污染物指标要求		≤0.4 mg/kg	

附表2　其他国家（地区）土壤镉限量标准[1-14]

序号	国家（地区）	限值/（mg/kg）		备注
1	美国	通用值	3.56	
		生态筛选值	32	
		居住用地基准（标准）值	70	
2	加拿大	国家标准值	1.6	
		北魁克省值	1.5	
		居住用地基准（标准）值	10	
3	日本	试样溶出标准	0.01（mol/L）	采用1∶10试样水溶液标准
4	泰国	居住用地基准（标准）值	37	
5	欧盟	镉限值	1～3	
6	英国	农副业产地	3.5	
		公园和运动场	1	
		居住用地基准（标准）值	2	
7	德国	土壤镉限值	3	
		居住用地基准（标准）值	20	
8	法国	土壤镉限值	2	
		居住用地基准（标准）值	20	
9	奥地利	居住用地基准（标准）值	2	
10	荷兰	目标值	0.8	
		调节值	12	
		居住用地基准（标准）值	12	
11	挪威	居住用地基准（标准）值	3	
12	瑞典	居住用地基准（标准）值	0.4	
13	芬兰	居住用地基准（标准）值	10	
14	丹麦	背景值	0.03～0.5	
		土壤质量基准值	0.5	
		居住用地基准（标准）值	0.5	
15	瑞士	总量指导值	0.8	可溶态采用0.1 mol/L NaNO₃ 提取液1∶2.5干重计算
		总量临界值	2	
		可溶态指导和临界值	0.02	
		可溶态修复值	0.1	
		居住用地基准（标准）值	0.8	
16	意大利	土壤镉限值	3	
		居住用地基准（标准）值	2	
17	捷克	居住用地基准（标准）值	20	
18	斯洛伐克	居住用地基准（标准）值	0.4	
19	比利时	居住用地基准（标准）值 弗兰德	6	
		瓦垄	3	
		布鲁塞尔	15	
20	澳大利亚	背景值	0.04～2	
		环境调查值	3	
		西澳大利亚居住用地基准（标准）值	20	
21	新西兰	居住用地基准（标准）值	0.8	
22	中国香港	居住用地基准（标准）值	72.8	
23	中国台湾	农产地监测基准值	2.5	
		农产地管制标准值	5	

参考文献

[1] 赵晓军，陆泗进，许人骥，等. 土壤重金属镉标准值差异比较研究与建议[J]. 环境科学，2014（4）：1491-1497.

[2] 徐猛，颜增光，贺萌萌，等. 不同国家基于健康风险的土壤环境基准比较研究与启示[J]. 环境科学，2013（5）：1667-1678.

[3] Gomes P C，Fontes M P F，Da Silva A G，et al.Selectivity sequence and competitive adsorption of heavy metals by Brazilian soils[J]. Soil Science Society of America Journal，2001，65（4）：1115-1121.

[4] Hankard P，Bundy J，Spurgeon D，et al.Establishing principal soil quality parameters influencing earthworms in urban soils using bioassays[J]. Environmental Pollution，2005，133（2）：199-211.

[5] 叶露，董丽娴，郑晓云，等. 美国的土壤污染防治体系分析与思考[J]. 江苏环境科技，2007，20（1）：59-61.

[6] 陈梦舫，骆永明，宋静，等. 中、英、美污染场地风险评估导则异同与启示[J]. 环境监测管理与技术，2011，23（3）：14-18.

[7] Davies B E.Heavy metal contaminant end soils in and old in dustrialarea of Wales，Great Britain：source indent fiction through stat its cadet a interpretation[J]. Water Air and Soil Pollution，1997，94（1）：85-98.

[8] 石俊仙，郜翻身，何江. 土壤环境质量铅镉基准值的研究综述[J]. 中国土壤与肥料，2006（3）：10-15.

[9] European Commission.Common implementation strategy for the water framework directive[R].European Commission，2009.

[10] 齐文启，孙宗光，李国刚. 日本土壤环境质量标准的制定[J]. 上海环境科学，1997，16（3）：4-6.

[11] 许建华. 日本《土壤污染对策法》与土壤环境监测[J]. 环境监测管理与技术，2006，18（4）：49-51.

[12] 周国华，秦绪文，董岩翔. 土壤环境质量标准的制定原则与方法[J]. 地质通报，2005，24（8）：721-727.

[13] 汪志国. 澳大利亚土壤污染状况及防治对策[J]. 北方环境，2004，29（5）：9-11.

[14] Apple C，Ma L N.Concentration，pH，and surface chargeeffects on cadmium and lead sorption in three tropical soils[J].Journal of Environmental Quality，2002，31（2）：581-589.

附表 3　我国水质镉限量标准

序号	标准	水体分类		镉限值/（mg/L）	备注
1	生活饮用水卫生标准 （GB 5749—2006）			≤0.005	
2	饮用天然矿泉水 （GB 8537—2008）			≤0.003	
3	城市供水水质标准 （CJ/T 206—2005）			≤0.003	
4	生活饮用水水源水质标准 （CJ 3020—1993）	一级水源水		≤0.01	
		二级水源水		≤0.01	
5	生活饮用水卫生规范 （GB/T 5750—2001）			≤0.005	
6	城市污水再生利用　景观 环境用水水质 （GB/T 18921—2002）			≤0.05	选择控制项目； 日均排放浓度
7	地下水质量标准 （GB/T 14848—1993）	Ⅰ		≤0.001	
		Ⅱ		≤0.005	
		Ⅲ		≤0.005	
		Ⅳ		≤0.005	
		Ⅴ		≤0.01	
8	地表水环境质量标准 （GB 3838—2002）	Ⅰ		≤0.0001	
		Ⅱ		≤0.001	
		Ⅲ		≤0.01	
		Ⅳ		≤0.01	
		Ⅴ		>0.01	
9	渔业水质标准 （GB 11607—1989）			≤0.005	
10	农田灌溉水质标准 （GB 5084—2005）	水作/旱作/蔬菜		≤0.01	
11	海水水质标准 （GB 3097—1997）	第一类		≤0.001	
		第二类		≤0.005	
		第三类		≤0.01	
		第四类		≤0.01	
12	食用农产品产地环境质量 评价标准 （HJ 332—2006）	灌溉水质量评价 指标限值	水作	≤0.005	对实行菜粮套种种 植方式的农地执行 蔬菜的标准值
			旱作	≤0.01	
			蔬菜	≤0.005	
13	温室蔬菜产地环境质量评 价标准 （HJ 333—2006）	灌溉水质量评价 指标限值	蔬菜种类：加工、 烹调及去皮类	≤0.005	
			蔬菜种类：生食类	≤0.005	
14	畜禽养殖产地环境评价规范 （HJ 568—2010）	放牧区灌溉用水水 质评价指标限值		≤0.005	
		畜禽饮用水水质 评价指标限值	畜	≤0.05	
			禽	≤0.01	

序号	标准	水体分类		镉限值/（mg/L）	备注
15	绿色食品　产地环境质量（NY/T 391—2013）	农田灌溉水质量要求		≤0.005	
		渔业水质要求	淡水/海水	≤0.005	
		畜禽养殖用水要求		≤0.01	
		加工用水要求		≤0.005	
		食用盐原料水质要求		≤0.005	
16	无公害食品　蔬菜产地环境条件（NY 5010—2002）	灌溉水质量要求	白菜、莴苣、茄子、蕹菜、芥菜、芜菁、菠菜的产地应满足此要求	≤0.005	
				≤0.01	
17	无公害食品　设施蔬菜产地环境条件（NY 5294—2004）	灌溉水质量要求	白菜、莴苣、茄子、蕹菜、芥菜、芜菁、菠菜的产地应满足此要求	≤0.005	
				≤0.01	
18	无公害食品　水生蔬菜产地环境条件（NY 5331—2006）	灌溉水质量要求		≤0.005	
19	无公害食品　林果类产品产地环境条件（NY 5013—2006）	灌溉水质量要求		≤0.005	
20	无公害食品　茶叶产地环境条件（NY 5020—2001）	无公害茶园灌溉水水质标准		≤0.005	
21	无公害食品　热带水果产地环境条件（NY 5023—2002）	灌溉水质量要求		≤0.005	
22	无公害食品　鲜食葡萄产地环境条件（NY 5087—2002）	灌溉水质量要求		≤0.005	
23	无公害食品　草莓产地环境条件（NY 5104—2002）	灌溉水质量要求		≤0.005	
24	无公害食品　猕猴桃产地环境条件（NY 5107—2002）	灌溉水质量指标		≤0.005	
25	无公害食品　西瓜产地环境条件（NY 5110—2002）	灌溉水质量要求		≤0.005	
26	无公害食品　水稻产地环境条件（NY 5116—2002）	灌溉水质量要求		≤0.01	
27	无公害食品　饮用菊花产地环境条件（NY 5120—2002）	灌溉水质量要求		≤0.005	

序号	标准	水体分类		镉限值/(mg/L)	备注
28	无公害食品　窨茶用茉莉花产地环境条件（NY 5123—2002）	灌溉水质量要求		≤0.01	
29	无公害食品　哈密瓜产地环境条件（NY 5181—2002）	灌溉水质量要求		≤0.005	
30	无公害食品　大田作物产地环境条件（NY 5332—2006）	灌溉水质量要求		≤0.005	
31	无公害食品　食用菌产地环境条件（NY 5358—2007）	生产用水中污染物指标要求		≤0.01	
32	无公害食品　畜禽饮用水水质（NY 5027—2008）	畜禽饮用水水质安全指标	畜	≤0.05	
			禽	≤0.01	
33	无公害食品　畜禽产品加工用水水质（NY 5028—2008）	安全指标		≤0.01	
34	无公害食品　淡水养殖用水水质（NY 5051—2001）	淡水养殖用水水质要求		≤0.005	
35	无公害食品　海水养殖用水水质（NY 5052—2001）	海水养殖用水水质要求		≤0.005	

附表 4　其他国家（组织）水质镉限量标准[1-3]

序号	国家（组织）	标准	限值/（mg/L）
1	日本	生活饮用水水质标准	0.01
2		地下水标准	0.01
3		农业用水标准	0.005
4	美国	饮用水水质标准	0.005
5	欧盟	饮用水水质指令标准	0.005
6	世界卫生组织	饮用水水质标准	0.003

参考文献

[1]　夏青，陈艳卿，刘宪兵. 水质基准与水质标准[M]. 北京：中国标准出版社，2004.

[2]　World Health Organization.Guideline for drinking-water quality.4th ed.2011.

[3]　USEPA.2012 Edition of the drinking water standards and health advisories.（EPA 822-S-12-001）

附表 5   我国食品镉限量标准

序号	食品类别	食品名称	限量值
（一）中国大陆			
1	饮料	茶	1 mg/kg
2	罐装食品	鱼罐头	0.1 mg/kg
3		肉、禽及野味罐头	0.1 mg/kg
4	谷类和谷类制品	玉米和小麦	0.1 mg/kg
5		面粉	0.1 mg/kg
6		除米、面粉、高粱、玉米及粟外的其他谷类及其制品	0.2 mg/kg
7		除大米、面粉外的其他谷类及其制品	0.1 mg/kg
8		大米	0.2 mg/kg
9		高粱、玉米和粟	0.1 mg/kg
10	蛋与蛋制品	鲜蛋	0.05 mg/kg
11	鱼和鱼制品	鱼类	0.1 mg/kg
12		海参	0.5 mg/kg
13		无公害水产品	0.1 mg/kg（鱼类） 0.5 mg/kg（甲壳类） 1.0 mg/kg（头足类）
14		海产品与水产调味料（鱼制调味料）	0.1 mg/kg
15		鱼糜制品	0.1 mg/kg
16	水果、蔬菜及制品	竹笋及其制品（笋干除外）	0.05 mg/kg
17		芹菜	0.2 mg/kg
18		脱水姜片和姜粉	0.05 mg/kg
19		脱水蔬菜	0.1 mg/kg
20		脱水蔬菜——叶菜类	0.05 mg/kg
21		脱水蔬菜——根菜类	0.05 mg/kg
22		笋干	0.2 mg/kg
23		水果	0.05 mg/kg
24		叶类蔬菜	0.2 mg/kg
25		豆类和豆类种子	0.2 mg/kg
26		荔枝	0.03 mg/kg
27		鲜蘑菇及菌类	0.2 mg/kg
28		无公害水果	0.03 mg/kg
29		无公害蔬菜	0.05 mg/kg
30		花生	0.5 mg/kg
31		马铃薯	0.1 mg/kg
32		庆元香菇（干菇）	1.5 mg/kg
33		庆元香菇（鲜菇）	0.5 mg/kg

序号	食品类别	食品名称	限量值
34	水果、蔬菜及制品	速冻菠菜	0.2 mg/kg
35		速冻马蹄片	0.05 mg/kg
36		根茎类植物	0.1 mg/kg
37		无核葡萄干	0.3 mg/kg
38		大豆	0.2 mg/kg
39		除芹菜外的茎类植物	0.1 mg/kg
40		除根茎蔬菜、块茎/叶/茎类蔬菜及蘑菇菌类外的蔬菜	0.05 mg/kg
41	肉与肉制品	熟肉制品	0.1 mg/kg
42		腌腊肉制品	0.1 mg/kg
43	肉类、家禽及制品	鲜、冻胴体肉	0.1 mg/kg
44		鲜（冻）畜肉	0.1 mg/kg
45		金华火腿	0.1 mg/kg
46		肾脏	1.0 mg/kg
47		肝脏	0.5 mg/kg
48		肉与肉制品，包括禽肉和野味	0.1 mg/kg
49		天然肠衣	1.0 mg/kg
50		无公害畜禽肉产品	0.1 mg/kg
51		平遥牛肉	0.1 mg/kg
52	蔬菜及蔬菜制品	吉林长白山人参	0.5 mg/kg
53	人类饮用水	瓶（桶）装饮用水	0.005 mg/L

（二）中国香港

序号	食品类别	食品名称	限量值
1	谷类和谷类制品	谷类食品	0.1 mg/kg
2	鱼和鱼制品	鱼、蟹肉、蚝、大虾、小虾	2.0 mg/kg
3	水果、蔬菜及制品	蔬菜	0.1 mg/kg
4	肉与肉制品	动物肉类及家禽肉类	0.2 mg/kg

（三）中国台湾

序号	食品类别	食品名称	限量值
1	饮料	瓶装饮用水	0.005 mg/kg
2	谷物及谷物制品	白米	0.5 mg/kg
3		糙米	0.5 mg/kg
4		发芽米	0.5 mg/kg
5		胚芽米	0.5 mg/kg
6		食米	0.4 mg/kg
7	食用冰制品	水冻冰块	0.005 mg/kg
8	鱼和鱼制品	牡蛎	<4.0 mg/kg
9	食品接触材料	陶瓷器（盛酒容器，深大于 2.5 cm，容量大于 1.1 L）	0.25 mg/kg（溶出试验）
10		陶瓷器（盛酒容器，深大于 2.5 cm，容量小于 1.1 L）	0.5 mg/kg（溶出试验）
11		陶瓷器（盛酒容器，深小于 2.5 cm，或液体无法充满者）	1.7 μg/cm^2（溶出试验）

序号	食品类别	食品名称	限量值
12		玻璃（盛酒容器，深大于 2.5 cm，容量大于 1.1 L）	0.25 mg/kg（溶出试验）
13		玻璃（盛酒容器，深大于 2.5 cm，容量小于 1.1 L）	0.5 mg/kg（溶出试验）
14		玻璃（盛酒容器，深小于 2.5 cm，或液体无法充满者）	1.7 µg/cm² （溶出试验）
15		施珐琅（盛酒容器，深大于 2.5 cm，容量大于 1.1 L）	0.25 mg/kg（溶出试验）
16		施珐琅（盛酒容器，深大于 2.5 cm，容量小于 1.1 L）	0.5 mg/kg（溶出试验）
17		施珐琅（盛酒容器，深小于 2.5 cm，或液体无法充满者）	1.7 µg/cm² （溶出试验）
18		金属罐[以干燥食品（油脂及脂肪性食品除外）为内容者除外]（pH 值为 5 以上的食品用金属罐）	0.1 mg/kg（以水为溶媒溶出试验）
19		金属罐[以干燥食品（油脂及脂肪性食品除外）为内容者除外]（pH 值为 5 以下含 pH 值为 5 的食品用金属罐）	0.1 mg/kg （以 0.5%柠檬酸溶液为溶媒溶出试验）
20	食品接触材料	聚酰胺（尼龙）[PA，Nylon]	100 mg/kg（材质试验项目及合格标准）
21		塑料类	100 mg/kg（材质试验项目及合格标准）
22		聚乙烯[PE]	100 mg/kg（材质试验项目及合格标准）
23		聚对苯二甲酸乙二酯[PET]	100 mg/kg（材质试验项目及合格标准）
24		聚甲基丙烯酸甲酯[PMMA]	100 mg/kg（材质试验项目及合格标准）
25		聚甲基戊烯[PMP]	100 mg/kg（材质试验项目及合格标准）
26		聚丙烯[PP]	100 mg/kg（材质试验项目及合格标准）
27		聚苯乙烯[PS]	100 mg/kg（材质试验项目及合格标准）
28		聚氯乙烯[PVC]	100 mg/kg（材质试验项目及合格标准）
29		聚偏二氯乙烯[PVDC]	100 mg/kg（材质试验项目及合格标准）
30		橡胶	100 mg/kg（材质试验项目及合格标准）
31	蘑菇	蘑菇	2 mg/kg（以干重计）
32	人类饮用水	饮用水	≤0.005 mg/L
33	杂项	盐（食品级）	0.2 mg/kg

附表6　其他国家（组织）食品镉限量标准[1]

序号	食品类别	食品名称	限量值
（一）美国			
1	饮料	瓶装水	0.005 mg/L
2	食品接触材料	陶瓷扁平制品（6个平行样的平均值）	0.5 μg/mL
3		陶瓷大空心制品（6个平行样品中的任意一个）	0.25 μg/mL
4		陶瓷小空心制品（6个平行样品中的任意一个）	0.5 μg/mL
5	杂项	面包酵母提取物	0.13 mg/kg
（二）加拿大			
1	饮用水	饮用水	0.005 mg/kg
（三）日本			
1	饮料	粉末状软饮料	未检出
2		软饮料	未检出
3	杂项	稻（糙米）	1.0 mg/kg
4	人类饮用水	矿泉水	0.01 mg/L
5		软饮料	0.01 mg/L
6		用于制造冰和调味冰的水	0.01 mg/L
（四）韩国			
1	蔬菜	白菜	0.2 mg/kg
2		葱	0.05 mg/kg
3		萝卜	0.1 mg/kg
4		土豆	0.1 mg/kg
5		菠菜	0.2 mg/kg
6		红薯	0.1 mg/kg
7	中药材	生药（含韩药和韩药材）及其提取物	<0.3 mg/kg
（五）印度			
1	食品	本表未设定限量或者未列入的食品	1.5 mg/kg（以重量计）
2	婴儿食品	婴儿乳替代品和婴儿食品	0.1 mg/kg（以重量计）
3	杂项	整根或粉末状姜黄	0.1 mg/kg（以重量计）
4	水	矿泉水	0.003 mg/L
5		包装饮用水	0.01 mg/L
（六）巴基斯坦			
	食品	其他普通食品	6 mg/kg
（七）孟加拉国			
	食品	其他普通食品	6 mg/kg
（八）泰国			
1	饮料	无酒精饮料，包括浓缩和固体饮料[食品法规要求法规中说明最高残留限量（MRL）的污染物除外，其他污染物应不得检出]	不得检出
2		电解饮料[食品法规要求法规中说明最高残留限量（MRL）的污染物除外，其他污染物应不得检出]	不得检出

序号	食品类别	食品名称	限量值
3	饮料	草药茶[按非官方翻译，草药茶指从泰国FDA批准的某些植物的各部分获得的产品，至今没有修改，这种茶通过与水煮沸或浸泡饮用；食品法规要求法规中说明最高残留限量（MRL）的污染物除外，其他污染物应不得检出]	0.3 mg/kg
4		预包装牛奶	不得检出
5	水果、蔬菜及制品	果酱、果冻和橘子酱[食品法规要求法规中说明最高残留限量（MRL）的污染物除外，其他污染物应不得检出]	不得检出
6	杂项	蜂蜜[食品法规要求法规中说明最高残留限量（MRL）的污染物除外，其他污染物应不得检出]	不得检出
7	供人消费水和冰	密封容器装饮用水	0.005 mg/L
8		冰（以mg/L水计）	0.005 mg/L
9		天然矿泉水	0.003 mg/L

（九）新加坡

序号	食品类别	食品名称	限量值
1	饮料	酒精饮料——淡色啤酒、啤酒、苹果酒、梨子酒、黑麦酒、黑啤	0.2 mg/kg
2		酒精饮料——白兰地酒、杜松子酒、朗姆酒、威士忌酒和其他酒精饮料，20℃时酒精度超过40.0%的中国葡萄酒	0.2 mg/kg
3		酒精饮料——葡萄酒、中国葡萄酒、利口酒、甜酒或鸡尾酒	0.2 mg/kg
4		酒精饮料——其他酒精饮料	0.2 mg/kg
5		无酒精饮料——茶	0.2 mg/kg
6		无酒精饮料——稀释后饮用的浓缩软饮料	0.2 mg/kg
7		无酒精饮料——生产软饮料的浓缩物	0.2 mg/kg
8		无酒精饮料——天然矿泉水	0.01 mg/L
9		无酒精饮料——其他酒精饮料	0.2 mg/kg
10	罐装食品	鱼罐头、肉罐头	0.2 mg/kg
11		罐装水果、水果产品和蔬菜	0.2 mg/kg
12		罐装乳和乳制品	0.2 mg/kg
13	蛋与蛋制品	皮蛋或咸蛋	0.2 mg/kg
14	油脂类	食用油脂	0.2 mg/kg
15	鱼类、贝类和鱼制品	甲壳类和软体动物	1.0 mg/kg（仅指软体动物中的最大限量）
16		鱼类	0.2 mg/kg
17	水果、蔬菜及制品	干制或脱水蔬菜	0.2 mg/kg
18		新鲜水果和蔬菜	0.2 mg/kg
19		水果和蔬菜汁，不包括柠檬和酸橙汁	0.2 mg/kg
20		柠檬和酸橙汁	0.2 mg/kg
21		腌渍品	0.2 mg/kg
22		番茄酱	0.2 mg/kg
23		总固形物含量25%或以上的番茄酱或粉	0.2 mg/kg
24	糖和糖制品	其他糖（包括糖浆）	0.2 mg/kg

序号	食品类别	食品名称	限量值
25	糖和糖制品	精制白糖（硫酸盐灰分不超过 0.03%）、无水葡萄糖和水合葡萄糖	0.2 mg/kg
26	杂项	发酵粉、酒石酸氢钾	0.2 mg/kg
27		干制或烤制菊苣	0.2 mg/kg
28		可可粉（以干脱脂物质计）	0.2 mg/kg
29		咖啡豆	0.2 mg/kg
30		咖喱粉	0.2 mg/kg
31		食用明胶	0.2 mg/kg
32		调味料	0.2 mg/kg
33		干香草和香料（包括芥末）	0.2 mg/kg
34		冰淇淋、冰棍及类似冷冻糖果	0.2 mg/kg
35		婴儿配方食品与幼儿食品	0.2 mg/kg
36		肉汁和水解蛋白	0.2 mg/kg
37		除番茄酱外的调味料	0.2 mg/kg
38		海藻	2.0 mg/kg
39		以上未规定的其他食品	0.2 mg/kg
40	天然矿泉水	天然矿泉水	0.01 mg/L

（十）马来西亚

序号	食品类别	食品名称	限量值
1	饮料	酒精饮料	1.0 mg/kg
2		无酒精饮料——咖啡、菊苣及相关产品	1.0 mg/kg
3		无酒精饮料——直接消费软饮料	1.0 mg/kg
4		无酒精饮料——茶、茶末、茶提取物和花茶	1.0 mg/kg
5		无酒精饮料——需稀释的软饮料	1.0 mg/kg（稀释前限量）
6	罐装食品	婴幼儿罐装食品	1.0 mg/kg
7		除婴儿配方食品、婴幼儿罐装食品和婴幼儿谷类食品外的罐装和锡箔包装食品（仅含锡）	最大允许限量分别在相应食品中说明
8	油脂类	食用脂肪和食用油	1.0 mg/kg
9	鱼和鱼制品	食肉性鱼	1.0 mg/kg
11	水果、蔬菜及制品	腌渍品	1.0 mg/kg
12		番茄酱、糊或泥	1.0 mg/kg
13		蔬菜汁和果汁	1.0 mg/kg
14		除蔬菜汁和果汁外的蔬菜产品和水果产品	1.0 mg/kg
15	肉类、家禽及制品	除食用明胶以外的肉与肉制品	1.0 mg/kg
16	乳和乳制品	乳和乳制品	1.0 mg/kg
17	甜味物质	糖蜜	1.0 mg/kg
18		除甘油、糖蜜、糖精和山梨醇外的甜味物质	1.0 mg/kg
19	杂项	除水和食品添加剂之外没有规定限量的任何食品	1.0 mg/kg
20		发酵粉、酒石酸氢钾	1.0 mg/kg
21		可可与可可制品	1.0 mg/kg
22		咖喱粉	1.0 mg/kg
23		食用明胶	1.0 mg/kg
24		调味料	1.0 mg/kg
25		蜂蜜	1.0 mg/kg

序号	食品类别	食品名称	限量值
26	杂项	婴儿配方食品、婴幼儿谷类食品	1.0 mg/kg
27		酱油	1.0 mg/kg
28		除咖喱粉外的香料	1.0 mg/kg
29		食醋	1.0 mg/kg
30	人类饮用水	天然矿泉水	0.01 mg/L
31		包装饮用水	0.005 mg/L

（十一）菲律宾

序号	食品类别	食品名称	限量值
1	食品	食品（临时每日允许摄入量）	0.0067～0.0083 mg/kg（体重）
2	人类饮用水	瓶装饮用水	0.01 mg/L

（十二）斯里兰卡

序号	食品类别	食品名称	限量值
1	饮料	软饮料粉混合物	0.1 mg/kg
2	乳制品	全脂甜炼乳	0.1 mg/kg
3	脂肪与油类	人造黄油	0.1 mg/kg
4	水果、蔬菜及制品	果汁	0.1 mg/kg
5		果冻果酱	0.1 mg/kg
6	杂项食品	辣酱	0.1 mg/kg
7	糖和糖制品	红糖	2.0 mg/kg

（十三）澳大利亚和新西兰

序号	食品类别	食品名称	限量值
1	饮料	包装水	0.01 mg/kg
2	谷物及谷物制品	大米	0.1 mg/kg
3		小麦	0.1 mg/kg
4	巧克力、巧克力制品和糖果	可可和巧克力制品	0.5 mg/kg
5	鱼和鱼制品	软体动物	2 mg/kg
6	水果、蔬菜及制品	花生	0.1 mg/kg
7		根茎和块茎植物	0.1 mg/kg
8		蔬菜（叶类）	0.1 mg/kg
9	肉类、家禽及制品	牛、羊、猪的肾脏	2.5 mg/kg
10		牛、羊、猪的肝脏	1.25 mg/kg
11		牛肉、羊肉和猪肉（不包括内脏）	0.05 mg/kg

（十四）丹麦

序号	食品类别	食品名称	限量值
	水	人类饮用水	5.0 μg/L

（十五）芬兰

序号	食品类别	食品名称	限量值
	水	生活用水	5.0 μg/L

（十六）瑞典

序号	食品类别	食品名称	限量值
	水	人类饮用水	5.0 μg/L

（十七）冰岛

序号	食品类别	食品名称	限量值
	水	人类饮用水	0.005 mg/L

（十八）挪威

序号	食品类别	食品名称	限量值
	水	人类饮用水	5.0 μg/L（B）

序号	食品类别	食品名称	限量值
（十九）英国			
1	饮料	人类饮用水	5.0 μg/L
2	谷物及谷制品	谷类，不包括麸、种子、小麦和稻谷	0.1 mg/kg
3		黄豆	0.2 mg/kg
4		麸、种子、小麦和稻谷	0.2 mg/kg
5	水产品	双壳类软体动物	1.0 mg/kg
6		头足纲动物（不包括内脏）	1.0 mg/kg
7		甲壳类，不包括蟹肉、龙虾和类似的大型甲壳类的头部、胸部肉	0.5 mg/kg
8		鱼肉，不包括n)、o)所列种类的鱼	0.05 mg/kg
9		n)以下种类的鱼肉：鲔鱼（鲣类）、鲣（狐鲣）、普通双文鲷（普通重牙鲷）、鳗鱼（鳗鲡属）、灰色鲻鱼、马鲭或者竹荚鱼种、鳀鲭、沙丁鱼（欧洲沙丁鱼）、沙丁鱼（沙丁鱼种）、鲔鱼（金枪鱼种、鲔种、鲣）、楔形鳎鱼（鳎鱼）	0.1 mg/kg
10		o)旗鱼肉（羽状壳旗鱼属）	0.3 mg/kg
11	水果、蔬菜及其产品	叶类蔬菜、新鲜草药、种植菌类和块根芹菜	0.2 mg/kg
12		食茎蔬菜、根菜类和土豆，不包括块茎芹菜，该限量适用于去皮土豆	0.1 mg/kg
13		蔬菜和水果，不包括叶类蔬菜、新鲜草药、菌类、食茎蔬菜、松子、根菜类和土豆	0.05 mg/kg
14	肉与肉制品	马肉（不包括内脏）	0.2 mg/kg
15		牛、羊、猪、家禽和马的肾脏	1.0 mg/kg
16		牛、羊、猪、家禽和马的肝脏	0.5 mg/kg
17		牛肉、羊肉、猪肉、家禽肉（不包括内脏）	0.05 mg/kg
（二十）法国			
1	杂项	食品用酶制剂	0.5 mg/kg
2		明胶	0.5 mg/kg
3		蛋白水解物	0.05 mg/kg
4	水	人类饮用水	5.0 μg/L
（二十一）德国			
1	酒精饮料	葡萄酒、葡萄汁、部分发酵葡萄汁、发泡酒、加碳酸发泡酒、利口酒、含葡萄酒饮料、调味葡萄酒饮料和含调味葡萄酒鸡尾酒	0.01 mg/L
2	矿泉水	天然矿泉水	0.003 mg/L
（二十二）匈牙利			
1	酒精饮料	葡萄酒、啤酒和其他酒精饮料（金属容器以外的包装）	0.2 mg/kg
2		葡萄酒、啤酒和其他酒精饮料（金属容器包装）	0.2 mg/kg
3	非酒精饮料	水果汁与蔬菜汁（金属容器以外的包装），不包括番茄汁	0.03 mg/kg
4		水果汁与蔬菜汁（金属容器包装）	0.03 mg/kg
5		苏打水、矿泉水（金属容器以外的包装）	0.005 mg/kg

序号	食品类别	食品名称	限量值
6	非酒精饮料	苏打水、矿泉水（金属容器包装）	0.005 mg/kg
6		软饮料（金属容器以外的包装）	0.05 mg/kg
6		软饮料（金属容器包装）	0.05 mg/kg
6		番茄汁（金属容器以外的包装）	0.03 mg/kg
7	罐装食品	婴儿食品，以水果和蔬菜为主	0.02 mg/kg
8		水果类和蔬菜类	0.1 mg/kg
9		肝糊	0.1 mg/kg
10		肉类食品，不包括肝糊	0.1 mg/kg
11		其他罐头食品	相当于非罐头食品
12	谷类和谷类制品	面粉和其他谷物碾磨食品	0.1 mg/kg
13		大米	0.1 mg/kg
14	巧克力、巧克力制品与糖果	巧克力与巧克力制品	0.5 mg/kg
15		可可粉	0.5 mg/kg
16		糖果（可可和巧克力制品除外）	0.05 mg/kg
17	蛋与蛋制品	蛋粉	0.1 mg/kg
18		蛋类	0.02 mg/kg
19	油脂类	动物脂肪	0.02 mg/kg
20		植物油脂（食用油、人造黄油）	0.02 mg/kg
21	水果、蔬菜及制品	干制水果	0.5 mg/kg
22		干制蔬菜	0.5 mg/kg
23		干豆类	0.1 mg/kg
24		新鲜水果、冷冻水果	0.05 mg/kg
25		蘑菇（种植、新鲜）和蘑菇产品	0.1 mg/kg
26		储存在玻璃瓶内的蔬菜和水果产品	0.1 mg/kg
27		葵花籽（生吃或烤吃）	0.6 mg/kg
28		番茄泥	0.1 mg/kg
29	婴儿食品	婴儿食品（储存于玻璃瓶中）	相当于不是储藏于玻璃瓶中的食品
30		以蔬菜和水果为原料的婴儿食品	0.02 mg/kg
31	肉与肉制品	培根	0.02 mg/kg
32		野味与野味制品	0.1 mg/kg
33		肉与肉制品（熟肉制品：熏和熟的香肠、熟食切肉类、填充肉制品、烟熏肉等）	0.1 mg/kg
34	乳与乳制品	黄油	0.02 mg/kg
35		奶酪（凝乳/脱脂除外）	0.05 mg/kg
36		奶酪（凝乳/脱脂）	0.02 mg/kg
37		奶油、酸奶油	0.05 mg/kg
38	杂类食品	食用明胶、果胶	0.2 mg/kg
39		保存在玻璃容器中的食品	0.1 mg/kg
40		香草和香料，不包括辣椒	0.2 mg/kg
41		辣椒	0.25 mg/kg
42		食糖（粒状方糖、冰糖）	0.02 mg/kg
43		餐用盐	0.2 mg/kg

序号	食品类别	食品名称	限量值
（二十三）奥地利			
1	谷类	糙米	0.1 mg/kg
2		黑麦	0.15 mg/kg
3		麦麸	0.2 mg/kg
4		小麦	0.15 mg/kg
5	蛋与蛋制品	鸡蛋	0.05 mg/kg
6	水果、蔬菜及制品	食用香草	0.05 mg/kg
7		果菜	0.1 mg/kg
8		浆果类水果、仁果类水果、核果	0.02 mg/kg
9		柑橘类水果	0.05 mg/kg
10		果汁（除葡萄汁外）	0.02 mg/L
11		罐装果汁	0.02 mg/L
12		葡萄汁	0.02 mg/L
13		山葵	0.15 mg/kg
14		洋葱	0.05 mg/kg
15		根菜类	0.1 mg/kg
16		色拉（莴苣、生菜或苦菜类）	0.05 mg/kg
17	婴儿食品	其他所有的婴儿及儿童食品配料	0.04 mg/kg（mg/L）
18		按剂量要求配置成的婴儿和儿童配方奶或适应性及部分适应性奶制品	0.002 mg/kg（mg/L）
19	奶和奶制品	牛奶	0.0025 mg/L
20	杂类食品	蜂蜜	0.05 mg/kg
21	含油种子	亚麻籽	0.3 mg/kg
22		罂粟种子	0.8 mg/kg
23		南瓜子	0.02 mg/kg
24		芝麻	0.8 mg/kg
25		脱壳葵花籽	0.6 mg/kg
26	水	天然矿泉水和泉水	0.005 mg/L
27		餐饮水	0.005 mg/L
（二十四）比利时			
1	谷类和谷类制品	谷类及其制品，包括大豆	0.15 mg/kg
2	蛋与蛋制品	蛋类	0.01 mg/kg
3	鱼和鱼制品	甲壳类海产品	0.3 mg/kg
4		青鱼、鲭鱼和鲱鱼属的小鱼	0.05 mg/kg
5		软体类和贝壳类	1.0 mg/kg
6		肉食性鱼类和鳗鱼	0.05 mg/kg
7		其他鱼类	0.05 mg/kg
8	水果、蔬菜及制品	甜菜根、块根芹、洋葱和葱	0.1 mg/kg
9		阔叶蔬菜：圆头莴苣、野苣菊苣、绿芹、菠菜	0.2 mg/kg
10		卷心菜，不包括羽衣甘蓝	0.1 mg/kg
11		胡萝卜和婆罗门参	0.2 mg/kg
12		黄瓜和腌食用小黄瓜	0.03 mg/kg
13		水果	0.03 mg/kg

序号	食品类别	食品名称	限量值
14	水果、蔬菜及制品	羽衣甘蓝，包括卷心菜、芥菜	0.1 mg/kg
15		韭菜	0.2 mg/kg
16		豆类植物	0.1 mg/kg
17		人工种植蘑菇	0.1 mg/kg
18		马铃薯及其制品	0.1 mg/kg
19		番茄和辣椒	0.1 mg/kg
20	肉类、家禽及制品	母牛和小牛的肾脏	2.5 mg/kg
21		猪肾	1.0 mg/kg
22		母牛和小牛的肝脏	0.5 mg/kg
23		肝——猪和鸡肝	0.5 mg/kg
24		奶牛肉、小牛肉、猪肉和鸡肉	0.05 mg/kg
25	奶及奶制品	奶酪	0.05 mg/kg
26		牛奶	0.005 mg/kg

（二十五）卢森堡

序号	食品类别	食品名称	限量值
1	豆制品	大豆	0.2 mg/kg
2	谷物及谷制品	除麸、胚芽、小麦和稻米外其他谷物	0.1 mg/kg
3		谷物及其产品，包括大豆	0.15 mg/kg
4		麸、胚芽、小麦和稻米	0.2 mg/kg
5	蛋与蛋制品	蛋类	0.01 mg/kg
6	鱼和鱼制品	双壳类软体动物	1.0 mg/kg
7		头足类动物（不包括内脏）	1.0 mg/kg
8		甲壳类海产品	0.3 mg/kg
9		甲壳类，不包括褐色的蟹肉、龙虾和类似的大型甲壳动物的头、胸部肉	0.5 mg/kg
10		青鱼、鲭鱼和鲱鱼属的小鱼	0.05 mg/kg
11		软体类和贝壳类	1.0 mg/kg
12		鱼肉，不包括 n）、o）所列种类的鱼	0.05 mg/kg
13		n）以下种类的鱼肉：凤尾鱼（鳀类）、鲣、普通双文鲷（普通重牙鲷）、鳗鱼（鳗鲡属）、灰色鲻鱼、马鲭或者竹荚鱼种、鱲鲭、沙丁鱼、鲔鱼（金枪鱼种、鲔种、鲣）、wedge sole（dicologoglossa cuneatable）	0.1 mg/kg
14		o）旗鱼肉（羽状壳旗鱼属）	0.3 mg/kg
15		其他鱼类	0.05 mg/kg
16		肉食性鱼类、鳗鱼	0.05 mg/kg
17	水果、蔬菜及制品	阔叶蔬菜：圆头莴苣、野苣菊苣、绿芹、菠菜	0.2 mg/kg
18		甘蓝，不包括羽衣甘蓝	0.1 mg/kg
19		可食的植物根部：胡萝卜和婆罗门参	0.2 mg/kg
20		水果蔬菜：黄瓜和腌食用小黄瓜	0.03 mg/kg
21		水果蔬菜：番茄和辣椒	0.1 mg/kg
22		水果	0.03 mg/kg
23		羽衣甘蓝，包括卷心菜、芥菜	0.1 mg/kg
24		叶菜、鲜药草、种植菌类和块根芹	0.2 mg/kg

序号	食品类别	食品名称	限量值
25	水果、蔬菜及制品	豆科植物	0.1 mg/kg
26		人工种植蘑菇	0.1 mg/kg
27		马铃薯及其制品	0.1 mg/kg
28		茎菜类、根菜类和马铃薯，不包括块根芹，该限量适用于去皮马铃薯	0.1 mg/kg
29		块茎和鳞茎植物（马铃薯除外）：甜菜根、块根芹、洋葱、葱	0.1 mg/kg
30		块茎和鳞茎植物（马铃薯除外）：韭	0.2 mg/kg
31		蔬菜和水果，不包括叶菜类、鲜药草、菌类、茎菜类、松子、根类蔬菜和马铃薯	0.05 mg/kg
32	肉类、家禽及制品	马肉，不包括内脏	0.2 mg/kg
33		母牛和小牛的肾	2.5 mg/kg
34		牛、羊、猪、家禽和马的肾脏	1.0 mg/kg
35		猪肾	1.0 mg/kg
36		牛、羊、猪、家禽和马的肝脏	0.5 mg/kg
37		母牛和小牛的肝	0.5 mg/kg
38		猪和鸡的肝	0.5 mg/kg
39		牛肉、羊肉、猪肉、家禽肉（不包括内脏）	0.05 mg/kg
40		母牛、小牛、猪和鸡身上其他部位的肉	0.05 mg/kg
41	乳与乳制品	奶酪	0.05 mg/kg
42		牛奶	0.005 mg/kg
43	水	人类饮用水	5.0 μg/L

（二十六）荷兰

序号	食品类别	食品名称	限量值
1	豆制品	大豆	0.2 mg/kg
2	头足类动物肉	头足类动物（不包括内脏）	1.0 mg/kg
3	谷物及谷制品	除麸、胚芽、小麦和稻米外其他谷物	0.1 mg/kg
4		麸、胚芽、小麦和稻米	0.2 mg/kg
5	鱼和鱼制品	鱼肉，不包括n)、o)所列种类的鱼	0.05 mg/kg
6		n)以下种类的鱼肉：鲣、普通双文鲷、鳗鱼、灰色鲻鱼、马鲹或者竹荚鱼种、鳀鲭、沙丁鱼、金枪鱼、鲔鱼、条鳍鱼	0.1 mg/kg
7		o)旗鱼肉（羽状壳旗鱼属）	0.3 mg/kg
8	水果、蔬菜及制品	叶菜、鲜药草、种植菌类和块根芹	0.2 mg/kg
9		茎菜类、根菜类和马铃薯，不包括块根芹，该限量适用于去皮马铃薯	0.1 mg/kg
10		蔬菜和水果，不包括叶菜类、鲜药草、菌类、茎菜类、松子、根类蔬菜和马铃薯	0.05 mg/kg
11	肉类、家禽及制品	马肉，不包括内脏	0.2 mg/kg
12		牛、羊、猪、家禽和马的肾脏	1.0 mg/kg
13		牛、羊、猪、家禽和马的肝脏	0.5 mg/kg
14		牛肉、羊肉、猪肉、家禽肉（不包括内脏）	0.05 mg/kg
15	贝类和贝类制品	双壳类软体动物	1.0 mg/kg
16		甲壳类，不包括褐色的蟹肉、龙虾和类似的大型甲壳动物的头、胸部肉	0.5 mg/kg

序号	食品类别	食品名称	限量值
\multicolumn{4}{l}{（二十七）波兰}			
1	谷物及谷制品	麸、种子、小麦和稻谷	0.2 mg/kg（湿重）
2		谷类食品（不包括麸、种子、小麦和稻谷）	0.1 mg/kg（湿重）
3		大豆	0.2 mg/kg（湿重）
4	鱼和水产品	双壳类软体动物	1.0 mg/kg（湿重）
5		头足类动物（不含内脏）	1.0 mg/kg（湿重）
6		甲壳类，不包括蟹黄肉、龙虾和类似的大型甲壳动物的头、胸部肉	0.5 mg/kg（湿重）
7		鱼肉，不包括 n）、o）所列种类的鱼	0.5 mg/kg（湿重）
8		n）以下种类的鱼肉：凤尾鱼、鲣鱼、普通双鳍海线鱼、鳗鱼、灰梭、马鲭或者竹荚鱼、鳀鲭或鲭鱼、沙丁鱼、南美拟沙丁鱼、金枪鱼、楔形鲷鱼	0.1 mg/kg（湿重）
9		o）旗鱼肉（羽状壳旗鱼属）	0.3 mg/kg（湿重）
10	水果、蔬菜及制品	叶菜类蔬菜、新鲜的香草、栽植的真菌类和块根芹	0.2 mg/kg（湿重）
11		干蔬菜、根类蔬菜和马铃薯（不包括块根芹），该限量适用于去皮土豆	0.1 mg/kg（湿重）
12		蔬菜和水果，不包括叶菜类蔬菜、新鲜的草药、菌类、茎类蔬菜、松子、根类蔬菜和马铃薯	0.05 mg/kg（湿重）
13	肉与肉制品	马肉（不包括内脏）	0.2 mg/kg（湿重）
14	肉类、家禽及制品	牛属动物、羊、猪、家禽和马的肾	1.0 mg/kg（湿重）
15		牛属动物、羊、猪、家禽和马的肝脏	0.5 mg/kg（湿重）
16		牛属动物、羊、猪、家禽的食用肉（不包括内脏）	0.05 mg/kg（湿重）
\multicolumn{4}{l}{（二十八）瑞士}			
1	饮料	不含酒精的苦酒、苹果酒、苦艾酒	0.03 mg/kg
2		饮用水	0.005 mg/kg
3		不含酒精的饮料（苦酒、苹果酒、苦艾酒以及稀释和未稀释的果汁、果露、果浆除外）	0.01 mg/kg
4		葡萄酒	0.01 mg/kg
5	谷物及谷物制品	大米、小麦、大麦、黑麦（谷粒）	0.2 mg/kg
6		含油种子（花生及用来获取食用油脂的含油种子除外）	1.5 mg/kg
7		小麦（麦粒和麦片）	0.4 mg/kg
8	鱼和鱼制品	甲壳类，除海螯虾、龙虾、褐蟹肉外	0.5 mg/kg
9		鱼类：安圭拉岛鱼、泥塘幼鲻（唇鲻）、鳎鱼、海鲷、凤尾鱼、鲔鱼、中西太平洋鲣鱼、鳀鲭、沙丁鱼、金枪鱼、宽竹荚鱼	0.1 mg/kg
10		鱼类：箭鱼	0.3 mg/kg
11		软体动物	1.0 mg/kg
12		其他鱼类	0.05 mg/kg
13	水果、蔬菜及制品	浆果	0.05 mg/kg
14		种植的巴黎蘑菇（以干重计）	0.5 mg/kg
15		果汁（包括稀释的果汁）、果蜜和果浆	0.03 mg/kg

序号	食品类别	食品名称	限量值
16	水果、蔬菜及制品	叶类蔬菜	0.2 mg/kg
17		新鲜蘑菇、野生蘑菇除外（以干重计）	5 mg/kg（种植的巴黎蘑菇除外）
18		其他水果	0.05 mg/kg
19		去皮花生，用作获取食用油的花生除外	0.2 mg/kg
20		去皮马铃薯	0.1 mg/kg
21		砂锅草药	0.2 mg/kg
22		蔬菜，除芹菜、菠菜、各种菊苣、鳞茎类蔬菜、果菜和豆科植物外	0.1 mg/kg
23	肉与肉制品	肝脏（牛的、羊的、猪的、禽的）	0.5 mg/kg
24		瘦肉（牛肉、羊肉、猪肉、禽肉）	0.05 mg/kg
25	杂项	胶原蛋白	0.5 mg/kg
26		食盐	0.5 mg/kg
27		发酵食醋和食用醋酸	0.02 mg/kg（可接受水平）
28		明胶	0.5 mg/kg

（二十九）捷克

序号	食品类别	食品名称	限量值
1	饮料	啤酒	0.05 mg/kg
2		非酒精饮料	0.05 mg/kg
3		葡萄酒	0.05 mg/kg
4	食品	面包和糕点	0.1 mg/kg
5		蛋类	0.02 mg/kg
6		婴儿和断奶期婴儿食品	0.1 mg/kg
7		豆类	0.2 mg/kg
8		乳品	0.01 mg/kg

（三十）斯洛伐克

序号	食品类别	食品名称	限量值
1	饮料	非酒精饮料	0.05 mg/kg
2	谷物及谷物制品	麸、种子、小麦和稻谷	0.2 mg/kg（湿重）
3		谷类（不包括麸、种子、小麦和稻谷）	0.1 mg/kg（湿重）
4		大豆	0.2 mg/kg（湿重）
5	饮用水	饮用水	3.0 μg/L
6	蛋与蛋制品	蛋和蛋制品	0.02 mg/kg
7		头足类动物（不含内脏）	1.0 mg/kg（湿重）
8		鱼肉，不包括n）、o）所列种类的鱼	0.05 mg/kg（湿重）
9		n）以下种类的鱼肉：鲥鱼（鳀类）、鲣（狐鲣）、普通双文鲷（普通重牙鲷）、鳗鱼（鳗鲡属）、灰色鲻鱼、马鲭或者竹荚鱼种、鲯鲭、沙丁鱼（欧洲沙丁鱼）、沙丁鱼（沙丁鱼种）、鲔鱼（金枪鱼种、鲔种、鲣）、鳎鱼	0.1 mg/kg（湿重）
10		o）旗鱼肉（羽状壳旗鱼属）	0.3 mg/kg（湿重）
11	水果、蔬菜及制品	叶菜类蔬菜、新鲜草药、种植菌类和块根芹菜	0.2 mg/kg（湿重）
12		罂粟种子	0.8 mg/kg
13		食茎蔬菜、根菜类和土豆，不包括块茎芹菜，该限量适用于去皮土豆	0.1 mg/kg（湿重）

序号	食品类别	食品名称	限量值
14	水果、蔬菜及制品	蔬菜和水果，不包括叶类蔬菜、现摘草药、菌类、块茎类蔬菜、松子、根菜类和土豆	0.05 mg/kg（湿重）
15	婴儿食品与儿童食品	添加水果、蔬菜的婴幼儿谷类食品	0.04 mg/kg
16	肉与肉制品	马肉（不包括内脏）	0.2 mg/kg（湿重）
17		牛、羊、猪、家禽和马的肾脏	1.0 mg/kg（湿重）
18		牛属动物、羊、猪、家禽和马的肝脏	0.5 mg/kg（湿重）
19		牛肉、羊肉、猪肉、家禽肉（不包括头、尾、内脏）	0.05 mg/kg（湿重）
20		鹿肉	0.1 mg/kg
21	乳与乳制品	牛奶	0.01 mg/kg
22	贝类	双壳类软体动物	1.0 mg/kg（湿重）
23		甲壳类，不包括蟹肉、龙虾和类似的大型甲壳类的头部、胸部肉	0.5 mg/kg（湿重）

（三十一）意大利

序号	食品类别	食品名称	限量值
1	饮料	矿泉水	0.1 mg/kg
2	鱼和鱼制品	鱿鱼	2 mg/kg
3	杂项	食盐	0.5 mg/kg

（三十二）葡萄牙

序号	食品类别	食品名称	限量值
1	水	人类饮用水	0.005 mg/L

（三十三）西班牙

序号	食品类别	食品名称	限量值
1	饮料	瓶装饮用水	0.005 mg/L
2	鱼和鱼制品	所有形态甲壳动物	1.0 mg/kg
3		鱼和头足类动物，包括新鲜、冷冻、加工和半加工	1.0 mg/kg
4		所有形态的软体动物，双壳类软体动物和腹足纲软体动物	1.0 mg/kg

（三十四）俄罗斯

序号	食品类别	食品名称	限量值
1	5个月以下的婴儿产品	乳与乳制品——凝乳与凝乳产品	0.06 mg/kg
2		乳与乳制品——全部或部分适应的配方奶	0.02 mg/kg
3		乳与乳制品——经发酵及消毒的奶粉	0.02 mg/kg
4	孕妇和哺乳期妇女食品	即溶凉茶饮料	0.02 mg/L
5		水果和蔬菜制品	0.02 mg/kg
6		乳与乳制品——即溶牛奶与谷物混合制品	0.06 mg/kg
7		乳与乳制品——牛奶和大豆蛋白制品	0.02 mg/kg
8	学龄前儿童及学生食品	谷和谷制品——面包制品	0.07 mg/kg
9		谷和谷制品——面粉和燕麦制品	0.10 mg/kg
10		肉类、家禽及其制品——肉罐头制品和半成品	0.03 mg/kg
11		肉类、家禽及其制品——肉香肠	0.03 mg/kg
12		肉类、家禽及其制品——肉酱和烹调制品	0.03 mg/kg
13		杂项——高蛋白干牛奶	0.02 mg/kg
14		杂项——全部或部分以水解蛋白为基础的制品	0.02 mg/kg
15		杂项——低乳糖和无乳糖制品	0.02 mg/kg

序号	食品类别	食品名称	限量值
16	学龄前儿童及学生食品	杂项——低蛋白制品（淀粉、燕麦、通心粉）	0.03 mg/kg
17		杂项——无苯基丙氨酸和低苯基丙氨酸制品（一岁以下婴儿食用）	0.02 mg/kg
18		杂项——大豆蛋白制品	0.02 mg/kg
19	饮料	酒精饮料——啤酒、葡萄酒、伏特加、低酒精饮料和烈酒	0.03 mg/L
20		无酒精饮料——饮料	0.03 mg/L
21		无酒精饮料——茶料	1.0 mg/L
22		无酒精饮料——充气和不充气的瓶装水	0.001 mg/L
23		无酒精饮料——天然和矿物质水	0.01 mg/L
24		无酒精饮料——碳酸饮料	0.03 mg/L
25		无酒精饮料——即溶咖啡（用烘烤后磨碎的咖啡豆制成）	0.05 mg/kg
26	罐装食品	鱼制品罐头——鱼肝罐头和相关制品	0.7 mg/kg
27		鱼制品罐头——淡水鱼罐头	0.2 mg/kg
28		鱼制品罐头——远洋鱼类罐头	0.2 mg/kg
29		鱼制品罐头——金枪鱼罐头和剑鱼罐头	0.2 mg/kg
30		水果和蔬菜罐头——水果罐头和蔬菜罐头	0.03（0.05）mg/kg（当给出两个限量时，较高限量适用于装在铬制容器内的食品，较低限量适用于装在其他容器内的食品）
31		水果和蔬菜罐头——蔬菜和蔬菜汁罐头	0.03（0.05）mg/kg（当给出两个限量时，较高限量适用于装在铬制容器内的食品，较低限量适用于装在其他容器内的食品）
32		肉制品罐头	0.05（0.1）mg/kg（当给出两个限量时，较高限量适用于装在铬制容器内的食品，较低限量适用于装在其他容器内的食品）
33		肉制品罐头——动物肾脏制成的罐头	0.6 mg/kg
34		肉制品罐头——除肾脏之外的动物肝脏、心脏、舌头、肉酱等制成的罐头	0.3 mg/kg
35		肉制品罐头——动物下水制成的罐头	0.05 mg/kg
36		乳与乳制品罐头	0.1 mg/kg
37		蘑菇制品罐头	0.1 mg/kg
38	谷物及谷物制品	面包和焙烤制品	0.07 mg/kg
39		谷类	0.1 mg/kg
40		精致的焙烤制品	0.1 mg/kg
41		面包和其他碾磨制品	0.1 mg/kg
42		通心粉及相关制品	0.1 mg/kg

序号	食品类别	食品名称	限量值
43	巧克力和糖果类	可可制品——巧克力和巧克力制品	0.5 mg/kg
44		可可制品——可可豆和可可制品	0.5 mg/kg
45		可可制品——糖果	0.1 mg/kg
46	食用冰制品	食用冰	0.03 mg/kg
47		水果冰	0.03 mg/kg
48		奶油冰淇淋	0.03 mg/kg
49	蛋与蛋制品	蛋类	0.01 mg/kg
50		蛋制品（蛋黄酱等）	0.05 mg/kg
51		蛋类蛋白（白蛋白）	0.05 mg/kg
52		蛋粉	0.1 mg/kg
53	油脂类	动物脂肪、猪油、腌制和熏制咸肉	0.03 mg/kg
54		油脂制品（包括动物、植物和奶类油脂）	0.03（0.2）mg/kg（当给出两个限量时，较高限量适用于含有巧克力成分的制品）
55		脂肪和植物油	0.05 mg/kg
56		鱼类和哺乳动物油脂	0.2 mg/kg
57		植物、动物和鱼类油脂制品（如人造黄油、甜食脂肪等）	0.05 mg/kg
58	鱼和鱼制品	淡水鱼类（新鲜、冷冻和加工保存）	0.2 mg/kg
59		经晒干、烟熏或腌泡等方式处理过的即食淡水鱼类和相关制品	0.2 mg/kg
60		其他鱼制品——鱼子酱和类似制品	1.0 mg/kg
61		其他鱼制品——头足类、双壳类和螃蟹等	2.0 mg/kg
62		咸水鱼类（新鲜、冷冻和加工保存的）	0.2 mg/kg
63		经晒干、烟熏或腌泡等方式处理过的即食咸水鱼类和相关制品	0.2 mg/kg
64		海藻制品	1.0 mg/kg
65		金枪鱼和剑鱼	0.2 mg/kg
66	水果、蔬菜及制品	水果饮品和蔬菜饮品	0.03 mg/kg
67		以新鲜产品计算的浓缩果汁	0.03 mg/kg
68		水果汁和果露	0.03 mg/kg
69		干制水果	0.03 mg/kg
70		新鲜和冷冻水果	0.03 mg/kg
71		果酱、加糖的浓缩果汁	0.05 mg/kg
72		果冻、橙子酱	0.1 mg/kg
73		干蘑菇	0.1 mg/kg
74		鲜蘑菇	0.1 mg/kg
75		马铃薯	0.03 mg/kg
76		马铃薯干	0.03 mg/kg
77		蔬菜汁和果露	0.03 mg/kg
78		干制蔬菜	0.03 mg/kg
79		新鲜和冷冻蔬菜	0.03 mg/kg

序号	食品类别	食品名称	限量值
80	肉类、家禽及制品	动物肾脏制品	1.0 mg/kg
81		除肾脏之外的心脏、肝脏、舌头、皮肤等动物器官制成的肉制品	0.3 mg/kg
82		鲜肉、冻肉	0.05 mg/kg
83		内脏和内脏制品	0.05 mg/kg
84		其他动物制品（除家禽外）	0.3 mg/kg
85		家禽制品（如肝脏、肾脏、心脏等）	0.3 mg/kg
86		禽肉香肠	0.05 mg/kg
87		新鲜和冷冻家禽	0.05 mg/kg
88		萨拉米香肠和其他香肠（家禽制作的除外）	0.05 mg/kg
89	乳与乳制品	黄油（母牛奶）	0.2 mg/kg
90		黄油、奶、奶酪	0.03 mg/kg
91		奶酪	0.2 mg/kg
92		凝乳和凝乳制品	0.1 mg/kg
93		奶粉和奶粉制品	0.03（0.2）mg/kg（当给出两个限量时，较高限量只适用于巧克力黄油）
94	糖和糖制品	食糖	0.05 mg/kg
95	婴儿断奶食品	谷和谷制品——加奶和不加奶的即溶谷制品	0.06 mg/kg
96		谷和谷制品——须经煮熟的面粉及燕麦制品	0.06 mg/kg
97		鱼和蔬菜罐头制品	0.04 mg/kg
98		鱼罐头制品	0.1 mg/kg
99		水果和蔬菜制品——用于生产婴儿食品的水果和蔬菜	0.02 mg/kg
100		肉类、家禽及制品——肉制品和肉菜混合制品	0.03 mg/kg
101		肉类、家禽及制品——肉罐头制品和副产品	0.03 mg/kg
102		肉类、家禽及制品——经巴氏消毒的肉香肠（供18个月及以上婴儿食用）	0.03 mg/kg
103		乳与乳制品——固体和液体奶制品（供6个月及以上婴儿食用）	0.02 mg/kg
104		杂项——婴儿饮用的即溶凉茶	0.02 mg/kg
105	杂项	干汤料	0.2 mg/kg
106		用于发酵奶制品的发酵细菌菌种	0.2 mg/kg
107		蜂蜜	0.05 mg/kg
108		豆类	0.1 mg/kg
109		坚果	0.1 mg/kg
110		含油种子	0.1 mg/kg
111		餐桌盐	0.1 mg/kg
112		调味品	0.2 mg/kg
113	人类饮用水	人类饮用水	0.001 mg/L

（三十五）乌克兰

序号	食品类别	食品名称	限量值
1	饮料	酒精饮料——啤酒、葡萄酒、伏特加酒、低酒精饮料和烈酒	0.03 mg/kg
2		无酒精饮料——咖啡（咖啡豆、咖啡粉、速溶咖啡）	0.05 mg/kg

序号	食品类别	食品名称	限量值
3	饮料	无酒精饮料——榨汁饮料	0.03 mg/kg
4		无酒精饮料——茶	1.0 mg/kg
5		无酒精饮料——矿泉水	0.01 mg/L
6	罐装食品	鱼制品罐头——淡水鱼罐头及其相关产品	0.2 mg/kg
7		鱼制品罐头——海鱼罐头及其相关产品	0.2 mg/kg
8		鱼制品罐头——金枪鱼罐头及其相关产品	0.2 mg/kg
9		水果和蔬菜罐头——水果和果汁罐头	0.03（0.05）mg/kg（当给出两个限量时，较高限量适用于装在标准锡容器内的产品）
10		水果和蔬菜罐头——蔬菜罐头	0.03（0.05）mg/kg（当给出两个限量时，较高限量适用于装在标准锡容器内的产品）
11		肉制品罐头——肉制品罐头（用罐、铝和无缝容器装的）	0.05（0.1）mg/kg（当给出两个限量时，较高限量适用于装在标准锡容器内的产品）
12		罐装乳和乳制品——罐装脱水牛奶和奶制品	0.1 mg/kg
13	谷物及谷制品	饼干和甜面包干	0.1 mg/kg
14		面包	0.05 mg/kg
15		谷类	0.1 mg/kg
16		以乳或非乳为主要成分的即溶谷物食品	0.02 mg/kg
17		面粉	0.1 mg/kg
18		面粉和去壳燕麦（小麦）制品	0.03 mg/kg
19		碾去壳的燕麦	0.1 mg/kg
20		面粉糕饼、松糕和类似食品	0.1 mg/kg
21	巧克力和糖果类	巧克力和巧克力制品	0.5 mg/kg
22		可可豆和可可制品	0.5 mg/kg
23		糖果类（糖果类制品）	0.1 mg/kg
24	蛋与蛋制品	蛋类	0.01 mg/kg
25		蛋粉	0.1 mg/kg
26	油脂类	动物脂肪、猪油	0.03 mg/kg
27		脂肪和植物油	0.05 mg/kg
28		哺乳动物和鱼的油脂	0.2 mg/kg
29		人造黄油	0.05 mg/kg
30	鱼及鱼制品	淡水鱼（新鲜的、冷冻的）：非食肉类鱼	0.2 mg/kg
31		淡水鱼（新鲜的、冷冻的）：食肉类鱼	0.2 mg/kg
32		其他鱼制品：鱼子酱	1.0 mg/kg
33		其他鱼制品：贝类和软体动物	2.0 mg/kg
34		海鱼（新鲜的、冷冻的）	0.2 mg/kg
35		金枪鱼及其相关制品	0.2 mg/kg
36		鱼罐头制品	0.1 mg/kg

序号	食品类别	食品名称	限量值
37	水果、蔬菜及制品	水果干	0.03 mg/kg
38		新鲜和冷冻的水果（包括葡萄）	0.03 mg/kg
39		干蘑菇	0.1 mg/kg（给出的限量值用于在使用转换因子的原料基础上计算得出的食品）
40		新鲜蘑菇	0.1 mg/kg
41		蔬菜和马铃薯（新鲜的、冷冻的）	0.3 mg/kg
42		蔬菜和水果的罐头食品	0.02 mg/kg
43		以乳为主要成分的蔬菜和水果制品	0.02 mg/kg
44		蔬菜和马铃薯（干的）	0.3 mg/kg（给出的限量值用于在使用转换因子的原料基础上计算得出的食品）
45	肉类、家禽及制品	肉制品及副产品的罐头食品	0.03 mg/kg
46		动物肾脏制品	1.0 mg/kg
47		鲜肉、冻肉	0.05 mg/kg
48		家禽：家禽制品和意大利腊肠	0.05 mg/kg
49		家禽：新鲜的和冷冻的家禽	0.05 mg/kg
50		其他肉制品（家禽的除外）	0.05 mg/kg
51		家禽：其他肉制品和意大利腊肠	0.03 mg/kg
52	乳和乳制品	黄油	0.03 mg/kg
53		奶酪	0.2 mg/kg
54		凝乳及凝乳制品	0.02 mg/kg
55		牛奶和发酵乳制品	0.03 mg/kg
56		奶粉和奶粉制品	0.03 mg/kg
57		全部或部分适应性配方奶	0.02 mg/kg
58		经灭菌的发酵奶粉	0.02 mg/kg
59	杂项	酪蛋白	0.2 mg/kg
60		婴幼儿和儿童膳食食品：儿童食用的谷物	0.03 mg/kg
61		婴幼儿和儿童膳食食品：低乳糖及无乳糖制品	0.02 mg/kg
62		婴幼儿和儿童膳食食品：罐头肉制品	0.03 mg/kg
63		婴幼儿和儿童膳食食品：无苯基丙氨酸或低苯基丙氨酸制品（供一岁以下儿童食用）	0.02 mg/kg
64		膳食食品：肉制品	0.03 mg/kg
65		膳食食品：乳制品	0.02 mg/kg
66		胶冻	0.03 mg/kg
67		蜂蜜	0.05 mg/kg
68		豆类	0.1 mg/kg
69		坚果	0.1 mg/kg
70		蛋白浓缩物	0.1 mg/kg
71		餐用精致食盐	0.1 mg/kg
72		香料和药草	0.2 mg/kg

序号	食品类别	食品名称	限量值
73	杂项	淀粉	0.1 mg/kg
74	糖和糖制品	食糖	0.05 mg/kg

（三十六）克罗地亚

序号	食品类别	食品名称	限量值
1	酒精饮料	啤酒	0.02 mg/L
2		葡萄酒	0.01 mg/L
3	罐装食品	浓缩果汁罐头、水果糖浆罐头和以柠檬汁为基础的稀释果汁罐头	0.03 mg/kg（mg/L）
4		鱼制品罐头：头足类动物和双壳类动物罐头	1.5 mg/kg
5		鱼制品罐头：蟹肉罐头	1.5 mg/kg
6		鱼制品罐头：水底鱼类罐头	0.15 mg/kg
7		鱼制品罐头：淡水鱼类和远洋鱼类罐头	0.15 mg/kg
8		鱼制品罐头：金枪鱼罐头和剑鱼罐头	1.5 mg/kg
9		果蔬汁罐头	0.03 mg/kg（mg/L）
10		肉制品罐头	0.15 mg/kg
11		食用菌类罐头制品	0.5 mg/kg
12		家禽、家畜等内脏的罐头制品	0.5 mg/kg
13		蔬菜罐头	0.05 mg/kg
14	谷物及谷制品	包括荞麦在内的谷物类食品	0.1 mg/kg
15		面粉和其他谷物制品	0.1 mg/kg
16	巧克力、巧克力制品及糖果	巧克力、巧克力制品	0.5 mg/kg
17		无糖巧克力	0.5 mg/kg
18		可可制品：无壳可可豆	0.3 mg/kg
19		可可制品：可可蛋糕和可可粉	0.5 mg/kg
20		可可制品：可可块和碎可可	0.5 mg/kg
21	蛋与蛋制品	鸡蛋制品（如蛋黄酱）	0.05 mg/kg
22		蛋类	0.05 mg/kg
23	水果、蔬菜及制品	蛋粉	0.3 mg/kg
24	油脂类	动物脂肪	0.05 mg/kg
25		人造奶油和涂油牛脂	0.02 mg/kg
26	鱼和鱼制品	有包装的（罐装除外）鱼制品：头足类动物和双壳类动物	1.5 mg/kg
27		有包装的（罐装除外）鱼制品：螃蟹类	0.5 mg/kg
28		有包装的（罐装除外）鱼制品：淡水鱼类和远洋鱼类	0.15 mg/kg
29		有包装的（罐装除外）鱼制品：金枪鱼类和剑鱼类	1.5 mg/kg
30		有包装的（罐装除外）鱼制品：鲑鱼类	0.15 mg/kg
31		新鲜鱼类：头足类动物和双壳类动物	1.0 mg/kg
32		新鲜鱼类：螃蟹类	1.0 mg/kg
33		新鲜鱼类：淡水鱼类和远洋鱼类	0.05 mg/kg（部分鱼类为0.1 mg/kg）
34		新鲜鱼类：金枪鱼类和剑鱼类	1.0 mg/kg
35		新鲜鱼类：鲑鱼类	0.1 mg/kg

序号	食品类别	食品名称	限量值
36	水果、蔬菜及制品	包装（罐装除外）果蔬汁、浓缩果蔬汁、水果糖浆、柑橘汁（冲淡的）	0.03 mg/kg（mg/L）
37		干制水果	0.1 mg/kg
38		新鲜水果	0.05 mg/kg
39		包装蘑菇制品（罐装除外）	0.5 mg/kg
40		干蘑菇	5.0 mg/kg
41		新鲜蘑菇	1.0 mg/kg
42		包装（罐装除外）的其他水果制品	0.05 mg/kg
43		包装（罐装除外）的其他果蔬汁	0.03 mg/kg（mg/L）
44		浓缩番茄汁	0.1 mg/kg（mg/L）
45		除罐装以外其他有包装的蔬菜制品	0.05 mg/kg
46		干制蔬菜	0.5 mg/kg
47		新鲜蔬菜	0.05 mg/kg（叶状蔬菜、新鲜草药和人工养殖的蘑菇的最大限值为 0.2 mg/kg；根茎类蔬菜和马铃薯为 0.1 mg/kg；菠菜为 0.8 mg/kg）
48	婴儿食品与儿童食品	供婴儿和儿童食用的水果、蔬菜和谷物制品	0.03 mg/kg
49	肉与肉制品	马肉	0.2 mg/kg
50		包装肉制品（罐装除外）	0.15 mg/kg
51		鲜肉	0.05 mg/kg
52		家禽、家畜等动物内脏	0.5 mg/kg
53		除罐装以外的有包装的家禽、家畜等动物内脏制品	0.5 mg/kg（肾中的最大限量为 1.0 mg/kg）
54	乳与乳制品	黄油	0.1 mg/kg
55		奶酪	0.1 mg/kg
56		牛奶	0.01 mg/kg（mg/L）
57		奶粉	0.02 mg/kg
58		其他乳制品	0.02 mg/kg（mg/L）
59	杂项	蜂蜜	0.05 mg/kg
60		麦芽	0.2 mg/kg
61		含油种子	0.5 mg/kg
62		罂粟和芝麻	0.8 mg/kg
63		大米	0.3 mg/kg
64		餐用盐	0.5 mg/kg
65		食醋	0.02 mg/L
66	非酒精饮料	碳酸饮料	0.03 mg/L
67		咖啡替代品	0.1 mg/L
（三十七）土耳其			
1	饮料	饮用水	0.005 mg/kg
2		饮料：无醇饮料	0.01 mg/kg
3		饮料：无醇苦艾酒	0.03 mg/kg

序号	食品类别	食品名称	限量值
4	饮料	饮料：葡萄酒	0.01 mg/kg
5	谷物及谷制品	谷类（除麦麸、种子、小麦粒和大米外）	0.1 mg/kg
6		麦麸、种子、小麦粒和大米	0.2 mg/kg
7	鱼及鱼制品（另见罐装食品）	活鱼，新鲜或冷藏的鱼，冷冻鱼，新鲜、冷藏或冷冻的鱼片或其他鱼肉（可能绞碎）；干制、盐腌的鱼，烟熏以适合人类消费的鱼（烟熏前或烟熏时是生的或烹饪过的），鱼肉面粉制品和鱼丸；罐装或经调味汁浸泡的鱼，鱼子酱或鱼子酱的类似制品	0.05 mg/kg
8		鳗鱼（鳗鲡）、欧洲凤尾鱼、鲭鱼、竹荚鱼、胭脂鱼、双带鲤科鱼、沙丁鱼、沙丁鱼属、大鲣鱼、金枪鱼	0.5 mg/kg
9		除褐蟹肉以外的所有甲壳类动物	0.5 mg/kg
10		双壳类软体动物	1.0 mg/kg
11		在墨鱼内（内脏分离的头足类动物）	1.0 mg/kg
12	水果蔬菜及制品	芹菜	0.2 mg/kg
13		纤维性蔬菜和新鲜草药	0.2 mg/kg
14		水果汁、水果糖浆和水果露	0.03 mg/kg
15		水果（除了类似葡萄的水果及小型水果以外）	0.05 mg/kg
16		类似葡萄的水果及小型水果	0.05 mg/kg
17		人工种植蘑菇	0.2 mg/kg
18		花生	0.2 mg/kg
19		大豆	0.2 mg/kg
20		蔬菜（除了纤维性蔬菜、新鲜草药、人工种植的蘑菇、有茎蔬菜、根茎类蔬菜和马铃薯以外）	0.05 mg/kg
21		茎类蔬菜（除了芹菜、根茎类蔬菜和去皮马铃薯以外）	0.1 mg/kg
22	肉类、家禽及制品	可食用动物内脏：羊、牛、猪的内脏和家禽的肾脏	1.0 mg/kg
23		可食用动物内脏：羊、牛、猪的内脏和家禽的肝脏	0.5 mg/kg
24		肉类	0.05 mg/kg
25	杂类	食盐	0.5 mg/kg

（三十八）墨西哥

序号	食品类别	食品名称	限量值
1	鱼及鱼制品	甲壳类（冰鲜和冷冻）	0.5 mg/kg
2		甲壳类（即食）	0.5 mg/kg
3		鱼类（冰鲜和冷冻）	0.5 mg/kg
4		腊鱼	0.5 mg/kg
5		软体动物类（冰鲜和冷冻）	0.5 mg/kg
6		腊制软体动物类	0.5 mg/kg
7	肉和肉制品	加工肉制品	0.1 mg/kg
8	杂项	加碘盐和加碘加氟盐	0.5 mg/kg
9	水	瓶装水、包装水和散装水	0.005 mg/L

序号	食品类别	食品名称	限量值
10	水	天然矿泉水	0.01 mg/L
11		人类饮用水	0.005 mg/L

（三十九）阿根廷

序号	食品类别	食品名称	限量值
1	鱼及鱼制品	鱼及鱼制品	2.0 mg/kg[在 A、B、C、D 区和双壳类软体动物每千克食肉限量——卫生管理局在分析结果的基础上定义；指定的 A、B、C 和 D 类是为不同海洋地区的临时性或最终性分析，按使用五管三个稀释度测定平均最大可能数（MPN）或等精度的细菌学质量分析方法的微生物检测和重金属（总汞、镉和铅）测定结果划分]
2		鱼及鱼制品	1.0 mg/kg
3		鱼类、甲壳类、软体动物、无尾两栖动物、爬行动物和食用哺乳动物类	5.0 mg/kg [动物源性产品、副产品和衍生物的检验法规（法令 No.4238/68）限量，如果是非胀罐性包装和符合人类食用标准条件产品，罐头食品含有非正常含量的铁是允许的；当产品以小量食用（坚果和胡椒粉中的铜、牡蛎中的铅），或当加工过程有助于向更小有害状态转化，最终产品比列出的食品高出一定的百分率是允许的]
4	肉类、家禽及制品	动物源性产品、副产品和衍生物（饮用水、鱼类和贝壳类除外）	5.0 mg/kg [动物源性产品、副产品和衍生物的检验法规（法令 No.4238/68）限量，如果是非胀罐性包装和符合人类食用标准条件产品，罐头食品含有非正常含量的铁是允许的；当产品以小量食用（坚果和胡椒粉中的铜、牡蛎中的铅），或当加工过程有助于向更小有害状态转化，最终产品比列出的食品高出一定的百分率是允许的]
5	水	瓶装水	0.01 mg/L

序号	食品类别	食品名称	限量值
6	水	饮用水	0.005 mg/L
7		矿泉水	0.01 mg/L（包括调味矿泉水和人工矿化水）
8		直接饮用水	0.005 mg/L（初始状态人类饮用水，即人类消费和在食品生产、保存或销售用于人类消费和影响最终食品卫生的食品工业用水）

（四十）巴西

序号	食品类别	食品名称	限量值
1	饮料	发酵型酒精饮料	0.5 mg/kg
2		发酵蒸馏酒精饮料	0.2 mg/kg
3		软饮料和碳酸饮料	0.2 mg/kg
4	罐装食品	罐装蜜饯水果（连同糖水或果汁）	0.2 mg/kg
5	鱼及鱼制品	鱼及鱼制品	1.0 mg/kg
6	水果、蔬菜及制品	天然糖水水果与果汁	0.5 mg/kg
7	杂项	其他食品	1.0 mg/kg
8	水	瓶装水	0.003 mg/L
9		人类饮用水	0.005 mg/L

（四十一）智利

序号	食品类别	食品名称	限量值
1	杂项	食用盐	0.5 mg/kg
2	水	矿泉水	0.01 mg/L

（四十二）委内瑞拉

序号	食品类别	食品名称	限量值
1	饮料	瓶装水	0.01 mg/kg
2	鱼及鱼制品	罐装沙丁鱼	0.5 mg/kg
3		罐装金枪鱼	0.1 mg/kg
4	婴儿食品	婴儿配方食品	0.05 mg/kg

（四十三）埃及

序号	食品类别	食品名称	限量值
1	鱼及鱼制品	冷冻对虾、干对虾和罐头对虾	0.05 mg/kg
2	水果、蔬菜及制品	蔬菜罐头、预烹煮含肉蔬菜、泡菜和保存的番茄制品	0.1 mg/kg
3		冷冻蔬菜	0.1 mg/kg
4		谷物、豆类和种子	0.1 mg/kg
5	肉和肉制品	肾和肝脏	2.0 mg/kg
6	乳与乳制品	预烹煮或已加工预烹煮含植物油的奶酪	0.05 mg/kg
7	水	瓶装天然饮用水	0.003 mg/L
8		饮用水	0.003 mg/L
9		瓶装天然矿泉饮用水	0.003 mg/L

（四十四）伊朗

序号	食品类别	食品名称	限量值
1	水	饮用水	0.01 mg/L

（四十五）以色列

序号	食品类别	食品名称	限量值
1	饮料	橘子软饮料	0.003 mg/kg
2		水果软饮料	0.003 mg/kg
3		无酒精碳酸饮料	0.01 mg/kg
4		果味和其他风味的软饮料	0.003 mg/kg

序号	食品类别	食品名称	限量值
（四十六）约旦			
1	鱼及鱼制品	鱼——冷冻鱼片	2.0 mg/kg
2	水	天然矿泉水	0.01 mg/L
（四十七）黎巴嫩			
1	水	天然瓶装饮用水	0.005 mg/L
2		天然矿泉水	0.01 mg/L
（四十八）肯尼亚			
1	饮料	碳酸和非碳酸饮料	0.005 mg/L
（四十九）毛里求斯			
1	饮料：酒精饮料	酒精饮料，不包括（啤酒、苹果酒、梨子酒、乡村利口酒、强化型乡村利口酒、强化型葡萄酒）	1.0 mg/L
2		啤酒	1.0 mg/L
3		苹果酒和梨子酒	1.0 mg/L
4		乡村利口酒	1.0 mg/L
5		强化型乡村利口酒	1.0 mg/L
6		强化型葡萄酒	1.0 mg/L
7	非酒精饮料	浓缩软饮料（concentrated soft drinks）	1.0 mg/L
8		软饮料浓缩液（soft drink concentrates）	1.0 mg/L
9		即饮软饮料	1.0 mg/L
10		茶、花茶	1.0 mg/L
11	罐装食品	非特殊用途的用铁罐和锡纸包装的食物	未设定限量
12	谷物及谷制品	面粉	1.0 mg/kg
13	油脂类	食用油脂	1.0 mg/L
14	鱼和鱼制品	鱼和鱼制品	1.0 mg/kg
15		贝类	1.0 mg/kg
16	水果、蔬菜及制品	苹果	1.0 mg/kg
17		水果汁和蔬菜汁	1.0 mg/kg
18		水果制品、蔬菜制品	1.0 mg/kg
19		脱水洋葱	1.0 mg/kg
20		豌豆	1.0 mg/kg
21		海藻、食用菌类	1.0 mg/kg
22		番茄酱、番茄糊、番茄泥	1.0 mg/kg
23	婴儿食品	特殊用途的婴儿和儿童食品	1.0 mg/kg
24	肉类、家禽及制品	肉与肉制品	1.0 mg/kg
25	乳与乳制品	冰淇淋	1.0 mg/kg
26		乳与乳制品	1.0 mg/kg
27	糖和糖制品	无水葡萄糖、水合葡萄糖	1.0 mg/kg
28		可食糖蜜	1.0 mg/kg
29		粗糖	1.0 mg/kg
30		白糖	1.0 mg/kg
31	杂项	发酵粉、酒石酸氢钾	1.0 mg/kg
32		饴糖	1.0 mg/kg
33		可可制品	1.0 mg/kg

序号	食品类别	食品名称	限量值
34		咖啡及菊苣	1.0 mg/kg
35		咖喱粉	1.0 mg/kg
36		冻甜点	1.0 mg/kg
37		食用明胶	1.0 mg/kg
38		干香草	1.0 mg/kg
39		蜂蜜	1.0 mg/kg
40		非供商业酿造的啤酒花浓缩物	1.0 mg/kg
41		非供商业酿造用的干啤酒花	1.0 mg/kg
42		甘草根	1.0 mg/kg
43		芥菜	1.0 mg/kg
44		液态果胶	1.0 mg/kg
45		固态果胶	1.0 mg/kg
46		腌渍品	1.0 mg/kg
47		水解蛋白质	1.0 mg/kg
48		调味品	1.0 mg/kg
49		酵母和酵母产品	1.0 mg/kg
50		供生产发酵产品的酿造酵母	1.0 mg/kg
51		其他未说明限量的食品	1.0 mg/kg
（五十）尼日利亚			
1	饮料	烈性酒	0.1 mg/kg
2	杂项	食盐（餐桌或烹饪）	0.1 mg/kg
（五十一）南非			
1	酒精饮料	利口酒产品	0.015 mg/L
2	饮料	天然矿泉水	0.03 mg/L
3	谷物及谷物制品	谷类、豆荚和豆类植物的种子	0.1 mg/kg
4	鱼和鱼制品	鱼类及加工过的鱼肉	1.0 mg/kg
5		甲壳类动物及产品	3.0 mg/kg
6	水果、蔬菜及制品	水果及其他所有蔬菜	0.05 mg/kg
7	肉类、家禽及制品	肉类及加工过的肉类	0.05 mg/kg（此标准不适用于肝脏和肾脏）

参考文献

[1] 　广东出入境检验检疫局. 世界各国食品中化学污染物限量规定[M]. 中国标准出版社，2009.